PROBABILITY AND STATISTICS

For Engineering and the Computing Sciences

J. Susan Milton

Radford University

Jesse C. Arnold

Virginia Polytechnic Institute and State University

Liu Kwong Ip

Hong Kong Baptist University

Mc Graw Hill Education

Singapore • Boston • Burr Ridge, IL • Dubuque, IA • Madison, WI
New York • San Francisco • St. Louis • Bangkok • Kuala Lumpur
Lisbon • London • Madrid • Mexico City • Milan • Montreal
New Delhi • Seoul • Sydney • Taipei • Toronto

McGraw-Hill Education
Korea

Probability and Statistics, 1st Edition.

1 2 3 4 5 6 7 8 9 10 HT 20 14

Original: Probability and Statistics, 1st Edition. © 2013
By J. Susan Milton, Kwong Liu Ip, Jesse G. Arnold
ISBN 978-0-07-108785-8

This book is exclusively distributed by Hantee Media.

When ordering this title, please use ISBN 978-89-6421-180-9

Printed in Korea

J. Susan Milton
Jesse C. Arnold
Liu Kwong Ip

Probability and Statistics

For Engineering and the Computing Sciences

확률과 통계

김병호 김경섭 김미혜
민승욱 박상호 임종태 옮김

한티미디어

확률과 통계 Probability and Statistics

발행일 : 2014년 2월 28일 초판 1쇄
지은이 : J. Susan Milton, Jesse C. Arnold, Liu Kwong Ip
옮긴이 : 김병호 · 김경섭 · 김미혜 · 민승욱 · 박상호 · 임종태
펴낸이 : 김준호
펴낸곳 : 한티미디어 **|** **주소 :** 서울시 마포구 연남로 1길 67 1층
등 록 : 제15-571호 2006년 5월 15일
전 화 : (02)332-7993~4 **|** **팩스 :** (02)332-7995
ISBN 978-89-6421-180-9 93310
정 가 : 25,000원

마케팅 : 박재인 · 노재천 **|** **편집 :** 김윤경 · 박새롬 **|** **관리 :** 김지영
디자인 : 이공사 **|** **인쇄 :** 이공사

이 책에 대한 의견이나 잘못된 내용에 대한 수정 정보는 한티미디어 홈페이지나 이메일로 알려주십시오.
독자님의 의견을 충분히 반영하도록 늘 노력하겠습니다.
홈페이지 : www.hanteemedia.co.kr **|** **이메일 :** hantee@empal.com

Preface

서문

공학과 컴퓨터과학의 많은 연구들이 통계적 방법에 의존하고 있다. 나아가 현장의 엔지니어 또한 통계학적 품질관리기법에 대한 이해와 활용이 요구되고 있다. 따라서 이 분야의 학생들이 일찍부터 통계적 사고에 익숙해져야 하는 것은 필연이라 할 수 있다. 이 책은 공학 및 컴퓨터과학 전공 학생을 위한 확률 및 응용 통계학의 첫 과정을 다룬다. 기본적으로 학부 과정을 대상으로 하고 있지만 통계학적 방법론에 대한 기초가 다소 부족한 대학원생에게도 최적의 교재가 될 수 있다.

이 책은 통계학 실습서도 아니고 그렇다고 연구를 위한 이론서도 아니다. 학생들이 단순히 통계적 기법을 활용하는 실무능력을 갖추는 것뿐 아니라 그 기법들의 이론적 배경이 되는 원리까지 이해하는 것을 목표로 하였다. 선수과목으로 1년 과정의 미적분학을 먼저 수강한다면 여기서 다루는 내용을 보다 완벽하게 이해할 수 있을 것이다.

책에서 다루는 예제와 연습문제는 공학 및 컴퓨터과학 전공 학생들을 위해 특별히 선별하였다. 모든 데이터들을 모의시험으로 검증하였으며 그 과정 또한 최근에 발표된 연구 분석결과에 상응하도록 주의 깊게 설계하였다. 또한 자료들의 출처를 명시하여 학생으로 하여금 다양한 현장의 문제들이 어떻게 통계적으로 다루어지는지에 관한 혜안을 갖출 수 있게 하였다. 일부 연습문제는 열린 토론 주제로 남겨 놓았다.

공학용 전자계산기 사용은 권장할 일이다. 대부분의 공학용 계산기는 통계 계산 기능을 갖고 있기 때문에 계산기를 활용하면 단순 산술계산을 넘어 분석결과 해석에 보다 집중할 수 있어서 좋다.

데이터 집합들의 크기는 가능한 한 최소화하였는데 그 이유는 학생들이 통계학 본질을 이해하기도 전에 방대한 계산량에 압도되지 않도록 하기 위함이다. 하지만 현장의 실제 문제들도 책에서처럼 단순하지만은 않다는 점은 짚고 넘어갈 일이다. 실제 주요 프로젝트들은 방대한 데이터 처리를 위해 상상하기 힘든 시간과 돈이 투입된다. 그래서 이번 4차 개정판에서는 몇몇 대량의 데이터 집합을 추가하여 학생들이 졸업 후 당면하게 될 현장감을 미리 느껴볼 수 있도록 하였다.

이와 같은 데이터는 컴퓨터를 이용한 분석에도 적합하기 때문에 통계 패키지 사용법에 대해서도 다루었다. 이 책에서는 SAS와 MINITAB을 중심으로 소개하였지만 SPSS(Statistical Package for the Social Sciences)나 BMD(Biomedical Computer Programs, University of California Press)도 널리 쓰이는 패키지들이다.

각 장 끝의 요약을 통해 그 장에서 배운 핵심 주제를 다시 한 번 정리할 수 있도록 하였다. 물론 주요 용어들도 함께 나열하였다. 연습문제들은 각 장의 각 절별로 구분하여 제시하였다. 덧붙여 복습문제는 특별히 절 표시를 하지 않았는데 이는 학생들이 문제에 따른 적절한 분석 도구를 스스로 찾아내는 훈련에 도움을 주기 위함이다. 또한 각종 통계표와 핵심 증명은 물론 모든 홀수 번 연습문제들에 대한 풀이를 부록에 수록하였다.

이 책은 여러 다양한 과정에서 교재로 사용될 수 있다. 기간은 한 학기 또는 1년 과정이 적합하고, 주어진 기간에 맞는 상세교과과정은 한 가지로 결정하기 어렵겠지만 수강생 수, 선수과목 수강 여부, 교수 관심분야 등에 따라 조정될 수 있을 것이다. 이를 위해 교수로 하여금 학생들이 단순히 확률론에 친숙해지는 정도를 목표로 하는 것에서부터 심오한 이론적 원리 이해까지 적절히 조절할 수 있도록 정리의 증명이나 유도과정은 가능한 한 본문에서 분리하여 상자글로 처리하였고 따라서 필요시 언제든 전체 맥락의 끊김 없이 생략하고 넘어갈 수 있도록 하였다.

미국 내 개정판에 대한 수정사항

처음 3개 개정판에 대한 독자들의 뜨거운 관심과 제안에 따라 4차 개정판에서는 여러 내용들을 추가하였다. 교수를 위한 해설집에 주요 예제와 연습문제에 대한 모든 데이터가 수록된 CD를 첨부하였다. 의견 수렴을 통해 컴퓨터를 이용한 데이터 처리 실습을 위한 데이터 집합을 늘렸다. 이전 버전의 SAS 보조 자료는 삭제하였지만 오히려 컴퓨터 해석에 대한 설명은 추가되었다. 일부 난해한 증명은 부록으로 옮겨 통계학의 수학적 배경에 관심 있는 고급 독자들의 요구를 만족시키면서도 책 전반의 유연한 흐름 또한 유지되도록 하였다. 분산 비교를 위한 접힌 F 검증을 이용한 F 분포에 관한 설명과 두 평균의 비교를 보다 단순화하였다. 그 외 짝비교를 위한 튜키 기법과 품질관리의 허용한계에 관한 절을 추가하였다.

1장은 확률과 계수의 기초를 소개한다.

2장은 확률에 관한 주요 법칙들을 설명하고, 조건부 확률과 독립 개념에 대해 소개한다.

3장에서는 확률변수 개념을 다룬다. 이산분포의 특징들을 살펴보고, 기댓값, 분포의 평균과 분산에 대해 알아본다. 분포의 처음 두 적률을 구하는 방법인 적률생성함수도 제시된다. 주요 이산분포에 대해 상세히 살펴보고 이산분포의 모의시험에 대해서도 알아본다.

4장에서는 3장과 병행하여 연속분포에 대해 살펴본다.

5장은 이산 및 연속의 결합분포를 다룬다. 이론적 관점에서 공분산, 상관, 회귀분석을 소개한다.

6장은 통계학의 보다 이론적인 개념들과 데이터 분석 사이의 연결고리를 다룬다. 고전 데이터 처리와 기술 통계학의 기초를 소개하고 탐색적 데이터 분석에 관한 최신 기법들을 소개한다.

7장은 모집단 파라미터의 점 및 구간 추정을 다룬다. 적률법, 최대가능도, 불편추정량을 소개하고 분포 이론에 대해서도 살펴본다. 특히 $\bar{X}$의 분포에 대해 알아보고, 뒤에서 다룰 여러 통계적 기법들의 배경이 되는 주요 확률변수들의 분포를 결정하는 데 도움을 주는 일종의 지문으로서 적률생성함수가 사용된다.

8장은 데이터 분석의 고전 기법에 관한 연구로 시작된다. 주요 주제는 단일 표본 기반 분포의 변동성과 위치의 추론이다. 가설검정과 추정을 살펴보고 T 분포를 소개한다. 유의도검정 또한 상세히 소개된다. 제시된 기법들은 정규분포로부터의 표집을 가정한다. 이 장의 끝에서는 위치에 관한 비모수적 검증을 다룬다. 이러한 검증은 정규성 가정이 배치될 경우 특히 유용하다.

9장에서는 단일 비율에 관한 추론을 다룬다. 두 가지 예제를 통해 독립 임의표본 기반 두 비율을 어떻게 비교하는지 보인다.

10장은 두 변수 및 두 평균 비교에 이용되는 기법을 다룬다. 분산 비교 방법으로 F 분포를 소개한다. 먼저 분산이 동일할 경우의 평균을 비교한다. 분산이 같지 않을 경우의 평균 비교에는 스미스-새터스웨이트 절차가 적용된다. 이 방법들은 모두 독립 표집을 전제한다. 짝데이터 기반 평균 비교법도 소개한다. 끝으로 위치에 관한 비모수적 두 표본 검증을 살펴본다.

11장에서는 단순 선형 회귀와 상관에 대해 알아본다. 회귀모형의 모수 추정을 위한 최소제곱법을 소개한다. 추정과 가설검정도 알아본다. 12장에서 다룰 일반 회귀분석에 앞서 단순 선형 회귀모형 개발에 대해 상세히 알아본다. 곱적률상관의 추정과 검증에 필요한 이변량 정규분포도 제시한다. 잔차 분석에 대한 절도 포함시켰다.

12장에서는 단순 선형 회귀모형을 확장한 중다 및 다항식 모형을 다룬다. 11장의 방법 또한 행렬 형태로 확장된다. 다양한 선택 절차들을 예제와 함께 살펴본다.

13장에서는 다양한 단일요인 실험 설계를 위한 분산 절차 분석을 살펴본다. 또한 임의화된 완비블록에 대해 알아보고 블록화의 효율성에 관한 고찰을 제시한다. 본페로니 및 튜키 형식의 다중비교 설명과 함께 라틴 방격에 관한 절도 포함시켰다. 임의효과 모형들의 분산성분 추정 또한 살펴본다.

14장은 요인실험에 대해 논의하고 부분요인들에 대한 설명도 포함한다.

15장은 범주형 자료 연구에 대한 소개이다. 카이제곱 적합도검정이 제시된다. 2×2 및 $r\times c$ 경우의 독립성과 동질성을 위한 분할표 검증에 대해 살펴본다.

16장은 통계적 품질관리의 기본 개념들을 살펴본다. 관리차트를 이용한 공정관리에 대해 알아보고 합격판정 샘플링의 기본 개념을 제시한다. 또한 일반 가설검정과 합격판정 샘플링의 관계에 대해 알아본다. 끝으로 다구치 방법에 대해 간략히 살펴보고 허용한계에 관한 절도 포함한다.

통계는 과학이자 예술이란 점을 명심해야 한다. 그렇기 때문에 주어진 자료들을 어떻게 적절히 분석할 것인가에 대해 논란의 여지가 있을 수 있다. 이 책에 제시된 방법들은 물론 최근 연구도 있지만 주로 이미 검증을 거쳐 널리 알려진 것들이 대부분이다. 특정 영가설을 기각할지 말지의 결정을 책의 곳곳에서 의도적으로 독자 여러분에게 맡겼다. 그 이유는 자명하다. 즉 어떤 일이 일어나기에는 너무 작다고 주장할 만한 확률은 도대체 얼마나 작아야 하는지 누구도 장담할 수 없기 때문이다. 여러분이 이 책에 담긴 여러 해석들에 대해 동의할 수 없더라도 그 또한 나쁘지 않은 일이다!

본 개정판에 대한 수정사항

본 개정판은 한 학기 통계학 교육과정에 적합하도록 수정한 것이다. 통계학의 이론적 측면보다는 응용에 좀 더 초점을 맞추었다. 따라서 일부 장과 절이 삭제되었는데, 예를 들면 3장 이산분포와 4장 연속분포에서 적률생성함수를 뺀 것이 대표적이다. 마찬가지 이유로 결합분포, 중다 선형 회귀모형, 요인실험 및 통계적 품질관리에 관한 장들도 제외되었다. 물론 이 내용들이 중요하지 않다는 것은 결코 아니다. 오히려 두 번째 통계학 과목에서는 핵심 주제들이다.

본 개정판에서는 학생들이 여기서 배운 핵심 개념들을 현장에 빠르게 적용할 수 있도록 현장응용에 관한 절들을 세 곳에 추가하였다. 즉 두 평균 및 두 분산의 비교, 분산의 분석, 범주형 자료가 그것이다.

본 개정판의 또 다른 주요 변화는 가설검정의 표현이다. 가설검정의 결론은 추정 P값 대신 임곗값과 검정통계량의 값을 비교하여 도출하였다. 나아가 가설검정은 또한 아래와 같이 4단계 형식으로 설명하였다.

[가설] ...

[검정통계량] ...

[임곗값] ...

[결론] ...

바라건대 학생 여러분에게는 이러한 설명이 좀 더 이해하기 쉬울 것이다. 그럼에도 P값 역시 추정되었다. 이전 개정판 서문에서도 말했듯이 통계는 과학이자 예술이다. 여러분이 이 책에 담긴 여러 해석들에 대해 동의할 수 없더라도 그 또한 나쁘지 않은 일이다!

끝으로 이 책을 교재로 사용하는 교수님들을 위해 연습문제 풀이, 파워포인트 강의자료, 추가 참고 자료들을 온라인 교육센터인 www.mheducation.asia/olc/milton 에 준비해 놓았다.

About The Authors

저자소개

수잔 밀튼(J. Susan Milton)은 미국 래드포드 대학교 통계학과 명예교수로서 웨스턴캐롤라이나 대학교를 졸업하고 노스캐롤라이나 대학교 채플힐에서 석사를, 버지니아 공대에서 통계학으로 박사를 받았다. 댄포스 어소시에이트 회원이고 래드포드 대학교 재단이 수여하는 우수교육자상을 수상했다. 밀튼 박사는 『확률통계학 기초』, 『기초 선형통계학 모형이론』, 『보건생물학 통계적 방법론』의 저자이다.

제시 아놀드(Jesse C. Arnold)는 버지니아 공대 통계학 교수로서 미국 사우스이스턴 주립대학교를 졸업하고 플로리다 주립대학교에서 석박사 학위를 취득하였다. 10년간 통계학과 학과장을 역임하였고 미국 통계학회 회원이자 국제통계연구원의 선출회원이다. 국제생체학회 동북아메리카 지회장과 미국 통계학회 통계교육분과 회장을 역임하였다.

류궝입(Liu, Kwong Ip)은 홍콩침례교 대학교 수학과 교수로서 홍콩 시티폴리테크닉 대학을 졸업하고 홍콩 대학교에서 석사를, 홍콩침례교 대학교에서 박사학위를 받았다.

Contents

차례

CHAPTER 1

계수와 확률

'통계학' 이란 무엇인가, 이공학도에게 왜 통계학 공부가 중요한가? 이에 대한 답을 찾기 위해 먼저 학문연구 방법의 하나인 '모델 정립' 에 대해 살펴보자.

기본적으로 과학자의 일이란 보이는 현상을 관찰하고, 제대로 설명하기 위해 연구하여, 얻어진 지식으로 우리가 살아가는 세상을 이해하고 예측하려는 것이다. 연구결과는 보통 물리적 모델로 설명된다. '모델(model)' 이란 자연현상을 이론적으로 설명한 것으로 처음에는 주로 말로 기술된다. 이 모델을 현상 예측에 사용하기 위해서는 말로 기술된 설명을 수식화해야 한다. 이 수식에 관찰을 통해 얻어진 변숫값들을 적용하면 특정 변수의 값을 계산할 수 있다. 예를 들어 완전기체법칙을 보자. 이 법칙을 말로 설명하면 기체의 압력과 부피는 온도가 변함에 따라 서로 달라진다는 것이다. 이 설명은 아래와 같은 수식으로 나타낼 수 있다.

$$\text{완전기체법칙: } PV=RT$$

이때 P는 기체의 압력, V는 부피, T는 온도, R은 기체상수(gas constant)이고, 기체상수의 실제 값은 다른 변수들의 측정 단위에 따라 결정된다. 이제 P, V, T의 세 개 변수 중 두 개만 알면 나머지 변수를 위 수식으로부터 계산할 수 있다. 예를 들어 압력이 760 mm Hg이고 온도가 273 K일 때 임의의 기체 1몰의 부피는 22.4리터라고 추정할 수 있다. 이 경우 기체상수는 대략 62.36이다. 다른 예로 온도가 100 K일 때 5리터 기체의 압력은 아래와 같이 구할 수 있다.

$$PV=RT=62.36T$$
$$P(5)=62.36(100)$$
$$P=1247.2\text{ mm}$$

즉 이 모델은 압력이 1247.2 mm Hg가 될 것임을 알려 주고 있다. 완전기체법칙 같은 모델을 '결정적' 모델이라 부른다. 여기서 결정적이라 함은 주어진 실험조건하에서 알고 싶은 변수의 값을 정확하게 결정할 수 있다는 것을 의미한다. 완전기체법칙은 적절한 온도와 압력에서는 대부분의 기체에 적용된다. 하지만 상당수의 기체들은 이 법칙은 물론 다른 어떤 결정적 모델로도 설명이 되지 않는다. 특히 극한의 온도와 압력에서는 더욱 그러하다! 이와 같은 환경에서 기체 현상을 예측하려면 다른 방법이 필요한데 바로 통계적 기법을 활용하는 것이다.

통계적 기법이란 무엇인가? 실험으로 얻어진 데이터를 분석하여 결정을 내리는 기법이다. 하지만 발생 가능한 모든 상황을 실험하는 것은 현실적으로 불가능하기 때문에 이와 같은 실험과학에서 어느 정도의 불확실성은 불가피하다. 따라서 통계적 기법은 일정 정도의 불확실성이 결과에 내포되어 있음을 전제로 한다. 이러한 기법은 크게 3가지, 즉 기술 통계, 추론 통계, 모델 정립으로 분류할 수 있다. 기술 통계는 데이터를 글이나 그림으로 나타내는 통계기법이고, 추론 통계에서는 집단의 일부분에 대한 관찰로부터 도출된 결과를 집단 전체에 적용하려 할 때 관련된 기법들을 다룬다.

이와 관련하여 다음과 같이 정의하자.

정의: 관찰 대상인 모든 개체들의 집합을 모집단(population)이라 하고, 모집단에 관한 결론 도출을 위해 실제로 조사된 모집단의 일부 또는 부분집합을 표본(sample)이라 한다.

모델 정립에서는 실험 데이터로부터의 예측식(prediction equation) 유도가 수반되는데 이 식을 통계모델이라 한다. 통계모델을 통해 복잡한 시스템의 현상을 예측하고 예측의 오차 범위 또한 가늠할 수 있다. 위 세 가지 분야가 서로 배타적인 것은 아니다. 즉 한 분야의 문제 해결을 위해 고안된 기법들이 종종 다른 분야에도 적용되곤 하는데 이 책에서는 세 분야 모두를 대상으로 한다.

통계학자나 통계를 사용하는 사람들은 항상 두 종류의 세계에서 일을 하게 된다. 이상세계는 모집단 수준에 있고 이론적이며 우리가 관찰하고자 하는 대상이다. 실제 세계는 표본공간으로서 바로 직접 다루는 세계이다. 우리가 바라는 것은 표본의 특성들이 모집단의 현상을 잘 반영할 수 있게 되는 것이다. 즉 표본은 모집단의 축소판이라 할 수 있다. 이러한 도식을 그림으로 나타내면 그림 1.1과 같다.

통계적 기법을 다루는 수학을 확률론이라 한다. 따라서 본격적으로 통계학을 논하기 전에 먼저 확률의 기본 개념부터 알아보자.

1.1 확률의 이해

"확률에 대해서 좀 아니?"라고 물으면 대다수의 사람들은 "아니요"라고 대답할 것이다. 하지만 실은 전혀 그렇지 않다. 확률은 우리 일상생활에서 비일비재하게 사용되고 있다. 일기예보에서 "오늘 비 올 확률은 95% 입니다."라든가 "오늘 비가 올 가능성은 0% 입니다."라고 언급할 때, 이미 일반 사람들이라면 이러한 숫자를 정확하게 이해할 수 있을 것이라는 가정이 전제되어 있다. 확률을 해석한다는 것을 정리하면 다음과 같다.

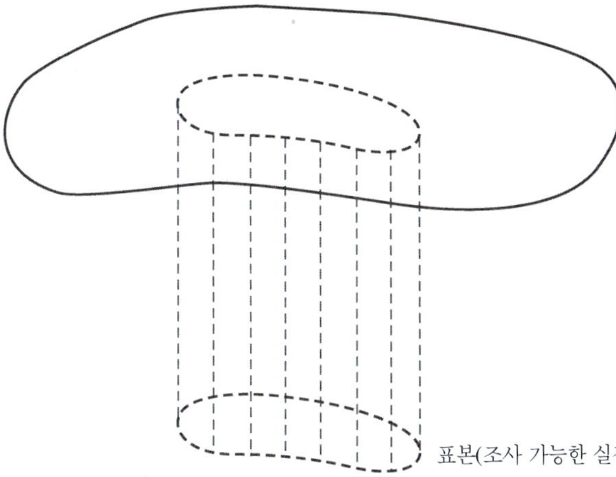

그림 1.1 | 표본은 축소된 모집단으로 볼 수 있다. 우리가 기대하는 바는 표본 연구에서 도출된 변수들의 현상이 모집단의 현상에 관해서도 정확히 들어맞는 것이다.

확률의 해석

1. 확률은 0과 1 사이의 숫자로서 어떤 사건이 발생할 가능성을 의미한다.
2. 확률이 1에 가깝다는 것은 사건 발생 가능성이 매우 높음을 의미한다. 하지만 그 사건이 반드시 일어난다는 것은 아니고 단지 흔히 일어날 수 있는 일이라는 것을 암시하는 것이다.
3. 확률이 0에 가깝다는 것은 사건 발생 가능성이 매우 낮음을 의미한다. 하지만 그 사건이 결코 일어나지 않는다는 것은 아니고 단지 매우 드문 일이라는 것을 암시하는 것이다.
4. 확률이 약 1/2이라는 것은 사건이 일어날 가능성과 일어나지 않을 가능성이 거의 같음을 의미한다.
5. 0과 1 사이의 숫자는 0과 100 사이의 백분위로 나타낼 수 있으므로 확률을 백분위로 나타낼 수 있다. 확률의 백분위 표현은 일상 문서에서 더 흔히 쓰인다.

위의 정리는 주어진 확률을 어떻게 해석할지에 대한 기준일 뿐 그 확률을 어떻게 구할지에 대해서는 아직 언급하지 않았다. 확률은 세 가지 방법으로 구할 수 있다. 즉 개인적(personal) 접근법, 상대빈도(relative frequency) 접근법, 고전적(classical) 접근법이다. 각각을 예를 통해 살펴보자.

예제 1.1.1. 기름 유출 사고가 발생했다. 환경전문가의 관심은 "기름이 주변 해안을 오염시키기 전에 회수할 수 있는 확률은 얼마나 될까?"일 것이다. 답을 얻기 위해 고려해야 할 대표적인 요인으로 기름의 종류, 유출량, 정화작업 중 풍속과 파고, 해안까지의 거리 등을 들 수 있다. 이 전문가는 자신의 전문성을 바탕으로 주어진 값들로부터 확률을 계산한다.

개인적 접근법의 장점은 어느 경우에도 적용 가능하다는 점이다. 누구든 질문에 대해 자신의 견해를 밝힐 수 있기 때문이다. 단점은 당연히 정확하지 않을 수 있다는 점인데 이 방법의 정확성은 활용 가능한 정보의 양과 질, 그리고 이를 다룰 전문가 개인의 역량에 전적으로 달려 있다.

예제 1.1.2. 발전소에 근무하는 한 기술자가 전력의 최고수요치에 대해 연구하고 있다. 과거 기록에서 임의로 선택한 100일 중 80일에서 저녁 6시와 7시 사이에 최고수요가 발생하는 것으로 확인됐다. 따라서 향후 이 시간대에 전력 최고수요가 발생할 가능성은 아래와 같다고 예측할 수 있다.

$$\frac{80}{100} = .80$$

위 계산은 단순히 개인적 의견이 아니라 반복적인 실험과 관찰, 즉 상대빈도에 근거하고 있다.

상대빈도 접근법은 반복적인 실험과 관찰이 가능한 경우라면 언제든 사용할 수 있다. 이때 사건 A가 발생할 확률을 $P[A]$라 하고 그 계산은 다음과 같다.

상대빈도 근사

$$P[A] \doteq \frac{f}{n} = \frac{\text{사건 } A \text{ 발생 횟수}}{\text{총 실험 횟수}}$$

이 방법의 단점은 실험을 한 번에 끝낼 수 없고 여러 번 반복해야 한다는 것이다. 또한 이 방법으로 얻어진 확률은 어디까지나 근삿값으로서 실험 횟수인 n에 좌우된다. 실험을 다시하면 다른 결과가 나올 수도 있다. 하지만 실험 횟수가 증가할수록 결과의 차이는 줄어든다. 따라서 실험 횟수를 늘리면 상대빈도 접근법으로 얻은 근사 확률은 일반적으로 상당히 정확하다.

예제 1.1.3. 두 사람 모두 푸른 눈과 갈색 눈 유전자를 하나씩 갖고 있는 부부로부터 태어난 아이가 갈색 눈을 가질 확률은 얼마일까? 질문에 답하기에 앞서 먼저 유전자 이론을 살펴보자. 아이는 부모로부터 각각 한 개의 눈 유전자를 물려받으므로 아이의 눈 유전자형은 (갈색, 푸른색), (푸른색, 갈색), (푸른색, 푸른색), (갈색, 갈색)의 네 가지 가능성이 있다. 각 유전자형의 앞쪽이 아버지로부터 물려받은 유전자라 하자. 부모 각각 푸른 눈 유전자와 갈색 눈 유전자를 물려줄 확률은 같으므로 위 네 가지 경우의 가능성은 모두 동일하다. 갈색 눈 유전자가 우성이므로 위 네 가지 경우 중 세 경우가 갈색 눈이 된다. 따라서 태어날 아이가 갈색 눈일 확률은 3/4=.75이다.

위의 확률은 개인적 견해도 아니고 반복 실험에 의한 것도 아니다. 이러한 방법을 고전적 접근법이라 한다. 이 방법은 각 사건의 발생 가능성이 모두 같다는 가정하에서 유효하다. 사건 A의 발생 확률을 고전 형식으로 표현하면 아래와 같다.

고전 형식

$$P[A]=\frac{n(A)}{n(S)}=\frac{A\text{의 발생 가짓수}}{\text{실험의 총 가짓수}}$$

이 방법의 장점은 실제로 실험할 필요가 없다는 점이다. 나아가 각 사건의 발생 가능성이 동일하다면 사건 A에 주어진 확률은 더 이상 근삿값이 아니고 사건 A의 발생 빈도에 대한 정확한 표현이 된다.

1.2 표본공간과 사건

실험의 '확률성'이 무엇인지 말하기에 앞서 먼저 '가능성'이란 무엇인지를 정의해야 한다. 즉 실험을 분석하는 첫 번째 과정은 가능한 실험들의 목록을 작성하는 것이다. 이 목록을 표본공간(sample space)이라 한다. 이를 정의하면 아래와 같다.

정의 1.2.1(표본공간과 표본점). 어떤 실험의 표본공간은 그 실험의 각 물리적 결과를 원소로 하는 집합 S이다. S의 각 원소는 표본점(sample point)이라 한다.

가능한 경우의 수가 작을 때, 그 표본공간은 쉽게 찾을 수 있다. 예를 들어 앞에서 본 이형 유전자형 눈 색깔을 가진 부부의 자식이 가질 수 있는 가능한 유전자형들은 아래와 같다.

$$S=\{(\text{갈색, 파란색}), (\text{파란색, 갈색}), (\text{파란색, 파란색}), (\text{갈색, 갈색})\}$$

반대로 가능한 경우의 수가 커지면 표본공간을 찾기 위한 보다 체계적인 방법이 필요한데 그 중 하나가 바로 계통도(tree diagram)이다. 다음 예를 보자.

예제 1.2.1. 우주선의 주 컴퓨터 시스템은 두 개의 백업시스템을 갖고 있다. 이들은 서로 독립적으로 동작하기 때문에 한 컴퓨터가 고장 나더라도 나머지 다른 컴퓨터에는 전혀 영향을 주지 않는다. 궁금한 것은 우주선 발사 시에 이 세 개의 컴퓨터 시스템이 얼마나 정상적으로 작동할 수 있는가이다. 이 실험에 대한 표본공간은 무엇인가?

요지는 발사 시점에 각 시스템의 정상 작동 여부이므로 이 순간의 정보들로 구성된 표본공간을 찾으면 된다. 표본공간을 트리(tree)로 구성해 보자. 먼저 발사 시점에 주 컴퓨터의 상태는 정상 작동 중(yes)이거나 아니면 비정상(no) 상태이다. 이를 계통도로 그리면 그림 1.2(a)와 같고, 그림에서 y는 yes, n은 no를 나타낸다. 마찬가지로 1차 백업시스템의 상태도 정상 아니면 비정상이고 그림 1.2(b)와 같다. 마지막으로 2차 백업시스템의 상태도 정상 아니면 비정상이고 완성된 계통도는 그림 1.2(c)와 같다. 결론적으로 이 실험에 대한 표본공간 S는 계통도의 왼쪽에서 오른쪽으로 갈라지는 모두 8개의 경로들이 됨을 알 수 있다.

$$S=\{yyy, yyn, yny, ynn, nyy, nyn, nny, nnn\}$$

일단 표본공간이 구성되면 집합의 기본성질을 적용하여 여러 실험결과들을 다룰 수 있다. 여기서 실험결과라 함은 수학에서 말하는 사건(event)에 해당된다.

정의 1.2.2(사건). 표본공간의 한 부분집합 A를 사건이라 한다. 공집합 $\varnothing$은 불가능한 사건을 의미하고, 부분집합 S는 확실한 사건을 나타낸다.

정의 1.2.3(사건의 합집합). 두 사건 A와 B의 합집합은 $A \cup B$로 나타내고 A, B, 또는 양쪽에 속한 모든 표본점들로 구성된다. 사건 $A_1, A_2, A_3, \ldots, A_k$의 합집합은 $A_1 \cup A_2 \cup A_3 \cup \cdots \cup A_k$로 나타내고 $i=1, \ldots, k$일 때 하나 이상의 A_i에 속한 모든 표본점들로 구성된다.

정의 1.2.4(사건의 교집합). 두 사건 A와 B의 교집합은 $A \cap B$로 나타내고 A와 B 양쪽 모두에 속한 표본점들로 구성된다. 사건 $A_1, A_2, A_3, \ldots, A_k$의 교집합은 $A_1 \cap A_2 \cap A_3 \cap \cdots \cap A_k$로 나타내고 $i=1, \ldots, k$일 때 모든 A_i에 속한 표본점들로 구성된다.

예제 1.2.2. 주 컴퓨터 시스템과 두 개의 백업시스템으로 구성된 우주선 발사 예를 다시 보자. 이 실험의 표본공간은 다음과 같다.

$$S=\{yyy, yyn, yny, ynn, nyy, nyn, nny, nnn\}$$

그림 1.2 | 계통도 그리기.

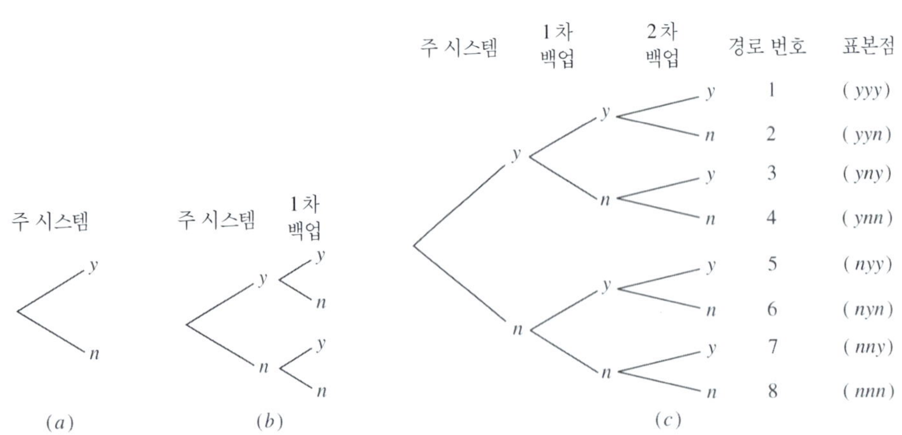

예를 들어 yny는 주 시스템과 2차 백업시스템은 정상이고 1차 백업시스템은 비정상인 경우를 나타낸다(예제 1.2.1 참조). 사건의 예를 보자.

A: 주 시스템 정상
B: 1차 백업시스템 정상
C: 2차 백업시스템 정상

위의 사건들에 대한 수학적 사건은 해당 사건의 표본점들을 나열함으로써 찾을 수 있다. 집합으로 표현하면 아래와 같다.

$$A=\{yyy, yyn, yny, ynn\}$$
$$B=\{yyy, yyn, nyy, nyn\}$$
$$C=\{yyy, yny, nyy, nny\}$$

다른 사건들도 위의 사건들을 조합하여 나타낼 수 있다. 예를 들어 "주 시스템 또는 1차 백업시스템 정상"이라는 사건은 집합 A와 B의 합집합인 $A \cup B$가 된다. 정의에 따라 집합 A와 B의 합집합은 A, B, 또는 양쪽에 속한 모든 표본점들로 구성되므로

$$\begin{aligned} A \cup B &= \text{주 시스템 또는 1차 백업시스템 정상} \\ &= \{yyy, yyn, yny, ynn, nyy, nyn\} \end{aligned}$$

위의 "또는"은 합집합을 의미한다. 한편 "주 시스템 그리고 1차 백업시스템 정상"이라는 사건은 집합 A와 B의 교집합인 $A \cap B$가 된다. 두 집합의 교집합은 양쪽 집합에 모두 속한 모든 표본점들로 구성된다. 즉 양쪽에 공통적으로 들어 있는 원소들의 집합이므로

$$A \cap B = \text{주 시스템 그리고 1차 백업시스템 정상} = \{yyy, yyn\}$$

위의 "그리고"는 교집합을 의미한다. "주 시스템 또는 1차 백업시스템 정상 그러나 2차 백업시스템 비정상"이라는 사건은 $(A \cup B) \cap C'$, 이때 C'은 집합 C의 여집합을 나타낸다. 어떤 집합의 여집합은 그 집합에 속하지 않은 표본공간의 모든 표본점들로 구성된다. 따라서

$$\begin{aligned} A \cup B \cap C' = &\text{ 주 시스템 또는 1차 백업시스템 정상} \\ &\text{ 그러나 2차 백업시스템 비정상} = \{yyn, ynn, nyn\} \end{aligned}$$

위의 "그러나"도 마찬가지로 교집합을 의미하고, "비정상"의 '비'는 여집합을 의미한다.

예제 1.2.1과 예제 1.1.3의 두 표본공간의 차이점에 대해 생각해 보자. 각각의 집합은 아래와 같다.

$$S_1 = \{(\text{갈색, 파란색}), (\text{파란색, 갈색}), (\text{파란색, 파란색}), (\text{갈색, 갈색})\}$$
$$S_2 = \{yyy, yyn, yny, ynn, nyy, nyn, nny, nnn\}$$

각 부모가 파란 눈 유전자를 물려줄 가능성과 갈색 눈 유전자를 물려줄 가능성은 같으므로 S_1의 모든 표본점들의 가능성도 동일하다. 따라서 이형 유전자형 눈 색깔을 가진 부부의 자식이 갈색 눈을 가질 확률에 고전적 기법을 적용할 수 있다. 이 사건을 A라 할 때 확률은 다음과 같다.

$$\begin{aligned} P[A] &= P[\{(\text{갈색, 파란색}), (\text{파란색, 갈색}), (\text{갈색, 갈색})\}] \\ &= \frac{n(A)}{n(S)} = \frac{3}{4} \end{aligned}$$

하지만 S_2의 경우 각 표본점의 발생 가능성은 서로 다르다. 그렇지 않다면 발사 시점에 각 시스템이 정상일 가능성과 비정상일 가능성이 같아야만 하는데 그렇게 흔한 고장은 있을 수 없는 일이기 때문이다. 문제를 정리하면 "발사 시점에 최소한 한 시스템이라도 정상일 확률은 얼마인가?"이므로 이는 다음과 같이 나타낼 수 있다.

$$P[\{yyy, yyn, yny, ynn, nyy, nyn, nny\}]?$$

나중에 보이겠지만 풀이는 있다. 다만 표본점들의 발생 가능성이 서로 다르기 때문에 고전적 접근으로는 풀 수 없다.

모든 트리가 그림 1.2와 같이 대칭인 것은 아니다. 심지어 각 경로의 길이도 서로 다를 수 있다. 예제 1.2.3은 이러한 종류의 예를 보여 준다.

예제 1.2.3. 100개의 부품 중 1개 비율로 불량이 발생하는 생산 공정이 있다고 하자. 불량 검사는 가동 중 임의로 부품을 선택하여 검사하는 방식으로 진행된다. 불량 부품이 발견되면 바로 공정을 멈추고 설비를 점검한다고 하자. 알고 싶은 것은 첫 불량 부품을 발견하기까지 검사해야 할 부품의 수이다. 그림 1.3의 트리에서 c는 계속 검사를 나타내고 s는 공정 멈춤을 나타낸다. 트리에서 보는 바와 같이 불량 부품이 발견되면 공정은 멈춰지고 트리의 경로 또한 끝난다. 이 때문에 어떤 경로는 다른 것보다 훨씬 짧다. 이론적으로 이 트리는 끝없이 늘어난다. 이 트리로 만들어지는 표본공간은 다음과 같다.

$$S = \{s, cs, ccs, cccs, ccccs, \ldots\}$$

불량 부품은 .01의 확률로 발생하므로 각 경로의 가능성이 서로 같지 않다는 점은 분명하다.

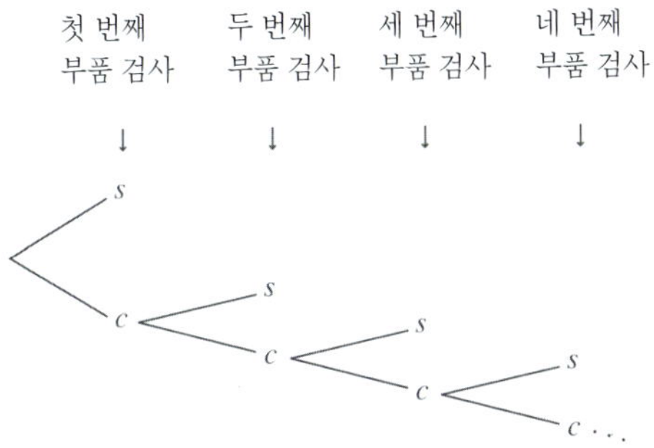

그림 1.3 | 생산 라인의 부품 불량 검사.

상호배반 사건

가끔은 서로 동시에 발생할 수 없는 두세 사건이 관심사가 되기도 한다. 즉 어떤 사건의 발생이 다른 어떤 사건의 발생을 막는 경우이다. 이와 같은 사건들을 상호배반(mutually exclusive)이라고 한다.

예제 1.2.4. 예제 1.2.1의 표본공간을 보자.

$$S=\{yyy, yyn, yny, ynn, nyy, nyn, nny, nnn\}$$

아래의 두 사건은 상호배반이다.

$$A_1\text{: 주 시스템 정상}=\{yyy, yyn, yny, ynn\}$$
$$A_2\text{: 주 시스템 비정상}=\{nyy, nyn, nny, nnn\}$$

하나의 주 시스템이 동시에 정상이면서 비정상인 것은 불가능한 일이다. 수학적으로 A_1과 A_2는 공통의 표본점을 갖지 않는다. 즉 $A_1 \cap A_2 = \varnothing$이다.

예제 1.2.4와 같은 '상호배반 사건'을 수학적으로 정의하면 다음과 같다.

정의 1.2.5(상호배반 사건). $A_1 \cap A_2 = \varnothing$이면 두 사건 A_1과 A_2는 상호배반이다(역도 성립). $i \neq j$인 임의의 i, j에 대해 $A_i \cap A_j = \varnothing$이면 사건 $A_1, A_2, A_3, \ldots$은 상호배반이다(역도 성립).

요약

이 장에서는 확률을 어떻게 해석하는지와 사건의 확률을 구하는 세 가지 방법인 개인적, 상대빈도, 고전적 접근법을 알아보았다. 또한 아래와 같이 기본적으로 알아야 할 주요 용어들을 소개하고 정의하였다.

표본공간
표본점
사건
불가능 사건
확실 사건
상호배반 사건

연습문제

1.1절

1. 최근 공기 중 석면 과다노출로 인한 환경오염이 보고되었다. 지은 지 20년이 넘은 건물 10곳을 골라 조사했더니 그중 3곳에서 기준치 이상의 석면이 함유된 단열재를 사용한 것으로 밝혀졌다. 같은 기준의 다른 건물에서도 이러한 문제가 발생할 확률은 얼마인가? 이 확률을 구하는 데 사용한 기법은 무엇인가?

2. 한 도시에서 75개 교량의 안전점검을 실시하였다. 그중 30개 교량에서 심각한 문제가 발견되었다면 이 도시의 다른 교량을 점검했을 때 심각한 문제가 발견될 확률은 얼마인가? 이 확률을 구하는 데 사용한 기법은 무엇인가?

3. 혈우병은 주로 남성에서 발생하는 유전성 혈액응고 장애로서 혈액응고가 더뎌 작은 상처에도 출혈이 멈추지 않는 위험한 질환이다. 혈우병 보균자인 여성이 아들을 출산할 때 이 병이 유전될 가능성은 50%이다. 이 여성이 두 아들을 출산할 때 둘 다 혈우병일 확률은 얼마인가? 이 확률을 구하는 데 사용한 기법은 무엇인가?

4. 포드 자동차에 브레이크 패드를 납품하는 부품 공장이 있다. 50개 단위 박스 중 2개에서 가공 불량으로 인한 흠이 발견되었다. 박스에서 하나를 꺼냈을 때 흠이 있을 확률은 얼마인가? 이때 사용되는 기법은 상대빈도 접근법인가, 고전 확률인가?

1.2절

5. 핵분열은 원자핵이 중성자를 흡수하여 보다 가벼운 두 개의 핵으로 분열되는 현상으로 에너지 방출이 수반된다. 핵분열 시 평균 두세 개의 중성자가 방출되는데 그중 하나라도 분열 가능한 원자핵에 흡수되면 연쇄반응이 일어날 수 있다.

(*a*) 초기에 3개의 중성자가 방출되었다고 하자. 방출된 중성자가 다른 원자핵에 흡수되는 경우를 c라 하고 그렇지 않은 경우를 n이라 할 때, 이 세 중성자의 가능한 현상을 나타내는 트리를 구성하라.

(*b*) 트리로부터 생성되는 표본점들을 구하라.

(*c*) 아래 사건에 해당하는 표본점들을 구하라.

A_1: 연쇄반응 가능

A_2: 3개 중성자 모두 흡수됨

A_3: 연쇄반응 불가능

(*d*) A_1과 A_2는 상호배반인가?

A_1과 A_3는 상호배반인가?

A_2와 A_3는 상호배반인가?

A_1, A_2, A_3는 상호배반인가?

(*e*) 중성자가 흡수될 확률은 에너지에 비례하고 중성자에 따라 다르다. (*a*)번의 트리에서 경로는 모두 8개이고 세 중성자가 모두 흡수될 경우의 경로는 하나뿐이므로 세 중성자 모두 흡수될 확률은 1/8이라고 말할 수 있는가? 아니라면 왜 그런가?

6. 제2차 세계대전 중 진행된 탄도 연구에 따르면 지대지 사격의 경우 탄착점의 분포는 그림 1.4와 같이 타원을 이루는 것으로 밝혀졌다. 포탄이 안쪽 타원 안에 떨어질 확률은 .50이고 바깥쪽 타원 안에 떨어질 확률은 .95이다.("Statistics and Probability Applied to Problems of Antiaircraft Fire in World War II," E. S. Pearson, *Statistics: A Guide to the Unknown*, Holden-Day, San Francisco, 1972, pp. 407-415.)

(*a*) 포탄이 안쪽 타원 안에 떨어지면 포격이 성공한(s) 것으로 간주하고 그렇지 않으면 실패로(f) 간주한다고 하자. 세 발 연속 포격을 나타내는 트리를 구성하라.

(*b*) 트리로부터 생성되는 표본점들을 구하라.

(*c*) A_1을 1차 포격이 성공한 사건, A_2를 2차 포격이 성공한 사건, A_3를 3차 포격이 성공한 사건이라 하자. 3개 각 사건의 표본점들을 구하라. 이 사건들은 상호배반인가? 수학적 관점과 상식적 관점, 각각의 관점에서 설명하라.

(*d*) 사건 A_1'을 말로 설명하고 표본점들을 구하라.

(*e*) 사건 $A_1 \cap A_2' \cap A_3'$을 말로 설명하고 표본점들을 구하라.

(*f*) (*e*)번 사건의 확률을 구하는 데 고전 확률이 어떻게 사용될 수 있는지 설명하고 그 확률을 구하라.

7. 서버와 PC가 전화망으로 연결된다고 하자. PC는 연결에 성공할 때까지 계속 접속을 시도하고 연결되면 당연히 접속시도는 종료된다. c를 연결된 경우라 하고 n을 연결되지 않은 경우라 하자.

(*a*) 접속시도 과정을 나타내는 트리를 구성하라.

(*b*) 트리의 각 경로는 동일한 가능성을 갖는가?

(*c*) 트리로부터 생성되는 표본점들을 구하라. 표본점들의 수는 유한한가?

(d) 사건 A를 최대 네 번 이내의 접속시도로 연결에 성공하는 사건이라 할 때, 사건 A를 나타내는 표본점들을 구하라.

(*e*) 상호배반이면서 불가능하지는 않은 두 사건의 예를 들어 보라.

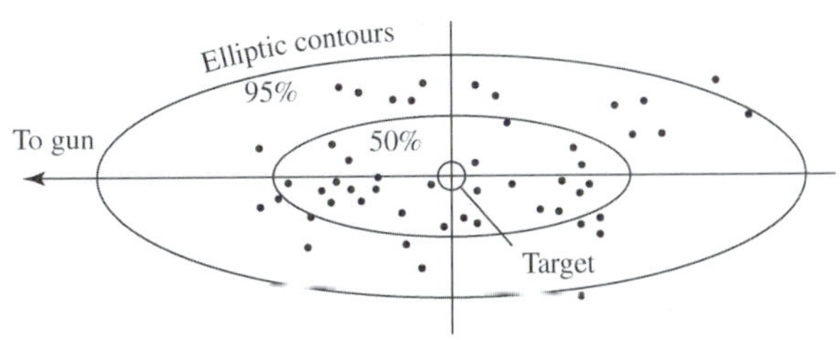

그림 1.4 포탄이 안쪽 타원에 떨어질 확률은 50%.

8. 연속으로 다섯 발의 미사일을 발사할 수 있는 발사대가 있다. 목표물을 명중하면 발사는 멈춘다. h를 명중, m을 실패라 하자.

(*a*) 단일 목표물을 향해 미사일을 발사할 때 이 발사대의 상황을 나타내는 트리를 구성하라.

(*b*) 위 트리와 예제 1.2.3에서 구한 트리 사이에 어떤 차이점이 있는가?

(*c*) 트리로부터 생성되는 표준점들을 구하라.

(*d*) 아래 사건들에 대한 표준점들을 구하라.

A_1: 두 발 발사

A_2: 최대 두 발 발사

위 두 사건은 상호배반인가? 왜 그런가?

복습문제

9. 세 개의 스위치로 구성된 배전반이 있다. 각 스위치 명칭은 I, II, III이고 각각은 켜진 상태(O) 또는 꺼진 상태(F)이다.

(*a*) 세 개의 스위치 상태의 가능한 조합을 나타내는 트리를 구성하라.

(*b*) 트리로부터 생성되는 표본점들을 구하라.

(*c*) 아래 사건들에 대한 표본점들을 구하라.

A: 적어도 하나의 스위치가 켜진 상태

B: 스위치 I이 켜진 상태

C: 모두 꺼진 상태

D: 네 개의 스위치가 켜진 상태

(*d*) 사건 A와 B는 상호배반인가? 사건 A와 C는 상호배반인가? 사건 A와 D는 상호배반인가?

(*e*) D와 같은 사건을 무엇이라 하는가?

(*f*) 각 스위치가 켜져 있을 가능성과 꺼져 있을 가능성이 같다면 모든 스위치가 꺼져 있을 확률은 얼마인가?

10. 조립라인에서 임의로 두 제품을 차례로 집어 품질검사를 하고 있다. 검사 판정은 우수(+), 보통(0), 불량(−)으로 한다.

(*a*) 이 두 단계 실험에 대한 트리를 구성하라.

(*b*) 트리로부터 생성되는 표본점들을 구하라.

(*c*) 아래 사건들에 대한 표본점들을 구하라.

A: 첫 번째 제품 불량

B: 둘 다 같은 품질

C: 첫 번째가 두 번째보다 높은 품질

(*d*) 사건 A와 B는 상호배반인가? 사건 A와 C는 상호배반인가?

(*e*) 아래 사건을 말로 설명하라.

$A'\cap B$ $A'\cap B'$

$A\cap B'$ $A\cap C'\cap B$

(*f*) 생산되는 제품의 90%가 보통, 1%가 우수, 나머지는 불량인 것으로 알려져 있다. 하지만 앞의 트리에서 9개의 경로 중 둘 다 보통인 경로는 하나뿐이므로 둘 다 보통 품질일 확률은 1/9이라고 할 수 있지 않은가? 아니면 왜 그런가?

11. 0에서 9까지의 숫자 중 임의로 한 숫자를 선택하는 실험이 있다. 선택된 숫자를 A라 하고 아래 코드를 수행하였다.

IF $A < 2$ THEN $B=12$; ELSE $B=17$;

IF $B=12$ THEN $C=A-1$; ELSE $C=0$;

(*a*) 변수 A, B, C에 어떤 값이 저장되는지를 나타내는 트리를 구성하라.

(*b*) 트리로부터 생성되는 표본점들을 구하라.

(*c*) 이 실험의 10가지 경우들의 발생 가능성은 모두 같은가?

(*d*) A가 짝수일 확률을 구하라.

(*e*) C가 음수일 확률을 구하라.

(*f*) $C=0$일 확률을 구하라.

(*g*) $C \leq 1$일 확률을 구하라.

CHAPTER 2

기본 확률 법칙

1 장에서는 확률을 어떻게 해석하는지에 대해 알아보았다. 이번 장에서는 확률과 관련된 기본 법칙들을 살펴본다. 이 법칙들은 다양한 문제 해결에 곧바로 적용될 수 있다. 예와 함께 수치적 설명을 병행하여 파생되는 응용 법칙들까지도 어렵지 않게 이해할 수 있을 것이다.

2.1 확률 공리

고등학교 때 배운 기하학을 떠올리며 수학 체계가 어떻게 만들어지는지 생각해 보자. 어떤 수학 체계든 시작은 그 분야의 기초가 되는 기본 정의와 공리로부터 출발한다. 정의란 그 체계의 핵심 용어들이고, 공리란 그 체계의 당연한 진리로서 별도의 증명을 필요로 하지 않는 명제이다. 일반적으로 공리는 가능한 한 최소한으로 유지하며 새로 도입되는 이론이나 정리는 이 공리와 정의로부터 증명된다. 앞에서 살펴본 표본공간, 표본점, 사건, 상호배반 사건과 같은 용어들은 기술적 정의에 대표적인 예이다. 먼저 확률의 3 대 공리를 살펴보자.

확률 공리

1. S를 한 실험의 표본공간이라 하면

$$P[S]=1$$

2. 모든 사건 A에 대해 $P[A] \geq 0$이다.

3. $A_1, A_2, A_3, \ldots$를 유한 또는 무한 개의 상호배반 사건 집합들이라고 하면, $P[A_1 \cup A_2 \cup A_3 \cup \cdots] = P[A_1]+P[A_2]+P[A_3]+\ldots$이다.

공리 1 은 누구나 받아들일 수 있는 사실이다. 즉 확실한 사건 S의 확률은 1 이다. 공리 2 는 확률값은 결코 음수가 될 수 없음을 뜻한다. 공리 3 은, 상호배반 사건을 다룰 때, 여러 사건들 중 적어도 하나가 발생할 확률은 곧 각 확률의 합으로 구할 수 있음을 뜻한다. 이 공리는 특히 표본공간에서 표본점들의 발생 가능성이 서로 같지 않은 경우에 매우 중요하다. 예제 2.1.1을 보자.

예제 2.1.1. 미국인의 혈액형 분포를 보면 A형이 41%, B형이 9%, AB형이 4%, O형이 46%이다. 한 응급환자가 응급실에 실려 와 혈액형 검사를 받을 때 혈액형이 A형, B형, 또는 AB형일 확률은 얼마인가?

이 실험의 표본공간은 아래와 같다.

$$S = \{A, B, AB, O\}$$

각 표본점의 가능성이 서로 다르므로 확률을 고전적 접근으로 구할 수는 없다. 즉 모두 네 가지 혈액형이 있고 그중 3개가 A형, B형, AB형이므로 이 문제의 확률이 3/4이라고 말할 수 없다는 것이다. 사건 A_1, A_2, A_3를 각각 환자의 혈액형이 A형, B형, AB형일 경우라 하자. 한 사람이 서로 다른 둘 이상의 혈액형을 가질 수는 없으므로 이 세 사건은 상호배반이다. 구하고자 하는 것은 $P[A_1 \cup A_2 \cup A_3]$이므로 공리 3에 의해

$$\begin{aligned} P[A_1 \cup A_2 \cup A_3] &= P[A_1] + P[A_2] + P[A_3] \\ &= .41 + .09 + .04 \\ &= .54 \end{aligned}$$

이들 공리로부터 바로 유추할 수 있는 사실 중 하나는 불가능 사건의 확률은 0이라는 것이다. 이에 대한 유도과정은 연습문제 12에서 다룬다.

정리 2.1.1. $P[\varnothing] = 0$.

유추 가능한 또 다른 사실은 어떤 사건이 일어나지 않을 확률은 1에서 그 사건이 일어날 확률을 뺀 값과 같다는 것이다. 예를 들어 우주왕복선 발사 성공 확률이 .99라면 성공하지 못할 확률은 1−.99=.01이다. 이에 대한 명제가 정리 2.1.2이고 유도과정은 연습문제 12에서 다룬다.

정리 2.1.2. $P[A'] = 1 - P[A]$.

일반 덧셈법칙

지금까지 사건들이 상호배반일 때 사건들의 확률을 어떻게 구하는지 살펴보았다. 이제 두 사건이 상호배반이 아닐 때 한 사건 또는 나머지 다른 사건이 발생할 확률에 대해 알아보자. 먼

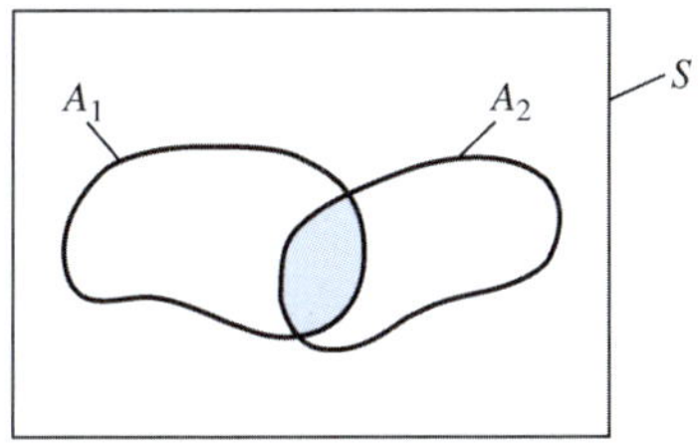

그림 2.1
$A_1 \cap A_2 \neq \varnothing$.

저 그림 2.1의 벤다이어그램을 보자. 그림의 색칠된 부분인 $A_1 \cap A_2$가 비어 있지 않다고, 즉 A_1과 A_2가 상호배반이 아니라고 가정하자. 그러면 아래와 같이 주장할 수 있을까?

$$P[A_1 \cup A_2] = P[A_1] + P[A_2]$$

아니다. $A_1 \cap A_2$는 A_1에 속해 있고 동시에 A_2에도 속해 있으므로 위 계산에서 $A_1 \cap A_2$는 두 번 포함되게 된다. 따라서 우변에서 $P[A_1 \cap A_2]$를 한 번 빼 주어야 하고 그 결과는 다음과 같다.

일반 덧셈법칙

$$P[A_1 \cup A_2] = P[A_1] + P[A_2] - P[A_1 \cap A_2]$$

이 법칙은 확률 공리와 지금까지 살펴본 정리들로부터 유도할 수 있다. 실제 증명은 연습문제 12에서 다루겠지만 그 내용의 핵심은 '또는'이란 단어에 있다.

예제 2.1.2. 일반적으로 추진장치의 부품들은 일렬로 배치되어 있다. 이러한 구조는 치명적인 약점을 지니고 있는데 바로 한 부품이라도 고장이 나면 시스템 자체가 멈춘다는 점이다. 우주선의 경우에는 더욱이 심각한 일이다. 해결책은 주엔진과 함께 보조엔진을 추가하는 것이다. 두 엔진은 서로 독립적으로 설계되어 한 엔진의 고장이 다른 엔진에 전혀 영향을 주지 않아야 한다. 따라서 둘 중 하나만 작동하더라도 시스템 자체는 정상 작동하는 것이 된다. 이러한 시스템을 병렬시스템이라 한다. 각 엔진이 정상 작동할 확률은 .9라 할 때, 나중에 보이겠지만, 두 엔진 모두 정상 작동할 확률은 .81이다. 시스템 자체가 정상 작동할 확률을 구하라. A_1을 주엔진이 정상 작동하는 사건, A_2를 보조엔진이 정상 작동하는 사건이라 하자. $P[A_1]=P[A_2]=.9$이고, $P[A_1 \cap A_2]=.81$이므로 찾고자 하는 $P[A_1 \cup A_2]$는 덧셈법칙에 따라

$$\begin{aligned} P[A_1 \cup A_2] &= P[A_1] + P[A_2] - P[A_1 \cap A_2] \\ &= .9 + .9 - .81 = .99 \end{aligned}$$

덧셈법칙은 두 연산, 즉 합집합과 교집합을 서로 연결시켜 준다. $P[A_1 \cap A_2]$만 알면 덧셈법칙을 통해 $P[A_1 \cup A_2]$를 구할 수 있다. 마찬가지로 $P[A_1 \cup A_2]$를 알면 덧셈법칙으로

$P[A_1 \cap A_2]$를 찾을 수 있다. 벤다이어그램으로 보면 쉽게 이해할 수 있을 것이다.

예제 2.1.3. 한 화학자가 납과 수은 같은 중금속 오염도를 검사하기 위해 바닷물 샘플을 분석하고 있다. 지난 검사에 따르면 바다로 연결된 강 주변에 공단이 있어 강 입구에서 채취한 샘플의 납 또는 수은 함량은 38%였다. 이번 검사결과를 보니 납 함량은 32%, 수은 함량은 16%이다. 다른 샘플을 검사했을 때 오직 납만 함유되어 있을 확률은 얼마인가? A_1을 납이 함유되어 있을 확률, A_2를 수은이 함유되어 있을 확률이라 하자. $P[A_1]=.32$, $P[A_2]=.16$, $P[A_1 \cup A_2]=.38$이므로 덧셈법칙에 따라

$$P[A_1 \cup A_2] = P[A_1] + P[A_2] - P[A_1 \cap A_2]$$

즉

$$.38 = .32 + .16 - P[A_1 \cap A_2]$$

위 식으로부터 $P[A_1 \cap A_2]=.10$이고 그림으로 나타내면 그림 2.2(a)와 같다. $P[A_1]=.32$이고 $A_1 \cap A_2$가 A_1에 포함되어 있으므로 그림 2.2(b)의 색칠된 부분의 확률은 .22가 된다. 마찬가지로 $A_1 \cap A_2$가 A_2에 포함되어 있으므로 그림 2.2(c)의 색칠된 부분의 확률은 .06이다. 끝으로 $P[S]=1$이므로 그림 2.2(d)의 색칠된 부분의 확률은 .62이다. 질문은 샘플에 오직 납만 함유되어 있을 확률이므로 $P[A_1 \cap A_2']$가 되고 그 확률은 그림 2.2(b)와 같이 .22이다.

위 예제와 같이 기본 비율들이 전체 모집단 데이터에 근거한 값일 때는 덧셈법칙을 적용해 구한 다른 확률들도 정확한 값이 된다. 하지만 주어진 비율이 일부 샘플에 근거한 값일 때 이로부터 계산된 확률은 상대빈도 확률이다. 즉 실제 확률에 대한 근삿값이다. 예제에 등장하는 비율들은 대부분 샘플에 근거하기 때문에 그 확률 또한 상대빈도 확률이라 하는 것이 정확

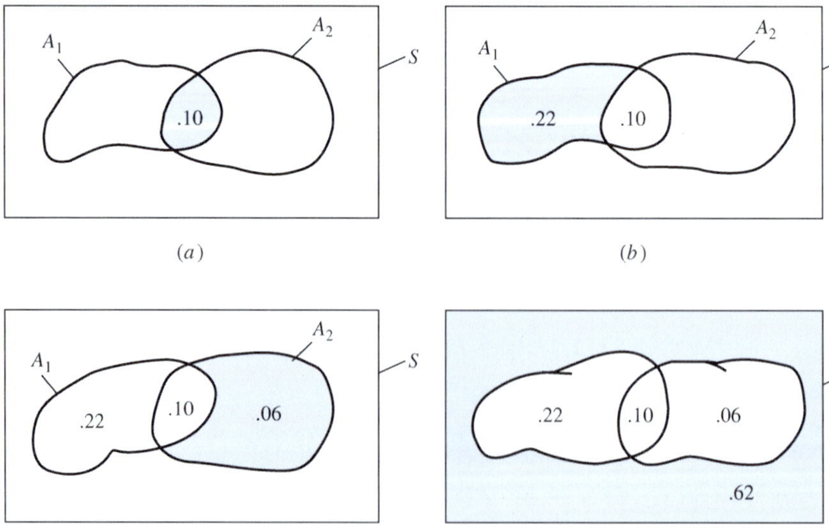

그림 2.2
(a) $P[A_1 \cap A_2]=.10$;
(b) $P[A_1 \cap A_2']=.22$;
(c) $P[A_1' \cap A_2]=.06$;
(d) $P[A_1' \cap A_2']=.62$.

한 표현이지만 이 책에서는 편의상 '확률'이란 말을 상대빈도 확률의 줄임말로 사용한다.

2.2 조건부 확률

이 절에서는 조건부 확률 개념을 소개한다. 명칭 자체는 일어날 무엇인가를 암시하지만 실제로는 만약 어떤 사건 A_1이 일어났다는 전제하에 사건 A_2가 일어날 확률이란 뜻이다. 여기서 핵심적인 두 단어는 "전제하에"와 "만약"이다. 조건부 확률은 $P[A_2|A_1]$로 표기하고 그 의미는 사건 A_1이 일어났다고 했을 때 사건 A_2가 일어날 확률이다. 다음 예제를 통해 이 정의의 의미를 살펴본다.

예제 2.2.1. 태아 성감별에 '녹말젤전기영동(starch gel electrophoresis)'이란 임신 테스트가 사용된다. 이 테스트는 임신대단백질(pregnancy zone protein)로 불리는 단백질대의 존재 여부를 시험하는데 임신한 여성의 43%에서 검출된다. 한편 전체 신생아의 51%는 남아이고, 임신대단백질이 검출되고 남아인 경우는 17%이다. 이를 벤다이어그램으로 그려 보면 그림 2.3과 같다. A_1을 임신대단백질이 존재하는 경우라 하고, A_2를 신생아가 남아인 경우라 하자. 주어진 자료에 따라 $P[A_1]=.43$, $P[A_2]=.51$, $P[A_1 \cap A_2]=.17$이다. 예를 들어 "신생아가 남아일 확률은 얼마인가?"라고 묻는다면 답은 .51이다. 만약에 임신대단백질이 검출되었다는 전제하에 같은 질문을 던진다면 어떻게 될까? 첫 번째 질문과 다른 점은 새로운 정보를 더 갖고 있다는 것이다. 이 새로운 정보가 신생아가 남아라는 믿음에 어떤 영향을 줄까? 즉 $P[A_2|A_1]$은 얼마인가? 일단 임신대단백질이 검출되었다는 사실을 알고 있기 때문에 이제 표본공간은 더 이상 모든 임신한 여성이 아니고 임신한 여성의 43%이다. 따라서 이 경우의 확률은 $.17/.43 \doteq .395$가 된다. 다시 쓰면

$$P[\text{남아} \mid \text{임신대단백질 검출}] = P[A_2|A_1] = .395$$

결론적으로 임신대단백질이 검출되었다는 정보를 알고 나면 신생아가 남아일 확률은 .51에서 .395로 달라진다.

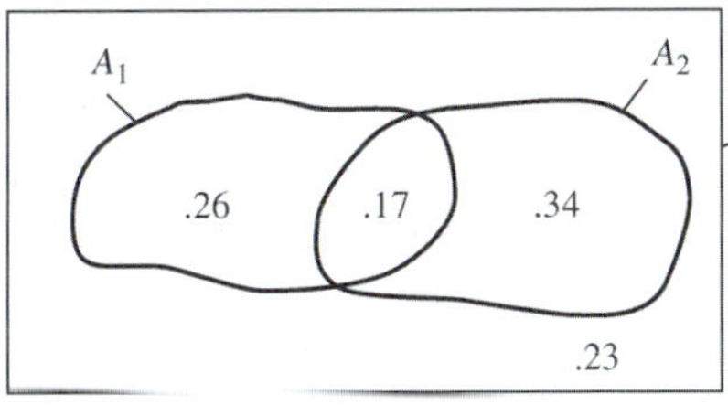

그림 2.3 | S의 분할.

위 예제의 논리를 정리하면, $P[A_2|A_1]$의 분모 $P[A_1]$은 주어진 사건이 발생할 확률이고, 분자 $P[A_1 \cap A_2]$는 주어진 사건과 질문의 사건이 모두 발생할 확률이다. 따라서 조건부 확률을 정의하면 아래와 같다.

정의 2.2.1(조건부 확률). A_1과 A_2를 $P[A_1] \neq 0$인 사건이라 하자. A_1이 주어졌을 때 A_2의 조건부 확률은 $P[A_2|A_1]$으로 나타내고 그 정의는

$$P[A_2|A_1] = \frac{P[A_1 \cap A_2]}{P[A_1]}$$

가끔은 A_1이 발생했다는 사실이 A_2의 확률에 전혀 영향을 미치지 않는 경우도 있다. 즉

$$P[A_2|A_1] = P[A_2]$$

이 경우 A_1과 A_2는 서로 특수관계에 있다고 하며 이 관계에 대한 상세 설명은 다음 절에서 살펴본다. 당분간은 어떤 조건부 확률이 그 사건의 원래 확률과 다르지 않은 경우를 보더라도 당황하지 말자.

2.3 독립성과 곱셈법칙

이미 몇몇 예에서 '독립적'이란 표현을 사용한 바 있다. 웹스터 사전을 보면 독립적 개체란 '서로 무관한' 개체들을 뜻한다. 따라서 한 사건이 다른 사건과 무관하게 발생된다면 두 사건은 독립이라 한다. 즉 한쪽의 발생 또는 그렇지 않음이 다른 쪽의 발생 또는 그렇지 않을 가능성에 영향을 미치지 않는다는 말이다. 실전에서는 두 사건을 설명할 때 두 사건이 서로 독립임을 명시할 필요가 있기도 하다. 예를 들어 이형의 눈 유전자형을 가진 부부에게 아이가 둘 있다고 가정해 보자. 아이의 눈 색깔은 오로지 부모의 유전자 조합에 의해서만 결정되는 것이지 다른 아이의 눈 색깔과는 관계가 없으므로 첫째 아이가 갈색 눈일 사건 A_1과 둘째 아이가 갈색 눈일 사건 A_2는 서로 독립이라고 명시하는 것이 옳다. 하지만 대부분의 경우가 이처럼 명백한 것만은 아니다. 그런 경우 의심 없이 두 사건이 서로 독립이라고 확신할 수 있는 수학적 정의가 필요하다.

독립성을 명확히 하기 위해 간단한 실험을 해 보자. 실험은 한 번의 주사위 던지기와 한 번의 동전 던지기로 구성된다. 각 순서쌍의 첫 번째를 주사위를 던져 나온 숫자라 하고 두 번째는 동전을 던져 나온 액면(H: 앞면, T: 뒷면)이라 할 때 이 실험의 표본공간은 아래와 같다.

$$\begin{aligned} S = \{&(1,H),(1,T),(2,H),(2,T),(3,H),(3,T),\\ &(4,H),(4,T),(5,H),(5,T),(6,H),(6,T)\} \end{aligned}$$

주사위와 동전 모두 공정한 모양이므로 위 12개 경우는 모두 동일한 가능성을 갖는다. 아래 사건을 생각해 보자.

A: 주사위가 1 또는 2
B: 동전이 앞면
$A \cap B$: 주사위가 1 또는 2이고 동전이 앞면

주사위를 던진 결과가 동전이 어떻게 나올지에 전혀 영향을 주지 않는다는 것은 자명하므로 사건 A와 B가 독립이라고 가정하는 것 또한 당연하다. 따라서 고전 확률을 이용하여 아래와 같이 계산할 수 있다.

$$
\begin{aligned}
P[A] &= P[\{(1,H),(1,T),(2,H),(2,T)\}] = 4/12 = 1/3 \\
P[B] &= P[\{(1,H),(2,H),(3,H),(4,H),(5,H),(6,H)\}] \\
&= 6/12 = 1/2 \\
P[A \cap B] &= P[\{(1,H),(2,H)\}] = 2/12 = 1/6
\end{aligned}
$$

더욱이 위 식들로부터 독립인 사건들에 대해서는 아래 식이 성립한다는 것을 알 수 있다.

$$P[A \cap B] = P[A] \cdot P[B]$$

니켈(N), 다임(D), 쿼터(Q) 동전이 각각 하나씩 들어 있는 상자로부터 연속하여 두 개를 뽑는 실험을 생각해 보자. 첫 번째로 뽑은 동전은 다시 집어넣지 않는다. 이 실험의 표본공간은 아래와 같다.

$$S = \{(N, D), (N, Q), (D, N), (D, Q), (Q, N), (Q, D)\}$$

각 경우의 발생 가능성은 모두 같다. 아래 사건을 가정해 보자.

A: 첫 번째 동전이 다임
B: 두 번째 동전이 다임

첫 번째로 뽑은 동전을 다시 집어넣지 않기로 했기 때문에 사건 A가 발생하면 사건 B는 결코 있을 수 없다는 것은 분명하다. 즉 사건 A가 발생했다는 사실이 사건 B의 발생 여부를 판가름하는 데 중요한 정보가 되고 있음을 알 수 있다! 이러한 사건은 독립적이지 않다. 고전확률을 사용하여 정리하면 아래와 같다.

$$
\begin{aligned}
P[A] &= P[\{(D, N), (D, Q)\}] = 2/6 \\
P[B] &= P[\{(N, D), (Q, D)\}] = 2/6 \\
P[A \cap B] &= P[\varnothing] = 0
\end{aligned}
$$

더욱이 위 식들로부터 독립적이지 않은 사건들에 대해서 아래 식이 성립한다는 것을 일 수

있다.

$$P[A \cap B] \neq P[A]P[B]$$

사건 A와 B가 명백히 독립이라면 $P[A \cap B] = P[A]P[B]$이고, 반대로 독립적이지 않다면 $P[A \cap B] \neq P[A]P[B]$임을 보았다. 이는 우연의 일치가 아니다. 이러한 수학적 성질을 이용하여 '독립사건'이라는 개념을 정의할 수 있다.

정의 2.3.1(독립사건). 아래 조건이 성립하면 사건 A_1과 A_2는 독립이다(역도 성립).

$$P[A_1 \cap A_2] = P[A_1]P[A_2]$$

위 정의는 두 가지 측면에서 유용하다. 먼저 각 확률의 정확한 값을 알고 있다면 독립성 여부를 판가름하는 데 도움이 된다. 하지만 현실에서는 대부분 근삿값밖에 얻을 수 없으므로 두 사건이 독립임을 알 때 두 사건이 동시에 일어날 확률을 구하는 데 보다 널리 사용된다. 예제 2.3.1은 독립성 검증의 예이다.

예제 2.3.1. 잘 섞인 52장의 카드로부터 하나를 뽑는 실험을 생각해 보자.

A_1: 뽑은 카드가 스페이드
A_2: 뽑은 카드가 귀족(10, J, Q, K, A)

고전 확률을 통해 $P[A_1] = 13/52$, $P[A_2] = 20/52$임을 알 수 있다. 또한 스페이드이면서 귀족일 확률 $P[A_1 \cap A_2]$은 5/52이다. 이들 값은 모두 정확한 값임에 주목하자. 사건 A_1과 A_2는 독립인가? 아래를 보자.

$$P[A_1]P[A_2] = (13/52)(20/52) = 5/52$$

이고

$$P[A_1 \cap A_2] = 5/52$$

따라서 $P[A_1 \cap A_2] = P[A_1]P[A_2]$이므로 위 사건은 독립이라고 판정할 수 있다.

고전 확률이 아닌 현장의 측정값들로 작업할 때 사용되는 독립성 검증에 대해서는 12장에서 다룬다. 그 과정 역시 앞서 설명한 독립사건의 정의에 바탕을 두고 있다.

예제 2.3.2는 사건들이 명백히 독립일 때 두 사건이 동시에 일어날 확률을 구하는 데 정의 2.3.1이 어떻게 활용되는지 보여 준다.

예제 2.3.2. 예제 1.1.3과 같이 이형의 눈 색깔 유전자형을 갖는 부부의 아이가 갈색 눈을 가질 확률은 3/4이다. 아이들의 눈 색깔은 서로 독립이므로 이 부부에게 아이가 둘일 경우 둘 다 갈색 눈일 확률은 다음과 같다.

$$\begin{aligned} P[\text{첫째가 갈색 눈이고 둘째도 갈색 눈}] &= P[\text{첫째가 갈색 눈}]P[\text{둘째도 갈색 눈}] \\ &= \frac{3}{4} \cdot \frac{3}{4} \\ &= \frac{9}{16} \end{aligned}$$

임의의 두 사건 A_1과 A_2의 독립성에 관한 정의 2.3.1에서 둘 중 하나라도 확률이 0이 아니면 흥미로운 성질을 이끌어 낼 수 있다. $P[A_1] \neq 0$이라 하자. 정의 2.3.1에 따라 A_1과 A_2가 독립이면 아래 식이 성립한다.

$$P[A_1 \cap A_2] = P[A_1]P[A_2]$$

양변을 $P[A_1]$으로 나누면 다음과 같은 결과를 얻을 수 있다.

$$\frac{P[A_1 \cap A_2]}{P[A_1]} = P[A_2|A_1] = P[A_2]$$

$P[A_2] \neq 0$이라 하더라도 식은 대동소이하다. 이를 정리하면 정리 2.3.1과 같다.

정리 2.3.1. $P[A_1]$과 $P[A_2]$ 중 적어도 하나가 0이 아닌 사건 A_1과 A_2가 있다고 하자. 다음을 만족시키면 사건 A_1과 A_2는 독립이다(역도 성립).

$$P[A_2|A_1] = P[A_2],\ P[A_1] \neq 0\text{일 때}$$
$$P[A_1|A_2] = P[A_1],\ P[A_2] \neq 0\text{일 때}$$

현실에서 다루는 대부분의 사건은 0이 아닌 확률로 발생하는 것이 일반적이므로 정리 2.3.1은 독립성 검증에 자주 사용된다. 위 정리에 담긴 논리를 이해하기 위해 예제 2.3.1의 데이터를 다시 보자.

예제 2.3.3. 뽑은 카드가 스페이드일 사건 A_1과 귀족일 사건 A_2를 보자. $P[A_1]=13/52$, $P[A_2]=20/52$, $P[A_1 \cap A_2]$은 5/52이다. "임의로 뽑은 카드가 귀족일 확률은 얼마인가?"라고 묻는다면 답은 20/52이다. 뽑은 카드가 스페이드라고 알려주고 나서 "그 카드가 귀족일 확률은 얼마인가?", 즉 "$P[A_2|A_1]$?"라는 질문은 어떤가? A_1과 A_2가 서로 독립이라면 새로운 정보에 상관없이 답은 변함이 없다. 즉 $P[A_2|A_1]=P[A_2]$이다. 그렇지 않다면 답은 달라질 것이고 $P[A_2|A_1] \neq P[A_2]$이다. 이제 문제로 돌아가서, 이 경우는 $P[A_2|A_1]=P[A_2]$인가? 풀어 보면

$$P[A_2|A_1] = \frac{P[A_1 \cap A_2]}{P[A_1]} = \frac{5/52}{13/52} = 5/13$$

이고

$$P[A_2] = 20/52 = 5/13$$

즉 두 확률이 같으므로 정리 2.3.1 에 의해 A_1과 A_2는 독립이라 판정할 수 있다.

둘 이상의 사건들에 대해서는 어떤가? 즉 "이 사건들은 독립인가?"라는 질문에 아래 정의 2.3.2 를 적용할 수 있다.

정의 2.3.2. 유한한 사건들의 집합 $C=\{A_i: i=1, 2, ..., n\}$이 있다. C의 원소들 $A_{(1)}, A_{(2)}, ..., A_{(m)}$에 대해 아래가 성립하면 이 사건들은 독립이다(역도 성립).

$$P[A_{(1)} \cap A_{(2)} \cap \cdots \cap A_{(m)}] = P[A_{(1)}]P[A_{(2)}] \cdots P[A_{(m)}]$$

이 정의의 기본 용도는 여러 사건들의 독립성 검증이지만 주목적은 독립이라고 추정되는 일련의 사건들이 발생할 확률을 구하는 것이다. 1 장의 예제 1.2.1 을 다시 보자.

예제 2.3.4. 우주선 발사 시 주 컴퓨터는 두 대의 백업시스템과 함께 작동된다. 각각은 독립적으로 동작하고 각 컴퓨터의 신뢰성은 90%이다. 발사 시점에 세 컴퓨터가 모두 정상 작동할 확률은 얼마인가? 아래와 같이 놓자.

A_1: 주 시스템 정상
A_2: 1 차 백업시스템 정상
A_3: 2 차 백업시스템 정상

$P[A_1]=P[A_2]=P[A_3]=.9$이고 구하고자 하는 것은 $P[A_1 \cap A_2 \cap A_3]$이다. 이 사건들은 독립이라 추정되므로

$$\begin{aligned} P[A_1 \cap A_2 \cap A_3] &= P[A_1]P[A_2]P[A_3] \\ &= (.9)(.9)(.9) \\ &= .729 \end{aligned}$$

정의 2.3.2 를 사용할 때는 주의가 필요하다. 특히 위와 같이 일련의 사건들의 확률을 구할 때는 사건들이 독립이라고 가정한 것이 맞는지 반드시 확인해야 한다. 예제 2.3.5 는 어설픈 독립성 가정으로 인한 위험을 보여 준다.

예제 2.3.5. 미국 원자력위원회에서 발간한 WASH 1400 보고서에 따르면 1978년 3월에 스리마일 섬에서 발생한 원전사고와 같은 원자력발전소 사고 발생 확률은 천만분의 일이라고 한다. 이에 대한 마크 스티븐스의 비판을 보자. "WASH 1400의 방법론은 사고 발생에 필수적인 사건들을 일렬로 나열하는 사건트리입니다. 하지만 이 사건트리는 사건들 간의 연관성을 전혀 고려하지 않고 있습니다. 즉 이 사건들이 동일한 판단착오나 같은 실수에 의해 동시에 발생될 가능성 말입니다. WASH 1400 보고서를 작성했던 통계학자에 의하면 두 보조급수기 밸브(12B와 12A) 중 하나가 잠겨 있을 확률은 천분의 일이고, 따라서 둘 다 잠길 확률은 천의 천분의 일, 즉 백만분의 일이라고 주장했습니다. 그러나 3월 26일 한 직원의 실수로 두 밸브 모두 잠겼습니다. 심지어 각 밸브는 따로 잠겨 본 일도 없이 말입니다." 첫 번째 밸브가 잠길 확률 A_1과 두 번째 밸브가 잠길 확률 A_2는 독립이 아니었던 것이다. 하지만 보고서는 독립인 것으로 간주해 계산했고 결과적으로 치명적인 사고 발생의 확률을 과소평가한 꼴이 되었다(Mark Stephens, *Three Mile Island*, Random House, 1980).

곱셈법칙

중요한 점을 하나 더 살펴보자. 사건이 독립이라 추정되면 $P[A_1 \cap A_2]$를 구할 수 있다. 나아가 적절한 정보가 추가되면 일반 덧셈법칙으로도 이 확률을 구할 수 있다. 그러면 사건이 독립적이지 않을 때에도 두 사건의 동시 발생 확률을 구할 수 있을까? 그렇다. 앞에서 본 것처럼 독립성 여부에 관계없이

$$P[A_2|A_1] = \frac{P[A_1 \cap A_2]}{P[A_1]} \qquad P[A_1] \neq 0$$

양변에 $P[A_1]$을 곱하면 바로 다음과 같은 곱셈법칙(multiplication rule)이 된다.

곱셈법칙

$$P[A_1 \cap A_2] = P[A_2|A_1]P[A_1]$$

적용 사례는 예제 2.3.6과 같다.

예제 2.3.6. 최근 연구에 따르면 감염의 49%는 혐기성균을 포함하고 있는 것으로 나타났다. 나아가 혐기성 감염의 70%에 다중미생물, 즉 하나 이상의 혐기성미생물이 포함되어 있다고 한다. 그렇다면 어떤 감염에 혐기성균이 포함되어 있고 그것이 다중미생물일 확률은 얼마인가? A_1은 감염에 혐기성균이 포함되어 있을 사건, A_2는 그것이 다중미생물일 사건이라 하자. $P[A_1]=.49$, $P[A_2|A_1]=.70$이라 주어졌고 구하고자 하는 것은 $P[A_1 \cap A_2]$이므로 곱셈법칙에 따라

$$\begin{aligned} P[A_1 \cap A_2] &= P[A_2|A_1]P[A_1] \\ &= (.70)(.49) \\ &= .343 \end{aligned}$$

2.4 베이즈 정리

이 절의 주제는 1761년 토머스 베이즈(Thomas Bayes)가 정립한 이론으로서 조건부 확률을 다룬다. 베이즈 정리는 $P[A|B]$ 계산에서 조건부 확률의 정의를 적용할 정보들이 충분하지 않을 때 유용하다.

예제 2.4.1은 베이즈 정리가 쓰인 예로서 아직 공식을 접하진 못했지만 자연스럽게 베이즈 규칙이 적용되는 것을 볼 수 있다.

예제 2.4.1. 고속도로 교통사고의 40%에 운전자 과속이 포함되어 있고(사건 E) 30%에 음주운전이 포함되어 있다고(사건 A) 가정하자. 음주운전이 포함되어 있을 때 과속 역시 포함되어 있을 확률은 60%이고 그렇지 않을 경우 그 확률은 10%이다. 어떤 사고에 과속이 있었다. 음주운전까지 포함되어 있을 확률은 얼마인가? 주어진 확률을 정리하면 아래와 같다.

$$\begin{array}{lll} P[E] = .40 & P[A] = .30 & P[E|A] = .60 \\ P[E'] = .60 & P[A'] = .70 & P[E|A'] = .10 \end{array}$$

질문은 $P[A|E]$를 구하라는 것, 즉 조건부 질문이므로 바로 조건부 확률의 정의를 적용해 보는 것은 당연한 일이다. 따라서

$$P[A|E] = \frac{P[E \cap A]}{P[E]}$$

하지만 변환을 해도 주어진 확률에 없는 확률이 있으므로 이를 다시 곱셈법칙으로 변환하여 아래와 같이 주어진 확률들로 구성된 식을 얻는다.

$$P[E \cap A] = P[E|A]P[A]$$

과속이 포함되어 있을 때 음주운전은 포함되어 있거나 아니거나 둘 중 하나이므로 사건 E는 아래와 같이 두 상호배반 사건의 합으로 풀어 쓸 수 있다.

$$E = (E \cap A) \cup (E \cap A')$$

즉

$$P[E] = P[E \cap A] + P[E \cap A']$$

우변의 첫 번째 확률은 앞에서 이미 변환했고, 두 번째 확률을 역시 곱셈법칙으로 변환하면 아래와 같다.

$$P[E \cap A'] = P[E|A']P[A']$$

따라서

$$\begin{aligned} P[A|E] &= \frac{P[E \cap A]}{P[E]} \\ &= \frac{P[E|A]P[A]}{P[E|A]P[A] + P[E|A']P[A']} \end{aligned}$$

눈에 띄는 것은 우변 분자의 조건부 확률이 원래 질문인 좌변의 형태와 서로 뒤집혀진 모양이라는 점이다. 분모의 조건부 확률들도 마찬가지로 원래 질문과 반대되는 형태로서 A와 A' 중심으로 구성되어 있음을 알 수 있다. 이제 확률을 계산해 보면

$$\begin{aligned} P[A|E] &= \frac{P[E|A]P[A]}{P[E|A]P[A] + P[E|A']P[A']} \\ &= \frac{(.60)(.30)}{(.60)(.30) + (.10)(.70)} \\ &= .72 \end{aligned}$$

즉 어떤 사고에 과속이 있었을 때 음주운전 역시 포함되었을 확률은 72%이다.

위 예제에서는 두 개의 상호배반 사건, 즉 합이 S가 되는 A와 A'을 사용하였다. 베이즈 정리는 S가 둘이 아니라 그 이상으로 나누어질 때도 적용할 수 있다. 이를 정리하면 다음과 같다.

정리 2.4.1(베이즈 정리). $A_1, A_2, A_3, \ldots, A_n$을 그 합이 S가 되는 상호배반 사건들이라 하자. B를 $P[B] \neq 0$인 사건이라 할 때 $j=1, 2, 3, \ldots, n$인 임의의 사건 A_j에 대하여

$$P[A_j|B] = \frac{P[B|A_j]P[A_j]}{\sum_{i=1}^{n} P[B|A_i]P[A_i]}$$

위 베이즈 정리를 예제 2.4.1의 질문에 바로 적용해 보자. 사건 A와 A'이 그 합이 S가 되는 상호배반 사건이고 사건 E는 0이 아닌 확률을 가지므로 아래와 같이 치환할 수 있다.

$$A_1 = A \qquad A_2 = A' \qquad B = E$$

베이즈 정리에 대입하면

$$P[A_1|B] = \frac{P[B|A_1]P[A_1]}{P[B|A_1]P[A_1] + P[B|A_2]P[A_2]}$$

즉

$$P[A|E] = \frac{P[E|A]P[A]}{P[E|A]P[A] + P[E|A']P[A']}$$

결과는 예제 2.4.1의 곱셈규칙으로 구한 풀이와 같음을 알 수 있다.

다음 예제는 표본공간이 4개의 상호배반 사건으로 나누어지는 경우 베이즈 정리의 적용 예를 보여 준다.

예제 2.4.2. 미국인의 혈액형은 A형이 41%, B형이 9%, AB형이 4%, O형이 46%이다. 제2차 세계대전 중 실제 O형인 신병을 A형으로 오기한 경우는 4%, 실제 AB형을 A형으로 오기한 경우는 10%, 실제 B형을 A형으로 오기한 경우는 4%, A형을 A형으로 제대로 표기한 경우는 88%로 나타났다. 한 병사가 부상을 당해 병원에 실려 왔다. 군번에는 A형이라고 표기되어 있었다. 이것이 정확한 혈액형일 확률은 얼마인가? 아래와 같이 놓자.

A_1: 병사의 혈액형은 A형
A_2: 병사의 혈액형은 B형
A_3: 병사의 혈액형은 AB형
A_4: 병사의 혈액형은 O형
B: 병사의 혈액형 표기가 A형

사건 A_1, A_2, A_3, A_4는 서로 상호배반이고 그 합은 S임을 확인할 수 있다. 왜냐하면 모든 사람은 한 가지 혈액형만 가질 수 있고 위 네 경우는 사람이 가질 수 있는 모든 혈액형 종류이기 때문이다. 질문은 $P[A_1 | B]$를 구하는 것이다. 주어진 정보는

$$\begin{aligned} P[A_1] &= .41 \quad & P[B|A_1] &= .88 \\ P[A_2] &= .09 \quad & P[B|A_2] &= .04 \\ P[A_3] &= .04 \quad & P[B|A_3] &= .10 \\ P[A_4] &= .46 \quad & P[B|A_4] &= .04 \end{aligned}$$

이제 베이즈 정리에 대입하면

$$\begin{aligned} P[A_1 | B] &= \frac{(.88)(.41)}{(.88)(.41) + (.04)(.09) + (.10)(.04) + (.04)(.46)} \\ &\doteq .93 \end{aligned}$$

즉 A형으로 표기된 병사의 실제 혈액형이 A일 확률은 93%이다.

요약

이 장에서는 확률의 법칙들에 대해 살펴보았다. 공리에서 출발하여 몇몇 법칙들을 유도하였다. 대표적으로 두 사건의 합의 확률을 다루는 덧셈법칙, 두 사건의 교집합의 확률을 다루는 곱셈법칙, 조건부 확률에 관한 베이즈 정리를 다루었다. 기억해야 할 중요 개념은 아래와 같다.

조건부 확률　　　　　　　　　　독립사건

특히 독립성 개념에 대해서는 각별한 주의가 필요하다. 즉 실제 응용에서 독립사건의 정의에 따라 $P[A \cap B]=P[A]P[B]$로 두 사건의 동시발생 확률을 구하려 할 때에는 두 사건을 서로 독립이라 가정한 것이 과연 맞는지를 재차 확인할 필요가 있다.

연습문제

2.1절

1. 석유시추공에서 원유가 나올 확률은 1/13이다. 나오지 않을 확률은 얼마인가?

2. 미국 기업의 고가 원자재 절도 피해는 예나 지금이나 심각한 골칫거리이다. 종류별 피해 현황을 비율로 살펴보면 아래와 같다.("Materials Theft." *Materials Engineering*, February 1982, pp. 27-31.)

주석: 1/35	백금: 1/35	니켈: 1/35
강철: 11/35	금: 5/35	아연: 1/35
구리: 8/35	알루미늄: 2/35	은: 4/35
티타늄: 1/35		

(단, 위 사건들은 상호배반이라 가정함.)

(*a*) 어떤 원자재 절도 피해에 금, 은, 또는 백금이 포함되어 있을 확률은 얼마인가?

(*b*) 절도 피해에 강철이 포함되어 있지 않을 확률은 얼마인가?

3. 혈액형 분포가 A형 41%, B형 9%, AB형 4%, O형 46%라 하자. 임의로 선택된 사람이 A 항원을 가지고 있을 확률은 얼마인가? B 항원을 가지고 있을 확률은 얼마인가? A 항원도 B 항원도 가지고 있지 않을 확률은 얼마인가?

4. 우주선의 엔진부가 병렬로 동작하는 두 개의 엔진으로 구성되어 있다고 하자. 주엔진의 신뢰성은 95%, 보조엔진의 신뢰성은 80%, 엔진부의 전체 신뢰성은 99%라고 한다면 두 엔진 모두 정상 작동할 확률은 얼마인가? 주엔진이 고장이고 보조엔진은 동작할 확률을 벤다이어그램을 이용하여 구하라. 보조엔진이 고장이고 주엔진은 동작할 확률을 구하라. 엔진부 전체가 고장일 확률은 얼마인가?

5. 사람이 방사선에 노출되면 죽을 수도 있다. 결과는 피폭량의 크기, 노출의 시간과 강도, 그리고 개인의 체질에 따라 결정된다. 방사선에 피폭된 사람의 50% 정도가 치명적일 피폭량을 LD_{50}이라 한다. 어떤 원전사고에서 작업자의 30%가 LD_{50} 수준으로 노출되어

사망하고, 작업자의 40%가 사망하며, 68%가 LD_{50} 수준으로 노출되거나 사망한다고 하자. 임의로 선택된 작업자가 LD_{50} 수준으로 노출될 확률은 얼마인가? 임의로 선택된 작업자가 LD_{50} 수준으로 노출되었으나 사망하지 않을 확률을 벤다이어그램을 이용하여 구하라. 임의로 선택된 작업자가 LD_{50} 수준으로 노출되지 않았는데도 사망할 확률을 구하라.

6. 컴퓨터가 다운되었을 때 과부하가 원인일 가능성은 75%, 소프트웨어가 원인일 가능성은 15%이고, 과부하 또는 소프트웨어가 원인일 가능성은 85%이다. 두 가지가 모두 원인일 확률은 얼마인가? 과부하는 없고 소프트웨어만 원인일 확률은 얼마인가?

7. 최근 캘리포니아 에너지 위기를 계기로 블랙아웃은 피할 수 없는 현실이 되고 있다. 어떤 지역에서 7월 중 하루의 온도가 85°F를 넘어갈 가능성은 85%이고, 이 지역에서 블랙아웃 운용이 필요할 가능성은 30%라고 하자. 두 사건이 모두 일어날 가능성은 20%이다. 7월의 어느 날 온도가 85°F를 넘었는데도 블랙아웃이 불필요할 확률을 구하라.

8. 집전화 품질 불만신고의 25%가 선로잡음을 포함하고 있고 50%가 선로노화를 포함하고 있다. 35%에는 선로노화만 포함되어 있다. 임의의 신고에서 두 문제가 모두 포함되어 있을 확률은 얼마인가? 둘 다 아닐 확률은 얼마인가?

9. 청군과 백군 두 부대가 군사훈련에 임한다. 백군이 임무를 완수할 가능성은 60%, 청군의 임무완수 가능성은 70%이고, 백군만 임무를 완수할 가능성은 18%이다. 양쪽 모두 임무를 완수할 확률은 얼마인가? 어느 한쪽만 임무를 완수할 확률은 얼마인가?

10. 공장 내 안전사고의 80%에 작업자 실수가 포함되어 있고 40%에 장치 고장이 포함되어 있는 것으로 조사되었다. 35%는 두 문제 모두 포함하고 있다. 안전사고가 발생하였다. 그 원인에 작업자 실수만 포함되어 있을 확률은 얼마인가?

11. 어떤 회사에서 생산하는 모든 타이어의 1%는 주요 화공약품 불량으로 사고가 발생하고 .5%는 테두리 파열로 사고가 난다고 한다. 또한 이 회사 타이어 사고의 1.4%에는 이 두 가지 문제 중 적어도 하나가 포함되어 있었다고 한다. 이 회사 타이어 사고에서 테두리 파열은 있었지만 화공약품 문제는 발견되지 않을 확률은 얼마인가?

12. (*a*) 정리 2.1.1을 유도하라.

힌트: $S=S\cup\varnothing$이고 S와 $\varnothing$은 상호배반임. 공리 1과 3을 적용.

(*b*) 정리 2.1.2를 유도하라.

힌트: $S=A\cup A'$이고 A와 A'은 상호배반임. 공리 1과 3을 적용.

(*c*) A가 B의 부분집합일 때 $P[A] \le P[B]$임을 보여라.

힌트: $B=A\cup(A'\cap B)$. 공리 2와 3을 적용.

(*d*) 임의의 사건 A의 확률은 최대 1임을 보여라.

힌트: $A\subseteq S$. 공리 1과 연습문제 12C 적용.

(*e*) A_1과 A_2가 상호배반이라 하자. 공리 3에 따라 $P[A_1\cup A_2]=P[A_1]+P[A_2]$이다. 일반 덧셈법칙도 같은 결과임을 보여라.

2.2 절

13. 연습문제 5번의 데이터를 가지고 아래 질문에 답하라.

(*a*) 임의로 선택된 작업자가 치명적 피폭량에 노출된 것으로 밝혀졌을 때 이 사람이 사망할 확률은 얼마인가?

(*b*) 임의로 선택된 작업자가 치명적 피폭량에 노출된 것으로 밝혀졌을 때 이 사람이 사망하지 않을 확률은 얼마인가?

(*c*) 위 (*a*)의 답으로부터 (*b*)의 답을 구할 때 어떤 정리가 적용되는가?

(*d*) 임의로 선택된 작업자가 치명적 피폭량에 노출되지 않은 것으로 밝혀졌을 때 이 사람이 사망할 확률은 얼마인가?

(*e*) *P*[사망]=*P*[사망|치명적 피폭량 노출]인가? 처음 생각했던 결과와 같은가? 설명하라.

14. 연습문제 4번의 데이터를 가지고 아래 질문에 답하라.

(*a*) 주엔진이 고장 난 상태에서 보조엔진이 정상 작동할 확률은 얼마인가?

(*b*) *P*[백업 정상]=*P*[백업 정상|주엔진 고장]인가? 처음 생각했던 것과 같은가? 설명하라.

15. 폐수정화설비를 갖춘 공장 및 발전소 주변의 수질을 조사해 보니 5%가 열오염과 화학오염을, 40%가 화학오염을, 35%가 열오염을 나타냈다. 하천 수질검사에서 열오염이 검출되었을 때 화학오염 역시 검출될 확률은 얼마인가? 하천 수질검사에서 화학오염이 검출되었을 때 열오염은 검출되지 않을 확률은 얼마인가?

16. 어떤 전자계산기의 난수 생성기는 두 자릿수 난수 생성을 위해 두 번 작동된다. 각 작동에서 0부터 9까지의 각 숫자는 서로 동일한 가능성으로 발생된다.

(*a*) 생성 가능한 두 자리 수는 모두 몇 개인가?

(*b*) 그중 2로 시작하는 수는 모두 몇 개인가?

(*c*) 9로 끝나는 수는 모두 몇 개인가?

(*d*) 2로 시작해서 9로 끝나는 수는 모두 몇 개인가?

(*e*) 생성된 난수가 2로 시작하는 수였을 때 9로 끝나는 수가 생성될 확률은 얼마인가? 처음 생각했던 것과 같은가?

17. 정전 원인 조사를 통해 아래와 같은 데이터를 얻었다.

변압기 고장이 5%
선로 손상이 80%
둘 다인 경우가 1%

정전이 되었을 때 아래 경우들이 원인일 확률을 구하라.

(*a*) 변압기 고장이 있던 중 선로 손상

(*b*) 선로 손상이 있던 중 변압기 고장

(*c*) 선로 손상은 없고 변압기는 고장

(*d*) 선로 손상이 없었던 중 변압기 고장

(*e*) 선로 손상 또는 변압기 고장

2.3 절

18. $P[A_1]=.5$, $P[A_2]=.7$인 사건 A_1과 A_2가 있다. 두 사건이 독립이려면 $P[A_1 \cap A_2]$가 무엇과 같아야 하는가?

19. $P[A_1]=.6$, $P[A_2]=.4$, $P[A_1 \cup A_2]=.8$인 사건 A_1과 A_2가 있다. A_1과 A_2는 독립인가?

20. 연습문제 14(*b*)에서 A_1을 보조엔진 정상인 사건, A_2를 주엔진 고장인 사건이라 할 때 두 사건은 독립인가?

21. 유전자 연구에서 Rh 혈액형을 결정하는 유전자가 음성인 사람의 비율은 39%인 것으로 조사되었다. Rh 마이너스 혈액형은 두 개의 음성 유전자가 있을 때 나타난다. 각각의 유전자는 부모로부터 하나씩 서로 독립적으로 유전된다. 어떤 사람이 Rh 마이너스 혈액형일 확률은 얼마인가?

22. ABO식 혈액형은 Rh 혈액형 구분과 무관하다. 예제 2.1.1과 연습문제 21을 참고하여 어떤 사람이 Rh 마이너스 AB형일 확률을 구하라.

23. 식물 분포를 조사하여 지하 광물 매장 가능성을 알아보는 방법을 지식물학적 탐사라고 한다. 예를 들어 구리의 지표는 연보라색 꽃이 피는 작은 박하이다. 어떤 지역에 구리가 매장되어 있을 가능성은 30%이고 박하가 있을 가능성은 23%이다. 구리가 매장되어 있을 때 박하가 있을 가능성은 70%이다.

(*a*) 구리가 매장되어 있고 박하도 있을 확률을 구하라.

(*b*) 박하가 있을 때 구리가 매장되어 있을 확률을 구하라.

24. 대표적인 수질 오염원은 유기물이다. 유기물은 박테리아에 의해 분해되고 이때 박테리아는 산소를 소모하므로 유기물의 과다는 곧 가용산소의 고갈로 이어진다. 이는 다시 수중의 다른 유기생명체들에 위협이 된다. 박테리아에 의한 산소 요구를 생물학적 산소 요구량(BOD)이라 한다. 공단 주변 하천을 조사하니 35%가 높은 수치의 BOD를, 10%가 산성을 나타냈고, 산성인 하천의 40%가 높은 수치의 BOD를 나타냈다. 어떤 하천이 두 가지 문제 모두 나타낼 확률을 구하라.

25. 지난 15년간 발생한 돌발 홍수를 조사해 보니 돌발 홍수 경보가 발령될 확률은 .5이고 홍수 도중 댐 붕괴 확률은 .33이다. 경보가 발령된 상태에서 댐 붕괴 확률은 .17이다. 돌발 홍수 경보가 발령되고 댐도 붕괴될 확률을 구하라.(*McGraw-Hill Yearbook of Science and Technology*, 1980, pp. 185-186.)

26. 관찰과 기억 능력은 과학에서 매우 중요하다. 하지만 아쉽게도 기억은 암시의 힘에 의해 왜곡될 수 있다. 다음과 같은 기억력 실험을 보자. 피실험자에게 자동차가 시골길을 달리는 영상을 보여 준다. 영상에 건물은 등장하지 않는다. 피실험자들은 이제 두 그룹으로 나뉘어 질문을 받는다. 첫 번째 그룹에는 "자동차가 건물을 지날 때 자동차 속도는 어느

정도인가?" 라는 질문을 하고, 두 번째 그룹에는 이 질문을 하지 않는다. 나중에 "영상에 건물이 있었는가?" 라고 각 그룹에 물었을 때 건물 관련 질문을 받았던 첫 번째 그룹에서는 17%가 "예" 라고 답을 했고, 그렇지 않은 다른 그룹에서는 3%만이 "예" 라고 답했다. 임의로 선택된 피실험자가 존재하지 않는 건물을 보았다고 대답할 확률은 얼마인가? 건물을 보았다는 착각이 건물에 관한 질문을 받은 것과 무관하다고 할 수 있는가?
힌트: P[예]$=P$[예 그리고 건물 관련 질문 받음]$+P$[예 그리고 건물 관련 질문 안 받음].
(*McGraw-Hill Yearbook of Science and Technology*, 1981, pp. 249-251.)

27. 유료 헌혈 비율은 .67이다. 유료 헌혈에서 혈청 간염이 있을 확률은 .0144이고 무료 헌혈에서의 그 확률은 .0012이다. 어떤 환자가 수혈로 인해 혈청 간염에 감염될 확률은 얼마인가?

28. 불가능 사건은 다른 모든 사건들에 대해 독립임을 보여라.

29. 연습문제 7의 비율을 다시 보자. 온도가 85°F 이상인 날에 블랙아웃이 발생할 확률을 구하라. 블랙아웃이 발생할 사건은 온도가 85°F 이상인 사건과 독립인가? 앞 문제에서 구한 확률에 근거하여 설명하라.

30. 컴퓨터가 연결된 송전선에 벼락이 쳤을 때 하드디스크가 손상될 가능성은 50%이다. 어떤 지역에서 여름날에 벼락이 발생할 가능성은 5%이다. 송전선에 벼락 칠 가능성이 .1%라고 할 때 송전선에 벼락이 치고 하드디스크가 손상될 확률은 얼마인가?

31. 어떤 공장에서 트럭 자동변속기에 사용되는 주철 부품을 생산하고 있다. 이 부품에는 중요 부분 A와 B가 있다. 어떤 부품의 A 부분이 규격에 맞았다면 B 부분도 규격에 맞을 가능성은 98%이다. A 부분이 규격에 맞을 가능성은 95%이고 B 부분이 규격에 맞을 가능성은 97%이다. 한 부품을 선택하여 조사했을 때 두 부분 모두 규격에 맞을 확률은 얼마인가?

32. $P[A_1]P[A_2] > 0$인 두 사건 A_1과 A_2가 상호배반이라 하자. 이 사건들이 독립이 아님을 보여라.

33. $P[A_1]P[A_2] > 0$인 A_1과 A_2가 독립사건이라 하자. 이 사건들이 상호배반이 아님을 보여라.

2.4 절

34. 예제 2.4.2의 데이터를 가지고 A형으로 판정된 신병이 실제로는 B형일 확률을 구하라.

35. 50세 이상 성인 대상 관절염 진단검사가 개발되었다. 정부 조사에 따르면 이 연령대의 10%가 관절염으로 고생하고 있는 것으로 나타났다. 관절염으로 판명된 사람들에게 이 검사를 해 보았더니 85%가 관절염으로 판정되었고, 관절염이 없는 정상인 사람들에 대한 검사에서는 4%가 관절염으로 오진되었다. 어떤 사람이 이 검사를 통해 관절염 판정을 받았을 때 실제로 관절염이 있을 확률은 얼마인가?

36. 공장에서 생산되는 모든 컴퓨터 칩의 50%에 결함이 있고, 출하검사 후 공식적으로 시장에 유통되는 칩의 결함률은 5%이다. 하지만 일부 칩은 검사 전 밀반출된다. 모든 칩의

1% 가 밀반출된다고 할 때 결함 있는 칩이 밀반출될 확률은 얼마인가?

37. 사회가 점점 더 컴퓨터에 의존하게 되면서 위성이나 무선망 같은 공중망을 통한 데이터 통신은 피할 수 없는 일상이 되었다. 따라서 메시지 전달은 반드시 인증되어야 한다. 이 작업은 비밀 암호키를 통해 이루어진다. 키 관리는 비밀이지만 키가 유출될 가능성은 상존하므로 인증되지 않은 불법 메시지가 인증된 것처럼 보이는 일도 드물지 않다. 모든 메시지의 95% 가 인증메시지라고 하자. 또한 모든 인증메시지는 암호키를 통해 보내지고 인증되지 않은 메시지 중에는 .1% 만이 암호키를 통해 보내진다고 하자. 암호키를 통해 보내진 메시지가 인증메시지일 확률을 구하라.

복습문제

38. 기술 중심 회사의 80% 가 메인프레임 컴퓨터를 보유하고 있고(M), 10% 는 구매 예정이고(B), 5% 는 메인프레임 컴퓨터를 보유하고 있으면서 추가 구매도 계획하고 있는 것으로 조사되었다. 어떤 회사의 상황이 아래와 같을 때 각각의 확률을 구하라.

(*a*) 메인프레임 컴퓨터를 보유하고 있거나 구매 예정

(*b*) 메인프레임 컴퓨터가 없으며 구매 계획도 없음

(*c*) 메인프레임 컴퓨터가 없는 상태에서 구매 예정

(*d*) 구매 예정인 상태에서 메인프레임 컴퓨터를 보유하고 있음

39. 세 개의 두 자리 수를 무작위로 생성하는 시뮬레이션 프로그램이 있다. 각각의 수는 서로 무관하고 생성되는 수 00, 01, 02, ..., 99 의 발생 확률은 모두 동일하다.

(*a*) 생성된 수가 50 보다 작을 확률은 얼마인가?

(*b*) 생성된 세 개의 수가 모두 50 보다 작을 확률은 얼마인가?

40. 전력망은 세 개의 하부시스템 A, B, C 로 구성된다. 어느 하부시스템이든 과부하가 걸리면 전력망 전체가 블랙아웃될 수 있다. 과거 기록을 조사해 보니 하부시스템 A 단독으로 과부하가 걸렸을 때 망 전체가 블랙아웃될 가능성은 1% 이고, B 와 C 의 경우에는 각각 2% 와 3% 이다. 둘 이상의 하부시스템에 과부하가 걸렸을 때 블랙아웃 가능성은 5% 이다. 폭염 기간에 하부시스템 A 에만 과부하가 걸릴 가능성은 60% 이고, B 와 C 의 경우에는 각각 20% 와 15% 이다. 둘 이상의 하부시스템에 과부하가 걸릴 가능성은 5% 이다. 폭염 기간에 과부하로 인한 블랙아웃이 발생했다. 하부시스템 A 단독으로 과부하가 걸렸을 확률을 구하라. B 에만 과부하가 걸렸을 확률은, C 에만 과부하가 걸렸을 확률은, 둘 이상의 하부시스템에 과부하가 걸렸을 확률은 얼마인가?

41. 컴퓨터센터에 속도가 서로 다른 세 대의 프린터 A, B, C 가 있다. 문서는 사용 가능한 프린터에 자동으로 배정되는데 문서가 프린터 A, B, C 로 배정될 확률은 각각 .6, .3, .1 이다. 프린터는 종종 걸림 현상이 발생하고 이때 배정된 문서도 삭제된다. 세 프린터 A, B, C 에 걸림 현상이 발생할 확률은 각각 .01, .05, .04 이다. 어떤 프린터에 걸림 현상이 발생하여 문서가 삭제되었다. 프린터 A 가 문제일 확률은 얼마인가? B 일 확률은 얼마인가?

C일 확률은 얼마인가?

42. 정유공장에 근무하는 직원이 한 공정을 담당하고 있다. 과거 기록을 보니 가동중단의 10%는 오직 설비고장으로 발생하였고, 5%는 설비고장과 관리자 부주의가 겹쳐 발생하였고, 40%에는 관리자 부주의가 포함되어 있는 것으로 조사되었다. 가동중단이 발생했다. 원인이 아래와 같을 확률을 각각 구하라.

(*a*) 설비고장 또는 관리자 부주의

(*b*) 오직 관리자 부주의

(*c*) 설비고장도 아니고 관리자 부주의도 아님

(*d*) 설비고장이 있는 상태에서 관리자 부주의

(*e*) 설비고장이 없는 상태에서 관리자 부주의

43. 긴 내리막길에서 대형 트럭의 공기 브레이크가 파열될 확률은 .001이라고 하자. 이런 내리막길에서 비상 브레이크로 트럭을 멈출 수 있는 확률은 .8이라 하자. 두 브레이크 장치는 서로 독립적으로 동작한다고 할 때 아래 경우의 확률을 구하라.

(*a*) 공기 브레이크가 파열되지만 비상 브레이크로 트럭을 멈출 수 있음

(*b*) 공기 브레이크가 파열되고 비상 브레이크로도 트럭을 멈출 수 없음

(*c*) 공기 브레이크가 파열된 상태에서 비상 브레이크로 트럭을 멈출 수 없음

44. 예제 1.2.3에서 불량 검사는 무작위로 이루어지고 공정이 정상 작동하고 있을 때 각각의 검사에서 검사된 부품이 불량일 확률은 .01이다. 공정이 정상 작동하고 있을 때 첫 불량이 네 번째 검사에서 발견될 확률은 얼마인가? 네 번째 또는 그전에 발견될 확률은 얼마인가?

CHAPTER 3

이산분포

과학에서 '변수'의 사용은 매우 일반적이다. 웹스터 사전의 정의를 보면 변수란 "어떤 집합에 속한 임의의 값"이다. 통계학에서 사용되는 변수를 확률변수(random variable)라 하며 그 값은 우연에 따라 정해진다. 비록 용어설명은 없었지만 앞 장의 여러 예제들에도 이미 확률변수 개념이 내포되어 있다. 확률변수는 일반적으로 두 범주로 구분된다. 바로 이산 혹은 연속이다. 이 장에서는 먼저 이산확률변수에 대해 살펴본다.

3.1 확률변수

먼저 확률변수가 포함된 세 가지 예를 살펴보자. 일반적으로 확률변수는 대문자로, 그 값은 소문자로 표시한다.

예제 3.1.1. 확률변수 X를 이형 유전자형 눈 색깔을 가진 부부에서 태어난 갈색 눈 자녀의 수라 하자. 이 부부의 자녀가 둘이라면 변수 X의 값은 0, 1, 2 중 하나임을 짐작할 수 있다. 갈색 눈의 발현은 수정 시 우성 유전자의 상속 여부에 달려 있으므로 이 변수는 확률적이다. 어떤 부부의 갈색 눈 자녀가 둘이면 $x=2$라고 쓴다.

예제 3.1.2. 면역학의 기본은 동물은 항원주입으로 면역된다는 사실이다. 악성 형질세포종 세포들에 특정 항원이 담긴 림프구를 주입하면 이 세포들은 림프구와 결합하여 결합된 항원에 대한 항체를 보유하면서 무한히 증식하는 능력을 함께 가지게 됨으로써 신속히 면역될 수 있다. 세포들은 결합촉진제인 폴리에틸렌 글리콜에 의해 한 번에 한 개씩 림프구에 노출된다. 이 세포가 결합할 가능성은 1/2로 알려져 있다. Y를 첫 번째 결합이 이루어지기까지 노출된 세포의 수라고 하자. 이 변수는 확률적이며 집합 $\{1, 2, 3, \ldots\}$의 한 값임을 짐작할 수 있다. 고등학교 수학에서 배웠듯이 이와 같이 특정 점들이 무한히 나열된 집합을 가산무한집합(countably infinite set)이라 한다.

예제 3.1.3. 예제 1.1.2에서 변수 T를 하루 중 최고 전력요구가 발생하는 시각이라 하자. 이 시점은 온도, 습도, 계절에 따라 달라지므로 변수 T는 확률적이다. 그 값은 밤 12시부터 그 다음날 밤 12시까지의 24시간 중 하나이다.

이산확률변수의 이산 여부를 판단하는 일은 어렵지 않다. "변수의 값들은 무엇인가?"를 생각해 보면 된다. 답이 유한집합이거나 가산무한집합이면 그 확률변수는 이산이고 그렇지 않으면 이산이 아니다. 이를 정리하면 다음과 같다.

정의 3.1.1(이산확률변수). 가능한 변수의 값들이 유한집합이거나 가산무한집합이면 그 확률변수는 이산이다.

두 자녀 가정의 갈색 눈 아이의 수, 확률변수 X는 이산이고 가능한 값의 집합은 유한집합 $\{0, 1, 2\}$이다. 예제 3.1.2의 첫 번째 결합이 이루어지기까지 노출된 세포의 수, 확률변수 Y의 가능한 값의 집합 $\{1, 2, 3, ...\}$은 가산 무한하다. 따라서 Y는 이산확률변수이다. 발전소의 최고 전력수요 시각, 확률변수 T는 앞의 변수들과 다르다. 시간은 연속적이고 이론적으로 구간 $[0, 24)$ 사이의 어떤 값도 가능하다. 이때 0은 밤 12시, 24는 그 다음날 밤 12시를 의미한다. 이 실수 집합은 유한하지도 가산 무한하지도 않다. "확률변수의 값들은 무엇인가?"라는 물음에 그 값들의 집합이 무한 혹은 일부 구간의 실수들의 집합이라면 그 확률변수는 이산이 아니다.

3.2 이산확률밀도

확률변수를 다룰 때 단순히 가능한 값이 무엇인지를 결정하는 것만으로는 부족하다. 무엇이 가능할지를 판단하는 일도 필요하다. 즉 변수가 언제 어떤 값을 가질지 예측할 수 있어야 한다는 것이다. 확률변수의 동작은 우연에 좌우되므로 이러한 예측은 전적으로 불확실성 속에서 이루어질 수밖에 없다. 최선의 방법은 확률변수의 동작을 확률의 관점에서 기술하는 것이다. 이를 위해 사용되는 두 가지 함수가 바로 밀도함수(density function)와 누적분포함수(cumulative distribution function)이다. 이산일 경우 전자는 여러 가지 다른 이름으로도 불리는데 대표적으로 확률질량함수와 확률밀도함수가 있다. 밀도함수의 표현은 연속일 경우 $f(x)$, 이산일 경우 $f(x)$ 외에도 $p(x)$를 사용하지만 이 책에서는 일관성을 위해 두 경우 모두 $f(x)$로 쓴다. 이산확률변수를 위한 밀도함수 정의부터 시작해 보자.

정의 3.2.1(이산밀도). X를 이산확률변수라 할 때 아래와 같은 실수 x에 대한 함수 f를 X에 관한 밀도함수라 한다.

$$f(x) = P[X = x]$$

이산일 경우의 밀도에 관한 몇 가지 특징을 살펴보자. 첫째, f는 실수 전체에서 정의되고, 임의의 실수 x에 대하여 확률변수 X의 값이 x일 확률은 $f(x)$이다. 예를 들어 $f(2)$는 확률변수 X의 값이 2일 확률을 나타낸다. 둘째, $f(x)$ 또한 확률이므로 x의 값에 관계없이 $f(x) \geq 0$이다. 셋째, 0이 아닌 확률을 갖는 X의 모든 값들을 더하면 그 합은 반드시 1이 되어야 한다. 아래 두 조건은 함수 f가 이산밀도가 되기 위한 필요충분조건이다. 즉 어떤 함수가 두 조건을 모두 만족시키면 이산확률변수의 밀도로 간주할 수 있고, 그렇지 않고 하나라도 만족시키지 않으면 이산확률변수의 밀도가 될 수 없다.

함수가 이산밀도이기 위한 필요충분조건

1. $f(x) \geq 0$

2. $\sum_{\text{all } x} f(x) = 1$

아래 예제를 보자.

예제 3.2.1. 주사위 두 개를 던져 그 결과를 살펴보자. 확률변수 Y를 두 주사위 값의 곱이라 하자. 표 3.1은 Y의 가능한 값들이고, Y의 확률 구성은 표 3.2와 같은 밀도표로 요약할 수 있다.

표에서 보다시피 이산밀도 자체는 실수 구간 전체에서 정의되지만 그 밀도는 $f(y) \neq 0$인 y값에 대해서만 표시하면 된다. 예를 들어 표 3.2와 같이 표시하지 않은 나머지 모든 실수들에 대해서는 $f(y)=0$으로 간주된다.

밀도함수 설명에 그림 3.1의 막대그래프와 같은 그림 표현도 자주 사용된다.

표 3.1

		첫 번째 주사위					
		1	2	3	4	5	6
두 번째 주사위	1	1	2	3	4	5	6
	2	2	4	6	8	10	12
	3	3	6	9	12	15	18
	4	4	8	12	16	20	24
	5	5	10	15	20	25	30
	6	6	12	18	24	30	36

표 3.2

y	1	2	3	4	5	6	8	9	10	12	15	16	18	20	24	25	30	36
$P[Y=y]=f(y)$	1/36	2/36	2/36	3/36	2/36	4/36	2/36	1/36	2/36	4/36	2/36	1/36	2/36	2/36	2/36	1/36	2/36	1/36

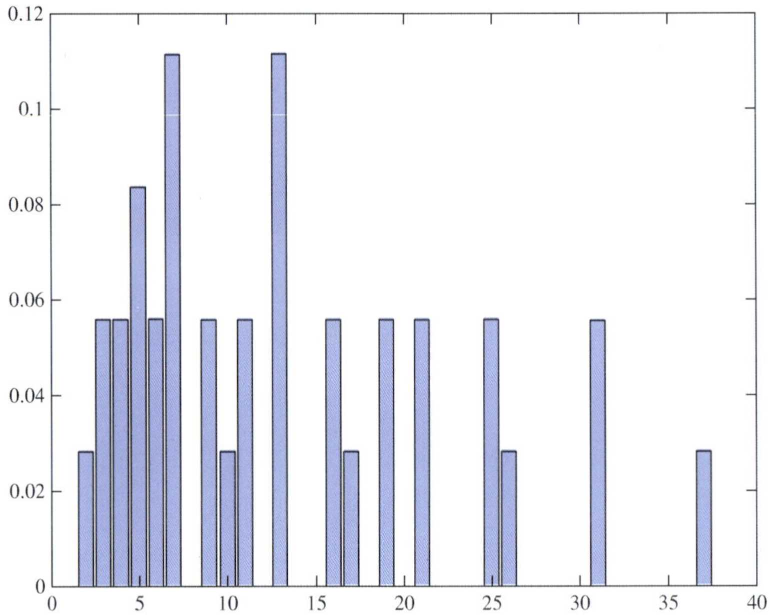

그림 3.1 예제 3.2.1 확률변수의 밀도함수.

누적분포

확률 계산에 사용되는 두 번째 함수는 누적분포함수 F이다. 확률변수에 대한 가장 대표적인 통계표는 누적분포함수의 표들이다.

이 함수의 특징은 바로 '누적' 이라는 용어에 있다. 밀도로 표시된 확률들을 누적, 즉 합하는 것이다. 이 함수의 정의는 아래와 같다.

정의 3.2.2(누적분포—이산). X가 밀도 f를 갖는 이산확률변수라 할 때 X의 누적분포함수 F의 정의는 아래와 같다.

$$F(x)=P[X \leq x] \qquad \text{모든 실수 } x\text{에 대하여}$$

실수 x_0에 대하여 $P[X \leq x_0]=F(x_0)$의 계산은, x_0보다 작거나 같은 0이 아닌 확률을 갖는 X의 모든 값들에 대해 밀도 f를 합하는 것이다. 즉

$$F(x_0) = \sum_{x \leq x_0} f(x)$$

예제 3.2.2를 통해 자세히 살펴보자.

예제 3.2.2. 두 주사위 액면값의 곱 Y를 위한 밀도에 대해 그 누적분포는 표 3.3과

표 3.3

y	1	2	3	4	5	6	8	9	10
$P[Y \le y] = F(y)$	1/36	3/36	5/36	8/36	10/36	14/36	16/36	17/36	19/36

y	12	15	16	18	20	24	25	30	36
$P[Y \le y] = F(y)$	23/36	25/36	26/36	28/36	30/36	32/36	33/36	35/36	36/36

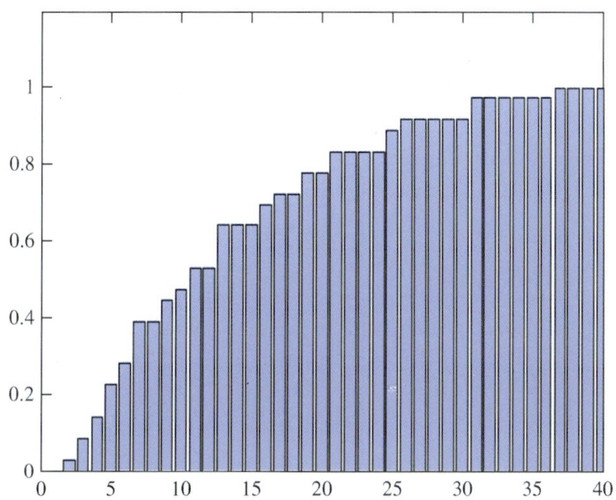

그림 3.2 예제 3.2.2 확률변수의 누적분포.

같다. 즉

$$F(1) = P[Y \le 1] = P[Y = 1] = 1/36$$
$$F(2) = P[Y \le 2] = P[Y = 1] + P[Y = 2] = 1/36 + 2/36$$

가능한 값들이 유한한 이산확률변수의 경우 누적표의 마지막 항목의 값은 항상 1이다.

누적분포를 그래프로 그리면 그림 3.2와 같다.

3.3 기대와 분포 모수

확률변수의 동작은 그 변수의 밀도함수로 모두 기술될 수 있다. 임의의 확률변수를 기술하는 상수들을 모수(parameter)라 한다. 모수들의 값을 알면 그 변수의 본질을 쉽게 파악할 수 있다. 대표적인 세 모수는 평균 μ, 분산 σ^2, 표준편차 σ이다. 확률변수의 밀도를 정확히 알고 있다면 각 모수는 산술계산으로 구할 수 있다. 이것이 바로 이 절의 주제이기도 하다. 반면에 확률변수에 대한 일부 관찰값만 가지고 있다면 모수들의 값을 정확히 구할 수 없다. 이때는 통계적 기법을 이용하여 근사화할 수밖에 없으며 이는 바로 이 책 전체의 주제이기도 하다.

대부분의 수학적 기법들 바탕에 깔려 있는 논증을 이해하려면 수학적 기대(mathematical expectation) 또는 기댓값(expected value)이라고 하는 수학 개념을 먼저 이해할 필요가 있다.

이 개념은 여러 통계 모수들을 정의하는 데 쓰일 뿐만 아니라 이 책에서 다루게 될 많은 통계 추론방법들의 논리적 기초가 된다.

예를 통해 기대의 기본 개념을 알아보자. 주사위 한 개를 굴려 나오는 수를 X라 하자. X의 가능한 값은 1, 2, 3, 4, 5, 6이고 주사위는 정육면체이므로 각 값의 확률은 1/6이다. 따라서 X의 밀도는 아래와 같다.

$$f(x) = 1/6 \qquad x = 1, 2, 3, 4, 5, 6$$

X의 기댓값이 얼마인지 묻는 것은 곧 X의 장기간 이론적 평균값을 묻는 것이라 할 수 있다. 즉 주사위를 계속 굴려 그때마다 나오는 액면값을 기록해 나가는 것을 상상해 보면 굴린 횟수가 무한에 이를 때 나올 이론적 평균값을 묻는 것이다. X의 밀도는 대칭이므로 이 평균은 쉽게 구할 수 있다. $P[X=1]=P[X=6]=1/6$이므로 장기적으로 볼 때 1이 나오는 만큼 6도 나올 것으로 기대할 수 있다. 따라서 평균은 $(6+1)/2=3.5$이다. 마찬가지로 2가 나오는 만큼 5도 나올 것으로 기대하면 이 평균도 3.5이다. 3과 4의 경우도 마찬가지로 평균은 3.5이다. 결론적으로 X의 평균, 즉 X의 기댓값은 3.5라고 하고 $E[X]=3.5$라고 쓴다. 이 값은 아래와 같이 X의 밀도로부터 구할 수 있다.

$$E[X] = 1 \cdot 1/6 + 2 \cdot 1/6 + 3 \cdot 1/6 + 4 \cdot 1/6 + 5 \cdot 1/6 + 6 \cdot 1/6 = 3.5$$

또는

$$E[X] = \sum_{\text{all } x} (x\text{의 값})(\text{확률})$$

위 경우처럼 기댓값을 쉽게 구할 수 있었던 것은 밀도가 대칭이었기 때문이다. 비대칭 밀도인 경우와 X는 물론 X의 함수로 된 확률변수에도 적용될 수 있는 일반적인 기대의 정의는 없을까? 그 답이 바로 정의 3.3.1이다. 대부분의 문제에서 첫째 관심사가 $E[X]$이긴 하지만 X^2, $(X-c)^2$, e^{tX}와 같은 X의 함수의 기댓값 또한 통계이론에서는 유용하게 활용된다. 기댓값의 정의를 아래 정의와 같이 포괄적으로 기술한 것도 바로 이 때문이다. 여기서 $H(X)$는 임의의 X의 함수를 나타낸다.

정의 3.3.1(기댓값). X를 밀도 f인 이산확률변수라 하자. $H(X)$를 확률변수라 할 때 $H(X)$의 기댓값 $E[H(X)]$는 아래와 같다.

$$E[H(X)] = \sum_{\text{all } x} H(x)f(x)$$

이때 $\sum_{\text{all } x} |H(x)|f(x)$는 유한하며, 합은 0이 아닌 확률을 갖는 모든 X를 더한 것이다.

특히 $H(X)=X$이면 바로 X의 기댓값이 된다. 이를 식으로 나타내면 아래와 같다.

X의 기댓값

$$E[X] = \sum_{\text{all } x} x f(x)$$

이 정의에서 주목할 사항 중 하나는 $\sum_{\text{all } x} |H(x)| f(x)$가 존재해야 한다는 제약이 실제로는 별로 제약이 되지 않는다는 사실이다. X의 가능한 값들의 집합이 유한하면 바로 충족되고, X의 가능한 값들의 집합이 가산 무한이면 역시 대부분 충족된다. 반면에 $\sum_{\text{all } x} |H(x)| f(x)$가 수렴하지 않을 경우에도 함수 $H(X)$와 밀도 f를 만들어 낼 수 있다(연습문제 22 참조). 이 경우 확률변수 $H(X)$의 기댓값은 존재하지 않는다고 말할 수 있다. 정의 3.3.1 을 이용한 간단한 예제를 살펴보자. 설명을 목적으로 밀도는 아주 단순화했음을 감안하자.

예제 3.3.1. 심근경색 환자의 심장박동수를 안정시키는 약이 있다. 약을 복용한 환자들의 분당 심장박동수를 X라 하자. 표 3.4와 같이 가상의 밀도를 가정하자. 이 약을 복용한 모든 환자들의 평균 심장박동수는 얼마인가? 즉 $E[X]$는 얼마인가? 정의 3.3.1 에 의해

$$\begin{aligned} E[X] &= \sum_{\text{all } x} H(x) f(x) \\ &= \sum_{\text{all } x} x f(x) \\ &= 40(.01) + 60(.04) + 68(.05) + \cdots + 100(.01) \\ &= 70 \end{aligned}$$

X의 가능한 값들은 유한하므로 $\sum_{\text{all } x} |H(x)| f(x)$는 존재한다. 따라서 이 약을 복용한 환자들의 평균(average) 심장박동수는 분당 70회라고 할 수 있다. 직관적으로 생각해도 결과는 같다. 밀도가 대칭이므로 장기적으로 보면 심장박동수가 100인 환자의 수와 심장박동수가 40인 환자의 수는 같아질 것이고, 60회와 80회도 마찬가지, 68회와 72회도 마찬가지로 비슷할 것이다. 이들 각 대칭의 평균은 70회이고 나머지 80%도 70회이므로 상식적으로도 X의 기댓값은 70회라고 볼 수 있다.

이것을 통계적 맥락에서 보면 확률변수 X의 기댓값은 곧 평균(mean)이 되고 μ 또는 μ_X로 표기한다. 즉 기댓값과 평균, $E(X)$와 μ는 서로 바꾸어 사용할 수 있는 용어이다. 평균은 밀

표 3.4

x	40	60	68	70	72	80	100
$f(x)$	.01	.04	.05	.80	.05	.04	.01

도 분포의 중심을 나타낸다는 측면에서 '위치 중심'의 측정 도구라 할 수 있다. 이 때문에 평균을 '위치' 모수로 부르기도 한다. 지금까지 설명한 내용을 요약하면 아래와 같다.

확률변수 X의 기댓값에 관한 요점

1. 확률변수의 기댓값은 이론적 평균값이다. $E[X]$로 표기하고 X의 밀도를 이용하여 구할 수 있다.

2. 통계적 관점에서 X의 평균값을 평균이라 부른다. 그러므로 평균값(average value), 평균, 기댓값은 모두 같은 말이다.

3. X의 평균은 그리스 문자 μ(뮤)로 표기한다. 따라서 μ와 $E[X]$는 같은 말이다.

4. X의 기댓값 또는 평균은 X 값들의 중심 위치를 측정하는 도구이다. 이 때문에 μ를 '위치' 모수라 부르기도 한다.

기댓값과 관련된 통계 과정을 입증하는 데 유용하게 사용되는 세 가지 법칙이 있다. 이 법칙들은 이산은 물론 연속확률변수에도 적용되며 정리하면 아래와 같다.

정리 3.3.1(기대에 관한 법칙). X와 Y를 확률변수라 하고 c를 임의의 실수라 하자.

1. $E[c]=c$(임의의 상수의 기댓값은 그 상수이다.)

2. $E[cX]=cE[X]$ (상수는 밖으로 뺄 수 있다.)

3. $E[X+Y]=E[X]+E[Y]$ (합의 기댓값은 각 기댓값의 합과 같다.)

예제 3.3.2. X와 Y를 $E[X]=7$, $E[Y]=-5$인 확률변수라 하자. 그러면

$$\begin{aligned} E[4X-2Y+6] &= E[4X]+E[-2Y]+E[6] && \text{규칙 3} \\ &= 4E[X]+(-2)E[Y]+E[6] && \text{규칙 2} \\ &= 4E[X]-2E[Y]+6 && \text{규칙 1} \\ &= 4(7)-2(-5)+6 \\ &= 44 \end{aligned}$$

분산과 표준편차

확률변수의 평균도 물론 중요하지만 이것만으로는 부족하다. 다음 예제를 통해 문제점을 살펴보자.

예제 3.3.3. 예제 3.3.1과 관련된 신약을 비교한다고 하자. X를 기존 약으로 얻어진 분당 심장박동수라 하고 Y를 신약으로 얻어진 분당 심장박동수라 하자. 각 변수의 밀도는 표 3.5와 같다고 가정하자. 각각의 밀도는 대칭이므로 $\mu_X=\mu_Y=70$임을 알 수 있다. 두 약 모두 평균적으로는 동일한 분당 심장박동수의 결과를 얻었다. 그러나

표 3.5

x	40	60	68	70	72	80	100
$f(x)$	.01	.04	.05	.80	.05	.04	.01

y	40	60	68	70	72	80	100
$f(y)$	.40	.05	.04	.02	.04	.05	.40

평균에는 나타나지 않지만 두 약 사이에는 극명한 차이가 있다. 기존 약은 90%가 평균과의 차이가 기껏해야 2 이내이고 아주 적은 2%만이 비정상적 수치를 나타내어 상당히 효과적이라 말할 수 있지만 신약의 경우는 다르다. 즉 단지 10%의 환자만이 평균과의 차이가 2 이내인 심장박동수를 얻은 반면 80%가 비정상적 수치를 보이고 있다. 평균만 가지고 판단하면 두 약의 효과는 동일하다고 결론 내릴 수 있다. 그러나 약효는 분명히 다르다.

예제 3.3.3을 통해 평균에 의해 측정되지 않는 무언가가 있음을 보았다. 그 무언가는 바로 변동성(variability)이다. 즉 자료의 일관성 혹은 그렇지 않음을 반영하는 모수를 찾아야 한다. 확률변수의 값들이 평균과 멀리 떨어져 있을수록 큰 값이 되고, X의 값들이 평균에 모여 있을수록 작은 값이 되는 그 어떤 측정도구 말이다. 이를 측정하는 방법은 여러 가지가 있지만 가장 널리 사용되는 것은 바로 분산(variance)이다.

정의 3.3.2(분산). X를 평균이 μ인 확률변수라 하자. X의 분산 Var X 또는 σ^2은 아래와 같다.

$$\text{Var}\,X = \sigma^2 = E[(X-\mu)^2]$$

분산은 변수와 그 평균의 차이, 즉 $X-\mu$의 변동성을 측정한다는 점에 주목하자. 기댓값 계산 과정에서 그 차이가 음수인 값들이 전체 결과를 왜곡하지 않도록 차이의 제곱을 취한다. $E[(X-\mu)^2]$으로 표현되는 σ^2이 우리가 원하는 특성을 반영하고 있는지는 쉽게 확인할 수 있다. 변수 X의 값들이 μ로부터 멀리 떨어져 있으면 σ^2은 상대적으로 큰 양수가 되고, 변수 X의 값들이 μ 근처에 몰려 있으면 σ^2은 작은 수가 된다. 그래프로 나타내면 그림 3.3과 같다.

실제로 분산을 구하는 데 σ^2의 정의가 사용되지는 않는다. 대신에 아래 정리와 같은 대체식을 사용한다.

정리 3.3.2(σ^2 의 계산식)

$$\sigma^2 = \text{Var}\,X = E[X^2] - (E[X])^2$$

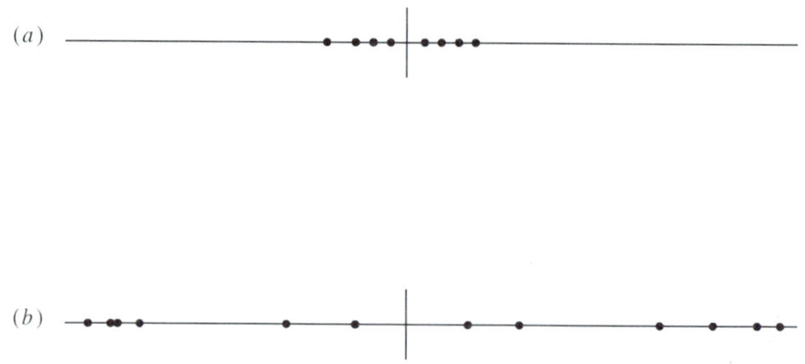

그림 3.3 | (a) 분산이 작은 분포. 점으로 표시된 데이터들이 평균값 μ 주변에 몰려 있다. 따라서 차이 $x-\mu$들이 작다. (b) 분산이 큰 분포. 대부분의 데이터들이 평균값 μ와 멀리 떨어져 있다.

증명. 정의에 따라

$$\begin{aligned}\operatorname{Var} X &= E[(X-\mu)^2] \\ &= E[X^2 - 2\mu X + \mu^2]\end{aligned}$$

기대에 관한 법칙, 정리 3.3.1을 이용하면

$$\operatorname{Var} X = E[X^2] - 2\mu E[X] + \mu^2$$

μ와 $E[X]$는 바꾸어 쓸 수 있으므로

$$\begin{aligned}\operatorname{Var} X &= E[X^2] - 2(E[X])^2 + (E[X])^2 \\ &= E[X^2] - (E[X])^2\end{aligned}$$

예제 3.3.4를 통해 이 정리가 어떻게 사용되는지 살펴보자.

예제 3.3.4. 예제 3.3.3의 변수들의 σ_X^2과 σ_Y^2을 구하기 위해 먼저 표 3.5를 이용하여 $E[X^2]$과 $E[Y^2]$을 구한다. $E[X]=E[Y]=70$임은 이미 알고 있다.

$$\begin{aligned}E[X^2] &= \sum_{\text{all } x} x^2 f(x) \\ &= (40^2)(.01) + (60^2)(.04) + \cdots + (100^2)(.01) \\ &= 4926.4\end{aligned}$$

$$\begin{aligned}E[Y^2] &= \sum_{\text{all } y} y^2 f(y) \\ &= (40^2)(.40) + (60^2)(.05) + \cdots + (100^2)(.40) \\ &= 5630.32\end{aligned}$$

정리 3.3.2에 의해

$$\begin{aligned}\operatorname{Var} X &= E[X^2] - (E[X])^2 \\ &= 4926.4 - 70^2 = 26.4\end{aligned}$$

$$\begin{aligned}\text{Var}\,Y &= E[Y^2] - (E[Y])^2 \\ &= 5630.32 - 70^2 = 730.32\end{aligned}$$

예상대로 $\text{Var}\,Y > \text{Var}\,X$이다. 두 약의 평균 분당 심장박동수는 같지만 실체는 다르다. 즉 신약은 기존 약에 비해 약효의 일관성이 떨어진다.

비교대상 없이 단독으로 제시된 확률변수의 분산은 거의 의미가 없다. 분산이 26.4라면 큰 것인가, 작은 것인가? 이 값은 다른 유사 변수의 분산과 비교될 때 비로소 의미를 갖는다. 그러므로 분산은 성질이 비슷한, 서로 다른 두 변수를 비교하는 용도로 주로 사용된다. 또한 확률변수의 분산은 단위가 없는 수치 그 자체여서 아무 물리적 의미가 없다. 예를 들어 예제 3.3.4의 분산에 굳이 단위를 붙인다면 '심장박동수 제곱' 정도가 될 텐데 이는 별 의미가 없어 단위를 붙이지 않는 것이 일반적이다. 이러한 문제점을 보완하기 위해 도입된 변동성에 관한 두 번째 측정도구가 바로 분산의 양의 제곱근인 **표준편차**(standard deviation)이다. 표준편차의 장점은 원래 데이터와 동일한 단위를 사용할 수 있다는 점이다.

정의 3.3.3(표준편차). X를 분산이 σ^2인 확률변수라 할 때 X의 표준편차 σ는 아래와 같다.

$$\sigma = \sqrt{\text{Var}\,X} = \sqrt{\sigma^2}$$

예제 3.3.5. 예제 3.3.4의 확률변수 X와 Y의 표준편차는 아래와 같다.

$$\sigma_X = \sqrt{\text{Var}\,X} = \sqrt{26.4} = 5.14 \text{ 분당 심장박동수}$$
$$\sigma_Y = \sqrt{\text{Var}\,Y} = \sqrt{730.32} = 27.02 \text{ 분당 심장박동수}$$

표준편차가 갖는 의미를 정리하면 아래와 같다.

표준편차의 특성

1. X의 표준편차는 분산의 양의 제곱근으로 정의된다.
2. 표준편차는 σ로 표기하고 X의 분산은 σ^2으로 표기한다.
3. 큰 표준편차는 확률변수 X가 상대적으로 많이 흩어져 있고 예측하기도 힘들다는 것을 암시하고, 작은 표준편차는 일관적이고 안정적임을 내포한다.
4. 분산에는 단위가 없는 반면 표준편차에는 원래 데이터와 동일한 단위가 붙는다.

복잡한 표현을 단순화하는 데 활용되는 기대에 관한 세 가지 법칙처럼 분산에도 세 법칙이 있다. 형태는 기대에 관한 것과 거의 유사하다. 법칙 1과 2는 기대에 관한 법칙들로 증명될 수 있다(연습문제 20 참조). 법칙 3은 뒤에 나올 '독립 확률변수' 개념으로 유도된다.

정리 3.3.3(분산에 관한 법칙). X와 Y를 확률변수라 하고 c를 임의의 실수라 하자.

1. $\text{Var}\ c=0$
2. $\text{Var}\ cX=c^2\ \text{Var}\ X$
3. X와 Y가 독립이면 $\text{Var}(X+Y)=\text{Var}\ X+\text{Var}\ Y$

(두 변수가 독립이라는 것은 한쪽의 값을 안다는 것이 다른 쪽의 값을 결정하는 데 아무런 영향을 미치지 않는다는 것을 의미한다.)

예제 3.3.6. X와 Y는 독립이고 $\sigma_X^2=9$, $\sigma_Y^2=3$이라 하자. 그러면

$$\begin{aligned} \text{Var}[4X-2Y+6] &= \text{Var}[4X]+\text{Var}[-2Y]+\text{Var}\ 6 && \text{규칙 3} \\ &= 16\ \text{Var}\ X+4\ \text{Var}\ Y+\text{Var}\ 6 && \text{규칙 2} \\ &= 16\ \text{Var}\ X+4\ \text{Var}\ Y+0 && \text{규칙 1} \\ &= 16(9)+4(3)=156 \end{aligned}$$

이 절에서는 확률변수 X에 관한 세 가지 이론적 모수들에 대해 살펴보았다. 주어진 밀도로부터 이들 값을 어떻게 구하는지는 물론 어떻게 해석하는지에 대해서도 알아보았다. 이 내용은 앞으로 배울 실제 실험 데이터를 분석하는 여러 통계적 기법들의 핵심이 되므로 확실히 알아 둘 필요가 있다.

3.4 이항분포

이번 주제는 이항(binomial)분포이다. 설명은 안 했지만 이미 앞에서 이항확률변수에 대해 접했을 것이다. 이 분포의 이론적 기초는 대수학 첫 장에 등장하는 이항정리이다.

이항정리

임의의 두 실수 a와 b, 양수 n에 대하여

$$(a+b)^n=\sum_{k=0}^{n}\binom{n}{k}a^k b^{n-k}$$

단, $\binom{n}{k}$는 $\dfrac{n!}{k!(n-k)!}$

이항확률변수가 사용되는 상황을 제대로 이해하기 위해 이 분포에 전제된 기본 속성들을 먼

저 살펴보자.

이항 속성

1. 실험은 베르누이 시행이라 하는 정해진 횟수 n번의 시행으로 구성되고, 각 시행의 결과는 성공(s) 아니면 실패(f)이다.
2. 시행은 동일하고 독립이다. 따라서 성공할 확률 p는 시행 순서에 관계없이 같다.
3. 확률변수 X는 n번의 시행 중 성공 횟수를 나타낸다.

다음으로 이항확률변수의 동작을 살펴보자. 이를 위해 먼저 확률변수의 밀도를 알아볼 필요가 있다. $n=3$인 경우를 고려해 보자. 이 실험의 표본공간은 아래와 같다.

$$S = \{fff, sff, fsf, ffs, ssf, sfs, fss, sss\}$$

시행은 독립이므로 각 표본점의 확률은 곱셈을 통해 구할 수 있다. 예를 들어 표본점 fff와 sff의 확률은 각각 $(1-p)(1-p)(1-p)=(1-p)^3$과 $p(1-p)(1-p)=p(1-p)^2$이다. 확률변수 X가 0일 경우는 결과가 fff일 때뿐이다. 따라서

$$P[X = 0] = (1 - p)^3$$

반면에 X가 1이 되는 경우는 결과가 sff, fsf, ffs일 때이므로

$$P[X = 1] = 3 \cdot p(1 - p)^2$$

마찬가지로

$$P[X = 2] = 3 \cdot p^2(1 - p)$$

그리고

$$P[X = 3] = p^3$$

따라서 $x=0, 1, 2, 3$일 때

$$P[X = x] = c(x)p^x(1 - p)^{3-x}$$

이때 $c(x)$는 성공 횟수가 x개인 표본점들의 수를 나타낸다. 이 표본점은 곧 문자 3개를 늘어놓는 순열에 해당하며 x는 성공인 s의 개수, $3-x$는 실패인 f의 개수이다. 순열 공식을 이용하여 정리하면

$$c(x) = \frac{3!}{x!(3 - x)!} = \binom{3}{x}$$

따라서 이 이항확률변수의 밀도는

$$f(x) = \binom{3}{x} p^x (1-p)^{3-x} \qquad x = 0, 1, 2, 3$$

수식을 일반화하기 위해 3을 n으로 바꾸면

$$f(x) = \binom{n}{x} p^x (1-p)^{n-x} \qquad x = 0, 1, 2, \ldots, n$$

따라서 이항분포의 정의를 정리하면 아래와 같다.

정의 3.4.1(이항분포). 확률변수 X의 밀도가 아래와 같다면 X는 이항분포를 갖는다.

$$f(x) = \binom{n}{x} p^x (1-p)^{n-x} \qquad x = 0, 1, 2, \ldots, n \qquad 0 < p < 1$$

이때 n은 양의 정수이다.

위 정의의 함수는 음이 아니므로 밀도가 된다. 또한 이항정리에서 $k=x$, $a=p$, $b=1-p$를 대입하면

$$\sum_{x=0}^{n} \binom{n}{x} p^x (1-p)^{n-x} = [p + (1-p)]^n = 1$$

예제 3.4.1. 독일 항공관제센터의 최신 연구에 따르면 모니터 앞에서 장시간 근무하면 정확도를 유지하기가 힘들다고 한다. 더 놀라운 사실은 레이더 화면에 나타나는 점들이 줄어들수록 점 인식 능력이 떨어진다는 것이다. 30분마다 100개의 신호가 도착할 때 그 신호를 정확히 분별할 확률은 대략 .9라고 한다. 반면에 30분마다 10개의 신호가 도착할 때의 그 확률은 .5로 내려간다. X를 30분마다 10개의 신호가 도착할 때 옳게 분별한 신호의 개수라고 하자. 이 실험은 $n=10$이고 각 시행이 동일하고 독립인 베르누이 시행으로 볼 수 있다. 이때 성공은 신호를 정확히 분별했을 경우이고 그 확률 $p=1/2$이다. X가 정해진 횟수 안에서 성공한 횟수이므로 X는 이항이다. 밀도는 정의 3.4.1의 식 f에서 $n=10$, $p=1/2$를 대입하여 구할 수 있다.

$$f(x) = \binom{n}{x} p^x (1-p)^{n-x} \qquad x = 0, 1, 2, \ldots, n$$

또는

$$f(x) = \binom{n}{x} p^x (1-p)^{n-x} \qquad x = 0, 1, 2, \ldots, n$$

이항분포의 또 다른 중요 속성을 정리하면 아래와 같다. 증명은 연습문제로 남긴다(연습문제 43).

정리 3.4.1. X를 변수 n과 p로 구성된 이항확률변수라 하자.

1. $E[X]=\mu=np$
2. $\text{Var}\, X=\sigma^2=npq$

예제 3.4.2. 30분간 정확히 분별한 레이더 신호의 개수, 확률변수 X는 $n=10$, $p=1/2$인 이산확률변수이다. 평균은 $\mu=np=10(1/2)=5$이고, 분산은 $\sigma^2=npq=10(1/2)(1/2)=10/4$이다.

통계학의 대표적인 관심사는 확률변수가 어떤 특정 값을 가질 확률을 찾는 것이다. 이 확률은 밀도함수 f나 누적분포함수 F로부터 구할 수 있다. 이항분포는 다양한 분야에서 널리 사용되고 있기 때문에 주요 n과 p 값에 대한 누적분포함수의 값을 미리 계산한 표가 주로 활용된다. 바로 부록 A의 표 I이다. 즉 표 I은 아래 식의 계산값이다.

$$F(t) = \sum_{x=0}^{[t]} \binom{n}{x} p^x (1-p)^{n-x}$$

이때 $[t]$는 t보다 작거나 같은 가장 큰 정수를 나타낸다. 다음 예를 보자.

예제 3.4.3. X를 30분마다 10개 신호가 도착할 때 옳게 분별된 레이더 신호의 수라고 하자. X가 $n=10$, $p=1/2$인 이항분포라 하고, 최대 7개 신호가 정확히 분별될 확률을 구하라. 즉

$$P[X \le 7] = \sum_{x=0}^{7} \binom{10}{x} (1/2)^x (1/2)^{10-x}$$

이 확률을 직접 구하려면 상당한 양의 수학계산이 필요하다. 하지만 부록 A의 표 I에서 바로 찾을 수 있다. 즉 먼저 $n=10$인 영역을 찾고, 행 표시가 7, 열 표시가 .5인 곳의 값을 읽으면 되는데 .9453이 바로 그 확률이다.

$$P[X \le 7] = F(7) = .9453$$

다른 예로 $P[2 \le X \le 7]$인 확률을 찾아보자. 그래프로 표현하면 그림 3.4와 같다. 그림에서 구하고자 하는 확률의 점들은 별표로 표시하였다. 원하는 확률을 구하기 위해서는 먼저 부록 A 표 I에서 7인 경우를 찾아야 한다. 표의 확률은 누적값이므로 .9453은 X가 최대 7일 확률이고 여기에는 $X=0$, $X=1$인 확률도 포함되어 있다. 따

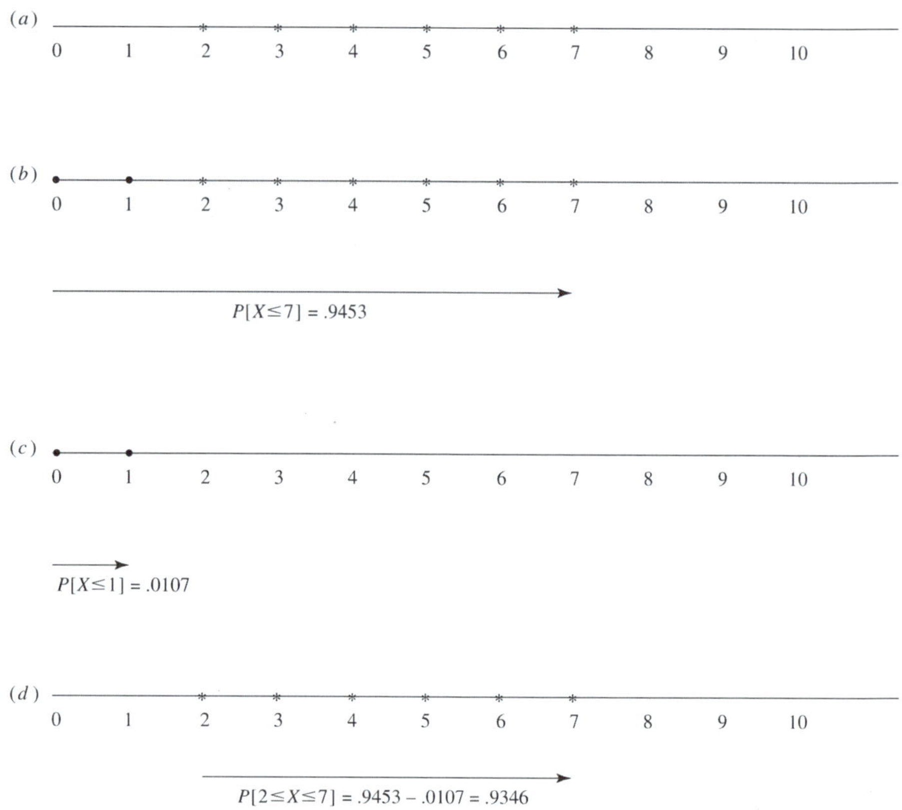

그림 3.4 (*a*) X가 2와 7 사이에 있을 확률을 별표로 표시하였다. (*b*) $P[X \le 7]5.9453$에는 0과 1일 확률도 포함되어 있다. (*c*) 해당되지 않는 점 0과 1에 대한 확률은 .0107이다. (*d*) 원하는 확률은 뺄셈으로 구할 수 있다.

라서 $P[X \le 1]=F(1)=.0107$을 .9453에서 빼면 된다.

$$\begin{aligned} P[2 \le X \le 7] &= P[X \le 7] - P[X < 2] \\ &= P[X \le 7] - P[X \le 1] \\ &= F(7) - F(1) \\ &= .9453 - .0107 \\ &= .9346 \end{aligned}$$

n과 p가 표에 없는 경우의 이항확률은 어떻게 구하는지에 대해서는 뒤에서 다룬다.

3.5 포아송 분포

이번 주제는 프랑스 수학자 시몽 데니스 포아송(Simeon Denis Poisson, 1781-1840)의 이름에서 유래한 포아송 확률변수이다. 이 분포의 이론적 기초는 미적분에서 배우는 함수 e^z에 관한 매클로린 급수 전개이다. 이 급수는 아래와 같다.

매클로린 급수

실수 z에 대해

$$e^z = 1 + z + z^2/2! + z^3/3! + z^4/4! + \cdots$$

이 확률변수를 이해하기 위해 수학적 속성부터 살펴보자.

정의 3.5.1(포아송 분포). 밀도 f가 아래와 같다면 이 확률변수 X는 파라미터 k인 포아송 분포를 갖는다고 한다.

$$f(x) = \frac{e^{-k}k^x}{x!} \qquad \begin{array}{l} x = 0, 1, 2, \ldots \\ k > 0 \end{array}$$

위의 함수 f는 음이 아니다. 합이 1이 되는지 보기 위해

$$\sum_{x=0}^{\infty} \frac{e^{-k}k^x}{x!} = e^{-k}(1 + k + k^2/2! + k^3/3! + \cdots)$$

우변의 급수는 바로 e^k에 관한 매클로린 급수이다. 따라서

$$\sum_{x=0}^{\infty} \frac{e^{-k}k^x}{x!} = e^{-k}e^k = e^0 = 1$$

정리 3.5.1. X를 파라미터 k인 포아송 확률변수라 하자.

1. $E[X]=k$
2. $\mathrm{Var}\, X=k$

일반적으로 포아송 확률변수는 포아송 과정(Poisson process)과 관련 있다. 포아송 과정은 시간, 공간, 길이 등의 연속적인 한 '구간'에서 이산사건의 관찰을 다룬다. 여기서 '구간'은 순수 수학적 관점의 개념보다는 일반적인 포아송 과정을 기술하기 위한 보다 폭넓은 의미로 사용된다. 예를 들어 혈액 한 방울에 들어 있는 백혈구의 수를 관찰하는 경우 보고자 하는 이산사건은 백혈구 관찰이지만 연속 '구간'은 한 방울의 혈액이다. 다른 예로, 핵발전소에서 3개월 단위로 방사성 가스 유출 횟수를 측정한다고 하자. 이때의 이산사건은 방사성 가스 유출이고 연속 구간은 3개월이라는 기간이다. 포아송 과정의 관심 변수는 길이가 s인 구간에서의 사건 발생 횟수인 X이다. 유도가 다소 까다롭긴 하지만 X가 $k=\lambda s$인 포아송 확률변수임은 미분방정식을 통해 보일 수 있다. 이때 λ는 해당 포아송 과정을 특징짓는 양수이다. 상수 λ

의 의미를 구체적으로 이해하기 위해 X의 밀도는 정의 3.5.1에 의해 아래와 같이 나타낼 수 있음을 주목하자.

$$f(x) = \frac{e^{-\lambda s}(\lambda s)^x}{x!} \qquad x = 0, 1, 2, 3, \ldots$$

정리 3.5.1에 따라 X의 기댓값은 λs이다. 즉 길이가 s인 구간에서 관심 사건의 평균 발생 횟수는 λs이다. 따라서 시간, 길이, 면적, 공간 등 하나의 단위 구간에서 관심 사건의 평균 발생 횟수는 $\lambda s/s=\lambda$가 된다. 결론적으로 포아송 과정의 파라미터 λ는 측정 단위당 관심 사건의 평균 발생 횟수이다.

포아송 문제 풀이 과정을 정리하면 아래와 같다.

포아송 문제 풀이 과정

1. 관측 대상의 기본 단위를 정한다.
2. 단위 구간당 관심 사건의 평균 발생 횟수 λ를 정한다.
3. 관측 주기의 길이 또는 크기 s를 정한다.
4. 크기가 s인 구간의 사건 발생 횟수, 확률변수 X는 $k=\lambda s$인 포아송 분포를 따른다.

위 과정을 예제 3.5.1을 통해 살펴보자.

예제 3.5.1. 건강한 성인의 백혈구 수는 혈액 1 입방밀리미터당 평균 6000개이다. 백혈구 결핍증 진단은 .001 입방밀리미터의 혈액 한 방울을 채취하여 백혈구 수 X를 찾는 것이다. 건강한 성인의 경우 예상되는 백혈구 수는 얼마인가? 2개 이내로 발견되었다면 백혈구 결핍증으로 진단할 수 있는가?

이 실험은 포아송 과정으로 볼 수 있다. 즉 관심 이산사건은 백혈구 검출, 연속구간은 한 방울의 혈액이다.

측정 단위를 입방밀리미터라 하자. 그러면 $s=.001$, 단위당 평균 사건 검출 수 λ는 6000이다. 따라서 X는 $\lambda s=6000(.001)=6$인 포아송 확률변수이다. 정리 3.5.1에 의해 $E[X]=\lambda s=6$이다. 즉 건강한 성인에 예상되는 백혈구 수는 평균 6개이다. 2개 이내 검출은 어느 정도 드문 일인가? 즉 $P[X \le 2]$는? 정의 3.5.1로부터

$$P[X \le 2] = \sum_{x=0}^{2} f(x) = \sum_{x=0}^{2} \frac{e^{-6}6^x}{x!}$$
$$= \frac{e^{-6}6^0}{0!} + \frac{e^{-6}6^1}{1!} + \frac{e^{-6}6^2}{2!}$$

위 식을 직접 풀려면 상당한 수학계산이 필요하다.

포아송 모델 역시 광범위하게 활용되기 때문에 주요 $k=\lambda s$ 값에 대한 누적분포

함수표가 있다. 부록 A의 표 II도 그중 일부이다. 위 확률은 표에서 행 표시가 2, 열 $k=6$인 곳의 값 .062이다. 백혈구 결핍증으로 진단할 수 있는가? 어느 정도의 확률이어야 작다고 할 수 있는지에 대한 기준이 없으므로 이 질문에 답하기 위해서는 먼저 그 기준이 정해져야 한다. .062가 작은 값이라 정한다면 물론 백혈구 결핍증으로 진단할 수 있을 것이다.

3.6 이산분포 모의실험

실제 시스템을 만들기 전에 모의실험을 해 볼 필요가 종종 있다. 모의실험은 당연히 컴퓨터로 하지만 그 이론적 배경은 난수표에 있다. 부록 A의 표 III은 그 표의 일부이다. 어떻게 사용되는지를 아래 예제를 통해 살펴보자.

예제 3.6.1. 표 3.6은 부록의 난수표의 일부이다. 이 표로부터 두 자리 난수를 만들어 보자. 제일 먼저 필요한 일은 임의의 출발점을 정하는 것이다. 종이를 오려 1부터 14까지 적고 통에 넣어 섞은 뒤에 하나를 뽑는다. 선택된 종이의 숫자를 난수표의 열 번호로 하고, 마찬가지로 하나를 더 뽑아서 이를 난수표의 행 번호로 한다. 그 결과가 2열의 5행이라 가정하면 원하는 난수의 출발점은 39975가 된다.

만들려고 하는 난수는 두 자리 숫자이므로 선택된 숫자의 처음 두 자리만 가져오면 39이다. 난수표의 각 숫자는 자릿수에 관계없이 그 등장횟수가 유사하므로 어떻게 가져와도 효과는 비슷하다. 따라서 여러 두 자리 난수는 위에 선택된 난수로부터 세로로 읽으면 06, 72, 91, 14가 된다.

다음 예는 난수표가 실제 모의실험에서 어떻게 활용되는지 보여 준다.

표 3.6

열	난수		
Row	(1)	(2)	(3)
1	10480	15011	01536
2	22368	46573	25595
3	24130	48360	22527
4	42167	93093	06243
5	37570	39975	81837
6	77921	06907	11008
7	99562	72905	56420
8	96301	91977	05463
9	89579	14342	63661
10	85485	36857	43342

예제 3.6.2. 어떤 공항에 평균 분당 한 대꼴로 비행기가 착륙하고 이륙 또한 같은 비율로 발생한다. 관심사는 어느 순간 공항에 남아 있는 비행기의 수, 즉 확률변수 Z의 모의실험으로서 5분 동안 관측한다고 하자. 각각의 1분 구간에서 착륙 대수인 확률변수 X, 도착 대수 Y는 둘 다 $k=1$인 포아송 변수이다. 따라서 X와 Y의 밀도는 부록 A의 표 II로부터 구할 수 있고 그 결과는 아래와 같다.

$$
\begin{aligned}
P[X=0] &= P[Y=0] = .368 \\
P[X=1] &= P[Y=1] = .368 \\
P[X=2] &= P[Y=2] = .184 \\
P[X=3] &= P[Y=3] = .061 \\
P[X=4] &= P[Y=4] = .015 \\
P[X=5] &= P[Y=5] = .003 \\
P[X=6] &= P[Y=6] = .001 \\
P[X>6] &= P[Y>6] \doteq 0
\end{aligned}
$$

위 확률들을 7개 영역으로 구분하고 각각의 크기를 반영하여 1000개의 세 자리 수를 표 3.7과 같이 배정한다. 이어서 모의실험을 시행하기 위해 예제 3.6.1의 절차로 10개의 세 자리 난수를 추출한다. 모의실험 시작 시점에 공항에 있는 비행기는 100대라 가정하고 난수의 출발점은 표 3.6의 1행 3열에 있는 <u>015</u>36이라 하자. 첫 번째

표 3.7

난수	착륙 대수 (x)	이륙 대수 (y)	$P[X=x]=P[Y=y]$
000–367	0	0	.368
368–735	1	1	.368
736–919	2	2	.184
920–980	3	3	.061
981–995	4	4	.015
996–998	5	5	.003
999	6	6	.001

표 3.8

시간 (분)	세 자리 난수	착륙 대수 (x)	이륙 대수 (y)	공항에 남아 있는 비행기 수(z)
1	015	0		100
	255		0	100
2	225	0		
	062		0	100
3	818	2		
	110		0	102
4	564	1		
	054		0	103
5	636	1		
	433		1	103

수는 각 단위 분에서의 비행기 착륙, 두 번째 수는 이륙이라 하자. 모의실험 결과는 표 3.8과 같다. 이와 같은 방법으로 긴 시간 동안 모의실험을 진행하면 "공항에 평균 몇 대의 비행기가 있는가?" 또는 "공항에 있는 비행기 수의 변동성은 얼마나 되는가?"라는 질문에 답할 수 있다.

요약

이 장에서는 확률변수의 개념을 소개하고, 확률변수가 이산인지 아닌지를 어떻게 구분하는지를 살펴보았다. 또한 확률 계산에 사용되는 두 함수인 밀도함수와 누적분포함수에 대해 알아보았다. 밀도는 X가 특정 값 x일 확률을 나타내고, 누적분포는 X가 특정 값 x보다 작거나 같을 확률을 나타낸다. 기댓값의 개념 소개와 함께 세 개의 주요 파라미터인 평균(μ), 분산(σ^2), 표준편차(σ)에 대해 알아보았다. 평균은 분포의 위치 중심을, 분산과 표준편차는 확률변수의 평균에 대한 변동성을 측정하는 도구이다. 특별히 널리 쓰이는 이산분포에 대해서도 살펴보았는데 이항, 베르누이, 균등, 포아송 분포가 있다. 또한 이산분포의 모의실험에 대해서도 간략히 살펴보았다. 이 장에서 기억해야 할 주요 개념 및 용어를 정리하면 아래와 같다.

확률변수
이산확률변수
이산밀도
누적분포
기댓값
평균
분산
표준편차
베르누이 시행
복원추출
비복원추출

연습문제

3.1 절

아래 변수들이 이산인지 아닌지 판정하라.

1. T: 컴퓨터 작업의 완료 시간(프로그램 수행부터 결과까지 걸리는 시간)

2. M: 일별 위성에 충돌하는 운석의 수

3. N: 우라늄-235 핵분열 시 열중성자당 방출되는 중성자 수

4. 핵분열 결과 방출되는 중성자는 즉발 중성자이거나 지체 중성자이다. 중성자의 99%를 차지하는 즉발 중성자는 핵분열 순간 10^{-14}초 이내에 방출된다. 지체 중성자는 수 시간의 주기로 방출된다. 핵분열 반응에서 지체 중성자가 방출되는 시간 D.

5. 전류 흐름에서 전기 저항은 전기 전도와 반대이다. 저항의 단위는 옴이다. 예를 들어 2와 1/2인치 전기 벨의 저항은 통상 1.5옴과 3옴 사이이다. 임의로 선택한 전기 벨의 실제 저항 O

6. 테네시 밸리 발전소의 월간 정전 횟수

표 3.9

x	0	1	2	3	4	5
$f(x)$	.7	.2	.05	.03	.01	?

3.2 절

7. 다른 식물의 뿌리나 줄기에 식물의 줄기를 접합하는 접목은 귀한 과일 품종의 줄기를 내성이 강한 다른 품종의 뿌리에 접붙이는 데 널리 쓰인다. 플로리다 오렌지는 광귤나무 뿌리에 접목되어 자란다. 5회 주기의 접목 실험에서 실패 횟수 X의 밀도는 표 3.9와 같다.

(*a*) $f(5)$를 구하라.

(*b*) F의 표를 구하라.

(*c*) F를 이용하여 접목이 최대 세 번 실패할 확률, 적어도 두 번 실패할 확률을 각각 구하라.

(*d*) F를 이용하여 정확히 세 번 실패할 확률이 .03임을 입증하라.

8. 석회암 같은 연석 발파에서 폭약을 삽입할 구멍들은 켈리 바(Kelly bar)로 굴착된다. 드릴은 폭약을 구멍에 장착한 뒤에 제거된다. 연석에서는 종종 드릴 제거 순간에 구멍이 막혀 버릴 수 있기 때문에 주의가 필요하다. 드릴 날은 주기적으로 교환해 주어야 한다. X를 드릴 날당 굴착된 구멍의 수라고 하자. X의 밀도는 표 3.10과 같다.

(*a*) $f(8)$을 구하라.

(*b*) F의 표를 구하라.

(*c*) F를 이용하여 임의로 선택된 드릴 날이 세 개 내지 다섯 개의 구멍을 굴착하는 데 사용될 확률을 구하라.

(*d*) $P[X \le 4]$와 $P[X < 4]$를 구하라. 두 확률은 같은가?

(*e*) $F(-3)$과 $F(10)$을 구하라. 힌트: 이 확률이 실제로 무엇을 의미하는지를 생각해 보면 그 값을 쉽게 구할 수 있다.

9. 예제 1.2.1에서, X를 발사 시점에 정상 작동하는 컴퓨터 시스템의 수라고 하자. 각 시스템의 정상 작동 확률은 .9라고 하자.

(*a*) 그림 1.2의 트리를 이용하여 밀도표를 구하라.

(*b*) 밀도표의 확률들에는 일정한 패턴이 있다. 즉 $k(x)$가 X의 특정 값에 대한 트리 경로의 수일 때 f는 아래와 같다.

$$f(x) = k(x)(.9)^x(.1)^{3-x}$$

표 3.10

x	1	2	3	4	5	6	7	8
$f(x)$	.02	.03	.05	.2	.4	.2	.07	?

$x=0, 1, 2, 3$ 일 때 $k(x)=\binom{n}{x}$ 임을 보여라.

(*c*) F의 표를 구하라.

(*d*) F를 이용하여 발사 시 적어도 한 시스템이 정상일 확률을 구하라.

(*e*) F를 이용하여 발사 시 최대 한 시스템이 정상일 확률을 구하라.

10. 원격 컴퓨터 접속이 성공할 확률은 .7이라고 한다. X를 접속이 성공하기까지의 접속 시도 횟수라 하자.

(*a*) 밀도표의 처음 4개 값을 구하라.

(*b*) 닫힌 형태의 $f(x)$를 구하라.

(*c*) $P[X=6]$을 구하라.

(*d*) 닫힌 형태의 $F(x)$를 구하라.

(*e*) F를 이용하여 최대 4번 이내 시도로 접속에 성공할 확률을 구하라.

(*f*) F를 이용하여 적어도 5번 이상의 시도로 접속에 성공할 확률을 구하라.

11. 옷감 공장의 편물기는 레이저로 끊어진 실을 감지한다. 실이 끊어지면 기계를 정지시키고 수동으로 실을 수리한 뒤 재가동한다. 한 기계의 일별 정지 횟수 X의 밀도는 아래와 같다.

$$f(x) = \left(\frac{16}{31}\right)\left(\frac{1}{2}\right)^x \qquad x = 0, 1, 2, 3, 4$$

(*a*) X의 밀도표를 구하고, 표의 확률들의 합이 1임을 입증하라.

(*b*) $x < 0$일 때 $F(x)$는 얼마인가?

(*c*) $x > 4$일 때 $F(x)$는 얼마인가?

12. 조사에 의하면 교량을 지지하는 리벳은 시간이 지나면서 위험할 정도로 헐거워진다고 한다. 20년 이상 된 교량의 10피트 빔의 헐거워진 리벳의 수 X는 표 3.11과 같은 누적분포를 갖는다.

(*a*) X의 밀도표를 구하라.

(*b*) $x=1, 2, 3, 4, 5$일 때 $f(x)=\dfrac{6-2|x-3|}{20}$ 임을 보여라.

$x=0$ 또는 6일 때 $f(x)=\dfrac{4-|x-3|}{20}$ 임을 보여라.

13. 이산확률변수의 누적분포함수는 왜 절대로 감소하지 않는지 설명하라.

표 3.11

x	0	1	2	3	4	5	6
$F(x)$	.05	.15	.35	.65	.85	.95	1.0

3.3절

14. 플로리다 오렌지 나무를 광귤나무 뿌리에 접목하는 실험을 5회 단위로 진행했다. X를 접목 실패 횟수라 하자. X의 밀도는 표 3.9와 같다.

(*a*) $E[X]$를 구하라.

(*b*) μ_X를 구하라.

(*c*) $E[X^2]$를 구하라.

(*d*) Var X를 구하라.

(*e*) σ_X^2를 구하라.

(*f*) X의 표준편차를 구하라.

(g) σ_X의 단위는 무엇인가?

15. 석회암 천공 시 하나의 드릴 날당 굴착 구멍의 수 X의 밀도는 표 3.10과 같다.

(*a*) $E[X]$와 $E[X^2]$을 구하라.

(*b*) Var X와 σ_X를 구하라.

(*c*) σ_X의 단위는 무엇인가?

16. 연습문제 9번에서 구한 밀도를 이용하여 발사 시 정상 작동할 컴퓨터 시스템의 수 X의 기댓값과 분산을 구하라. $E[X]$와 Var X를 한 시스템이 정상일 확률 p와 시스템의 수 n에 관한 식으로 표현할 수 있는가?

17. 원격으로 컴퓨터에 접속할 확률 p는 .7이다. X를 원격 접속이 성공하기까지의 시도 횟수라 하자. $E[X]$를 구하라. $E[X]$를 p에 관한 식으로 표현할 수 있는가? 힌트: 급수 $\sum^{\infty} x(.7)(.3)^{x-1}=E[X]$는 기하학적이지 않다. 이 급수를 확장하여 $.3E[X]$를 구하고 두 식의 차로부터 $.7E[X]$를 구한다. 이 기하 급수를 계산하여 $E[X]$를 구한다.

18. 폴리에틸렌 글리콜이 있을 때 세포가 융합할 확률은 1/2이다. Y를 첫 번째 융합이 일어나기까지 항원 전달 림프구에 노출된 세포의 수라 하자. 연습문제 17번의 방법을 이용하여 $E[Y]$를 구하라.

19. X를 밀도 f인 이산확률변수라 하자. 임의의 실수 c에 대해 아래를 증명하라.

(*a*) $E[c]=c$. 힌트: 상수는 합의 기호 밖으로 뺄 수 있고 $\sum_{\text{all } x} f(x)=1$.

(*b*) $E[cX]=cE[X]$.

20. 기대에 관한 법칙을 이용하여 임의의 실수 c에 대해 Var $c=0$이고 Var $cX=c^2$ Var X임을 증명하라. 힌트: Var $c=E[c^2]-(E[c])^2$.

21. X, Y를 $E[X]=3$, $E[X^2]=25$이고, $E[Y]=10$, $E[Y^2]=164$인 독립확률변수라 하자.

(*a*) $E[3X+Y-8]$을 구하라.

(*b*) $E[2X-3Y+7]$을 구하라.

(*c*) Var X를 구하라.

(*d*) σ_X를 구하라.

(*e*) Var Y를 구하라.

(*f*) σ_Y를 구하라.

(*g*) Var[3*X*+*Y*−8]을 구하라.

(*h*) Var[2*X*−3*Y*+7]을 구하라.

(*i*) *E*[(*X*−3)/4]와 Var[(*X*−3)/4]를 구하라.

(*j*) *E*[(*Y*−10)/8]와 Var[(*Y*−10)/8]를 구하라.

(*k*) 문제 (*i*)와 (*j*)의 결과는 우연의 일치가 아니다. 이 두 문제에서 제시된 가설을 일반화하고 입증할 수 있는가?

22. 아래와 같은 함수 *f*가 있다.

$$f(x) = (1/2)2^{-|x|} \qquad x = \pm 1, \pm 2, \pm 3, \pm 4, \ldots$$

(*a*) 위 함수가 이산확률변수 *X*에 관한 밀도임을 증명하라. 힌트: 급수 $\sum_{\text{all } x} f(x)$를 전개하라.

(*b*) $g(X)=(-1)^{|X|-1}[2^{|X|}/(2|X|-1)]$라 하자. $\sum_{\text{all } x} g(x)f(x) < \infty$임을 보여라. 힌트: 주어진 식을 전개하면 수렴을 보일 수 있는 급수로 대체할 수 있다.

(*c*) $\sum_{\text{all } x} |g(x)|f(x)$가 수렴하지 않음을 보여라. 그러면 $E[g(X)]$가 존재하지 않음이 입증된다.

힌트: 급수를 전개하여 각각의 항이 발산하는 조화 급수 (1/3) $\sum^{\infty} 1/x$보다 크다는 것을 보일 수 있다.

23. (정렬 알고리즘 응용.) 컴퓨터 과학에서 정렬 알고리즘들의 성능은 주어진 배열을 정렬하는 데 필요한 평균 자료 교환 횟수로 비교된다. 이 평균 횟수와 '이상' 평균과의 비교도 주 관심사이다. 여기서 '이상 평균'이라 함은 배열 정렬에 필요한 최소 교환 횟수를 의미한다. 이 문제는 이상 평균을 다룬다.(T. McMillan, I. Liss, and J. Milton, "A Note on the Minimum Number of Interchanges Needed to Sort a Random Array," American Mathematical Association of Two-Year Colleges, Fall 1990.)

(*a*) 길이가 *n*인 배열이 있다. 배열의 두 원소의 위치를 서로 바꾸는 것을 '교환'이 일어났다고 말한다. X_n을 길이가 *n*인 배열을 정렬하는 데 필요한 최소 교환 횟수라 하자. 그러면

$$X_n = X_{n-1} + I$$

이때 배열의 마지막 원소가 제 위치에 있다면 $I=0$이고 그렇지 않으면 $I=1$이다. $P[I=0]=1/n$이고 $P[I=1]=1-(1/n)$임을 논증하라.

(*b*) 다음을 증명하라.

$$E[I] = 1 - \frac{1}{n}$$

(*c*) 다음을 논증하라.

$$\begin{aligned}
E[X_n] &= E[X_{n-1}] + 1 - \frac{1}{n} \\
E[X_{n-1}] &= E[X_{n-2}] + 1 - \frac{1}{n-1} \\
E[X_{n-2}] &= E[X_{n-3}] + 1 - \frac{1}{n-2} \\
&\vdots \\
E[X_3] &= E[X_2] + 1 - \frac{1}{3} \\
E[X_2] &= E[X_1] + 1 - \frac{1}{2} \\
E[X_1] &= 0
\end{aligned}$$

(*d*) 재귀적 논증을 이용하여 다음을 증명하라.

$$E[X_n] = (n-1) - \sum_{i=2}^{n} \frac{1}{i}$$

(*e*) 위 (*d*)번 식을 $E[X_5]$ 풀이 과정을 통해 설명하라.

(*f*) 아래 식으로 $E[X_n]$을 근사화하는 데 기본 미적분을 적용할 수 있다.

$$\sum_{i=2}^{n} \frac{1}{i} \doteq \int_{1.5}^{n+.5} \frac{1}{t}\,dt$$

위 식으로 $E[X_5]$를 구하고 그 결과를 (*e*)번의 풀이와 비교해 보라.

(*g*) 난수 생성기로 0과 1000 사이의 100개의 3자리 숫자들의 집합을 생성한다. 이러한 배열을 정렬하는 데 필요한 이상 평균 교환 횟수는 얼마인가?

3.4 절

24. X를 $n=15$, $p=.2$인 이항이라 하자.

(*a*) X의 밀도에 대한 식을 구하라.

(*b*) $E[X]$와 Var X를 구하라.

(*c*) 적률 생성 함수를 이용하여 $E[X]$, $E[X^2]$, Var X를 구하고 이를 통해 위 (*b*)번의 답을 검증하라.

(*d*) 밀도를 직접 계산하여 $P[X \le 1]$를 구하라. 그 결과를 부록 A의 표 I의 값과 비교하라.

(*e*) 아래의 문제들을 그림 3.4와 같은 점 도표로 그려 설명하고 부록 A의 표 I을 이용하여 확률을 구하라.

$P[X \leq 5]$	$P[X \geq 3]$
$P[X < 5]$	$F(9)$
$P[2 \leq X \leq 7]$	$F(20)$
$P[2 \leq X < 7]$	$P[X = 10]$

25. 대사 경로 호르몬성 조절 연구에 사용되는 흰 쥐에 단백질 합성을 억제하는 약물이 투여된다. 약물이 투여된 흰 쥐가 실험 전 죽을 확률은 .2 이상이다. 흰 쥐 10마리에 약물을 투여했을 때 실험 전 죽을 흰 쥐의 수는 얼마인가? 적어도 8마리가 살아 있을 확률은 얼마인가? 적어도 5마리가 죽었다면 매우 놀랄 만한 일인가? 확률로 설명해 보라.

26. 예제 1.2.1을 다시 보자. 확률변수 X는 우주선 발사 시 정상 작동하는 컴퓨터 시스템의 수이다. 시스템들은 서로 독립적으로 작동하고 각각의 정상 작동 확률은 .9이다.

(*a*) X가 이항임을 증명하고 그 밀도를 구하라. 이 결과를 연습문제 9(*b*)의 답과 비교해 보라.

(*b*) $E[X]$와 Var X를 구하라.

27. 사람은 R과 Y, 두 가지 성염색체를 갖고 있다. R 염색체는 모든 사람에게 있고 Y 염색체가 있으면 남성이 된다. 따라서 각각의 성은 RR(여성)과 RY(남성)로 표현된다. 색맹은 r로 표시되는 열성의 R 염색체에 의해 야기된다. Y 염색체는 색맹과 무관하다. 따라서 색맹과 관련하여 아래와 같이 여성은 세 가지, 남성은 두 가지의 유전자형이 있다.

여성	남성
RR (정상)	RY (정상)
Rr (보인자)	rY (색맹)
rr (색맹)	

자식에게는 부로로부터 각각 하나의 성염색체가 유전된다.

(*a*) 정상인 남성과 보인자인 여성 사이에 아이가 하나 있다. 이 아이의 가능한 유전자형을 나타내는 트리를 그려라. 이 트리를 이용하여 이 아이가 색맹인 남성일 확률을 구하라.

(*b*) 이 부부에게 아이가 다섯이 있다면 색맹인 남자아이는 몇 명으로 예상되는가? 세 명 이상이 색맹일 확률은 얼마인가?

28. 전자현미경 촬영은, 먼저 진공용기에 시료를 넣고 전자빔으로 스캔한 후 시료로부터 방출되는 전자를 검출기로 포집하여 CRT에 영상을 표시하는 과정으로 이루어진다. 영상을 현상하는 데 과거에는 4×5 인치 카메라가 사용되었으나 35 mm 카메라로도 동일한 품질을 얻을 수 있는 것으로 알려져 있다. 이 카메라는 4×5 인치 카메라보다 가격도 저렴하고 속도도 빠르다.

(*a*) 각각의 카메라 시스템을 이용하여 15개 시료에 대한 사진을 현상했다. 사진들은 선

명도 판정을 위해 별도의 표시 없이 실험자에게 제시된다. 실험자는 두 장으로 구성된 각각의 쌍에 대해 어느 것이 더 나은지 판단한다. X를 35 mm 카메라로 찍은 사진 수라고 하자. 두 카메라 간 선명도 차이가 전혀 없고 실험자 또한 임의로 사진을 선택한다고 할 때 X의 기댓값은 얼마인가?

(*b*) 실험자가 12개 이상의 35 mm 카메라 사진을 선택했다면 매우 놀라운 일인가? 확률로 설명하라.

(*c*) $X \geq 12$라면 실험자가 사진을 임의로 선택하지 않은 것으로 의심할 사유가 된다고 생각하는가?

29. 가정용 프린터가 기사 도움 없이 제대로 설치될 확률은 80%이다. 나머지는 기사의 도움이 필요하다. 한 대리점에서 월간 10대를 판매한다고 하자.

(*a*) 적어도 9대가 기사 도움 없이 제대로 설치될 확률을 구하라.

(*b*) 월간 10대씩 5개월을 팔았다고 하자. 매월 각각 적어도 9대 이상씩 제대로 설치될 확률은 얼마인가?

30. 컴퓨터에 오류가 발생했을 때 화면에 표시되지는 않아도 해당 오류 코드를 잡아낼 수는 있다. 이러한 오류를 페이징 오류라 한다. 컴퓨터에서 문서작업을 할 때 페이징 오류가 발생할 확률은 .1이다. 문서작업은 주당 20회 수행된다.

(*a*) 페이징 오류가 발생하지 않을 확률을 구하라.

(*b*) 적어도 한 번 오류가 발생할 확률을 구하라.

(*c*) 네 번 이상의 오류는 매우 특이한 일이라고 할 수 있는가? 확률로 설명하라.

31. 공항 검색대 금속 탐지기 반응의 25%는 탑승객 호주머니에 들어 있는 동전 때문이다. 한 시간 동안 15명의 승객이 금속 탐지기 반응을 보였다.

(*a*) 적어도 3명이 호주머니 동전 때문일 확률을 구하라.

(*b*) 15명 누구도 호주머니 동전 때문이 아니었다면 매우 특이한 일이라고 할 수 있는가? 확률로 설명하라.

32. (점 이항 또는 베르누이 분포.) 어떤 실험에서 결과는 성공 아니면 실패로 나타난다. p를 성공 확률이라 하고, X를 성공이면 1, 실패이면 0으로 정의하자. 이러한 X를 점 이항(point bionmial) 또는 파라미터 p인 베르누이(Bernoulli) 분포라 한다.

(*a*) X가 $n=1$인 이산확률분포임을 증명하라.

(*b*) X의 밀도를 구하라.

(*c*) X의 평균과 분산을 구하라.

(*d*) DNA 복제 시 화학적으로 야기된 오류가 발생한다. 이들 중 대부분은 별도의 돌연변이를 나타내지 않는 잠재 오류이다. 박테리아를 배양시켜 14%의 확률로 돌연변이를 나타내는 화학 약품에 노출시켰다. X를 돌연변이가 나타나면 1, 그렇지 않으면 0이라 하자. $E[X]$를 구하라.

33. 어떤 이항확률변수의 평균은 5, 분산은 4이다. 이 확률변수의 분포를 특징짓는 n과 p의

값을 구하라.

3.5 절

34. X가 $k=10$인 포아송 확률변수라 하자.

(*a*) $E[X]$를 구하라.

(*b*) Var X를 구하라.

(*c*) σ_X를 구하라.

(*d*) X의 밀도에 관한 식을 구하라.

(*e*) $P[X \leq 4]$를 구하라.

(*f*) $P[X < 4]$를 구하라.

(*g*) $P[X=4]$를 구하라.

(*h*) $P[X \geq 4]$를 구하라.

(*i*) $P[X \leq 4 \leq 9]$를 구하라.

35. 어떤 핵발전소에서 월평균 두 번 방사성 가스가 유출된다. 한 달 동안 네 번의 유출이 발생할 확률을 구하라. 3개월 주기의 유출 기댓값은 얼마인가? 실제로 조사해 보니 3개월 동안 12번 이상의 유출이 검출되었다고 하면 월평균 2회라는 보고서 내용을 의심할 사유가 된다고 생각하는가? 확률로 설명하라.

36. 지구물리학자들은 지르콘의 연대를 추정하기 위해 표면의 우라늄 핵분열 흔적의 수를 이용한다. 어떤 지르콘에서 1평방센티미터당 평균 5개의 흔적이 발견된다. 같은 종류의 지르콘 2평방센티미터에서 최대 3개의 흔적이 발견될, 즉 그 연대가 실제보다 낮게 판정될 확률은 얼마인가?

37. 캘리포니아에는 연간 약 500회의 감지 가능한 지진이 발생한다. 하지만 파괴력 있는 강력 지진은 연평균 1회이다. 캘리포니아에서 이와 같은 강력지진이 적어도 6개월에 한 번씩 일어날 확률을 구하라. 6개월에 세 번 이상의 강력지진이 발생했다면 매우 드문 일이라 할 수 있는가? 확률로 설명하라.

38. 지하광산의 적재하중 지지대는 채굴작업 시 발생하는 추가 하중까지 견딜 수 있도록 설계된다. 지지대는 새로운 하중과 암반 소음(rock noise)으로 불리는 지진파나 소리 에너지의 여파로 조금씩 뒤틀려진다. 이 에너지는 특수 지질 설비를 통해 관측될 수 있다. 어떤 광산의 평균 암석 소음 발생 횟수는 시간당 3회라고 하자. 2시간마다 10번 이상 발생되었다면 매우 드문 일이라 할 수 있는가? 확률로 설명하라.

39. 버(burr)는 금속 가공 시 발생하는 가느다란 긁힘이나 흠집을 나타내는 말이다. 이는 수동 혹은 수압, 고열, 또는 전기화학적 처치를 통해 제거되어야 한다. 자동변속기에 들어가는 어떤 부품의 버는 평균 2개라 하자. 7개 부품 중 최대 4개의 버가 발견될 확률은 얼마인가?

40. 주철은 철에 소량의 다른 원소, 즉 탄소, 규소, 황, 또는 인을 섞은 합금이다. 탄소는 연한

흑연이나 매우 단단한 탄화철 형태로 존재한다. 주철의 형태는 철에 포함된 탄소의 양과 분포에 따라 5가지로 구분된다. 즉 서선, 흑연주철, 연성강, 가단주철, 백주철이 있다. 가단주철의 탄소는 듬성듬성 포함되어 있는 흑연 알갱이로 존재한다. 이 주철에 평방인치당 평균 20개의 알갱이들이 있다고 하자. 이 주철의 1/4평방인치에서 2개 이내의 알갱이를 보았다면 매우 드문 일이라 할 수 있는가? 확률로 설명하라.

41. 어떤 포아송 확률변수의 0과 1에 대한 확률이 같다고 하자. 이 변수에 대한 포아송 파라미터 k의 값을 구하라.

42. 동작감지 가로등의 감도가 제대로 설정되었다면 다람쥐나 다른 작은 숲속 동물들에 의해 가로등이 오작동할 가능성은 주당 평균 .5회이다. 2주 동안, 이 동물들에 의해 가로등이 오작동할 횟수는 평균 몇 회인가? 2주 평균 최소 5번씩 오작동했다면 가로등의 감도를 재조정해야 한다고 생각하는가? 확률로 설명하라.

43. 대장균은 종종 사람의 소화기관에서 발견되는 박테리아로서 스트렙토마이신 민감균에서 스트렙토마이신 내성균으로 돌연변이를 일으킬 수 있다. 이는 결과적으로 그 대장균을 갖고 있는 사람까지 스트렙토마이신 항생제 내성을 갖게 만든다. 환자로부터 추출된 조직에 평균 2개의 스트렙토마이신 내성 박테리아가 있다고 하자. 각 조직의 크기는 80평방센티미터이다. 한 조직에서 떼어 낸 1평방센티미터의 시료에서 적어도 한 개의 내성 박테리아가 발견될 확률은 얼마인가? 5개의 1평방센티미터의 시료에서 적어도 한 개가 발견될 확률은 얼마인가?(5개의 시료는 각각 다른 것과 무관하다고 하자.)

3.6절

44. 엔진 하나에는 독립적으로 동작하는 5개의 실(seal)이 있다. 3개 이상의 실이 고장 나면 엔진도 멈춘다. 온도가 0°F 아래로 내려가면 각 실은 10%의 고장 확률이 있는 것으로 알려져 있다. X를 고장 난 실의 개수라 하면 X는 $n=5$, $p=.10$인 이항이다. 이러한 엔진 10개의 성능을 0° 이하 조건에서 모의실험하라. 10번의 모의실험에서 얻은 10개의 X 값을 평균하여 엔진당 고장 난 실의 평균 개수를 구하라. 그 결과를 이론적 평균 .5와 비교하라. 모의실험 결과 10개 중 몇 개의 엔진이 멈추었는가?

45. 부록 A의 표 II를 이용하여 예제 3.6.2의 공항 비행기 이착륙을 1분 주기로 10회 모의실험하라. 실험을 통해 얻은 Z 값들의 산술평균을 구해 공항에 남아 있는 평균 비행기 수를 추정하라.

46. 확률변수 X를 강관 코팅 공정에서 하자가 있는 제품의 개수라 하자. X는 $p=.05$인 기하급수이다. 100개의 두 자리 숫자들을 두 그룹으로 나누고 00~04는 하자 있는 제품에 할당하고 나머지 숫자들은 하자 없는 제품에 할당한다. 하자 있는 제품이 10개가 나올 때까지 모의실험하라. 각 모의실험에서 얻은 X 값을 기록하라. 이를 근거로 X의 평균값을 추정하라. 그 결과가 이론적 평균값인 20에 가까운가? 그렇지 않다면 10회 더 모의실험하라. X 값의 산술평균이 이번에는 20에 보다 더 가까워졌는가?

복습문제

47. 어떤 마이크로프로세서 칩은 다수의 중복된 회로로 구성되어 있어 한 회로가 고장 나더라도 고장 회로를 스스로 감지하여 대체 회로를 찾아 수정할 수 있다. 칩당 평균 고장 횟수는 300이다. 임의로 칩 면적의 5% 영역을 선택했을 때 10개 이내의 고장이 발견될 확률은 얼마인가?

48. 시분할 멀티태스킹 컴퓨터는 새로운 프로그램이 들어오면 가용 메모리가 있는 한 바로 처리한다. 이 시스템에 프로그램을 입력했을 때 1분 이내에 처리가 시작될 확률은 .25이다. 하루 동안 5개의 프로그램을 가능한 한 서로 겹치지 않게 입력한다. X를 1분 이내에 처리가 시작되는 프로그램 수라고 하자.

(*a*) $E[X]$와 Var X를 구하라.

(*b*) 어떤 프로그램도 1분 이내에 처리되지 않을 확률을 구하라.

(*c*) 이틀을 주기로 5개의 프로그램이 입력된다. 이틀 동안 어떤 프로그램도 1분 이내에 처리되지 않을 확률을 구하라.

49. 브레이크 라이닝 신제품이 개발되었다. 이 라이닝은 이 제품을 장착한 자동차의 90%에서 적어도 70,000마일 주행 시까지 작동하는 것으로 알려졌다. 실험실에서, 이 제품을 100대의 자동차에 장착한 상황을 가정한 모의실험을 진행하였다. X를 70,000마일 주행 전 브레이크 교환이 필요한 자동차 수라고 하자.

(*a*) X의 분포는 무엇인가? $E[X]$는 얼마인가?

(*b*) X의 확률을 구할 때 사용될 수 있는 분포는 무엇인가?

(*c*) 70,000마일 주행 전 브레이크 교환이 필요한 자동차 수가 100대 중 17대 이상이라면 90%는 너무 과한 성능 수치였음을 인정한다고 하자. 90% 성능이 처음부터 옳았음에도 이와 같은 결론을 내릴 확률은 얼마인가?

50. 어떤 카센터에 10개의 재생 변속기 재고가 있다. 이 중 3개는 결함이 있어 1000마일 주행 전 고장을 일으킨다. 이러한 변속기 4개를 고객 자동차에 장착했다. 결함 변속기가 하나도 포함되지 않았을 확률을 구하라. 정확히 한 개가 결함 변속기일 확률을 구하라.

51. 화면에 나타나지 않은 키보드 문제를 점검할 수 있는 컴퓨터가 있다. 이 문제는 점검이 쉽지 않은 잠재 오류를 야기한다. 어떤 키보드가 이 문제를 갖고 있을 확률은 1/1000이라 하자. 12,000개 중에 잠재 오류가 하나도 발생하지 않을 확률을 구하라. 적어도 하나의 잠재 오류가 발생할 확률을 구하라.

52. 도로를 달리는 자동차 10대 중 하나는 실제보다 적어도 시속 5마일은 낮게 표시되는 불량 속도계가 장착된 것으로 조사되었다. 하루 동안 15명의 운전자가 시속 5마일 이상의 속도위반으로 단속되었다. 이 중 적어도 5명 이상의 운전자의 자동차에 불량 속도계가 장착되었다는 것이 발견되면 매우 놀랄 일인가? 확률로 설명하라.

53. 다음 식을 보자.

$$f(x) = \frac{x^2}{14} \qquad x = 1, 2, 3$$

(*a*) f가 이산확률변수의 밀도임을 보여라.

(*b*) $E[X]$와 $E[X^2]$을 구하라.

(*c*) Var X와 σ를 구하라.

CHAPTER 4

연속분포

3장에서는 이산확률변수와 이산이 아닌 변수를 구분하는 법을 배웠다. 이 장에서는 이산적이지 않은 많은 등급의 확률변수들에 대하여 알아보자. 그중에서도 특히 연속(continuous) 확률변수들에 대하여 공부한다. 먼저 연속적인 변수들의 전반적인 특징에 대하여 알아본 후, 연속확률변수의 중요한 분포들을 살펴보자.

4.1 연속밀도

3장에서 특정 발전소의 최대수요 시간을 나타내는 확률변수 T에 대하여 공부한 적이 있다. 이 변수는 가능한 T의 값들을 유한하거나 셀 수 있는 무한한 값들로 제한할 수 없기 때문에 이 확률변수가 이산적이지 않다는 데 동의하였다. 시간은 연속적으로 측정되며 T는 [0, 24) 범위 내의 어느 값도 될 수 있다. 여기서 0은 특정 일의 자정을, 24는 그 다음날의 자정을 나타낸다. 또한 만약 누군가가 그날이 시작되기 전에 수요가 가장 많은 시간이 정확히 12.013278650931271이 될 확률을 묻는다면 답은 0%이다. 조금도 빠르거나 늦지 않고 지정한 시간에 최대부하가 일어나는 것은 사실상 불가능하기 때문이다. 측정값은 구간으로 나타나고 어느 특정 값이 나올 사전확률이 0이라고 하는 두 가지 성질은 확률변수가 연속임을 나타내는 대표적인 특성이다. 이를 정의하면 아래와 같다.

정의 4.1.1(연속확률변수). 어떤 구간 또는 실수 구간 내의 어떠한 값이라도 될 수 있고 어느 특정한 값을 가지게 될 확률이 0이면 확률변수는 연속이다.

연속확률변수가 어느 특정한 값을 가지게 될 확률이 0이라는 것이 정의에서 가장 중요하다는 것에 주목하자. 이산변수들은 이런 제한을 가지지 않는다. 이러한 이유로, 연속인 경우의 확률계산은 이산인 경우와 다르다. 이산변수의 경우 밀도라 불리는 함수 f를 정의하였다. f로부터 확률변수 X에 관한 확률들을 구할 수 있었다. 이 함수는 아래와 같이 주어진다.

$$f(x)=P[X=x] \quad x\text{는 실수}$$

$P[X=x]$는 항상 0이므로 연속인 경우에는 위 정의를 사용할 수 없다. 연속확률변수에 관한 확률들을 계산할 수 있는 함수가 필요하다. 그러한 함수도 역시 밀도라고 부른다.

정의 4.1.2(연속밀도). X를 연속확률변수라 하자. 아래와 같은 함수 f를 X를 위한 밀도라 부른다.

1. $f(x) \geq 0 \qquad \text{for } x \text{ real}$
2. $\int_{-\infty}^{\infty} f(x)\,dx = 1$
3. $P[a \leq X \leq b] = \int_a^b f(x)\,dx \qquad \text{for } a \text{ and } b \text{ real}$

위의 정의는 임의로 설정된 듯 보일 수 있지만 그렇지 않다. 자세히 보면 이산인 경우에서와 같이 f는 실수 전체에 대하여 정의되어 있고 항상 0보다 크다. 기초미적분학에서 배웠듯 적분은 합계의 연장선에 놓여 있다. 왜냐하면 적분은 리만(Riemann) 합들의 수열의 극한이기 때문이다. 이산인 경우에는 $\Sigma_{\text{all } x} f(x)=1$이 되어야 한다. 연속인 경우에 이 요구사항은 결국 밀도의 적분값이 1이 되어야 한다는 것의 연장선상에 있다. 따라서 어떤 함수가 연속확률변수의 밀도가 되기 위한 필요충분조건은 다음과 같다.

함수가 연속밀도가 되기 위한 필요충분조건

1. $f(x) \geq 0$
2. $\int_{-\infty}^{\infty} f(x)\,dx = 1$

이산인 경우 X가 임의의 수들의 집합 A에 포함될 확률은 A에 포함된 모든 x 값에 대한 함수 $f(x)$의 합으로 구해진다. 즉

$$P[X \in A] = \sum_{x \in A} f(x)$$

연속인 경우 X가 $[a, b]$ 구간 속의 어느 값을 취하게 되는 확률을 구해야 한다. 앞의 공식에서 A를 $[a, b]$로 바꾸고, 덧셈 대신 적분을 구하면 정의 4.1.2의 3번 항 공식을 얻는다. 즉

$$P[a \leq X \leq b] = \int_a^b f(x)\,dx$$

여기서 분명한 것은 연속인 경우에 쓰이는 '밀도' 라는 용어는 이산인 경우에 쓰이는 밀도 개념의 확장형으로 덧셈을 적분으로 바꾼 형태에 불과하다는 것이다. 이 사실은 나중에 연속인 경우의 기댓값의 개념을 아주 자연스럽게 정의할 수 있도록 해 주는 중요한 개념이다.

예제 4.1.1. 가솔린의 납 함유량은 리터당 0.1~0.5 그램 정도이다. 임의로 선정한 가솔린 1 리터의 납 함유량이 0.2~0.3 그램일 확률은 얼마인가? 이 확률을 구하기 위해서 확률변수 X의 밀도 f를 알아야 한다. 여기서 X는 가솔린의 리터당 납 함유량을 뜻한다. 다음 함수를 보자.

$$f(x) = \begin{cases} 12.5x - 1.25 & .1 \leq x \leq .5 \\ 0 & \text{그 외의 경우} \end{cases}$$

f의 그래프를 그림 4.1 에 나타내었다. 함숫값은 음수가 아니다. 또한

$$\begin{aligned} \int_{-\infty}^{\infty} f(x)\,dx &= \int_{.1}^{.5} (12.5x - 1.25)\,dx \\ &= \left[\frac{12.5x^2}{2} - 1.25x\right]_{.1}^{.5} \\ &= \left[\frac{12.5(.5)^2}{2} - 1.25(.5)\right] - \left[\frac{12.5(.1)^2}{2} - 1.25(.1)\right] \\ &= .9375 - (-.0625) = 1 \end{aligned}$$

그러므로 f는 정의 4.1.2 의 1번과 2번 항에 나온 특성들을 만족시킨다. 3번 항 특성은 f를 이용하여 원하는 확률을 구할 수 있게 해 준다. 특히

$$\begin{aligned} P[.2 \leq X \leq .3] &= \int_{.2}^{.3} f(x)\,dx \\ &= \int_{.2}^{.3} (12.5x - 1.25)\,dx \\ &= \left[\frac{12.5x^2}{2} - 1.25x\right]_{.2}^{.3} \\ &= \left[\frac{12.5(.3)^2}{2} - 1.25(.3)\right] - \left[\frac{12.5(.2)^2}{2} - 1.25(.2)\right] \\ &= .1875 \end{aligned}$$

연속인 경우 밀도에 관한 중요한 사실 몇 가지가 있다. 첫째, 함수 f는 $f(x)$가 0이 아닌 경우로만 국한되어야 한다. x가 주어지지 않은 경우에 $f(x)$는 0이라고 가정한다. 예제 4.1.1 에서 주어진 범위 밖에서는 $f(x)$가 0이라는 가정하에 f를 이렇게 쓸 수도 있었다.

$$f(x) = 12.5x - 1.25 \qquad .1 \leq x \leq .5$$

두 번째, 0 이상의 값만을 가지는 함수의 적분값은 그 함수의 면적으로 생각할 수 있으므로 정

그림 4.1

$f(x)=\begin{cases}12.5x-1.25 & .1\le x\le .5\\ 0 & \text{그 외 경우}\end{cases}$ 의

그래프.

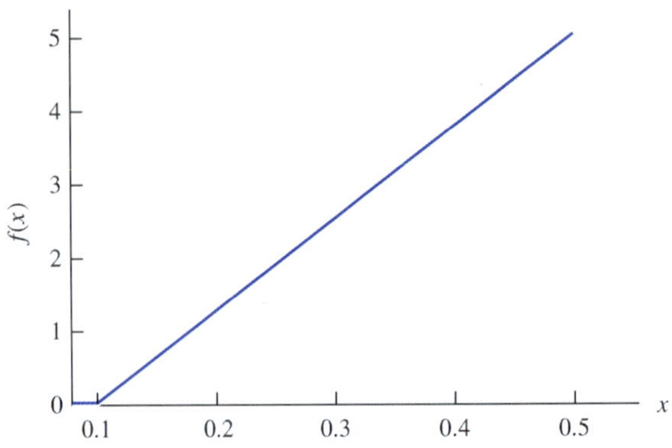

의 4.1.2의 2항과 3항의 내용은 그래프의 면적으로 표현될 수 있다. 더 구체적으로, 2번 항에 의하면 f의 전체 면적은 1이어야 한다. 3번 항에 의하면 변수가 a와 b 사이의 값이 될 확률은 $x=a$와 $x=b$ 사이의 f의 면적에 해당된다. 이 사실들을 예제 4.1.1에 적용한 것이 그림 4.2(*a*)와 (*b*)에 각각 나타나 있다. 세 번째, 연속인 경우 $P[X=a]=P[X=b]=0$이므로

$$P[a\le X\le b]=P[a\le X<b]=P[a<X\le b]=P[a<X<b].$$

예제 4.1.1에서 가솔린 1리터당 납 함유량이 .2와 .3그램일 경우 확률 $P[.2\le X\le .3]$은 .2와 .3그램을 포함하지 않은 경우 .2~.3그램일 확률 $P[.2<X<.3]$과 같다. 그림 4.2(*c*)를 참고하라. 네 번째, 정의 4.1.2의 1항과 2항은 특정 함수가 연속확률변수인 X의 밀도함수일 수 있게 해 주는 필요충분조건이다. 하지만 위의 조건들을 만족시키는 함수라고 해서 모든 함

그림 4.2

(*a*) $\int_{-\infty}^{\infty}f(x)dx=1$은 f의 전체 면적이 1임을 의미한다.
(*b*) $P[.2\le X\le .3]=\int_{.2}^{.3}(12.5x-1.25)dx=.1875$은 $x=.2$와 $x=.3$ 사이의 f의 면적은 .1875임을 나타낸다.
(*c*) $P[.2<X<.3]=P[.2\le X\le .3]=.1875$.

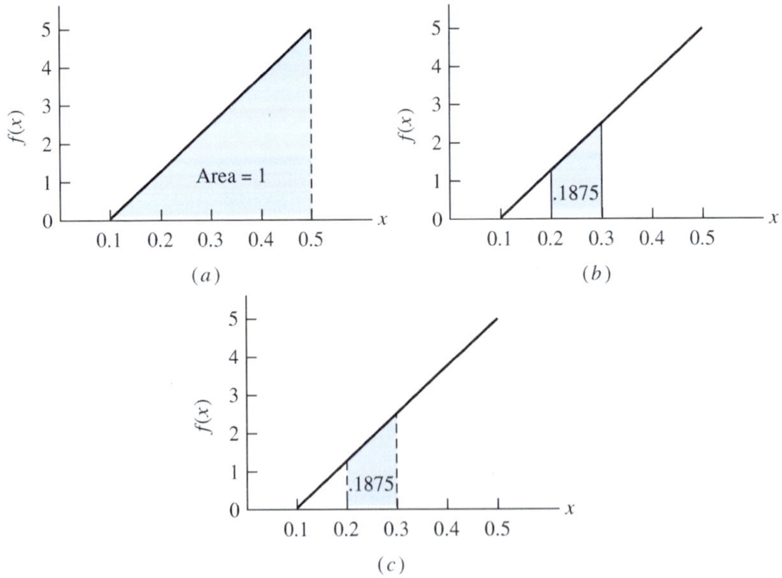

수가 변수 X의 밀도함수가 될 수는 없다. 정의 4.1.2의 3항까지 만족시켜야 한다. 사실 예제 4.1.1에 주어진 함수가 이런 조건을 완벽하게 만족시키는지는 불명확하다. 단순히 예를 들기 위해 사용한 함수이기 때문이다. 상황에 맞는 적절한 밀도함수를 찾는 것은 언제나 어려운 일이다.

누적분포

연속인 경우 누적분포함수는 매우 유용한 개념이다. 이 함수를 구하는 방법은 이산인 변수에서와 같은데, 다만 덧셈을 적분으로 대체하면 된다.

정의 4.1.3(누적분포–연속). X는 연속이고 밀도함수가 f라고 하자. X의 누적분포함수 F는 다음과 같이 정의된다.

$$F(x) = P[X \le x] \qquad x\text{는 실수}$$

실수 x에 관한 함수 $F(x)$를 구하는 것은 x보다 작거나 같은 모든 실수에 대하여 밀도함수를 적분하면 된다.

연속인 경우 F의 계산

$$P[X \le x] = F(x) = \int_{-\infty}^{x} f(t)\,dt \qquad x\text{는 실수}$$

그래프로 보면, 이 확률은 밀도함수 그래프에서 x를 포함한 x 좌측의 모든 값에 대한 그래프의 면적과 같다.

예제 4.1.2. 가솔린의 리터당 납 함유량을 나타내는 확률변수 X의 밀도함수는 아래와 같다.

$$f(x) = 12.5x - 1.25 \qquad .1 \le x \le .5$$

X의 누적분포함수는 아래와 같다.

$$P[X \le x] = F(x) = \int_{-\infty}^{x} f(t)\,dt$$

$x < .1$인 경우, $f(t)$의 값이 0이기 때문에 적분값 또한 0이다. $.1 \le x \le .5$일 때 누적분포함수는 아래와 같다.

$$
\begin{aligned}
F(x) &= \int_{-\infty}^{x} f(t)\,dt = \int_{.1}^{x} (12.5t - 1.25)\,dt \\
&= \left[\frac{12.5t^2}{2} - 1.25t\right]_{.1}^{x} \\
&= 6.25x^2 - 1.25x + .0625
\end{aligned}
$$

$x > .5$인 경우, 가능한 모든 x 값에 대하여 적분을 한 것이기 때문에 적분값이 1이 된다. 정리하면, F는 아래와 같다.

$$
F(x) = \begin{cases} 0 & x < .1 \\ 6.25x^2 - 1.25x + .0625 & .1 \le x \le .5 \\ 1 & x > .5 \end{cases}
$$

임의로 선택된 가솔린의 납 함유량이 리터당 .2와 .3그램 사이에 있을 확률은 얼마인가? 답을 구하기 위하여 누적분포의 항으로 고쳐 쓰면 아래와 같다.

$$
\begin{aligned}
P[.2 \le X \le .3] &= P[X \le .3] - P[X < .2] \\
&= P[X \le .3] - P[X \le .2] \qquad (x\text{는 연속}) \\
&= F(.3) - F(.2)
\end{aligned}
$$

대입하면

$$
\begin{aligned}
F(.3) &= 6.25(.3)^2 - 1.25(.3) + .0625 = .2500 \\
F(.2) &= 6.25(.2)^2 - 1.25(.2) + .0625 = .0625
\end{aligned}
$$

따라서

$$
\begin{aligned}
P[.2 \le X \le .3] &= F(.3) - F(.2) \\
&= .2500 - .0625 = .1875
\end{aligned}
$$

위 수식들을 잘 살펴보면 예제 4.1.1에서 단순 적분으로 얻은 결과와 일치하는 것을 알 수 있다. $F(.3)$은 그림 4.3(a)에 나타낸 것과 같이 .3 좌측의 모든 값에 대한 그래프의 면적이고, $F(.2)$는 그림 4.3(b)에 나타낸 것과 같이 .2의 좌측에 대한 그래프의 면적이다. 두 값의 차 $F(.3)-F(.2)$를 구하면 그림 4.3(c)에 주어진 .2와 .3 사이의 면적을 얻을 수 있다.

이산인 경우, 누적분포 F는 밀도를 더함으로써 구하였다. F가 주어지면 뺄셈을 통해 밀도를 구할 수 있었다. 연속인 경우에도 동일하게 구할 수 있다. 누적분포는 f를 적분하여 구하고, F가 주어졌을 때는 미분을 통해 f를 구한다. 즉 연속인 경우 아래와 같다.

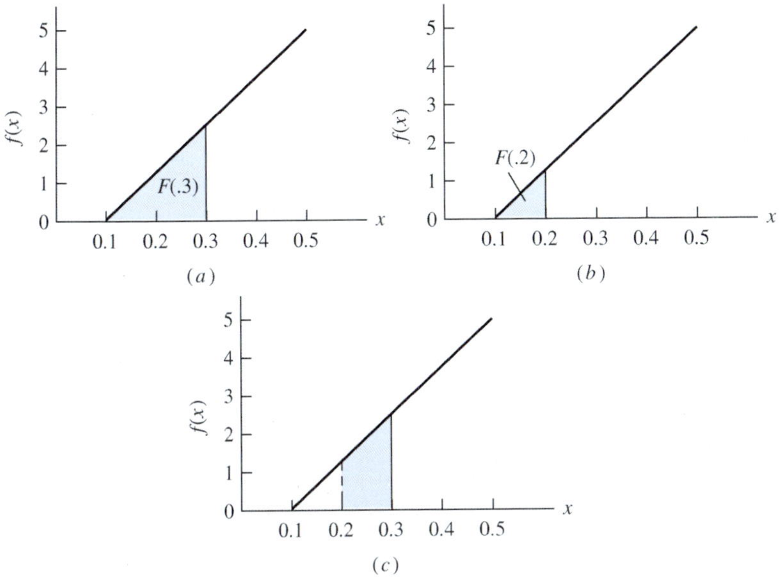

그림 4.3
(*a*) $F(.3)=P[X \le .3]$; (*b*) $F(.2)=P[X \le .2]$; (*c*) $F(.3)-F(.2)=P[.2 \le X \le .3]$.

연속인 경우 *F*에서 *f* 구하기

$$f(x) = F'(x)$$

예제 4.1.3. 예제 4.1.2에서 누적분포는 다음과 같이 구하였다.

$$F(x) = 6.25x^2 - 1.25x + .0625 \qquad .1 \le x \le .5$$

$F(x)$의 미분은 아래와 같다.

$$F'(x) = 12.5x - 1.25 \qquad .1 \le x \le .5$$

예상한 대로 위 식은 예제 4.1.2에 주어진 X의 밀도함수이다.

균일분포

연속분포 중 다루기가 가장 단순한 것은 아마 균일(uniform)분포일 것이다. 균일분포에서 일어나는 사건들은 동일한 확률을 가진다. 균일의 여러 가지 특성들은 조금만 생각해 보면 쉽게 도출할 수 있기 때문에 따로 다루지 않겠다.

4.2 기대와 분포모수

이번 절에서는 연속확률변수의 기댓값을 정의한다. 연속확률변수의 평균과 분산을 구하기 위한 정의를 어떻게 사용하는지 알아본다. 이산인 경우를 다룰 때와 같은 형식을 취하고 있으며, 다만 덧셈을 적분으로 대체한다.

정의 4.2.1(기댓값). X를 밀도가 f인 연속확률변수라고 하자. $H(X)$의 기댓값 $E[H(X)]$는 아래와 같다.

$$E[H(X)] = \int_{-\infty}^{\infty} H(x)f(x)dx$$

단, 아래 식이 유한하다는 전제하에 그렇다.

$$\int_{-\infty}^{\infty} |H(x)|\, f(x)dx$$

이산인 경우와 마찬가지로, X의 평균 또는 기댓값은 위 정의의 특별한 경우이다.

X의 기댓값

$$E[X] = \int_{-\infty}^{\infty} xf(x)dx$$

예제 4.1.1의 확률변수 X의 평균 또는 기댓값의 평균과 분산을 구해 봄으로써 이 정의의 활용법을 설명해 본다. 우선 정리 3.3.2에 의해, X의 평균 또는 기댓값의 분산은 다음과 같은 방법으로 쉽게 구할 수 있다는 것을 상기하라.

$$\sigma^2 = \mathrm{Var}\,(X) = E[X^2] - (E[X])^2$$

예제 4.2.1. 가솔린의 리터당 납 함유량을 나타내는 X의 밀도는 다음과 같다.

$$f(x) = 12.5x - 1.25 \qquad .1 \le x \le .5$$

X의 평균 또는 기댓값은 다음과 같다.

$$\begin{aligned}\mu = E[X] &= \int_{-\infty}^{\infty} xf(x)dx \\ &= \int_{.1}^{.5} x(12.5x - 1.25)dx\end{aligned}$$

$$= \left[\frac{12.5x^3}{3} - \frac{1.25x^2}{2}\right]_{.1}^{.5}$$
$$= \left[\frac{(12.5)(.5)^3}{3} - \frac{1.25(.5)^2}{2}\right] - \left[\frac{12.5(.1)^3}{3} - \frac{1.25(.1)^2}{2}\right]$$
$$\doteq .3667 \text{ g/liter}$$

일정한 범위 내에서 적분하였으므로 다음 식이 존재한다.

$$\int_{-\infty}^{\infty} |x| f(x)\, dx$$

여기서 우리는 가솔린의 리터당 납 함유량이 .3667 그램이라는 결론을 내릴 수 있다. 그렇다면 각 리터별로 어느 정도의 변이를 가질까? 이 질문에 대한 답을 얻기 위해 $E[X^2]$을 찾고, 정리 3.3.2를 적용하여 X의 분산을 구할 수 있다.

$$E[X^2] = \int_{-\infty}^{\infty} x^2 f(x)\, dx$$
$$= \int_{.1}^{.5} x^2(12.5x - 1.25)\, dx$$
$$= \left[\frac{12.5x^4}{4} - \frac{1.25x^3}{3}\right]_{.1}^{.5} \doteq .1433$$

정리 3.3.2에 의해

$$\text{Var } X = E[X^2] - (E[X])^2 \doteq .1433 - (.3667)^2 \doteq .00883$$

X의 표준편차는

$$\sigma = \sqrt{\text{Var } X} = \sqrt{.00883} = .09396 \text{ g/liter}$$

연속확률변수의 평균에 대한 멋진 기하학적 해석이 있다. f의 그래프와 x축에 둘러싸인 부분의 넓이와 같은 크기의 단단한 쇳조각을 잘라 내어 y축에 평행하게 놓인 칼날 위에 중심을 잡으려 한다고 생각해 보자. 쇳조각이 균형 잡히게 하는 지점이 존재한다면 그곳이 X의 평균이다. 즉 μ_X는 x축 위의 밀도의 무게중심이 되는 지점을 가리키는 값이라는 의미에서 위치를 나타내는 모수라고 할 수 있다. 분산도 마찬가지로 기하학적으로 그 의미를 상상해 볼 수 있다. 연속적인 경우 분산이 작은 확률변수는 밀도가 크고, 분산이 큰 확률변수는 밀도가 작다. 이런 의미에서 분산은 모양을 나타내는 모수이다.

4.3 정규분포

정규분포는 데이터 분석을 위한 많은 통계학적 분석법들의 기초가 되는 분포이다. 1733년에 처음으로 드무아브르(De Moivre)가 시행횟수가 무한한 이항분포의 제한된 형태로 정규분포를 설명하였다. 이 발견은 별로 주목을 받지는 못하였고 반세기 후에 라플라스와 가우스에 의하여 정규분포가 재발견되었다. 두 사람 모두 천문학을 공부하면서 생기는 여러 가지 측정값 오류들의 형태를 설명하면서 이를 발견하였다. 정규분포는 종종 가우스 분포라고 불리기도 한다.

정의 4.3.1(정규분포). 밀도가 아래와 같은 확률변수 X를 모수 μ와 σ를 가지는 정규분포라 한다.

$$f(x) = \frac{1}{\sqrt{2\pi}\sigma} e^{-(1/2)[(x-\mu)/\sigma]^2} \qquad -\infty < x < \infty$$

$$-\infty < \mu < \infty$$

$$\sigma > 0$$

이 정의에 의하여

$$\int_{-\infty}^{\infty} \frac{1}{\sqrt{2\pi}\,\sigma} e^{-(1/2)[(x-\mu)/\sigma]^2} dx = 1$$

이를 증명하기 위해서는 극좌표로의 전환이 필요한데, 이 책에서 다루는 수준보다 높다. 자세한 증명은 참고문헌 [49]에 찾아볼 수 있다. 정의 4.3.1에서 μ는 실수이고 σ는 양수라는 것을 주목하라. 사용된 표기법에서 정규 확률변수의 밀도를 구할 때 사용하는 매개변수는 평균과 표준편차임을 알 수 있다.

정리 4.3.1. X를 모수 μ와 σ를 가지는 정규 확률변수라 하자. 그러면 μ는 X의 평균이고 σ는 X의 표준편차이다.

정규 확률변수의 밀도함수 그래프는 좌우대칭이고 가운데가 평균인 종 모양의 곡선이다. 변곡점은 $\mu \pm \sigma$에 나타난다.

예제 4.3.1. 자동차가 내뿜는 탄화수소는 공기오염의 주범 중 하나이다. X를 자동차가 1마일을 달릴 때 내뿜는 탄화수소의 양을 그램으로 나타내는 확률변수라고 하자. X를 평균이 1그램이고 표준편차가 .25그램인 정규분포라고 가정하자. X의 밀도를 구하는 식은 다음과 같다.

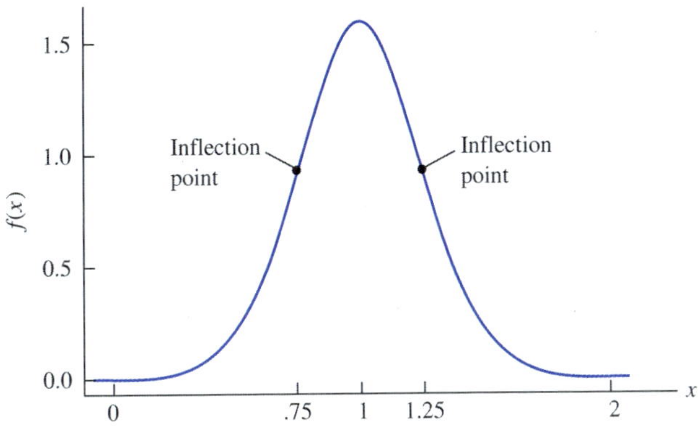

그림 4.4 평균이 1이고 표준편차가 .25인 정규 확률변수의 밀도 그래프.

$$f(x) = \frac{1}{\sqrt{2\pi}(.25)} e^{-(1/2)[(x-1)/.25]^2}$$

이 밀도함수의 그래프는 $\mu=1$을 중심으로 대칭성을 지닌 종 모양 곡선이며, $\mu \pm \sigma$ 또는 $1 \pm .25$에 변곡점이 있다. 밀도함수가 그림 4.4에 나타나 있다.

이론상 정규 확률변수는 어떤 값이라도 취할 수 있어야 한다. 그러나 여기서는 비현실적이다. 자동차가 내뿜는 탄화수소의 양이 마이너스인 경우는 불가능하다. X가 정규분포라 함은 물리적으로 가능한 X 값들에 한해 정규분포곡선 내에 확률값이 존재한다는 것이다. 이런 이해를 바탕으로 확률값을 근사화할 수 있다. 예를 들어 임의로 선택된 자동차가 1마일당 .9와 1.54그램 사이의 탄화수소를 배출할 확률은 두 점 사이의 밀도 그래프의 면적을 계산하여 구할 수 있다.

표준정규분포

모수 μ와 σ로 동일한 특성을 갖는 정규 확률변수는 무한히 많이 존재한다. 특정 정규곡선과 관련된 확률을 구하기 위해서는 정규밀도를 일정한 범위 내에서 적분해야 한다. 그러나 정규밀도는 닫힌 형식으로는 적분할 수가 없다. 정규곡선의 면적을 구하기 위해서는 수치적분기법이 필요하다. 이 문제를 극복하기 위하여 간단한 대수적 변환법이 개발되었다. 이 변환법을 **표준화 절차(standardization procedure)**라고 부르는데, 이를 통하여 정규 확률변수에 관한 그 어떤 계산도 평균이 0이고 표준편차가 1인 정규 확률변수에 관한 계산으로 바꿀 수 있다. 이런 정규 확률변수를 Z라고 표기하고 **표준정규(standard normal)**변수라 부른다.

정리 4.3.2(표준화 정리). X가 평균이 μ이고 표준편차가 σ인 정규분포를 갖는다고 하자. 변수 $(X-\mu)/\sigma$는 표준정규분포이다.

표준화 절차에 의해 평균이 0이고 표준편차가 1인 확률변수를 구할 수 있음을 입증하였다(3 장, 연습문제 21 을 보라). 이렇게 변환된 변수가 정규분포라는 것을 증명하려면 이 책에서 다루고 있는 적률생성함수 기법을 사용해야 한다.

표준정규 확률변수의 누적분포함수는 부록 A의 표 V에 나와 있다. 표준화 정리와 이 표의 사용에 대한 예는 아래 예제를 통하여 설명한다.

예제 4.3.2. X를 자동차의 1 마일당 탄화수소 배출량(그램)이라고 하자. X는 정규분포이고 $\mu=1$ 그리고 $\sigma=.25$ 라고 가정하고, 임의로 선정된 자동차가 1 마일당 .9~1.54 그램의 탄화수소를 배출할 확률을 구하라. 원하는 확률은 그림 4.5 와 같다. $P[.9 \le X \le 1.54]$를 구하기 위하여 부등식의 각 값에서 평균값 1 을 빼고, 표준편차 .25 로 나눈다. 수식은 아래와 같다.

$$P[.9 \le X \le 1.54] = P[(.9 - 1)/.25 \le (X - 1)/.25 \le (1.54 - 1)/.25]$$

확률변수 $(X-1)/.25$ 는 이제 Z이다. 이제 표 V에서 $P[-.4 \le Z \le 2.16]$을 찾기만 하면 된다. 먼저 아래와 같이 우리가 원하는 확률값을 누적분포로 나타낸다.

$$\begin{aligned} P[-.4 \le Z \le 2.16] &= P[Z \le 2.16] - P[Z < -.4] \\ &= P[Z \le 2.16] - P[Z \le -.4] \qquad (Z\text{는 연속적이다}) \\ &= F(2.16) - F(-.4) \end{aligned}$$

$F(2.16)$을 찾으려면 먼저 z열의 첫 두 자리 수(2.1)이 있는 위치를 찾아라. 세 번째 값이 6 이므로 우리가 원하는 확률 .9846 은 2.1 이라 적힌 행과 .06 이라 적힌 열에서 찾을 수 있다. 마찬가지로 $F(-.4)$ 또는 .3446 은 행 −.4 와 열 .00 에서 찾을 수 있다. 이제 임의로 선정된 자동차가 1 마일당 .9~1.54 그램의 탄화수소를 배출할 확률을 구하면 아래와 같다.

$$\begin{aligned} P[.9 \le X \le 1.54] &= P[-.4 \le Z \le 2.16] \\ &= F(2.16) - F(-.4) \\ &= .9846 - .3446 = .64 \end{aligned}$$

그림 4.5 |
음영부분 면적 $= P[.9 \le X \le 1.54]$.

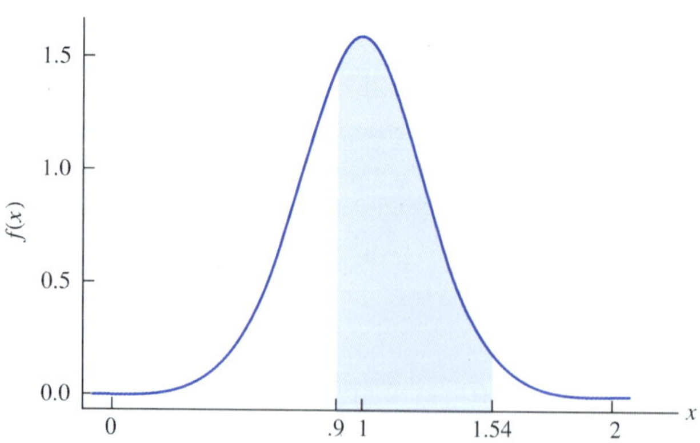

이 확률의 단위가 %라고 하면, 64%의 자동차들이 1마일당 .9~1.54그램의 탄화수소를 배출한다.

표 V를 반대로 활용할 일도 있을 수 있다. 예를 들어 r이라고 하는 특정 확률이 주어졌을 때, 면적의 오른쪽 부분인 r과 관계된 지점을 찾아야 한다. 이 지점을 z_r이라고 표기한다. 즉 z_r은 아래와 같은 표준정규 확률변수와 관련된 어느 지점을 나타낸다.

$$P[Z \geq z_r] = r$$

위 식의 필요성을 알기 위해 예제 4.3.3을 살펴보자.

예제 4.3.3. 보통 사람이 죽지 않고 견뎌 낼 수 있는 방사능의 양을 확률변수 X라 하자. X는 정규분포이고 평균이 500뢴트겐이며 표준편차는 150뢴트겐이다. 5%의 사람만 살아남으려면 어느 정도의 방사능을 사람들에게 노출시켜야 할까? 이 질문에 답하기 위해서는 그림 4.6에 나온 x_0를 찾아야 한다. 확률적으로는 아래 식을 만족시키는 x_0를 찾아야 한다.

$$P[X \geq x_0] = .05$$

표준화하면

$$\begin{aligned} P[X \geq x_0] &= P\left[\frac{X-500}{150} \geq \frac{x_0-500}{150}\right] \\ &= P\left[Z \geq \frac{x_0-500}{150}\right] = .05 \end{aligned}$$

$(x_0-500)/150$은 표준정규분포 곡선에서 면적의 5%는 오른쪽에, 95%는 왼쪽에 있

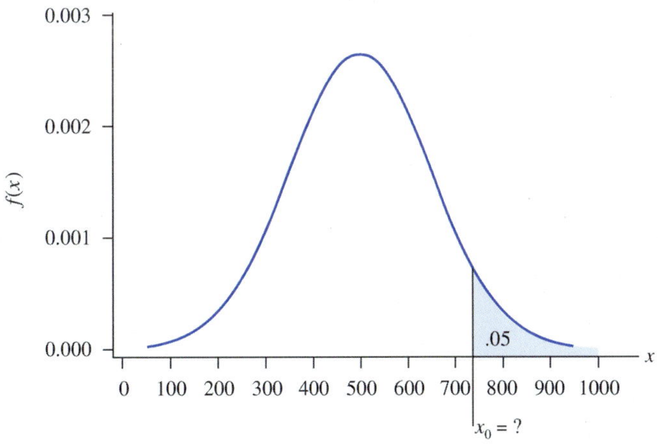

그림 4.6 $P[X \geq x_0] = .05$.

게 되는 점이다. 즉 $(x_0-500)/150$은 $z_{.05}$점이다. 표 V에서 이 점의 값이 대략 1.645라는 것을 알 수 있다. 둘을 같다고 놓으면 아래 수식이 된다.

$$\frac{x_0 - 500}{150} = 1.645$$

이 방정식에서 x_0의 해를 구하면 원하는 조사량이 된다.

$$x_0 = 150(1.645) + 500 = 746.75 \text{ roentgens}$$

4.4 정규확률법칙과 체비셰프의 부등식

확률변수의 값들 중 나오기 쉬운 값과 드문 값을 빠르게 구별하는 방법이 있다면 유용할 것이다. 정규분포 확률변수에서 가장 우선시되는 법칙이 있는데, 정규확률법칙(normal probability rule)이라 불리며 쉽게 도출될 수 있다. 정리 4.4.1에 이 법칙이 주어져 있다.

정리 4.4.1(정규확률법칙). X를 모수가 μ와 σ인 정규분포라고 하면

$$P[-\sigma < X - \mu < \sigma] \doteq .68$$
$$P[-2\sigma < X - \mu < 2\sigma] \doteq .95$$
$$P[-3\sigma < X - \mu < 3\sigma] \doteq .997$$

증명. σ로 나누면

$$P[-\sigma < X - \mu < \sigma] = P\left[-1 < \frac{X - \mu}{\sigma} < 1\right]$$

정리 4.3.2에 의해, $(X-\mu)/\sigma$는 표준정규분포를 따른다. 부록 A의 표 V로부터

$$P[-1 < Z < 1] = .8413 - .1587 = .6826$$

이 확률은 어림잡아 .68이라 할 수 있다. 정리 4.4.1에 주어진 다른 값들도 비슷한 방법으로 증명할 수 있다.

정규확률법칙은 백분율로 나타낼 수 있다. 좀 더 구체적으로, 정규분포에서 반복적으로 표본을 추출하면 관측값 X의 68%는 평균에서 표준편차 범위 안에 있어야 하고, 95%는 표준편차 2배 범위 안에 있어야 하고, 99.7%는 표준편차 3배 범위 안에 있어야 한다. 그러므로 관측값이 μ로부터 표준편차 3배 범위 밖에 놓여 있을 확률은 0.003으로 지극히 작다. 뒤에서 이 법칙을 이용하여 정규분포 확률함수의 표준편차를 구할 것이다.

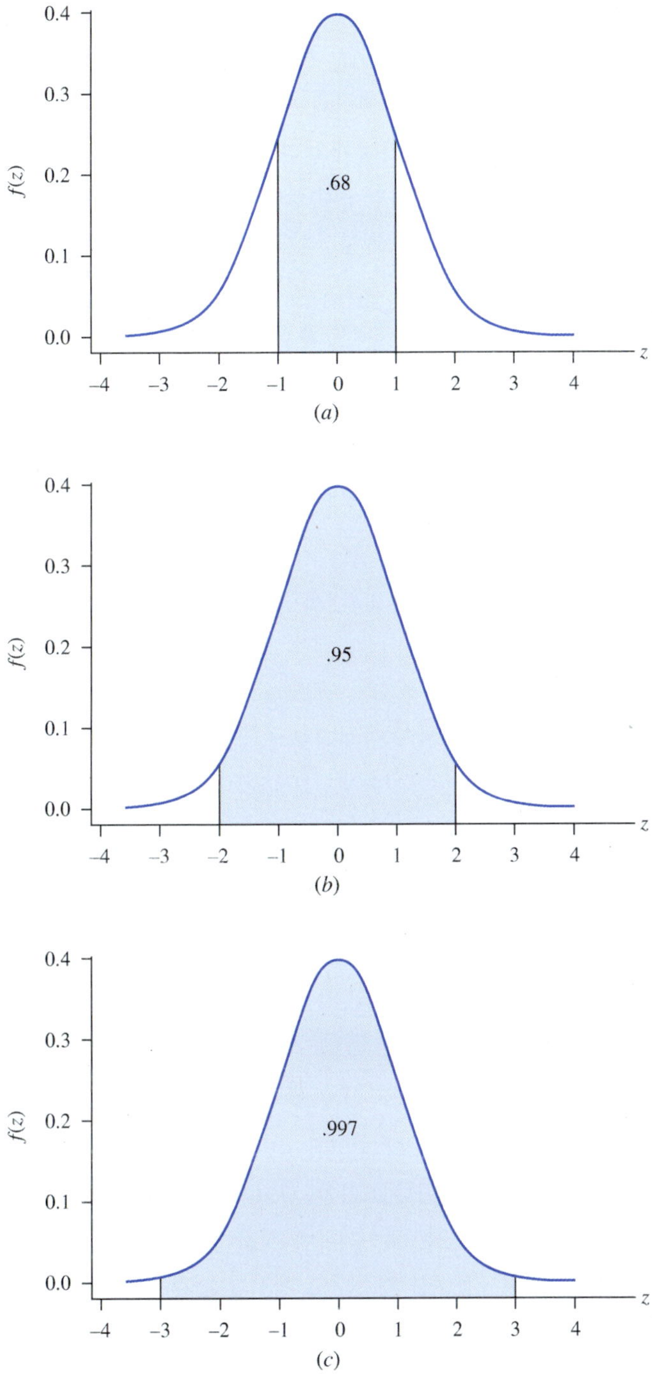

그림 4.7

(*a*) 정규분포확률변수가 자신의 평균으로부터 표준편차 범위 안에 있을 확률은 68% 이다. (*b*) 정규분포확률변수가 자신의 평균으로부터 표준편차의 두 배 범위 안에 있을 확률은 95% 이다. (*c*) 정규분포확률변수가 자신의 평균으로부터 표준편차 세 배 범위 안에 있을 확률은 99.7% 이다.

그림 4.7 은 표준정규분포에 적용되는 정규분포법칙을 보여 준다. $\sigma=1$, $\sigma=2$, $\sigma=3$ 에 대한 분포를 상기하라.

체비셰프 부등식

체비셰프 부등식(Chebyshev's inequality)은 확률변수의 관찰값들의 희귀성을 추측할 때 사용된다. 이 부등식은 러시아의 확률학자 체비셰프(Tchebysheff, 1821~1894)가 유도하였다. 이 부등식은 확률변수가 정규분포를 나타내야 한다는 조건이 없는 것이 정규확률법칙과 다르다. 연속인 경우에 대해 정리를 증명하지만 연속성이 요구되지는 않는다. 어떤 확률변수에 대하여도 이 부등식은 유효하다.

정리 4.4.2(체비셰프 부등식). X를 평균이 μ이고 표준편차가 σ인 확률변수라 하자. 모든 양수 k에 대하여 다음이 적용된다.

$$P[|X-\mu|<k\sigma] \geq 1-\frac{1}{k^2}$$

이 정리의 증명은 부록 C를 보라.

다음 예제들을 통해 정리 4.4.1과 4.4.2의 차이를 알아보자.

예제 4.4.1. 유체의 점도는 그 유체를 채운 튜브에 작은 공을 떨어뜨리고 측정거리만큼 공이 떨어질 때 걸리는 시간 X를 관찰하여 대략적으로 측정한다. 이 확률변수가 평균이 20초, 표준편차가 .5초인 정규분포를 나타낸다고 가정하자. 정규확률법칙에 의해 관측값의 약 95%가 평균으로부터 1초(표준편차의 두배)내에 있을 것이다. 즉 X가 19초와 21초 사이에 있을 확률이 .95이다. 체비셰프의 부등식은 어떤 확률변수에도 적용 가능하므로 여기서 사용한다. 이 부등식은 X가 적어도 확률 $1-1/k^2=.75$로 19초와 21초 사이에 있음을 보증한다. 여기서 주목해야 할 것은 확률변수가 정규분포일 때는 정규확률법칙이 체비셰프 부등식보다 우세한 결과를 산출한다는 점이다.

예제 4.4.2. 어떤 공장의 안전도는 심각한 사고 없이 일한 총 노동시간 M으로 측정된다. 과거의 경험에 의하면 M의 평균은 이백만 시간이고 표준편차는 십만 시간이다. 심각한 사고가 방금 일어났다고 하자. 사고가 난 뒤 백육십만 노동시간 안에 심각한 사고가 일어나는 것은 드문 일인가? 이 질문에 답하기 위해, $P[M \leq 1.6]$을 기억해 내야 한다. M이 정규분포를 갖는다고 생각할 만한 근거가 없으므로, 정규확률법칙은 여기서 부적절하다. 반면에 체비셰프 부등식에서 $k=4$일 때

$$P[1.6 < M < 2.4] \geq 1-(1/16) = .9375$$

따라서

$$P[M \leq 1.6] + P[M \geq 2.4] \leq .0625$$

M이 2.4보다 클 수 있기 때문에, 안전하게 아래와 같이 말할 수 있다.

$$P[M \leq 1.6] < .0625$$

M의 밀도함수의 모양에 대한 지식 없이 더 이상 아무것도 단정 지을 수는 없다. 하지만 밀도가 대칭이라는 것을 알고 있다면, 한 단계 더 나아가 아래와 같이 말할 수 있다.

$$P[M \leq 1.6] \leq .0625/2 = .03125$$

4.5 이항분포의 정규근사

n이 1에서 무한대까지 어떤 값도 취할 수 있고, p는 0과 1 사이의 어떤 값도 될 수 있기 때문에, 이 책 또는 다른 책에 주어진 이항분포표는 반드시 범위가 제한되어 있다. n과 p의 모든 조합을 포함하는 표를 만드는 것은 불가능하다. 컴퓨터와 계산기 기술의 발달로 n과 p의 어떤 조합에 대해서도 정확한 이항확률을 구할 수 있다. 이전에는 정규분포곡선을 이용하여 이항확률의 근사치를 추측했었다. 이 절에 소개된 기술은 필요한 기술을 쉽게 이용할 수 없는 상황에서도 유용하다. 그러한 근사가 어떻게 제안되었는지 살펴보기 위하여 성공확률이 .4이고 n 값이 다른 네 가지 이항확률변수에 대해 생각해 보자. 이 변수들의 밀도 값들은 부록 A의 표 I에 나타나 있고 각 경우의 개요가 그림 4.8(a)에서 (d)까지 나타나 있다.

한 가지 주목해야 할 점을 그림 4.8(d)에서 찾을 수 있다. 즉 블록선도에 잘 맞는 종 모양 곡선을 상상하기 어렵지 않다. 그림에서 한 개 이상의 블록에 의해 표현되는 이항확률은 근사하게 선택된 정규곡선의 주의 깊게 선택된 영역의 넓이로 유추할 수 있다. 그렇다면 무한히 많은 정규곡선 중 어느 것을 선택해야 할 것인가? 평균과 분산은 선택된 정규변수의 것과 근사화되는 이항변수의 것들이 같아야 한다는 것이 일반적이다. 이 의미는 정리 4.5.1에서 요약되어 있다.

정리 4.5.1(이항분포의 정규근사). X를 모수가 n과 p인 이항확률변수라 하자. n이 크면 X는 평균이 np이고 분산이 $np(1-p)$인 정규분포로 근사화된다.

이 정리의 증명은 6장에서 다룰 중심극한정리에 근거한다. 사실 정리 4.5.1에서 '크다'의 개념이 불분명하기 때문에 조금 애매하다. 수학적으로 가장 엄격한 기준에 의하면 '크다'는 n이 무한대에 접근하는 것을 의미한다. 대부분의 실제 용도에서는 $p \leq .5$와 $np > 5$이거나 $p > .5$와 $n(1-p) > 5$인 n과 p이면 근사화가 만족할 만하다.

예제 4.5.1. 임신 중 산모의 흡연과 신생아의 선천적 질병 간의 관계에 대한 연구를 수행하였다. 연구에 참여한 임산부들 중 40%는 흡연자이고 60%는 비흡연자이다.

그림 4.8

이항분포 X의 밀도는:

(a) $n=5, p=.4$;

(b) $n=10, p=.4$;

(c) $n=15, p=.4$;

(d) $n=20, p=.4$.

$n=5$, $p=.4$

x	$f(x)$
0	.0778
1	.2592
2	.3456
3	.2304
4	.0768
5	.0102

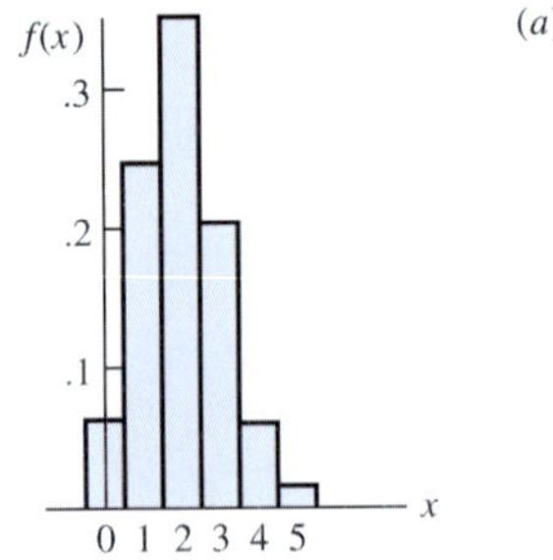

$n=10$, $p=.4$

x	$f(x)$
0	.0060
1	.0404
2	.1209
3	.2150
4	.2508
5	.2007
6	.1114
7	.0425
8	.0106
9	.0016
10	.0001

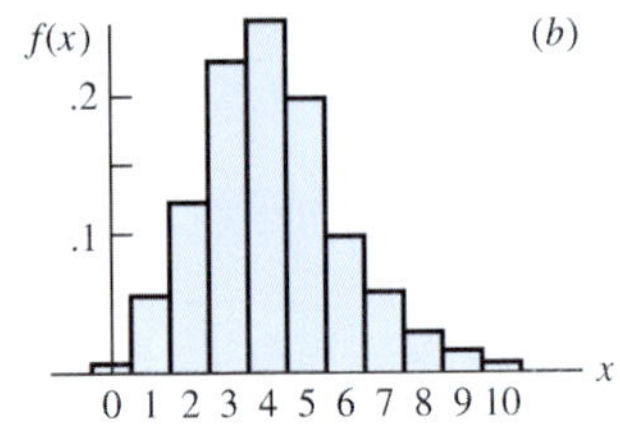

$n=15$, $p=.4$

x	$f(x)$	x	$f(x)$
0	.0005	8	.1181
1	.0047	9	.0612
2	.0219	10	.0245
3	.0634	11	.0074
4	.1268	12	.0016
5	.1859	13	.0003
6	.2066	14	~ 0
7	.1771	15	~ 0

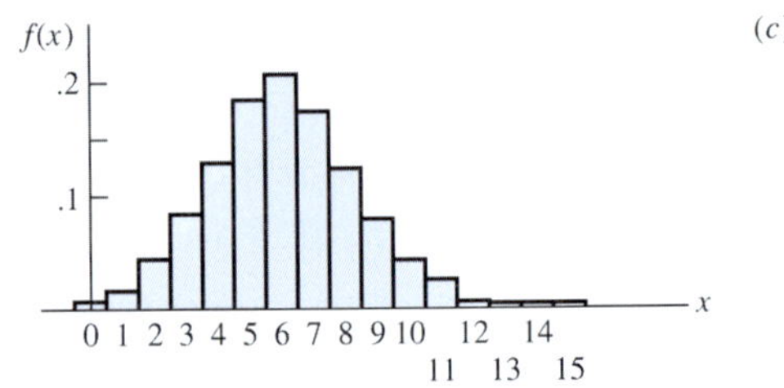

$n=20$, $p=.4$

x	$f(x)$	x	$f(x)$
0	~ 0	11	.0710
1	.0005	12	.0355
2	.0031	13	.0145
3	.0124	14	.0049
4	.0350	15	.0013
5	.0746	16	.0003
6	.1244	17	~ 0
7	.1659	18	~ 0
8	.1797	19	~ 0
9	.1597	20	~ 0
10	.1172		

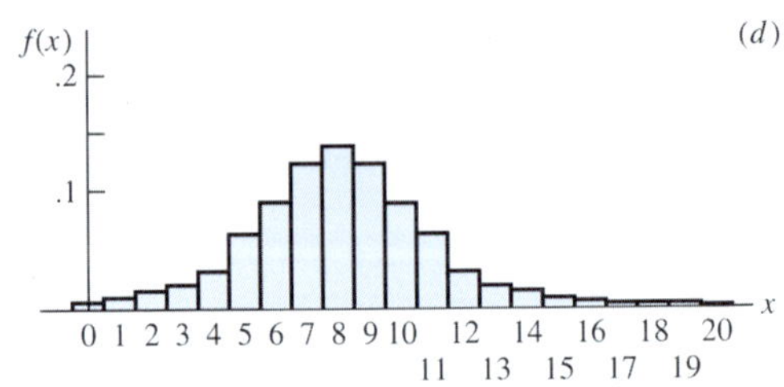

신생아들 중 20명이 선천적 장애를 가지고 태어났다. X를 임신 중 담배를 피운 산모가 낳은 아이의 수라고 하자. 산모의 흡연과 선천성 질병이 관계가 없다면 X는 $n=20$이고 $p=.4$인 이항분포이다. 장애가 있는 신생아 중에서 임신 중 흡연한 산모의 아이의 수가 12명 이상일 확률은 얼마인가?

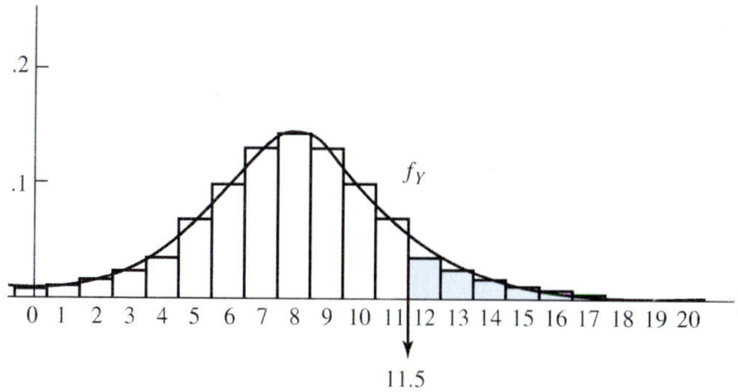

그림 4.9 $P[X \geq 12]$= 색칠한 부분의 면적=11.5 이상인 곡선의 면적.

이 질문에 답하기 위해서는 X가 n=20이고 p=.4이며, 이항분포라는 가정하에 $P[X \geq 12]$를 찾아야 한다. 이 확률은 .0565이며, 부록 A의 표 I에서 찾을 수 있다. $p=.4 \leq .5$이고 $np=20(.4)=8 > 5$이므로, 정규근사를 구하면 대략 .0565가 나온다. X와 관련된 확률들은 평균 $np=20(.4)=8$ 그리고 표준편차 $\sqrt{np(1-p)}=\sqrt{20(.4)(.6)}=\sqrt{4.8}$인 정규확률변수 Y를 사용하여 근사화할 수 있다.

정확히 .0565라는 확률은 그림 4.9에 나타낸 것과 같이 12, 13, 14, 15, 16, 17, 18, 19, 그리고 20을 중심에 둔 블록들의 면적의 합에서 도출된다. 근사 확률은 정규곡선에서 11.5 이상인 영역의 넓이이다. 즉

$$P[X \geq 12] \doteq P[Y \geq 11.5]$$

여기서 수 .5는 연속성을 위한 자릿수절반수정(half-unit correction)이라고 불린다. 근사화 중 12에서 .5를 뺐다. 그렇지 않을 경우 12를 중심에 둔 블록의 영역 중 반은 의도하지 않게 확률에 포함되지 않으므로 불필요한 오차를 유발한다. 이제 나머지 계산을 해 보자.

$$\begin{aligned} P[X \geq 12] &\doteq P[Y \geq 11.5] \\ &= P\left[\frac{Y-8}{\sqrt{4.8}} \geq \frac{11.5-8}{\sqrt{4.8}}\right] \\ &= P[Z \geq 1.59] \\ &= 1 - .9441 = .0559 \end{aligned}$$

n을 20처럼 상당히 작은 값으로 취해도, .0559라는 근삿값은 .0565라는 정확한 값과 거의 일치한다는 점을 주목하자. 현실에서는 당연히 이항분포표에서 바로 구할 수 있는 확률은 근사화하지 않는다. 여기서는 비교하기 위해 그렇게 하였다.

4.6 연속분포 모의실험

3.6절에서 난수표를 이용하여 이산분포를 모의실험하는 법을 알아보았다. 연속분포를 모의실험할 때도 표가 사용된다. 방법은 다음과 같다.

1. 확률변수와 그 역수에 대하여 누적분포함수 F를 찾는다.
2. 부록 A의 표 III에서 2자리나 3자리 난수를 선택한다. 이 수를 0과 1 사이의 수인 확률로 본다.
3. 확률변수 X를 위하여 무작위로 생성된 값을 얻기 위하여 F^{-1}을 무작위로 선정된 지점에서 계산한다.

이 과정이 예제 4.6.1에 설명되어 있다.

예제 4.6.1. 확률변수 X는 컴퓨터 칩이 고장 나는 데 걸리는 시간이다. X는 모수가 $\alpha=.02$, $\beta=1$인 와이블(Weibull) 분포라고 하자. X의 밀도는

$$f(x) = .02e^{-.02x} \qquad x > 0$$

이고 누적분포는

$$y = F(x) = 1 - e^{-.02x}$$

이다. F의 역수는 다음 식의 해를 구함으로써 찾을 수 있다.

$$\begin{aligned} y &= 1 - e^{-.02x} \\ e^{-.02x} &= 1 - y \\ -.02x &= \ln(1-y) \\ x &= \frac{-\ln(1-y)}{.02} \end{aligned}$$

X에 대한 관측을 모의실험하기 위하여 부록 A의 표 III에서 두 자리 난수를 선택하였다. 예를 들어 77을 선택했다면 이를 확률 $y=0.77$로 본다. y의 이 값을 위한 X의 모의실험은 다음과 같다.

$$x = \frac{-\ln(1-.77)}{.02} = 73.48 \text{ years}$$

이 과정은 X 값을 원하는 만큼 많이 만들기 위하여 여러 번 반복할 수 있다. 그림 4.10에 이 과정이 나타나 있다.

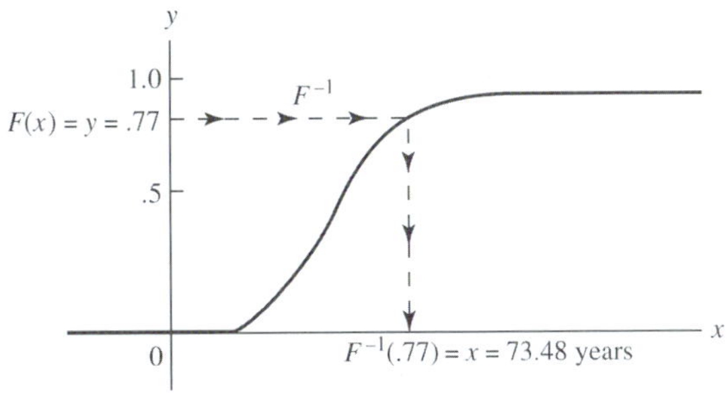

그림 4.10 $F^{-1}(.77)=x=73.48$ 년일 경우에만 $F(x)=y=.77$ 이다.

요약

이번 장에서는 연속인 확률변수의 일반적인 특성에 대하여 알아보았다. 확률변수들은 실수 구간에서 값을 가지며 고립된 점에서는 값을 가지지 않는다. 확률을 구하기 위한 수단으로 밀도함수라는 개념을 소개하였다. 밀도를 사용하면 그래프상의 면적을 통해 확률을 구할 수 있다. 기댓값이란 개념을 이산인 경우에 사용되던 덧셈 대신 적분으로 대체하여 정의하였다. 정규분포를 공부하였고 이 분포를 사용하여 이항분포와 포아송 분포 확률을 근사화하는 것을 보였다. 연습문제로 로그정규분포, 균일분포, 그리고 코시(Cauchy) 분포를 소개한다. 연속 분포를 모의실험하는 방법을 살펴보았다. 그 외 중요한 통계학적 단어들을 정의하고 소개하였다.

연속확률변수
연속밀도함수
연속분포함수
자릿수절반수정
표준정규분포

연습문제

4.1 절

1. 다음 함수에 대하여

$$f(x) = kx \qquad 2 \le x \le 4$$

(a) 이 함수가 연속확률변수의 밀도가 되게 하는 k의 값을 구하라.

(b) $P[2.5 \le X \le 3]$을 구하라.

(c) $P[X=2.5]$을 구하라.

(d) $P[2.5 < X \le 3]$을 구하라.

2. 그림 4.11에 나온 그래프 면적들에 대하여, 각 경우에 대하여 확률이 얼마인지 말하라. 그림 4.11의 (a)와 (b)의 면적 사이의 관계를 설명하라. 그림 4.11의 (d)와 (e) 사이의 관계를 설명하라.

그림 4.11

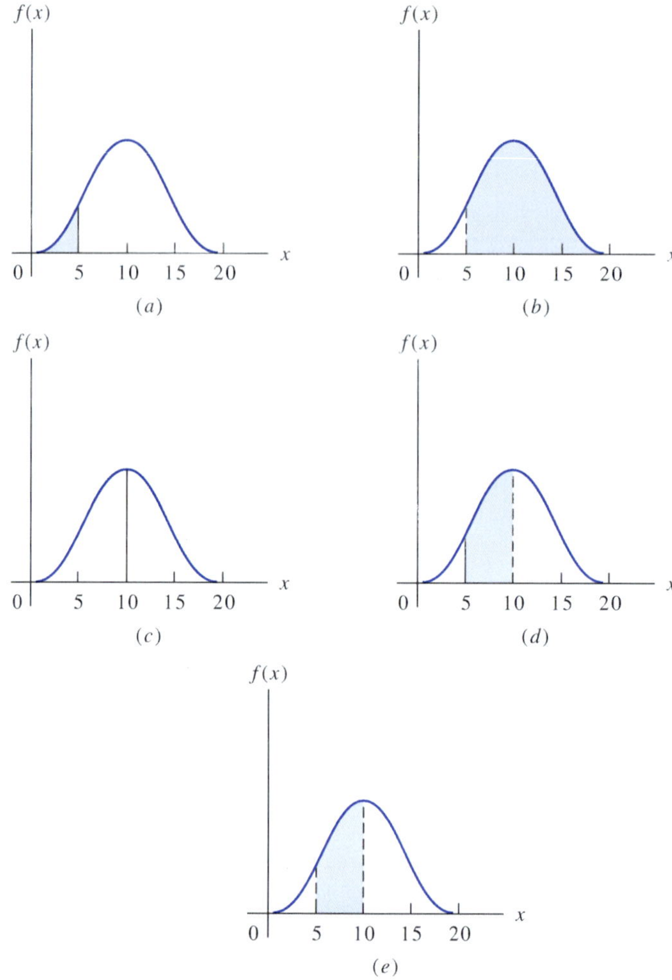

3. X는 장거리 전화통화의 통화시간을 분으로 나타내는 확률변수이다. X의 밀도는 아래 식과 같다.

$$f(x) = (1/10)e^{-x/10} \qquad x > 0$$

(a) f가 연속확률변수의 밀도임을 증명하라.

(b) f를 통해 확률변수 X의 성질을 정확히 설명할 수 있다고 가정하고, 임의로 선택한 전화통화가 7분보다 짧을 확률, 7분보다 길 확률, 정확히 7분일 확률을 구하라.

(c) 전화통화가 1분과 2분 사이인 경우가 드문 일인가? 발생확률을 이용하여 설명하라.

(d) f의 그래프를 그려라. 그리고 (b)에서 구한 각각의 확률들에 해당하는 면적을 그래프에 그려라.

4. 폐자동차의 플라스틱은 화학성분을 재생하기 위하여 뜯어내어 부순다. 플라스틱을 재활

용할 때 가장 유용한 것이 휘는 폴리우레탄 쿠션이다. X는 각 자동차에서 건질 수 있는 폴리우레탄의 양을 파운드로 나타낸 확률변수이다. X의 밀도함수는 다음과 같다.

$$f(x) = \frac{1}{\ln 2}\frac{1}{x} \qquad 25 \le x \le 50$$

(*a*) f가 연속확률변수의 밀도임을 증명하라.

(*b*) f를 써서 임의로 선택한 자동차가 30~40 파운드의 폴리우레탄 쿠션을 포함하고 있을 확률을 구하라.

(*c*) f의 그래프를 그리고, (*b*)에서 구한 확률에 해당하는 면적을 그래프에 그려라.

5. (연속균일분포.) 확률변수 X의 밀도가 아래 식과 같다면 X는 구간 (a, b)에서 균일하게 분포되어 있다.

$$f(x) = \frac{1}{b-a} \qquad a < x < b$$

(*a*) 이 함수가 연속확률변수의 밀도함수임을 보여라.

(*b*) 균일밀도의 그래프를 그려라.

(*c*) (*b*)에서 구한 그래프에 $P[X \le (a+b)/2]$인 영역을 칠하라.

(*d*) (*c*)에 나타난 확률을 구하라.

(*e*) (c, d)와 (e, f)가 동일한 길이이며 (a, b)의 부분구간이라고 가정하자. $P[c \le X \le d]$와 $P[e \le X \le f]$ 사이의 관계를 구하라. 이 예제에서 제안된 아이디어를 일반화하고 균일분포라는 이름의 정당성을 증명하라.

6. 비둘기에 코일을 감은 뒤 지구자장의 반대방향으로 자기장을 걸어 주면 비둘기는 방향감각을 상실한다고 알려져 있다. 방향감각을 상실한 비둘기는 이제 어느 방향으로든 임의의 방향으로 날아가게 된다. θ는 비둘기가 처음으로 날아가는 방향을 라디안으로 나타낸 각도이다. 그림 4.12를 보라. θ는 구간 $[0, 2\pi]$에서 균일하게 분포되어 있다.

(*a*) θ의 밀도를 구하라.

(*b*) θ의 밀도 그래프를 그려라. 균일분포는 종종 사각분포라고 불린다. 왜 그런지 아는가?

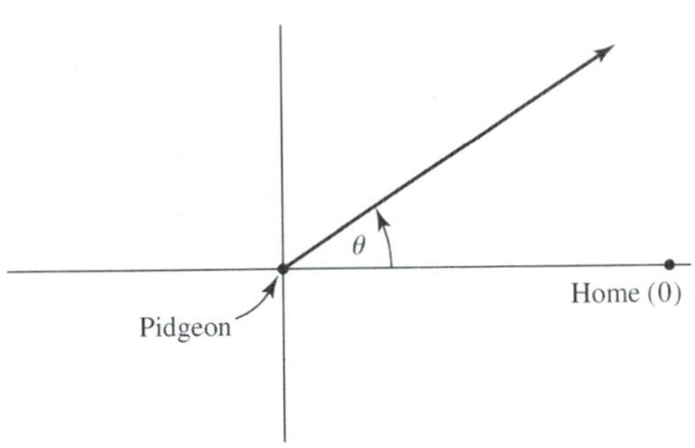

그림 4.12 | θ= 비둘기가 처음으로 날아가는 방향(라디안).

(*c*) 비둘기가 집에서 $\pi/4$ 라디안 이하의 각도로 방향을 틀어 날아갈 확률을 그래프에 색칠하여 표시하고, 평면기하학을 이용하여 이 면적을 구하라.

(*d*) 비둘기가 집에서 $\pi/4$ 라디안 이하의 각도로 방향을 틀어 날아갈 확률을 밀도를 적절한 범위로 적분하여 구하고, (*c*)에서 구한 값과 비교하라.

(*e*) 10마리의 비둘기들을 각각 독립적으로 날려 보냈을 때 적어도 7마리가 집에서 $\pi/4$ 라디안 이하의 방향으로 날아간다면, 코일이 예상했던 것만큼 비둘기의 방향감각을 상실하게 하지 못하였다고 생각할 수 있는가? 확률을 이용하여 설명하라.

7. 정의 4.1.2를 사용하여 연속확률변수 X가 모든 실수 a에 대하여 $P[X=a]=0$임을 보여라. 힌트: $P[X=a]$를 $P[a \le X \le a]$로 바꿔라.

8. 그림 4.15에 나오는 모든 확률들을 누적분포함수 F의 항으로 표현하라.

9. 연습문제 1의 확률변수에 대하여

(*a*) 누적분포함수 F를 구하라.

(*b*) F를 사용하여 $P[2.5 \le X \le 3]$를 구하고, 앞에서 구한 답과 비교하라.

(*c*) $F'(x)$를 구하고, 이것이 연습문제 1에 나오는 밀도와 같음을 확인하라.

10. (균일분포.) 구간 (a, b)에 균일하게 분포된 확률변수 X의 누적분포함수의 식을 구하라. 연습문제 5를 참조하라.

11. (균일분포.) 연습문제 6의 확률변수에 대하여

(*a*) 연습문제 10을 이용하여 누적분포함수 F를 구하라.

(*b*) $F'(x)$를 구하고, 이것이 구간 $[0, 2\pi]$에서 균일밀도임을 확인하라.

12. 연습문제 3의 확률변수에 대한 누적분포함수 F를 구하라. F를 사용하여 $P[1 \le X \le 2]$를 구하고, 이전에 구한 답과 비교하라.

13. 연습문제 4의 확률변수에 대한 누적분포함수 F를 구하라. F를 사용하여 $P[30 \le X \le 40]$를 구하고, 이전에 구한 답과 비교하라.

14. (*a*)와 (*b*)에는 누적분포들이 주어져 있다. 각각의 경우에 대하여 밀도를 구하고, 타당한 연속밀도를 정의한 것인지 결정하라. 만약 타당하지 않다면 이유를 설명하라.

(*a*) 함수 F는 다음과 같이 정의된다.

$$F(x) = \begin{cases} 0 & x < -1 \\ x + 1 & -1 \le x \le 0 \\ 1 & x > 0 \end{cases}$$

(*b*) 함수 F는 다음과 같이 정의된다.

$$F(x) = \begin{cases} 0 & x \le 0 \\ x^2 & 0 < x \le 1/2 \\ (1/2)x & 1/2 < x \le 1 \\ 1 & x > 1 \end{cases}$$

4.2 절

15. 확률변수 X의 밀도가 다음과 같다.

$$f(x) = (1/6)x \qquad 2 \le x \le 4$$

(a) $E[X]$를 구하라.

(b) $E[X^2]$을 구하라.

(c) σ^2과 σ를 구하라.

16. 자동차 내의 폴리우레탄 쿠션의 양(파운드)을 X라고 하자(연습문제 4 참조). X의 밀도는 다음과 같다.

$$f(x) = \frac{1}{\ln 2}\frac{1}{x} \qquad 25 \le x \le 50$$

X의 평균, 분산, 그리고 표준편차를 구하라.

17. (균일분포.) 구간 (a, b)에서 균일하게 분포되어 있는 확률변수 X의 밀도는 다음과 같다.

$$f(x) = \frac{1}{b-a} \qquad a < x < b$$

정의 4.2.1 을 사용하여 기댓값과 분산이 아래와 같음을 보여라.

$$E[X] = \frac{a+b}{2} \qquad \text{and} \qquad \operatorname{Var} X = \frac{(b-a)^2}{12}$$

18. (균일분포.) 연습문제 6에서처럼 θ는 방향감각을 상실한 새가 날아가는 방향을 라디안으로 나타낸 값이다. θ가 구간 $[0, 2\pi]$에서 균일하게 분포되어 있다고 가정하자. 연습문제 18의 결과를 이용하여 θ의 평균, 분산, 표준편차를 구하라.

19. 그림 4.13에 평균을 구할 수 있는 4개의 연속확률변수들의 밀도를 나타내었다. 각각의 경우에 대하여 그래프로 μ_X의 근삿값을 구하라.

20. 그림 4.14의 두 개의 밀도에 대하여 μ_X와 μ_Y를 구하라. 어느 확률변수의 분산이 더 큰가?

21. (코시 분포.) 아래와 같은 밀도를 가진 확률변수 X를 모수 a와 b를 가진 코시 분포라 한다.

$$f(x) = \frac{1}{\pi}\frac{a}{a^2 + (x-b)^2} \qquad \begin{array}{l} -\infty < x < \infty \\ -\infty < b < \infty \\ a > 0 \end{array}$$

이런 분포는 평균이 존재하지 않는 연속확률변수의 예가 되므로 흥미롭다. 아래 밀도를 가진 코시 분포의 특별한 경우를 얻기 위하여 $a=1$ 그리고 $b=0$으로 두자.

그림 4.13 |

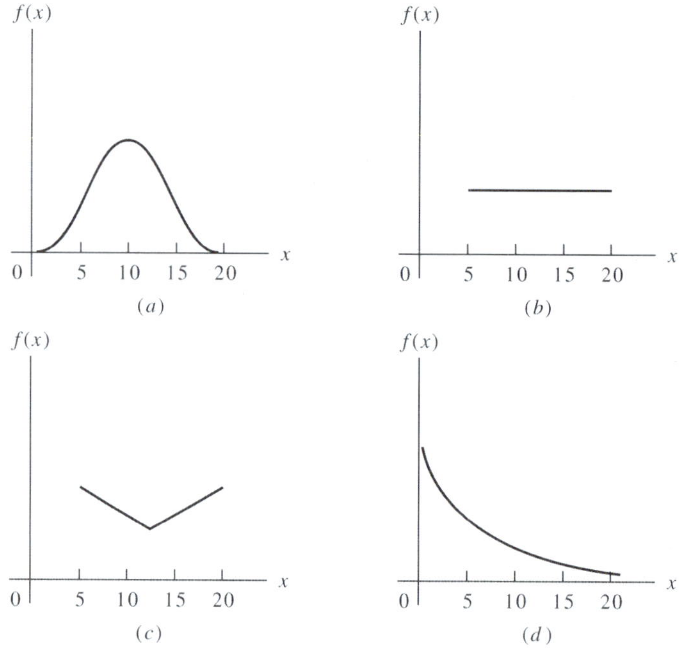

그림 4.14 |

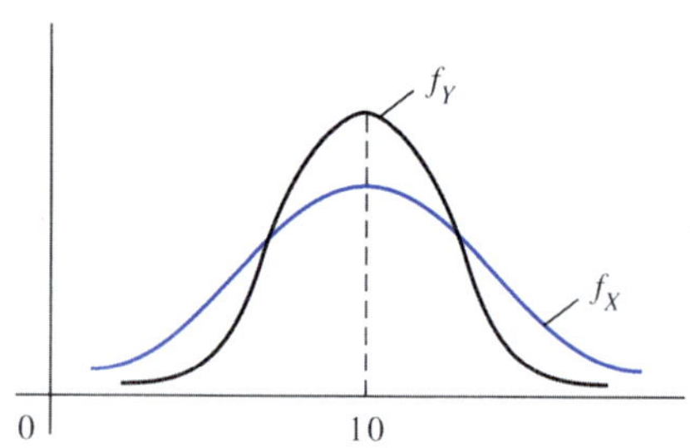

$$f(x) = \frac{1}{\pi}\frac{1}{1+x^2} \qquad -\infty < x < \infty$$

$\int_{-\infty}^{\infty}|x|f(x)\,dx$ 이 존재하지 않음을 보임으로써 $E[X]$가 존재하지 않음을 보여라.
힌트: 아래 식을 이용하라.

$$\int_{-\infty}^{\infty}|x|\frac{1}{\pi}\frac{1}{1+x^2}\,dx = \frac{1}{\pi}\int_{-\infty}^{0}\frac{-x}{1+x^2}\,dx + \frac{1}{\pi}\int_{0}^{\infty}\frac{x}{1+x^2}\,dx$$

$\int(du/u) = \ln|u|$ 임을 상기하라.

22. X를 태양전지로 작동하는 계산기가 빛을 받지 않고 작동할 수 있는 배터리의 사용 시간을 hr로 나타낸 확률변수라고 하자. X의 밀도는 다음과 같다.

$$f(x) = (50/6)x^{-3} \qquad 2 < x < 10$$

(*a*) 이 밀도가 타당한 연속밀도임을 증명하라.

(*b*) X의 누적분포 식을 구하고, 이를 사용하여 임의로 선택한 태양전지가 재충전 없이 최대 4시간 작동할 확률을 구하라.

(*c*) 배터리가 재충전 없이 작동할 수 있는 평균 시간을 구하라.

(*d*) $E[X^2]$을 구하고, 이를 사용하여 X의 분산을 구하라.

23. 특정 지역에서 향후 2년간 백만 킬로와트시 단위로 나타낸 전기생산요구량의 증가량은 밀도가 아래와 같은 확률변수이다.

$$f(x) = (1/64)x^3 \qquad 0 < x < 4$$

(*a*) 이 밀도 식이 유효함을 증명하라.

(*b*) X의 누적분포 식을 구하고, 이를 사용하여 전기생산요구량이 많아야 이백만 킬로와트시가 될 확률을 구하라.

(*c*) 이 지역이 추가로 삼백만 킬로와트시를 생산할 수 있다면 전기생산요구량이 공급량을 초과할 확률은 얼마인가?

(*d*) 전기생산요구량의 평균 증가량을 구하라.

4.3 절

24. 부록 A의 표 V를 사용하여 다음을 구하라.

(*a*) $P[Z \leq 1.57]$

(*b*) $P[Z < 1.57]$

(*c*) $P[Z=1.57]$

(*d*) $P[Z > 1.57]$

(*e*) $P[-1.25 \leq Z \leq 1.75]$

(*f*) $z_{.10}$.

(*g*) $z_{.90}$.

(*h*) $P[-z \leq Z \leq z]=.95$가 되는 z 값

(*i*) $P[-z \leq Z \leq z]=.90$이 되는 z 값

25. 토양의 밀도는 단위부피당 건조한 고형체의 질량으로 정의한다. 밀도가 높은 토양은 토질이 조밀해서 빈 공간이 별로 없다. 토양밀도는 식물 뿌리의 생장, 씨앗의 발아, 그리고 뿌리의 공기접촉에 많은 영향을 미친다. 점토의 밀도를 X라 하자. X 는 $\mu=1.5$이고 $\sigma=.2\text{g/cm}^3$인 정규분포이다.

(*a*) X의 밀도는 얼마인가? 밀도함수의 그래프를 그려라. X가 1.1과 1.9 사이에 있을 확률을 그래프에 표시하라. 그 확률을 구하라.

(*b*) 임의로 선택한 점토의 표본의 밀도가 .9 g/cm^3 이하일 확률을 구하라.

(*c*) 임의로 선택한 토양의 표본의 밀도가 2.0 g/cm^3 보다 크다면 놀라운 일인가? 확률에 근거하여 설명하라.

(*d*) 전체 토양 표본 중 10% 만이 특정 밀도 혹은 그 이상의 밀도를 가진다. 이 지점은 어디인가?

26. 대부분의 은하계는 납작한 디스크 모양을 취하며 빛의 대부분은 아주 얇은 기본 평면에서 온다. 각 은하계는 납작한 정도가 다르다. 우리 은하계에서는 대부분의 가스가 기본 평면의 중심에 모여 있다. 중심으로부터 가스 덩어리까지의 직선거리를 확률변수 X라고 두자. X는 평균이 0이고 표준편차가 100 파섹인 정규분포를 하고 있다. (1 파섹은 약 19.2 조 마일의 거리이다.)

(*a*) X의 밀도를 나타내는 그래프를 그려라. 기본 평면의 중심으로부터 가스 덩어리까지의 거리가 200 파섹 내에 있을 확률을 그래프 위에 표시하고, 이 확률을 구하라.

(*b*) 중심으로부터 250 파섹 이상 떨어져 있는 가스 덩어리는 대략 몇 퍼센트인가?

(*c*) 전체 가스 덩어리 중 20% 만이 중심으로부터 특정 거리 혹은 그 이상 떨어져 있다. 이 거리는 얼마인가?

27. 당뇨병 환자의 공복 혈당 측정값 X는 대략 정규분포이며, 평균이 100 밀리리터당 106 밀리그램이고 표준편차는 100 밀리리터당 8 밀리그램이다.

(*a*) X의 밀도를 나타내는 그래프를 그려라. 임의로 선택한 당뇨병 환자의 혈당 측정값이 90 ~ 122 mg/100 ml 일 확률을 이 그래프 위에 표시하고 그 확률을 구하라.

(*b*) $P[X \leq 120 \text{ mg/100 ml}]$를 구하라.

(*c*) 전체 당뇨병 환자 중 25% 만이 특정 혈당 측정값 또는 그 이하의 측정값을 가진다면 이 혈당측정값은 얼마인가?

(*d*) 임의로 선택한 당뇨병 환자의 공복 혈당이 130 보다 높다면 문제가 있는 것인가? 확률을 가지고 설명하라.

28. X는 대도시 도심지역 신호등의 신호를 관리하는 소프트웨어의 문제를 발견하고 수정하는 데 걸리는 시간이다. X의 분포는 평균이 10 시간이고 분산이 9 시간인 정규분포라고 가정하자.

(*a*) 프로그램의 문제점을 찾아내고 수정하는 데 최대 15 시간이 걸릴 확률을 구하라.

(*b*) 가장 빠른 상위 5% 의 수리시간은 많아야 몇 시간이 걸리는가?

29. 어느 지역의 우기 동안 호수의 수위의 분포는 정규분포이며 평균은 1876 피트이고 표준편차는 6 인치이다.

(*a*) 우기 동안 강물 수위가 1875 피트를 넘지 않는 것은 드문 일인가? 확률로 설명하라.

(*b*) 강물 수위가 1878 피트 이상이 되면 물이 배수로를 넘친다. 우기 동안 물이 넘칠 확률은 얼마인가?

30. (로그정규분포.) 로그정규분포는 자연로그가 정규분포를 따르는 확률변수의 분포이다. 즉

X가 정규확률변수이면 $Y=e^X$는 로그정규분포를 따른다. 다음의 과정을 통해 로그정규확률변수의 밀도를 구해 보자.

X는 평균이 μ이고 분산이 σ^2인 정규분포를 갖는다. G는 $Y=e^X$의 누적분포함수이며, F는 X의 누적분포함수이다.

(*a*) $G(y)=F(\ln y)$임을 보여라.

(*b*) $G'(y)=F'(\ln y)/y$임을 보여라.

(*c*) Y의 밀도가 다음과 같음을 보여라.

$$g(y) = \frac{1}{\sqrt{2\pi}\sigma y} \exp\left[-\frac{1}{2}\frac{(\ln y - \mu)^2}{\sigma^2}\right] \qquad \begin{matrix} -\infty < \mu < \infty \\ \sigma > 0 \\ y > 0 \end{matrix}$$

참고로 μ와 σ는 각각 정규분포의 평균과 표준편차이지, Y의 평균과 표준편차가 아니다.

31. Y는 짐을 쌀 때 사용하는 스티로폼 알갱이의 직경을 밀리미터 단위로 나타낸 확률변수이다. Y는 모수 $\mu=.8$과 $\sigma=.1$을 가진 로그정규분포이다.

(*a*) 무작위로 선택한 알갱이의 직경이 2.7 mm 이상일 확률을 구하라.

(*b*) Y의 값들 중 95%는 어느 직경 범위 안에 들어 있는가?

4.4 절

32. 정규확률법칙을 증명하라.

33. 1975년 미국에서 사용된 석유의 양(단위는 Btu)은 정규분포이며 평균은 일억 오천삼백만 Btu이고 표준편차가 이천오백만 Btu이다. 1975년에 미국 인구의 몇 퍼센트 정도가 일억 이천팔백만 Btu와 일억 칠천팔백만 Btu 사이의 석유를 사용하였는가? 이억 이천팔백만 Btu 이상을 사용한 인구는 전체의 몇 퍼센트인가?

34. 연습문제 26(*a*), 27(*a*), 28(*a*)를 정규확률법칙을 염두에 두고 다시 풀어 보라.

35. $P[|X-\mu| < 3\sigma] \doteq .997$인 정규확률변수가 있다. 체비셰프 부등식에 의하면 이 변수의 확률은 얼마인가? 실제 확률값과 일치하는가? 정규변수에서는 어느 값이 더 우세한가?

36. 동물은 뛰어난 공간 기억력을 가지고 있다. 이것을 증명하기 위하여 그림 4.15와 같은 여덟 개의 팔을 가진 미로가 사용되었다. 실험을 시작할 때 각 팔에 하나의 음식물 덩어리를 놓아둔다. 배고픈 동물이 미로의 중앙으로 오고 팔들 중 하나를 자유롭게 선택하게 된다. 최적의 전략은 하나의 팔에 한 번씩만 찾아가는 것이다. 이렇게 하기 위해서 동물은 어디에 먹이가 있는지 기억하고 있어야 한다. 확률변수 X는 동물이 8번의 선택을 할 동안 먹이가 있는 팔을 선택한 횟수를 나타내며, $\mu=7.9$이다.

(*a*) X는 정규분포인가?

(*b*) 문제의 상황에 맞게 체비셰프 부등식을 적용하라. 단, $k=.5,\ 1,\ 2,\ 3$이다. 부등식이 유용해지기 시작하는 지점은 어디인가?

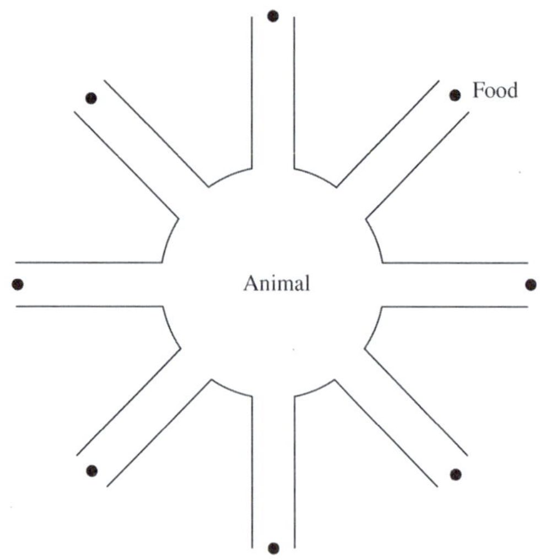

그림 4.15 | 여덟 개의 팔을 가진 미로.

4.5절

37. X는 $n=20$이고 $p=.3$인 이항분포이다. 정규근사를 사용하여 다음의 각각에 대해 근삿값을 구하라. 부록 A의 표 I에서 얻은 값들과 비교하라.

(*a*) $P[X \leq 3]$

(*b*) $P[3 \leq X \leq 6]$

(*c*) $P[X \geq 4]$

(*d*) $P[X=4]$

38. 사진자료를 이용하여 측정할 때 오차가 있으나 이 오차는 상당히 작다. 무시해도 좋을 정도의 작은 왜곡을 가진 선명한 사진은 거리측정 오차가 .0004 인치보다 크지 않다. 측정에서 큰 오류가 날 확률이 .05라고 가정하자. 사진상의 측정을 150번 수행하였다. 확률변수 X를 큰 오류가 나는 횟수라고 하자.

(*a*) 적어도 한 번의 큰 오류가 생길 확률을 구할 때, 정규근사를 사용하는 것이 적절한가? 그렇다면 정규근사를 사용하여 확률을 구하라.

(*b*) 최대 세 번의 큰 오류가 날 확률을 구하라.

39. 어느 화학반응에서 수득률이 70%이다. 새로운 화학반응이 개발되어 수득률을 높일 수 있게 되었다. 새로운 화학반응이 기존 화학반응보다 높은 수득률을 가질 확률이 90%라고 한다. 새로운 화학반응을 60번 시행하였다. 수득률이 70% 이상인 경우를 확률변수 X라고 하자.

(*a*) 기존보다 높은 수득률을 가질 확률이 .9일 때 정규근사를 이용하는 것이 옳은가?

(*b*) $p=.9$일 때 $E[X]$는 얼마인가?

(*c*) p가 .9보다 크려면, 평균적으로 전체 60번의 실험 중 54개 이상이 70%보다 높은 수득률을 가져야 한다. X가 적어도 59라면 새로운 화학반응이 기존보다 높은 수득

률을 가질 확률이 90%라는 명제를 받아들이도록 하자. p가 단지 .9일 때, 명제를 받아들일 확률은 얼마인가?

(*d*) 그 주장이 참이고 p가 .95이더라도 그 주장이 받아들여지지 않을($X \leq 58$) 확률은 얼마인가?

40. 원자력발전소 건립을 반대하는 사람들은 발전소 건립 후보지 주변에 사는 주민의 과반수 이상이 발전소 건립을 반대한다고 주장한다. 이 주장의 진위를 가리기 위해 임의로 75명의 주민을 선택하여 의견을 물어보았다. X를 원자력발전소 건립에 반대하는 주민의 수라고 하자.

(*a*) 특정 개인이 원자력발전소에 반대할 확률이 .5라면, 정규근사를 사용하는 것이 옳은가?

(*b*) $p=.5$라면, $E[X]$는 얼마인가?

(*c*) 주장대로 p가 .5보다 크다면, 무작위로 선택한 75명의 주민 중 37.5명 이상이 원자력발전소건립에 반대하는 입장이어야 한다. X가 적어도 46이라면 그 주장을 받아들이기로 했다고 가정하자. p는 여전히 .5일 때, 거주민들의 주장을 받아들일 확률은 얼마인가?

(*d*) 그 주장이 참이고 p가 .7이더라도 그 주장이 받아들여지지 않을($X \leq 45$) 확률은 얼마인가?

41. (포아송 분포의 정규근사.) X가 모수 λs를 가진 포아송 분포를 나타낸다고 하자. λs가 큰 값일 때 X는 거의 정규분포이고 평균이 λs이고 분산이 λs이다.(이 정리의 증명은 7장에서 다루게 되는 중심극한정리를 사용한다.) X를 모수 $\lambda s=15$인 포아송 확률변수라고 하자. 부록 A의 표 II에서 $P[X \leq 12]$를 구하라. 정규곡선을 사용하여 이 확률의 근삿값을 구하라. 자릿수절반수정 인자를 사용해야 한다.

42. 시카고 오헤어 공항에서 출발 또는 도착하는 비행기의 수가 40초당 한 대라고 한다. 무작위로 선택한 시간 동안 적어도 75대의 비행기가 출발 또는 도착할 확률은 얼마인가? 한 시간 동안 100대 이하의 비행기가 출발 또는 도착할 확률은 얼마인가?

4.6 절

43. 부록 A의 표 III을 사용하여, 컴퓨터 칩이 고장 나는 데까지 걸리는 시간(예제 4.6.1 참조)을 나타내는 확률변수 X의 관찰값을 9개 더 만들어 보라. 이 데이터를 근거로 X 값의 산술평균을 구하여 고장 나기까지 걸리는 평균시간의 근삿값을 구하라. 시간이 50년일 때 이 평균값과 이론적인 평균값은 일치하는가?

44. 자동차 깜빡이가 고장 나는 데까지 걸리는 시간 X에 대한 관찰값을 모의실험으로 20개 만들어라(연습문제 60 참조). 이 데이터의 평균을 구하라. 계산하여 얻은 값이 이론상의 평균값과 일치하는가?

45. 인공위성이 고장 나서 4시간 안에 지구로 돌아올 예정이다. X는 인공위성이 지구로 되

돌아오는 시간이라 하자. X가 $[0, 4]$라는 구간에 걸쳐 균일분포를 하고 있다고 가정한다. 모의실험으로 X에 대한 관측값 20개를 만들어 보라(연습문제 17 참조).

복습문제

46. X는 연속확률이고 밀도가 다음과 같다.

$$f(x) = cx^2 \qquad -3 \leq x \leq 3$$

(*a*) 다른 모든 지점에서 $f(x)=0$일 때, 이를 밀도가 되게 하는 c 값을 구하라.

(*b*) $E[X]$와 $E[X^2]$의 정의를 이용하여 이들을 계산하라.

(*c*) Var X와 σ를 구하라.

(*d*) $P[X \leq 2]$, $P[-1 \leq X \leq 2]$, $P[X > 1]$을 적분하여 구하라.

(*e*) 누적분포함수 F의 닫힌 형식의 식을 구하라.

(*f*) F를 사용하여 (*d*) 식의 확률들을 구하고 (*d*)에서 구한 확률들과 비교하라.

47. $\int_0^\infty z^{10}e^{-z}\,dz$을 구하라.

48. 컴퓨터 회사가 새로운 PC를 시장에 내놓았다. 새 모델 출시 후 요구량이 최고일 때를 확률변수 X라고 놓자. X의 단위는 출시된 날로부터의 개월 수이다. X는 감마분포를 따르며, 분산은 36이다.

(*a*) X의 예상값이 18개월일 때 α와 β를 찾으라.

(*b*) $P[X \leq 7.01]$, $P[X \geq 26]$, $P[13.7 \leq X \leq 31.5]$를 구하라.

49. 전자계산소에서 인쇄 큐의 지연시간을 X라 하자. 즉 X는 프로그램이 인쇄 큐에 들어가는 순간부터 인쇄가 시작되는 순간까지 걸리는 시간이다. X는 정규분포를 하고 있고 평균이 15분이고 분산이 25이다.

(*a*) X의 밀도를 나타내는 식을 구하라.

(*b*) 프로그램이 큐에서 프린터까지 도달하는 데 걸리는 시간이 3분 이내일 확률을 구하라.

(*c*) 프로그램이 큐에 10~20분 머무는 것은 드문 일인가? 확률을 이용하여 설명하라. 이 질문에 답하기 위하여 Z 테이블을 사용할 필요는 없다.

(*d*) 프로그램이 프린터에 도달하는 데 30분이상이 걸린다면 놀랄 만한 일인가? 확률을 이용하여 설명하라.

50. 컴퓨터 센터는 사용자 수리요구를 처리하기 위하여 전화고객서비스를 운영하고 있다. 고객서비스는 근무하는 날 오전 9시부터 오후 5시까지 운영된다. 이 시간 동안 걸려 오는 문의전화의 수 X는 $\lambda=50$인 포아송 분포를 따른다. 그날의 첫 번째 전화가 오전 9시 15분, 오후 3시 이후, 오전 9시 30분과 10시 사이에 걸려올 확률을 각각 구하라.

51. X는 컴퓨터 시스템을 업그레이드하는 데 걸리는 시간을 hr로 나타낸 확률변수이다. X의 밀도는 다음과 같다.

$$f(x) = k \exp(-2x) \qquad 0 < x < \infty$$

(a) 위의 밀도를 참이 되게 하는 k를 구하라.

(b) 시스템을 업그레이드하는 데 적어도 한 시간이 걸릴 확률을 구하라.

(c) 시스템을 업그레이드하는 데 걸리는 평균 시간을 구하라.

(d) 시스템을 업그레이드하는 데 걸리는 시간의 표준편차를 구하라.

52. 전화회사의 고객센터에 걸려 오는 고장 관련 문의전화 중 8%는 건물 내부의 회로고장에 의한 것이라는 보고가 있다. 한 달 동안 100개의 고장 관련 문의전화가 걸려 왔다. 동시에 많은 전화가 고장 날 만한 별다른 재해가 없었고 이러한 고장은 독립사건이라고 가정하자. 건물 내부의 회로고장에 의한 전화고장의 수는 몇 개인지 구하라. 적어도 10개의 전화고장이 건물 내부의 회로고장에 의한 것일 확률을 구하라. 건물 내부의 회로고장에 의한 전화고장이 최대 5개인 것은 드문 일인가? 확률을 가지고 설명하라.

53. 연속확률변수 X의 누적분포함수가 다음과 같다. X의 밀도를 구하라.

$$F(x) = \begin{cases} 0 & x < 0 \\ \dfrac{x^3 + x^2}{2} & 0 \le x \le 1 \\ 1 & x > 1 \end{cases}$$

54. 전자 카운터가 고속도로의 어느 지점을 떠나는 차량의 수를 기록한다. 5분 동안 이 구간을 통과하는 자동차는 평균 10대이다. 한 시간 동안 100~120대의 자동차가 이 구간을 통과할 확률을 구하라.

CHAPTER 5

기술통계학

지금까지는 이론적인 측면에서 확률변수를 알아보았다. 밀도함수와 누적분포함수를 살펴보았는데, 이 함수들을 통해 확률적인 측면에서 변수를 파악할 수 있다. 또한 확률변수의 특성을 나타내는 세 가지 매개변수 μ, σ, 그리고 σ^2에 대해 알아보았다. 사실 확률변수의 정확한 분포가 알려진 경우는 거의 없다. 그보다는 데이터 집합으로부터 밀도의 합리적인 형식과 모수의 적절한 값을 찾아내야 한다. 이 장에서는 그와 같은 일을 위해 사용되는 간단한 그래프와 해석적 방법에 대해 알아볼 것이다.

5.1 임의표집

전형적인 통계학적 분석으로 이번 장을 시작해 보자. 새로 개발된 휴대용 계산기의 특정한 모델에 쓰이는 리튬전지의 성능을 알아내고자 한다. 이 연구의 목적은 리튬전지의 유효 평균수명을 알아내서 전지에 대한 제한된 무료서비스를 설정하기 위함이다. 새로 개발된 모델이라 이 계산기에 대한 리튬전지의 평균수명을 나타내는 확률변수 X의 분포에 대해서는 알려진 바가 없다. 이것은 본질적으로 통계적 문제이다. 통계적 문제의 특성은 무엇인가? 다음과 같다.

통계적 문제의 특징

1. 관련된 문제가 많은 수의 객체에 대해 추론을 요구하는 상황. 이 객체들의 집단을 모집단(population)이라 한다.
2. 확률변수의 성질이 모집단에 대해 연구되는 확률변수가 적어도 하나는 존재한다.
3. 전체를 연구하기에는 모집단이 너무 크거나, 연구에 사용되는 기법들이 비가역적이다. 둘 중 어느 경우에도 전체 모집단을 통째로 연구하기보다는 부분 또는 모집단에서 뽑은 표본을 연구해서 모집단에 대한 결론을 도출한다.

우리의 예제에서는 우선 새로 개발된 계산기 모델에 대하여 과거, 현재, 그리고 미래에 쓰일 리튬전지 전체에 대한 연구이기 때문에 모집단이 크다. 또한 미래에 이 모델의 계산기에 쓰일 리튬전지들 중 아직 생산되지 않은 것들에 대해서는 건전지의 평균수명을 알 수 없기 때문에, 전체 모집단을 연구하는 것은 불가능하다. 또한 리튬전지의 수명을 연구하기 위해서는 리튬전지가 방전 될 때까지 사용해야 되는데, 이는 비가역적이기 때문에 연구를 위해서 모든 리튬전지를 방전될 때까지 사용하여야 한다. 따라서 배터리들의 표본만으로 리튬전지의 평균수명에 대한 특성을 근사화하는 방법을 고안해 내어야 한다.

통계학적 분석을 이용하여 모집단의 특성에 대한 추론을 하기 위해서는 설정한 표본이 무작위로 지정된 것이어야 한다. 앞에서 살펴본 예를 통해 이 말의 뜻을 살펴보자. 특정 계산기에 쓰일 수 있는 모든 리튬전지가 모집단에 속하기 때문에 모집단이 굉장히 크다. 모집단과 관련된 확률변수 X를 지정해 놓았다. 확률변수에 대한 밀도함수, 평균, 분산은 모르고 있다. 모집단으로부터 무작위로 n개의 배터리로 구성된 부분집합을 선택한다. 여기서 무작위로 설정한다는 말은, 특정 리튬전지를 선택하는 것이 다른 리튬전지가 선택될, 또는 선택되지 않을 확률에 아무런 영향을 미치지 않는다는 뜻이다. 즉 각 리튬전지의 선택이 독립적이라는 뜻이다. 이렇게 설정된 n개의 전지를 '임의표본' 이라고 부른다.

전지를 임의로 선택하기 전에, i번째 전지의 수명 X_i $(i=1, 2, 3, ..., n)$는 확률변수임을 주목하라. 전체 모집단 내의 전지들의 수명을 나타내는 확률변수 X와 분포가 같다. 또한 각각의 변수들은 독립적인데, 왜냐하면 한 전지의 수명이 다른 전지의 수명에 아무런 영향을 미치지 않기 때문이다. $X_1, X_2, X_3, ..., X_n$은 모두 '임의표본' 이라 생각할 수 있다.

n개의 전지의 수명을 측정하고 나면, n개의 데이터 값 $x_1, x_2, x_3, ..., x_n$을 얻는다. 이 값들은 임의의 변수 $X_1, X_2, X_3, ..., X_n$에 해당하는 값들이며, 모두 '임의표본' 이라 생각할 수 있다.

리튬전지의 예에서 알 수 있듯이 '임의표본' 이라는 용어는 응용통계학에서 세 가지로 다르게 사용되나 매우 밀접한 관계가 있다. 연구를 위해 설정된 객체(object), 연구를 위해 선택된 객체들에 설정된 확률변수(random variable), 그리고 변수들에 의해 생성된 데이터 값(numerical value)이 세 가지 경우 모두에 사용될 수 있다. 어느 경우인지는 상황에 따라 명확하게 구분이 된다. 이를 그림 5.1에 나타내었다.

'임의표본' 이라는 용어가 비록 세 가지 다른 경우에 사용되기는 하나, 공식적인 정의는 사실상 수학적이다. 이론적으로 이 용어는 다음과 같은 뜻을 가진다.

정의 5.1.1(임의표본). X의 분포에서 설정한 크기 n의 임의표본은 n개의 독립적 확률변수의 집합이며, X와 동일한 분포를 가진다.

앞으로 '임의표본' 이라는 용어가 정리나 정의에서 사용될 때는 정의 5.1.1에서와 같은 뜻으로 해석한다. 한정된 모집단에서 객체를 선택하는 경우에는 이러한 형태의 표본이 반드시 복원추출에 의해서만 얻어진다. 즉 특정 객체를 뽑고, 측정을 한 후에는 다시 뽑기 위하여

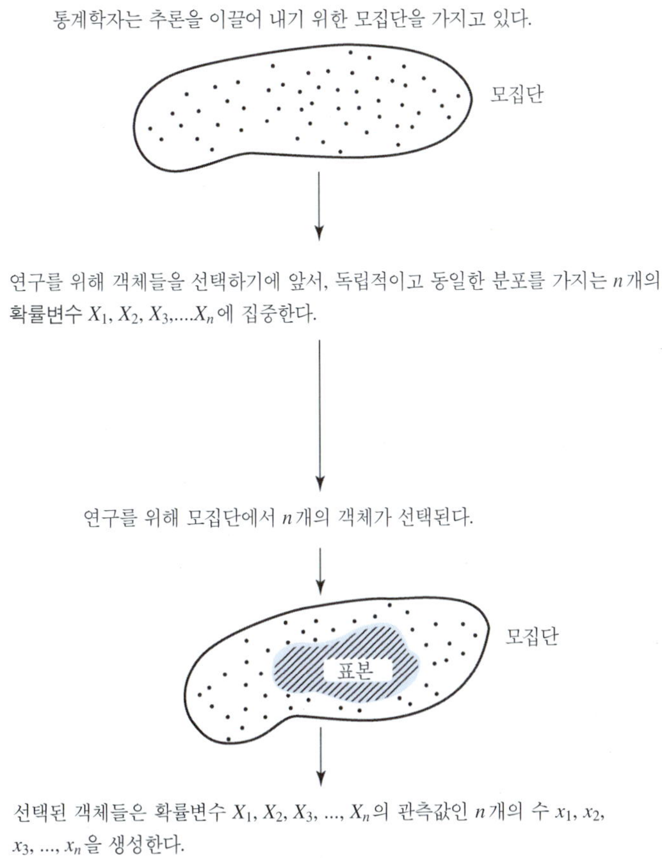

그림 5.1 | 임의의 변수 $X_1, X_2, X_3, \ldots, X_n$의 측정값 $x_1, x_2, x_3, \ldots, x_n$을 구하는 과정.

그 객체를 모집단에 되돌려 놓아야 한다. 그래야만 $X_1, X_2, X_3, \ldots, X_n$이 독립적이며 동일한 분포를 갖는다. 그러나 모집단에 비해 표본의 수가 작으면 몇 개의 표본이 선택에서 제외되더라도 모집단의 구성을 크게 바꾸지는 않는다. 실용적인 목적을 위하여 수용 가능한 일반적인 지침은 표본의 수가 많아야 모집단의 5%이면 독립적인 것이라 간주한다. 이와 다를 경우, 모수들을 평가하는 방법들이 바뀌어야 한다. 매개변수를 지정하는 데 있어서 별도의 통계학적 기법들이 요구된다. 실용적인 목적을 위하여 앞으로 $X_1, X_2, X_3, \ldots, X_n$은 독립적이라 가정한다.

임의의 표본이 설정되었으면, 적절한 통계량(statistic)을 계산하기 위하여 수집된 데이터를 사용한다. 통계량이란 무엇인가? 개략적으로 말하면, 통계량은 임의의 표본으로부터 그 값을 구할 수 있는 확률변수이다. 즉 통계량은 임의의 표본 $X_1, X_2, X_3, \ldots, X_n$의 원소의 함수가 되는 확률변수이다. 통계학자들이 일반적으로 연구하는 통계량은 $\Sigma_{i=1}^{n} X_i$, $\Sigma_{i=1}^{n} X_i^2$, $\Sigma_{i=1}^{n} X_i/n$, $\max_i\{X_i\}$, $\min_i\{X_i\}$이다. 이를 예제 5.1.1에서 살펴보기로 한다.

예제 5.1.1. 확률변수 X는 임의의 간섭에 의해 텔레비전이 한 시간에 몇 번 수신불량 상태로 되는지를 나타낸다. X는 푸아송 분포를 가지며, 평균 μ와 분산 σ^2은 아직 모른다. 각각의 매개변수의 값을 구하기 위해, 10번의 한 시간짜리 시간대를 서로 겹치지 않게 무작위로 설정하여 데이터를 측정하기로 한다. X_i (i=1, 2, 3, 4, ..., 10)는 i번째 측정에서 몇 번의 수신불량이 일어나는지를 나타내는 확률변수이다. 확률변수 X_1, X_2, X_3, ..., X_{10}은 크기 10인 임의표본을 구성하며, 평균 μ와 분산 σ^2는 알 수 없는 푸아송 분포이다. 데이터는 다음과 같다.

$$x_1 = 1 \quad x_3 = 0 \quad x_5 = 1 \quad x_7 = 0 \quad x_9 = 3$$
$$x_2 = 0 \quad x_4 = 2 \quad x_6 = 1 \quad x_8 = 0 \quad x_{10} = 0$$

ΣX_i, ΣX_i^2, $\Sigma X_i/n$, $\max_i\{X_i\}$, $\min_i\{X_i\}$에 대한 측정값들은 각각 8, 16, 8, 3, 그리고 0이다. $X_1-\mu$는 통계량이 아니라는 사실에 주목하자. μ는 알려지지 않았기 때문에, 임의표본으로부터 그 값을 구할 수 없다.

5.2 분포의 형상화

확률변수 X를 다룰 때 중요한 논의사항은 "X는 확률변수의 어느 족에 속하는가?"이다. 즉 X가 이항, 푸아송, 정규, 지수, 혹은 다른 어떤 변수족에 속하는지 알아야 한다. 이산적인 경우에는 구체적인 실험 절차를 살펴봄으로써 이를 알아낼 수 있는 경우가 많다. 따라서 통계학적 분석을 하는 사람 입장에서는 그 분포의 특성에 맞게 매개변수만 지정해 주면 된다. 연속확률변수를 다룰 때는 문제가 훨씬 어려워진다. 연속확률변수에서는 변수가 속한 족을 알기 위해서 변수의 밀도 그래프의 모양을 알아야 한다. 예를 들어 밀도 그래프가 납작하다면 X가 균일분포일 것이고, 종형곡선이라면 X는 정규분포일 것이다.

분포가 비대칭적이며 한쪽 방향으로 길게 치우친 경우에는 왼쪽 또는 오른쪽으로 기울었다(skew)고 한다. 지수, 카이제곱, 그리고 감마분포의 경우 기울어진 형태를 띤다.

줄기-잎 그림

연속확률변수의 분포를 알기 위한 시각적 방법들을 알아보자. 첫 번째로는 줄기-잎(stem-and-leaf) 그림을 그려 보는 방법이 있다. 존 튜키(John Tukey)가 1977년에 처음 소개한 방법으로 [50], 줄기-잎 그림에서는 데이터 값들을 행으로 나열하되, 각 행을 줄기라고 하는 숫자로 구별한다. 각 행의 나머지 숫자들은 잎이라 부른다. 특별한 규칙은 없지만 통상 다음과 같은 방법으로 줄기-잎 그림을 작성한다.

줄기-잎 그림 작성하기

1. 줄기로 사용할 숫자를 몇 개 설정한다. 줄기를 주로 데이터 값 중 첫 번째나 두 번째 자리수까지로 설정한다.

2. 각 행에 줄기를 나열한다.
3. 줄기 뒤에 잎이 되는 숫자들을 적어서 그래프를 작성한다.
4. 그래프를 옆으로 돌려서 전체 분포의 모양을 파악한다.

예제 5.2.1을 통해 줄기-잎 그림을 작성해 보자.

예제 5.2.1. 휴대용 계산기의 특정한 모델에 사용되는 리튬전지의 수명을 나타내는 확률변수 X에 대해 연구하기 위하여 무작위로 선택된 50개의 리튬전지에서 사용수명을 구하였다. 이들의 수명을 측정한 데이터가 다음과 같다.

4285	564	1278	205	3920
2066	604	209	602	1379
2584	14	349	3770	99
1009	4152	478	726	510
318	737	3032	3894	582
1429	852	1461	2662	308
981	1560	701	497	3367
1402	1786	1406	35	99
1137	520	261	2778	373
414	396	83	1379	454

위의 데이터를 가지고 줄기-잎 그림을 작성하기 위하여, 우선 '줄기'의 개수를 지정해 보자. 일반적으로는 데이터 값의 첫째 자리 숫자를 줄기로 사용하는 것이 편리하다. 318이라는 값을 네 자리 수 0318로 나타낸다면, 위의 데이터는 0, 1, 2, 3, 4라고 하는 다섯 가지의 '줄기'를 가지게 된다. 또한 데이터 값의 두 번째 자리 숫자를 '잎'으로 사용하자. 줄기-잎 그림을 만들려면, 그림 5.2(a)에 나온 것처럼, 우선 줄기를 세로로 나열한다. 첫 번째 데이터 값인 4285는 줄기가 4이고 잎이 2이다. 이를 그림 5.2(b)에서 확인할 수 있다. 전체 데이터에 대한 줄기-잎 그림은 그림 5.2(c)에 나와 있다.

X는 정규분포를 가지는 것으로 보이는가? 이를 알기 위해 줄기-잎 그림을 옆으로 돌려서 정규밀도의 특징인 종형 곡선을 찾아보자. 종형 곡선 모양이 아니라면, X는 정규분포가 아니라는 것을 추측해 볼 수 있다.

위의 예에서 첫 번째 줄기는 잎이 굉장히 많다는 것에 주목하자. 이는 데이터의 양이 굉장히 많거나, 각 데이터 값들 사이에 큰 변동이 없다는 것을 알려 준다. 이런 경우 이중 줄기-

```
0 |        0 |        0 | 3945607853234720267400553034
1 |        1 |        1 | 04415724433
2 |        2 |        2 | 0567
3 |        3 |        3 | 07893
4 |        4 | 2      4 | 21
 (a)        (b)              (c)
```

그림 5.2
(a) 0, 1, 2, 3, 4를 줄기로 이용하여 줄기-잎 그림을 작성한다. (b) 4285는 줄기가 4이고 잎이 2이다. (c) 예제 5.2.1의 데이터를 이용하여 완성된 줄기-잎 그림.

그림 5.3 |
완성된 이중 줄기-잎 그림.

```
Stem-and-leaf of hours     N  = 50
Leaf Unit = 1.0

  17     0 00000222333334444
 (11)    0 55556677789
  22     1 012334444
  13     1 57
  11     2 0
  10     2 567
   7     3 03
   5     3 789
   2     4 12
```

잎 그림을 작성해 보는 것이 도움이 된다. 각 줄기를 두 번 이용하여 작성하는 방법인데, 상대적으로 낮은 값을 가지는 잎인 0, 1, 2, 3, 4를 첫 번째 줄기에 속하게 하고, 5, 6, 7, 8, 9를 두 번째 줄기에 속하게 한다. 예제 5.2.1의 데이터를 이용하여 작성한 이중 줄기-잎 그림을 그림 5.3에 나타내었다. 이 그림은 MINITAB을 이용하여 작성한 것이다. X가 정규분포가 아니라는 것을 그림 5.3이 그림 5.2보다 더 확실하게 보여 준다. X는 지수분포에 가까운데, 따라서 X의 밀도 함수가 전반적으로 다음의 형식을 따른다는 것을 알 수 있다.

$$f(x) = (1/\beta)\exp(-1/\beta) \qquad x > 0 \qquad \beta > 0$$

이제 β의 값을 평가하여 X에 대한 확률을 지수밀도를 기준으로 계산하면 된다.

히스토그램과 누적빈도곡선

줄기-잎 그림을 통하여 데이터의 분포에 대한 대략적인 지식을 빠르게 얻을 수 있다. 특히 데이터의 양이 특별히 많지 않을 때 전체 분포의 모양을 간편하게 알아보기에 좋다. 또한 그림을 보고 실제 데이터 값들을 읽어 낼 수 있다는 장점도 있다. 하지만 데이터의 양이 많아지면 줄기-잎 그림은 효용성이 떨어진다. 이럴 때는 오랜 세월 동안 신문, 기업의 보고서, 과학 논문 등에 자주 등장하는 그림을 작성해 볼 필요가 있다. 이 그림은 히스토그램(histogram)인데, 히스토그램은 수직 혹은 수평으로 작성한 막대그래프이며, 각각의 막대는 한 가지 계급에 대한 측정값들을 나타내게 정의되어 있다. 각 막대의 넓이는 같게 설정하여 해당 계급의 데이터 값의 수에 비례하도록 설정된다. 따라서 계급들의 빈도수와 백분율에 대한 시각적인 분석이 가능하다. 또한 현재 살펴보고 있는 변수가 어느 임의의 변수들의 족에 속하는지 대략 알 수 있도록 해준다.

계급을 설정하는 데 여러 가지 방법이 있다. 통계학적 프로그램들은 각각 다른 알고리즘을 가지고 있어 같은 데이터를 가지고 다른 통계학적 프로그램들로 히스토그램을 생성할 경우, 선택된 계급의 개수와 계급구간에 따라 히스토그램이 조금씩 다를 수는 있으나, 전체적인 모양새는 비슷하다.

계급의 개수와 계급구간을 설정하는 알고리즘을 하나 소개한다. 이 알고리즘을 사용하면 각 데이터 값이 정확히 하나의 계급에만 속하게 되고, 각 계급은 같은 넓이를 가지게 되며, 데

표 5.1 | 데이터 값의 양에 따른 적정 카테고리 개수

Sample size	Number of categories
Fewer than 16	Not enough data
16–31	5
32–63	6
64–127	7
128–255	8
256–511	9
512–1023	10
1024–2047	11
2048–4095	12
4096–8190	13

이터 값들 중 그 어느 값도 각 계급의 경계에는 놓이지 않게 된다. 어떤 통계 프로그램들은 사용자가 계급의 개수나 계급구간을 설정할 수 있게 해 놓았다. 이런 경우에 원한다면 이 알고리즘을 사용하여 히스토그램의 구성을 조절할 수 있다.

데이터를 계급으로 나누는 규칙

1. 원하는 계급의 개수를 정하라. 이는 관측값의 개수에 따라 정해진다. 표 5.1에 표본 크기의 함수로 사용되는 계급의 개수에 대한 제안된 지침을 제시하였다. 이것은 스터지스(H. A. Sturges)에 의해 1926년에 개발된 스터지스 공식을 사용하였다.
2. 데이터 값 중 가장 큰 값과 가장 작은 값을 찾는다.
3. 가장 큰 값과 가장 작은 값의 차이를 구한다. 차이를 구할 때는 큰 수에서 작은 수를 뺀다. 이 값을 범위(range)라고 부른다.
4. 범위를 원하는 계급 개수로 나눠서, 범위 전체에 해당되는 길이가 되도록 계급 구간의 최소 길이를 구한다. 첫 번째 계급의 하한선이 가장 작은 데이터 값이면 이 계급 길이와 계급 개수의 곱은 범위 전체에 해당한다. 단, 경계에 놓이는 데이터 값이 있어서는 안 되기 때문에, 경계를 지정할 때는 데이터 값들보다 소수점 자릿수가 하나 더 많도록 지정한다. 따라서 첫 계급은 첫 데이터 값보다 조금 낮은 값에서 시작하도록 한다. 이렇게 하면 제일 큰 데이터 값은 어느 계급에도 속하지 않게 되는데, 그렇기 때문에 실제 계급 길이는 계산된 길이 최솟값보다 조금 길어야 한다.
5. 실제로 사용되는 계급 길이는 계산된 최소 길이를 데이터 값들과 같은 소수점 자리까지 반올림함으로써 구한다. 만약 계산된 최소 길이가 데이터 값들과 같은 소수점 자리의 값이라면, 그 자리 수의 값을 하나 올리면 된다. 예를 들어 데이터 값들이 소수점 한 자리까지 측정되었고, 계산된 최소 너비가 1.7이라면, 실제 계급은 1.8로 설정하는 식이다.
6. 첫 계급의 시작점은 가장 작은 데이터 값보다 그 자릿수의 1/2 적게 설정된다. 표 5.2에 여러 가지 데이터 경우에 대하여 자릿수 값과 그 자릿수의 1/2 값을 나타내었다.

7. 나머지 계급 구간은 그 전 계급 구간에 계급 길이를 더함으로써 구한다.

예제 5.2.2. 예제 5.2.1의 데이터를 보자. 50개의 측정값이 있다. 표 5.1을 통해 50개의 데이터 값에 대한 권장 계급 개수는 6개라는 것을 알 수 있다. 가장 큰 측정값 4285와 가장 작은 측정값 14를 찾았다. 이 값들을 가지고 범위, 모든 데이터 값들을 포함하는 길이를 구할 수 있다. 지금 같은 경우에는 4285−14=4271이 범위이다. 계급 길이를 구하기 위해 이 숫자를 계급 개수로 나누면 최소 계급 길이는 4271/6 ≒ 711.83이다. 데이터를 나누는 데 사용될 실제 계급 길이를 구하려면 이 최소 계급 길이를 데이터와 동일한 소수점 자리의 숫자가 되도록 반올림한다. 여기서는 데이터가 정수이다. 따라서 최소 계급 길이 711.83을 가장 가까운 정수가 되도록 올림하면 712가 된다. 계급의 길이는 712가 된다. 첫 번째 계급은 가장 작은 데이터 값보다 1/2 자릿수 작다. 표 5.2에서 보면 정수를 다룰 때는 1/2 자릿수가 .5이다. 따라서 첫 번째 계급의 하한선은 14−.5=13.5가 된다. 나머지 계급 구간을 구하기 위해서는 계급 길이인 712를 그 전 경곗값에 더해 주되, 모든 데이터 값들이 하나의 계급에 들어갈 때까지 하면 된다. 이렇게 하여 리튬전지의 수명에 대하여 다음과 같이 여섯 개의 계급을 구하였다.

13.5 ~ 725.5	2149.5 ~ 2861.5
725.5 ~ 1437.5	2861.5 ~ 3573.5
1437.5 ~ 2149.5	3573.5 ~ 4285.5

모든 구간들이 실제 데이터 값보다 소수점 자릿수가 하나 더 많다는 사실에 주목하자. 이렇게 되면 어떤 데이터 값도 계급의 경곗값이 되지 않는다. 모든 데이터 값은 정확하게 하나의 계급 안에 들어가야 한다. 이제 표 5.3에 나온 것처럼, 관측값들의 개수(도수)와 확률(상대도수)을 표 형태로 기록함으로써 전체 데이터 값들을 요약할 수 있다. 이 표를 통해 히스토그램을 작성할 수 있으며, 각 계급별 빈도수를 y축에 나타낸 그래프는 도수 히스토그램(frequency histogram) 각 계급별 상대도수를 y축에 나타낸 그래프는 상대도수 히스토그램(relative frequency histogram)이라고 한다. 두

표 5.2
데이터 값의 소수점 자릿수에 따른 자릿수의 크기

데이터 값의 소수점 자리	Unit	1/2 unit
정수	1	.5
소수점 1자리	.1	.05
소수점 2자리	.01	.005
소수점 3자리	.001	.000 5
소수점 4자리	.000 1	.0000 5

표 5.3

계급	계급간격	도수	상대도수
1	13.5 ~ 725.5	24	24/50 = 48%
2	725.5 ~ 1437.5	12	12/50 = 24%
3	1437.5 ~ 2149.5	4	4/50 = 8%
4	2149.5 ~ 2861.5	3	3/50 = 6%
5	2861.5 ~ 3573.5	2	2/50 = 4%
6	3573.5 ~ 4285.5	5	5/50 = 10%

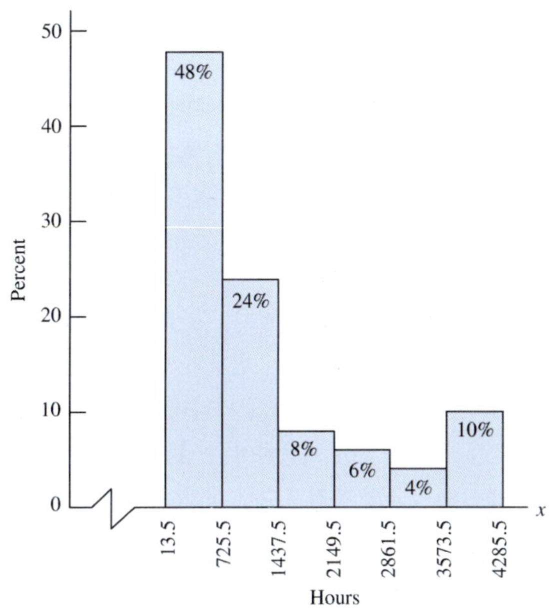

그림 5.4
예제 5.2.1에 나온 전지 수명의 표본을 위한 상대도수 히스토그램.

그래프 중 어느 것을 통해서도 X의 밀도함수의 전체적인 형태에 대한 시각적 정보를 얻을 수 있다. 예제 5.2.1의 데이터에 대한 상대도수 히스토그램을 그림 5.4에 나타내었다. 그림을 보면 알겠지만, 히스토그램이 종형 곡선을 나타내지 않기 때문에 이 데이터는 정규분포가 아니라는 것을 추측할 수 있다. 실제로 이 데이터는 지수분포이며, 이런 경우 통계 분석을 하는 사람은 지수분포에 맞는 매개변수인 β를 추산하여야 한다. 이렇게 함으로써 X의 밀도를 구할 수 있으며, 이렇게 구한 밀도를 통해 X와 관련된 확률들을 구할 수 있게 된다.

그림 5.5에는 MINITAB의 기본값을 가지고 생성한 히스토그램이 나타나 있는데, 책에서 소개된 방법으로 만든 것보다 계급의 수가 많고 계급구간이 다르다. 오른쪽으로 치우쳐 있는 전체적인 형태는 같다는 것을 알 수 있다.

그림 5.5 |
MINITAB의 기본값 설정을 통해 생성한 히스토그램.

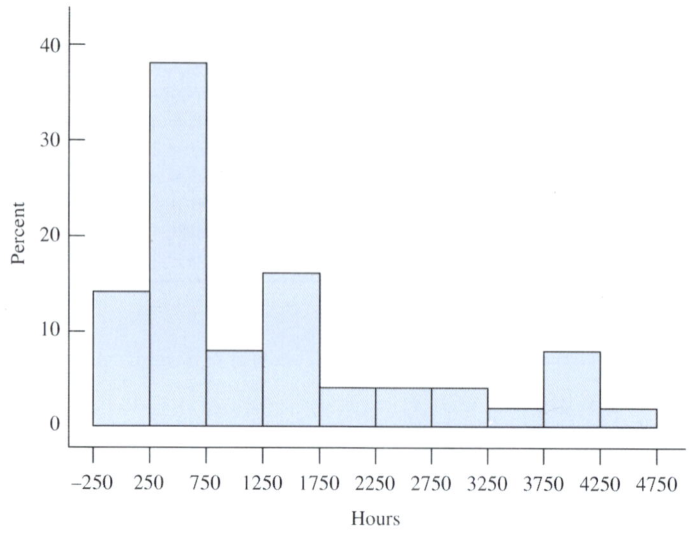

누적분포곡선

각 계급별 데이터 도수와 더불어, 각 계급별 데이터의 누적 도수를 살펴보는 것도 유용하다. 누적빈도분포는 각 계급에 속한 데이터 값들의 빈도와 상대빈도를 구하여 그려 볼 수 있다. 예제 5.2.1에 나온 데이터의 누적분포는 표 5.4에 나타내었다.

확률변수가 연속인 경우, 누적분포를 이용하여 누적분포함수 F를 근사화할 수 있는 그래프를 구성할 수 있다. 그래프는 계급별 누적도수에 대하여 각 계급의 상한값의 경계선을 그린 선 그래프이다. 이런 그래프를 상대누적빈도곡선(relative cumulative frequency ogive)이라고 한다. 예제 5.2.1의 데이터에 대한 누적빈도곡선이 그림 5.6에 나타나 있다. 이 누적빈도곡선을 통해 우리는 다음과 같은 질문들에 대한 해답을 얻을 수 있다: "1500시간의 작동시간 동안 전체 리튬전지 중 대략 몇 퍼센트가 방전되겠는가?" 그리고 "전체 중 절반 정도의 리튬전지가 방전되는 시간은 얼마인가?"

위의 질문들 중 첫 번째 질문에 답하기 위해서는 누적빈도곡선의 수평축에서 1500을 찾

표 5.4 |

계급	구간	도수	누적 도수	상대 누적 도수
1	13.5 ~ 725.5	24	24	24/50 = 48%
2	725.5 ~ 1437.5	12	36	36/50 = 72%
3	1437.5 ~ 2149.5	4	40	40/50 = 80%
4	2149.5 ~ 2861.5	3	43	43/50 = 86%
5	2861.5 ~ 3573.5	2	45	45/50 = 90%
6	3573.5 ~ 4285.5	5	50	50/50 = 100%

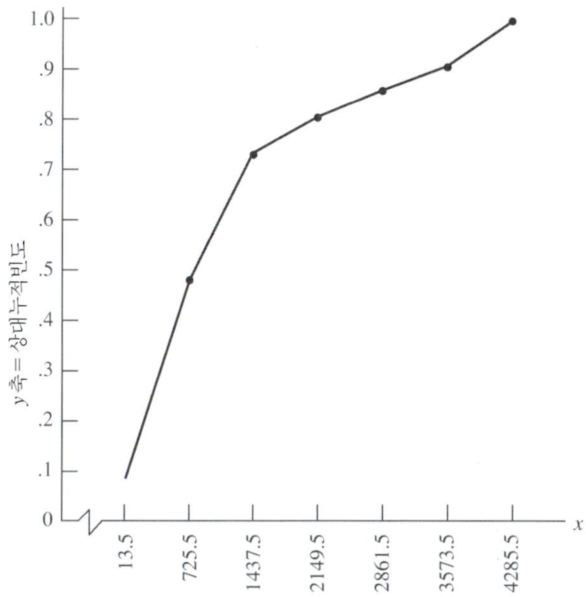

그림 5.6 예제 5.2.1의 리튬전지 데이터에 관한 상대누적빈도 곡선.

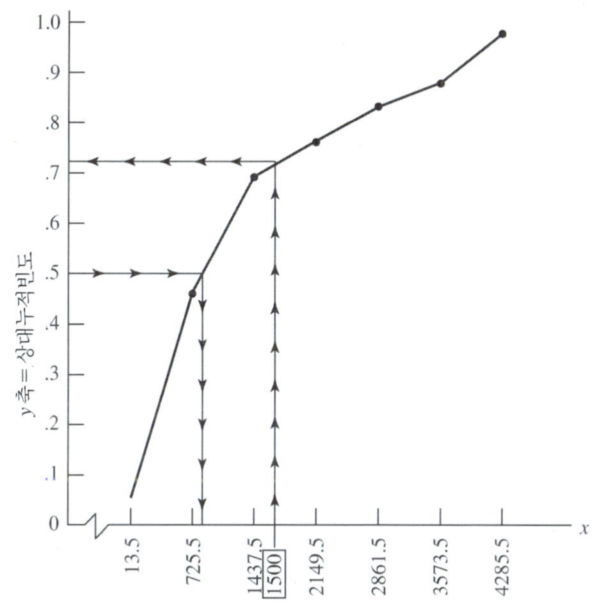

그림 5.7 상대누적빈도곡선을 이용하여 확률 추산하기.

아서 그림 5.7에 나오는 것처럼 수직으로 선을 그었을 때 그래프와 만나는 지점에서 다시 수평으로 선을 그어서 수직축과 만나는 지점을 찾으면 된다. 여기서는 대략 72%라고 나온다. 두 번째 질문의 답은 대략 725시간이다(그림 5.7 참조).

5.3 표본통계

확률변수 X의 밀도에 의해 X의 여러 특성들이 결정지어진다는 것을 살펴보았다. 또한 확률변수의 이론적인 평균값 μ와 평균에 대한 변이정도 σ^2과 같은 모수들이 X를 설명하는 데 도움이 되는 것을 살펴보았다. 바로 앞 절에서는 밀도의 모양을 알기 위한 여러 가지 방법들을 알아보았다. 이번 절에서는 전체 데이터 값들을 가지고 통계학적인 분석을 통해 요약하는 방법을 알아보도록 하겠다. 데이터 집합이 전체 모집단의 특성을 반영하므로 이러한 통계량들은 모집단에 대한 X의 특성을 결정하는 모수들의 값을 구할 수 있도록 해 준다. 좀 더 구체적으로, 중심경향 혹은 위치에 관한 두 가지 값인 표본평균(sample mean)과 표본중앙값(sample median)을 살펴보자. 또한 데이터의 변이 정도를 알아볼 수 있는 세 가지 값인 표본분산(sample variance), 표본표준편차(sample standard deviation), 표본범위(sample range)를 알아보자. '표본'이라는 단어가 굳이 사용되는 이유는 데이터 값들이 전체 모집단의 일부분에 대한 관측값들임을 강조하기 위함이다. 즉 임의의 표본이 X의 전체 분포를 대표하게 되는 것이다.

위치통계

X의 평균 혹은 이론상 평균은 X의 위치중심을 알아내기 위해 필요한 가장 중요한 값이다. 데이터 값들의 위치중심을 알아내기 위해 가장 중요한 값은 산술적 평균이다. 데이터 값들을 X에 대한 관측값들로 보기 때문에, 특정 관측값들의 산술적 평균은 $\sum_{i=1}^{n} X_i/n$이다. 이 통계량을 표본평균이라고 하며, 아래와 같이 정의한다.

정의 5.3.1(표본평균). $X_1, X_2, X_3, \ldots, X_n$을 X의 분포에서 구한 임의표본이라고 하자. 통계량 $\sum_{i=1}^{n} X_i/n$를 표본평균이라 하고 $\bar{X}$로 표기한다.

μ_X와 $\bar{X}$는 같지 않다는 사실에 주목하자. μ_X는 전체 모집단에 대한 X의 이론상의 평균이고, $\bar{X}$는 X에서 뽑아낸 무작위 표본의 평균값이다. 당연히 그 두 값이 같을수록 좋다. 표본평균을 표시할 때는 데이터 값들보다 소수점 자릿수를 하나 늘려서 표시한다.

예제 5.3.1. 발전소에서 사용하는 석탄의 양을 백만 톤으로 나타낸 전체 데이터에서 9개의 데이터 값을 무작위로 뽑아낸 임의의 표본이 있다.

406 395 400 450 390 410 415 401 408

이 표본의 표본평균은 다음과 같다.

$$\bar{x} = \sum_{i=1}^{n} x_i/n = (406 + 395 + 400 + \cdots + 408)/9$$
$$= 3675/9 \doteq 408.3\text{백만 톤}$$

이 표본들의 X의 평균이 408.3백만 톤이다. 이 해에 전체 발전소에서 사용하는 평균 석탄량은 얼마인가? 즉 μ_X는 얼마인가? 지금 구한 표본의 평균으로는 안타깝게도 그 값을 확실하게 알 수 없다. 하지만 408.3백만 톤에 '근접할' 것이라고는 말할 수 있다. 여기서 '근접'이라는 단어도 사실 모호한 표현이다. 7장에서 표본평균과 전체 평균이 어느 정도로 근접한지 알아보는 기법들을 살펴볼 것이다.

X의 위치중심을 알아보는 또 다른 방법은 중앙값을 살펴보는 것이다. 확률변수의 중앙값은 그 변수의 전체 값들 중 50%에 있는 값이다(연습문제 12 참조). 다시 말하면 X의 중앙값 M은 아래와 같다.

$$P[X < M] \leq .50 \qquad \text{and} \qquad P[X \leq M] \geq .50$$

X가 연속인 경우 X의 중앙값은 X의 '중간 지점'인데, 그렇기 때문에 어떤 데이터 값이 X보다 클 확률과 X보다 작을 확률이 같다.

정의 5.3.2. $x_1, x_2, x_3, \ldots, x_n$은 관측값의 표본들이 크기 순서대로 나열된 것이다. 표본중앙값은 n이 홀수일 경우 물리적으로 가장 중간에 있는 값이며, n이 짝수일 경우 가장 중간에 있는 두 값의 평균이다. 중앙값은 $\tilde{x}$으로 표기한다.

n이 작은 경우, 데이터의 중앙값을 찾기가 쉽다. 그러나 n이 크다면, 관측값들의 중간 지점을 찾아내 주는 공식이 있으면 편하다. 그 공식은 아래와 같고 사용 예를 예제 5.3.2에 나타내었다.

$$\text{중앙값 위치} = \frac{n+1}{2}$$

예제 5.3.2. 주어진 해에 발전소에서 사용하는 석탄의 양을 백만 톤 단위로 나타낸 변수 X의 9개 데이터 값을 크기순으로 나열하면 다음과 같다.

390 395 400 401 406 408 410 415 450

중앙값은 $\frac{n+1}{2} = \frac{9+1}{2} = 5$이다. 따라서 중앙값은 전체 숫자들 중 다섯 번째이다. 이 경우에 $\tilde{x}=406$이다. 이 값은 전체의 중앙값이 아니라 표본의 중앙값이기 때문에, 전체 중앙값이 어디쯤일지 추측하는 데 쓰일 수 있다.

변이의 측도

일반적으로 통계학적 분석을 할 때, 확률변수의 평균과 함께 자주 보게 되는 것이 분산이다. 확률변수의 분산은 다음과 같다.

$$\sigma^2 = E[(X-\mu)^2]$$

이 공식을 사용하면 모집단 평균에 대한 X의 변이 정도를 구할 수 있다. 표본에서 변이 정도를 측정하는 유사한 방법을 개발해 보자. σ^2을 구하는 데 사용했던 논리를 그대로 사용하면 된다. 우리는 전체 모집단의 평균은 모르지만, 표본평균값은 알고 있다. 모집단 전체 요소에서 $(X-\mu)^2$ 값은 몰라도, 임의의 표본 내의 각 개체 X_i에 대한 $(X_i-\bar{X})^2$은 알 수 있다. σ^2은 이론상의 평균값이기 때문에, 논리적으로 생각했을 때 이 값을 표본값들의 산술적 평균으로 대체하는 것이 바람직하다. 모집단 내의 변이를 측정하는 방법을 본떠 표본 내의 변이를 구하는 방법은 다음과 같다.

$$\sum_{i=1}^{n} \frac{(X_i-\bar{X})^2}{n}$$

표본 내의 변이를 계산하는 데 위의 공식을 사용하는 것은 적절하다. 실제로 통계학적 계산이 가능한 계산기들은 이 공식을 이용하여 표본 내의 변이를 계산한다. 대부분의 경우, 변이를 이용하여 σ^2을 측정하게 된다. 그러나 이 통계량은 평균적으로 σ^2보다 낮게 나온다. 이런 점을 극복하기 위해 $\sum_{i=1}^{n}(X_i-\bar{X})^2$을 n이 아니라 $n-1$로 나누는 것이 낫다. 이렇게 하여 σ^2에 편향되지 않은 값을 얻게 된다. 여기서 '편향되지 않은' 은 기술적인 용어이다. 이것은 6.1절에서 공식적으로 정의된다. 기본적으로, 바른 지점에 중심이 맞춰졌다는 뜻이다. 여기서 표본분산이 σ^2을 평가하기 위하여 사용되었으므로 이 경우 '정확한 지점' 은 σ^2이다. $[\sum_{i=1}^{n}(X_i-\bar{X})^2]/(n-1)$을 이용하여 σ^2의 연속적인 평가를 근사화할 때는 σ^2을 기준으로 삼아야 한다. 그림 5.8에 방금 설명한 두 통계량의 특성에 대해 부연설명 해 놓았다. σ^2을 구하기 위한 통계가 σ^2에 대하여 편향되지 않게 하기 위하여, 정의 5.3.3에 주어진 대로 표본의 분산을 정의하게 된다. 이로써 '표본표준편차' 의 정의도 논리적으로 자연스럽게 따라오게 된다.

정의 5.3.3(표본분산과 표본표준편차). $X_1, X_2, X_3, \ldots, X_n$이 X의 분포로부터 n개의 데이터 값을 취한 표본이라고 하자. 아래 통계량을 표본분산이라 한다.

$$S^2 = \sum_{i=1}^{n} \frac{(X_i-\bar{X})^2}{n-1}$$

나아가 통계량 $S=\sqrt{S^2}$은 표본표준편차라고 부른다.

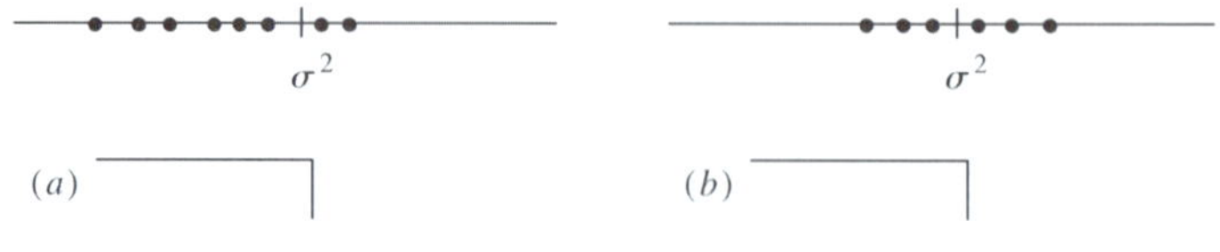

그림 5.8 | (a)에서처럼 $\sum_{i=1}^{n}(X_i-\bar{X})^2/n$을 사용하면 σ^2의 원래 값보다 조금 낮은 계산 결과를 얻게 된다. 따라서 (b)에서처럼 $[\sum_{i=1}^{n}(X_i-\bar{X})^2]/(n-1)$을 사용하여 σ^2을 기준으로 삼은 측정값을 얻는 것이 더 정확하다.

3장에서 σ^2의 값을 계산하였을 때 '분산'의 실제 정의는 별로 사용되지 않았다. 정의의 식보다 더 계산하기 쉬운 계산식이 개발되었다. 여기서도 같은 원리로 표본에서 S^2을 계산하고자 할 때 정의 5.3.3에 나온 대로 하기보다는 다음 공식을 활용한다.

정리 5.3.1(S^2을 구하기 위한 공식). $X_1, X_2, X_3, \ldots, X_n$이 X의 분포로부터 취한 n개의 임의 표본이라 하자. 표본분산을 구하는 공식은 다음과 같다.

$$S^2 = \frac{n\sum_{i=1}^{n} X_i^2 - \left(\sum_{i=1}^{n} X_i\right)^2}{n(n-1)}$$

위의 공식은 통계학적 계산 기능이 있는 계산기와 통계 프로그램들이 개발되기 이전에 많이 사용했었다. 요즘에는 계산기의 통계모드에서 단순히 데이터를 입력하는 것으로 s를 구할 수 있기 때문에, 공식을 사용하는 경우는 드물다. 다만 여기서 이 공식을 다루는 이유는 혹시 다른 곳에서 마주쳤을 때, 당황하거나 이 공식이 실제로 증명이 된 공식인지 궁금해할 수 있기 때문이다. $\bar{x}$, s^2, 그리고 s를 찾기 위해 무슨 계산도구를 쓰든지 상관은 없다. 그러나 정리 5.3.1의 공식을 사용하는 방법을 예제 5.3.3에 나타내 보았다. 여기서 s^2은 데이터 값보다 소수점 자릿수가 둘, s 값은 소수점 자릿수가 하나 더 많게 측정될 것이다.

예제 5.3.3. 다음 데이터 값들은 어느 해에 발전소에서 소비되는 석탄의 양을 백만 톤 단위로 나타낸 확률변수 X의 표본이다.

390	400	406	410	450	395	401	408	415

표본분산을 구하기 위해 이 표본값의 통계량 $\Sigma_{i=1}^{n} X_i$와 $\Sigma_{i=1}^{n} X_i^2$을 구해야 한다. 관측된 값은 다음과 같다.

$$\sum_{i=1}^{9} x_i = 3675 \qquad \sum_{i=1}^{9} x_i^2 = 1{,}503{,}051$$

S^2의 값은 다음과 같다.

$$S^2 = \frac{9\sum_{i=1}^{9} x_i^2 - \left(\sum_{i=1}^{9} x_i\right)^2}{9(8)} = \frac{9(1{,}503{,}051) - (3675)^2}{9(8)} \doteq 303.25$$

분산은 물리적 단위가 거의 의미가 없으므로 보통 단위가 없다는 점에 주의하라. S의 측정값은 다음과 같다.

$$s = \sqrt{s^2} = \sqrt{303.25} \doteq 17.4 \text{ 백만 톤}$$

s의 관측값이 원래 데이터 값과 일치하며, 표본의 표준편차가 17.4라는 사실에 주목하자. 이는 전체 값에 대한 표준편차는 아니지만, 어느 정도 비슷한 값일 것이라는 추측은 할 수 있다.

마지막으로 배울 표본의 통계량은 표본범위이다. 이 통계량은 5.2절에서 데이터를 계급으로 나눌 때 사용했었다.

정의 5.3.4(표본범위). 표본범위는 표본 내의 측정값 중 가장 큰 것과 가장 작은 값의 차이이다.

예제 5.3.3의 데이터에서 표본범위는 $450-390=60$ 백만 톤이다.

여기서 주의할 것이 있다. 지금까지는 데이터 값이 주어지면 당연히 대단위 모집단에서 무작위로 뽑은 표본이라고 생각했다. 왜냐하면 실전에서 접하게 되는 대부분의 경우가 그렇기 때문이다. 때로는 주어진 데이터 값이 표본이 아닐 때도 있다. 오히려 모집단 내의 모든 개체들을 위한 X의 관측값을 나타내고 있다. 이 경우에 모집단의 평균은 그냥 이 관측값들의 산술적 평균값이므로 $\mu=\bar{x}$이다. 또한 모분산은 다음과 같다.

모분산

$$\sigma^2 = \sum_{i=1}^{n} \frac{(x_i - \bar{x})^2}{n}$$

주의하라! 데이터의 성질을 요약하기 전에 데이터 집합의 성질을 잘 알고 있는지 확인해야 한다.

5.4 상자그림

데이터를 요약할 때 5.3절에 나온 모든 통계량들을 포함시키는 것이 좋다. 특히 데이터 값 중에 유난히 크거나 유난히 작은 값이 있을 경우에는 더욱 그렇다. 대부분의 다른 값들과 동떨어진 값을 우리는 특이점(outlier) 또는 'wild' 수라 부른다. 이런 값들의 존재를 정확하게 알아내고 이들이 보통 표본통계량들에 미치는 영향을 잘 알고 있어야 한다.

특이점이 생기는 이유는 크게 두 가지이다. (1) 정확한 측정값이지만 유난히 높거나 낮은 경우, (2) 측정기기의 이상이나 측정기술 미숙에 의한 경우. 첫 번째의 경우에는 특이점을 포함시킨 경우와 포함시키지 않은 경우 두 가지 모두의 통계량을 보고하는 것이 바람직하다. 두 번째의 경우에는 특이점을 포함시키지 않고 측정을 다시 하는 등의 방법으로 교정하는 것이 바람직하다.

지금까지 소개된 통계량들 중에서는 표본평균, 분산, 표준편차, 그리고 범위가 특이점에 의해 많은 영향을 받는다. 표본중앙값은 상대적으로 영향을 덜 받는다. 따라서 특이점이 있을 때는 표본평균보다는 표본중앙값을 선호하게 된다. 특이점에 의해 상대적으로 영향을 받지 않는 것을 특이점에 대한 '저항성이 있다' 고 표현한다.

특이점이 너무 두드러져서 별다른 노력 없이 쉽게 찾을 수 있는 경우도 있지만, 그래도 특이점을 찾아내기 위한 분석적, 시각적 기술들을 알아 두는 것이 좋다. 상자그림(boxplot)이 그런 기술 중 하나인데, 사분위범위를 기반으로 하여 찾는다. 사분위범위는 특이점에 대한 저항성이 있으며, 표본 사분위범위는 데이터의 대략 50%가 포함된 범주를 알려 준다. 사분위범위 값이 작으면, 대부분의 데이터 값들이 비슷한 범주 안에 들어와 있는 것이며, 사분위범위 값이 크면 데이터 값들이 넓게 분포되어 있다는 뜻이다. 사분위범위를 찾는 방법은 다음과 같다.

표본 사분위범위 찾기

1. 중앙값의 위치 $(n+1)/2$를 찾는다. 여기서 n은 표본의 크기이다.

2. 위에서 찾은 값을 가장 가까운 작은 정수로 절사하여 중앙값의 위치를 찾는다.

3. 다음 공식을 이용하여 사분위 위치 q를 찾는다.

$$q = \frac{\text{절사한 중앙값 위치 } + 1}{2}$$

4. 가장 작은 데이터 값으로부터 q로 올라감으로써 q_1 값을 찾는다. q가 정수일 경우, q_1은 q의 위치에 있는 데이터 값이다. q가 정수가 아닐 경우, q_1은 $q-.5$와 $q+.5$ 사이에 있는 모든 데이터 값들의 평균이다. 전체 데이터의 대략 25%는 q_1 아래에 놓이게 된다.

5. 위에서와 같이 제일 큰 데이터 값으로부터 q 위치로 내려옴으로써 q_3를 찾는다. 전체 데이터의 대략 75%는 q_3 위에 놓이게 된다.

6. 사분위범위 $= q_3 - q_1$.

예제 5.4.1. 심해시추작업 중 발견되는 퇴적물의 종류에 대한 연구가 두 개의 다른 지역에서 진행 중이다. 임의의 변수를 전체 퇴적물 중에서 발견되는 시멘트의 비율이라고 놓자. 시멘트를 용해하여 다시 침전된 탄산물질을 얻을 것이다. 다음과 같은 데이터를 얻을 수 있다.

Site I, % cement			
10	21	12	12
20	13	24	36
31	18	17	16
37	16	32	13
14	49	25	19
13	32	27	

Site II, % cement		
1	10	14
9	21	19
15	17	13
25	22	20
24	12	23
15	20	18

공사현장 I에 대한 이중 줄기-잎 그림을 그림 5.9에 나타내었다. 표본의 크기 $n=23$이다. 중앙값위치는 $(n+1)/2=12$이다. 사분위 위치 $q=(12+1)/2=6.5$이다. q_1을 찾기 위해서는 줄기-잎 그림에서 여섯 번째와 일곱 번째 데이터 값을 찾아야 한다. 이때 작은 값부터 시작해서 위로 올라가는데, 이 값들은 각각 13과 14이다. 즉 $q_1=(13+14)/2=13.5$이다. q_3를 찾기 위해서는 가장 높은 값에서 내려오면서 여섯 번째와 일곱 번째 값을 구해야 한다. 이 값들은 각각 31과 27이며, $q_3=(31+27)/2=29$이다. 표본 사분위범위는 $q_3-q_1=29-13.5=15.5$이다. 공사현장 II에서는 $q_1=13$, $q_3=21$이다.

여기서 주의해야 할 점이 있다. 모든 통계학 관련 컴퓨터 프로그램들과 계산기들은 중앙값을 방금 책에서 소개한 방식으로 계산한다. 하지만 사분위수를 찾을 때는 여러 가지 다른 방법들이 쓰인다. 어떤 경우에는 우리의 결과와 맞을 때도 있고 아닐 때도 있다. 예를 들어 TI83라는 모델의 계산기를 사용해서 공사현장 I의 q_1과 q_3를 찾으면 $q_1=13$, $q_3=31$이라고 나온다. 이 값들은 조금 전 우리가 구한 값들과 조금 다르다. TI83 계산기를 쓰면, 공사현장 II에서 얻은 관측값에 대하여 구한 값들과는 일치한다. MINITAB으로 구하면 공사현장 I에 대하여 $q_1=13$, $q_3=31$이라고 나오므로 TI83와 일치하나, 공사현장 II에 대해서는 $q_1=12.75$, $q_3=21.25$가 나오므로, TI83가 구한 값과 다르다. 이런 식으로 어느 컴퓨터 프로그램 혹은 어느 계산기 모델을 사용하느냐에 따라 값이 조금씩 다를 수 있다는 점을 주의하면 좋겠다.

사분위범위를 찾았다면, 이제 그 사분위범위를 이용해서 상자그림을 작성해 보자. 상자그림이란 데이터의 분포에 관한 시각적 분석도구로서, 데이터가 얼마나 넓게 분포되어 있는지, 어느 쪽으로 치우쳤는지 등의 사항을 한눈에 알아보기 쉽게 알려 준다. 대략 종형 곡선을 가지는 상자그림의 경우 특이점을 찾아내기도 쉽다. 특히 두 개의 다른 데이터끼리 비교할 때 좋다.

상자그림 만들기

1. 수평 혹은 수직의 기준 척도를 만든다.

2. 표본중앙값과 q_1, q_3, 그리고 사분위범위를 구한다.

3. 안울타리(inner fence)라고 불리는 두 지점 f_1과 f_3를 찾으라. 공식은 다음과 같다.

```
1 | 0433223
1 | 86769
2 | 014
2 | 57
3 | 122
3 | 76
4 |
4 | 9
```

그림 5.9 | 공사현장 I에서 심해천공으로 채굴한 표본에 포함되어 있는 시멘트 양(백분율)의 이중 줄기-잎 그림.

$$f_1 = q_1 - 1.5(\text{iqr})$$
$$f_3 = q_3 + 1.5(\text{iqr})$$

이 지점들을 이용해서 특이점을 찾을 것이다. 이 지점들은 상자그림에는 나타나지 않는다.

4. 인접값(adjacent value)이라고 불리는 두 지점 a_1과 a_3를 찾으라. a_1은 f_1에 가장 근접하면서도 f_1보다 작지 않으며, a_3는 f_3에 가장 가까우면서 f_3보다 위에 있지 않다.
5. 바깥울타리(outer fence)라고 불리는 두 지점 F_1과 F_3를 찾으라. 공식은 다음과 같다.

$$F_1 = q_1 - 2(1.5)(\text{iqr})$$
$$F_3 = q_3 + 2(1.5)(\text{iqr})$$

안울타리들과 마찬가지로, 바깥울타리들도 상자그림에 나타나지는 않는다.

6. 1에서 설정한 수평 또는 수직 척도 위에 지금까지 찾은 값들을 다 표시하라. 상대적인 위치가 그림 5.10(*a*)에 나타나 있다.
7. 그림 5.10(*b*)와 같이 q_1과 q_3 사이에 놓이도록 박스를 그리고 중앙값 위치에 선을 그려라.
8. 인접값들을 x로 표시한다. x와 박스를 점선으로 이어 준다. 안울타리와 바깥울타리 사이에 들어오는 모든 데이터 값을 찾고, 이들을 동그라미로 표시한다. 이 지점들이 약한 특이점들로 간주되는 데이터 값들이다. 바깥울타리 밖에 놓인 지점들을 별표로 표시한다. 이 지점들이 강한 특이점들이다[그림 5.10(*c*) 참조].

박스 중앙에 놓인 점선을 통해 데이터 분포의 모양을 알 수 있다. 박스 중간의 점선이 중간에서 멀리 떨어져 있으면, 점선이 치우친 반대편으로 분포가 편향되어 있음을 알 수 있다.

이 기술에 대하여 더 자세히 설명하기 전에, 울타리에 대한 몇 가지 사항들을 짚고 넘어가자. 정규분포의 데이터들 중에서 표본을 설정하게 되면 데이터 값 1000개 중에 7개 정도만 안울타리 밖에 놓이게 된다. 이 사실을 연습문제 26과 27에서 확인하고 증명하게 될 것이다. 이 값들은 다른 값들에서 많이 떨어져 있기 때문에 특이점들일 수밖에 없다. 특이점들은 꼭 신경을 써 줘야 하는데, 앞에서도 보았듯이 여러 가지 통계량들에 영향을 미칠 수 있기 때문이다. 특이점을 찾았을 때에는 그 특이점이 있게 된 원인을 찾는 것이 중요하다. 측정 실수에 의해 나온

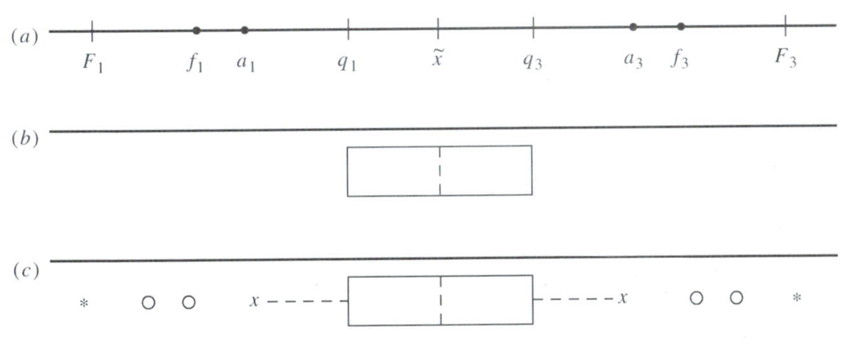

그림 5.10 | (*a*) 중앙값, 사분위수(q_1, q_3), 인접값(a_1, a_3), 안울타리(f_1, f_3), 바깥울타리(F_1, F_3)들의 상대적인 위치. (*b*) q_1과 q_3를 양 끝으로 하는 상자그림을 그렸다. 중앙값이 오는 위치에는 점선으로 표시하였다. (*c*) 인접값들은 x로 표시되어 점선으로 상자와 이어졌고, 약한 특이점들은 동그라미로, 강한 특이점들은 별표로 표시되었다.

그림 5.11 |
예제 5.4.2 자료의 줄기-잎 그림 자료는 외상후기억상실증 환자의 입원일수이다.

```
 0 | 8
 1 | 2
 2 | 07
 3 | 0256
 4 | 00001257
 5 | 02
 6 | 1
 7 |
 8 | 9
 9 |
10 | 8
```

값인지, 정확한 측정과 기록에도 불구하고 나온 값인지를 밝혀내야 정확한 통계학적 분석을 할 수 있다. 정확한 측정과 기록에도 불구하고 나온 특이점은 그 특이점을 포함시킨 경우와 포함시키지 않은 경우 두 가지 모두의 통계량을 보고하는 것이 바람직하다. 그래야 보고받는 전문가가 연구목적에 따라 특이점을 포함시킬 것인지 제외할 것인지 결정할 수 있기 때문이다.

예제 5.4.2. 머리에 충격을 받고 부상을 당한 후 외상후기억상실증에 대한 연구를 하고 있다. 이때 살펴보게 되는 변수 중의 하나가 입원일수이다. 줄기-잎 그림을 그림 5.11에 나타내었다.(Jerry Mysia et al., "Prospective Assessment of Posttraumatic Amnesia: A Comparison of GOAT and the OGMS," *Journal of Head Trauma Rehabilitation*, March 1990, pp. 65-77.) 이 데이터 값의 중앙값의 위치는 $(n+1)/2=11$이고, 중앙값은 40일이다. 사분위의 위치는 q=(중앙값을 내림한 값 +1)/2=6이다. q_1과 q_3는 각각 32와 47이다. $\text{iqr}=q_3-q_1=15$이며, 안울타리는 다음과 같이 구한다.

$$f_1 = q_1 - 1.5(\text{iqr}) = 32 - 22.5 = 9.5 \qquad f_3 = q_3 + 1.5(\text{iqr}) = 47 + 22.5 = 69.5$$

인접값들은 $a_1=12$, $a_3=61$이며, 바깥 울타리들은 다음과 같이 구한다.

$$F_1 = q_1 - 2(1.5)(\text{iqr}) = 32 - 45 = -13 \qquad F_3 = q_3 + 2(1.5)(\text{iqr}) = 47 + 45 = 92$$

전체 데이터 중에서 특이점으로 두 개의 값이 존재한다(8, 89). 108은 강한 특이점으로 분류된다. F_1이 음수라는 사실에 주목해 보자. F_1이 음수이므로, 척도의 왼쪽에서는 특이점이 나오는 게 불가능하다. 그림 5.12에 나오는 상자그림에서 박스를 보면 중앙값을 나타내는 점선이 박스의 중간 지점에 와 있다는 것을 알 수 있다. 이는 데이터가 주로 대칭적으로 분포한다는 뜻이다. 특이점들을 통계학적 분석에 포함시켜야 할까? 측정오류가 있었는지 환자기록을 잘 살펴보면 알 수 있을 것이다.

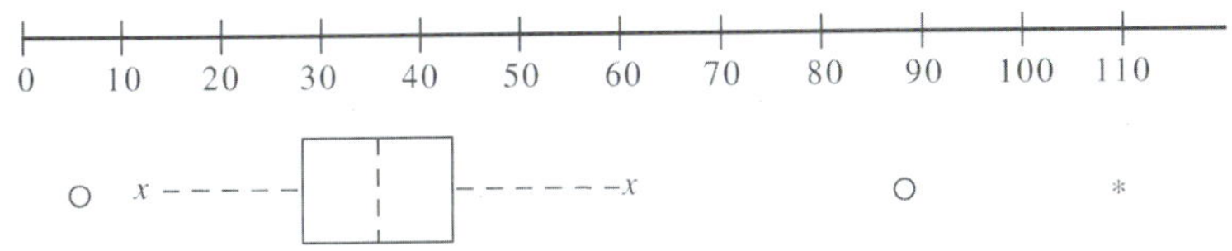

그림 5.12 | 예제 5.4.2의 상자그림.

여느 통계학적 분석법과 마찬가지로, 특이점을 찾아내기 위한 기법 또한 조심해서 사용해야 한다. 울타리를 사용해서 특이점을 찾는 기법은 표본이 정규분포를 가지는 경우에만 사용할 수 있다. 만약 주어진 데이터를 가지고 줄기-잎 그림이나 히스토그램을 생성하였는데, 그 모양이 종형 곡선과 같다면 데이터가 정규분포를 가졌다는 뜻이고, 앞에서 소개한 방법을 통해 특이점을 찾아낼 수 있지만, 그렇지 않을 경우 울타리를 설정하여도 그 울타리 밖의 데이터 값들이 특이점인지 아닌지에 대해서는 확신할 수 없다. 예를 들어 지수분포를 가진 데이터의 경우에는 어느 한쪽으로 크게 편향된 모양새를 가지게 되는데, 이런 경우 이 장에서 소개한 방법으로 찾은 특이점이 사실은 전혀 특이점이 아니다. David Hoaglin과 John Tukey[50]는 정규분포가 아닌 데이터를 가지고 상자그림을 생성하고 특이점을 찾는 방법에 대해 자세하게 설명해 놓았다.

요약

이번 장에서 소개한 내용은 독립된 학문으로서의 확률과 응용통계학적 분석을 위해 사용되는 기술로서의 확률을 이어 주는 연결고리이다. 우선 '임의표본'의 정확한 의미를 살펴보았는데, 특히 '임의표본'이라는 용어가 사용될 수 있는 세 가지 경우, 즉 연구를 위해 설정된 객체들, 연구를 위해 설정된 확률변수들, 그리고 연구를 위해 생성된 데이터 값들에 대하여 알아보았다. 또한 표본을 설정할 때는 무한대로 큰 모집단에서 설정을 하든지, 유한한 모집단 내에서 복원추출을 통해 설정을 하든지, 아니면 유한한 모집단 내에서 표본집단이 전체 모집단의 5%를 넘지 않게 설정한다는 것도 배웠다. 이를 통해 $X_1, X_2, X_3, \ldots, X_n$이 독립적인 변수임을 확신할 수 있게 된다. 또한 데이터의 분포를 시각적으로 한눈에 알아볼 수 있는 그래프들에 대하여 소개하였는데, 줄기-잎 그림, 히스토그램, 그리고 상자그림을 통해 각 상황별로 다루어지는 임의의 변수의 밀도를 알아볼 수 있는 방법들을 살펴보았다. 즉 이들을 통해 임의의 변수와 연관되어 있는 밀도 f의 모양을 알 수 있다. 또한 연속인 변수를 다루는 경우, 누적분포함수 F를 구하기 위해 상대누적빈도곡선을 찾는 방법을 알아보았다. 또한 통계학적 요약을 위한 방법들을 알아보았는데, 이를 통해 상황별로 데이터의 매개변수를 지정하는 방법을 학습하였다. 이 장에서도 여러 가지 용어에 대한 정의를 내렸는데, 그 용어들은 다음과 같다.

모집단	표본평균
백분위수	임의표본
중앙값	사분위수

통계량
심분위수
표본분산
도수 히스토그램
상대도수 히스토그램
상대누적빈도곡선
안울타리
바깥울타리
인접값
저항통계량
표본중앙값
줄기와 잎
사분위범위
표본표준편차
표본범위
특이점
약한 특이점
강한 특이점
상자그림

연습문제

5.1절

문제 1~5에서는 각 문제에 대하여 상황이 주어지는데, 각 상황에 대하여 통계학적인 분석이 적절한지 알아보고, 가능하다면 왜 그렇게 생각하는지 설명하고 모집단을 찾으라.

1. 깊은 분지 위로 다리를 건설하려 한다. 기술자가 확률변수 X의 분포를 알아보려 한다. 확률변수 X는 공사현장에 매일 부는 바람의 최댓값이다. 이 연구를 통해 바람이 불어도 무너지지 않는 튼튼한 다리를 건설하려 한다.

2. 레몬나무의 절단부위에서 뿌리가 다시 자라게 하는 데 인돌아세트산이라는 화학물질이 효과적이라고 생각하는 식물학자가 있다. 이를 확인하기 위해 뿌리가 절단된 레몬나무들을 가지고 실험을 하는데, 한 그룹에는 희석된 인돌아세트산을 투여하고 다른 그룹에는 물만 준다. 후에 두 그룹의 뿌리 생장 정도를 비교한다.

3. 배선 프로젝트를 수주하려 하는 건설회사가 있다. 후보로 일곱 개의 전기회사가 올라와 있다. 이 일곱 전기회사에 대하여 평균 비용과 프로젝트를 마치는 데까지 걸리는 평균 시간을 구하려 한다.

4. 컴퓨터 시스템에 여러 가지 무선 터미널이 장착되어 있는데, 터미널을 더 설치해야 할지 알아보기 위해서는 확률변수 X를 연구해야 한다. X는 현재 있는 각 터미널에서 사용자들의 평균 사용량이다.

5. 늘 해 오던 하루 8시간/주 5일 근무제와 새로 제안된 하루 10시간/주 4일 근무제에 대한 50,000명 근로자의 의견을 알고 싶다.

6. 공기의 질은 모든 사람에게 중요하다. 공기의 질은 세제곱미터의 공기에 포함된 먼지의 양(μg)을 측정함으로써 판단한다. 이 변수는 정규분포를 따르며, 평균과 분산은 알려지지 않았다고 가정하자. 공기의 질을 측정하는 기계는 특수유리를 통해 공기를 흡입하여 공기 중의 미세먼지를 걸러 내어 그 양을 측정한다. 어느 특정 지역에서 공기의 질을 측정하는 데 매달 5번씩, 한 번에 24시간 동안 필터를 통해 공기를 흡입하여 공기에 포함

된 먼지의 양을 측정한다. 즉 정규분포로부터 매달 크기 $n=5$ 인 임의표본을 얻게 된다.

(*a*) 확률변수 X_1 의 분포를 알고 싶다. 단, 이 변수는 매달 실시되는 다섯 번의 측정 중 첫 번째 측정값이다.

(*b*) 특정 달의 측정값들이 이렇게 주어졌다.

$$x_1 = 45 \qquad x_2 = 50 \qquad x_3 = 62 \qquad x_4 = 57 \qquad x_5 = 70$$

위 측정값들에 대하여 통계량 ΣX_i, ΣX_i^2, $\Sigma X_i/n$, $\max_i\{X_i\}$, $\min_i\{X_i\}$ 들을 계산하라.

(*c*) 확률변수 $X_5-\mu$ 는 통계량인가? 확률변수 $(X_5-\mu)/\sigma$ 는 통계량인가? 이유를 설명하라.

5.2 절

7. 70개의 측정값을 포함하는 자료가 있다. 각 측정값은 소수점 첫째 자리까지 기록되었다. 이 자료를 7개의 계급으로 분류하려 한다. 이 자료에서 가장 큰 측정값은 75.1이며, 가장 작은 측정값은 16.3이다.

(*a*) 이 자료의 구간의 길이는 얼마인가?

(*b*) 이 자료의 각 계급의 길이는 얼마인가?

(*c*) 첫 번째 계급의 하한선은 얼마인가?

(*d*) 각 계급(총 7개)의 계급구간은 얼마인가?

8. 카드뮴에 노출된 사람은 호흡곤란과 신장 및 간에 손상을 입게 되고, 죽음에 이를 수 있다. 따라서 공기 중의 카드뮴 먼지와 기체 산화 카드뮴의 양은 항상 측정되어 관리된다. 이는 세제곱미터당 카드뮴의 양을 밀리그램으로 측정한 값(mg/m^3)이며, 35개의 표본 관측값들이 다음과 같다.

.044	.030	.052	.044	.046
.020	.066	.052	.049	.030
.040	.045	.039	.039	.039
.057	.050	.056	.061	.042
.055	.037	.062	.062	.070
.061	.061	.058	.053	.060
.047	.051	.054	.042	.051

(*a*) 주어진 자료에 대하여 줄기-잎 그림을 작성하라. 02, 03, 04, 05, 06, 07을 줄기로 사용하라.

(*b*) 확률변수 X가 공기 중 카드뮴의 양을 나타낸다면, X가 정규분포라는 사실이 이상한 일인가? 이유를 설명하라.

(*c*) 위의 주어진 자료를 여섯 개의 계급으로 나누어라. 여기서 한 자릿수는 .001이고, 절반 자릿수는 .0005이다.

(*d*) 주어진 자료에 대하여 도수표와 상대도수히스토그램을 작성하라. 히스토그램이 정규분포에서 보이는 종형 곡선을 가지는가?

(*e*) 주어진 자료에 대하여 누적도수표과 상대누적빈도곡선을 작성하라. 상대누적빈도곡

선을 이용하여 자료에 주어진 데이터의 50% 정도 되는 지점의 값을 구하라.

9. 분주한 교차로에서 자동차가 신호를 받고 지나가는 데 걸리는 시간을 X라고 가정하자. 어느 교차로에서 X에 대하여 다음 측정값들을 얻었다.

.2	.5	.7	1.1	1.2	1.2	1.3	1.4	1.4	1.4
1.5	1.5	1.6	1.6	1.7	1.9	2.0	2.1	2.1	2.2
2.3	2.5	2.6	2.9	2.8	3.0	3.1	3.0	3.7	3.7
4.0	4.1	4.5	5.1	5.8	1.4				

(*a*) 주어진 값들에 대하여 이중 줄기-잎 그림을 작성하라.

(*b*) 주어진 값들을 분석해 보았을 때 X는 치우쳤는가? 그렇다면 치우친 방향은 어디인가?

10. 석탄에서 액체를 처음 추출해 낸 것은 1700년대 영국에서였다. 석탄에서 등유를 처음 추출해낸 것은 1850년대 미국에서였지만, 제1차 세계대전 전까지는 가정용 석탄이 보급되지 않았다. 요즘에는 석탄용 오븐을 사용하여 비상시 석탄에서 액체연료를 추출할 수 있다. 석탄을 이용하여 기름을 생산하는 시스템에서 확률변수 X는 1톤의 석탄에서 생산할 수 있는 기름의 양을 갤런으로 나타낸 것이다(gallon/ton). X의 값에 대하여 다음의 값들이 측정되었다.

7.6	8.2	7.1	10.0	6.5	9.6
6.1	6.2	7.6	6.2	9.5	6.7
7.4	9.5	9.2	8.0	8.5	9.3
8.8	9.6	9.7	6.8	7.1	7.7
8.7	7.8	8.7	8.2	8.2	7.4
9.0	8.8	7.3	7.9	7.1	7.9
7.6	6.7	8.1	6.2	5.3	7.4
7.7	9.1	7.9	8.7	8.4	8.1

(*a*) 주어진 값들에 대하여 줄기-잎 그림을 작성하라. 줄기로 5, 6, 7, 8, 9, 10을 사용하라.

(*b*) X가 정규분포라는 가정은 옳은가? 설명하라.

(*c*) 여섯 개의 계급으로 주어진 자료를 분류하라.

(*d*) 도수표와 상대도수 히스토그램을 작성하라. 히스토그램은 정규밀도의 종형 곡선 특성을 가지는가?

(*e*) 누적도수표와 상대누적빈도곡선을 작성하라. 이를 이용하여 임의로 선택한 1톤의 석탄에서 7갤런 이하의 기름을 얻어 낼 확률을 구하라.

11. 물이끼에서 섬유를 짜내기 위한 연구를 하고 있다. 이것이 가능해지면 종이와 섬유 회사들에 값싼 원료제공이 가능해진다. 물이끼 내의 섬유 함유도(%)를 임의의 변수 X라고 두고, 임의로 선택한 물이끼 50개 정도의 섬유 함유도를 조사한 자료가 다음과 같다.

.5	1.8	4.0	1.0	2.0
1.1	1.6	2.3	3.5	2.2
2.0	3.8	3.0	2.3	1.8
3.6	2.4	.8	3.4	1.4
1.9	2.3	1.2	1.9	2.3
2.6	3.1	2.5	1.7	5.0
1.3	3.0	2.7	1.2	1.5
3.2	2.4	2.5	1.9	3.1
2.4	2.8	2.7	4.5	2.1
1.5	.7	3.7	1.8	1.7

(*a*) 줄기-잎 그림을 작성하라. 줄기로는 0, 1, 2, 3, 4, 5를 사용하라.

(*b*) X가 정규분포를 따르지 않는다고 생각할 만한 이유가 있는가? 설명하라.

(*c*) 주어진 자료를 여섯 계급으로 분류하라.

(*d*) 도수표와 상대도수 히스토그램을 작성하라. 히스토그램으로 보아 X가 정규분포일 것이라고 판단되는가? 만약 아니라면 X는 어떤 분포 형태를 보이는가?

(*e*) 누적도수표와 상대누적빈도곡선을 작성하라. 이를 이용하여 임의로 설정한 물이끼 표본에서 섬유 함유도가 2% 이하일 확률을 구하라.

12. (백분위수.) X가 확률변수이고, $P_{k/100}(k=1, 2, 3, ..., 100)$은 아래와 같으며 X의 k번째 백분위수(percentile)라 한다.

$$P[X < p_{k/100}] \leq k/100 \qquad \text{and} \qquad P[X \leq p_{k/100}] \geq k/100$$

예를 들어 X가 $n=20$, $p=.5$의 이항식이라고 하자. X의 25번째 백분위수는 $p_{25/100}$이며, 부록 A의 표 I에 보면

$$P[X < 8] = .1316 \leq .25 \qquad \text{and} \qquad P[X \leq 8] = .2517 \geq .25$$

라는 것을 알 수 있다. 따라서 $p_{25/100} = 8$이다.

(*a*) X가 $n=20$이고 $p=.5$인 이항식일 때 X의 60번째 백분위수를 구하라.

(*b*) X가 $\lambda s=10$인 푸아송 분포일 때 X의 30번째 백분위수를 구하라.

(*c*) 연속확률변수의 경우, k번째 백분위수가 $P[X \leq p_{k/100}]=k/100$인 지점이라는 것을 증명하라.

(*d*) X가 $\beta=1$인 지수분포를 가진다고 가정할 때, X의 20번째 백분위수가 $-\ln(.80)$이라는 것을 보여라. 힌트: p가 $\int_0^p e^{-x}\,dx=.20$인 지점을 찾으라.

13. (사분위수.) X의 25번째, 50번째, 75번째, 그리고 100번째 백분위수를 각각 첫째, 둘째, 셋째, 그리고 넷째 사분위수(quartile)라고 표현한다.

(*a*) 확률적 측면에서 첫 번째 사분위수를 정의하라.

(*b*) X가 $n=20$이고 $p=.5$인 이항식일 때, X의 첫 사분위수를 구하라.

(*c*) X가 $\beta=1$인 지수분포를 가질 때 X의 첫 사분위수를 구하라.

14. (십분위수.) X의 10번째, 20, 30, 40, ..., 100번째 백분위를 각각 첫째, 둘째, 셋째, ..., 열째 십분위수(decile)라 표현한다.

(*a*) 확률적 측면에서 네 번째 십분위수를 정의하라.

(*b*) X가 $\lambda s=10$인 푸아송 분포일 때, X의 6번째 십분위수를 구하라.

(*c*) X가 $\beta=1$인 지수분포를 가질 때 X의 세 번째 십분위수를 구하라.

15. 연속확률변수의 백분위수, 사분위수, 십분위수는 상대누적빈도곡선에서 사영적 방법을 이용하여 구할 수 있다. 예를 들어 그림 5.5에서 리튬전지의 수명 X의 50번째 백분위수를 725시간보다 조금 높은 값이라고 구하였다.

(*a*) 8번 문제의 자료(공기 중 카드뮴 함량)를 이용하여 X의 첫 사분위수를 추산하라.

(*b*) 10번 문제의 자료(석탄의 기름 함량)를 이용하여 X의 네 번째 십분위수를 추산하라

(*c*) 11번 문제의 자료(물이끼의 섬유 함량)를 이용하여 X의 50번째 백분위수를 추산하라.

16. 시분할방식으로 컴퓨터 프로그램을 실행할 때 각 세션별로 가격이 상이하다. 각 세션별 이용가격인 확률변수 X를 조사한 자료가 다음과 같다.

\$1.08	.84	1.41	.99	.82
.89	.38	1.05	1.19	.65
1.09	1.03	.81	.55	.71
1.89	.47	.59	1.22	1.27
1.02	1.09	1.02	.86	1.23
1.23	.85	1.02	1.25	.80

위의 자료를 이용하여 상대누적빈도곡선을 작성하고, 이를 이용하여 50번째 백분위수, 첫 사분위수, 세 번째 사분위수를 각각 계산하라.

5.3 절

17. 다음의 자료를 참고하라.

I			II			
1	3	2	1	2	4	1
2	5	4	2	5	2	5
4	3	3	1	5	5	3

(*a*) 주어진 자료 I, II에 대하여 표본평균과 표본중앙값을 각각 구하라.

(*b*) 각 자료에 대하여 표본범위를 구하라.

(*c*) 각 자료에 대하여 표본분산과 표본표준편차를 구하라.

(*d*) 이 자료가 동일한 인구 표본에서 측정되었다고 한다면 그럴듯한가? 설명하라. 힌트: 통계학적 자료들과 함께 분포의 모양을 고려하라.

18. 예제 5.2.1에 주어진 자료에 대하여 $\sum_{i=1}^{50} X_i$와 $\sum_{i=1}^{50} X_i^2$의 값은 각각 $\sum_{i=1}^{50} x_i = 63{,}707$과 $\sum_{i=1}^{50} x_i^2 = 154{,}924{,}261$이다.

(*a*) 이 자료에 나타난 리튬전지의 평균수명이 1270시간이라고 한다면 이상한가? 설명하라.

(*b*) 이 자료에 대하여 표본분산과 표본표준편차를 구하라.

19. 예제 5.1.1의 자료를 이용하여 확률변수 X의 평균과 분산을 계산하라. 또한 매시간 텔레비전 신호가 간섭에 의해 중단되는 횟수를 계산하라.

20. 연습문제 8의 자료를 이용하여 확률변수 X의 평균, 분산, 그리고 표준편차를 구하라. 확률변수 X는 공기 중 카드뮴 먼지와 기체 산화카드뮴의 양을 나타낸다. 구한 값들이 상당히 정확하다고 가정했을 때, 어느 두 값 사이에 전체 자료의 95%가 들어오겠는지 그 두 값을 구하라.

21. 연습문제 10의 자료를 이용하여 확률변수 X의 평균, 분산, 그리고 표준편차를 구하라. 임의의 변수 X는 석탄에서 추출할 수 있는 기름의 양이다.

22. 연습문제 11의 자료를 이용하여 확률변수 X의 평균, 분산, 그리고 표준편차를 구하라. 임의의 변수 X는 물이끼의 섬유 함유량을 나타낸다.

23. 연습문제 9의 자료를 참고하여

(*a*) 자료의 평균과 중앙값을 구하라.

(*b*) 자료의 표준편차와 중앙값을 구하라.

(*c*) (*a*)와 (*b*)에서 사용되는 측정단위는 무엇인가?

24. 지난 10년간 조명기술에 많은 발전이 있었다. Philips' Earth Light라고 하는 새로 개발된 전구는 형광전구가 기저면에 설치되어 있는 소형의 돌려 끼우는 형광등이다. 이 전구는 기존의 전구보다 10배에서 많게는 13배까지 긴 수명을 자랑한다. 다음 자료는 새로 개발된 전구의 수명을 1000시간 단위로 나타낸 것이다.("Lighting Comes of Age with New Technology," *Research and Development*, November 1992, pp. 30-31.)

9.1	10.1	9.0	11.4
10.5	9.5	12.0	9.1
12.2	13.1	10.0	9.3
9.0	9.6	11.1	9.1
13.3	10.7	9.1	9.0
9.0	11.0	9.2	11.6

(*a*) 줄기-잎 그림을 그리고, 위 자료의 분포를 구하라.

(*b*) 위의 자료에 근거하여 전구의 평균수명 μ의 값을 구하라.

(*c*) 새로 개발된 전구 수명의 중앙값을 계산하라. 이 값이 정확하게 무엇을 의미하는지 설명하라

(*d*) 위 자료에 대하여 표본표준편차와 표본분산을 구하라.

(*e*) 다음 문장의 옳고 그름을 판단하고 설명하라.
"정규확률법칙에 의하여, 새로 개발된 전구의 95%는 수명이 7,530시간과 13,050시간 사이이다."

(*f*) 체비셰프의 부등식에 근거하여 생각했을 때, 새로 개발된 전구의 전체 개수 중 수명이 7,530시간과 13,050시간 사이에 있을 것으로 추정되는 전구의 비율에 대하여 무엇을 알 수 있는가?

25. (범위를 이용하여 σ 근사화하기.) 범위는 통계학적 분석을 설계하는 데 있어서 중요한 역할을 한다. 모집단의 매개변수를 근사화할 때, 미리 지정한 정도의 정확도를 얻기 위해서는 적절한 크기의 표본이 설정되어야 한다. 표본크기를 알아내는 데 쓰이는 대부분의 공식들을 사용하려면 모집단의 표준편차 σ에 대해 알아야 한다. 일반적으로는 연구자가 σ에 대한 근삿값을 가지고 있지 않고, 데이터의 예상 범위를 알고 있는 경우가 많다. 4.4절에서 봤듯이, 정규분포에서 표본을 설정할 때에는

$$P[-2\sigma < X - \mu < 2\sigma] \doteq .95$$

X가 정규분포가 아닐 때는, 체비셰프 부등식를 적용하여

$$P[-3\sigma < X - \mu < 3\sigma] \geq .89$$

이라는 결론에 도달할 수 있다. 즉 X는 항상 평균에서 표준편차의 세 배 내에 있을 확률이 굉장히 높다. 이를 통해, 정규분포를 갖는 확률변수에서는 근사화된 범위가 대략 4σ이고 그렇지 않은 경우 6σ라는 것을 알 수 있다. 정규분포에서는 σ의 근삿값을 구하기 위해 다음 식들의 σ에 관한 해를 구하면 된다.

$$4\sigma \doteq \text{근사화된 범위}$$

X가 정규분포일 때 σ는 아래와 같다.

$$\sigma \doteq (\text{근사화된 범위})/4$$

X가 정규분포가 아닐 때 σ는 아래와 같다.

$$\sigma \doteq (\text{근사화된 범위})/6$$

확률변수 X에 대하여 다음과 같은 측정값들을 얻었다. X는 어떤 프로그램을 실행하는 데 필요한 시간이다.

6.2	5.8	4.6	4.9	7.1	5.2
8.1	.2	3.4	4.5	8.0	7.9
6.1	5.6	5.5	3.1	6.8	4.6
3.8	2.6	4.5	4.6	7.7	3.8
4.1	6.1	4.1	4.4	5.2	1.5

(*a*) 줄기-잎 그림을 작성하고, X가 정규분포를 갖는다는 가정이 옳은지 확인하라.

(*b*) 표본표준편차 s를 이용하여 σ를 근사화하라.

(*c*) 위 데이터의 표본범위를 구하고, 이를 이용하여 σ를 근사화하라. (*b*)에서 얻은 값과 비교해 보라.

5.4절

26. 다음의 표준정규분포에 대해 생각해보자.

(*a*) Z 표를 이용하여 q_1이 대략 $-.67$이고 q_3가 대략 $.67$이라는 것을 확인하라.

(*b*) Z의 사분위수 범위를 찾고 이것이 의미하는 바를 설명하라.

(*c*) Z의 안울타리가 $f_1 = -2.68$이고 $f_3 = 2.68$인 것을 확인하라.

(*d*) 표준정규확률변수가 안울타리를 초과할 확률이 대략 .007인 것을 확인하라.

(*e*) Z의 바깥울타리를 구하라.

(*f*) 표준정규확률변수가 바깥울타리를 초과할 확률을 구하라.

27. X가 정규분포를 갖는다고 가정하자. X의 평균은 μ이고 분산은 σ^2이다.

(*a*) $q_3=\mu+.67\sigma$이고, $q_1=\mu-.67\sigma$인 것을 증명하라.

(*b*) X의 사분위수 범위를 찾으라.

(*c*) X의 안울타리가 $f_1=\mu-2.68\sigma$이고 $f_3=\mu+2.68\sigma$인 것을 증명하라.

(*d*) X가 안울타리를 초과할 확률이 .007이라는 것을 증명하라.

28. 바닷물의 온도는 바다 표면에서 따뜻하고 심해에서 차갑다. 이런 온도 차이에서 발생하는 에너지를 기계적 에너지로 전환할 수 있고, 그 기계적 에너지를 증기 터빈을 이용하여 전기 에너지로 전환할 수 있다. X가 바다 표면의 수온과 1 km 수심의 바닷물의 수온의 차이를 나타내는 변수라고 하자. 멕시코 해안에서 임의로 설정된 15개의 지점에서 다음과 같은 자료를 얻었다.

22.5	23.8	23.2	22.8	10.1*
23.5	24.0	23.2	24.2	24.3
23.3	23.4	23.0	23.5	22.8

(*a*) 이중 줄기-잎 그림을 작성하라.

(*b*) 표본평균, 표본중앙값, 표본표준편차 값들을 구하라.

(*c*) 별표로 표시한 값은 다른 값들과 현저하게 다르다. 이 값은 잠재적 특이점이다. 위의 데이터를 가지고 상자그림을 작성하여 10.1이 특이점인지 아닌지 확인하라.

(*d*) 이 특이점이 전체 데이터의 통계학적 분석에 미치는 영향을 알아보기 위해 10.1이라는 값만 제외하고 다시 표본 평균, 중앙값, 그리고 표준편차를 구하라. 세 통계량 중 어느 것이 특이점에 의한 영향을 가장 적게 받는가? 통계학적 보고/분석에 평균과 중앙값을 둘 다 포함시키는 것이 왜 중요한지 알겠는가?

29. 대부분의 가정에서는 여러 가지 종류의 전기기구들을 사용하고 있다. 따라서 판매자와 소비자 모두 전기제품의 신뢰도를 중요하게 여긴다. 집에서 쓰는 전기기구들의 신뢰도를 측정하는 지표 중 하나가 전압급등에 대처할 수 있는 능력이다. 다음 자료는 명시된 전기기구를 고장 나게 하는 데 필요한 전압의 세기를 킬로볼트(kV)로 나타낸 것이다.("The Effects of Surges on Electronic Appliances," Stephen B. Smith and Ronald B. Standler, *IEEE Power Engineering Review*, July 1992, p. 50.)

Clocks

1.1	3.5	3.2	4.0
3.6	1.5	2.3	3.0
4.7	4.0	4.9	2.9
2.6	2.5	2.7	4.2
2.4	3.7	3.8	6.0
5.0	1.8	5.6	5.1
3.9	3.8	3.7	3.5

Television receivers

2.0	5.0	4.5	5.4
4.2	4.3	5.1	5.6
5.2	4.7	4.4	5.8
5.2	7.8	5.4	4.9
4.6	4.6	5.0	4.8
5.3	5.2	5.3	5.9

dc power supplies

4.2	4.4	5.1	4.1	6.1
4.5	5.9	3.9	5.0	5.8
5.0	4.8	4.3	5.4	
4.7	5.1	5.2	5.6	
4.9	4.7	4.6	4.8	

(*a*) 시계에 대한 자료를 가지고 이중 줄기-잎 그림을 그려라. 이를 바탕으로 판단했을 때, 위의 자료가 지수분포라고 한다면 그럴듯한가? 설명하라.

(*b*) 상자그림 방법을 이용하여 시계에 대한 자료에서 특이점을 찾아내라. 이를 근거로 생각했을 때, 표본평균과 표본중앙값 중 어느 값이 데이터 값들이 가장 많이 모여 있는 위치를 더 잘 보여 주는가?

(*c*) 텔레비전 자료를 가지고 줄기-잎 그림을 작성하라. 줄기로는 4와 5를 각각 5번씩 사용하라. 줄기-잎 그림을 근거로 했을 때, 텔레비전 데이터에는 특이점이 있는가?

(*d*) 상자그림 방법을 이용하여 텔레비전 자료에서 의문이 가는 데이터 값들을 골라내라. 골라낸 데이터 값들이 특이점인가? 표본분산과 사분위수 범위 둘 중 어느 통계량을 이용했을 때 더 정확하게 자료의 다양도를 분석할 수 있는가?

(*e*) 전원장치 데이터에 대하여 이중 줄기-잎 그림을 작성하라. 전원장치 자료에는 소수점을 잘못 표시한 값이 하나 있어서 특이점이 생긴다. 잘못 표시된 소수점 그대로 전원장치 자료의 평균을 구하라. 그 다음, 잘못 표시된 점을 바로잡은 후 평균을 구하라.

복습문제

30. 벽돌을 세는 단위는 '로트'이다. 1로트는 1000개의 벽돌을 세는 단위이다. 1로트의 벽돌을 배송하기에 앞서, 25개를 표본으로 빼내서 품질을 검사한다. 이때 두 가지 변수를 고려하는데, 첫 번째 X는 벽돌당 흠집의 수이며, 두 번째 Y는 벽돌의 세기이다. 세기는 1부터 10까지의 점수로 평가되며, 10점짜리가 가장 센 벽돌이다.

		x					*y*		
2	5	0	1	2	3.2	6.3	6.4	6.7	7.3
0	3	0	0	2	7.1	5.4	4.6	5.8	9.1
1	1	0	1	3	7.7	6.1	8.1	5.9	6.2
2	1	1	7	4	6.0	6.8	7.2	6.3	8.2
0	2	3	5	1	5.1	4.2	6.9	4.5	5.0

(*a*) X가 속해 있는 확률변수의 족의 이름은 무엇인가?

(*b*) X에 대하여 평균, 분산, 표준편차, 중앙값을 계산하라.

(*c*) 벽돌의 세기에 대하여 줄기-잎 그림을 작성하고, 이를 바탕으로 Y가 정규분포일 것이라고 추정하는 것이 옳은지 판단하라

(*d*) Y에 대하여 평균, 분산, 표준편차, 중앙값을 계산하라.

31. 컴퓨터 기기를 설치해 주는 회사에서 현장에 설치된 컴퓨터 기기들의 고장문제를 연구하기 위해 50번의 출장수리에 대한 데이터를 수집하였다. 여기에 두 가지 변수를 적용하였는데, X는 기기의 문제를 파악하고 수리하는 데 걸린 시간을 시간(hour) 단위로 나타낸 변수이고, Y는 고장의 원인이다. Y는 아래와 같이 정의된다.

$$Y = \begin{cases} 1 & \text{if the failure is due to a faulty microprocessor chip} \\ 0 & \text{otherwise} \end{cases}$$

얻어진 데이터는 아래와 같다.

			x							*y*			
1.52	1.83	2.25	4.73	2.89	1.49	1.34	0	0	0	0	0	0	1
2.15	2.66	2.79	1.35	1.54	4.59	4.27	0	0	0	0	0	0	0
3.91	2.76	3.03	3.52	5.97	1.45		0	0	0	0	0	0	
3.07	2.18	1.38	2.04	1.49	1.11		1	0	0	0	0	0	
1.24	4.84	2.82	3.16	4.58	3.28		0	0	0	0	0	0	
1.30	3.01	1.20	3.42	1.86	3.49		0	0	0	0	0	0	
3.93	2.56	2.63	5.60	4.60	5.34		0	0	0	0	0	0	
1.62	2.82	4.88	2.04	1.62	.24		0	0	1	0	0	0	

(*a*) 여섯 개의 계급을 사용하여 X 값에 대하여 상대도수 히스토그램을 작성하고, 이 히스토그램을 근거로 X가 정규분포를 갖는다고 하면 이상한가? 설명하라.

(*b*) X에 대하여 평균, 분산, 표준편차를 구하라.

(*c*) X의 중앙값을 계산하기 위하여 상대누적빈도곡선을 작성하라. 전체 기기 고장 수리 건수 중 대략 몇 퍼센트 정도가 1.5시간 또는 그 이하의 시간 안에 완료될 수 있는가?

(*d*) 기기고장이 마이크로프로세서에 의한 고장일 확률을 p라고 놓자. 비록 p의 값은 알 수 없지만, 그 값이 모든 마이크로프로세서 칩에 대하여 일정하다고 가정하자. 이론적으로 Y는 p를 매개변수로 하는 점이항분포를 따른다. Y의 이론적 평균은 얼마인지 계산하라. 만약 앞으로 기기가 고장날 때 마이크로프로세서 칩에 의한 고장일 확률을 계산하라고 한다면 어떻게 대답하겠는가?

(*e*) (*d*)에서의 답을 근거로 Y의 이론적 분산을 계산하라. 이를 이용하여 σ_Y^2 값을 계산하라. 같은 결과를 얻었는가? 어느 답이 σ_Y^2에 대하여 더 정확한가?

(*f*) 연습문제 25에 나온 이론을 이용하여 σ_X를 계산하라. (*b*)의 답과 비교해 보라.

(*g*) x에 대하여 상자그림을 작성하라.

32. 많은 사람들이 새해나 독립기념일에 쓰는 불꽃놀이 폭죽에 대해 알고 있다. 불꽃놀이를 하는 데 이용되는 폭죽에 두 가지 변수가 적용된다. X는 폭죽 끝의 코팅의 길이이고, Y는 폭죽이 타는 데 소요되는 시간이다.(1993년과 1994년 사이에 Radford University와

Virginia Polytechnic Institute and State University 학생들이 수집한 자료.)

x (in)	y (s)	x (in)	y (s)
4.5	29	4.3	22
3.6	26	3.5	21
4.0	25	4.5	30
3.7	25	4.6	22
4.0	27	4.6	25
3.7	27	3.9	20
4.0	28	3.5	13
4.0	25	3.8	19
3.8	25	3.9	23
4.0	28	3.6	25
3.8	24	3.6	27
4.1	15	3.6	18
3.9	22	3.3	11
4.1	25	3.7	24
3.9	24	3.7	23
4.2	26	4.3	26
3.8	24	3.9	27

(*a*) Y에 대하여 줄기-잎 그림을 작성하라. 줄기는 각각 5번씩 사용하되, 각 줄기가 잎을 두 개씩 포함하도록 하라.

(*b*) 폭죽이 타는 시간에 대한 상자그림을 작성하라. 특이점이 보이는가?

(*c*) 줄기-잎 그림에 나타난 분포의 모양을 잘 보라. 분포가 어느 한쪽으로 치우치는가? 그렇다면 어느 방향으로 치우치는가? 모든 데이터 값이 기록상의 오류는 없이 정확하다고 가정했을 때, 어느 확률변수의 족에서 이 값들이 나왔는가? 특이점들도 그렇게 취급해야 한다고 생각하는지 설명하라.

(*d*) X에 대하여 줄기-잎 그림을 작성하라. 각 줄기를 5번씩 사용하라. 이 자료가 정규분포라는 가정이 타당한가?

(*e*) X에 대하여 상자그림을 작성하고 특이점이 있는지 보라.

33. 새로 출시된 SUV의 가솔린 마일리지를 X라고 두자. 21대의 SUV에 대하여 얻은 자료가 다음과 같다.

15	16	17	18	17	20
16	17	18	20	18	
18	19	19	17	21	
17	19	18	17	22	

(*a*) 줄기-잎 그림을 작성하라. X는 정규분포인가?

(*b*) 평균과 중앙값을 구하라.

(*c*) 표준편차와 분산을 구하라.

(*d*) q_1과 q_3를 구하고 사분위수 범위를 구하라. 계산기로 구한 값들과 비교하라.

34. 비행기를 만들 때 승객 무게와 신장을 고려하는 것이 중요하다. 다음은 100명의 남자 성

인 승객에 대한 몸무게 자료이다.

212.8	256.3	278.1	298.3
213.7	257.0	278.2	298.4
214.2	258.6	279.1	299.3
217.7	259.1	279.6	300.8
219.8	259.2	279.9	300.9
220.0	261.6	283.0	301.1
224.5	262.5	283.1	301.7
225.3	265.2	283.6	302.5
227.8	267.0	284.9	304.8
230.8	267.9	285.0	306.6
232.7	268.1	286.0	306.8
233.8	268.3	286.3	310.5
236.1	269.1	286.6	310.6
237.7	269.5	286.6	310.9
239.7	270.1	286.8	310.9
241.0	271.2	286.9	312.4
243.3	271.8	289.3	313.8
244.7	272.7	290.4	316.0
246.1	273.3	291.0	316.9
249.8	274.8	291.2	320.2
250.9	275.1	293.8	321.5
252.0	275.2	296.1	332.2
252.7	275.8	296.1	335.7
254.9	276.8	297.1	342.4
255.4	277.6	298.2	353.6

(*a*) $\bar{x}$와 s를 구하라.

(*b*) 어떤 계산도구를 쓰든지 간에 자료에 대한 히스토그램을 작성하라.

(*c*) 알려진 바에 의하면 성인 남성 몸무게가 정규분포이고 $\mu=273$, $\sigma=30$이다. 위의 자료가 이 사실과 일치하는가?

(*d*) 그림 5.13은 상대누적도수분포를 나타낸다. 이를 이용하여 q_1, q_3, 중앙값을 구하라.

(*e*) 그림 5.13에 주어진 그래프 대신 다른 통계학적 분석도구를 이용하여 q_1, q_3, 중앙값

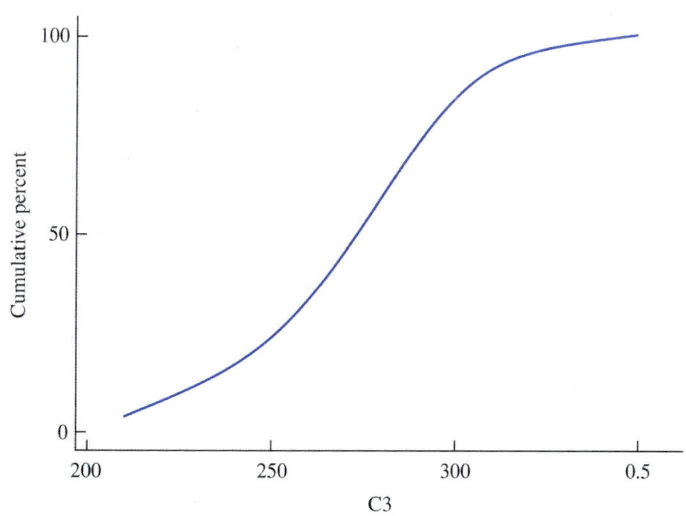

그림 5.13 | 연습문제 5.34의 데이터로 작성한 누적빈도곡선.

을 구하라. 값이 다른가?

35. 고속도로와 기차의 교차로에서 사용되는 전구에 대한 연구를 하였다. 이 연구의 목적은 두 가지 종류의 전구를 비교하는 것이다. 전구의 두 가지 종류는 점등 주기의 휴식기에 낮은 전압이 적용되는 전구와 25와트 표준 전구이다. 얻어진 데이터는 웹사이트에서 찾아볼 수 있다. 변수는 1 = 낮은 전압 램프, 2 = 정상 전압 램프인 관찰번호와 1000시간 단위로 보고되는 전구의 수명이다.

(*a*) 각 전구에 대하여 히스토그램을 작성하라. 각 전구에 대해 그려진 분포의 모양을 가지고 토론하라.

(*b*) 각 전구에 대하여 평균, 중앙값, 표준편차를 구하라. 이 통계량들을 비교하라. 두 표본은 비슷해 보이는가?

(*c*) 각 표본에 대하여 상자그림을 작성하고 특이점을 구하라.

(*d*) 특이점이 있다면 삭제하고 평균, 중앙값, 표준편차, 분산을 각각 다시 구하라.

36. 전압급등은 전기기구의 고장을 일으킬 수 있다. 전압급등에 대한 연구가 수행되었다. 연구의 목적은 7일 동안 전압급등의 도수가 같은지 다른지 알아보는 것이다. 조사하는 날짜는 웹사이트에 서 알아볼 수 있다. 요일과 하루에 스파이크가 발생한 횟수가 변수이다. m = 월요일, t = 화요일, w = 수요일, th = 목요일, f = 금요일, s = 토요일, sn = 일요일이다.

(*a*) 각 요일에 대하여 스파이크 발생 횟수를 통계학적으로 분석하라.

(*b*) 각 요일에 대하여 상자그림을 작성하고 이를 이용하여 시각적으로 비교하라.

CHAPTER 6

추정

5장에서 한 확률변수가 어느 군에 속하는지를 알아보았는데, 이제 모수의 수치적인 값을 추정(estimation)하거나 근삿값을 결정하는 문제를 해결해야 한다. 우리가 확률변수의 평균, 분산, 그리고 표준편차를 추정하는 임의 통계량을 정의할 수는 있지만, 그들의 효율성을 평가할 수는 없다. 이 장에서는 이들 통계량의 수학적인 성질들을 고려한다. 그리고 추정 이론을 간단하게 소개한다. 여기에 있는 아이디어들이 이 책의 나머지 부분에서 많이 사용될 것이다.

6.1 점추정

추정하는 문제에 있어서 표본을 근거로 근삿값이 θ(세타)인 모수가 적어도 하나 있다. 근삿값은 근사적 통계량을 사용하여 구한다. 모집단의 모수 θ의 근삿값 또는 추정치로 사용되는 통계량을 θ의 점추정량(point estimator)이라 하고 $\hat{\theta}$(세타햇)으로 표기한다. 그리고 주어진 표본을 평가하려 할 때에 사용되는 통계량의 수리적인 값은 세타 θ의 점추정치라고 한다. 예를 들면 예제 5.3.1에서 보듯이, 주어진 한 해에 전기적 공공시설에서 사용하는 석탄의 소비량의 평균을 추정하는 데 통계량 $\bar{X}$가 사용되었다. 그러므로 $\bar{X}$는 μ의 점추정량이고 $\hat{\mu}=\bar{X}$라고 쓴다. 예제 5.3.1에서 한 특별한 표본에서 이 통계량을 추정하였으며 그 값으로 408.3백만 톤을 얻었다. 이 수치를 모평균 μ의 점추정치라고 부른다. 추정량(estimator)과 추정치(estimate)라는 용어 사이에는 약간의 차이가 있다. 추정량은 추정치를 생성하기 위해 사용되는 통계량으로 확률변수이다. 반면에 추정치는 하나의 수치이다.

모수 θ의 논리적인 점추정량이 개발되고 난 후에는 "이 추정량이 얼마나 좋은가?"라는 질문이 남게 된다. 물론 그 추정량이 모수 θ에 가까운 추정치를 갖기를 기대한다. 즉 추정량 $\hat{\theta}$이 아래의 두 가지 성질을 만족시키기를 기대한다.

점추정량의 바람직한 성질

1. $\hat{\theta}$이 θ에 대하여 치우침이 없다.

2. $\hat{\theta}$이 큰 표본에 대하여 작은 분산을 가진다.

'치우침이 없다' 라는 용어는 5장에서 그래프로 설명한 바 있다. 기본적으로 이 용어의 의미는 '올바른 점 주변에 집중되어 있다' 는 것을 의미하며, 올바른 점은 추정된 모수이다. '치우침이 없다' 라는 말은 기술적인 용어이다. 추정량 $\hat{\theta}$이 모수 θ에 대하여 '치우침이 없다' 라는 것을 분석적으로 입증하기 위해서는 아래와 같은 정의가 필요하다.

정의 6.1.1(불편추정량). 추정량 $\hat{\theta}$의 기댓값이 θ라면($E[\hat{\theta}]=\theta$), 추정량 $\hat{\theta}$은 모수 θ의 불편(치우침이 없음)추정량이라 한다. 이 역도 성립한다.

추정량 $\hat{\theta}$이 통계량임을 잊지 말기 바란다. 즉 추정량 $\hat{\theta}$이 확률변수이며, 평균 또는 기댓값을 가지고 있다. $\hat{\theta}$이 θ에 대해서 치우침이 없다는 것은 추정량 $\hat{\theta}$의 평균값이 추정하고 있는 모수 θ와 동등하다는 것을 의미한다. 그러므로 추정량 $\hat{\mu}$의 기댓값이 μ라면($E[\hat{\mu}]=\mu$), 추정량 $\hat{\mu}$은 μ에 대하여 치우침이 없다. $\hat{\sigma}^2$의 기댓값이 σ^2이라면($E[\hat{\sigma}^2]=\sigma^2$), $\hat{\sigma}^2$을 σ^2의 불편추정량이라 한다. 마찬가지로 $\hat{\sigma}$의 기댓값이 σ라면($E[\hat{\sigma}]=\sigma$), $\hat{\sigma}$을 σ의 불편추정량이라 한다. 이제 5장에서 배운 $\bar{X}$, S^2, S에 대하여 위의 새로운 정의에 근거하여 다시 알아보자.

정리 6.1.1. 표본의 크기가 n인 $X_1, X_2, X_3, \ldots, X_n$이 평균 μ를 갖는 임의표본이라 하자. 표본평균 $\bar{X}$는 μ에 대하여 불편추정량이다.

증명. 정의 5.3.1에 의하여

$$E[\bar{X}] = E[1/n(X_1 + X_2 + X_3 + \cdots + X_n)]$$

기댓값의 규칙(정리 3.3.1)에 의하여

$$E[\bar{X}] = 1/n(E[X_1] + E[X_2] + E[X_3] + \cdots + E[X_n])$$

여기서 $X_1, X_2, X_3, \ldots, X_n$이 평균 μ를 갖는 분포로부터 임의로 추출한 표본이므로, 이 확률변수 각각은 평균 μ를 갖는다. 그러므로

$$E[\bar{X}] = 1/n\Big(\underbrace{\mu + \mu + \mu + \cdots + \mu}_{n \text{ terms}}\Big) = 1/n(n\mu) = \mu$$

이고 증명이 완료되었다.

$\hat{\theta}$이 통계량이므로 반복된 표본에서 생성된 추정치가 표본마다 다양하리라는 것을 아는 것이 중요하다. $\hat{\theta}$이 θ에 대하여 치우침이 없다는 것은 이들 추정치가 거의 θ에 가깝게 나타난다는 것을 의미한다. 또한 이것은 이들 추정치의 평균이 θ에 거의 근접한다는 것을 의미하

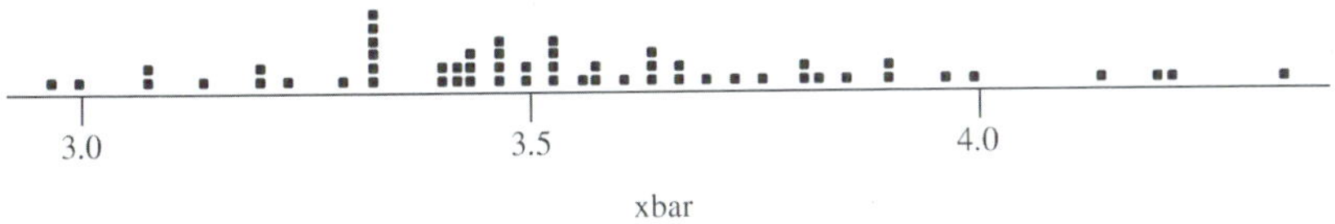

그림 6.1 예제 6.1.1의 실험에 의해 나온 x 값들의 점들.

기도 한다. 예를 들어 $\bar{X}$가 μ에 대해서 치우침이 없으므로 k번 반복된 실험으로 얻은 표본평균 $\bar{x}_1, \bar{x}_2, \bar{x}_3, \ldots, \bar{x}_k$ 들의 값이 거의 μ에 가깝게 나타날 것이고, k번의 추정치의 평균값은 μ에 거의 근접한 결과를 가질 것이다.

예제 6.1.1. 한 개의 주사위를 던지는 실험을 해 본다. X는 주사위를 던져서 나오는 수라고 하자. X는 아래의 확률로 나타나는 이산사건이다.

$$f(x) = 1/6 \qquad x = 1, 2, 3, 4, 5, 6$$

X의 평균값은

$$\mu = E[X] = \Sigma\, x\, f(x) = 3.5$$

주사위를 30회 반복하여 던지는 경우에 평균값 $\bar{x}$를 기록하자. 이 실험이 많은 횟수로 반복됨에 따라 각 표본으로부터 얻은 $\bar{x}$의 값은 다양하게 나타날 것이다. $\bar{x}$는 참 평균값인 μ에 대한 불편추정량이므로 관측된 $\bar{x}$는 3.5 근방의 값들을 갖게 될 것이다. 아래에 나열된 값들은 56회 반복되는 실험조에 의해 생성된 값들이다.

3.43	3.33	3.60	2.97	3.50	4.20	3.07	3.33	3.86	3.80	3.00
3.30	3.40	4.00	3.83	3.43	3.90	3.07	3.47	3.23	3.20	3.76
3.50	3.70	4.13	3.97	3.42	3.57	3.47	3.80	3.53	3.20	3.13
3.63	3.33	3.33	3.56	3.47	4.33	3.53	3.33	3.47	3.73	3.90
3.32	4.21	3.63	3.67	3.53	3.43	3.40	3.53	3.63	3.42	3.67
3.57										

그림 6.1은 이들 데이터의 각 실험조의 점들을 나타내고 있다. 기대했듯이 $\bar{x}$의 값이 다양하고 3.5를 중심으로 근접해 있다. 56회 실험조의 $\bar{x}$의 평균은 3.548로서, 이상적인 이론값인 3.5보다 약간 높다.

용어 '치우침이 없음'이 의미하지 않는 바를 이해하는 것도 중요하다. 즉 모든 추정치가 모두 추정할 모수에 아주 근접하지는 않다는 것이다. 예제 5.3.1에서는 전기적 공공시설에서 사용하는 석탄의 연간 평균 소비량이 $\hat{\mu} = \bar{x} \doteq 408.3$백만 톤이었다. 이 추정치는 치우침이 없는 추정량 $\bar{X}$의 평균에 의해 생성되었다는 점에서 치우침이 없다. 이것으로 실제 전기적 공공시설에서 석탄의 연간 소비량의 실제적인 평균이 408.3백만 톤에 근접한 값이라고 주장할 수는 없다. 이 점은 불행한 일이다. 보통 통계학적인 연구들은 여러 번 거듭 반복되지 않으므로 획득된 추정치들이 평균화될 수 없다. 일반적으로 하나의 표본이 채택되어 하나의 추정치가 얻어진다. 이 추정치가 모수로 추정되는 θ 값에 가깝다는 주장을 하기 위해서는 이상적으로 사용되는 추정치가 치우침이 없어야 할 뿐만아니라 큰 표본에 대해서 작은 분산을 가져야 한다. 이러한 방법으로 추정된 값이 θ에 대하여 변화된 값을 갖더라도 그 분산은 작은 값을 갖는다. 생성된 각 추정치가 θ 값에 거의 근접해 있다고 기대할 수 있다. 아래의 정리 6.1.2는 $\bar{X}$가 이러한 성질을 갖고 있음을 보인다.

정리 6.1.2. X를 평균이 μ이고 분산이 σ^2인 분포에서 크기가 n인 추출 표본으로부터 얻은 표본의 평균값이라 할 때, 아래의 등식이 성립한다.

$$\text{Var}\ \bar{X} = \frac{\sigma^2}{n}$$

위의 정리는 정리 3.3.3과 같은 분산의 규칙에 근거하여 증명되며 정리 6.1.1의 증명과 유사하다. σ^2은 상수이므로 표본의 크기 n이 증가함에 따라 $\bar{X}$의 분산 σ^2/n이 감소하므로 n을 충분히 의미 있는 수준으로 크게 하여 분산의 값은 가능한 한 작게 만들 수 있다. 이것은 큰 표본에 근거한 표본평균을 모평균 μ에 가까운 값으로 기대할 수 있다는 것을 내포하고 있다. 반면에 작은 표본에 근거한 표본평균은 실제적인 모평균으로부터 넓게 분포할 수 있다. 이 점은 큰 표본을 사용할 때의 장점과, 작은 표본으로부터 도출한 결론들의 위험성을 지적하고 있다. 이 책의 많은 예제와 연습문제에서는 작은 표본을 사용하고 있다. 이것은 단지 예시의 목적으로 사용되기 때문이다. 이렇게 작은 표본이 이 분야의 연구에서 공통적인 현상임을 나타내려는 의도는 아니다.

확률변수의 표준편차가 분산의 이중근이므로 표본평균의 표준편차는 $\bar{X}$의 분산의 이중근이다. 그러므로 $\bar{X}$의 표준편차는 $\sqrt{\sigma^2/n}$이다. 이 표준편차는 관측된 값 $\bar{X}$에 의한 정보를 근거로 모평균 μ의 참값을 추론하는 데 사용되는 기술적인 개발에 있어서 중요한 역할을 한다. 이러한 특별한 표준편차를 평균의 표준오류(standard error of mean)라고 명명한다.

정의 6.1.2(평균의 표준오류). $\bar{X}$를 표준편차 σ를 갖는 임의분포에서 크기가 n인 표본들로부터 계산된 표본평균이라고 하자. $\bar{X}$의 표준편차는 $\sigma/\sqrt{n}$으로 계산되고, 이를 평균의 표준오류라고 부른다.

5장에서 우리는 표본분산 S^2은 $\sum_{i=1}^{n}(X_i - \bar{X})^2$을 $n-1$로 나누어 계산한다고 정의했다. 이렇게 산출된 추정량이 σ^2에 대해 치우침이 없을 것이라고 하였다. 이 결과는 정리 6.1.3에서 형식화하여 언급하였다. 이 정리의 증명은 부록 C에 나타나 있다.

정리 6.1.3. S^2을 모평균 μ와 모분산 σ^2의 분포로부터 추출한 크기가 n인 임의표본으로부터 계산된 표본분산이라 하자. S^2은 σ^2에 대하여 불편추정량이다.

위 정리에서 S^2이 σ^2에 대하여 불편추정량이라고 하지만 S는 σ에 대하여 '치우침이 없다' 라고 할 수 없다(연습문제 8 참조). 이것은 '치우침이 없음' 이 하나의 추정량에서는 사실이지만 본질적이지는 않다는 사실을 주장하고 있다.

6.2 확률변수의 기능 — $\bar{X}$의 분포

점추정에 있어서 한 가지 단점이 있다. 그것은 미지의 모수 θ에 대한 단일 값을 얻는 것이다. 이 추정치가 모수 θ에 아주 근접한 값이라는 어떠한 보증이 있는가? 아주 좋은 답은 대부분의 경우에 사용된 점추정량이 논리적이라는 것이다. 추정되는 모수의 값과 그 추정치의 정확성을 입증하는 방법으로 연구자들은 구간추정(interval estimation) 또는 신뢰구간(confidence interval)이라는 방법을 사용한다. 구간추정량은 그 이름이 의미하는 그대로이다. 하나의 임의구간, 즉 양쪽 끝점으로 통계량 L_1과 L_2를 갖는 하나의 구간이다. 한 표본에 근거에서 수치적인 구간을 결정하고자 한다. 얻어진 수치적인 구간은 추정될 모집단의 모수를 포함할 것이라고 기대한다. 점에서 구간으로 확장함에 따라 적은 오류를 갖게 되고, 또한 확률이론에 근거해서 모수가 그 추정치 안에 있으리라는 신뢰성을 제시할 것이다.

여기서 공부하고 있는 유용한 통계량 중의 하나가 $\bar{X}$, 즉 표본평균이다. $\bar{X}$가 하나의 통계량이므로 그것은 또한 확률변수이다. 여기서 "$\bar{X}$는 어떠한 분포인가"?라는 의문을 갖게 된다. 우리는 앞에서 이미 $\bar{X}$에 대한 위치의 중심이 μ, 즉 표본을 만들어 낸 모집단의 모평균이라는 것을 배웠다. 우리는 또한 그 표본의 분산은 σ^2/n, 즉 원래 모집단의 분산을 표본의 크기 n으로 나눈 값이라는 것도 알고 있다. 통계량에 내포되어 있는 분포의 형태는 아직 언급하지 않았다. 여기서 $\bar{X}$는 우리가 이미 배운 일양분포, 또는 정규분포, 아니면 앞으로 소개해야 할 어떤 새로운 분포를 따르는가가 의문으로 남는다.

사실 모집단이 정규분포이면 그 표본으로부터 얻은 확률변수 $\bar{X}$는 여전히 정규적인 분포일 것이라는 사실을 입증할 수 있다.

정리 6.2.1(정규 모집단의 $\bar{X}$ 의 분포). 표본의 크기가 n인 $X_1, X_2, X_3, \ldots, X_n$은 평균 μ와 분산 σ^2을 갖는 정규분포로부터 추출한 임의표본이라 하자. 이때 $\bar{X}$는 평균이 μ이고 분산이 σ^2/n인 정규분포에 따른다.

6.3 구간추정과 중심극한정리

이전에 언급했듯이 점추정은 '우리의 추정치가 정확하다' 라고 발표할 수 있는 주장을 뒷받침하지 않는다. 이 정확성을 위해서 우리는 구간추정의 방법을 사용하여야 한다. 그 통계량은 모수 θ에 대한 점추정치를 모수 θ의 참값이 포함되는 구간의 값으로 확장하는 데 사용된다. 그러나 이 통계량을 산출하는 방법은 기본적으로 각 값을 산출하는 방법과 동일하다. 이 절에서 분산이 알려진 정규 확률변수의 평균에 대한 신뢰구간을 산출해 내는 방법을 예로 보일 것이다. 이후의 장에서는 다른 중요한 모집단의 모수에 대한 신뢰구간을 찾는 일반적인 기술들을 예제에 적용할 것이다.

신뢰구간은 아래와 같이 정의된다.

정의 6.3.1(신뢰구간). 임의의 모수 θ에 대한 $100(1-\alpha)\%$의 신뢰구간은 θ의 값에도 불구하고 아래와 같은 임의 구간 $[L_1, L_2]$이다.

$$P[L_1 \leq \theta \leq L_2] \doteq 1 - \alpha$$

이 책에서는 신뢰구간을 산출해 내는 방법에 있어서 아래와 같은 일반적인 진술에 따른다.

모집단의 모수 θ에 대한 $100(1-\alpha)\%$의 신뢰구간을 계산하기 위해서는 θ를 포함하는 확률변수를 찾고 그것의 확률분포는 개략적으로 알려져 있다고 가정할 것이다.

평균의 신뢰구간: 분산은 알려짐

분산이 알려진 정규 확률변수의 평균에 대한 $100(1-\alpha)\%$ 신뢰구간을 찾는 이러한 지침을 사용하기 위해서는 그것의 표현식이 μ를 포함하면서 분산이 알려진 확률변수를 찾아야만 한다. 이러한 일은 쉽다. 위의 조건들이 주어지면 정리 6.2.1에서 표본평균 $\bar{X}$는 평균이 μ이고 분산이 σ^2/n인 정규분포에 따른다는 사실을 알았다. 이것은 아래의 확률변수

$$\frac{\bar{X} - \mu}{\sigma/\sqrt{n}}$$

가 표준정규식임을 의미한다. 이 확률변수는 모수 μ와 그것의 분산이 알려져 있음을 의미한다. 이어서 이 확률변수가 μ에 대한 95% 신뢰구간을 어떻게 생성하는지를 예를 들어 살펴본다. 이러한 기술은 어떤 요구되는 신뢰구간을 얻는 데 있어서도 쉽게 일반화될 수 있다.

예제 6.3.1. 급성 골수성 백혈병은 치사율이 높은 암 중의 하나이다. 과거의 경험에 따르면 환자가 이 질병의 초기 진단 이후 생존 기간은 평균 13개월이고 표준편차 3

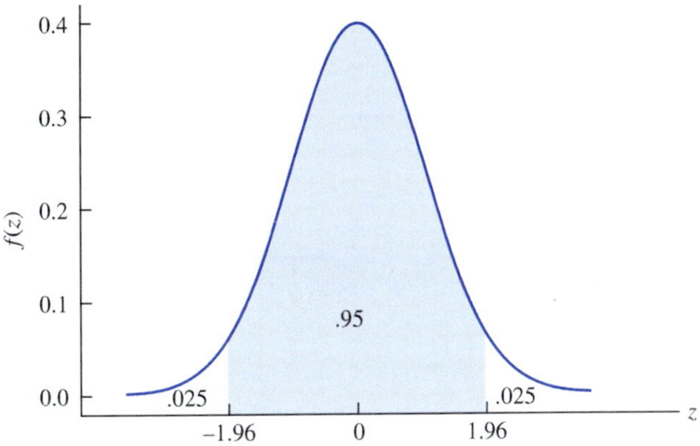

그림 6.2 모수 μ에 대한 95% 신뢰구간을 얻기 위한 Z의 분할.

달이라는 정규분포를 따른다고 알려져 있다. 새로운 처방이 위의 분산에 영향을 주지 않으면서 평균 생존율을 높일 수 있는지를 조사하고자 한다. 여기서 $X_1, X_2, X_3, \ldots, X_n$은 새로운 처방하에서 생존할 시간 X들의 모집단에 대한 임의표본이라고 하자. 확률변수 X는 분산 $\sigma^2=9$와 μ가 알려져 있지 않은 정규분포를 가정한다. $P[L_1 \le \mu \le L_2] \doteq .95$인 통계량 L_1과 L_2를 찾고자 한다. 그림 6.2와 같은 표준정규 곡선에서 색깔 있는 부분을 생각해 볼 수 있다. 그것은 아래의 수식으로 나타낼 수 있다.

$$P[-1.96 \le Z \le 1.96] = .95$$

이 경우에 $Z=(\bar{X}-\mu)/(\sigma/\sqrt{n})$로 해서 아래와 같은 표현식을 얻을 수 있다.

$$P\left[-1.96 \le \frac{\bar{X}-\mu}{\sigma/\sqrt{n}} \le 1.96\right] = .95$$

통계량 L_1과 L_2를 찾기 위해서 아래와 같이 μ를 식의 중앙에 오게 하는 일련의 대수식의 풀이 과정에 따를 것이다.

$$P[-1.96\sigma/\sqrt{n} \le \bar{X}-\mu \le 1.96\sigma/\sqrt{n}] = .95$$
$$P[-\bar{X}-1.96\sigma/\sqrt{n} \le -\mu \le -\bar{X}+1.96\sigma/\sqrt{n}] = .95$$
$$P[\bar{X}-1.96\sigma/\sqrt{n} \le \mu \le \bar{X}+1.96\sigma/\sqrt{n}] = .95$$

위의 표현식으로부터 95% 신뢰구간에 대한 하한값과 상한값은 아래와 같다.

$$L_1 = \bar{X} - 1.96\sigma/\sqrt{n} \qquad L_2 = \bar{X} + 1.96\sigma/\sqrt{n}$$

이들 통계량은 모집단으로부터 표본을 반복 추출하여 생성된 수치적인 95% 신뢰구간 안에 모평균 μ가 포함되리라고 기대한다. 물론 5% 확률로는 그렇지 않다. 이러한 아이디어가 그림 6.3에 나타나 있다.

그림 6.3 | $[L_1, L_2]$를 사용하는 구간들 중에서 95%가 모평균 μ를 포함하고 있다. 물론 알려지지 않은 모집단의 평균 μ에 대해서도 사실이다.

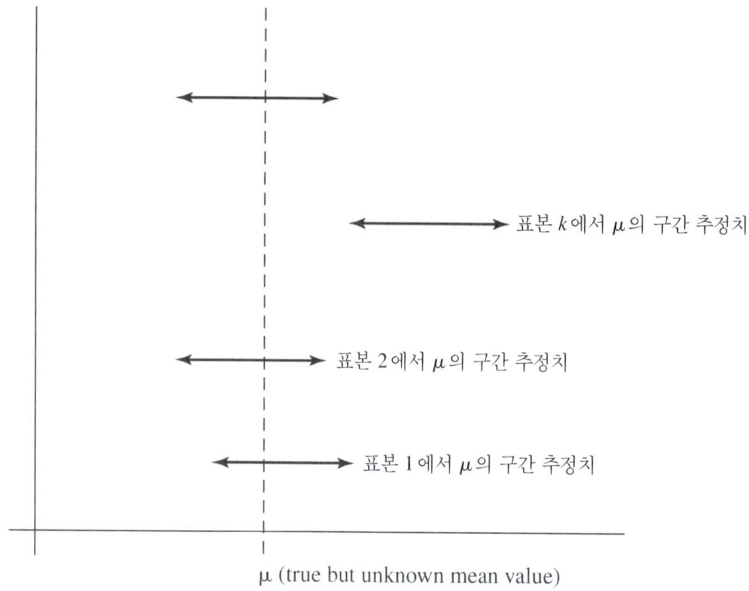

위의 예제에서 σ^2이 알려져 있다고 가정하고 있으므로 위에서 도출해 낸 신뢰도의 상·하한선 $\bar{X} \pm 1.96\sigma/\sqrt{n}$ 은 통계량이다. 즉 모집단 X에 대해서 관측된 하나의 특별한 집합이 주어지게 되면 그들의 수치적인 값들은 쉽게 결정된다.

예제 6.3.2. 예제 6.1.1에서 각각 30회씩 시행하여 얻은 56개의 표본평균값들을 생성하였다. 각 표본평균값은 주사위를 30회 던진 표본으로부터 얻어진 값이다. 단일 주사위의 실험에 대하여 X^2의 기댓값 $E[X^2]$은 15.167이다. 따라서 X의 분산은 아래의 수식에 의해 구해진다.

$$\sigma^2 = \text{Var}(X) = E[X^2] - E[X]^2 = 15.167 - (3.5)^2 = 2.92$$

X의 표준편차는 $\sqrt{2.92} = 1.7088$이고, 평균의 표준오류는 $\sigma/\sqrt{30}$ 으로 .3119이다. 그러므로 이 경우에 μ의 95% 신뢰구간의 표현식은 아래와 같다.

$$\bar{X} \pm 1.96(\sigma/\sqrt{n}) \qquad \text{or} \qquad \bar{X} \pm 1.96(.3119)$$

예제 6.1.1에서 발견된 각각의 $\bar{x}$ 값은 위의 계산식에 대입된다. 따라서 56개의 μ의 95% 신뢰구간을 생성한다. 각각의 성공여부는 참 평균값 3.5와 비교하여 결정한다. 대부분은 성공하고 나머지는 실패한다. 이론적으로 95%, 즉 53개는 성공하고, 5%, 즉 3개는 실패할 것이다. 이러한 실험을 어떻게 잘할 것인가? 그림 6.4는 이 예제의 결과를 보여 주고 있다. 첫 번째 열은 $\bar{x}$ 값을 나타내고, 두 번째 열은 95% 신뢰구간의 하한값을, 세 번째 열은 95% 신뢰구간의 상한값을 나타내고 있다. 네 번째 열은

	xbar	하한값	상한값	결과	포함여부
1	3.43	2.81868	4.04132	1	trapped
2	3.33	2.71868	3.94132	1	trapped
3	3.60	2.98868	4.21132	1	trapped
4	2.97	2.35868	3.58132	1	trapped
5	3.50	2.88868	4.11132	1	trapped
6	4.20	3.58868	4.81132	0	missed
7	3.07	2.45868	3.68132	1	trapped
8	3.33	2.71868	3.94132	1	trapped
9	3.86	3.24868	4.47132	1	trapped
10	3.80	3.18868	4.41132	1	trapped
11	3.00	2.38868	3.61132	1	trapped
12	3.30	2.68868	3.91132	1	trapped
13	3.40	2.78868	4.01132	1	trapped
14	4.00	3.38868	4.61132	1	trapped
15	3.83	3.21868	4.44132	1	trapped
16	3.43	2.81868	4.04132	1	trapped
17	3.90	3.28868	4.51132	1	trapped
18	3.07	2.45868	3.68132	1	trapped
19	3.47	2.85868	4.08132	1	trapped
20	3.23	2.61868	3.84132	1	trapped
21	3.20	2.58868	3.81132	1	trapped
22	3.76	3.14868	4.37132	1	trapped
23	3.50	2.88868	4.11132	1	trapped
24	3.70	3.08868	4.31132	1	trapped
25	4.13	3.51868	4.74132	0	missed
26	3.97	3.35868	4.58132	1	trapped
27	3.42	2.80868	4.03132	1	trapped
28	3.57	2.95868	4.18132	1	trapped

	xbar	하한값	상한값	결과	포함여부
29	3.47	2.85868	4.08132	1	trapped
30	3.80	3.18868	4.41132	1	trapped
31	3.53	2.91868	4.14132	1	trapped
32	3.20	2.58868	3.81132	1	trapped
33	3.13	2.51868	3.74132	1	trapped
34	3.63	3.01868	4.24132	1	trapped
35	3.33	2.71868	3.94132	1	trapped
36	3.33	2.71868	3.94132	1	trapped
37	3.56	2.94868	4.17132	1	trapped
38	3.47	2.85868	4.08132	1	trapped
39	4.33	3.71868	4.94132	0	missed
40	3.53	2.91868	4.14132	1	trapped
41	3.33	2.71868	3.94132	1	trapped
42	3.47	2.85868	4.08132	1	trapped
43	3.73	3.11868	4.34132	1	trapped
44	3.90	3.28868	4.51132	1	trapped
45	3.32	2.70868	3.93132	1	trapped
46	4.21	3.59868	4.82132	0	missed
47	3.63	3.01868	4.24132	1	trapped
48	3.67	3.05868	4.28132	1	trapped
49	3.53	2.91868	4.14132	1	trapped
50	3.43	2.81868	4.04132	1	trapped
51	3.40	2.78868	4.01132	1	trapped
52	3.53	2.91868	4.14132	1	trapped
53	3.63	3.01868	4.24132	1	trapped
54	3.42	2.80868	4.03132	1	trapped
55	3.67	3.05868	4.28132	1	trapped
56	3.57**x**	2.95868	4.18132	1	trapped

그림 6.4 | 예제 6.3.2의 실험 결과.

3.5의 참 평균값이 상한과 하한 신뢰 범위 사이에 있으면 1로 기록하게 되는 코드화된 값이다. 마지막 열은 실제적으로 질문에 대한 구간이 참 평균값을 포함하고 있으면 'trapped', 아니면 'missed'로 표기한다. 이 예제의 경우에는 확률변수 X가 정규분포가 아님에도 이론적으로 예견한 결과에 아주 잘 부합된다. 이러한 이유는 곧 알게 될 것이다.

예제 6.3.3. 예제 6.3.1의 실험을 설명할 때 새로운 처방을 받은 환자의 생존기간 관측치 X의 값이 아래와 같다고 하자.

8.0	13.6	13.2	13.6
12.5	14.2	14.9	14.5
13.4	8.6	11.5	16.0
14.2	19.0	17.9	17.0

위의 데이터를 가지고 계산하면 $\hat{\mu}=\bar{x}=13.88$개월이다. 이 점추정치를 통계량 L_1과 L_2를 고려하여 95% 신뢰구간으로 확장해 보자. 즉

$$L_1 = \bar{x} - 1.96\sigma/\sqrt{n} = 13.88 - 1.96(3/\sqrt{16})$$
$$= 13.88 - 1.47$$
$$= 12.41 \text{ 개월}$$
$$L_2 = \bar{x} + 1.96\sigma/\sqrt{n} = 13.88 + 1.47$$
$$= 15.35 \text{ 개월}$$

위의 데이터에 근거하여 계산한 μ의 추정치는 [12.41, 15.35]이다. 새로운 처방을 받은 환자의 생존기간 참 평균값이 12.41과 15.35개월 사이에 놓여 있다고 말할 수 있는가? 불행히도 그렇다고 말할 수 없다. 여기서 [12.41, 15.35]는 95% 신뢰구간이다. 이것의 의미는 위의 데이터의 경우 생존기간이 이 구간에 있을 확률이 95%로 기대된다는 것이다. 다른 특별한 표본으로부터 얻은 결과도 그러하리라고 기대할 뿐이다.

분산이 알려진 정규 확률변수의 평균에 대한 $100(1-\alpha)\%$의 신뢰구간에 대한 일반적인 공식을 얻기 위해서 그림 6.5와 같이 표준정규분포를 분할할 필요가 있다. 예제 6.3.1의 대수적 변수 L_1, L_2 값들이 점 $x_{.025}=1.96$을 $z_{\alpha/2}$로 대체되어 표현된다. 이러한 바꿈이 정리 6.3.1에 주어진 일반적인 공식을 만든다.

정리 6.3.1[분산 σ^2이 알려질 때 평균 μ에 대한 $100(1-\alpha)\%$의 신뢰구간]. 표본의 크기가 n인 $X_1, X_2, X_3, \ldots, X_n$은 평균 μ와 분산 σ^2을 갖는 정규분포로부터 추출한 임의표본이라 하자. 이때 평균 μ에 대한 $100(1-\alpha)\%$의 신뢰구간은 다음과 같다.

$$\bar{X} \pm z_{\alpha/2}\sigma/\sqrt{n}$$

위의 신뢰구간은 매우 이상적이라는 것을 알 필요가 있다. 위 신뢰구간은 단지 모집단의 표준편차 σ가 알려진 경우에 사용될 수 있다. 실제적으로 이러한 경우는 드물다. 대부분의 실제적인 수명 문제에서 μ와 σ^2은 사용 가능한 데이터로부터 추정되어야 한다. 이런 상황에서 이전의 신뢰구간은 적용할 수 없다. 앞으로 8.2절에서 이러한 문제점을 극복하는 방법을 설명할 것이다. 여기서는 일반적으로 신뢰구간에 대한 하나의 원형으로 이 구간들을 검토해 보면서, 신뢰구간이 어떻게 만들어지고 해석되는지를 알아본다.

그림 6.5 평균 μ에 대한 $100(1-\alpha)\%$의 신뢰구간을 얻기 위한 Z 분포의 분할.

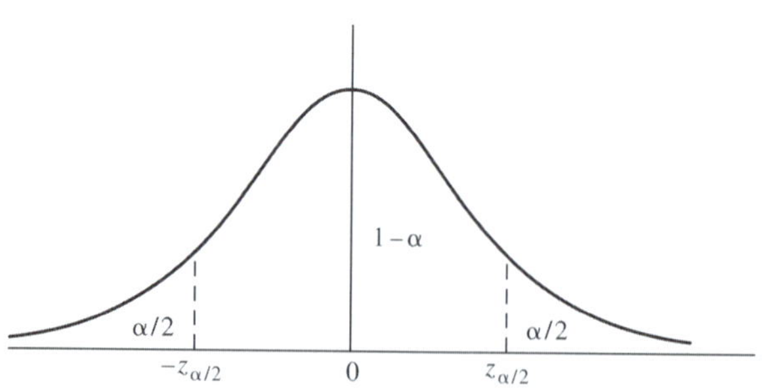

이 정리 6.3.1의 공식에 대한 다양한 해석들이 있다. 첫째, 평균 μ에 대한 각각의 신뢰구간들은 평균 μ에 대한 '치우침이 없는' 점추정치인 $\bar{x}$를 중심으로 분포해 있다. 둘째, 신뢰구간의 길이는 세 가지 요소에 의존한다. 즉 요구되는 신뢰도, X의 분산, 그리고 표본크기 n이다. 요구되는 신뢰도는 사용되는 점 z의 값을 결정한다. 요구되는 신뢰도가 높으면 높을수록 이 값은 커지게 된다. 확률변수의 분산의 정도가 클 때 그것의 행위를 예측하는 것은 어렵다. 그러므로 표준편차 σ가 클수록 신뢰구간의 길이가 커지게 된다. 표본의 크기는 반대로 작용한다. 다른 모든 요소 값들이 일정할 때 표본의 크기 n이 증가할수록 신뢰구간의 길이는 감소하게 된다. 결론적으로 평균 μ에 대한 신뢰구간의 길이는 요구되는 신뢰도와 표준편차 σ에 비례하고 표본의 크기 n에 반비례한다.

중심극한정리

한 가지 사실을 점검해 보자. 정리 6.3.1에서 기본 확률변수 X가 정규분포이어야 한다는 점이다. 만약 이 조건이 충족되지 않으면 주어진 신뢰도의 한계점이 표본의 크기가 작지 않으면 사용될 수 있을 것이다. 실험적인 연구들에 따르면 표본의 크기가 최소한 25일 때 위 공식의 신뢰도의 한계점이 개략적으로 근사하게 만족된다는 것이다. 이것은 19세기 초에 라플라스와 가우스가 공식화한 유명한 정리 이론에 근거한다. 이 정리의 이름이 중심극한정리(central limit theorem)로서, 모집단이 정규분포일 필요가 없으며 모집단으로부터 추출한 표본의 $\bar{X}$의 분포를 알려 준다.

정리 6.3.2(중심극한정리). 표본의 크기가 n인 $X_1, X_2, X_3, \ldots, X_n$은 평균 μ와 분산 σ^2을 갖는 분포로부터 추출한 임의표본이라 하자. 이때 표본의 크기 n이 크다면 $\bar{X}$의 분포는 근사적으로 평균 μ이고 분산이 σ^2/n인 정규 분포를 따른다. 또한 표본의 크기 n이 크다면 $(\bar{X}-\mu)/(\sigma/\sqrt{n})$는 근사적으로 표준정규분포를 따른다.

예제 6.3.4는 중심극한정리를 그래프 형태로 나타낸 것이다.

예제 6.3.4. 하나의 주사위를 던지는 실험에서, 하나의 주사위를 30회 던지고, 이를 56회 반복하여 56개의 $\bar{x}$ 값을 얻는다. 중심극한정리에 따르면 이들 실험 자료로부터 얻은 히스토그램은 근사적으로 종 모양을 띨 것으로 기대된다. 종 모양의 중심 값은 참 평균 μ의 값인 3.5에 가까울 것이고, σ^2/n의 참값이 .0973의 값에 근접하리라 기대한다. 그리고 그 실험 자료의 표준편차는 평균의 표준오류의 참값인 .3119에 가까울 것이다. 그림 6.6은 예제 6.1.1의 실험 자료에 대한 히스토그램을 보여 주고 있다. 보는 바와 같이 완전한 종 모양이 아니다. 그 실험으로부터 얻은 $\bar{x}$의 일부 값이 상대적으로 크기 때문에 오른쪽으로 약간 치우침이 있다. 그 실험의 평균은 3.548로 평

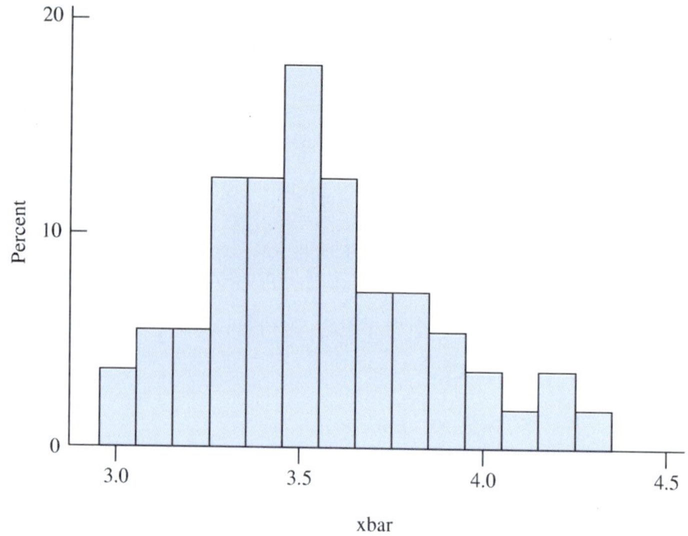

그림 6.6 예제 6.1.1에 나와 있는 56개의 $\bar{x}$ 값으로 그린 히스토그램.

균의 참값 3.5보다 약간 높고, 실험의 분산은 .0911로 이론적인 분산 값 .0973보다 약간 작다. 이들 실험 자료에 근거해 평균에 대한 표준오류의 추정값은 .3019로, 이론적인 값 .3119보다 작은 값이다. 각 $\bar{x}$의 값을 산출한 표본의 크기가 증가할 때 그에 대한 히스토그램은 더욱 종 모양에 유사하게 될 것이고, $\bar{X}$의 평균, 분산, 그리고 표준편차는 이 중심극한정리에 의해 예측된 값들에 근사하게 될 것이다.

중심극한정리와 정리 6.2.1의 차이점을 아는 것이 중요하다. 중심극한정리는 표본의 분포가 정규분포일 필요가 없지만 정리 6.2.1은 정규분포가 전제되어야 한다. 그리고 전자는 표본의 크기가 클 때 확률변수 $\bar{X}$가 근사적으로 정규분포를 따른다고 주장하고 있는 반면에, 후자는 표본의 크기에 관계없이 확률변수 $\bar{X}$가 정확히 정규분포를 따른다고 주장한다.

중심극한정리는 두 가지 관점에서 중요하다. 첫째, 비교적 큰 표본으로부터 얻은 평균의 분포의 추론은 표본이 정규분포이든 아니든 관계없다는 것이다. 둘째, 이항분포로부터의 확률변수가 분석적인 관점에서 근사적으로 정규분포를 따른다는 것이다.

요약

이 장에서는 점추정과 구간추정에 대하여 공부하였다. 평균값이 추정된 매개변수와 같은 불편추정량을 소개하였다. $\bar{X}$는 μ에 대하여, S^2은 σ^2에 대해서 불편추정량이다. 그러나 S는 σ에 대하여 불편추정량이 아니다.

모집단의 모수 θ에 대한 $100(1-\alpha)\%$ 신뢰구간의 일반적인 개념을 공부하였다. 구간의 표기 $[L_1, L_2]$는 모수 θ가 구간 L_1과 L_2 사이에 있을 확률이 $(1-\alpha)$라는 통계적인 성질을 나타낸다. 한 정규분포의 평균에 대한 $100(1-\alpha)\%$의 신뢰구간을 계산하기 위한 공식들을 얻기 위해 $\bar{X}$의 분포들을 공부하였다. 마지막으로 정규분포가 아닌 모집단으로부터 표본에 대한 $\bar{X}$의 분포를 근사적으로 추론하기 위하여 중심극한정리를 공부하였다. 이 정리는 표본의 크기가 상당히 큰 경우에 모집단의 평균을 추론하기 위해서 유용한 방법이다. 또한 이 정리는 이 책의 앞부분에서 언급한 근사적인 기술들을 정당화하는 방법이다.

이 장에서 공부한 중요한 용어들은 아래와 같다.

점추정량	점추정치
치우침이 없음	가중치 평균
신뢰구간	신뢰구간의 추정량
구간추정치	평균의 표준오류
표본의 표준오류	중심극한정리

연습문제

6.1절

1. 평균 8, 분산 5인 분포로부터 추출한 임의 표본을 $X_1, X_2, X_3, \ldots, X_{20}$라고 하자. 이때 $\bar{X}$의 평균과 분산을 구하라.

2. 매개변수가 λs인 푸아송 분포로부터 추출한 임의 표본을 $X_1, X_2, X_3, \ldots, X_{15}$라고 하자. 이때 매개변수의 불편추정량을 구하라.

3. 변수 X를 하나의 로봇이 페인트칠하는 차체의 일 평방야드 부분에서 발견될 수 있는 결함이 있는 페인트 자국의 수라고 하자. 아래의 데이터가 얻어졌다.

8	5	0	10
0	3	1	12
2	7	9	6

변수 X가 매개변수 λs를 가지는 푸아송 분포에 따른다고 가정하자.

(*a*) 매개변수 λs에 대한 불편추정치를 구하라.

(*b*) 평방야드당 결함의 평균에 대한 불편추정치를 구하라.

(*c*) 평방피트당 결함의 평균에 대한 불편추정치를 구하라.

4. 대형 설비에서 한 대화식 컴퓨터 시스템이 이용 가능하다. 변수 X를 이 시스템에서 시간당 요청되는 작업의 수라고 하자. 변수 X는 매개변수 λs를 가진 푸아송 분포에 따른다고 가정한다. 아래의 데이터들을 얻었다.

25	20	20
30	24	15
10	23	4

(*a*) 매개변수 λs에 대한 불편추정치를 구하라.

(*b*) 시간당 요청되는 작업의 평균 수에 대한 불편추정치를 구하라.

(*c*) 15분당 요청되는 작업의 평균 수에 대한 불편추정치를 구하라.

5. 표본의 크기 $n=10$과 미지의 p를 가진 이항분포로부터 추출한 임의 표본을 X_1, X_2, X_3, X_4, X_5라고 하자.

(*a*) 매개변수 p에 대한 불편추정량이 $\bar{X}/10$임을 설명하라.

(*b*) 데이터 3, 4, 4, 5, 6을 가지고 매개변수 p를 추정하라.

6. 디지털 컴퓨터에 저장된 데이터의 전원 파동에 대한 효과를 연구하는 하나의 실험이 시행되었다. 일련의 8비트 열을 한 '워드'라고 한다. 각 비트는 임의의 순간에 'on'(활성 상태)이거나 'off'(비활성 상태)이다. 20개의 8비트 워드가 저장될 때 하나의 전원 파동이 유도된다. 변수 X를 워드당 역전된 비트수라고 한다. 변수 X는 $n=8$과 미지의 p(비트가 역전될 확률)를 가진 이항분포에 따른다고 하자. 아래의 데이터가 얻어졌다.

1	0	0	0
0	0	1	1
0	1	2	1
1	0	1	0
2	2	3	0

(*a*) 매개변수 p에 대한 불편추정치를 구하라.

(*b*) 방금 구한 p를 근거로 다른 8비트 워드 안에 어떠한 역전된 비트도 가지지 않게 될 확률을 계산하라.

(*c*) 하나의 데이터 라인은 64비트를 이용한다. 구한 p를 근거로 많아야 데이터 라인당 한 비트가 역전되어 있을 확률을 구하라.

7. 컴퓨터 네트워크에 사용되는 유리섬유 막대에 스트레스 테스트가 실시되었다. 연구될 확률변수 X는 그 막대가 극단적인 스트레스를 받을 때 고정된 한쪽 끝에서 결함이 있는 곳까지의 거리(인치)라고 하자. 변수 X는 구간 $(0, b)$에서 균등분포를 한다고 가정하자. 아래의 데이터는 10개의 테스트 막대로부터 얻어진 결과이다.

10	7	11	12	8
8	9	10	9	13

(*a*) 고정된 위치에서 결함이 있는 곳까지의 평균 거리에 대한 불편추정치를 구하라.

(*b*) 변수 X의 분산에 대한 불편추정치를 구하라.

(*c*) 변수 b에 대한 불편추정치를 구하라.

(*d*) 변수 X의 표준편차 σ에 대한 추정치를 구하라. 이 추정치는 불편추정치인가?

8. 변수 S는 통계량이다. 그리고 변수 X는 상수가 아니라면 표본마다 다른 값을 가지게 된다는 사실을 기억하기 바란다. 그러므로 $S > 0$이다. 변수 S가 σ의 불편추정량이 아니라는 것을 모순된 증명 방법에 의해 보이라. 즉 $E[S]=\sigma$라고 가정하고 모순됨을 얻는다. 힌트: 정리 3.3.2를 사용하라.

9. (가중치 평균.) 동일한 분포로부터 독립된 k개의 확률 표본의 크기를 $n_1, n_2, n_3, \ldots, n_k$라

고 가정하자. 이 표본들은 k개의 평균에 대한 불편추정량 $\bar{X}_1, \bar{X}_2, \bar{X}_3, \ldots, \bar{X}_k$를 생성한다.

(*a*) 이들 추정량의 산술평균$(\bar{X}_1 + \bar{X}_2 + \bar{X}_3 + \cdots + \bar{X}_k)/k$가 또한 μ에 대한 불편추정량임을 보이라.

(*b*) 식물이 요구하는 어떤 미네랄 원소들은 영양소들로 분류된다. 영양소들은 그 식물의 건조 중량에 함유된 퍼센트로 측정된다. 각 원소의 비율은 다른 종 그리고 동일한 종이라도 다른 환경에서 성장함에 따라 다양하다. 하나의 영양소가 황이다. 겨자류에 속항는 나도냉이에 대한 연구에서 세 개의 독립된 표본으로부터 아래의 데이터를 얻었다.

$$\bar{x}_1 = .8 \qquad \bar{x}_2 = .95 \qquad \bar{x}_3 = .7$$
$$n_1 = 9 \qquad n_2 = 3 \qquad n_3 = 200$$

(*a*)의 결과를 사용하여 나도냉이에 함유되어 있는 황의 건조중량의 평균비율 μ에 대한 불편 추정치를 구하라. μ에 대한 추정치를 얻기 위해서 각 표본의 동일한 중요성 또는 가중치를 가지고 세 개의 값 .8, .95, 그리고 .7을 평균하여 구한다. 이 문제에서 이것이 타당한지 여부를 설명하라.

(*c*) 표본의 크기를 고려하기 위하여 가중치 평균이 사용된다. 추정량 $\hat{\mu}_W$는 아래와 같은 공식으로 구한다.

$$\hat{\mu}_W = \frac{n_1\bar{X}_1 + n_2\bar{X}_2 + \cdots + n_k\bar{X}_k}{n_1 + n_2 + \cdots + n_k}$$

추정량 $\hat{\mu}_W$가 μ에 대한 불편추정량임을 보이라.

(*d*) (*b*)의 데이터를 사용하여 나도냉이에 함유되어 있는 황의 건조중량의 평균비율에 대한 가중치 추정치를 구하라. 이 답과 위의 (*b*)에서 구한 답을 비교해 보라.

10. 하나의 동전을 4회 던져서 앞면이 나올 경우의 수를 X라 하자.

(*a*) $E[X]$와 X의 분산을 구하라.

(*b*) 이 동전을 4회 던지는 실험을 10회 반복 실시하여 앞면이 나오는 수를 기록하라. 이렇게 하면 $n=4$이고 $p=1/2$인 이항분포로부터 10개의 확률 표본을 얻을 것이다.

(*c*) 위 10개의 관측을 근거로 변수 X의 평균과 분산을 추정하라. 다른 교우들의 답과 비교해 보라. 관측에 의한 $\bar{X}$의 값이 이론적인 평균 2에 대해 변동하는가? 관측에 의한 S^2의 값이 이론적인 분산 1에 대해 변동하는가?

(*d*) 가능하다면 $\bar{X}$ 값의 평균을 구하라. 이 평균값이 2에 근접해 있는가? 또한 가능하다면 S^2 값의 평균을 구하라. 이 S^2의 평균값이 1에 근접해 있는가?

11. 하나의 동전을 4회 던져서 앞면이 나올 경우의 수를 X라 하자. 이 실험을 3회 반복 실시하여 네 번 던진 각각의 집합에서 X의 값을 기록하라. 이렇게 하여 $n=4$이고 $p=1/2$인

이항분포로부터 3개의 확률 표본을 얻을 것이다.

(*a*) 위 표본으로부터 $\bar{X}$의 값을 구하라.

(*b*) 이 실험을 9회 더 반복하여 $\bar{X}$ 각각의 값을 기록하라.

(*c*) $E[\bar{X}]$를 구하라. 10개의 $\bar{X}$ 값의 평균을 구하라. 이 평균값이 이론적인 평균 2에 근접해 있는가?

(*d*) X의 분산을 구하라. $\bar{X}$의 10개의 관측된 값으로부터 S^2을 구하라. 이 분산의 값이 이론적인 값 1/3에 근접해 있는가?

12. 주사위 한 쌍을 던져서 그 합이 7이 될 때까지의 실험을 생각해 보자. 변수 X를 그 합이 7이 얻어지기까지 시행되는 횟수라고 하자.

(*a*) 변수 X는 이산적이다. 변수 X의 분포는 무엇인가?

(*b*) 변수 X의 이론적인 평균은 얼마인가? 즉 μ의 값은?

(*c*) 변수 X의 이론적인 분산은 얼마인가? 즉 σ^2의 값은?

(*d*) 위의 실험을 25회 반복 실행하여 표본의 크기 $n=25$인 X의 표본을 얻어라. 이 데이터의 값으로 줄기-잎 도표를 그려라. 이 분포는 대칭적인가? 이 데이터로부터 μ와 σ^2의 불편 추정치를 구하라. 이 값들과 (*b*)와 (*c*)에서 구한 이들의 참값을 비교해 보라.

(*e*) 확률변수 $\bar{X}$를 25회 시행에서 합이 7이 나오기까지 시행되는 횟수의 평균이라고 하자. $E[\bar{X}]$를 구하고 $\bar{X}$의 분산을 구하라.

(*f*) 교우들의 관측된 값 $\bar{X}$를 모아서, 이들 데이터를 수치라인에 표기하라. 이들은 기대했던 μ와 다른가? 관측된 이들 $\bar{X}$의 평균을 구하라. 이 값은 기대했던 μ의 값에 근접해 있는가? $\bar{X}$의 분산을 구하라. 이 표본 분산이 기대했던 $\sigma^2/25$에 근접해 있는가?

13. LA 근방의 오존 수준이 220 ppb(parts per billion)로 높게 측정되었다. 이렇게 높은 농도는 눈에 치명상을 입히고 식물과 동물의 생명을 위협할 수 있다. 아래의 데이터는 시애틀 근방의 숲이 많은 지역에서 얻어졌다.

160	176	160	180	167	164
165	163	162	168	173	179
170	196	185	163	162	163
172	162	167	161	169	178
161					

(*a*) 이들 데이터로부터 줄기-잎 도표를 그려라. 이들 데이터가 한쪽으로 치우쳐 있는가? 그렇다면 어느 방향인가?

(*b*) 이를 데이터로 상자그림을 그리고, 이 기술에 의해 떨어져 있는 잠재적인 이상점을 표기하라. 이 이상점을 정당한 점이라고 가정하자. 이 경우에 이 점을 이상점 또는 그 분포에 내포되어 있는 자연적인 점이라고 생각하는지 설명하라.

(*c*) 이들 데이터로부터 이 지역의 오존 수준에 대한 평균과 분산을 추정하라.

14. 연습문제들에서 σ^2에 대한 대부분의 논리적인 추정량, 즉 $\sum_{i=1}^{n}(X_i-\bar{X})^2/n$이 σ^2에 대한 편중된 추정량이라고 하고 있으며 이 값은 참 분산을 과소 추정하는 경향이 있다는 것을

보았다. 확률변수 $X_1, X_2, ..., X_n$ 을 평균이 μ 이고 분산이 σ^2 인 분포로부터 표본의 크기 n 개를 추출한 표본이라고 하자.

(*a*) $\sum_{i=1}^{n}(X_i - \bar{X})^2/n = (n-1)S^2/n$ 이 성립함을 보이라.

(*b*) $E[\sum_{i=1}^{n}(X_i - \bar{X})^2/n] \neq \sigma^2$ 임을 입증하라. 즉 이 추정량이 σ^2 에 대한 불편추정량이 아님을 보이라. 이것은 σ^2 을 과소 추정하는 경향이 있음을 말한다.

(*c*) 연습문제 12에서 언급된 이론적인 값을 고려하자. 표본의 크기 $n=25$ 인 표본으로부터 $E[S^2]$은 얼마인가? $E[\sum_{i=1}^{n}(X_i - \bar{X})^2/25]$은 얼마인가?

6.2 절

15. 변수 X가 프로그래밍 언어 A로 작성된 알고리즘을 사용하여 어떤 계산을 하는 데 필요한 시간이라고 하자. 그리고 변수 Y는 프로그래밍 언어 B로 작성된 알고리즘을 사용하여 동일한 계산을 하는 데 필요한 시간이라고 하자. 변수 X는 평균 10초이고 표준편차 3초인 정규분포를 따르고, 변수 Y는 평균 9초이고 표준편차 4초인 정규분포를 따른다고 가정하자.

(*a*) 확률변수 $X-Y$의 분포는 무엇인가?

(*b*) 주어진 계산을 하는 데 있어서 B를 사용할 때보다 A를 사용하는 것이 더 빠르게 될 확률을 구하라.

6.3 절

16. 물질에 열이 가해지면 온도가 상승한다. 열용량은 열의 추가로 온도의 상승을 이끄는 양적인 단위이다. 일정한 압력과 80°C에서 액체 에틸렌 글리콜의 열용량을 측정한 값 X가 아래와 같다. 측정된 값의 단위는 그램당 칼로리이다.

.645	.654	.640	.627	.626
.649	.629	.631	.643	.633
.646	.630	.634	.631	.651
.659	.638	.645	.655	.624
.658	.658	.658	.647	.665

과거의 경험에 의하면 $\sigma=.01$ 이라고 알려져 있다.

(*a*) 위 데이터로부터 μ의 불편 점추정치를 얻기 위하여 $\bar{X}$를 계산하라.

(*b*) 변수 X는 정규분포를 한다고 가정하자. μ에 대한 95% 신뢰구간을 구하라.

(*c*) 위 데이터로부터 μ에 대한 90% 신뢰구간이 (*b*)에서 구한 구간보다 더 길 것이라고 생각하는가, 짧을 것이라고 생각하는가? 설명하라. μ에 대한 90% 신뢰구간을 구해서 위 답을 검증하라. 힌트: $1-\alpha=.90$과 $\alpha/2=.05$를 가진 그림 6.3과 유사한 곡선을 개략적으로 그려서 파악하면 된다.

(*d*) 위 데이터로부터 μ에 대한 99% 신뢰구간이 (*b*)에서 구한 구간보다 더 길 것이라고 생각하는가, 짧을 것이라고 생각하는가? 설명하라. μ에 대한 90% 신뢰구간을 구해

서 위 답을 검증하라.

17. 방사선 노출로 생긴 부상은 늦게 나타나는 것이 일반적이다. 변수 X를 방사선에 노출된 후 피부에 나타난 홍반이 최고조에 이르기까지 경과된 날수라고 하고, 아래와 같은 데이터를 얻었다.

16	12	14	16	13	9	15	7
20	19	11	14	9	13	11	3
8	21	16	16	12	16	14	20
7	14	18	14	18	13	11	16
18	16	11	13	14	16	15	15

(*a*) 비록 홍반이 절정 상태에 이르기까지의 시간을 기록하였다고 하더라도 이 시간은 연속적인 확률변수이다. 위의 데이터로부터 줄기-잎 도표를 그려라. 이 도표는 변수 X가 정규분포에 따른다는 가정을 지지하는가?

(*b*) 이들 데이터로부터 $\bar{X}$를 구하라.

(*c*) $\sigma=4$라고 가정하고 홍반이 절정에 이르기까지의 평균 시간에 대한 95% 신뢰구간을 구하라. $\mu=17$일이라는 주장을 들었을 때 놀라운 일인가? 신뢰구간에 근거하여 설명하라.

18. 핵분열 시 핵 조각의 대부분은 안정성을 위해 아주 많은 중성자를 가지고 있다. 대부분의 중성자는 거의 즉시 방출된다. 플루토늄-239가 분열하는 동안에 방출되는 중성자의 수를 변수 X라 하고, 아래의 데이터를 얻었다.

3	2	2	2	2	3	3	3
3	3	3	3	4	3	2	3
3	2	3	3	3	3	3	1
3	3	3	3	3	3	3	3
3	3	2	3	3	3	3	3

(*a*) 변수 X는 정규분포를 따르는가? 설명하라.

(*b*) 플루토늄-239이 분열하는 동안에 방출되는 중성자의 평균 수를 추정하라.

(*c*) $\sigma=0.5$를 가정하자. μ에 대한 99% 신뢰구간을 구하라. 이 구간을 구하는 데 사용되는 과정들은 무슨 이론에 근거하는가?

(*d*) μ에 대해 보고된 값이 3.0이다. 위의 데이터는 이 보고를 반박하는가? 설명하라.

19. (중심극한정리.) 어떤 무한한 모집단에서 원소의 25%가 값 1을 가지고 있고, 25%는 값 2를, 25%는 값 3을, 그리고 25%는 값 4를 가지고 있다고 하자. 만약 변수 X가 임의로 추출한 원소의 값이라고 하면, 변수 X는 가능한 값 1, 2, 3, 4 중 하나를 가진 이산 확률변수이다.

(*a*) 확률변수 X에 대한 모집단의 평균 μ와 분산 σ^2을 구하라.

(*b*) 표본의 크기 2로 가능한 모든 16개의 다른 표본을 나열하라. 그리고 그 표본의 평균값을 계산하라. 확률 히스토그램($\bar{X}$의 각각의 값에 대해 하나의 막대)을 사용하여 표본의 평균 $\bar{X}$를 표시하라. 이것은 아주 작은 표본이지만, $\bar{X}$의 분포는 모집단의 분포

와 같은 모양이 아니고 정규분포의 일반적인 모양을 가진다는 점을 알기 바란다.

(c) 변수 $\bar{X}$의 분포에 대한 평균과 분산을 계산하라. 기대하고 있듯이 그들은 각각 μ와 σ^2/n과 같음을 보이라.

복습문제

20. 연구자들은 새로운 3D 컴퓨터에서 하나의 곱셈식을 처리하는 데 소요되는 시간인 확률변수 X가 평균 μ이고 표준편차 2마이크로초인 정규분포를 따르는지를 알고자 한다. 아래와 같이 16개 임의 표본을 관측하였다.

(a) X의 분포는 무엇인가?

(b) 아래의 데이터로부터 μ의 불편추정치를 구하라.

42.65	45.15	39.32	44.44
41.63	41.54	41.59	45.68
46.50	41.35	44.37	40.27
43.87	43.79	43.28	40.70

(c) μ에 대한 95% 신뢰구간을 구하라. 이 시스템에서 한 곱셈식을 처리하는 데 소요되는 평균 시간이 42.2라고 하면 놀라운 일인가? 신뢰구간을 근거로 설명하라.

21. 변수 X를 3.5인치 플로피 디스켓의 가격이라고 하자. 공급자 10곳으로부터 추출한 표본이 아래와 같다고 하자.

\$3.83	3.54	3.44	3.89	3.65
3.70	3.59	3.37	4.04	3.93

(a) 이 디스켓의 평균 가격에 대한 불편추정치를 구하라.

(b) 이 디스켓의 가격의 분산에 대한 불편추정치를 구하라.

(c) 표본의 표준편차를 구하라. 이것이 σ에 대한 불편 추정치인가?

22. (중심극한정리.) 한 조립라인에서 생산된 부적절하게 봉인된 패키지의 비율 p를 알아보는 시험에서, 임의로 추출한 100개의 패키지를 선택하여 조사하였다. 아래의 변수를 가정하자.

$$X_i = \begin{cases} 1 & \text{선택된 } i\text{번째 패키지가 부적절하게 봉인되었으면} \\ 0 & \text{그렇지 않으면} \end{cases}$$

(a) 변수 X_i는 어떤 분포를 따르는가?

(b) 중심극한정리에 근거하여 $\bar{X}$의 개략적인 분포는 무엇인가?

(c) 실험을 실시하여 5개가 부적절하게 봉인된 패키지임을 알았다. 이 조립라인에서 생산되고 있는 부적절하게 봉인된 패키지의 비율에 대한 점추정치를 구하라.

23. (중심극한정리.) 여러 컴퓨터 시스템의 크기에 대한 연구에서 확률변수 X를 저장된 파일의 수라고 하자. 과거의 경험에 의하면 $\sigma=5$라고 알려져 있다. 검사하여 아래의 데이터를 얻었다.

7	8	4	5	9	9
4	12	8	1	8	7
3	13	2	1	17	7
12	5	6	2	1	13
14	10	2	4	9	11
3	5	12	6	10	7

(*a*) 시스템당 파일의 평균 수 μ에 대한 불편추정치를 구하라.

(*b*) 중심극한정리에 근거하여 $\bar{X}$의 개략적인 분포는 무엇인가?

(*c*) μ에 대한 98% 개략적인 신뢰구간을 구하라.

(*d*) 그러한 시스템의 크기를 묘사하는 데 있어서 관리자는 파일의 평균 수가 10을 초과할 것이라고 주장한다. 이 주장에 동의하는지 설명하라.

24. 변수 X가 평균 2이고 분산 25인 정규분포를 따른다고 가정하자.

(*a*) 확률변수 $(X-2)/5$의 분포는 무엇인가?

(*b*) 확률변수$[(X-2)/5]^2$의 분포는 무엇인가?

(*c*) 변수 $X_1, X_2, X_3, \ldots, X_{10}$을 X의 분포로부터 임의 추출한 표본이라고 하자. 아래의 확률변수는 어떤 분포를 따르는가?

$$\sum_{i=1}^{10}\left(\frac{X_i-2}{5}\right)^2$$

25. (중심극한정리.) 주사위를 던지는 실험을 시행한다. 변수 X는 주사위를 던져서 나오는 수라고 하자. 이론적으로 X는 이산 균등분포에 따른다.

(*a*) 변수 X에 대한 이론적인 밀도, 평균, 그리고 분산을 구하라.

(*b*) 주사위를 20회 던지는 실험을 하여 그 결과에 대한 평균을 구하라. 중심극한정리에 의해서 확률변수 $\bar{X}$의 이론적인 평균과 분산은 무엇인가?

(*c*) (*b*)의 실험을 25회 반복하여 매번 $\bar{X}$의 값을 기록하라.(주사위를 500회 던져서 각 데이터들은 25개의 평균값을 얻을 것이다.) 이들 데이터로부터 줄기-잎 도표는 무슨 모양을 띨 것이라고 생각하는가? 설명하라. 위 데이터로 줄기-잎 도표를 그려라. 그 도표는 기대했던 모양을 나타내고 있는가?

(*d*) (*c*)에서 구한 평균값이 개략적으로 얼마일거라 기대하는가? $\bar{X}$에 대한 25개 관측값의 평균을 구하라. 그 결과가 기대했던 값과 동일한가?

(*e*) (*c*)에서 관측한 데이터로 분산을 구한다면 개략적으로 얼마일거라 기대하는가? 설명하라. $\bar{X}$에 대한 25개 관측값의 s^2을 구하라. 그 결과가 기대했던 값과 동일한가?

(*f*) (*c*)에서 구한 $\bar{X}$의 값의 각각을 근거로 μ에 대한 95% 신뢰구간을 구한다면 그들 중 몇 개가 개략적으로 μ의 참값에 포함되리라고 기대하는가? 위의 데이터로부터 μ를 포함한 신뢰구간의 한 예를 찾을 수 있는가? 또 μ를 포함하지 않는 신뢰구간의 한 예를 찾을 수 있는가?

26. 하나의 주사위를 30회 던진다고 가정한다. 변수 X는 주사위를 던져서 나온 수라고 하자. 이들 30회의 시행에서 $\bar{x}$는 2.83이라고 가정하자.

(*a*) 변수 X의 평균값에 대한 95% 신뢰구간을 구하라. 구한 구간이 평균의 참값 3.5를 포함하고 있는가?

(*b*) μ에 대한 90% 신뢰구간을 구한다면, 이 구간은 μ를 포함하고 있는가? (*a*)에서와 같이 설명하라.

(*c*) μ에 대한 99% 신뢰구간을 구한다면, 이 구간은 참 평균값을 포함하고 있는가? 설명하라.

(*d*) μ에 대한 99% 신뢰구간을 구하라. 이 구간은 평균을 포함하고 있는가?

CHAPTER 7

모집단의 평균과 분산의 추론

제2차 세계대전 이후 일본의 산업 성장이다. 이 성공의 많은 부분은 미국 통계학자 에드워즈 데밍(W. Edwards Deming)의 노력에 기인한다. 이 통계학자는 일본인들에게 통계 통제의 방법 뿐 아니라, 그의 총체적 품질관리 시스템(TQM)을 개발하고 가르쳤다. TQM은 데밍의 14가지 관점에 기초를 둔 경영 시스템이다. TQM의 목표 중 하나는 분산을 줄이는 것이다. 즉 생산과정에 있어서 그 목표는 단지 목적한 평균값을 만족시키는 것뿐만 아니라, 목적한 평균값을 만족시키는 물건들을 지속적으로 생산하기 위함이다. 이를 위해 확률변수의 분산은 완성된 제품의 마케팅 및 서비스를 통해 원재료의 조달로부터 생산까지 모든 단계에서 반드시 감소되어야 한다. 이러한 이유로, 확률변수의 평균과 분산 모두에 관심을 둔다. 이 장에서는 표본에서 얻은 정보를 기반으로 모집단의 매개변수에 대한 결론을 도출하는 데 사용할 통계 기법을 공부할 것이다.

앞 장들에서 점추정을 통해 한 모집단의 평균과 분산을 추정하는 방법에 대해 공부하였다. 또한 분산을 알 수 있다고 가정할 때, 정규분포의 평균에 대한 신뢰구간을 생성하는 방법을 보았다. 불행히도 대부분의 통계 연구에서 σ^2을 알 수 있다는 가정은 비현실적이다. 한 모집단의 평균을 추정할 필요가 있는 경우에도 그 모집단의 분산 또한 일반적으로 알 수 없다. 이 장에서는 이러한 매개변수들을 알 수 없는 경우에, 모집단의 평균과 분산에 대한 추론을 만드는 문제에 관해 주의를 기울일 것이다. 먼저 σ^2에 대한 신뢰구간을 구성하는 방법을 보자.

7.1 분산의 구간추정

정리 6.1.3에서 통계량 S^2이 σ^2에 대한 불편추정량이라는 것을 보았다. σ^2의 $100(1-\alpha)\%$ 신뢰구간을 얻기 위해서는 그 식이 σ^2을 포함하고 확률분포를 알 수 있는 확률변수가 필요하다. 다음의 정리 7.1.1은 σ^2에 대한 신뢰구간을 생성하기 위해 필요한 확률변수를 규정할 것이다.

그림 7.3 |
예제 7.1.1의 컨설팅 회사의 상대적 I/O 부담 차이에 대한 95% 신뢰구간을 구성하는 데 필요한 X^2_{24} 곡선의 분할.

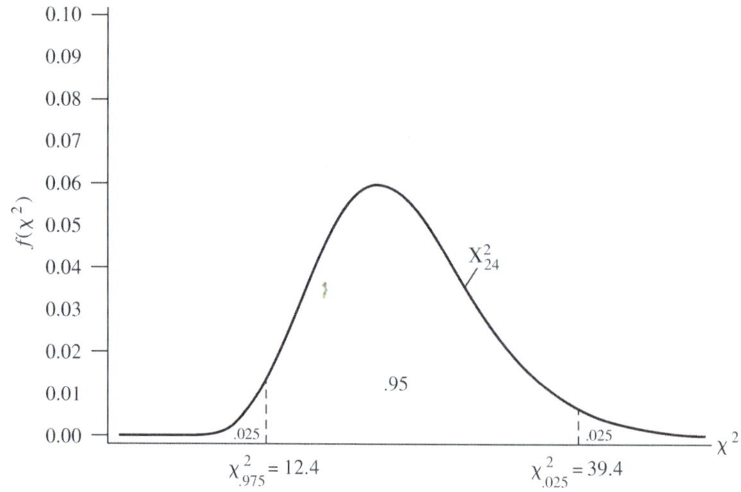

다음으로 χ^2의 필요한 값을 찾을 수 있다. 신뢰구간을 얻기 위해 필요한 χ^2_{24} 곡선의 분할이 그림 7.3과 같이 표시되어 있다. 부록 A의 표 IV로부터 필요한 값을 찾아보면

$$\chi^2_{.975} = 12.4 \qquad , \qquad \chi^2_{.025} = 39.4$$

계산기를 통해 얻은 s와 s^2의 값은 $s=1.186381052$와 $s^2=1.4075$이다. 표본분산은 데이터보다 두 개 더 많은 소수점 자리로 나타나기 때문에 $s^2=1.408$이다. 표본의 표준편차는 데이터보다 하나 더 많은 소수점 자리로 나타나기 때문에 $s=1.19$이다.

마지막으로 정리 7.1.2에 수식을 적용해 보자. σ^2에 대한 95% 신뢰구간의 한곗값은

$$L_1 = (n-1)s^2/\chi^2_{.025} = 24(1.408)/39.4 = .858$$
$$L_2 = (n-1)s^2/\chi^2_{.975} = 24(1.408)/12.4 = 2.725$$

σ에 대한 95% 신뢰구간의 한곗값은

$$L_1 = \sqrt{.858} \doteq .926$$
$$L_2 = \sqrt{2.725} \doteq 1.65$$

그러므로 이 컨설팅 회사에서 I/O 부담의 분산은 .858과 2.725 사이에 존재한다고 95% 확신을 갖고 말할 수 있다. 또 참 표준편차가 .926과 1.65 사이에 존재한다고 95% 확률로 확신한다.

7.2 평균 추정과 스튜던트-t 분포

모집단의 평균 μ의 점추정값을 얻기 위해 모집단의 분산은 알 필요가 없다는 것에 주목하자. 여기서 표본평균 $\bar{X}$는 σ^2의 값에 관계없이 μ에 대한 불편추정량의 값을 제공한다. 그러나 6.3절에 주어진 μ에 대한 $100(1-\alpha)\%$ 신뢰구간의 한곗값은 $\bar{X} \pm z_{\alpha/2}\, \sigma/\sqrt{n}$이다. 모집단의 평균을 알 수 없는 경우에도 모집단의 분산이 알려져 있다고 가정한다. 실질적으로 말하면 이 가정은 매우 현실적이지 못하다. 통계적 연구의 대부분 이 가정 하에 수행되고 있다. 관심 분야의 모집단의 평균 또는 분산을 연구하기 전에는 알 수 있는 방법이 없다. 모집단의 분산이 알 수 없는 것으로 간주되는 경우, 모집단의 평균에 대한 신뢰구간을 찾는 문제를 이 절에서 다룬다.

이러한 상황에서 μ에 대한 $100(1-\alpha)\%$ 신뢰구간에 대한 일반식을 도출하기 위해서는 이전에 사용된 확률변수, 즉 아래와 같은 식을 고려하는 것이 자연스럽다.

$$\frac{\bar{X}-\mu}{\sigma/\sqrt{n}}$$

여기서 극복해야 할 두 가지 문제가 있다.

1. σ의 값이 알려져 있지 않고 반드시 추정되어야 한다.

2. σ를 추정량으로 대체하여 얻어진 확률변수의 분포가 알려져 있지 않다.

첫 번째 문제는 극복하기 쉽다. σ의 추정량으로서 표본의 표준편차 S를 사용한다. 두 번째 문제는 해결하기가 조금 더 어렵다. σ를 그것의 추정량 S로 교체할 때, 위의 일반식은 확률변수 $(\bar{X}-\mu)/(S/\sqrt{n})$가 된다. 이 확률변수의 분포는 더 이상 표준 정규분포가 아니다. 오히려 정규분포에서 샘플링을 할 때, 그것은 스튜던트-t(student-t) 혹은 T 분포라고 불린다. 이 분포는 1908년에 고셋(W. S. Gosset)에 의해 처음 설명되었다. 그는 'Student'라는 필명을 사용했는데, 왜냐하면 그가 일하던 아일랜드 양조장의 고용주가 자신의 업무에 통계적 방법을 사용한 사실을 경쟁자들에게 알리고 싶어 하지 않았기 때문이다. 이 T 분포에 대해 좀 더 자세히 알아본다.

T 분포

정의 7.2.1(T 분포). Z를 표준정규분포의 확률변수라 하고, 자유도 γ를 가진 독립적인 카이제곱 확률변수를 X_γ^2이라고 하자. 이때 확률변수

$$T = \frac{Z}{\sqrt{X_\gamma^2/\gamma}}$$

가 자유도 γ를 가진 T 분포에 따른다고 말한다.

이 정의는 확률변수가 T 분포를 따르고 있음을 보여 주기 위한 것임을 의미하며, 그것은 표준정규 확률변수를 독립적인 카이제곱 확률변수를 자유도로 나눈 값의 제곱근으로 나눈다는 것을 보여 준다.

아래와 같은 T 분포의 특성들은 이후 여러 문제들에 도움을 준다.

T 분포의 성질

1. 자유도(degree of freedom)라 불리는 한 매개변수 γ에 의해 각기 유일한 값을 갖는 많은 T 분포들이 있다. 이 매개변수는 항상 양의 정수이다. T_γ는 자유도 γ의 T 확률변수를 나타낸다.
2. 각각의 T 확률변수는 연속적이다. 자유도 γ의 T 확률변수에 대한 밀도는 아래와 같이 주어진다.

$$f(t) = \frac{\Gamma(\gamma+1)/2}{\Gamma(\gamma/2)\sqrt{\pi\gamma}}\left(1+\frac{t^2}{\gamma}\right)^{-(\gamma+1)/2} \qquad -\infty < t < \infty$$

3. 확률변수 T_γ의 밀도함수의 그래프는 0을 중심으로 대칭인 종 모양의 곡선을 이룬다.
4. 매개 변수 γ가 증가함에 따라 확률변수 T_γ의 분산은 감소하는 형태를 갖는다. 따라서 γ 값이 증가할수록 T_γ와 연관된 종 모양의 곡선은 더 치밀한 모양이 된다.
5. 자유도의 수가 증가함에 따라 확률변수 T_γ와 연관된 종 모양의 곡선은 표준정규분포 곡선에 가까워진다.

그림으로 나타내면 그림 7.4와 같다.

매개변수 γ의 선택된 값에 따른 누적분포의 부분적인 개요가 부록 A의 표 VI에 있다. 이 표는 카이제곱 분포표와 같은 방식으로 읽으면 된다. 즉 자유도가 상단의 행에 표기되어 있고 관련된 확률들이 첫 번째 열에 표기되어 있다. 그리고 이 확률에 관련된 각 점들이 표의 가운데에 표기되어 있다. 이전에 사용되었던 바와 같이 T_γ 곡선의 어떤 점에 관련된 오른쪽 영역의 면적이 r인 점을 t_r이라고 표기한다.

예제 7.2.1. 확률변수 T_{10}을 생각해 보자.

1. 부록 A의 표 VI으로부터 $P[T_{10} \le 1.372] = F(1.372) = .90$이다. 앞에서 언급한 표기법에 따르면 $t_{.10} = 1.372$[그림 7.5(a) 참조]이다.
2. T 곡선의 대칭성으로 인해서 $t_{.90} = -t_{.10} = -1.372$이다.
3. $P[-t \le T_{10} \le t] = .95$인 점 t는 $t_{.025} = 2.228$[그림 7.5(b) 참조]이다.

부록 A 표 VI의 마지막 행은 ∞로 표기되어 있다. 그 마지막 행에 있는 점들은 실제로 표

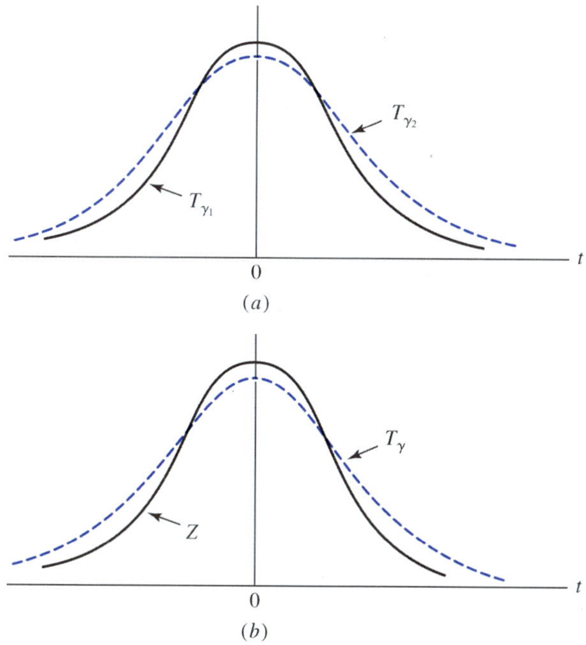

그림 7.4 (a) $\gamma_1 > \gamma_2$인 관계를 갖는 두 T 분포 곡선의 일반적인 관계. (b) T 분포 곡선과 표준정규분포 곡선과의 일반적인 관계.

준정규분포와 관련되어 있다. 매개변수 γ가 증가함에 따라 표의 각 열에 있는 값들은 마지막 행에 표기된 값들에 근접해 가고 있다. 이것은 매개변수 γ의 아주 큰 값들에 대해서 확률변수 T_γ의 밀도함수의 그래프가 표준정규분포 또는 Z 분포와 일치하기 때문이다. 매개변수 γ의 작은 값에 대해서는 두 곡선들 사이에 약간의 차이가 있다.

위에서 확률변수 $(\bar{X}-\mu)/(S/\sqrt{n})$는 T 분포를 따른다고 하였다. 이 정리에 대한 증명은 수학적으로 다소 복잡하다. 특히 한 정규분포의 표본으로부터 표본평균 $\bar{X}$와 표본의 표준편차 S가 독립적일 때 수학적인 증명이 가능하다. 이 결과는 놀라운 것이 아니다. 표준 확률변수의 중심에 대한 지식이 그 변수의 분산의 개념에 영향을 미치지 않는다는 것을 의미한다. 아래의 정리는 분산 σ^2을 알 수 없는 경우에 평균 μ에 대한 $100(1-\alpha)\%$의 신뢰구간을 찾는 기초를 제공한다.

정리 7.2.1. 표본의 크기가 n인 $X_1, X_2, X_3, \ldots, X_n$은 평균 μ와 분산 σ^2을 갖는 정규분포로부터 추출한 임의표본이라 하자. 아래의 식은 자유도가 $n-1$인 T 분포에 따른다.

$$\frac{\bar{X}-\mu}{S/\sqrt{n}}$$

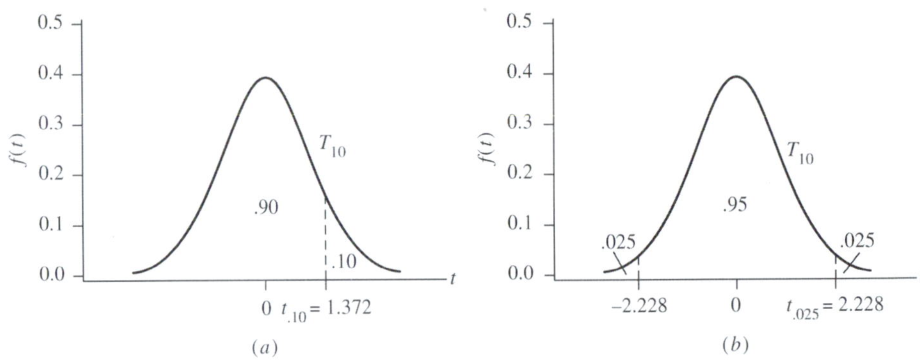

그림 7.5
(*a*) $P[T_{10} \leq 1.372] = .90$.
(*b*) $P[-2.228 \leq T_{10} \leq 2.228] = .95$.

평균에 대한 신뢰구간: 추정된 분산

분산 σ^2을 알 수 없는 경우 μ의 $100(1-\alpha)\%$ 신뢰구간에 대한 일반적인 양식을 결정하는 것은 간단하다. 아래의 두 확률변수가 같은 대수 구조를 가지고 있는 것을 알 필요가 있다.

$$Z = \frac{\bar{X} - \mu}{\sigma/\sqrt{n}} \qquad , \qquad T_\gamma = \frac{\bar{X} - \mu}{S/\sqrt{n}}$$

따라서 6.3절에서 배운 대수적인 매개변수들이 σ를 S로 대체하고 $z_{\alpha/2}$를 $t_{\alpha/2}$로 대체하는 결과와 같을 것이다. 이러한 대체 결과는 정리 7.2.2와 같다.

정리 7.2.2[분산 σ^2의 값을 모를 때 평균 μ에 대한 $100(1-\alpha)\%$ 신뢰구간]. 표본의 크기가 n인 $X_1, X_2, X_3, \ldots, X_n$은 평균 μ와 분산 σ^2을 갖는 정규분포로부터 추출한 임의표본이라 하자. 평균 μ에 대한 $100(1-\alpha)\%$ 신뢰구간은 아래와 같다.

$$\bar{X} \pm t_{\alpha/2} S/\sqrt{n}$$

예제 7.2.2는 위의 정리를 사용하는 방법을 보여 준다.

예제 7.2.2. 이산화황과 질소 산화물은 대표적인 화석연료 부산물이다. 이들은 침전되기 전에 산성비의 형태로 먼 거리로 운반되고 산성으로 변한다. 아래의 데이터는 산성비에 의해 손상되고 있는 바이에른 숲에서 이산화황의 농도(입방미터당 마이크로그램)를 관측한 값이다.

52.7	43.9	41.7	71.5	47.6	55.1
62.2	56.5	33.4	61.8	54.3	50.0
45.3	63.4	53.9	65.5	66.6	70.0
52.4	38.6	46.1	44.4	60.7	56.4

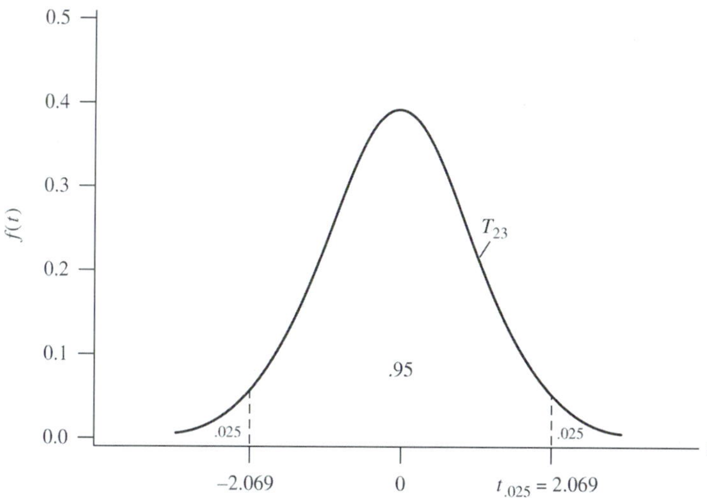

그림 7.6 바이에른 숲의 평균 이산화황 농도에 대한 95% 신뢰구간을 찾을 T_{23} 곡선의 분할.

손상되지 않은 지역에서 이산화황 평균 농도는 20 mg/m^{3}이다. 위의 데이터로부터 손상된 숲의 화합물의 농도가 위의 수치보다 높다는 증거가 있는가?

표본으로부터 신뢰구간을 고려하여 질문에 답해 보자. 첫째, 필요한 t 값을 찾아야 한다. 이 숲의 평균 이산화황 농도에 대한 95% 신뢰구간을 찾을 T_{23} 곡선의 분할이 그림 7.6에 나타나 있다. 부록 A의 표 VI으로부터 얻은 값은 아래와 같다.

$$t_{.975} = -t_{.025} = -2.069 \qquad , \qquad t_{.025} = 2.069$$

계산기로부터 아래의 값을 얻을 수 있다.

$$\bar{x} = 53.91666667 \qquad s = 10.07371382 \qquad s^2 = 101.4797102$$

반올림하면

$$\bar{x} \doteq 53.92\ \mu g/m^3 \qquad s \doteq 10.07\ \mu g/m^3 \qquad s^2 \doteq 101.480$$

정리 7.2.2의 공식을 적용하면 신뢰구간의 경계는 아래와 같다.

$$\bar{x} \pm t_{\alpha/2} s/\sqrt{n} = 53.92 \pm 2.069(10.07)/\sqrt{24}$$

즉 이 숲의 아황산가스 농도의 평균에 대한 95% 신뢰구간은 [49.67, 58.17]이다. 비손상 지역에서의 이 화합물의 평균 농도가 20 mg/m^{3}이다. 이 값은 위의 구간 안에 포함되지 않기 때문에 손상된 숲에서 이산화황 농도가 높아졌다는 증거가 된다.

몇 가지를 지적해 보자. 첫째, 분산 σ^2 을 모르는 경우 평균 μ 에 대한 신뢰구간을 찾는 문제에 대한 자유도의 값은 $n-1$, 즉 표본의 크기보다 1 작은 수이다. 표본의 크기가 큰 경우에 대한 자유도의 값은 부록 A의 표 VI에 나열되지 않았다. 이 경우 테이블의 마지막 행(∞)이 관심 지점을 찾는 데 사용된다. 따라서 표본의 크기가 큰 경우에는 z 점을 통해서 찾고자 하는 t 의 점을 추정한다. 앞서 언급했듯이 표본의 크기가 큰 경우에는 Z 분포의 곡선과 T 분포의 곡선이 거의 동일하기 때문에 이것은 적절하다. 둘째, 정규분포를 가정하고 있다는 것이다. 이 가정의 유효성을 줄기-잎 도표나 히스토그램을 사용하여 확인할 수 있다. 정규분포를 검증하기 위한 더 정확한 방법들이 있다. 연구하려는 변수가 정규분포가 아니거나 표본의 크기가 작은 경우에는 T 분포를 가지고 해결하려는 방법이 적절하지 않을 수 있다. 오히려 일부 비모수적 기법을 채택해야 한다. 이러한 기술 중 일부가 7.7절에서 설명되고 있다.

7.3 가설검정

이 책에서는 추정의 기본 아이디어를 좀 더 자세히 다룬다. 일반적인 추정 문제에서는 모집단의 매개변수 θ 값이 표본으로부터 추정한 값과 근사하다는 것을 상기할 필요가 있다. 일반적으로 이 매개변수의 실제적인 값에 대한 어떠한 선입견도 없다. 그 값을 확인하기 위해 실험을 최대한 단순하게 하자. 반면에 θ 에 대한 가설을 검증할 때 그 값에 관한 선입견이 있다. 이것은 두 이론이나 가설이 이런 종류의 통계적 연구에 참여하는 것을 의미한다. 즉 두 가설은 실험자에 의해서 제안되는 가설과 이 가설의 부정에 관한 가설이다. 전자는 H_1 으로 표시되며 대립가설(alternative hypothesis) 또는 연구가설(research hypothesis)이라 하고, 후자는 H_0 로 표시되며 귀무가설(null hypothesis)이라고 한다. 실험의 목적은 증거가 귀무가설을 반박하는 경향이 있는지 여부를 결정하는 것이다. 아래의 세 가지 지침은 H_0 와 H_1 을 명시하는 방법을 결정하는 데 도움을 준다.

가설검정의 지침

1. 매개 변수 θ 값에 관한 가설을 검증할 때 등호는 항상 가설 H_0 에 포함된다. 이때 H_0 는 θ 값에 대한 정확한 값을 지적하고 있다. 이 값을 널값(null value)이라 하며 θ_0 로 표기한다.
2. 감지되거나 지원되는 어떠한 것들도 대립가설이다.
3. 연구가설이 H_1 이므로, H_0 를 기각함으로써 H_1 을 이끌어내는 증거를 찾고자 한다.

다음 예제를 통하여 이러한 아이디어를 명확히 해보자.

예제 7.3.1. 도로 공학자는 고속도로 반사 표지판의 성능이 많은 요인에 영향을 받는다는 것을 알고 있다. 한 요인은 자동차 전조등의 적절한 정렬이다. 도로를 달리는 자동차의 50% 이상은 전조등의 정렬이 잘못되어 있다고 생각했다. 이러한 주장이 통계적으로 지지를 얻게 된다면 새로운 검사 프로그램이 실시될 것이다. 이 검사에서 잘못된 목표지점으로 설정된 전조등을 갖는 자동차의 비율을 p라고 하자. 여기서 $p >$ .5라는 의견을 지지하기 위해서 이 주장을 대립가설 또는 연구가설 H_1으로 설정한다. 귀무가설은 자동적으로 H_1의 반대인 $p \leq .5$이 된다. 그러므로 아래와 같은 두 가지 가설을 설정한다.

$$H_0: p \leq .5$$
$$H_1: p > .5$$

가설 중에서 등호는 귀무가설에 나타난다. 확률변수 p에 대한 정확한 값은 .5이다. 즉 p에 대한 널값은 $p_0 = .5$이다. H_0를 기각한다면 위의 연구가설이 채택되고 새로운 검사 프로그램이 구현되어 실시될 것이다.

일단 표본이 선택되어 데이터가 수집되고 나면 하나의 결정이 이루어진다. 이 결정은 H_0를 기각하거나 또는 기각하지 않는 것이다. 이 결정은 확률변수 θ의 참값이 널값이라는 가정하에 알려진 확률분포로부터 몇 가지 통계량을 관찰함으로써 이루어진다. 이러한 통계량을 검정통계량이라고 한다. 만약 이 검정통계량이 $\theta = \theta_0$일 때를 거의 보이지 않고 대립가설의 신빙성을 입증하는 값이라고 가정하면 H_1을 주장하며 H_0를 기각한다. 만약 관찰한 값이 $\theta = \theta_0$라는 가정하에 나타날 수 있는 어떠한 값을 갖게 된다면 귀무가설을 기각하지 않는다. 이것은 모든 연구의 끝에 다음과 같은 상황 중의 하나로 정확히 강제함을 의미한다.

가설의 임의 검정에 대한 가능한 결과

1. 가설 H_0를 기각하였는데 후에 그 가설이 사실이었다. 즉 제1종 오류(type I error)라고 알려진 결론을 내렸다.
2. 가설 H_0를 기각하는 정확한 결론을 내렸다. 즉 대립가설 H_1이 사실이었다.
3. 가설 H_0를 기각하지 않았는데 후에 대립가설 H_1이 사실이었다. 즉 제2종 오류(type II error)라고 알려진 결론을 내렸다.
4. 가설 H_0를 기각하지 않은 정확한 결론을 내렸다. 즉 귀무가설 H_0가 사실이었다.

예제 7.3.2. 예제 7.3.1에서 아래의 가설을 검정하였다.

$H_0: p \leq .5$

$H_1: p > .5$ (검사에서 대부분의 자동차는 잘못 조정된 전조등을 가지고 있다)

제1종 오류가 생겼다면 H_0가 사실임에도 H_0를 기각하였던 것이다. 실제적으로 말해서 대다수의 자동차가 잘못 조정된 전조등을 가졌다는 결론을 내렸다. 사실 이것은 참이 아니다. 이러한 오류는 불필요한 검사 프로그램을 시행하는 결과를 초래하게 된다. H_1이 사실임에도 H_0를 기각하지 않는 제2종 오류가 발생하게 된다. 이 경우에는 그 검사 프로그램이 필요함에도 시행하지 않게 될 것이다.

어떠한 일이 행해지더라도 하나의 오류가 가능하다. H_0가 기각되는 경우에는 제1종 오류가 발생하고, H_0가 기각되지 않는 경우에는 제2종 오류가 발생할 것이다. 이러한 딜레마를 피할 수 있는 방법은 없다. 통계학자들의 작업은 어떠한 오류든지 발생할 가능성을 합리적으로 작게 만들면서 H_0를 기각할 것인지 아닐지를 결정하는 방법들을 설계하는 것이다.

철학적으로 말하면 H_0를 기각할 것인지 아닐지 여부를 결정하는 두 가지 방법이 있다. 첫 번째 방법은 이 절에서 설명한 가설검정(hypothesis testing)이라는 것이다. 이 방법은 과거에 광범위하게 사용되었으며 오늘날에도 여전히 사용되고 있다. 두 번째 방법은 유의수준 검정(significance testing)이라는 것으로 점점 더 인기를 끌고 있다. 이것은 다음 절에서 설명한다.

가설검정은 실험이 실시되기 전에 귀무가설을 기각하도록 하는 검정통계량의 값을 설정하는 절차를 포함한다. 이러한 값은 검정을 위한 결정적 영역(critical region) 또는 기각영역(rejection region)이라는 것을 구성한다. 검정통계량의 관찰값이 $\theta=\theta_0$일지라도 우연히 이 영역 안에 있을 확률은 알파(α), 검정의 크기, 또는 검정의 유의수준이라고 한다. 이러한 경우라면 제1종 오류가 발생한 것이다. 즉 가설검정의 연구에서 α는 제1종 오류를 범할 확률이다. 이를 정리하면 정의 7.3.1과 같다.

정의 7.3.1(제1종 오류와 유의수준). 가설의 검정을 생각해 보자. 제1종 오류는 귀무가설이 사실임에도 기각하게 될 때 생기는 오류이다. 제1종 오류를 일으킬 확률은 검정을 위한 유의수준이라고 하며 그리스 문자 알파(α)로 표기한다.

예제 7.3.3. 예제 7.3.1의 아래와 같은 가설검정에서, 20개의 차를 임의표본으로 하여 전조등을 검사하였다.

(예제 7.3.2 참고)

$H_0: p \le .5$

$H_1: p > .5$ (majority of autc have misaimed h

여기서 α, 즉 p가 널값 .5와 같다고 할 때 H_0를 기각할 확률을 대략 .05라고 하는 검정을 설계한다. 이 검정에서 사용할 검정통계량은 표본 중에서 전조등이 잘못 조정되어 있는 자동차의 수 X라고 하자. 만약 p가 널값과 동일하다면 X는 $n=20$, $p=.5$, 그리고 $E[X]=np=10$인 이항분포를 따른다. 그러므로 $p=.5$라면 평균적으로 표본 20대의 자동차 중에서 10대가 잘못 조정된 전조등을 가지고 있을 것이다. 만약 H_1이 참이라면 이 평균값은 10보다 더 높아야 한다. 논리적으로 검정통계량 X에 대한 관측값이 10보다 다소 크다면 H_0를 기각할 것이다. 부록 A의 표 I로부터 아래의 값들을 얻게 된다.

$$\begin{aligned} P[X \geq 14 | p = .5] &= 1 - P[X < 14 | p = .5] \\ &= 1 - P[X \leq 13 | p = .5] \\ &= 1 - .9423 \\ &= .0577 \end{aligned}$$

검정통계량 X의 관찰값이 14 이상이라면 H_1을 찬성하여 H_0를 기각하게 될 것이다. 이 방법에서 검정통계량 X의 값을 두 개의 집합, 즉 $C=\{14, 15, 16, 17, 18, 19, 20\}$과 $C'=\{0, 1, 2, ..., 13\}$으로 나눈다. 만약에 X의 관찰값이 집합 C 내의 한 값이라면 H_0를 기각하고, 시행 중인 대다수의 차들이 잘못 조정된 전조등을 가지고 있다고 결론지을 것이다. 귀무가설의 기각을 이끄는 검정통계량 값들의 집합인 C를 검정을 위한 결정적 영역 또는 기각영역이라고 한다. 비록 $p=.5$이라 하더라도 검정통계량이 우연하게 집합 C의 값을 가질 확률이 .0577이다. 즉 제1종 오류(α)를 범할 확률을 대략 .05가 되게 검정을 설계하였다.

한 가지 주의해야 할 점이 있다. 앞의 예에서 귀무가설이 p의 값을 .5보다 작게 허용하더라도 널값 $p_0=.5$를 사용하여 검정의 기각영역을 결정하였다. 이렇게 하는 것이 안전하기 때문이다. 왜냐하면 $p=.5$일 때 검정통계량의 값이 우연히 발생할 확률이 너무 크고, 또한 $p<.5$일 때 검정통계량의 값이 우연히 발생할 확률이 너무 크기 때문이다. 즉 p에 대한 적절한 값으로 .5를 기각하도록 하는 검정통계량 X의 값이 또한 .5보다 작은 어떠한 값을 기각하도록 이끌기 때문이다(연습문제 29 참조).

가설 H_0가 참이 아니고 그래서 기각한다 하더라도 검정통계량의 관찰값이 기각영역에 속하지 않을 가능성이 있다. 이러한 경우에는 제2종 오류가 발생할 것이다. 이 상황이 발생할 확률을 베타(β)라고 한다. 이를 요약하면 정의 7.3.2와 같다.

정의 7.3.2(제2종 오류와 베타). 가설검정을 고려해 보자. 제2종 오류는 사실 연구 이론이 참일 때 귀무가설을 기각하지 않음으로써 발생하는 오류이다. 제2종 오류를 범할 확률은 그리스 문자 베타(β)로 표기한다.

베타는 실험자에 의해 규정될 수 있는 알파보다 다루기가 좀 더 어렵다. 어떤 특정한 검정의 경우 β는 대안에 따라 달라진다. 즉 β 값은 대안의 특정한 값이 지정될 경우에만 찾을 수 있다. 예제 7.3.3에서 설계된 검정에 대해서 β 값을 결정해 보자.

예제 7.3.4. 예제 7.3.3의 검정을 위한 기각영역은 $C=\{14, 15, 16, 17, 18, 19, 20\}$

이다. 연구자들에게는 알려지지 않았지만 전조등이 잘못 조정된 차의 참 비율이 .7이라고 가정하자. 설계에 따라 실시한 검정이 이러한 상황을 탐지하지 못할 확률이 얼마인가? 이러한 질문에 답하기 위해서 β 값, 즉 $p=.7$로 주어진 경우 H_0를 기각하지 않을 확률을 계산한다. 정의에 의해서 아래의 수식을 얻는다.

$$\begin{aligned}\beta &= P[\text{제2종 오류}]\\ &= P[H_0\text{를 기각하지 않는 경우}|p=.7]\\ &= P[X\text{가 기각영역에 있지 않음}|p=.7]\\ &= P[X\le 13|p=.7]=.3920(\text{부록 A의 표 I})\end{aligned}$$

즉 설계에 따른 검정을 위해서 $p=.5$와 $p=.7$ 사이를 구별할 수 있도록 하는 아주 높은 확률이 아니다. 베타는 p 값이 .7에서 .8로 변함에 따라 β 값 또한 변하게 되는 대안에 관련된 함수이다. 이 경우에는 아래의 값을 얻는다.

$$\beta = P[X \le 13|p = .8] = .0867$$

널값 .5와 대립가설의 p 값과의 차이가 증가함에 따라 β 값은 감소한다.

고려해야 할 다른 중요한 확률이 있다. 검정의 설계자가 연구 이론을 지지하는 증거를 수집하기 위해 필요한 많은 시간, 노력, 그리고 풍부한 자금이 있다고 가정하자. 이 설계자는 연구 이론이 참이라면 이 연구가 참이라는 사실을 입증할 수 있는 확률이 높은 방식으로 연구를 설계하기 원한다. 즉 연구 이론이 참일 때 귀무가설을 기각할 확률이 높게 되도록 설계하기를 원한다. 이렇게 중요하고 올바른 결정을 이끌게 하는 확률을 검정의 힘, 즉 검정력(power)이라고 한다.

정의 7.3.3(검정력). 하나의 가설을 검정하는 상황을 고려해 보자. 사실 연구 이론이 참일 때 귀무가설을 기각할 확률을 검정력이라고 한다.

검정력과 베타 값 사이에는 연관성이 있다. 이 두 확률은 모두 연구 이론이 참이라는 가정하에 계산된다. 이 경우에 확률 β로 귀무가설을 기각하지 않게 되거나 확률 검정력으로 귀무가설을 기각할 것이다. 따라서 아래의 등식이 성립한다.

$$\beta + \text{검정력} = 1 \text{ 또는 } \text{검정력} = 1-\beta$$

예제 7.3.5. 예제 7.3.3에서 아래의 가설을 검정하는 실험을 하였다.

$$H_0: p \le .5$$
$$H_1: p > .5$$

그림 7.7

결정	실제 상황	
	H_0 참	H_1 참
H_1 기각	제1종 오류 (확률 α)	올바른 결정 (확률 검정력)
H_0 기각실패	올바른 결정	제2종 오류 (확률 β)

연구 이론이 참이고 $p=.7$이라면 이러한 사실을 탐지하지 못할 가능성이 39.2%임을 알았다. 즉 $\beta=.392$이다. 이 대안 값인 p를 탐지할 검정력은 아래와 같다.

$$\text{검정력}=1-\beta=1-.392=.608$$

만약에 잘못 조정된 전조등의 비율 50%와 70%의 차이를 탐지하는 일이 중요하다면 위와 같이 설계된 실험은 좋은 방법이 아닐 것이다.

실험을 설계하는 데 있어서 명백한 조정 행위가 있다. 우리는 α와 β 두 값이 작게 되길 원하고 중요한 차이점을 검출할 능력이 높기를 원한다. 이것은 표본의 크기를 적절하게 선택함으로써 달성될 것이다. 연습문제 46은 분포의 평균값에 대한 가설을 검정하는 상황에서 이 아이디어를 사용하는 방법을 보여 준다.

가설검정 절차는 데이터를 수집하고 검정통계량이 평가되기 전에 유의수준(α)을 결정한다는 사실을 기억하기 바란다. 즉 이것은 유의수준 α를 설정한다는 것을 의미한다. 이 작업을 수행하고자 하는 몇 가지 이유가 있다. 그것은 의사 결정의 분명한 기준을 제공한다. 일단 α 값이 설정되고 나면 검정을 위한 기각영역이 고정된다. 만약 검정통계량의 관찰값이 이 영역 안에 해당되면 가설 H_0를 기각하고, 관찰값이 영역 안에 있지 않다면 기각하지 않을 것이다. 데이터를 수집한 후에는 논쟁의 여지가 없다. 따라서 통계학자들이 자신에 맞게 결과를 조작하는 데 아무런 책임도 있을 수 없다. 또한 제1종 오류를 만드는 결과가 아주 심각한 문제라면 유의수준 α 값의 사전 설정에 의해 결과의 위험성을 묵인할 수 있을 정도를 미리 알려 줄 수 있다. 가설검정 결과에 대한 여러 상황들이 그림 7.7에 요약되어 있다.

7.4 유의수준 검정

앞 절에서 귀무가설을 기각하는지의 여부를 결정하는 방법, 즉 가설검정을 설명하였다. 이 절에서는 그렇게 하는 다른 방법을 설명한다. 이 방법은 유의수준 검정이라 부르는데 최근에 광범위하게 사용되고 있다. 논리적 항소 및 통계 데이터를 분석하는 컴퓨터 패키지의 사용이 증가하고 있기 때문이다.

유의수준 검정이 아주 매력적인 이유를 이해하기 위해 이미 앞 절에서 발생했을 수 있는 가설검정의 귀찮은 부분을 지적해 보자. 간단한 예제를 통해 그 문제를 발견할 수 있다. 표본의 크기를 20으로 하여 아래의 가설을 검정하고자 한다.

$$H_0: p \leq .1$$
$$H_1: p > .1$$

검정통계량 X는 20개의 표본에서 관측한 값이 '성공'인 것의 개수이다. 널값이 $p_0=.1$이므로 $p=p_0$일 때 검정통계량은 $E[X]=np_0=20(.1)=2$를 갖는 이항분포를 따른다. 통계량 X의 값이 2보다 약간 큰 경우에 대립가설의 신빙성을 이끌어 내는 경향이 있다. 여기서 α 값이 '아주 작기'를 원하기에 기각영역을 $C=\{9, 10, 11, ..., 20\}$로 정의한다. 이 검정에서 아래의 유의수준을 원한다.

$$\begin{aligned}\alpha &= P[\text{제 1 종 오류}] \\ &= P[H_0 \text{ 기각} | p=p_0] \\ &= P[X\text{가 기각영역에 있다} | p=.1] \\ &= P[X \geq 9 | p=.1] \\ &= 1-P[X < 9 | p=.1] \\ &= 1-P[X \leq 8 | p=.1] \\ &= 1-0.9999 \\ &= 0.0001\end{aligned}$$

이것은 정말 '아주 작은 값'이다. 여기서 관찰을 통해 8개가 '성공'이었다고 가정한다. 가설검정을 위한 다소 엄격한 규칙을 통해, 지금 8이 기각영역에 있지 않기 때문에 가설 H_0를 기각할 수 없다. 그러나 이러한 결정을 내리기에는 약간의 문제가 있다. 이 8이라는 값은 기각영역의 가장 작은 값인 9에 아주 가깝다는 사실이다. $p=.1$일 때 8 또는 그 이상의 값을 얻을 가능성을 검토해 보자.

$$\begin{aligned}P[X \geq 8 | p = .1] &= 1 - P[X < 8 | p = .1] \\ &= 1 - P[X \leq 7 | p = .1] \\ &= 1 - .9996 \\ &= .0004\end{aligned}$$

이 확률은 확실히 '아주 작은' 값이다. 제1종 오류를 만드는 10,000개 중에서 1이라는 가능성을 기꺼이 감당할 수 있으리라는 상황을 상상하기는 어렵지만 이러한 오류를 만드는 10,000개 중에서 4라는 가능성은 기꺼이 감당할 수 있으리라고 강력하게 선언할 수 있겠는가! 이러한 가능성에 대한 차이가 아주 작기 때문에 원래 9를 기각영역의 컷오프 지점이라고 막연하게 주장하는 것이 약간 어리석게 보인다.

위 문제점들은 가설검정보다는 유의수준 검정이라는 방법을 시행함으로써 회피될 수 있다. 가설 H_0를 기각할 것인지 아닐지를 결정하는 이 방법은 사전에 가설 H_0와 H_1을 정확하게 설정하여야 한다. 그러나 유의수준 방법은 사전에 α를 설정하지도 않고 기각 영역을 지정하지도 않는다. 오히려 검정통계량 값이 $\theta=\theta_0$라는 가정 하에 지정된 값보다 극단적으로 관측될 확률을 결정한다. 이 확률은 위험수준, 설명되는 유의수준, 검정의 확률 또는 P 값 등 다양한 이름으로 불리고 있다. 본서에서는 'P 값'이라는 용어를 사용한다. 여기서 P 값은 α를 사전에 설정하고 H_0를 기각할 수 있는 아주 작은 수준의 값이라는 것이다. 만약에 P가 작은 값이라고 생각할 때 가설 H_0를 기각한다.

예제 7.4.1. 자동차공학자들은 차량 비용을 낮추고 연비를 개선하기 위해 차체에 가급적 많은 알루미늄을 사용하고 있다. 어떤 모델이 현재 고속도로에서 갤런당 마일수가 표준편차 5 mpg와 평균 26 mpg를 나타낸다. 훨씬 많은 알루미늄을 사용할 새로운 설계에서는 평균 연비를 증가시키기를 원한다. 표준편차 σ는 이 변화에 영향을 받지 않는다고 가정한다. 아래의 데이터들은 도로 주행을 통해 얻어진 값들이다.

33.8	24.3	18.8	23.7	25.3	29.6
24.9	31.5	34.4	28.0	20.5	36.7
30.3	33.5	27.4	27.6	22.5	30.7
28.6	27.1	28.8	16.5	32.7	25.2
33.1	37.5	25.1	34.5	29.5	26.8
30.0	28.4	25.6	19.8	28.9	27.7

여기서 연구가설을 대립가설로 설정할 것이므로 아래의 가설을 검정한다.

H_0: $\mu \leq 26$
H_1: $\mu > 26$ (새로운 설계에서 고속도로 주행 시 연비가 증가됨)

표본의 평균이 모집단의 평균에 대한 불편추정량이므로, 논리적 검정통계량은 $\bar{X}$이다. 만약 표본평균의 관측값이 26보다 상당히 크다면 가설 H_0를 기각하여 가설 H_1을 채택할 것이다. 여기서 상당히 큰 값이란 값이 아주 커서 고속도로 연비의 참 평균값이 26 mpg일 가능성이 거의 없을 것이라는 의미이다.

위의 데이터로부터 표본평균은

$$\bar{x} = 28.04 \text{ mpg}$$

이 값은 μ에 대한 널값인 26 mpg보다 크다. 가설 H_0를 기각할 정도의 충분한 차이가 있는가를 보기 위하여 이 검정에 대한 P 값을 산출해 본다. 즉 만약 $\mu=26$이고 $\sigma=5$일 때 표본의 평균이 28.04이거나 이보다 큰 값이 될 확률을 계산한다.

$\mu=26$이고 $\sigma=5$라면 중심극한정리(정리 7.4.2)에 의해서 검정통계량 $\bar{X}$는 적어도 $\mu=26$이고 표준편차 $\sigma/\sqrt{n}=5/6$인 정규분포를 따른다는 것을 이용한다. 그러므로 아래의 값을 얻을 수 있다.

$$\begin{aligned} P[\bar{X} \geq 28.04|\mu = 26, \sigma = 5] &= P\left[\frac{\bar{X}-26}{(5/6)} \geq \frac{28.04-26}{(5/6)}\right] \\ &\doteq P[Z \geq 2.45] \\ &= 1 - P[Z \leq 2.45] \\ &= 1 - .9929 \qquad \text{(부록 A의 표 V)} \\ &= .0071 \end{aligned}$$

이러한 아주 작은 확률에 대해서 두 가지 설명이 가능하다: 귀무가설이 참이고 이 데이터는 표본의 평균이 큰 값을 갖을 가능성이 아주 희박한 표본으로부터 관측된 것이다. 귀무가설이 참이 아니어서 새로운 설계는 사실 평균 연비가 더 높다는 결론을 도출한다. 여기서 후자의 설명을 더 선호할 것이다. 즉 가설 H_0를 기각하고 "이 검정의 P 값은 .0071이다."라는 보고를 할 것이다.

가설검정과 유의수준 검정 방법의 차이를 다루는 아주 쉬운 방법이 있다. 모든 검정에서 간단하게 P 값을 계산한다. 만약에 전통적 또는 산업적으로 감당할만한 위험수준을 보장하기 위해 유의수준 α 값이 사전에 설정된다면 P 값을 미리 설정된 α 값과 비교해 본다. 만약에 $P \leq \alpha$라면 설정된 유의수준하에서 귀무가설을 기각할 수 있다. 이러한 방법을 사용한다면 예제 7.3.3에서 행했던 것과 같이 기각점을 찾을 필요도 없고 기각영역도 사전에 설정할 필요가 없다. 이 방법은 P 값이 통계 패키지나 계산기 루틴의 한 부분으로 이용 가능한 오늘날에 특히 실용적이다.

유의수준 검정은 널리 사용되는 개념이다. 오른쪽꼬리 또는 왼쪽꼬리검정을 위해서 P 값을 계산하는 방법은 분명하다. 오른쪽꼬리검정(H_1: $\theta > \theta_0$)의 경우, P 값은 검정통계량의 관측값의 오른쪽에 있는 영역이다. 왼쪽꼬리검정(H_1: $\theta < \theta_0$)의 경우, P 값은 왼쪽에 있는 영역이다. 그러나 "양쪽꼬리검정을 위한 P 값을 어떻게 계산하는가(H_1: $\theta \neq \theta_0$)?"라는 문제를 해결해야 한다. 이 검정통계량의 분포가 대칭인 경우, Z 또는 T 분포와 같이, 단측 P 값을 두 배로 하는 것이 논리적이다. 분포가 대칭이 아닌 경우, 카이제곱분포와 같이, 아마도 양측 P 값은 단측 값의 두 배와 거의 유사할 것이다. 이것은 문제에 대한 몇 가지 해결책 중의 하나이지만 이 방법이 관례적으로 많이 사용되고 있다.

7.5 평균에 대한 가설과 유의수준 검정

많은 문제들 중의 하나가 평균값에 관련된 가설을 검정하는 것이다. 앞에서 σ^2이 알려져 있다는 가정하에 이 가설검정이 어떻게 이루어지는지 살펴 보았다. 이러한 가정은 보통 일반적이지 않으므로 이 절에서는 σ^2이 알려져 있지 않은 경우에 μ에 관련된 가설을 검정하는 방법에 중점을 둘 것이며 표본 자료로부터 손으로 추정할 수 있는 방법을 배울 것이다. 아래의 예제를 생각해 보자.

예제 7.5.1. 미국에서 초단파 방사능 방출에 대한 최대 허용 수준은 평방센티미터당 평균 10마이크로와트이다. TV에서 방출되는 초단파 방사능이 안전한 범위 내에서 배출되는지가 의문시된다. 이에 대한 연구는 대립가설을 채택하므로 아래와 같은 가설을 검정하고자 한다.

$$H_0: \mu \le 10$$
$$H_1: \mu > 10 \quad \text{(불안전함)}$$

예제 7.5.2. 설계공학자들이 장애 운전자들의 요구를 반영하여 개조한 밴에서 사용될 수 있는 효율적인 운전 시스템을 연구하고 있다. 구형의 운전 시스템은 지름이 15인치인 운전대를 돌리기 위해서 54온스의 힘을 요구한다. 새로운 설계가 운전대를 돌리는 데 요구되는 힘을 줄일 것이라 기대한다. 이 경우에는 아래의 가설을 검증하면 된다.

$$H_0: \mu \ge 54$$
$$H_1: \mu < 54 \quad \text{(새로운 시스템이 구형보다 더 적은 힘을 요구한다)}$$

예제 7.5.3. 어떤 컴퓨터 시스템이 10개의 터미널과 하나의 프린터를 사용하고 있다. 이 시스템의 평균 처리기간이 15분이다. 이 시스템에 새로운 10개의 터미널과 2개의 프린터를 덧붙인다. 이러한 경우에 평균 처리시간에 영향을 끼치는지 아닌지를 결정하고 싶다. 이 결정을 위해서 아래의 가설을 검증하면 된다.

$$H_0: \mu = 15$$
$$H_1: \mu \ne 15 \quad \text{(새로운 장비들이 처리시간에 영향을 미친다)}$$

위에서 알 수 있듯이 평균 μ에 대한 가설은 세 가지 일반적인 형태 중의 하나이다. 평균의 널값을 μ_0라고 표기하는 경우에는 아래와 같은 형태가 된다.

모평균의 가설검정을 위한 세 가지 유형

I	II	III
$H_0: \mu \le \mu_0$	$H_0: \mu \ge \mu_0$	$H_0: \mu = \mu_0$
$H_1: \mu > \mu_0$	$H_1: \mu < \mu_0$	$H_1: \mu \ne \mu_0$
오른쪽꼬리검정	왼쪽꼬리검정	양쪽꼬리검정

형태 I의 가설을 검정할 때 H_0를 기각하도록 하는 영역이 검정통계량 분포의 상위(또는 오른쪽) 부분이기 때문에 형태 I은 오른쪽꼬리검정(right-tailed test)이라 한다. 이에 대해서는 예제 7.5.4에 설명되어 있다. 마찬가지로 형태 II의 가설을 검정할 때에 H_0를 기각하도록 하는 영역이 검정통계량 분포의 하위(또는 왼쪽) 부분이기 때문에 형태 II는 왼쪽꼬리검정(left-tailed test)이라 한다. 양쪽꼬리검정에서는 기각영역이 검정통계량 분포의 상위와 하위 꼬리 영역들로 구성된다. 형태 I과 형태 II 같은 단측검정에서 대립가설의 부등식이 기각영역을 향하고 있다는 것을 기억하기 바란다.

어떤 매개변수의 가설을 검정하려고 할 때 명심해야 할 한 가지 일반적인 사실이 있다.

> 매개변수 θ에 대한 가설을 검증하기 위해서는 $\theta=\theta_0$라는 가정하에 확률분포가 근사적으로 알려져 있는 통계량을 찾아야 한다.

이 통계량을 검정통계량으로 사용할 것이다. 이러한 통계량은 쉽게 찾을 수 있다. 7.2절에서 X가 정규분포라고 하면 $(\bar{X}-\mu_0)/(S/\sqrt{n})$은 T_{n-1} 분포에 따른다는 사실을 배웠다. 이러한 통계량에 근거한 검정을 T 검정(T test)이라고 한다.

평균 μ에 대한 가설검정은 H_0: $\mu=\mu_0$와 대립가설로 $\mu > \mu_0$, $\mu < \mu_0$, 또는 $\mu \neq \mu_0$ 중의 하나를 사용하여 시행된다. 7.3절에서 배웠던 가설검정과 유사한 이유로 위와 같은 가설검정 방법이 타당하다. 특히 μ_0를 기각하면서 $\mu > \mu_0$라고 결론을 이끄는 검정통계량의 값은 또한 μ_0보다 작은 임의의 값을 기각하도록 할 것이다. μ_0를 기각하면서 $\mu < \mu_0$라고 결론을 이끄는 검정통계량의 값은 또한 μ_0 보다 큰 임의의 값을 기각하도록 할 것이다. 이러한 이유로 많은 통계학자들은 아래와 같은 세 가지 형태로 표현하는 것을 선호한다.

I	II	III
H_0: $\mu = \mu_0$	H_0: $\mu = \mu_0$	H_0: $\mu = \mu_0$
H_1: $\mu > \mu_0$	H_1: $\mu < \mu_0$	H_1: $\mu \neq \mu_0$
오른쪽꼬리검정	왼쪽꼬리검정	양쪽꼬리검정

이것은 평균 μ에 대한 가설검정을 수행할 때 $\mu=\mu_0$라는 가정하에 α 값이 계산되고, 평균 μ에 대한 유의수준 검정을 수행할 때 $\mu=\mu_0$라는 가정하에 P 값을 계산한다는 사실을 강조한다. 이 책에서는 이 표기 방법을 사용한다.

예제 7.5.4. 대형 텔레비전 송신기가 주변 공기를 오염시키는지 여부를 확인하기 위해(예제 7.5.1 참조) 아래와 같은 검정을 실시한다.

$$H_0: \mu = 10$$
$$H_1: \mu > 10$$

대립가설과 관련된 부등호가 오른쪽을 가리키므로 이 검정은 오른쪽꼬리검정에 해당된다.

일주일 기간 동안 임의로 추출한 시간에서 표본 25개로부터 데이터를 관측하였다. 이 검정통계량

$$(\bar{X} - 10)/(S/\sqrt{25})$$

는 H_0가 참이라면 T_{24} 분포를 따른다. $\bar{X}$가 평균에 대한 불편추정량이므로 H_0가 참이라면 $\bar{X}$의 관측값은 10에 가까운 값이 되리라고 기대한다. 이것은 검정통계량 $(\bar{X}-10)$이 작은 값이 되도록 강요하여 검정통계량의 관측값이 분자를 작게 하도록 한다. 그러나 H_1이 참이라면 $\bar{X}$의 값이 10보다 더 큰 값이 되리라고 기대한다. 즉 $(\bar{X}-10)$이 큰 값이 되어 양의 값이 되기를 기대한다. 이것은 검정통계량이 큰 양의 값을 갖도록 할 것이다. 논리적으로 검정통계량의 관측값이 양의 값이고 상당히 큰 값을 갖게 되어 우연히 발생될 가능성을 낮게 함으로 인해 가설 H_0를 기각하여 H_1을 채택할 것이다.

그러므로 검정을 위한 자연스런 기각영역은 T_{24} 분포의 오른쪽꼬리 또는 상위영역 부분이다. 가설 H_0를 기각하기 위해서 필요한 값이 얼마인지를 결정하기 위해서 사전에 α 값을 설정한다. 만약에 제1종 오류가 발생한다면 그 송신기를 쓸데없이 철거할 것이다. 만약에 제2종 오류가 발생한다면 하나의 잠재적 건강 유해 물질을 탐지하는 데 실패할 것이다. α 값이 작게 되길 원하지만 β 값이 아주 크게 되도록 작은 값은 아니다. 여기서 α 값이 .1이라고 하자. 이 검정에 대한 기각점은 부록 A의 표 VI이나 표 7.8에 나와 있는 바와 같이 1.318이다. 검정통계량의 관측값이 1.318이거나 이보다 더 큰 값이라면 가설 H_0를 기각하여 H_1을 채택할 것이다.

실험을 실시하여 $\bar{x}=10.3$이고 $s=2$임을 알았다. 이 검정통계량의 관측값은 아래와 같다.

$$(\bar{x} - 10)/(s/\sqrt{25}) = (10.3 - 10)/(2/5) = .75$$

이 값은 기각점 1.318보다 아래의 값이므로 가설 H_0를 기각할 수 없다. 이러한 데이터는 그 송신기가 안전한 한곗값보다 큰 평균 전자파를 발생시킨다는 주장을 지지하지 않는다.

좀 더 체계적인 방법으로 몇 가지 설명들을 제시한다. 모든 가설검정은 기본적으로 아래의 네 단계로 구성되어 있다.

1. 가설을 정한다. 연구의 목적은 대립가설이다. 대립가설의 보수는 귀무가설이다.
2. 표본의 데이터를 기준으로 검정통계량의 값을 평가한다. 검정통계량은 가설에 명시된 모

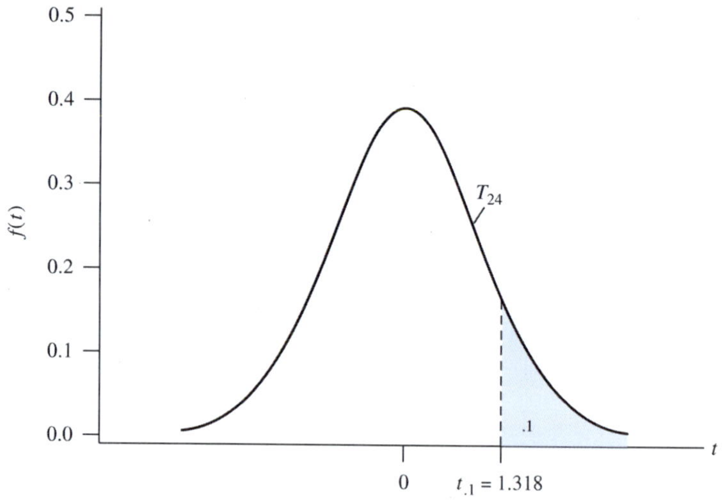

그림 7.8 | 유의수준 α=.1의 오른쪽 꼬리검정의 임계영역 (n=25).

집단의 매개변수에 따라 선택된다.

3. 검정통계량의 분포에 따라 임곗(기각)값들을 찾는다. 그리고 유의수준 α와 검정통계량의 P 값을 찾는다.

4. 검정통계량과 기각값들을 비교하여 결론을 도출한다. 또는 P 값과 유의수준 α를 비교하여 결론을 도출한다.

위의 네 단계에 따라 검정 결과를 얻는 방법을 예제 7.5.4를 통하여 살펴보자.

예제 7.5.4. (네 단계 적용)

[가설] 예제 7.5.1로부터 아래의 가설을 설정한다.

$$H_0: \mu = 10$$
$$H_1: \mu \neq 10$$

[검정통계량] 표본으로부터 $\bar{x}$=10.3과 s=2를 얻었다. T 검정의 검정통계량의 공식에 의해서 검정통계량의 값은 아래와 같다.

$$(\bar{x} - \mu_0)/(s/\sqrt{n}) = (10.3 - 10)/(2/\sqrt{25}) = .75$$

[임곗값] 검정통계량의 자유도는 $n-1=25-1=24$이다. 그러므로 유의수준이 .1일 때 T_{24} 분포에 따라 임곗값은 다음과 같다.

$$t_\alpha = t_{.1} = 1.318$$

[결론] 검정통계량의 값이 임곗값보다 작으므로(.75 < 1.318) 가설 H_0를 기각할 수 없다.

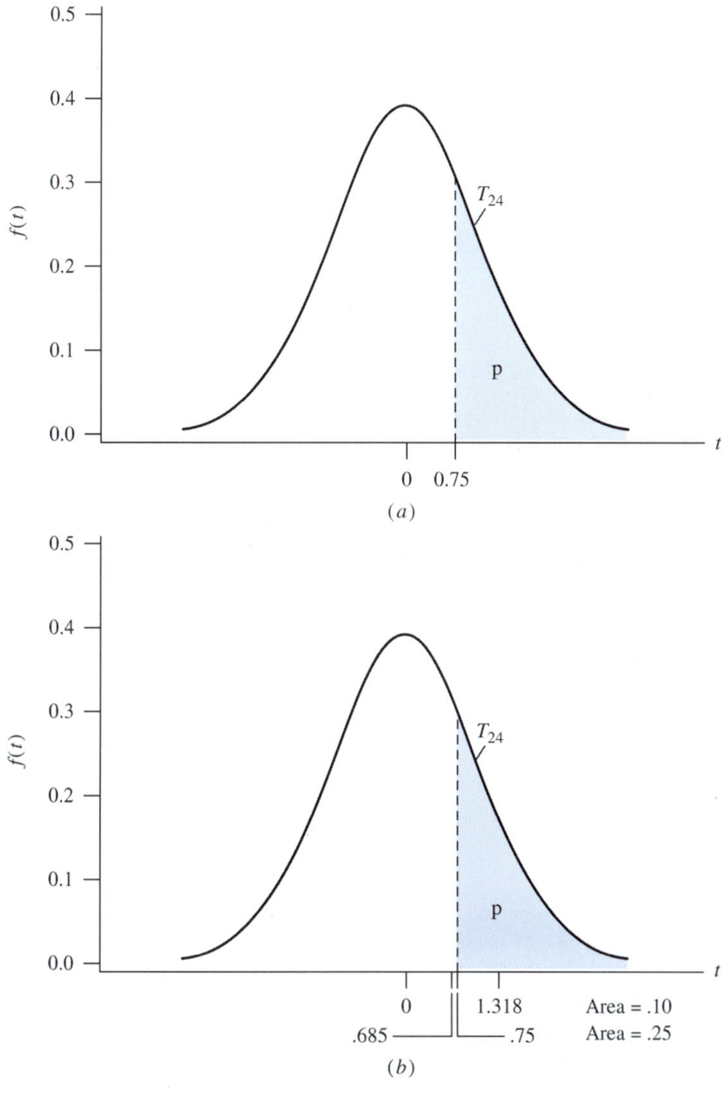

그림 7.9 (*a*) 오른쪽꼬리검정이므로, P = 색칠된 영역 = .75 의 오른쪽 부분. (*b*) P가 .685 의 오른쪽 영역보다 작고 1.318의 오른쪽보다 크므로 $.10 < P < .25$이다.

유의수준 α가 사전에 설정되어 있어도 임곗값을 찾는 것은 실제적으로 필요하지 않다는 것을 지적해 둔다. 그보다는 단순히 항상 검정통계량을 평가하고 P 값을 찾을 수 있다. 만약 P 값이 사전에 설정된 유의수준 α와 거의 동등한 값이라면 그 유의수준에서 가설 H_0를 기각할 수 있다. 예를 들어 앞의 예제에서는 α가 사전에 .10으로 설정되어 있다. 검정통계량의 관측값은 .75이다. 이 값과 연관된 P 값은 그림 7.9(*a*)에 나타나 있다. 자유도가 24인 T 표로부터 이 값은 .685와 1.318 사이에 있는 것을 알 수 있다[그림 7.9(*b*) 참조]. .685의 오른쪽에 있는 영역이 .25이며, P 값이 .25보다 명확하게 작다. 1.318의 오른쪽에 있는 영역은 .10이고, P 값이 이보다 크다. 이러한 결과를 결합함으로써 $.10 < P < .25$라는 결론을 내릴 수 있다. 이 P 값이 사전에 설정된 α의 값 0.05를 초과하기 때문에 가설 H_0는 이 유의수준에서 기각할

수 없다. 이러한 검정 기술은 대부분의 심각한 데이터 분석이 상업적으로 이용 가능한 컴퓨터 패키지 중 하나를 사용하여 수행되는 요즘에 특히 유용하다. 이 패키지들은 일반적으로 자동으로 P 값을 보고해 준다. 유의수준 α가 사전에 설정되어 있는 검정을 수행하기 위해 보고서의 P 값을 α 값과 비교한다. 만약 $P \le \alpha$이라면 가설 H_0를 유의수준에서 기각할 수 있다. 만약에 그렇지 않으면 기각할 수 없다.

일부의 통계 패키지들은 사용자가 검정이 오른쪽인지, 왼쪽인지, 또는 양쪽꼬리인지를 지정하게 되어 있다. 다른 어떠한 것들은 자동으로 양측검정을 실시한다. 후자의 경우 실제 P 값은 컴퓨터에 의해 보고된 값의 반이다. 따라서 주어진 확률이 어떠한 것인지를 이해하기 위해서 통계 패키지의 설명서를 잘 숙지하여야 한다.

다음 예제는 양측꼬리 가설을 검증하는 데 있어서 유의수준 검정을 사용하는 방법을 보여 준다.

예제 7.5.5. 컴퓨터 시스템에 10개의 터미널과 1개의 프린터를 추가하였을 때의 효과를 연구하기 위해(예제 7.5.3 참조) 표본 30개로부터 $\bar{x}=14.0$과 $s=3$을 얻었다. 유의수준은 .1이라고 하자. 새로 추가된 이 장비들이 작업처리에 영향을 미치는지를 알고 싶다.

[가설] 새로운 장비들이 평균 처리시간을 증가시킬 것인지 감소시킬 것인지에 대한 사전 지식이 없으므로 아래와 같이 양측검정을 위한 가설을 설정한다.

H_0: $\mu=15$
H_1: $\mu \neq 15$ (새로운 장비들이 처리시간에 영향을 미친다)

즉 검정통계량의 관측값이 양의 값이든 음의 값이든, 너무 커서 그러한 사건이 발생할 가능성이 없다면 가설 H_0를 기각하고 가설 H_1을 채택할 것이다.

[검정통계량] T 검정의 검정통계량에 대한 공식을 적용하면 검정통계량의 값은 아래와 같다.

$$(\bar{x}-15)/(s/\sqrt{30}) = (14-15)/(3/\sqrt{30}) \doteq -1.83$$

[임곗값] 검정통계량의 자유도는 $n-1=30-1=29$이다. 그러므로 유의수준이 .1이므로 T_{29} 분포에 따라서 임곗값은 아래와 같다.

$$\pm t_{\alpha/2} = \pm t_{.05} = \pm 1.6999$$

[결론] 검정통계량의 값이 왼쪽 임곗값보다 작으므로($-1.83 < -1.699$) 가설 H_0를 기각하고 새로운 장비들이 실행시간에 영향을 미치고 있다고 결론을 내린다.

또한 검정을 위한 P 값을 산정할 수 있다. 부록 A의 표 VI으로부터 아래의 값을 얻는다.

$$P[T_{29} \le -1.699] = .05 \quad , \quad P[T_{29} \le -2.045] = .025$$

검정통계량 -1.83은 -1.699와 -2.045 사이의 값이므로 음수로 측정된 값의 크기만큼 큰 값을 관측할 확률이 .025와 0.05 사이에 있다. 그러나 양측검정을 하려고 계획했다. 이것은 검정의 P 값이 양수든 음수든 관측된 값만큼 극단적인 값을 관찰할 확률을 의미한다. 즉 검정의 P 값은 위에서 계산한 값의 배로 산정된다. 이 검정을 위해서 $.05 < P < .1$이라고 보고할 수 있다.

확률변수 X가 정규분포라고 하면 통계량 $(\bar{X}-\mu_0)/(S/\sqrt{n})$는 T_{n-1} 분포에 따른다는 점을 강조하고 싶다. X가 정규분포가 아니라면 주의가 필요하다. 표본의 크기가 큰 경우($n \ge 25$)에는 이러한 가정을 위반하는 것이 검정통계량의 분포에 심각한 영향을 미치지 않는다고 알려져 있다. 이것은 제1종 및 제2종 오류를 범할 확률이 분명하게 바뀌지 않는다는 것을 의미한다[6]. 이러한 성질을 견고성(robustness)이라고 한다. 그러나 표본의 크기가 작은 경우에는 T 검정을 비정규 데이터에 실행할 수 없다. 많은 통계 소프트웨어 패키지들은 정규성에 대한 검증 과정들이 있다. 이 경우에는 아래 가설을 검증한다.

H_0: 모집단이 정규분포인 분포로부터 추출한 표본 자료
H_1: 모집단이 정규분포가 아닌 분포로부터 추출한 표본 자료

표본크기를 고려한 이러한 검정의 결과는 T 검정으로 진행할 것인지 아니면 7.7절에서 설명할 비모수 검증방법 중에서 하나를 선택하여 진행할 것인지 여부를 결정하는 데 사용할 수 있다.

7.6 분산의 가설검정

이 절에서는 σ^2 또는 σ의 값에 대한 가설을 검정하는 방법을 설명한다. 이 검정은 평균에 대한 검정과 같은 유형을 갖는다. σ_0^2을 모집단에 대한 널값으로 하여 아래와 같은 유형으로 요약해 본다.

모집단의 분산에 대한 가설검정의 세 가지 유형

I	II	III
$H_0: \sigma^2 = \sigma_0^2$	$H_0: \sigma^2 = \sigma_0^2$	$H_0: \sigma^2 = \sigma_0^2$
$H_1: \sigma^2 > \sigma_0^2$	$H_1: \sigma^2 < \sigma_0^2$	$H_1: \sigma^2 \ne \sigma_0^2$
오른쪽꼬리검정	왼쪽꼬리검정	양쪽꼬리검정

위의 각각을 검정하는 데 사용되는 검정통계량은 $(n-1)S^2/\sigma_0^2$ 이다. 정규분포로부터 표본을 추출할 때에 이 통계량은 $\sigma^2=\sigma_0^2$ 로 제공된 자유도 $n-1$ 인 카이제곱분포를 따른다. 기대하고 있듯이 오른쪽 그리고 왼쪽검정을 위한 기각영역은 각각 X_{n-1}^2 분포의 상위 쪽 그리고 하위 쪽의 영역이다. 양측검정을 위한 기각영역은 이 분포의 상위 쪽과 하위 쪽으로 구성된다.

예제 7.6.1. 새로운 자동차 모델의 전륜 하프샤프트를 설계하는 데 연구 대상의 하나인 확률변수는 일정한 속도(CV) 결합기의 변위(밀리미터)이다. 결합각을 12°로 고정하고 표본 20개로부터 아래의 데이터를 얻었다.

6.2	1.9	4.4	4.9	3.5
4.6	4.2	1.1	1.3	4.8
4.1	3.7	2.5	3.7	4.2
1.4	2.6	1.5	3.9	3.2

전륜 하프샤프트를 설계하는 공학자들은 CV 결합기의 변위에 대한 표준편차가 1.5 밀리미터보다 작다고 주장한다. 주어진 20개의 관측값으로부터 구한 표준편차는 1.41 밀리미터이다. 이러한 데이터는 그 공학자의 주장을 지지하는가? 유의수준 $\alpha=.05$ 를 가정한다.

[가설] 이 질문에 답하기 위해서 아래의 검정을 설정한다.

$$H_0: \sigma = 1.5$$
$$H_1: \sigma < 1.5$$

이것은 아래의 가설과 동등하다.

$$H_0: \sigma^2 = (1.5)^2$$
$$H_1: \sigma^2 < (1.5)^2$$

[검정통계량] 이 표본 자료로부터 $s=1.41$ 을 얻었다. 검정통계량의 관측값은 아래와 같다.

$$\frac{(n-1)s^2}{\sigma_0^2} = \frac{19(1.41)^2}{(1.5)^2} = 16.79$$

[임곗값] 이 검정이 왼쪽꼬리검정이므로 이 값이 아주 작아서 H_0 가 사실일 가능성이 아주 적게 된다면 가설 H_0 를 기각한다. 이 자유도는 $n-1=20-1=19$ 이다. 분포 X_{19}^2 로부터 임곗값은 아래와 같다.

$$\chi_{.05}^2 = 30.14$$

[결론] 이 임곗값이 검정통계량의 값보다 크므로(30.14 > 16.79) 가설 H_0를 기각할 수 없다. 이들 데이터는 $\sigma < 1.5$밀리미터라는 주장을 지지하지 않는다.

그리고 P 값은 아래와 같이 산정한다. 카이제곱 표로부터 아래의 값을 얻는다.

$$P[X_{19}^2 \le 14.6] = .25 \quad , \quad P[X_{19}^2 \le 18.3] = .50$$

검정통계량의 관측값 16.79는 14.6과 18.3 사이의 값이므로 이 검정의 P 값은 .25와 .50 사이에 존재한다.

표본의 크기가 클 때($n \ge 25$), T 검정통계량은 정규분포의 가정이 위반될 경우에도 평균 μ에 대해 추론할 수 있다는 사실을 기억하기 바란다. 표본의 크기가 작은 경우에는 이 추론에 심각한 문제가 생긴다. 불행하게도 σ^2과 σ에 대한 추론을 하는데 동일하게 X_{n-1}^2 통계량을 사용할 수 없다는 것이다. 이러한 이유 때문에 σ^2에 대한 신뢰구간을 알려고 할 때나 이 매개변수에 대한 값의 가설검정을 하는데 있어서 정규분포성에 대한 검사가 이루어져야 한다. 만약에 데이터가 비정규분포로부터 추출되었다면 이러한 방법들은 사용될 수 없다.

7.7 대안적인 비모수적 방법들

지금까지 정규분포의 평균에 관한 가설을 검정하기 위해 Z 및 T 분포를 사용하는 방법을 배웠다. 이 절차들은 정규분포로부터 표본을 추출하거나 또는 표본의 크기가 충분히 큰 것을 가정하였다. 그래서 정규화의 가정으로부터 얻은 값들의 편차들이 그 결과에 심각한 영향을 미치지 않도록 하였다. 현실에서 실험자들은 정규분포를 가정하는 것이 분명히 무리한 가정이며 표본의 크기가 작은 표본으로부터 데이터를 얻고 있다는 것을 알고 있다. 이 경우에는 실험자들에게 Z 및 T 검정을 사용하기보다는 위치에 대한 '비모수' 검정을 사용하는 것이 좋다고 제안한다. 이 절에서는 '비모수' 검정의 의미를 확인한다. 또한 위치에 대한 일반적인 Z와 T 검정 방법의 대안으로 몇 가지 비모수적 방법들을 제시한다.

'비모수'와 '분포와 무관함'은 같은 의미로 자주 사용된다. '비모수' 검정이라는 용어를 사용할 때는 표본으로부터 추출된 데이터에 대해 어떤 특정한 분포에 관한 가정을 하지 않는다는 속성을 가진 검정을 말하는 것이다. 일반적으로 분포가 연속이라고 가정하지만, 연구하려는 확률변수가 어떠한 부류에 속하는지를 지정할 필요가 없다. 특히 연구하려는 확률변수가 정규분포를 따른다는 가정은 할 필요가 없다. 따라서 비모수적 방법은 정규이론에 근거한 분포들보다 더 많은 부류에 적용할 수 있다.

본질적으로 동일한 것을 검정하기 위해 설계된 두 가지 통계적인 과정들을 비교할 때 두 가지 성질, 즉 제1종 오류를 범할 확률과 검정력을 조사한다. 유의수준 α가 작게 되기를 원하고 동시에 거짓인 귀무가설을 기각할 확률을 높게 하고자 한다. 일반적으로 고정된 α 수준에 대해서 정규이론 과정들이 정규이론 검정에 대한 가정들이 충족될 때에 대응되는 비모수적 방법보다도 더욱 강력한 방법이 된다. 그러나 연구들은 이러한 가정이 충족되지 않을 때, 정규이론 절차를 사용하는 것은 명백한 α 수준이 의심스럽다는 점에 있어서 대략적인 검정을 이끌게 된다. 예를 들어 만약에 정규성과 거리가 먼 데이터들의 분산에 대하여 유의수준 .05로 카이제곱 검정을 실행한다면 참인 귀무가설을 기각할 실제적인 확률이 .05와 멀리 떨어져 있을 것이다. 어떤 경우에는 근사치가 우수하지만 다른 경우에는 완전히 받아들일 수 없을 만큼 나쁘다. 정규이론 가정이 유효하지 않은 상황에서 정규이론 과정을 사용하는 것은 위험하다. 이러한 경우에는 비모수 과정을 사용하는 것이 타당하다. 이러한 방법은 일반적으로 정규이론 가정이 충족되지 않을 때 데이터를 분석하는 데 우수하다. 그들은 정규이론의 가정이 충족되는 경우에도 정규이론에 근거한 검정 방법보다도 매우 호의적이다. 검정 작업의 안전한 행위는 조언을 따라 하는 것이다: 의심스러울 때에는 비모수 검정을 사용하는 것이 좋다!

이 절에서는 부호검정 및 윌콕슨 부호검정 방법을 설명할 것이다. 이 두 가지 방법은 모집단의 중앙값의 형태로 위치를 검정하는 데 사용할 수 있다.

중앙값에 대한 부호검정

임의의 연속분포에서 확률변수 X의 중앙값은 아래와 같은 값 M으로 정의한다.

$$P(X < M) = P(X > M) = 1/2$$

즉 중앙값은 한 분포의 백분위 중에서 50번째 수이다. 정규분포와 같은 임의의 대칭적인 분포에서는 모집단의 평균과 중앙값이 동일하다. 부호검정은 7.3절에서 설명하였던 이항 검정의 한 형태이다. 변수 X는 중앙값 M을 갖고 있는 연속확률변수이고 표본의 크기가 n인 X_1, $X_2, X_3, \ldots, X_n$은 명백하지 않은 분포로부터 임의 추출한 값이라고 하자. 만약에 M_0가 모집단의 중앙값에 대한 가상의 값이라고 할 때 검정할 가설의 유용한 형태는 아래와 같다.

모집단의 중앙값에 대한 가설검정의 세 가지 유형

$H_0: M = M_0$	$H_0: M = M_0$	$H_0: M = M_0$
$H_1: M > M_0$	$H_1: M < M_0$	$H_1: M \neq M_0$
오른쪽꼬리검정	왼쪽꼬리검정	양쪽꼬리검정

연속인 분포의 가정하에서 차이 $X_i - M_0$의 각각은 양수가 될 확률이 1/2이고 음수가 될 확률이 1/2, 그리고 제로가 될 확률은 0이 될 것이다.

Q_+를 얻어진 양수의 개수라고 하자. 만약 H_0가 참이라면 Q_+는 매개변수가 n과 1/2인 이항분포를 따르며 그 Q_+의 기댓값은 $n/2$이다. 즉 H_0가 참이라면 차이의 1/2은 양수이고 나

머지는 음수이다. 왼쪽꼬리검정을 실행함에 있어서 참 중앙값 M이 가설로 설정한 중앙값 M_0 아래에 있을 상황을 탐지하고자 한다. 만약 이것이 참이라면 차이의 절반 이상이 음수 값이 될 것이라고 기대한다. 이것은 기대하는 것보다 적은 양의 차이 값을 나타낼 것이다. 그러므로 하나의 논리적인 과정은 Q_+의 관측된 값이 너무 작아서 그런 경우가 우연히 발생하지 않는다면 가설 H_0: $M=M_0$를 기각하고 가설 H_1: $M < M_0$를 채택할 것이다. 오른쪽꼬리검정을 실행하는 경우에는 상황이 반대로 될 것이다. 이 경우에는 얻어진 차이의 음수의 개수인 Q가 너무 작아서 그런 경우가 우연히 발생하지 않는다면 가설 H_0: $M=M_0$를 기각하고 가설 H_1: $M > M_0$를 채택할 것이다. 양쪽꼬리검정은 Q_+와 Q 중에서 작은 값이 너무 작아서 그런 경우가 우연히 발생하지 않는다면 가설 H_0: $M= M_0$를 기각하고 가설 H_1: $M \neq M_0$를 채택할 것이다. 다음의 예제를 통하여 부호검정의 방법을 살펴본다.

예제 7.7.1. 조립라인에서 하나의 일을 처리하는 데 표준적인 방법에서는 중앙값 55초의 소요시간이 필요하다. 요구되는 평균시간을 감소시키려는 새로운 과정이 개발되고 있다. 새로운 과정을 검정하기 위해서 일을 완료하기 위한 15개의 과제가 요청되었다. 그리고 이들에 대한 관측에 의해 아래와 같은 소요시간, 확률변수 X의 값을 얻었다.

35	65	48	40	70	50	58	36
47	41	49	39	34	33	31	

유의수준 $\alpha=.05$를 가정하자. 새로운 과정이 일을 완료하기 위해 요구되는 중앙값 시간을 감소시킨다는 증거가 있는가?

[가설] 아래의 가설을 검정한다.

$$H_0: M = 55$$
$$H_1: M < 55$$

이들 데이터에 대한 줄기-잎 도표가 그림 7.10에 나타나 있다. 이 표는 변수 X가 정규분포가 아니라는 것을 보이고 있다. 표본의 크기가 작으므로 비모수적 부호검정 방법을 사용하여 위치에 대한 검정을 시행한다.

[검정통계량] 왼쪽꼬리검정을 실시한다. 검정통계량이 Q_+이고 이 값은 각 관측값으로부터 55를 빼서 얻어진 양수들의 개수이다. 줄기-잎 도표로부터 관측된 값 중에서 3개만이 55를 초과하고 있음을 쉽게 알 수 있다. 그러므로 검정통계량의 관측값은 아래와 같다.

$$Q_+ = 3$$

[P 값] 검정통계량 Q_+가 이항분포에 따르고 있으므로 임곗값은 찾지 않는다. 오히려 검정을 위한 P 값을 찾는다. 이 값은 Q_+가 $n=15$와 $p=1/2$인 이항분포라는 가정하에 Q_+ 값이 검정통계량보다 작거나 보다 작은 값이 될 확률이다. 부록 A의 표 I로부터

$$P = P[Q_+ \le 3|n = 15, p = 1/2] = .0176$$

을 얻는다.

[결론] P 값이 작으므로($.0176 < .05=\alpha$) 가설 H_0를 기각한다. 새로운 과정은 일을 처리하는 데 요구되는 표준 중앙값을 감소시킨다는 통계적인 증거가 있다고 할 수 있다.

기본 분포가 연속인 것으로 가정하기 때문에 부호검정을 실시하는 데 있어서 이론적으로 제로 차이들이 발생하지 않는다. 그러나 추측할 수 있듯이 때로는 제로들이 실제로 발생한다. 이러한 것은 여러 가지 이유로 발생하지만 기본적인 문제는 시간, 길이, 속도, 그리고 부피와 같은 연속적인 현상들을 측정하기 위한 정확한 장비들이 부족하기 때문이다. 제로 차이를 다루는 일은 광범위하게 연구되어 왔다. 이러한 차이점을 다루는 다양한 권장 방법들이 있다. 아래에서 몇 가지 권장 방법들을 다룬다.

부호검정에서의 제로 값 처리

1. 귀무가설을 기각하도록 하는 데 가장 작게 도움이 되는 대수적 부호 쪽에 제로 차이를 할당한다. 그러므로 왼쪽꼬리검정에서는 제로 차이를 양수 쪽에 할당할 것이다. 오른쪽꼬리검정에서는 음수 쪽에 할당할 것이다. 양쪽꼬리검정에서는 제로 차이를 가장 적게 발생하는 대수 기호 쪽에 할당한다. 예를 들어 양측검정에서 관측한 결과가 음수가 3개, 양수가 15개, 그리고 6개의 제로 값이라고 하면 6개의 제로 값을 음수 쪽으로 할당하여 다룬다. 이러한 과정은 제로 차이 값이 귀무가설 H_0: $M=M_0$를 지지하기 때문에 의미가 있다. 이러한 기술들은 가설 H_0를 기각하기 어렵게 만들어서 귀무가설을 믿게 만든다.
2. 제로 값의 개수가 표본의 크기 n에 비해서 상대적으로 작을 때에는 이 제로 차이들을 무시하여 표본의 크기를 감소시킨다.

3	569431
4	80719
5	08
6	5
7	0

그림 7.10 조립라인에서 일을 처리하는 데 필요한 소요시간에 대한 줄기-잎-도표: 비정규분포를 보임.

가끔 차이 $X_i - M_0$가 그것의 크기가 아닌 각 차이의 대수적 부호를 관측할 수 있는 상황이 발생한다. 이러한 경우에는 부호검정 방법이 위치검정을 위해 사용될 수 있는 유일한 대안이다. 연습문제 53번에서는 이러한 문제점의 예를 보이고 있다. 보통 차이의 실제적인 값이 얻어질 수 있다. 불행히도 부호검정 방법은 이 추가적인 정보를 이용하지 못하고 있다. 이것은 음수 차이 $-.1$과 -1000을 동일한 방법으로 취급하고 있다. 실제적인 차이 값을 얻을 수 있는 데이터에 대해서는 두 번째 비모수적인 검정 방법이 위치검정을 하는 데 사용될 수 있다. 이 윌콕슨 부호순위검정 방법은 차이 $X_i - M_0$의 관측값의 부호와 크기를 모두 이용한다.

윌콕슨 부호순위검정

여기서 표본의 크기가 n인 $X_1, X_2, X_3, ..., X_n$은 미지의 중앙값 M에 대칭인 연속적인 모집단으로부터 추출한 표본이라 하자. 차이 $X_i - M_0$, $i = 1, 2, 3, ..., n$의 집합을 생각해 보자. 여기서 M_0는 추출된 표본으로부터의 분포에 대한 중앙값이라고 한다. 검정할 귀무가설은 H_0: $M = M_0$이고 이에 대응되는 대립가설은 H_1: $M > M_0$, H_1: $M < M_0$, 또는 H_1: $M \neq M_0$ 중 하나이다. 만약에 H_0가 참이라면 차이 $X_i - M_0$는 거의 0에 대칭인 분포를 나타낼 것이다. 차이들은 대수적인 부호뿐만아니라 크기도 얻어질 수 있다고 가정한다. 검정을 시행하기 위해서 n개의 절대적인 차이 $|X_i - M_0|$의 집합을 얻는다. 그리고 절대적인 크기 순서에 따라 1에서 n까지 가장 작은 것을 우선순위 1로 하여 차례차례 순위를 매긴다. 이들의 우선순위 $R_1, R_2, ..., R_n$에 각각의 원래의 차이 값의 부호를 각 우선순위에 첨부하여 각각에 할당한다. 만약에 H_0가 참이라면 각 우선순위는 양수로 할당된 것과 동일한 개수만큼의 음수로 할당된다. 아래의 통계량을 생각해 보자.

윌콕슨 검정통계량

$$W_+ = \sum_{\substack{\text{all}\\ \text{positive}\\ \text{ranks}}} R_i \quad \text{and} \quad |W_-| = \sum_{\substack{\text{all}\\ \text{negative}\\ \text{ranks}}} |R_i|$$

만약에 H_0가 참이라면 W_+와 $|W_-|$의 값은 거의 동일하게 될 것이다. 만약에 $M > M_0$라면 W_+는 너무 크거나 $|W_-|$는 너무 작게 되는 경향이 있을 것이다. 마찬가지로 만약에 $M < M_0$가 참이라면 위와는 반대의 경우가 될 것이다. 그러므로 검정통계량을 $W = \min(W_+, |W_-|)$로 정의한다. W에 대한 정확한 분포가 표본크기 n과 유의수준 α의 다양한 값에 대한 표로 작성될 수 있다. 이러한 표가 부록 A의 표 VIII이다. 이 표를 사용하여 만약에 W의 관측된 값이 지정된 임곗값과 같거나 작은 경우에는 가설 H_0를 기각한다.

실제로 차이 $X_i - M_0$가 동등한 점수들이 발생한다. 이 동등한 점수가 발생한다면, 동일한 점수를 갖는 그룹에 대한 우선순위는 그룹의 중간 순위의 값으로 매긴다. 예를 들어 차이의 관측된 값이 3, -3, 그리고 3이라 하고, 그것의 순위가 8, 9, 그리고 10이라고 하자. 이 경우에 세 값 각각에 우선순위 9를 할당하고 이 값들 바로 다음 순위의 값에 대하여 우선순위를

11로 할당한다. 예제 7.7.2가 이러한 상황을 잘 나타내고 있다.

예제 7.7.2. 자동차 내부에 사용될 새롭게 설계된 가벼운 물질에 대한 녹는점을 조사하고 있다. 그 물질의 불순물들 때문에 녹는점은 작은 온도 구간 내에서 균일하게 분포되어 있는 확률변수이다. 녹는점의 중간 값은 120°C 보다 작을 것이라고 생각한다. 아래의 데이터로부터 유의수준 .05로 이 주장을 지지할 수 있는가?

115.1	117.8	116.5	121.0
120.3	119.0	119.8	118.5

[가설] 아래와 같이 설정한다.

$$H_0: M = 120$$
$$H_1: M < 120$$

[검정통계량] 먼저 관측된 각각의 값에서 120을 빼고 각 차이의 절댓값을 구한다.

x_i	115.1	120.3	117.8	119.0	116.5	119.8	121.0	118.5
$x_i - 120$	−4.9	.3	−2.2	−1.0	−3.5	−.2	1.0	−1.5
$\lvert x_i - 120\rvert$	4.9	.3	2.2	1.0	3.5	.2	1.0	1.5

이 절댓값을 가지고 1에서 8까지 크기에 따라 순위를 매긴다. 절댓값 1.0은 두 번 발생하고 그것은 순서에 따른 위치가 3과 4이다. 따라서 이 두 값 각각에 3.5의 순위를 할당한다. 그리고 각각의 우선순위에 대수적 부호가 원래의 차이 값의 부호와 동일한 부호를 첨부한다.

$\lvert x_i - 120\rvert$	4.9	.3	2.2	1.0	3.5	.2	1.0	1.5
계수	8	2	6	3.5	7	1	3.5	5
부호화 계수	−8	2	−6	−3.5	−7	−1	3.5	−5

위의 데이터로부터 아래의 값들을 얻는다.

$$W_+ = \sum_{\substack{\text{all}\\ \text{positive}\\ \text{ranks}}} R_i = 2 + 3.5 = 5.5$$

$$|W_-| = \sum_{\substack{\text{all}\\ \text{negative}\\ \text{ranks}}} |R_i| = 8 + 6 + 3.5 + 7 + 1 + 5 = 30.5$$

이것은 왼쪽꼬리검정이므로 검정통계량은 W_+이다. 이 검정통계량의 관측값이 아주 작아서 거의 발생하지 않을 것 같다면 가설 H_0를 기각한다.

[임곗값] 부록 A의 표 VIII로부터 n=8인 경우에 임곗값은 6임을 알 수 있다.

[결론] 검정통계량의 값이 임곗값보다 작으므로($5.5 < 6$) 가설 H_0를 기각하고 이 물질의 녹는점에 대한 중간 값이 120°C보다 작다고 결론을 내린다.

이 검정의 P 값을 추정할 수 있다. 유의수준 $\alpha = .05$(임계점=6)에서 가설 H_0를 기각할 수 있다. 그러나 유의수준 $\alpha = .025$(임계점=4)에서는 가설 H_0를 기각할 수 없다. 그러므로 이 검정의 P 값은 .025와 .05 사이에 존재한다.

표본의 크기 n이 부록 A의 표 VIII에서 지정된 값을 초과하는 경우에는 대표본인 정규분포 근사 방법을 사용할 수 있다.

아래의 정리는 윌콕슨 검정통계량의 근사 분포를 표현하고 있다.

정리 7.7.1(W의 근사 분포). 변수 W를 윌콕슨 부호순위 통계량이라고 하자. 표본의 크기가 큰 경우에 변수 W는 아래와 같은 평균과 분산을 갖는 근사 정규분포에 따른다.

$$E[W] = \frac{n(n+1)}{4}$$

$$\text{Var } W = \frac{n(n+1)(2n+1)}{24}$$

위 정리의 개념을 사용하기 위해서 평균을 빼고 표준편차로 나누어서 변수 W를 표준화한다. 이때 P 값은 표준정규 또는 Z 분포 표로부터 구할 수 있다. 이러한 방법은 표본의 크기가 부록 A의 표 VIII에서 지정된 값을 초과할 때 사용될 것이다. 연습문제 57은 이러한 근사 정규분포 방법을 사용한다.

윌콕슨 부호순위검정 방법은 연구하려는 확률변수가 정규분포라고 하더라도 정규이론 T 검정만큼이나 귀무가설로부터 시작하는 데 아주 민감하다. 다른 대칭적인 분포에 대해서 이 부호순위검정 방법은 보통 T 검정보다 더 강력한 수단이다. 그러므로 실제적인 문제에 있어서 이 검정 방법이 T 검정보다 더 강한 경쟁적인 수단으로 간주되고 있다. 특히 이것은 정규이론에 의한 검정에 대한 가정의 위반이 큰 관심사인 작은 표본인 경우에는 사실이다.

윌콕슨 부호순위검정 방법은 정규분포에 대한 가정은 하지 않지만 분포가 대칭적이라는 가정은 사용한다. 이러한 가정의 타당성을 검정하기 위한 과정들이 개발되어 있다. 그러한 검정의 하나가 참고문헌 [20]에 제시되어 있다.

요약

이 장에서 정규분포의 분산 및 표준편차에 대한 신뢰구간 추정 방법을 공부하였다. 또한 모집단의 분산을 알 수 없는 상황에서 평균의 구간추정 방법을 공부하였다. 이 과정에서 스튜던트-t 분포 또는 T 분포를 사용하였다. 이 새로운 연속 분포들을 자세히 설명하였고 이들의 특성이 Z 또는 표준정규분포와 유사하다는 것을 보았다. 특히 표본의 크기가 큰 경우에는 t 분포의 점들이 근사하게 z 분포라는 것을 보았다.

이어서 통계적 가설들을 검정하는 데 사용되는 방법들을 공부하였다. 항상 두 개의 가설, 즉 귀무가설 H_0와 대립가설 H_1을 다루었으며 연구자의 관심은 대립가설로 설정된다. 그러므로 표본으로부터 추출된 데이터들이 가설 H_0를 기각하고 가설 H_1을 채택하도록 이끌기를 바란다. 검정들이 참인 귀무가설을 기각할 확률을 알 수 있는 방법으로 설계되기를 바란다. 가설을 검정하는 데 있어서 항상 오류에 직면해 있다는 것을 보았다. 만약에 참인 귀무가설을 기각한다면 제1종 오류를 범하게 될 것이고, 거짓인 귀무가설을 기각하는 데 실패한다면 제2종 오류를 범하게 될 것이다. 가설 H_0를 기각할 것인지 아닐지를 결정하는 두 가지 방법이 있음을 보았다. 첫 번째 방법은 가설검정이라고 불린다. 가설을 검정하기 위해서는 유의수준 α가 사전에 설정되어야 한다. 이것은 데이터를 수집하기 전에 기각 또는 임계영역을 설정함으로써 행해진다. 만약에 검정통계량의 관측값이 이 기각영역 안에 있게 된다면 가설 H_0를 기각할 것이다. 가설 H_0를 기각할 것인지 여부를 결정하는 두 번째 방법은 유의수준 검정이라고 한다. 여기서는 데이터를 수집하기 전에 어떠한 기각영역도 사전 설정되지 않는다. 오히려 검정통계량을 평가하고 검정의 확률 또는 P 값을 찾는다. 이 P 값은 검정통계량의 관측된 값이 매개변수 θ의 널값이 정확하다고 관측되는 것보다 비정상적이거나 더 특이하게 관측될 확률이다. 그러므로 P 값은 아주 작은 값이고 그래서 유의수준 α를 사전에 설정할 수 있고 가설 H_0를 기각하도록 한다. 이 P 값이 아주 작은 것으로 된다면 가설 H_0를 기각할 것이다. 각각의 방법에는 장점과 단점들이 있다. 그들이 둘 다 광범위하게 사용되므로 모두 잘 알고 있어야 한다.

일반적으로 T 검정이라는 것을 자세히 설명하였다. 이것은 정규분포의 평균에 대한 가설을 검정하는 데 사용되도록 설계된 검정 방법이다. 이러한 검정은 표본이 정규분포로부터 추출되어야 하며 특히 이러한 제약은 표본의 크기가 작은 경우에 중요하다. 7.7절에서는 정규분포의 가정이 타당하지 않은 경우 T 검정에 대한 약간의 비모수적 대안들을 설명하였다. 비모수적 검정들은 표본이 추출되는 모집단의 분포에 어떠한 가정도 요구하지 않는 검정 방법이다.

마지막으로 정규분포의 분산 또는 표준편차에 대한 가설을 검정하는 방법을 설명하였다. 본 장에서 새로운 용어들을 소개하고 알아야 할 개념들을 설명하였다. 이 장에서 공부한 중요한 용어들은 아래와 같다.

스튜던트-t 분포	귀무가설
대립가설	연구가설
널값	검정통계량
제1종 오류	제2종 오류
α	β
검정력	검정의 크기
임계역 또는 기각영역	유의수준

유의수준 검정	가설검정
확률 또는 *P* 값	임계(기각) 수준
유의의 기술수준	오른쪽꼬리검정
왼쪽꼬리검정	양쪽꼬리검정
비모수적 검정	중앙값

연습문제

7.1절

1. 한 터미널에서 프로그래밍할 때 관심 있는 확률변수는 초 단위 응답시간이다. 어떤 시스템으로부터 아래의 데이터를 얻었다.

1.48	1.26	1.52	1.56	1.48	1.46
1.30	1.28	1.43	1.43	1.55	1.57
1.51	1.53	1.68	1.37	1.47	1.61
1.49	1.43	1.64	1.51	1.60	1.65
1.60	1.64	1.51	1.51	1.53	1.74

(*a*) 줄기-잎 도표를 작성하라. 정규분포의 가정이 합리적으로 나타나는가?

(*b*) 분산 σ^2에 대한 불편 점추정치를 구하라.

(*c*) 분산 σ^2에 대한 95% 신뢰구간을 구하라.

(*d*) 표준편차 σ에 대한 95% 신뢰구간을 구하라.

(*e*) 이 시스템의 관리자로부터 반응시간의 표준편차가 .2초 이상이라는 주장을 듣고 놀라게 될 것인가? 설명하라.

2. 고속도로 엔지니어는 야간 표지판 식별 능력이 그 표지판의 둘레의 휘도에 부분적으로 의존한다는 것을 발견했다. 즉 표지판에 가까운 빛의 강도에 따라 달라진다는 것이다. 아래의 데이터들은 대도시 지역에 있는 고속도로 표지판들 중에서 30개의 임의 표본으로부터 얻은 표지판 둘레의 휘도의 값들이다.("Use of Retrofrflectors in the Improvement of Nighttime Highway Visibility", H. Waltman, *Color*, 1990, pp. 247-251.)

10.9	1.7	9.5	2.9	9.1	3.2
9.1	7.4	13.3	13.1	6.6	13.7
1.5	6.3	7.4	9.9	13.6	17.3
3.6	4.9	13.1	7.8	10.3	10.3
9.6	5.7	2.6	15.1	2.9	16.2

(*a*) 이들 데이터로부터 표본의 분산을 구하라.

(*b*) 이들 데이터가 정규분포로부터 추출한 값이라고 하자. 이 지역의 표지판 둘레의 휘도의 분산에 대한 90% 신뢰구간을 구하라.

(*c*) 이 지역의 표지판 둘레의 휘도의 표준편차에 대한 90% 신뢰구간을 구하라.

(*d*) 앞의 4.5절에서 배운 정규확률 규칙에 의하면 정규 확률변수의 값들은 95% 확률로

그 평균의 두 표준편차 이내에 위치해 있다고 한다. $\bar{X}$와 S를 사용하여 이 지역의 표지판 둘레의 휘도의 평균과 표준편차를 추정하라. 임의로 추출한 표지판 주위의 휘도가 18 cd/m^2를 초과할 것이라는 주장은 타당하지 않은가? 설명하라.

3. X선 미량 분석은 분석의 귀중한 방법이 되었다. 전자 마이크로프로브를 가지고 양적 및 질적 측정이 이루어지고 통계적으로 분석된다. 결정체를 분석하는 한 가지 방법은 두 전압 기법이라고 한다. 이러한 측정으로부터 상업적 제품에 포함되어 있는 칼륨의 백분율을 얻을 수 있다. 이론적으로 무게로 26.6%의 칼륨이 포함되어 있다.

21.9	23.4	22.1	22.1	24.7	24.6
24.0	24.1	24.2	26.5	23.8	25.3
24.8	24.8	24.5	27.8	24.9	
27.2	25.1	25.5	23.7	26.5	
22.0	26.7	25.2	23.1	25.4	

(*a*) 이들 데이터로 줄기-잎 도표를 작성하여 정규성 가정이 타당한지를 검토하라.

(*b*) 이들 데이터의 표본 분산을 찾아라.

(*c*) 분산 σ^2에 대한 99% 신뢰구간을 찾아라.

(*d*) 표준편차 σ에 대한 99% 신뢰구간을 찾아라. 이 신뢰구간은 다소 길다. 이들 데이터로부터 σ에 대한 구간추정을 개선하는 방법을 제안하라. 이 제안에 따른 새로운 추정이 99% 신뢰구간에 의해 주어진 것보다 더 유익한 정보인지를 검토하라.

4. (σ^2의 단측 신뢰구간.) 분산은 신뢰성의 판단 기준이므로 σ^2이 작게 되기를 원한다. 이러한 이유로 σ^2에 대한 단측 신뢰구간을 산출하는 것이 유용하다. 즉 구간을 $[0, L]$ 형태로 찾기를 원한다. 여기서 L은 $P[\sigma^2 \le L] \doteq 1-\alpha$라는 특성을 갖는 통계량이다. 그러한 한 구간에 대한 공식이 아래와 같다.

$$L = (n-1)S^2/\chi^2_{1-\alpha}.$$

점 $\chi^2_{1-\alpha}$는 그것의 왼쪽의 넓이가 α이고 오른쪽의 넓이가 $1-\alpha$인 하한꼬리 카이제곱 곡선의 점이다. 예를 들어 σ^2에 대한 95% 단측 신뢰구간을 산출하기 위해서 사용되는 카이제곱 곡선의 점은 자유도가 $n-1$이고 왼쪽 부분의 넓이가 .05인 지점일 것이다. 못 63 mm의 실제적인 길이 X에 대하여 분산에 대한 95% 단측 신뢰구간을 찾기 위해서 아래와 같은 데이터를 얻었다.

63.0	63.1	63.0	63.0	62.9	63.0	63.0
63.1	62.8	63.1	63.1	63.0	62.9	63.2

제조업자들은 생산된 못의 모집단의 분산이 .03을 초과하지 않는다는 것을 확신하는 검사를 하기 원한다. 위의 표본이 이 주장을 뒷받침하는가? 설명하라.

5. 로봇 기술은 빠르게 성장하는 영역이다. 1995년까지 315,000개의 로봇이 미국 산업에서 사용되고 있다는 보고가 있다. 로봇의 중요한 한 특징은 그것의 정확성이다. 지정된 위치에 접착제를 적용하는 데 사용되는 특정 로봇의 연구에서, 접착제의 배치에 대한 오

류 데이터(인치)를 아래와 같이 획득하였다.

.001	.002	.003	.002	.002
.007	.003	.004	.003	.006
.006	.003	.005	.004	.004
.001	.008	.001	.004	.003
.001	.003	.003	.005	.006

(*a*) 줄기-잎 도표를 작성하라. 배치 오류가 정규분포 형태라고 가정할 수 있는가?

(*b*) 이들 데이터의 표본 분산을 구하라.

(*c*) 연습문제 4를 사용하여 분산 σ^2과 표준편차 σ의 90% 단측 신뢰구간을 구하라.

(*d*) 이 로봇이 표준편차가 .005 인치를 초과하지 않는다면 받아들여질 것이다. 이 기준에 부합되는지 설명하라.

6. 정리 6.1.3에서 표본 분산은 확률변수 X의 분포에도 불구하고 σ^2에 대한 불편추정량이라고 배웠다. 만약에 X가 정규분포라고 하면 이 성질은 정리 7.1.1과 4.3절에서 배운 카이제곱분포의 성질을 사용하여 보다 쉽게 얻어질 수 있다. 이들 결과를 사용하여 정규분포 확률변수 X에 대하여 $E[S^2]=\sigma^2$과 분산 $S^2=2\sigma^4/(n-1)$임을 증명하라.

7. 최근의 연구에서는 지하수 근원 열 펌프를 이용하여 상업용 빌딩을 가열 및 냉각시키는 것이 경제적으로 타당하다는 보고가 있다. 연구된 결정적인 확률변수는 물의 온도이다. 캘리포니아 주의 15개 우물의 표본에서 표준편차 화씨 7.5도를 얻었다. 캘리포니아 우물의 온도의 표준편차에 대한 95% 신뢰구간을 찾아라.

8. 자동차의 차창에 사용되는 유리를 붓는 과정에서 두께의 균일성이 왜곡을 방지하기 위해 바람직하다. 10개의 표본 차창으로부터 표준편차가 .01 인치일 경우 두께의 표준편차에 대한 95% 단측 신뢰구간을 찾아라.

7.2절

9. T 테이블을 사용하여 아래의 각각을 구하라.

(*a*) $t_{.05}(\gamma=8)$

(*b*) $t_{.95}(\gamma=8)$

(*c*) $t_{.975}(\gamma=12)$

(*d*) $t_{.025}(\gamma=12)$

(*e*) $t_{.05}(\gamma=121)$

(*f*) $t_{.05}(\gamma=150)$

(*g*) $P[-t \le {}_{25} \le t]=.90$ 되는 t 점

(*h*) $P[-t \le {}_{25} \le t]=.95$ 되는 t 점

(*i*) $P[T_{15} \ge t]=.05$ 되는 t 점

(*j*) $P[T_{20} \ge t]=.10$ 되는 t 점

(*k*) $P[T_{16} \le -t]=.05$ 되는 t 점

(*l*) $P[T_{30} \leq -t]=.10$ 되는 t 점

10. 슈퍼고퍼는 북극의 두꺼운 얼음을 뚫기 위해 개발된 장비이다. 원뿔 모양의 기구로 높이가 5피트이고, 폭이 4피트이며 구리 코일로 감겨 있고, 화씨 180도로 가열된 물이 그 코일을 통해 뿌려진다. 이를 통해 얼음을 뚫고 수직 원형 축을 녹이도록 한다. 변수 X는 그 고퍼가 시간당 뚫을 수 있는 거리 또는 깊이를 나타낸다. 아래의 데이터는 10개의 검사 구멍으로부터 얻은 깊이(단위: 피트)이다.

2.0	1.7	2.6	1.5	1.4
2.1	3.0	2.5	1.8	1.4

(*a*) 이들 데이터로부터 $\bar{x}$, s^2, 그리고 s를 구하라.

(*b*) 시간당 뚫을 수 있는 평균 길이에 대한 90% 신뢰구간을 구하라.("The Lost Squadron", Steven Petrow, *LIFE*, December 1992.)

11. 금속 전선관은 전기 배선에 사용된다. 1인치 관들을 검사하여 관의 바깥지름에 대하여 아래와 같은 데이터를 얻었다.

1.281	1.293	1.287	1.286
1.288	1.293	1.291	1.295
1.292	1.291	1.290	1.296
1.289	1.289	1.286	1.291
1.291	1.288	1.289	1.286

(*a*) 표본 데이터로부터 $\bar{x}$, s^2, 그리고 s를 구하라.

(*b*) 표본은 정규분포를 한다고 가정한다. 이 관의 바깥지름의 평균에 대한 95% 신뢰구간을 구하라.

(*c*) 이러한 관의 제조자들은 바깥지름의 평균이 1.29인치라고 주장한다. 이 신뢰구간이 이들의 주장을 의심하게 하는지를 설명하라.

12. 경량의 레이저 거리측정기가 수로 측량에 사용된다. 거리측정기를 사용하여 500미터 밖의 물체를 찾을 때 생기는 오류(단위: 미터)에 대한 데이터를 아래와 같이 수집하였다.

−.10	−.02	.10	−.03	.09
.01	−.05	.05	−.06	.01
.03	.06	.02	−.07	.03

(*a*) 이 레이저로 발생한 오류에 대한 평균과 표준편차에 대한 점추정치를 구하라.

(*b*) 측정된 이들 오류가 정규분포를 따른다고 가정한다. 평균 측정 오류에 대한 90% 신뢰구간을 구하라.

(*c*) 경쟁업체에서는 이 제품이 평균에 있어서 적어도 .05미터까지 거리를 과대평가하고 있다고 주장한다. 관측된 데이터로부터 이 주장을 의심할 만한 이유가 있는지 설명하라.

(*d*) 정규확률 규칙(4.5절)에 근거하여 단일 측정 오류가 .15미터를 초과하는 것이 특별하다고 생각하는가? 설명하라.

13. 운영 연구 분야의 고전적인 문제 중 하나는 자동차 경로 문제이다. 이 문제는 위치가 알려진 고객들과 알려진 용량을 가진 많은 자동차를 사용하여 하나의 저장소로부터 공급되는 상품에 대한 수요들로 구성된 시스템을 연구하는 것을 의미한다. 이 연구의 목적은 자동차들이 움직여지는 전체 거리가 최소화되도록 하는 경로들을 찾는 것이다. 하나의 새로운 알고리즘의 특성에 대하여 조사하였다. 이 문제를 해결하는 데 요구되는 CPU 시간들이 아래와 같이 얻어졌다.

2.0	1.4	3.5	2.3	3.2	3.6
.1	3.5	2.2	2.1	2.4	1.5
2.2	2.3	2.7	1.9	1.7	1.8
3.1	1.5	1.5	2.6	2.8	2.5
2.5	3.9	.8	1.8	3.3	3.7

(*a*) 이 알고리즘을 통해 문제를 해결하는 데 필요한 시간의 평균과 표준편차를 추정하라.

(*b*) 문제를 해결하는 데 필요한 평균 시간에 대한 99% 신뢰구간을 구하라.

(*c*) 다른 언어로 작성된 또 다른 알고리즘은 CPU 시간으로 평균 6.6초가 필요하다. 얻어진 해답은 동일하다. 위의 새로운 알고리즘은 계산 시간에 대해 다른 것보다 더 효율적인가? 설명하라.

14. 채굴된 광석의 톤당 복구된 구리의 평균 파운드를 추정하기 위해서 광석 150톤의 표본이 모니터링되었다. 이 표본으로부터 평균 11 파운드와 표준편차 3 파운드를 얻었다. 채굴된 광석의 톤당 복구된 구리의 평균 파운드에 대한 95% 신뢰구간을 구하라.

15. 천연가스의 특정 양은 원유의 각 배럴당 생산된다. 이 가스는 유정 파이프의 상단 가까이에 있는 기름으로부터 새어 나간다. 쿠웨이트 유정에서 사용할 수 있는 천연가스의 양을 추정하는 하나의 시도에서 원유 배럴당 얻어지는 가스의 입방피트의 수, X의 값들을 아래와 같이 얻었다.("The Oil/Gas Separator: A New Cap for Quenching Oil Well Fires:, *Energy* and *Technology*, December 1991, p. 1.)

290	610	790	670	770
420	600	350	800	920
410	810	620	560	550
610	510	390	480	630
470	380	550	570	730

(*a*) 이러한 데이터에 대한 줄기-잎 도표를 작성하라. 이 도표로부터 T 절차를 이루는 정규성 가정이 충족되고 있는가? 설명하라.

(*b*) 이 데이터에 대한 상자그림을 생성하라. 특이점으로 표시되는 데이터가 있는가?

(*c*) 쿠웨이트 유정에서 원유 배럴당 생산된 천연가스의 평균 부피에 대한 99% 신뢰구간을 구하라.

(*d*) 위 데이터를 사용하여 (*c*)에서 구한 신뢰구간보다 더 짧게 되는 구간을 얻기 원한다면 무엇을 하여야 하는가?

16. 부식 방지를 위한 표면 마무리는 일반적으로 자동차와 가전제품 같은 것들에 사용되는

금속 부품의 판매 또는 결합 전에 하는 마지막 제조 공정이다. 이 과정은 종종 이 절차의 전문점에서 수행된다. 강철에 아연 도금을 적용하는 기술을 테스트하고 있다. 연구 중인 변수는 미크론 단위의 코팅 두께이다. 이 자료는 25개 검사 부품들에서 얻어졌다.("The Cinderella of Manufacturing", D. J. C. Hemsley, *Professional Engineering*, vol. 5, no. 7, July/August 1992, pp. 18-20.)

6.4	8.3	7.9	7.5	6.9
8.5	7.0	7.4	7.2	6.8
7.1	8.1	7.5	7.7	8.5
7.8	7.3	8.4	8.0	7.8
7.5	7.8	7.6	8.4	9.9

(*a*) 이들 데이터로부터 이중 줄기-잎 도표를 작성하라. 이 확률변수에 대한 가능한 분포를 설명하라.

(*b*) 이 데이터에 대한 상자그림을 생성하라. 특이점으로 표시되는 데이터를 말하라.

(*c*) 부품들을 조사한 바에 의하면 위의 상자그림을 통해 발견된 비정상적인 데이터 점이 지정된 절차보다 더 오래 코팅 용액에 담겨 있었던 부품에서 발견되었다. 이 데이터의 특이점에 대해서 무엇을 해야 하는가?

(*d*) 위 새로운 과정을 통해 얻은 코팅의 평균 두께에 대한 95% 신뢰구간을 구하라.

(*e*) 이 평균이 7.7미크론이라는 소식이 놀라운 일인가? 위에서 구한 신뢰구간을 기준으로 설명하라.

17. (μ의 단측 신뢰구간.) 단측 신뢰구간은 모집단의 평균에 대한 최댓값 또는 최솟값을 대략적으로 사용할 수 있다. 확률 $P[\mu \leq L] \doteq 1-\alpha$인 신뢰구간 $(-\infty, L]$ 형태는 모집단 평균의 최댓값에 대한 경계를 설정하도록 표기한 것이다. 이 유형의 한 신뢰구간의 공식은 아래와 같다.

$$L = \bar{X} + t_\alpha S/\sqrt{n}$$

신뢰구간 $[L, \infty)$ 형태는 모집단 평균의 최솟값에 대한 경계를 설정하도록 표기한 것이다. 이 유형의 한 신뢰구간의 공식은 아래와 같다.

$$L = \bar{X} - t_\alpha S/\sqrt{n}$$

아래의 데이터를 확률변수 X, 즉 상업 여객기가 목적지를 향해 가는 중에 게이트에서 머무는 시간이라고 한다. 평균 μ가 기대되는 최소 시간에 경계를 설정하여 95% 단측 신뢰구간을 구하라.

25 29 32 37 40 27 30 35 38 41 42 45 45 47 49 50 55 53 60

18. 아래의 데이터는 어떤 지역에 대한 식수의 원천으로 사용하기 위해 고려되는 한 호수에서 가져온 물에 함유된 총 질소 농도(단위: ppm)를 나타낸다.

.042	.023	.049	.036
.048	.035	.048	.043
.045	.052	.049	.028
.023	.045	.038	.035

평균 μ를 위한 가장 큰 가능한 값에 대한 95%의 단측 신뢰구간을 구하라. 식수의 원천으로 받아들일 수 있는 평균 질소 함량은 .07 ppm 이하이어야 한다. 이 호수는 이 기준을 충족시키고 있는지 설명하라.

19. (μ를 추정하기 위해 필요한 표본의 크기.) 세 가지 요소가 μ에 대한 신뢰구간의 길이를 결정한다. 이것은 원하는 신뢰구간, 데이터의 분산, 그리고 표본의 크기이다. 우연한 실험에서 그 결과의 신뢰구간이 너무 길어서 거의 쓸모가 없을 정도인 경우가 있다. 만약에 σ가 알려져 있거나 또는 작은 예비 또는 '파일럿' 연구 결과에서 예상할 수 있다면, 결과의 신뢰구간이 유용할 정도로 짧게 되도록 실험을 설계할 수 있다. 이것은 표본의 크기를 적절하게 선택함으로써 가능하다.

(*a*) 여기서 d를 신뢰구간의 중심인 $\bar{X}$와 신뢰구간의 상단 경계점인 $\bar{X}+z_{\alpha/2}\,\sigma/\sqrt{n}$ 사이의 거리라고 하자. 따라서 $d=z_{\alpha/2}\,\sigma/\sqrt{n}$이다. 신뢰구간 자체는 길이가 $2d$임을 기억하자. $100(1-\alpha)\%$ 신뢰수준을 가지고 평균 추정치 μ가 d 내에 있도록 하는 표본의 크기를 알기 위해서 n에 대한 아래의 방정식을 풀라.

$$n \doteq \frac{(z_{\alpha/2})^2\sigma^2}{d^2} \qquad \sigma\text{를 알고 있는 경우}$$

$$n \doteq \frac{(z_{\alpha/2})^2\hat{\sigma}^2}{d^2} \qquad \sigma\text{를 모르는 경우}$$

(*b*) 밝은 조명에서 디지털 표시장치를 읽는 것은 쉽지 않다. 공학자들은 휘도(밝기)와 색차(색상) 대비 모두를 극대화할 수 있는 필터를 설계하고자 한다. 이를 위해 이 필터가 사용되는 상업용 여객기의 조종석에서 촉광의 평균 수를 추정하는 예비 파일럿 연구가 실행되었고 표준편차가 500촉광이라는 추정치를 얻었다. 95% 신뢰수준을 가지고 평균 μ가 50촉광 이내에 있을 것이라는 추정치를 얻기 위한 표본의 크기는 얼마인가?

(*c*) 특정 지역의 구리 광석이 노천 광산에 대한 채굴이 실현 가능하도록 충분히 순수한지의 여부를 확인하려면 광산 엔지니어는 광석의 평균 등급을 추정해야 한다. 이러한 유형의 과거 경험에서 광석이 1~4%의 범위에 있으면 타당한 등급이라는 사실을 알았다. 정규 확률 규칙과 6장 연습문제 25번에서 σ 추정치가 범위의 1/4 또는 .75 내에 있다면 타당하다고 한다. 90% 신뢰수준을 가지고 평균 μ가 .1% 이내에 있을 것이라는 추정치를 얻기 위해서 어느 정도의 시험 채굴을 하여야 하는가?

20. 한 연구가 컬러 TV 수상기에 사용하기 위해 마이크로프로세서 칩의 패널을 조립하는 데 필요한 평균 시간을 추정하도록 설계되고 있다. 이 평균의 추정치는 조립라인 근로자에

대한 합리적인 할당량을 설정하기 위해 필요하다. 작은 파일럿 연구를 실시하여 아래와 같은 분 단위의 조립라인 데이터를 얻었다.

1.0	1.5	2.2	3.0	2.7
2.0	2.4	2.6	2.3	1.7

(*a*) 이러한 데이터를 기반으로 σ를 추정하라.

(*b*) 99% 신뢰수준으로 평균 μ가 .2분 이내에 있을 것이라는 추정치를 얻기 위해서 표본의 크기가 어느 정도 되어야 하는가?

7.3 절

21. 1969년에 미국에서는 평균적으로 주택 폐기물의 8%가 금속이었다. 재활용 활동의 증가로 인하여 이 수치가 감소되었을 것으로 기대된다. 한 실험이 위의 주장을 입증하기 위해서 실행된다.

(*a*) 이 실험에 대한 적절한 귀무가설과 대립가설을 설정하라.

(*b*) 제1종 오류가 발생된다면 실질적인 의미에서 무엇이 발생하는지 설명하라.

(*c*) 제2종 오류가 발생된다면 실질적인 의미에서 무엇이 발생하는지 설명하라.

(*d*) 가설 H_0가 유의수준 $\alpha=.05$에서 기각되었다는 것은 실질적으로 무엇을 의미하는지 설명하라.

22. 미국에서 방사선의 평균 수준은 연간 .3 rem이다. 방사성 물질의 사용 증가로 이 수치가 증가하고 있다는 것이 두렵다.

(*a*) 이러한 주장을 문서화하기 위하여 적절한 귀무가설과 대립가설을 설정하라.

(*b*) 제1종 오류와 제2종 오류를 만드는 결과들을 실질적인 의미에서 설명하라.

23. 1장에서 언급했듯이 기초공학의 중요한 측면은 모델정립이다. 하나의 이론적 모델이 물리적 현상을 설명하기 위해 고안되었다면 그것이 현실적인 결과를 얻는지 아닌지가 검증되어야 한다. 이 검증은 종종 컴퓨터 시뮬레이션을 통해 이루어진다. 하나의 모델을 검증하기 위해서 아래의 가설을 검정할 것이다.

H_0: 모델을 신뢰할 수 있음

H_1: 모델을 신뢰할 수 없음

(*a*) 제1종 오류가 발생된다면 실질적인 의미에서 무엇이 발생하는지 설명하라. 이 오류를 만들 확률을 모델 구축자의 오류라고 부른다. 이러한 용어가 적절하다고 생각하는가?

(*b*) 제2종 오류가 발생된다면 실질적인 의미에서 무엇이 발생하는지 설명하라. 이 오류를 만들 확률을 모델 사용자의 오류라고 부른다. 이러한 용어가 적절하다고 생각하는가?

24. DNA 검사는 그 증거가 용의자를 명확히 하는지 알아보기 위해 실시된다. 용의자를 식

별하기 위하여 아래의 가설을 검정한다.

H_0: DNA가 용의자의 것이다.
H_1: DNA가 용의자의 것이 아니다.

제1종 오류가 만들어졌다고 가정하자. 위의 설정에서 무슨 일이 발생했는가? DNA 검사가 아주 높은 결정력을 가지고 있다고 하자. 이것은 무엇을 의미하는가?

25. 표본의 크기 15를 가지고 아래의 검정을 실시한다.

$$H_0: p \leq .4$$
$$H_1: p > .4$$

(*a*) $\alpha \doteq .05$ 수준 검증으로 기각영역을 구하라.
(*b*) $x=11$이라는 데이터가 수집되었다면 가설 H_0를 기각할 것인가? 이러한 경우에 어떤 유형의 오류가 가능한가?

26. 표본의 크기 10을 가지고 아래의 검정을 실시한다.

$$H_0: p \geq .7$$
$$H_1: p < .7$$

(*a*) $\alpha \doteq .05$ 수준 검증으로 기각영역을 구하라.
(*b*) $x=5$라는 데이터가 수집되었다면 가설 H_0를 기각할 것인가? 이러한 경우에 어떤 유형의 오류가 가능한가?

27. 짧은 검증 시간에 오류 데이터를 얻을 수 있도록 하기 위해서 수명이 긴 항목에 평소보다 더 큰 스트레스를 가하는 것이 일반적인 관행이다. 이러한 검증을 가속화된 수명 검증이라고 한다. 컴퓨터 시스템에 사용되는 장비들은 금속 산화물 반도체(MOS)를 사용하여 만들어진다. MOS 집적회로에서 초기 오류의 대부분이 산화물 단락회로들을 포함하고 있다고 생각했다. 이러한 주장을 입증하기 위해서 고전압 화면 검증이 많은 회로들에 실시되었고 이중 오류가 있는 최초의 15개를 관측하였다. 여기서 변수 X를 산화물 단락회로들로 인해 오류가 발생한 개수라고 하자.
(*a*) 적절한 귀무가설과 대립가설을 설정하라.
(*b*) 만약 H_0가 참이고 $p=.5$라면, 위 15개의 오류 중에서 몇 개가 산화물 단락회로들로 인해 오류가 발생했다는 개수의 기댓값은 얼마인가?
(*c*) 만약에 X가 11 또는 그 이상이라면 가설 H_0를 기각하고 가설 H_1을 채택한다. 이러한 경우에 유의수준 α를 얼마로 설정한 것인가?
(*d*) 만약 $p=.6, p=.7, p=.8, p=.9$라면 β는 각각 얼마인가?
(*e*) $p=.6, p=.7, p=.8, p=.9$일 때 각각의 검정력을 찾으라.
(*f*) 데이터가 더 수집되어 산화물 단락회로들로 인해 발생한 오류의 개수가 12라는 것

을 알았다면 가설 H_0를 기각할 것인가? 이러한 경우에 어떤 유형의 오류가 발생할 수 있는가?

(g) 데이터가 더 수집되어 산화물 단락회로들로 인해 발생한 오류의 개수가 10이라는 것을 알았다면 가설 H_0를 기각할 것인가? 이러한 경우에 어떤 유형의 오류가 발생할 수 있는가?

28. 컴퓨터 하드웨어와 소프트웨어의 품질과 신뢰성이 중요한 관점이 되고 있다. 미국의 한 회사에서 제조된 16 kbit 동적 RAM에 대하여 동작을 시작하여 초기 1000시간 동안에 오류가 발생할 확률이 .2라는 과거의 경험을 가지고 있다. 새로운 기술과 더 강력한 품질관리로 인해 이 오류율을 감소시킬 수 있으리라고 기대한다. 이러한 주장을 입증하기 위해서 20개의 시스템이 1000시간 동안 모니터링되었고 오류가 발생한 숫자가 기록되었다.

(a) 적절한 귀무가설과 대립가설을 설정하라.

(b) 제1종 오류와 제2종 오류를 만들게 하는 결과들을 실질적인 의미에서 설명하라.

(c) 만약 가설 H_0가 참이고 $p=.2$라면 20번의 실험에서 처음 1000시간 동안에 오류가 발생할 기댓값은 얼마인가?

(d) 만약에 관측된 오류의 개수 X가 많아야 1이라면 가설 H_0를 기각하고 가설 H_1을 채택한다. 이러한 경우에 유의수준 α를 얼마로 설정한 것인가?

(e) 본질적으로 검정에서 오류율 .2와 .1의 차이를 구별할 수 있다고 가정하자. 설계된 검정이 이렇게 할 수 없게 될 확률을 찾으라. 즉 $p=.1$일 때 β를 찾으라. 그리고 $p=.1$일 때 검정력을 찾으라.

(f) 위 (e)의 결과는 $p=.1$과 $p=.2$의 차이를 구별할 수 없다는 것을 지적한다. 표본의 크기 $n=20$으로 고정된 상태에서 β를 낮게 하고 오류율 .1을 탐지할 검정력을 높일 수 있도록 그 검정 방법을 수정한 하나의 방법을 제안할 수 있는가? 여전히 받아들일 수 있을 정도로 α는 충분히 작을 수 있는가? 만약에 이것이 아니라면 α와 β 값을 받아들일 수 있도록 충분히 작게 만들 수 있는 실험을 재설계하는 방법을 제안할 수 있는가?

29. 예제 7.3.3에서 만약에 표본 20개 중 적어도 14개에서 잘못 조정된 전조등을 가지고 있다면 $\alpha=.0577$로 아래의 가설 H_0를 기각할 수 있는 검증을 실시하고자 한다.

H_0: $p \le 0.5$
H_1: $p > 0.5$ (동작 중인 자동차의 대다수가 잘못 조정된 전조등을 가지고 있다)

여기서 $p=.5$일 기회가 발생하지 않을 정도로 너무 큰 X 값은 너무 커서 $p < .5$일 기회가 발생하지 않을 것이라고 주장한다. 즉 $p=.5$일 가능성이 드물다면 $p < .5$일 가능성도 드물 것이라는 것이다. 이것이 사실이라는 것을 확인하기 위해서 $p=.4, .3, .2, .1$일 때 각각의 $P[X \ge 14]$를 구하라. 이들 각각의 확률이 기대했던 .0577보다 작은가?

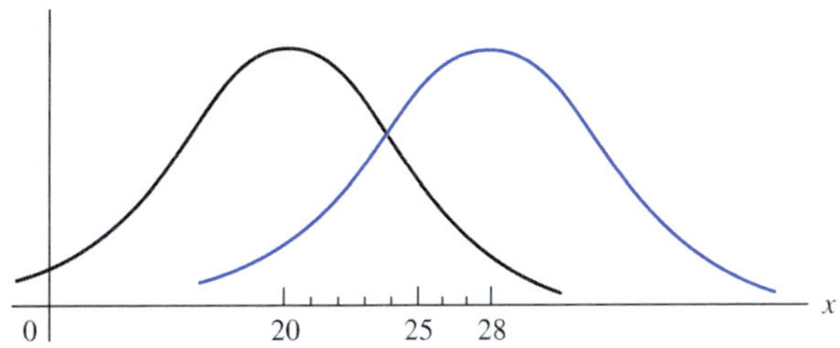

그림 7.11

30. 분산 $\sigma^2=25$인 정규분포로부터 표본 9개를 추출하여 아래의 가설을 검정한다.

$$H_0: \mu=20$$
$$H_1: \mu=28$$

사용된 검정통계량은 표본 평균 $\bar{X}$이다. 만약 관측치 $\bar{X}$가 25보다 크다면 가설 H_0를 기각하고 가설 H_1을 채택한다.

(*a*) 가설 H_0가 참이라면 $\bar{X}$의 분포는 무엇인가?

(*b*) 그림 7.11에서 그것의 면적이 α인 영역을 지적하라.

(*c*) 유의수준 α를 찾으라. 가설 H_0가 참이라는 가정하에 α가 계산된다.

(*d*) 가설 H_1이 참이라면 $\bar{X}$의 분포는 무엇인가?

(*e*) 그림 7.11에서 그것의 면적이 β인 영역을 지적하라. 가설 H_1이 참이라는 가정하에 β가 계산된다.

(*f*) β를 구하라.

(*g*) 검정력을 구하라.

(*h*) 표본의 크기가 증가한다면 $\bar{X}$의 표준편차는 감소할 것이다. 그림 7.11의 두 곡선에서 이것의 기하학적인 효과는 무엇인가?

(*i*) 임계점이 변하지 않고 표본의 크기가 증가한다면 α와 β에 어떠한 영향을 미치는가?

7.4절

31. 자동차의 브레이크 문제, 특히 갑작스럽게 한쪽으로 쏠리는 현상의 원인은 항상 브레이크 패드 때문이다. 미량 원소들, 특히 티타늄은 브레이크 패드와 디스크 사이의 마찰의 정도를 변경시키거나 불균등 마모를 야기할 티타늄 탄소강의 미세한 입자를 형성할 다른 요소와 결합할 수 있다. 브레이크 패드에 함유된 티타늄의 비율은 5%를 초과할 수 없다. 특별한 제조업자에 의해 만들어진 브레이크 패드에 함유된 티타늄이 평균 5%를 초과하는 상황을 감지하기 위한 연구가 실시되었다.

(*a*) 적절한 귀무가설과 대립가설을 설정하라.

(*b*) 제1종 오류와 제2종 오류를 만드는 실제적인 결과를 설명하라.

(*c*) 표본 100개의 브레이크 패드로부터 $\bar{x}=.051$의 평균 백분율을 얻었다. 그리고

$\sigma=.008$ 이라고 가정한다. 검정을 위한 P 값을 찾으라. 가설 H_0가 기각되는가? 지금 어떠한 유형의 오류를 범하고 있는가?

32. 현재 디젤 자동차 배출에 대한 미립자 표준은 .6 g/mi 이다. 새롭게 설계된 엔진이 이 표준 이하 수준으로 미립자 배출량을 감소시킬 것이라고 기대된다.

(*a*) 새로운 엔진이 현재의 표준 이하로 평균 배출량을 갖는다는 확신을 위한 귀무가설과 대립가설을 설정하라.

(*b*) 제1종 오류와 제2종 오류를 만드는 실제적인 결과를 설명하라.

(*c*) 표본 64개의 엔진으로부터 평균 배출량 $\bar{x}=.5$ g/mi 를 얻었다. 그리고 $\sigma=.4$ 라고 하자. 검정을 위한 P 값을 찾으라. 가설 H_0가 기각되는지 설명하라. 지금 어떠한 유형의 오류를 범하고 있는가?

33. 미국의 철강을 생산하는 데 사용되는 용광로의 15% 이상은 여전히 평로 용광로라고 생각한다. 이러한 주장을 입증하기 위해서 표본 40개의 용광로가 선택되어 조사되었다.

(*a*) 위의 주장을 뒷받침하는 적절한 귀무가설과 대립가설을 설정하라.

(*b*) 데이터들을 수집한 결과 40개 중 9개가 평로 용광로라고 파악되었다. 이항분포에 정상적인 근사치를 사용하여 검정을 위한 P 값을 찾으라. 가설 H_0가 기각되는지 설명하라. 지금 어떠한 유형의 오류를 범하고 있는가?

34. 결함이 있는 부품들이 자동화된 조립라인에서도 생산될 수 있다. 특별한 공정은 5%의 결함이 있는 부품을 생산한다. 만약에 결함의 비율이 5%를 초과한다면 그 조립라인은 정지시켜 수리되어야 한다.

(*a*) 결함이 있는 부품을 생산할 비율이 .05를 초과하는 상황을 감지할 필요가 있는 적절한 귀무가설과 대립가설을 설정하라.

(*b*) 제1종 오류와 제2종 오류를 만드는 실제적인 결과를 설명하라.

(*c*) 표본 100개를 선택해서 검사하였다. 이들 중에서 7개가 결함이 있는 것으로 판명되었다. 이항분포에 정상적인 근사치를 사용하여 검정을 위한 P 값을 찾으라. 가설 H_0가 기각되는지 설명하라.

7.5절

35. 아래의 각 경우에 미지의 σ^2 을 갖는 평균에 대한 가설을 검정하기 위한 기각점을 찾으라.

(*a*) $n=25$; $\alpha=.05$ 왼쪽꼬리검정

(*b*) $n=150$; $\alpha=.10$ 왼쪽꼬리검정

(*c*) $n=20$; $\alpha=.025$ 오른쪽꼬리검정

(*d*) $n=16$; $\alpha=.01$ 오른쪽꼬리검정

(*e*) $n=20$; $\alpha=.10$ 양쪽꼬리검정

(*f*) $n=30$; $\alpha=.05$ 양쪽꼬리검정

36. 새로운 8비트 마이크로컴퓨터 칩이 그 컴퓨터로부터 분리되지 않고 재프로그래밍될 수

있도록 개발되었다. 메모리 내의 한 바이트가 14초 이내에 프로그래밍될 수 있다고 주장한다.

(*a*) 위의 주장을 뒷받침하는 적절한 귀무가설과 대립가설을 설정하라.

(*b*) 표본크기 15에 근거해서 유의수준 $\alpha=.05$에 대한 기각점은 무엇인가?

(*c*) 메모리 내의 한 바이트가 재프로그래밍되는 데 걸리는 시간을 매개변수 X로 해서 얻은 데이터는 아래와 같다.

11.6	14.7	12.9	13.3	13.2
13.1	14.2	15.1	12.5	15.3
13.3	13.4	13.0	13.8	12.3

이들 데이터에 대한 줄기-잎 도표를 작성하라. 정규분포의 가정이 타당하다고 생각하는가?

(*d*) 귀무가설을 검정하라. 유의수준 $\alpha=.05$로 가설 H_0를 기각할 수 있는가? 실제적인 의미로 검정 결과를 해석하라. 지금 어떠한 유형의 오류를 범하고 있는가?

37. 오존은 낮은 수준에서도 민감한 식물을 손상시킬 수 있는 스모그의 구성 요소이다. 1979년도에 연방 오존 표준 기준이 .12 ppm으로 설정되었다. 뉴잉글랜드 상공 공기의 오존 수준이 이 기준을 초과한다고 생각했다. 이 주장을 입증하기 위해서 그 지역의 30개 모니터링 지역에서 공기 표본을 수집하였다.

(*a*) 위의 주장을 확인할 수 있는 적절한 귀무가설과 대립가설을 설정하라.

(*b*) 표본 크기 30에 근거해서 유의수준 $\alpha=.01$에 대한 기각점은 무엇인가?

(*c*) 표본을 분석하여 표본 평균 .135와 표준편차 .03을 얻었다. 이들 데이터를 사용하여 가설 H_0를 검정하라. 가설 H_0가 유의수준 $\alpha=.01$로 기각될 수 있는가? 이 평균은 실제적으로 무엇을 의미하는가?

(*d*) 공기 중 오존의 수준을 나타내는 확률변수 X의 분포에 대하여 어떠한 가정을 하고 있는가?

38. 사우디아라비아 오일 수출 정책 모델은 정통한 경제전문가들로부터 인터뷰를 통해 고안된 것이다. 그 모델은 이 나라에서 매일 생산되는 오일의 평균 배럴수를 추정하는 데 사용되고 있다. 그 모델의 유용성은 1980년 일일 평균 9.5백만 배럴을 생산한다고 알려져 있는 값과 비교하여 부분적으로 점검하는 것이다.

(*a*) 50개 표본의 시뮬레이션 결과를 근거로 유의수준 $\alpha=.05$로 아래의 가설검정을 위한 기각점을 찾으라.

$$H_0: \mu = 9.5$$
$$H_1: \mu \neq 9.5$$

(*b*) 표본으로부터 $\bar{x}=9.8$과 $s=1.2$를 얻었다. H_0를 검정하라. 유의수준 $\alpha=.05$로 H_0를 기각할 수 있는가? 이들 표본 데이터를 근거해서 그 모델이 적절하지 못하다고 주장

할 수 있는가? 여기서 어떤 유형의 오류를 가정하고 있는가?

39. 컴퓨터 제품에서 사용되는 하나의 트랜지스터가 낮은 소음을 갖도록 개발되고 있다. 그것의 평균 소음이 현재 제품에서 사용되고 있는 트랜지스터의 소음 2.5 dB 보다 낮다고 주장하고 있다.

(*a*) 이 주장을 입증하기 위해서 적절한 귀무가설과 대립가설을 설정하라

(*b*) 표본 16개로부터 $\bar{x}=1.8$과 $s=.8$을 얻었다. 그 검정을 위해서 P 값을 찾아라. 여기서 H_0가 기각되는가? 그리고 한 트랜지스터의 소음의 정도를 나타내는 확률변수 X의 분포에 관해서 어떠한 가정을 하고 있는가?

(*c*) 이 문제로부터 트랜지스터의 소음의 정도에 관해서 어떠한 결론을 이끌어 낼 수 있는지 설명하라. 만약에 제1종 오류가 발생했다면 무슨 일이 발생하겠는가? 이러한 오류가 만들어지는 확률은 무엇인가?

40. 엘베 강은 중앙 유럽에서 생태학 관점에서 중요하다. 왜냐하면 그 강은 그 지역에 많은 물질들을 배출하기 때문이다. 산업화가 발전해 감에 따라 그 땅에 포함된 광물들이 고갈되어 가고 있다. 이것은 엘베 강의 물에 어떤 광물들이 증가하고 있다는 증거일 것이다. 1982년에 발표된 그 강에 대한 한 연구에서 평균 규소가 4.6 mg/l라고 주장한다.

(*a*) 그 강에서 평균 규소의 함량이 증가하고 있다는 주장을 입증하기 위한 적절한 귀무가설과 대립가설을 설정하라.

(*b*) 표본의 크기 28을 가지고 $\bar{x}=5.2$와 $s=1.6$을 얻었다. 그 가설검정을 위한 P 값을 구하라. 여기서 가설 H_0가 기각될 것으로 생각하는가?

(*c*) 이들 표본으로부터 실제적인 결론을 도출할 수 있는가?

41. 석탄 운용 유지 관리는 아주 신선한 기술이다. 석탄 연료 공장에서 배출되는 SO_2 양은 24시간 기준 100만 BTU당 4.8파운드이다. 공학자들은 이 수준 이하로 배출하기 위한 연구로 고함량 유황 그리고 저함량 유황을 갖는 석탄을 태우는 실험을 하고 있다.

(*a*) SO_2 배출량에 있어서 새로운 혼합 석탄이 정부에서 정한 기준 이하가 된다는 주장을 하기 위한 귀무가설과 대립가설을 설정하라.

(*b*) 표본의 크기 200으로 표본 평균 4.7과 표준편차 .5를 얻은 경우 위 가설검정을 위한 P 값을 찾으라. 여기서 가설 H_0가 기각되는가? 실제적으로 이것은 무엇을 의미하는가?

42. 교량이나 대형 빌딩의 구조적인 움직임을 탐지하기 위해 레이저가 사용되고 있다. 이들 레이저는 아주 정확하다. 한 레이저의 실험실 검증을 위해서 그 구조물 장치에서 만들어진 오류를 측정하고 있다. 얻어진 실험실 데이터로 아래의 가설을 검정한다.

$$H_0: \mu = 0$$
$$H_1: \mu \neq 0$$

표본의 크기 25로부터 100미터 범위에서 $\bar{x}=.03$밀리미터와 $s=.1$을 얻었다. 여기서 양

쪽꼬리검정을 위한 P 값을 찾으라. 여기서 H_0가 기각되는가? 실제적인 관점에서 이 결과를 해석하라.

43. 전기 발전소 흡입터널에 부착되어 있는 대합조개, 홍합, 그리고 기타 유기체들을 매크로파울런트(macrofoulant)라고 한다. 이러한 유기체들을 제거하지 않고 내버려두면 터널을 통한 물의 흐름을 방해하게 된다. 이러한 문제를 해결하려는 많은 시도가 있다. 그중에서도 물의 흐름을 증가시키거나 합성수지, 왁스, 또는 그리스를 터널에 코팅하는 방법이 있다. 아무런 조치를 취하지 않은 한 전기발전소의 터널에 일 년 동안 터널 전체에 걸쳐서 5인치 두께로 매크로파울런트가 누적되어 있었다. 새로운 실리콘 오일 페인트를 테스트하고 있다. 이 발전소는 터널 벽에 부착된 매크로파울런트의 양이 감소되리라고 기대하고 있다. 이 발전소의 터널 벽을 깨끗이 하고 실리콘 오일로 페인트칠하고서 발전소를 정상적으로 가동시킨다. 일 년이 지난 시점에서 터널 벽의 임의의 16군데를 표본 추출하여 매크로파울런트의 두께를 측정하였다. 이 측정한 데이터들이 아래와 같다.("Consider Non-fouling Coatings for Relief from Macrofouling", A. Christopher Gross, *Power*, October 1992, pp. 29-34.)

4.2	4.5	4.1	4.6
4.4	4.0	4.7	4.3
5.0	6.2	3.6	4.5
5.1	3.5	3.0	2.8

(*a*) 이 연구의 가설을 설정하라.

(*b*) 이 데이터들은 터널 내의 매크로파울런트의 평균 두께가 감소되었다는 주장을 뒷받침하고 있는가? 이 검정의 P 값에 근거하여 설명하라.

(*c*) 유의수준 α를 .05로 한다면 가설 H_0를 기각할 수 있는가?

(*d*) 이 문제의 데이터는 실제적인 것이 아니다. 실제적으로 그 논문에서 언급한 페인트는 이 문제의 데이터보다 훨씬 더 효과적이었다. 이 문제의 데이터가 실제적인 것이라면 공학적인 관점에서 볼 때 이 페인트 방법이 매크로파울런트의 부착을 통제하는 실제적인 해결책이라고 생각하는지 설명하라.

44. 정제소, 제강공장, 음식물 처리 공장, 그리고 다른 산업 공장에서는 고분자 전해질을 사용하여 물과 기름을 분리한다. 이러한 일은 pH가 잘 조절될 때 잘 동작한다. 예를 들어 크롬 도금 쓰레기는 pH 2.5를 갖는다. 쓰레기 물은 환경에 배출되기 전에 중화되어야 한다. 아래의 데이터들은 중화되어 처리된 쓰레기 물의 pH를 표본 추출한 값이다. ("How to Choose a pH Measurement System," David M. Gray and Jeff Marshall, *Pollution Engineering*, November 1992, pp. 45-47.)

6.2	6.5	7.6	7.7	7.0
7.0	7.2	6.8	7.5	8.1
7.1	7.0	7.1	7.8	8.5

이들 데이터를 근거하여 이 처리 과정은 요구되는 평균 pH 7을 얻지 않았다고 주장할

수 있는가? 양쪽꼬리검정을 위한 P 값을 근거로 설명하라. 만약에 유의수준 α가 .10이라고 하면 가설 H_0를 기각할 수 있는가?

45. 테러의 위협 때문에 미국에서 국내항공에 '가방 매칭' 방법을 사용하는 움직임이 있다. 이것은 각 고객의 가방을 점검하여 그 비행기에 탑승하고 있지 않는 고객의 가방을 발견할 때마다 비행기를 출발하지 못하도록 하는 것을 의미한다. 그러한 점검에 의해서 비행기가 지연되는 평균 시간이 7분보다 짧아야 한다고 생각한다. 아래의 자료들은 100개 표본의 비행기로부터 얻은 지연시간이다.

8.8	8.3	7.2	8.3	6.6	7.1	8.0	8.6	7.9	7.4
7.4	5.9	7.6	6.6	5.7	6.3	7.4	7.6	7.6	6.8
8.9	8.0	7.9	4.8	7.8	6.2	5.5	6.3	6.8	6.5
7.9	7.3	7.7	6.8	6.9	6.2	7.8	7.9	8.1	7.2
6.5	6.1	6.1	5.2	4.9	6.6	5.7	5.8	8.9	7.0
7.1	6.2	7.5	5.2	7.4	6.6	7.7	6.4	7.3	5.5
7.7	7.8	8.1	6.2	7.8	7.0	9.8	5.4	7.4	5.6
7.2	6.4	5.5	6.9	6.2	6.7	7.1	7.4	5.6	7.4
6.5	6.2	6.6	6.5	7.3	7.8	6.6	5.8	6.3	6.3
8.0	6.2	7.6	6.2	6.4	9.0	6.7	7.5	6.5	5.6

이 연구의 가설을 설정하고, 검정을 위한 P 값을 계산하라. 만약에 평균 7분 이하의 비행기 지연시간이 공적으로 받아들여지고 비행 스케줄에 아무런 영향을 야기하지 않는다면, 이 연구의 결과를 근거로 이 가방 매칭 방법을 추천할 것인가?

46. (표본크기.) 가설 H_0: $\mu=\mu_0$을 검정하기 위해서 실험자는 요구하는 수준으로 α를 설정할 수 있다. 그러나 β의 값은 α의 선택에 의존할 뿐만 아니라 μ_0와 대안 값 μ_1과의 차이에도 의존한다. 이 두 값의 차가 클수록 그 둘 사이를 더 잘 구별할 수 있다. 실험을 설계함에 있어서 μ_0와 μ_1의 실제적인 차이가 있을 때 가설 H_0를 기각할 수 있는 확률을 높게 제공하는 표본의 크기를 선택하고자 한다. 즉 β 값을 작게 하고자 한다. T 검정을 위한 적절한 표본크기를 선택하는 것은 쉽지 않다. 이러한 문제는 가설 H_0가 사실이 아니고 검정통계량이 더 이상 T 분포에 따르지 않기 때문이다. 오히려 그것은 비중심적인 T 분포에 따른다. 불행하게도 표들은 유의수준 α, β, 그리고 Δ 값에 대하여 가설 H_0: $\mu=\mu_0$를 검정하기 위한 적절한 표본크기를 결정하도록 하는 이 분포를 사용하여 작성되어 있다. 여기서 $\Delta=|\mu_0-\mu_1|/\sigma$이고 σ는 X의 표준편차이다. 부록 A의 표 VII은 이러한 표이다. 이 표의 사용 방법에 대한 예제가 아래에 있다.

예제. 유의수준 $\alpha=.05$로 가설 H_0: $\mu=10$과 대립가설 H_1: $\mu > 10$을 검정하자. 여기서 μ가 12만큼 큰 값을 갖는 상황을 90% 확률로 탐지하고자 한다. 또한 예비 실험을 하였고 거기서 $\hat{\sigma}=4$를 얻었다고 하자. 그러면

$$\Delta \doteq |\mu_0 - \mu_1|/\hat{\sigma} = |10 - 12|/4 = .5$$
$$\alpha = .05 \qquad \text{and} \qquad \beta = .1$$

을 알 수 있다. 부록 A의 표 VII로부터 이러한 특징을 갖는 단측검정을 위해서 표본의

크기 $n=36$ 을 얻을 것이다.

(a) 한 예비 연구에서 확률변수 X의 표준편차 1.25를 얻었다. 만약 $\mu=20$과 $\mu=21$ 사이를 구별할 수 있는 것이 중요하다면 아래의 가설

$$H_0: \mu=20$$
$$H_1: \mu > 20$$

을 유의수준 $\alpha=.05$ 그리고 $\beta=.05$로 검정하기 위해 필요한 표본의 크기는 얼마인가?

(b) 연습문제 37에서 아래의 가설

$$H_0: \mu=.12$$
$$H_1: \mu > .12$$

을 표본의 크기 30으로 하여 유의수준 $\alpha=.01$로 검정하였다. 이 연구로부터 $\hat{\sigma}=.03$이라는 값을 얻었다. 오존 수준 평균 .14는 아주 심각해서 이 상황을 확률 0.95로 탐지해야 한다. 표본의 크기를 대략 얼마로 해야 하는가?

(c) 연습문제 39에서는 아래의 가설을 검정하였다.

$$H_0: \mu=2.5$$
$$H_1: \mu < 2.5$$

표본의 크기 16으로 $s=.8$을 얻었다. 새로운 트랜지스터는 평균 소음 수준을 높아야 2 dB로 감소시키지 않으면 재정적으로 판매할 가치가 없다고 가정한다. 만약에 유의수준 $\alpha=.025$이고 $\beta=.05$라면 평균 소음 수준 2.5와 2.0을 구별하기 위해서 필요한 표본의 크기는 얼마인가?

7.6절

47. 작고 정밀한 부품을 생산하는 새로운 과정이 연구되고 있다. 그 과정은 순금속 분말에 유연한 접합제를 혼합하고, 그 혼합물을 하나의 형판에 주입시키고, 그러고 나서 용매로 그 접합제를 제거하는 과정으로 구성되어 있다. 아래의 데이터들은 지름이 1인치인 부품들로부터 얻은 결과이다. 여기서 표준편차는 .0025를 초과해서는 안 된다.

1.0030	.9997	.9990	1.0054	.9991
1.0041	.9988	1.0026	1.0032	.9943
1.0021	1.0028	1.0002	.9984	.9999

이들 데이터에서 $\bar{x}=1.00084$이고 $s=.00282$이다.

(a) 유의수준 $\alpha=.05$로 아래의 가설을 검정하라.

$$H_0: \mu = 1$$
$$H_1: \mu \neq 1$$

(*b*) 유의수준 $\alpha = .05$ 로 아래의 가설을 검정하라.

$$H_0: \sigma = .0025$$
$$H_1: \sigma > .0025$$

48. 실내 수영장들은 음향 속성이 고려되어야 한다. 수영장의 목표는 낮은 주파수의 소리가 없어지기까지 걸리는 평균 시간이 길어야 1.3초이고 표준편차가 최대 .6초가 되도록 설계하는 것이다. 예비 설계에 대한 컴퓨터 시뮬레이션들은 이들 표준편차를 초과하는지 여부를 확인하기 위한 것이다. 아래의 데이터들은 낮은 주파수의 소리가 없어지기까지 걸리는 시간들이다.

1.8	3.7	5.0	5.3	6.1	.5
2.8	5.6	5.9	2.7	3.8	5.9
4.6	.3	2.5	1.3	4.4	4.6
5.3	4.3	3.9	2.1	2.3	7.1
6.6	7.9	3.6	2.7	3.3	3.3

이들 데이터에서 $\bar{x} = 3.97$ 이고 $s = 1.89$ 이다.

(*a*) 유의수준 $\alpha = .01$ 로 아래의 가설을 검정하라.

$$H_0: \mu = 1.3$$
$$H_1: \mu > 1.3$$

(*b*) 유의수준 $\alpha = .01$ 로 아래의 가설을 검정하라.

$$H_0: \sigma = .6$$
$$H_1: \sigma > .6$$

그것은 설계 사양이 충족되고 있는지를 나타내고 있는가?

49. 비호환성은 컴퓨터로 작업할 때 항상 문제가 된다. 새로운 디지털 샘플링 주파수 변환기를 테스트하고 있다. 그것은 길이가 14~18비트인 단어와 임의의 형식을 갖는 30~52킬로헤르츠의 샘플링 주파수를 사용하여 출력 샘플링 주파수로 변환한다. 변환 오류가 150피코초보다 작은 표준편차를 가질 것으로 생각한다. 이 장치를 사용한 20개의 시험에서 얻어진 표본오류를 아래와 같이 얻었다.

133.2	−11.5	−126.1	17.9	139.4
−81.7	314.8	147.1	−70.4	104.3
56.9	44.4	1.9	−4.7	96.1
−57.3	−43.8	−95.5	−1.2	9.9

이들 데이터로부터 $\bar{x} = 28.69$ 와 $s = 104.93$ 을 얻었다.

(*a*) 유의수준 $\alpha=.1$로 아래의 가설을 검정하라.

$$H_0: \mu=0$$
$$H_1: \mu \neq 0$$

(*b*) 유의수준 $\alpha=.1$로 아래의 가설을 검정하라.

$$H_0: \sigma=150$$
$$H_1: \sigma < 150$$

이 변환기는 정확한 것이라고 주장할 수 있는가?

50. 연습문제 17의 자료를 사용하여 게이트 시간이 10분 미만이라는 귀무가설을 검정하라.

7.7 절

51. 유의수준 $\alpha=.05$를 사용하여 아래의 각각에서 명시된 대립가설을 찬성하면서 귀무가설 H_0: $M=M_0$를 기각할 것인지를 결정하는 부호검정을 하라. 0을 버리지 마라.

(*a*) H_1: $M > M_0$; $n=15$, $Q_+=13$, 모두 0이 아님
(*b*) H_1: $M > M_0$; $n=20$, $Q_+=15$, 모두 0이 아님
(*c*) H_1: $M > M_0$; $n=20$, $Q_+=15$, 세 개가 0임
(*d*) H_1: $M < M_0$; $n=10$, $Q_+=1$, 모두 0이 아님
(*e*) H_1: $M < M_0$; $n=10$, $Q_+=1$, 한 개가 0임
(*f*) H_1: $M \neq M_0$; $n=15$, $Q_+=2$, 모두 0이 아님
(*g*) H_1: $M \neq M_0$; $n=15$, $Q_+=2$, 한 개가 0임

위의 각각에 대해서 검정을 위한 *P* 값은 무엇인가?

52. 공학자들이 새로운 놀이공원의 탈것에 사용하기 위한 안전장치를 설계하고 있다. 그들은 이 종류의 놀이기구는 평균 높이가 68인치를 초과해야 한다고 생각한다. 부호검정에 근거하여 아래의 자료들은 이러한 주장을 뒷받침하고 있는가? 위의 주장을 뒷받침할 수 있는 보수적인 부호검정을 위한 *P* 값은 무엇인가?

높이(인치)				
65	73	72	71	68
74	74	66	68	69
70	66	72	67	73
69	70	73	70	74

53. 주의 깊은 세공에도 불구하고 디지털 저울은 사용하기 전에 약간의 조정이 필요하다. 시스템적인 오류가 아니라면 그 저울의 명백한 0 값은 참값의 0으로 변동되어야 한다. 즉 일부 저울은 약간 무겁다고 알려 주고 어떤 저울은 약간 가볍다고 알려 준다. 10개의 표

본 저울로부터 임의적으로 선택하여 검정하였다. 아래의 데이터들은 0 값을 읽은 정확성에 의존하여 얻은 결과이다.

heavy	light	heavy	heavy	heavy
light	light	light	heavy	heavy

위의 자료에 근거하여 유의수준 $\alpha=.05$를 사용하여 대립가설 H_1: $M>0$을 찬성하고 귀무가설 H_0: $M=0$을 기각할 수 있는가?

54. 예제 7.7.2에서 유의수준 $\alpha=.05$로 아래의 귀무가설을 기각할 수 있었다.

$$H_0: M=120$$
$$H_1: M<120$$

점수의 차이의 크기를 무시한 부호검정을 사용하였다면, 유의수준 $\alpha=.05$로 귀무가설 H_0를 기각할 수 있었겠는가? $P[Q_+ \le 2|n=8, p=1/2]$의 값을 찾아서 설명하라.

55. 타르 모래 폐수를 처리하기 위한 하나의 실험은 고정된 체류시간에 평균 40 mg/l을 제거하는 것으로 알려진 표준 처리과정보다 더 많은 총유기탄소를 제거할지 여부를 판별하기 위해 실시되었다. 동일한 실험조건하에서 새로운 과정을 10번 반복 실험하였다. 이 실험으로 총유기탄소 제거량 38.8, 53.6, 39.0, 51.6, 40.1, 46.9, 40.9, 44.9, 41.0, 43.2를 얻었다.

(a) $E[W]$는 무엇인가?

(b) 부호순위검정을 사용하여 새로운 처리과정이 유의수준 $\alpha=.05$로 표준 처리과정보다 더 많은 총유기탄소를 제거한다고 주장할 수 있는가?

56. 한 컴퓨터 센터에서 사용자들의 질의에 응답해 주는 컨설턴트가 얼마나 많이 필요한지를 알기 위해서 전화 질의에 답하는 데 소요되는 시간을 확률변수 X로 하여 분 단위로 수집한 데이터가 아래와 같다.

1.5	1.0	5.0	1.9	3.0
1.3	2.1	1.7	6.5	4.2
6.3	5.6	5.1	2.5	6.9

(a) $E[W]$는 얼마인가?

(b) 부호순위검정에 근거하여 요구되는 평균 시간이 5분보다 짧다고 결론지을 수 있는가? 이 검정의 P를 근거로 설명하라. (0 값은 가장 낮은 순위로 매기고 귀무가설을 기각하는 가장 작은 대수적 부호 있는 값을 할당해야 한다.)

57. 다리의 기초에 사용되는 신축 이음 장치의 연구가 실시되고 있다. 이들 이음 장치는 그들이 설계 시에 확장되리라고 예측한 것보다 더 많이 확장되기 때문에 이음매 가까운 곳의 포장에 균열이 발생한다고 생각했었다. 온도 95°F에서 평균 설계 확장은 2인치이다. 이 온도에서 100개의 이음매를 실험하였다.

(a) $E[W]$는 얼마인가?

(*b*) Var[W]는 얼마인가?

(*c*) 적절한 귀무가설과 대립가설을 설정하라.

(*d*) 만약에 $|W_-|=1600$이라면 가설 H_0를 기각할 수 있는가? 이 검정의 P에 근거하여 설명하라.

복습문제

58. 소비자 그룹은 특정 사양을 가진 개인용 컴퓨터에 대한 기본 시스템의 평균 비용을 추정하고자 한다. 이들 컴퓨터는 \$2390과 \$4000 범위에 있다고 생각한다.

(*a*) 90% 확신을 가지고 \$100 내에서 μ를 추정하기 위해서 표본의 크기는 얼마로 해야 하는가?

(*b*) 표본의 크기 50으로부터 아래의 데이터를 얻었다(단위는 \$1000).

2.43	2.86	2.74	2.75	2.69	2.64	2.91
2.89	3.18	3.00	3.21	3.07	3.72	3.24
3.17	3.57	3.37	3.56	3.30	2.32	3.09
2.99	3.20	3.25	3.70	3.45	2.82	2.88
2.71	3.25	2.86	2.93	3.45	3.11	3.86
2.96	3.00	2.88	3.19	3.56	3.21	3.33
3.39	3.14	2.90	3.49	3.02	3.56	2.87
2.32						

위의 데이터에 대한 줄기-잎 도표를 구성하라. 줄기로 숫자 2와 3을 사용하되 각 숫자는 다섯 번 나누어서 작성하라. 첫 번째 줄기 위에 2.0과 2.1 사이의 값들로, 두 번째 줄기에는 2.2와 2.3으로, 나머지도 같은 방법으로 하라. 이 줄기-잎 도표를 잘 살펴본 결과 위의 데이터들은 대략적인 정규분포에서 추출되지 않았다고 판단되는가?

(*c*) 위의 데이터에 근거하여 μ와 σ^2에 대한 불편 추정치를 찾으라. σ를 추정하라. 추정한 σ 값이 불편추정치인가?

(*d*) σ^2과 σ에 대한 90% 신뢰구간을 찾으라.

(*e*) μ에 대한 90% 신뢰구간을 찾으라.

59. 연구팀은 강철에 접착 테플론에 사용하는 새로운 화합물에 대하여 실험하고 있다. 현재 사용 중인 화합물은 건조하는 데 평균 3분이 소요된다. 새로운 화합물은 3분보다 짧은 시간에 건조된다고 생각했다.

(*a*) 새로운 화합물이 현재 사용 중인 화합물보다 더 짧은 시간에 건조된다는 주장을 하기 위한 귀무가설과 대립가설을 설정하라.

(*b*) 제1종 오류와 제2종 오류를 만드는 실제적인 결과를 설명하라.

(*c*) 초기 연구는 $\hat{\sigma}=.5$라는 것을 보여 준다. 새 제품은 건조되는 평균 시간이 2.5분 또는 그 이하라는 결과를 보여 줄 수 있다면 이 제품을 판매할 가치가 있다고 가정한다. 유의수준 α를 .05로 하고 95% 확률로 이러한 결과를 얻기 위한 표본의 크기를 얼마로 하면 되는가?

(*d*) 실험을 실시하여 아래의 데이터를 얻었다.

1.4	2.1	2.8	.9
2.4	1.7	3.7	2.7
2.6	1.9	2.8	2.8
2.2	2.2	3.4	1.9

유의수준 $\alpha = .05$ 로 위의 (*a*)의 귀무가설을 검정하라. 이 새로운 제품을 판매하도록 제안할 것인가?

60. 통계 패키지를 사용하는 대다수의 프로시저들은 1초 이내에 수행된다고 생각된다. 이 주장을 입증하기 위해서 정확히 한 개의 프로시저만을 포함하고 있는 20개의 표본 프로그램을 조사하였다.

(*a*) 이 주장을 입증하기 위해 필요한 귀무가설과 대립가설을 설정하라.

(*b*) 확률변수 X를 1초 이내에 수행되는 프로시저의 수라고 하자. 유의수준 $\alpha \doteq .025$ 에 대한 기각영역을 찾으라.

(*c*) 실험을 실시하여 14개의 프로그램이 1초 이내에 수행됨을 알았다. 가설 H_0가 기각되는가? 어떤 오류를 범하였는가?

(*d*) $p = .6$ 일 때 β를 찾으라. $p = .7, p = .8, p = .9$ 일 때 각각의 β를 찾으라.

(*e*) $p = .6$ 일 때 검정력을 찾으라. $p = .7, p = .8, p = .9$ 일 때 각각의 검정력을 찾으라.

61. 니켈 분말은 전자기 간섭으로부터 전자 기기를 보호하는 코팅에 사용된다. 코팅에 사용되는 개별 니켈 입자의 평균 크기는 3마이크로미터 이하이어야 한다고 생각한다. 아래의 데이터들은 이 주장을 보장하는가? 적절한 검정의 P 값에 근거하여 설명하라.

3.26	3.07	2.46	1.76
1.89	2.95	3.35	3.82
2.42	1.39	1.56	2.42
2.03	3.06	1.79	2.96

62. 표본의 크기 25에 근거하여 아래의 가설을 검정하고자 한다.

$$H_0: \mu = 5$$
$$H_1: \mu > 5$$

표본의 표준편차는 2이고 표본의 평균은 5.5이다. 위 가설검정을 위한 P 값은 얼마인가?

63. 탱크의 대포의 정확성은 분명히 대상 크기, 탱크에서 목표물까지의 거리, 그리고 바람과 지형 같은 다른 임의의 요소에 의해 영향을 받는다. 일련의 테스트는 목표물의 크기가 2.3에서 3.4미터에 이르는 표준 대상에 실시된다. 이 크기는 나토의 탱크들의 표준과 유사하다. 각 목표물은 탱크로부터 3000미터의 거리에 위치해 있다. 대상의 중앙에서 대상물에 손상을 미치는 점까지의 각도 측정은 밀로 제시되어 있다. 한 밀은 360°인 원의 1/6400에 이르는 크기의 각도이다(그림 7.12 참조). 여전히 용납할 수 있을 정도의 오류를 갖는 시스템에 대한 조사가 이루어졌다. 아래의 데이터들을 얻게 되었다. 여기서 제로(0)의 의미는 중심을 맞힌 것을 의미하고(오류가 없음), 양의 오류는 중앙의 위쪽을, 음의

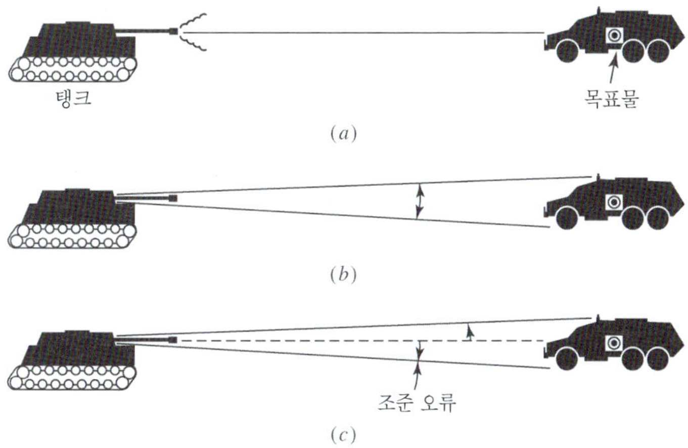

그림 7.12 | (*a*) 목표의 정중앙을 맞힘. (*b*) 표시된 범위 내에서 목표물을 맞혀야 함. (*c*) 목표물 중앙으로부터 목표물에 손상을 줄 수 있는 점까지의 각도.

오류는 중앙의 아래를 맞힌 것을 의미한다.("Tank Gun Accuracy", Major Bruce Held and Master Sergeant Edward Sunoski, *Armor*, January 1993, p. 6.)

.8	−.3	.2	.2	0	0
−.1	.3	0	0	.2	.2
.1	0	0	0	.1	.1
−.1	−.1	−.1	.1	−.1	0
−.2	.1	.1	−.2	−.1	0
−.2	−.2	−.1	0	0	−.1
−.3					

(*a*) 위의 데이터를 가지고 줄기-잎 도표를 작성하라. 주어진 데이터에 어떤 의심스러운 값이 있는가?

(*b*) 위의 데이터에 대한 상자그림을 작성하라. 하나의 큰 데이터 점이 범위 밖의 특이점으로 간주될 수 있는지 확인해 보라.

(*c*) 그것은 특이점을 얻을 때 발생하는 적중한 것, 사실 전혀 적중되지 않은 것, 즉 데이터의 입력 오류라고 생각된다. 이러한 이유 때문에 더 많은 분석을 위해서 특이점은 제외될 것이다. 주어진 데이터를 사용하여 적중의 결과를 갖는 평균 시스템 오류에 대한 95% 신뢰구간을 찾으라.

64. 패턴인식 장치는 3000비트를 포함한다. 각 비트는 on(비트 값 1)이거나 off(비트 값 0)이다. 이 비트들은 고정된 값이거나 또는 변하는 값일 수 있다. 만약에 고정된 값이라면 프로그램에 의해서 그 값이 변할 수 없다. 만약에 비트의 95% 이상이 고정된 값이라면 그 시스템은 고장이 발생한 것이다. 비트들이 변하는 비트가 찾아질 때까지 순차적으로 검사될 것이다. 여기서 시스템이 고장이 난 상황을 탐지하고자 한다. 처음 변화되는 비트를 찾기 위해서 검사되는 비트들의 수를 검정통계량 X라 한다. 만약에 시스템에 고장이 발생했다면 고정된 비트들을 찾을 확률이 95%를 초과하는 것이고 변화되는 비트를 찾을 확률이 5% 미만이라는 것이다. 확률변수 X는 대략적으로 기하학적 분포에 따른다.

아래의 가설을 검정하고자 한다.

$$H_0: p \geq 0.05 \text{ (시스템이 고장이 아님)}$$
$$H_1: p < 0.05 \text{ (시스템이 고장임)}$$

(*a*) X가 대략적으로 기하학적인 분포에 따르는 이유를 설명하라. 즉 어떠한 기하학적인 성질이 충족되지 않는가?

(*b*) 가설 H_0가 참이라면 $E[X]$는 무엇인가?

(*c*) 만약 H_1이 참이라면 X가 $E[X]$를 초과할 것이라고 기대하는가? 또는 $E[X]$보다 작은 것이라고 기대하는가?

(*d*) 유의수준 .05와 .10 사이에서 검정을 위한 기각점을 찾으라.

(*e*) 특정 실행에 연속 30개의 고정된 비트가 발견된다. 이 사실은 (*d*)의 유의수준하에서 시스템이 고장 났다고 할 수 있는가? 이 경우에 어떤 유형의 오류가 발생하는가? 이 문제의 맥락에서, 무엇이 이 오류를 만드는가?

(*f*) 특정 실행에 연속 60개의 고정된 비트가 발견된다. 이 사실로부터 어떠한 결론을 도출할 수 있는가? 이 경우에 어떤 유형의 오류가 발생하는가? 이 문제의 맥락에서, 무엇이 이 오류를 만드는가? (1993~1994년 래드포드 대학교 컴퓨터과학과 Eyal Schwartz가 수행한 연구에 근거함.)

65. 에너지 절약 프로그램의 비용 효과를 연구하기 위해, 프로그램의 비용에 대한 데이터가 수집된다. 아래의 데이터들은 다양한 프로그램으로 저장 전기의 킬로와트시당 소요되는 비용에 대한 값을 얻은 것이다.

주거 프로그램(비용: 센트)

3	8	7	4	7	7
6	4	8	8	5	8
6	9	9	11	8	8
10	8	3	8	9	9
7	9	6	11	13	5
10	12	7	12	8	8
8	10	11	10	14	6
181					

상업과 산업용 프로그램(비용: 센트)

1	3	3	2	3
3	2	4	5	3
4	3	3	6	
3	4	5	3	

(*a*) 위의 데이터로부터 줄기-잎 도표를 작성하라. 각각의 경우에 T 통계량하에서 정규성 가정이 충족된다는 가능성에 대해 설명하라.

(*b*) 위의 각 데이터 집합으로 상자그림을 작성하라. 주거 프로그램의 데이터 집합에서

특이점을 찾으라. 조사 결과에서 이 특이점은 국가의 부유한 한 지역의 매우 비정형적인 프로그램에서 얻은 것이라고 가정한다. 프로그램이 비정상적이기 때문에, 국가의 대부분의 지역에 배치시켜 처리하는 프로그램의 비용을 추정하는 시도에 그 특이점을 포함시키지 않기로 결정했다. 그 나머지 데이터를 사용하여 현재 사용 중인 주거용 에너지 절약 프로그램의 평균 비용에 대한 95% 신뢰구간을 찾으라. 만약에 특이점이 포함된다면, 얻어진 신뢰구간에 어떠한 영향을 끼치는가?

(*c*) 주거용 에너지 절약 프로그램의 비용에 대한 분산의 95% 신뢰구간을 찾으라. 여기서 특이점은 계산상 제외시키라. 만약에 특이점이 사용된다면, 얻어진 신뢰구간의 길이에 어떠한 영향을 미치는가?

(*d*) 산업과 상업용 지역에서 에너지 절약 프로그램의 비용에 대한 평균, 분산, 그리고 표준편차에 대한 95% 신뢰구간을 찾으라.

(*e*) 주거용 고객에게 전기의 평균 비용이 킬로와트시당 8센트라고 하면, 주거용 에너지 절감 프로그램의 비용 효율성에 의문을 제기하는 이유가 있는가? 설명하라.

(*f*) 산업용과 상업용 고객에게 전기의 평균 비용이 킬로와트시당 5센트라고 하면, 상업용 에너지 절감 프로그램의 비용 효율성에 의문을 제기하는 이유가 있는가? 설명하라. ("The Real Cost of Saving Electricity", *Technology Review*, February/March 1993, p. 12.)

66. 연습문제 6.35에 주어진 정보를 가정한다. 램프의 각 유형의 평균 수명에 대한 95% 신뢰구간을 구축하라. 이 구간에 근거해서 평균 수명 값에 차이가 있다는 명확한 증거가 있는지 설명하라.

67. 원자력 규제위원회는 방사성 물질을 사용하는 회사들을 모니터링할 책임이 있다. 과거의 사고에 대한 연구에서 얻어진 데이터들을 규제위원회의 웹사이트에서 찾아볼 수 있다. 그 데이터들에 대한 변수들은 다음과 같다.

Number: 사고 번호
Type: 회사의 유형으로 *p*는 개인회사, *g*는 군대가 아닌 정부, *m*은 군대
Accident: 사고의 유형으로 *wb*는 전신 노출, *e*는 사지만 노출
Expose: 렘(인체 뢴트겐 당량)의 노출 선량

(*a*) 그 데이터들을 사고의 유형으로 정렬하고, 사고의 각 유형의 노출 선량에 대한 줄기-잎 도표를 작성하라.

(*b*) 사고의 각 유형에 대한 평균 노출 선량의 90% 신뢰구간을 찾으라. 이 평균값에 차이가 있다는 명확한 증거가 있는지 설명하라.

(*c*) 6개의 소그룹들을 얻기 위해서 사고 유형과 회사의 유형으로 정렬하라. 각 부분그룹에 대한 설명적인 통계량과 상자그림을 작성하라. 이들 설명 도구로부터 관찰된 모든 유사점이나 차이점을 설명하라.

CHAPTER 8

비율에 대한 추론

이 장에서는 하나의 비율과 두 비율의 비교에 대한 추론을 설명한다. 이미 보았듯이 이항분포는 표본의 크기가 작을 경우에 비율 p에 대한 가설을 검정하는 데 사용할 수 있다. 여기에서 큰 표본에 대한 p의 값에 관련한 검정가설과 p에 대한 신뢰구간을 만들기 위해 표준정규분포를 사용하는 방법을 알아보겠다. 또한 두 개의 다른 모집단에서 가져온 표본을 바탕으로 비율들을 비교하는 방법을 학습함으로써 두 개의 표본문제에 대한 연구를 시작한다.

8.1 비율 추정

한 비율의 추정을 요구하는 전형적인 상황은 다음과 같다. 관심을 가지는 모집단이 있고, 특정한 특성이 연구되고 있으며, 모집단의 각 구성원이 그 특성을 가지거나 가지지 않는 것으로 분류할 수 있다. 그 특성을 가지는 모집단의 비율 p에 대한 추론을 만들고자 한다.

예제 8.1.1. 품질과 신뢰성은 소프트웨어의 중요한 측면이다. 컴퓨터 소프트웨어의 아주 작은 버그로 인해서 단번에 우주 왕복선 발사가 중지된 적이 있었고, 일본에서는 전자전화 교환기의 신호 오작동으로 인하여 수 시간 동안 전화 회선이 차단된 적이 있었다. 특정 회사에서 생산되는 16킬로비트(kbit)의 동적 램의 신뢰성을 추정하기 위해서 크기가 100인 표본을 추출하여 검정한다고 하자. 작업의 처음 1000시간 동안 제대로 작동하는 회로의 비율 p를 추정하려고 한다. 여기에서 모집단은 그 회사에서 생산된 모든 16 kbit 동적 램으로 구성되어 있고, 연구되는 특성은 작업 중 처음 1000시간 동안에 제대로 작동하는 회로의 능력이다. 각 회로는 그 특성을 가지고 있거나, 즉 올바르게 작동하거나, 그렇지 않다.

p에 대한 논리적인 점추정량을 유추하기 위해, n개의 독립인 확률변수 $X_1, X_2, X_3, \ldots, X_n$의 모임은 모집단에서 추출한 크기가 n인 무작위 표본과 연관되어 있음을 유의하라. 그 변

수는 다음과 같다.

$$X_i=\begin{cases} i\text{번째 표본이 올바르게 작동하는 경우} \\ i\text{번째 표본이 오작동하는 경우} \end{cases}$$

예를 들어 100개 회로를 표본화한다면 다음과 같은 표본을 다루게 되는 것이다.

$$\begin{array}{lll} x_1 = 1 & x_4 = 1 & & x_{98} = 1 \\ x_2 = 0 & x_5 = 0 & \cdots & x_{99} = 0 \\ x_3 = 0 & \vdots & & x_{100} = 0 \end{array}$$

이 경우에 표본화된 첫 번째 회로는 작업 중 처음 1000시간 동안에 올바르게 작동하므로 $x_1=1$이고, 두 번째 회로는 이 기간에 올바르게 작동되지 않았기에 $x_2=0$이며, 나머지도 같은 방식이다. 일반적으로 $X=\Sigma_{i=1}^{n}X_i$는 특성을 가지는 표본에 있는 객체의 수를 나타내고, 통계량 X/n은 특성을 가지는 표본의 비율을 나타낸다. 표본비율(sample proportion)이라는 이 통계량은 p에 대한 논리적 점추정량이다.

p에 대한 점추정량

$$\hat{p}=\frac{X}{n}=\frac{\text{표본의 갯수}}{\text{표본의 크기}}$$

예제 8.1.2. 예제 8.1.1에 언급된 100번의 검정을 실시할 때, 검정된 100개의 회로 중에 91개가 작업 중 처음 1000시간 동안에 제대로 작동이 되었다고 가정하자. 따라서 임의의 변수 $X_1, X_2, X_3, \ldots, X_{100}$ 중에 91개가 1 값을 가지고, 9개는 0 값을 가진다고 가정한다. 이러한 데이터에 의해서 $\Sigma x_i=x=91$이고

$$\hat{p} = x/n = 91/100 = .91$$

p에 대한 신뢰구간

p에 대한 신뢰구간을 구하기 위해 $\hat{p}$의 분포를 결정해야 한다. $\hat{p}=\Sigma X_i/n$은 실제로는 단지 매우 특정한 표본의 평균일 뿐이다. 즉 $\hat{p}=\bar{X}$는 점 이항 또는 영-일인 확률변수 X_i의 평균이다. 중심극한정리에 의해서 $\hat{p}$는 대략적으로 X_i의 평균과 같은 평균을 가지고 $(\text{Var}\,X_i)/n$인 분산을 가지는 정규분포이다. X_i의 평균과 분산은 쉽게 결정된다. 특성을 가진 객체가 표본화되는 경우에는 $X_i=1$이고 그 특성을 가진 표본에서 객체의 실제 비율이 p이기 때문에 $P[X_i=1]=p$이다. 따라서 $P[X_i=0]=1-p$이다. X_i의 밀도는 다음과 같다.

x_i	1	0
$f(x_i)$	p	$1-p$

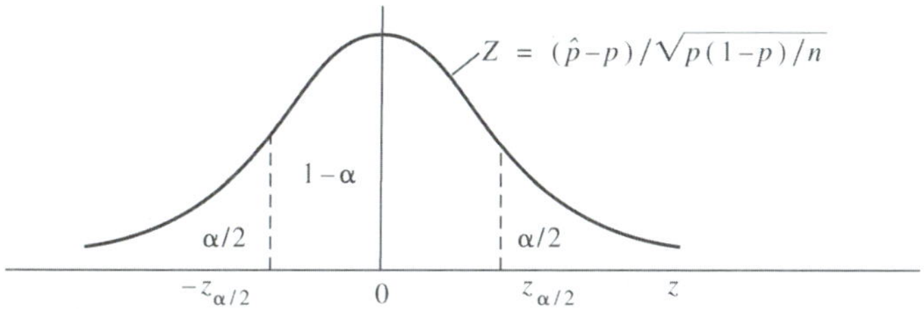

그림 8.1 p에 대해 $100(1-\alpha)\%$ 신뢰구간을 구성하는 데 필요한 Z 곡선의 분할.

이 밀도로부터 다음을 쉽게 확인할 수 있다.

$$E[X_i] = 1(p) + 0(1-p) = p$$
$$E[X_i^2] = 1^2(p) + 0^2(1-p) = p$$
$$\text{Var}\, X_i = E[X_i^2] - (E[X_i])^2 = p - p^2 = p(1-p)$$

중심극한정리에 의해 $\hat{p}$는 근사적으로 평균이 p이고 분산이 $p(1-p)/n$인 정규분포가 되는 것으로 결론을 내릴 수 있다. $\hat{p}$는 점추정량에서 원하는 성질을 가지는 것으로 결론 낼 수 있다. 그것은 p에 대한 불편추정량이며 큰 표본크기에 대해서는 작은 분산을 가진다.

그 분포가 신뢰구간을 유도하기 위한 출발점으로서 역할을 하는 것으로 알려져 있는 p를 포함하는 임의의 확률변수를 얻기 위해 $\hat{p}$를 표준화하자. 그 결과 확률변수

$$(\hat{p} - p)/\sqrt{p(1-p)/n}$$

는 큰 표본크기에 대한 대략적인 Z 분포를 따른다. 그림 8.1에 보이는 표준정규곡선의 분할은 p의 $100(1-\alpha)\%$ 신뢰구간의 경계를 유도하는 데 사용된다. 이 그림에서 다음을 알 수 있다.

$$P\left[-z_{\alpha/2} \leq (\hat{p} - p)/\sqrt{p(1-p)/n} \leq z_{\alpha/2}\right] \doteq 1 - \alpha$$

이 부등식 중앙의 p를 분리할 때

$$P\left[\hat{p} - z_{\alpha/2}\sqrt{p(1-p)/n} \leq p \leq \hat{p} + z_{\alpha/2}\sqrt{p(1-p)/n}\right] \doteq 1 - \alpha$$

을 볼 수 있다. p에 대한 신뢰경계는 다음과 같다.

$$\hat{p} \pm z_{\alpha/2}\sqrt{p(1-p)/n}$$

그러나 이전에 발생하지 않은 문제가 있다. 신뢰구간에 대한 경계는 통계량(statistic)이어야 한다. 즉 그것은 수치적인 값이 표본에서 얻어질 수 있도록 그 수식에 미지의 매개변수를 포함하지 않는 확률변수이어야 한다. 불행하게도 기록된 바와 같이 미지의 매개변수 p가 주어진 수식에 나타나기 때문에 위의 경계는 통계량이 아니다. 이것은 p를 추정하기 위해 p를 사

용하고자 하는, 소위 불가능한 상황을 의미한다! 이 문제는 쉽게 극복할 수 있다. 확실한 방법은 p를 불편추정량 $\hat{p}$로 교체해서 다음 경계를 도출하는 것이다.

$$\hat{p} \pm z_{\alpha/2}\sqrt{\hat{p}(1-\hat{p})/n}$$

이때 타당한 질문은 "표준편차의 추정량으로 $\hat{p}$의 실제 표준편차를 대체하고 있기 때문에, μ를 추정할 때 했던 바와 같이 우리는 Z에서 T_{n-1}으로 전환해야 하는가?"이다. 이 질문에 대한 답은 표본의 크기를 고려하는가에 있다. 신뢰경계의 유도는 큰 표본을 사용할 수 있다고 가정하는 중심극한정리를 기반으로 한다. 더구나 이 공식이 적용되는 실험적인 설정에서는 표본의 크기가 z와 t 점 사이에 매우 작은 차이가 있게 충분히 클 것으로 예상된다. 따라서

p의 신뢰구간

$$\hat{p} \pm z_{\alpha/2}\sqrt{\hat{p}(1-\hat{p})/n}$$

와 같이 신뢰경계를 사용하고 그 공식이 적용될 때 점 z를 사용한다. 크기가 1에서 30까지인 표본에 대한 신뢰경계는 이항분포를 사용하여 유도되고 이같이 작은 표본에 적용될 수 있다. 이들에 대한 표는 참고문헌 [10]에서 찾을 수 있다. 이 방법을 사용하는 예는 다음 예제에 나와 있다.

예제 8.1.3. 크기가 100인 표본을 사용하여 최소한 1000시간 이상 동안 제대로 작동하는 16 kbit 동적 램의 비율에 대한 점추정치는 .91이다. 표준정규표로부터 p에 대한 95% 신뢰구간을 구성하는 데 필요한 점은 $z_{0.25}=1.96$이다. 신뢰구간의 경계는 다음과 같다.

$$\hat{p} \pm z_{\alpha/2}\sqrt{\hat{p}(1-\hat{p})/n}$$

또는

$$.91 \pm 1.96\sqrt{.91(.09)/100}$$
$$.91 \pm .056$$

작업의 처음 1000시간 동안에 제대로 작동하는 회로의 참 비율이 .854과 .966 사이에 있음을 약 95% 확신할 수 있다. 백분율로 변환하면 이 회사에서 생산되는 정상 회로의 참 비율이 85.4%와 96.6% 사이에 존재한다고 약 95% 확신할 수 있다. 중심극한정리를 사용하여 $\hat{p}$의 분포를 근사화하고, 신뢰경계를 찾기 위해 $\hat{p}$로 p를 근사화하기 때문에 '약'이라는 용어를 사용한다.

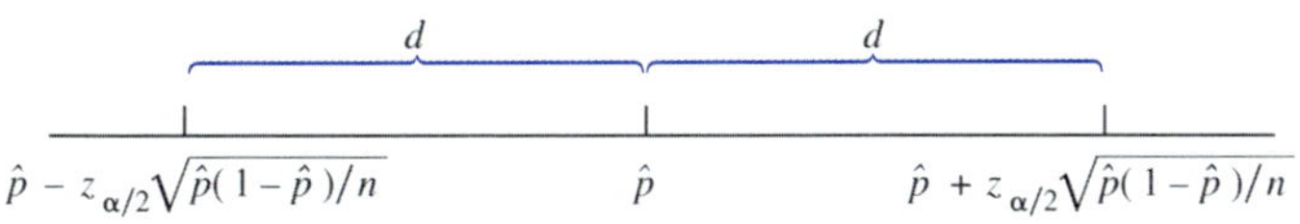

그림 8.2 p에 대한 $100(1-\alpha)\%$ 신뢰구간.

p를 추정하기 위한 표본크기

평균을 추정할 때와 같이 이 실험은 쓸모없이 너무 긴 신뢰구간을 얻을 가능성이 있다. 이것은 "언급된 수준의 신뢰도를 가지고 $\hat{p}$가 p에서 일정 거리(d) 내에 있기 위해서는 얼마나 큰 표본을 선택해야 하는가?"라는 다른 중요한 의문을 가지게 한다. 이 질문에 답하는 두 가지 방법이 있다. 첫 번째는 일부의 선행 실험에 의해서 p의 추정치를 사용 가능할 때 적용된다. 그림 8.2를 참조하라.

p가 표시된 구간 내에 있다고 $100(1-\alpha)$ % 확신하기 때문에, d가

$$d = z_{\alpha/2}\sqrt{\hat{p}(1-\hat{p})/n}$$

과 같이 정의될 때 p와 $\hat{p}$는 최대로 d만큼 차이가 날 것이라고 $100(1-\alpha)\%$ 확신한다. p의 사전추정치가 사용 가능할 때 정확성과 신뢰성의 명시된 수준으로 p를 추정하는 데 필요한 표본크기를 찾기 위한 다음 공식을 유도하기 위해서 n에 대한 방정식을 푼다.

사전추정이 가능한, p를 추정하기 위한 표본의 크기

$$n \doteq \frac{z_{\alpha/2}^2\,\hat{p}(1-\hat{p})}{d^2}$$

예제 8.1.4. 95% 신뢰도를 가진 .01(1% 점) 내에서 처음 1000시간을 사용하는 동안에 제대로 작동하는 16 kbit 동적 램의 비율을 추정하기 위해서 얼마나 많은 표본이 필요한가? 사용 가능한 p의 사전추정치를 가지고 있다. 즉 $\hat{p}=.91$이다. 위의 공식에 의해서 다음을 얻는다.

$$n \doteq \frac{z_{\alpha/2}^2\,\hat{p}(1-\hat{p})}{d^2}$$

95% 신뢰를 원하기 때문에 점은 $z_{\alpha/2}=z_{.025}=1.96$이다. $\hat{p}$와 p 사이의 요구되는 최대 차이는 $d=.01$이다. 수치를 대입하면 다음과 같은 식을 얻을 수 있다.

$$n \doteq \frac{(1.96)^2(.91)(.09)}{(.01)^2} \doteq 3147$$

원하는 정확도를 얻으려면 현재 사용할 수 있는 것보다 훨씬 더 많은 데이터가 필요하다!

비율을 추정하기 위해 표본크기를 정하기 위한 두 번째 방법은 기초적인 계산의 결과로 얻을 수 있다. $\hat{p}(1-\hat{p})$가 1/4을 초과하지 않을 것(연습문제 9)임을 보일 수 있다. 따라서 이 항은 p에 대한 사전추정이 불가능할 때 사용할 목적으로 다음과 같은 공식을 얻기 위해 이전 표본크기 공식에서 1/4로 교체될 수 있다.

사전추정이 불가능한, p를 추정하기 위한 표본의 크기

$$n \doteq \frac{z_{\alpha/2}^2}{4d^2}$$

대부분의 응용에서는 p에 대한 사전추정이 불가능하기 때문에 이 수식은 매우 유용할 것이다.

예제 8.1.5. 대형트럭의 오일, 브레이크 및 다른 유체 시스템에 사용되는 사전 피복 이음쇠의 새로운 방법을 조사하고 있다. 90% 신뢰도로 .02 내에서 누출되는 이음쇠의 비율을 추정하는 데에 얼마나 큰 시료가 필요한가? p에 대한 사전추정이 불가능하기 때문에 다음 식을 얻는다.

$$n \doteq \frac{z_{\alpha/2}^2}{4d^2}$$

여기서 $z_{\alpha/2}=z_{.05}=1.645$이고 $d=.02$이다. 수치를 대입하면 다음 값을 얻는다.

$$n \doteq \frac{(1.645)^2}{4(.02)^2} \doteq 1692$$

큰 유한 모집단에서 표본화는 보통 교체 없이 수행되는 것을 주시해야 한다. 엄격하게 말하면 주어진 특성을 가진 모집단에서 객체의 비율이 시행할 때마다 다르다. 하지만 그 변화가 계산에 미치는 영향은 무시할 수 있을 만큼 작다. 이러한 이유로, 이 절의 방법은 그 방법의 기초가 되는 수학적인 가정이 완전히 충족되지 않더라도 큰 모집단을 조사하는 데에 사용될 수 있다.

8.2 비율의 가설검정

백분율 또는 비율의 값에 대한 선입관을 가지고 우리의 주장을 뒷받침할 통계적인 증거를 원할 때, 우리는 가설검정의 상황에 있다. 검정가설은 연구의 목적에 따라 일반적인 세 형태 중 하나를 가정할 수 있다. p_0는 p의 널값을 나타낸다고 하자. 이들의 형태는 다음과 같다.

I $H_0: p = p_0$	II $H_0: p = p_0$	III $H_0: p = p_0$
$H_1: p > p_0$	$H_1: p < p_0$	$H_1: p \neq p_0$
우측꼬리검정	좌측꼬리검정	양측꼬리검정

7.3절에서 적은 표본에 대해 가설을 검정하는 방법을 보았다. 사용된 검정통계량은 관심 대상인 특성을 가지는 표본에 있는 객체의 수 X이다. 귀무가설이 사실일 때 이 통계량은 매개변수 n과 p_0로 이루어진 이항분포를 따른다. 표본의 크기가 클 경우에는 일반적으로 적절한 이항 테이블을 사용할 수 없다. 이 경우 우리는 다른 논리적인 검정통계량을 찾아야 한다.

p에 대한 신뢰경계를 생성하는 데 사용되는 임의의 변수를 고려하자. 즉 다음 통계량을 고려하자.

H_0 검정을 위한 검정통계량: $p=p_0$

$$(\hat{p} - p_0)/\sqrt{p_0(1-p_0)/n}$$

널값 p_0와 $\hat{p}$에 대한 불편 점추정량을 비교하기 때문에 그 통계량은 논리적 선택이다. 또한 H_0가 참일 경우에 중심극한정리에 의해서 이 통계량은 표준정규분포를 가진다. 검정을 통해 검정통계량의 관찰값이 큰 양수이면, 우측꼬리검정을 위해 H_0가 H_1의 선호하에 거부된다. 즉 큰 음수는 좌측꼬리검정에서 거부된다. 양측꼬리검정에서는 H_0가 너무 큰 양이나 음의 검정통계량에 대해서 거부된다. 이에 대해서는 다음 예제에 설명되어 있다.

예제 8.2.1. 전송선에 생긴 결함은 대부분 외부 원인에 의한 것으로 보통 일시적이다. 모든 결함의 70% 이상은 번개에 의해 발생하는 것으로 생각된다. 연 단위로 수집된 데이터에 의하면 200회 결함 중에 151회가 번개로 인해 발생하는 것으로 나타난다. .05 유의수준에서 이 주장을 뒷받침하는 충분한 증거가 있는가?

[가설] 다음을 검정한다.

$$H_0: p = .7$$
$$H_1: p > .7$$

[검정통계량] 검정통계량의 관찰값은 다음과 같다.

$$(\hat{p} - p_0)/\sqrt{p_0(1-p_0)/n} = (151/200 - .7)/\sqrt{.7(.3)/200}$$
$$\approx 1.697$$

[임곗값] 우측꼬리검정을 실시하고 있기 때문에, 이 값이 비정상적으로 큰 경우에는 H_0를 거부한다. 검정통계량은 정규분포를 따르기 때문에 부록 B의 표 V에 의해서 임곗값은

$$z_{.05} = 1.645$$

이다.

[결론] 검정통계량의 값이 임곗값보다 크기 때문에($1.697 > 1.645$), H_0를 거부하고 $p > 0.7$로 결론을 내린다.

또한 P 값을 추정하고 결론을 내리는 데 사용할 수 있다. 표준정규표에서 우리는 $P[Z > 1.69] = .0455$이고 $P[Z > 1.70] = .0446$임을 알 수 있다. 관찰된 값 1.697은 1.69와 1.70 사이에 있기 때문에 P의 값은 .0446과 .0455 사이에 있다. 이 작은 P 값에 대한 두 가지 설명이 있다. 귀무가설이 사실이면 100번 시행에서 단지 대략 4번 발생하는 드문 사건으로 관찰된다. 또는 귀무가설이 사실이 아니고 번개로 인하여 고장이 나는 참 비율이 70%를 초과한다. .05로 유의수준을 설정한 바와 같이 후자의 설명이 더 그럴듯하게 보인다. 그래서 H_0를 거부하며 $P > 0.7$로 결론을 내린다.

p에 대한 가설을 검정하기 위해서 이 방법은 표본의 크기가 '크다'고 가정한다. 4.5절에 주어진 지침에 따라 n과 p_0는 $p_0 \le 0.5$이고 $np_0 > 5$ 또는 $p_0 > 0.5$이고 $n(1-p_0) > 5$인 것 같다는 의미로 해석된다. $p_0 = 0.7 > 0.5$과 $n(1-p_0) = 200(0.3) = 60 > 5$을 만족시키기에 이러한 기준은 예제 8.2.1과 같은 것이다.

8.3 두 비율의 비교: 추정

두 개의 비율을 비교하는 문제는 기초공학에서 자주 발생한다. 일반적인 상황은 다음과 같이 설명될 수 있다: 관심을 가지는 두 개의 모집단이 있고, 같은 특성이 각 모집단에서 조사되고, 각 모집단의 각 구성원은 그 특성을 갖거나 가지지 않는 것으로 분류할 수 있고, 각 모집단의 특성을 갖는 비율은 알 수 없다. 임의의 표본은 각 모집단에서 추출된다. 이 표본은 하나의 모집단에서 추출된 객체는 두 번째 모집단에서 객체가 선택되는 방식을 결정하지 않는다는 의미로 서로 독립이다. p_1과 p_2는 각각 특성을 가진 첫 번째와 두 번째 모집단의 비율이기에 추론은 p_1, p_2와 $p_1 - p_2$에서 행할 수 있다.

예제 8.3.1. 캐나다의 기업과 미국의 기업에서 컴퓨터의 사용을 비교하기 위한 조사

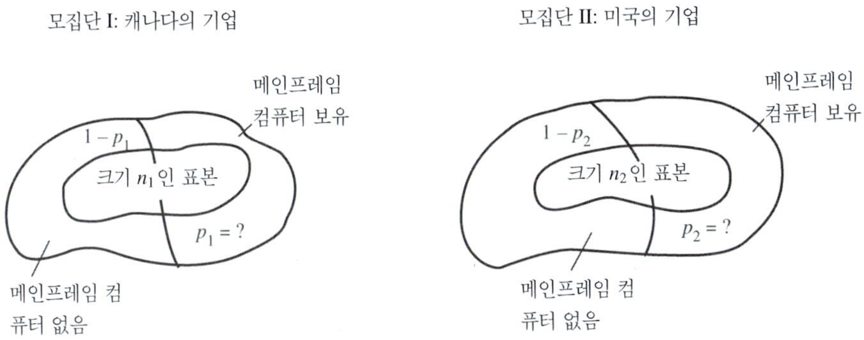

그림 8.3 p_1-p_2를 추정하기 위해 추출된 독립인 표본.

를 실시한다. 관심은 각 나라에서 구내에 메인프레임 컴퓨터를 가지고 있는 기업의 비율에 집중되어 있다. 여기서 조사 중인 두 모집단은 캐나다의 '기업'과 미국의 '기업'이다. 표본화가 수행되기 전에 '기업'의 구성을 명확히 해야 한다는 것을 기억하라. 즉 명확하게 목표하는 모집단을 정의해야 한다. 조사 중인 특성은 '구내에 컴퓨터가 있는가'이다. 즉 선택된 각 기업은 이러한 장비를 소유하거나 소유하지 않는다. 각 모집단에서 무작위로 표본을 추출한다. 캐나다의 기업에서 구내에 메인프레임 컴퓨터를 보유하는 비율과 미국의 기업에서 보유하는 비율을 비교하는 표본 데이터를 사용한다(그림 8.3 참조).

두 개의 비율 사이의 차이에 대한 점추정 문제는 분명한 방법으로 해결된다. 간단하게 개별적으로 p_1과 p_2를 추정하고, 둘 사이의 차이 p_1-p_2에 대한 추정치로 취한다. 즉 점추정은 다음과 같다.

p_1-p_2에 대한 점추정량

$$\widehat{p_1-p_2} = \hat{p}_1 - \hat{p}_2 = X_1/n_1 - X_2/n_2$$

여기서 n_1과 n_2는 두 모집단에서 가져온 표본의 크기이고, X_1과 X_2는 특성을 가진 표본의 각 객체 수이다.

예제 8.3.2. 크기가 375인 독립인 임의의 표본은 캐나다 기업의 모집단과 미국 기업의 모집단에서 선택된다. 미국 기업 중에 232개, 캐나다 기업 중에 221개가 메인프레임 컴퓨터를 가지고 있다는 것이 확인되었다. 이러한 데이터에 대해서

$$\hat{p}_1 = x_1/n_1 = 221/375 = .589$$
$$\hat{p}_2 = x_2/n_2 = 232/375 = .619$$
$$\widehat{p_1-p_2} = \hat{p}_1 - \hat{p}_2 = .589 - .619 = -.03$$

$p_1 - p_2$에 대한 신뢰구간

구간추정량으로 $\hat{p}_1 - \hat{p}_2$ 점추정을 확장하기 위해 이 통계량의 확률분포를 고려하는 것을 중지해야 한다. 대략적인 분포는 정리 8.3.1 에 주어져 있다.

정리 8.3.1. 큰 표본에 대해 추정량 $\hat{p}_1 - \hat{p}_2$는 평균이 $p_1 - p_2$이고 분산이 $p_1(1-p_1)/n_1 + p_2(1-p_2)/n_2$인 근사한 정규분포이다.

증명. $\hat{p}_1$과 $\hat{p}_2$는 각각 평균이 p_1과 p_2이고 분산이 $p_1(1-p_1)/n_1$과 $p_2(1-p_2)/n_2$인 근사적으로 정규인 것을 8.1 절에서 보였다. 두 개의 정규 확률변수의 합 또는 차이는 정규이기 때문에 통계량 $\hat{p}_1 - \hat{p}_2$는 적어도 근사적으로 정규분포를 따른다고 결론 내릴 수 있다. 추가적으로 평균에 대한 법칙과 분산에 대한 법칙에 의해서

$$E[\hat{p}_1 - \hat{p}_2] = E[\hat{p}_1] - E[\hat{p}_2] = p_1 - p_2$$

이고

$$\text{Var}\,[\hat{p}_1 - \hat{p}_2] = \text{Var}\,\hat{p}_1 + \text{Var}\,\hat{p}_2 = p_1(1 - p_1)/n_1 + p_2(1 - p_2)/n_2$$

통계량인 $\hat{p}_1 - \hat{p}_2$는 $p_1 - p_2$에 대한 불편추정량이라는 것을 정리 8.3.1 에서 보였다. $p_1 - p_2$에 대한 $100(1-\alpha)\%$ 신뢰구간을 구성하기 위해 수식에 매개변수가 포함되고 확률분포는 최소한 대략적으로 알려진 확률변수가 필요하다. 정리 8.3.1 을 통해 쉽게 할 수 있다. 단순히 통계량 $\hat{p}_1 - \hat{p}_2$를 표준화하기 위해 이 정리의 결과를 사용한다. 특히 확률변수

$$\frac{(\hat{p}_1 - \hat{p}_2) - (p_1 - p_2)}{\sqrt{p_1(1 - p_1)/n_1 + p_2(1 - p_2)/n_2}}$$

는 최소한 근사적으로 표준정규이다. 이전에 주어진 대수적인 논의를 반복하기보다는 이미 도출된 세 가지 간격을 고려하여 그들의 유사성을 주목하자.

Parameter being estimated	Began derivation with	분포	경계
$\mu(\sigma^2$ known)	$\dfrac{\bar{X} - \mu}{\sigma/\sqrt{n}}$	Z	$\bar{X} \pm z_{\alpha/2}\sigma/\sqrt{n}$
$\mu(\sigma^2$ unknown)	$\dfrac{\bar{X} - \mu}{S/\sqrt{n}}$	T	$\bar{X} \pm t_{\alpha/2}S/\sqrt{n}$
p	$\dfrac{\hat{p} - p}{\sqrt{p(1-p)/n}}$	$\sim Z$	$\hat{p} \pm z_{\alpha/2}\sqrt{\hat{p}(1-\hat{p})/n}$

초기변수의 대수적인 구조는 동일하고 다음과 같다.

$$\frac{\text{추정치} - \text{모수}}{D}$$

여기서 D는 추정량의 표준편차 또는 표준편차에 대한 추정량이다. 이것은 또한

$$\frac{(\hat{p}_1 - \hat{p}_2) - (p_1 - p_2)}{\sqrt{p_1(1-p_1)/n_1 + p_2(1-p_2)/n_2}} \sim Z$$

변수로 가정된 대수형태이다. 이전의 경우에 신뢰경계는 다음과 같은 형식을 가졌다.

$$\text{추정량} \pm \text{확률 점}\cdot\text{D}$$

한편으로 개념을 적용하면 p_1-p_2에 대한 신뢰구간에 대해 제안된 신뢰경계는 다음과 같이 되는 것을 알 수 있다.

$$(\hat{p}_1 - \hat{p}_2) \pm z_{\alpha/2}\sqrt{p_1(1-p_1)/n_1 + p_2(1-p_2)/n_2}$$

다시 한 번 약간의 문제가 있다. 제안된 경계들은 통계량이 아니다. 그들은 모르는 모집단의 비율 p_1과 p_2를 포함한다. 표본이 하나인 경우와 마찬가지로 이 문제는 그 추정량 $\hat{p}_1$과 $\hat{p}_2$로 모집단의 비율을 대체하여 극복할 수 있다. 이 두 모집단의 비율의 차이에 대한 신뢰구간을 찾기 위한 다음의 공식이 유도된다.

$p_1 - p_2$ 에 대한 신뢰구간

$$(\hat{p}_1 - \hat{p}_2) \pm z_{\alpha/2}\sqrt{\hat{p}_1(1-\hat{p}_1)/n_1 + \hat{p}_2(1-\hat{p}_2)/n_2}$$

예제 8.3.3. 구내에 메인프레임 컴퓨터를 가지고 있는 캐나다 기업의 비율과 미국 기업의 비율의 차이에 대한 점추정치는 $\hat{p}_1-\hat{p}_2=.589-.619=-.03$이다. 이러한 차이에 대한 95% 신뢰구간은 다음과 같다.

$$(\hat{p}_1 - \hat{p}_2) \pm z_{\alpha/2}\sqrt{\hat{p}_1(1-\hat{p}_1)/n_1 + \hat{p}_2(1-\hat{p}_2)/n_2}$$

또는

$$-.03 \pm 1.96\sqrt{(.589)(.411)/375 + (.619)(}$$
$$-.03 \pm .07$$

즉 비율의 진짜 차이가 구간 [−.10, .04]에 있는 것을 95% 확신한다. 이 구간은 숫자 0을 포함하기 때문에 두 모집단의 비율 p_1과 p_2의 차이가 실제로 없는 것이 가능하다.

정확성과 신뢰성의 언급된 수준을 가진 두 비율의 차이를 계산하는 데 필요한 표본크기를 결정하는 문제는 표본이 하나인 경우보다 더 복잡하다. 동일한 크기의 표본을 각 모집단에

서 선택한다면, 그 문제는 단지 표본이 하나인 경우와 같이 해결할 수 있다. 절차는 연습문제 21에 설명되어 있다.

8.4 두 비율의 비교: 가설검정

때때로 문제는 하나의 비율 또는 백분율이 다른 것과 명시된 양만큼 서로 다른 것을 실험하기 전에 이론화되는 방법으로 나타난다. 실험의 목적은 주장에 대한 통계적인 지원을 얻는 것이다. 이러한 가설은 $(p_1-p_2)_0$가 비율 차이의 널값을 나타내는 다음 세 가지 방법 중 하나를 선택한다.

I $H_0: p_1 - p_2 = (p_1 - p_2)_0$
$H_1: p_1 - p_2 > (p_1 - p_2)_0$
우측꼬리검정

II $H_0: p_1 - p_2 = (p_1 - p_2)_0$
$H_1: p_1 - p_2 < (p_1 - p_2)_0$
좌측꼬리검정

III $H_0: p_1 - p_2 = (p_1 - p_2)_0$
$H_1: p_1 - p_2 \neq (p_1 - p_2)_0$
양측꼬리검정

이러한 가설을 검정하기 위해 검정통계량을 찾을 수 있어야 한다. 이러한 통계량을 도출하기 위해 이전 절에서 신뢰구간 또는 p_1-p_2를 구성하는 데 사용된 약 표준정규 확률변수

$$\frac{(\hat{p}_1 - \hat{p}_2) - (p_1 - p_2)_0}{\sqrt{p_1(1-p_1)/n_1 + p_2(1-p_2)/n_2}}$$

를 고려하자. 알 수 없는 모집단 비율 p_1과 p_2가 포함되어 있기 때문에 이 확률변수는 통계량이 아니다. 다시 논리적인 방법으로 이 문제를 극복한다. 특히 근사 표준정규 통계량

$$\frac{(\hat{p}_1 - \hat{p}_2) - (p_1 - p_2)_0}{\sqrt{\hat{p}_1(1-\hat{p}_1)/n_1 + \hat{p}_2(1-\hat{p}_2)/n_2}}$$

을 얻기 위해 그들의 불편추정량 $\hat{p}_1$과 $\hat{p}_2$로 p_1과 p_2를 교체한다.

이 가설화된 차이 $(p_1-p_2)_0$와 비율 $\hat{p}_1-\hat{p}_2$의 추정된 차이를 비교하기 때문에 이것은 검정통계량에 대한 논리적 선택이다. 가설 값이 올바른 경우에는 예상 차이와 가설 차이가 비슷해야 한다. 이것은 위 수식의 분자를 영에 가깝게 하여 검정통계량을 위한 작은 값을 얻을 수 있다. 검정통계량의 큰 양수 또는 큰 음수는 귀무가설이 사실이 아니고 적절한 대안을 위해 거부되어야 한다는 것을 나타낸다.

예제 8.4.1. 회사는 규모가 비슷하며 동일한 생산 작업을 하는 두 공장을 운영한다.

실험적인 안전 프로그램은 한 곳에 구현되어 있다. 이 프로그램을 확장하기 전에 경영진은 다른 공장의 부상당한 근로자와 실험용 공장에서 시험 기간 동안 부상당한 근로자의 비율을 비교하려고 한다. 이 비율이 .05 이상으로 차이가 날 경우에는 그 프로그램이 비용 면에서 효율적이라고 생각된다. 시험 기간이 종료되었을 때 실험용 공장에서는 250명의 노동자 중에서 단지 5명만 부상을 입은 반면에 제어 공장에서는 263명의 노동자 중에 24명이 부상을 입은 것으로 나타났다. 시험 기간의 데이터를 바탕으로 안전 프로그램을 확장하는 것이 타당한가? 제I종 오류를 만드는 것은 비용이 많이 들기 때문에 미리 $\alpha = .1$ 로 정한다.

[가설] p_1과 p_2는 각각 제어 및 실험 공장에서 부상당한 근로자의 비율을 나타낼 때 다음 가설

$$H_0: p_1 - p_2 = .05$$
$$H_1: p_1 - p_2 > .05$$

을 검정하고 있다.

[검정통계량] 시험 기간의 데이터를 바탕으로

$$\hat{p}_1 = 24/263 = .091 \qquad \hat{p}_2 = 5/250 = .020 \qquad \hat{p}_1 - \hat{p}_2 = .071$$

검정통계량의 값은

$$\frac{(\hat{p}_1 - \hat{p}_2) - (p_1 - p_2)_0}{\sqrt{\hat{p}_1(1-\hat{p}_1)/n_1 + \hat{p}_2(1-\hat{p}_2)/n_2}} = \frac{.071 - .05}{\sqrt{(.091)(.909)/263 + (.02)(.98)/250}}$$
$$= 1.059$$

[임곗값] 이 우측꼬리검정을 위한 임곗값은 다음과 같다.

$$\hat{p}_1 = 24/263 = .091 \qquad \hat{p}_2 = 5/250 = .020 \qquad \hat{p}_1 - \hat{p}_2 = .071$$

[결론] 검정통계량(1.059)이 2.33의 임계점을 초과하지 않기 때문에 $\alpha = .01$ 수준에서 귀무가설을 기각할 수 없다. 안전 프로그램을 확대하는 것이 합당하다고 느껴지게 하는 증거를 가지고 있지 않다.

합동비율

비록 가설 차이 $(p_1 - p_2)_0$가 결국 어떤 값이 될 수 있을지라도 가장 일반적으로 제안된 값은 영이다. 이 경우 이전에 고려된 가설은 p_1과 p_2를 비교하여 다음과 같은 형식을 가진다.

I $H_0: p_1 = p_2$	II $H_0: p_1 = p_2$	III $H_0: p_1 = p_2$
$H_1: p_1 > p_2$	$H_1: p_1 < p_2$	$H_1: p_1 \neq p_2$
우측꼬리검정	좌측꼬리검정	양측꼬리검정

이런 종류의 가설은 이미 만들어진 검정통계량 $(p_1-p_2)_0$를 영으로 설정하여 검정할 수 있다. 그러나 다른 절차를 사용할 수 있다. 많은 통계학자들이 선호하는 대안 절차는, H_0가 참일 경우에 $\hat{p}_1$과 $\hat{p}_2$는 p로 표시하는 같은 비율에 대한 두 추정량이라는 것을 사용한다. 이 정보를 사용하는 방법을 보기 위해 $\hat{p}_1-\hat{p}_2$의 분산은

$$p_1(1-p_1)/n_1 + p_2(1-p_2)/n_2$$

으로 주어지는 것에 주목한다. H_0가 사실이라면 이 분산은

$$p(1-p)/n_1 + p(1-p)/n_2 = p(1-p)(1/n_1 + 1/n_2)$$

으로 쓸 수 있다. 확률변수

$$\frac{\hat{p}_1 - \hat{p}_2}{\sqrt{p(1-p)(1/n_1 + 1/n_2)}}$$

는 근사적으로 표준정규인 분포를 가지는 것을 알 수 있다. 이제는 알 수 없는 공통 모집단의 비율 p를 추정하는 문제를 만난다. $\hat{p}_1$과 $\hat{p}_2$는 p 모두에 대한 불편추정량이기 때문에 어떤 방법으로든 그들을 결합하는 것이 좋다. 단순하게 이러한 추정량을 평균할 수도 있지만 그렇게 함으로써 관련된 두 표본의 크기 사이에 존재할 수 있는 어떤 차이를 무시하게 된다. 이러한 차이를 고려하기 위해서 가중평균을 사용한다. 즉 p에 대한 '합동' 추정량을 얻기 위해 해당 표본의 크기에 각 추정량을 곱한다.

$p_1 = p_2$일 때 p에 대한 합동추정

$$\hat{p} = \frac{n_1\hat{p}_1 + n_2\hat{p}_2}{n_1 + n_2}$$

p가 $\hat{p}$로 대체될 때 나타나는 검정통계량은 다음과 같다.

두 비율을 비교하기 위한 검정통계량

$$\frac{\hat{p}_1 - \hat{p}_2}{\sqrt{\hat{p}(1-\hat{p})(1/n_1 + 1/n_2)}}$$

이 통계량의 사용법은 다음 예제에 설명되어 있다.

예제 8.4.2. 많은 소비자들이 월요일에 조립된 자동차는 다른 요일에 조립된 것보다 심각한 결함을 가질 가능성이 더 있다고 생각한다. 이 이론을 뒷받침하기 위해서 월요일에 조립된 100대의 차에서 무작위로 표본을 선택해서 관찰한다. 이들 중 여덟은 심각한 결함을 가지고 있었다. 다른 요일에 생산된 자동차 200대의 무작위 표본 중에 심각한 결함을 가진 12대가 있었다. 이러한 데이터는 언급된 주장을 지지하는가? 유의수준은 .05라고 가정한다.

[가설] p_1과 p_2는 각각 월요일과 다른 요일에 생산된 심각한 결함을 가진 자동차의 비율을 나타낸다. 다음 가설

$$H_0: p_1 = p_2$$
$$H_1: p_1 > p_2$$

을 검정한다.

[검정통계량] p_1과 p_2에 대한 추정치는

$$\hat{p}_1 = x_1/n_1 = 8/100 = .08 \quad , \quad \hat{p}_2 = x_2/n_2 = 12/200 = .06$$

이다. 공통 모집단의 비율에 대한 합동추정치는 다음과 같다.

$$\hat{p} = \frac{n_1\hat{p}_1 + n_2\hat{p}_2}{n_1 + n_2} = \frac{100(.08) + 200(.06)}{100 + 200} = 20/300 = .066$$

검정통계량의 관찰값은

$$\frac{\hat{p}_1 - \hat{p}_2}{\sqrt{\hat{p}(1-\hat{p})(1/n_1 + 1/n_2)}} = \frac{.08 - .06}{\sqrt{.066(.934)(1/100 + 1/200)}} = .658$$

이다.

[임곗값] 표준정규표(부록 B의 표 V 참조)에서 임곗값은

$$z_{.05} = 1.645$$

[결론] 검정통계량의 값이 임곗값보다 훨씬 작기 때문에($.658 < 1.645$) 월요일에 조

립된 자동차는 다른 요일에 조립된 것들보다 심각한 결함을 가질 가능성이 있다는 주장을 뒷받침하기에 충분한 통계적 증거를 가지고 있지 않다.

표준정규표(부록 B의 표 V 참조)에서 크거나 또는 더 큰 값이 관찰될 확률은 대략적으로 .2546임을 알 수 있다. 즉 P 값은 대략 .2546이다. 이 확률이 크기 때문에 H_0는 기각되지 않는다.

그것은 더 강력한 것으로 생각되기 때문에, 합동통계량이 선호될지라도, 제시된 검정통계량 중 하나를 H_0: $p_1-p_2=0$ 또는 H_0: $p_1=p_2$을 검정하는 데 사용할 수 있다. $(p_1-p_2)_0 \neq 0$인 H_0: $p_1-p_2=(p_1-p_2)_0$을 검정하기 위해서 $\hat{p}_1$과 $\hat{p}_2$가 다른 비율을 추정하고 있기에 합동은 적절하지 않다. 이 경우에는 제시된 첫 번째 통계량이 적절한 검정통계량이다.

우리는 두 집단에서 도출된 독립인 임의표본에 따라 비율을 비교한다는 것을 주목하자.

요약

이 장에서는 표본의 크기가 큰 경우 하나의 비율 추론에 사용할 수 있는 방법을 생각해 보았다. 또한 p에 대한 가능한 사전추정치를 가지고 있거나 또는 그렇지 않은 경우에 원하는 수준의 정확도로 p를 추정하는 데 필요한 표본크기를 결정하는 방법을 살펴보았다.

두 개의 모집단 비율의 차이에 대한 구간 및 점추정을 모두 고려하여 두 개의 예제를 학습했다. 제시된 방법은 표본이 독립적으로 추출되었다고 가정한다. 또한 H_0: $p_1-p_2=(p_1-p_2)_0$은 검정통계량으로 p_1-p_2에 대한 신뢰구간을 생성하는 데 사용되는 동일한 확률변수를 사용하여 검정할 수 있다는 것을 보았다. 즉

$$\frac{(\hat{p}_1 - \hat{p}_2) - (p_1 - p_2)_0}{\sqrt{\hat{p}_1(1 - \hat{p}_1)/n_1 + \hat{p}_2(1 - \hat{p}_2)/n_2}}$$

하지만 $(p_1-p_2)_0=0$이라면 합동 절차가 바람직하다. 이 절차는 H_0가 참일 경우 $p_1=p_2$이라는 사실을 사용한다. $\hat{p}_1$과 $\hat{p}_2$가 같은 것으로 추정되기 때문에 공통 모집단의 비율 p에 대한 다음과 같은 추정량을 형성하기 위해 그들을 결합한다.

$$\hat{p} = \frac{n_1\hat{p}_1 + n_2\hat{p}_2}{n_1 + n_2} = \frac{X_1 + X_2}{n_1 + n_2}$$

이 추정량을 사용하면 H_0: $p_1-p_2=0$을 검정하는 데 사용되는 검정통계량은

$$\frac{\hat{p}_1 - \hat{p}_2}{\sqrt{\hat{p}(1 - \hat{p})(1/n_1 + 1/n_2)}}$$

이다.

다음과 같은 용어를 도입했다:

p에 대한 합동추정량.

연습문제

8.1절

1. 반사 도로 표지판은 자동차의 헤드라이트에 의해 포착될 수 있어야 효과적이다. 먼 거리에서 그렇게 되려면 광선이 '높이' 있어야 한다. 고속도로 엔지니어에 의해 시행된 조사에 따르면 교통량이 많은 지역에서 무작위로 선택된 차량 50대 중에 45대가 낮은 광선의 헤드라이트를 가지고 있는 것으로 나타났다.

(*a*) 낮은 광선을 사용하는 이러한 유형의 지역에 있는 자동차의 비율 p에 대한 점추정치를 구하라.

(*b*) p에 대한 90% 신뢰구간을 구하라.

(*c*) 90% 신뢰도를 가지고 .02 내에서 p를 추정하는 데 얼마나 큰 표본이 필요한가?

2. 전력시스템에 사용되는 전기기계 보호 부품에 대한 조사 결과 검정할 때 오작동하는 193개의 부품 중에 75개는 기계 부품 고장에 의한 것으로 나타났다.

(*a*) 기계적 고장에 의한 오작동의 비중 p에 대한 점추정치를 구하라.

(*b*) p에 대한 95% 신뢰구간을 구하라.

(*c*) 95% 신뢰도를 가지고 .03 내에서 p를 추정하는 데 얼마나 많은 표본이 필요한가?

3. 1980년에 노동통계국에서는 직장에서 근로자가 입은 1000건의 작은 눈 부상에 대한 조사를 실시했다. 조사에 참여한 근로자 중에 600명은 손상 시에 눈 보호대를 착용하지 않은 것으로 나타났다. 또한 입은 부상 중에 900건은 보호안경의 적절한 사용을 통해 방지될 수 있다고 밝혔다. 눈 보호대의 사용에 관련하여 직장의 현 상태는 1980년과 비교했을 때 실질적으로 변하지 않은 것으로 가정한다.

(*a*) 부상 시에 눈 보호대를 착용하지 않음으로써 올해 작은 눈 부상을 입은 근로자의 비율에 대한 90% 신뢰구간을 구하라.

(*b*) 보호안경을 적절하게 사용함으로써 예방할 수 있는 올해 발생한 작은 눈 부상의 비율에 대한 95% 신뢰구간을 구하라.

4. 산업용 로봇을 사용하는 회사에 대한 설문조사 결과 사용 중인 200대의 로봇 중에 48대가 적재 및 하역에 사용된 것으로 나타났다.

(*a*) 현재 적재 및 하역에 사용되는 산업용 로봇의 비율 p에 대한 95% 신뢰구간을 구하라.

(*b*) 당신은 사용하는 로봇의 대부분이 적재 및 하역에 사용된다는 어떤 이의 주장을 듣고 놀랄 것인가? 그렇다면 이유를 설명하라.

5. 초음속 운송(SST)의 사용과 관련된 하나의 문제는 음향폭발이다. 1960년대 후반과 1970년대 초반에 오클라호마시티, 세인트루이스, 그리고 다른 지역들에서 예비시험을 실시하였다. 시험이 실행된 후 음향폭발과 함께 살 수 없다고 생각하는 사람들의 비율을

추정하기 위해 설문조사를 실시했다. 95% 신뢰도에 3% 포인트 내에서 이 비율을 추정하기 위해 얼마나 많은 시료를 선택해야 하는가?

6. 환경보호국은 최근에 적어도 잠재적으로 위험할 것으로 간주되는 미국 내 30,000곳의 폐기물 투기장을 확인했다. 90% 신뢰도에 2% 포인트 이내로 건강에 심각한 위협을 초래할 장소의 비율을 추정하는 데 얼마나 큰 표본이 필요한가?

7. "박사는 자신의 실수를 파묻고, 건축가는 담쟁이로 실수를 덮고, 엔지니어는 하루에 볼 수 없을 만큼 긴 보고서를 작성한다."라는 말이 있다. 공학적인 실수가 치명적인 분야의 하나는 댐건설이다. 90%의 신뢰도로 1% 포인트 내에서 즉시 수리를 필요로 하는 미국의 비연방 토사 댐의 비율을 추정하기 위해 얼마나 많은 표본이 필요한가?

8. 한 시장연구 조사가 컴퓨터 시스템 사용자들에게 실시되었다. 90% 신뢰도로 4% 포인트 내에서 터미널을 추가하려고 계획하는 사용자의 비율을 추정하기 위해 얼마나 많은 사용자가 표본화되어야 하는가?

9. 함수 $g(\hat{p})=\hat{p}(1-\hat{p})$를 고려하자.

(*a*) $g'(\hat{p})$를 구하라.

(*b*) g에 대한 극점을 구하라.

(*c*) $g''(\hat{p})$를 구하고, 이것은 g가 극점에서 최댓값을 가정한다고 주장하는 데에 이것을 사용하라.

(*d*) 함수 g의 최댓값은 얼마인가?

8.2절

10. 이전에 시행된 한 투자분석가의 투표 결과 이들 대부분이 태양 에너지 산업의 미래에 영향을 미치는 주된 요인은 에너지 가격하락이라고 생각하는 것으로 나타났다. 새로운 조사는 이것이 여전히 그 경우인지 확인하기 위해 수행되고 있다. p는 이러한 의견을 주장하는 투자분석가의 비율을 나타낸다.

(*a*) 적절한 귀무가설 및 대립가설을 설정하라.

(*b*) 설문조사를 했더니 표본화된 100명 분석가들 중에 59명은 주요 문제가 에너지 가격하락이라는 데 동의했다. 이것은 H_0를 거부할 수 있도록 하기에 충분한가? 검정값 p에 따라 설명하라.

(*c*) 이 문제의 맥락에서 당신의 결과를 해석하라.

11. 새로운 컴퓨터 네트워크가 설계되고 있다. 이 업체들이 이미 사용하고 있는 99% 이상의 장비와 호환 가능하다고 주장한다.

(*a*) 이 주장을 뒷받침하는 증거를 얻기 위해 필요한 귀무가설 그리고 대립가설을 설정하라.

(*b*) 300개의 프로그램에서 표본화가 실행되고, 이들 중에 298개는 필수적인 변경 없이 실행된다. 즉 그들은 새로운 네트워크와 호환된다. H_0를 거부할 수 있는가? 검정값 p

에 따라 설명하라.

(*c*) 검정에 따라 어떠한 실질적인 결론을 유추할 수 있는가?

12. 일본에서 생산된 64 K 램 장치에 대한 결함이 없는 비율이 8% 미만이라고 생각된다.

(*a*) 이 주장을 뒷받침하는 데 필요한 귀무가설 그리고 대립가설을 설정하라.

(*b*) 이러한 장치의 64개 표본이 검정되었고, 4개는 결함이 없는 것으로 발견되었다. H_0를 거부할 수 있는가? 검정값 p에 따라 설명하라.

(*c*) 이 문제의 맥락에서, 데이터에서 어떠한 결론을 얻을 수 있는가?

13. 미국의 비즈니스 사무실의 60% 이상이 그들의 장비로 메인프레임 컴퓨터를 가지고 있다고 생각된다.

(*a*) 이 주장을 뒷받침하기 위한 적절한 귀무가설 및 대립가설을 설정하라.

(*b*) $\alpha=.05$ 수준의 검정을 위한 극점을 구하라.

(*c*) 데이터를 수집할 때, 조사된 375개의 사무실 중에 233개가 메인프레임 컴퓨터를 가지고 있는 것으로 발견되었다. H_0는 $\alpha=.05$ 수준에서 기각할 수 있는가? 어떤 유형의 오류가 있는가?

(*d*) 이 문제의 맥락에서, 당신이 직면하게 되는 오류의 유형을 만드는 실질적인 결과를 설명하라.

14. 뉴리버 댐 건설을 반대하는 사람들은 강을 따라 사는 절반 미만의 거주자가 건설에 찬성한다고 주장한다. 설문조사는 이러한 주장을 뒷받침하기 위해 실시되었다.

(*a*) 적절한 귀무가설 및 대립가설을 설정하라.

(*b*) $\alpha=.1$ 수준 검정의 임계점을 찾으라.

(*c*) 조사받은 500명 중에 230명이 건설을 찬성한다. 댐에 대한 반대 주장을 정당화하기 위해 이것이 충분한 증거가 되는가?

(*d*) 지금 어떤 형태의 오류가 있는가? 이러한 오류를 만드는 실제적인 결과를 논의해 보라.

15. 배터리로 작동하는 디지털 압력 모니터는 현장에서 공기 압력의 게이지를 조정하는 데 사용하기 위해 개발되고 있다. 제공된 측정값의 95%가 참 측정값의 0.1 lb/in^2 내에 놓여 있다고 생각된다. 100회의 검정에서, 게이지가 10,000 lb/in^2 이내의 압력을 받는다. 검정은 판독값이 10,000 ± .01 lb/in^2 내에 있을 경우 성공으로 간주된다. $\alpha=0.05$ 수준에서

$$H_0: p = .95$$
$$H_1: p \neq .95$$

을 검정하고자 한다.

(*a*) 이 검정에 대한 임곗점은 무엇인가?

(*b*) 데이터를 수집할 때, 100개 측정값 중에 98개가 성공했음을 발견했다. H_0는 $\alpha=.05$

수준에서 기각할 수 있는가? 지금 어떤 종류의 오류가 있는가?

16. 전원선의 노이즈, 전압변동 및 정전은 모두 컴퓨터의 성능에 영향을 미칠 수 있다. 노이즈가 텔레비전 세트에 입력되면 잡음이 생기거나 줄이 생긴다, 노이즈가 컴퓨터에 입력될 때 오류가 발생할 수 있고 회로가 손상될 수 있다. 특정한 장소에 있는 컴퓨터의 모든 회선 장애의 80% 이상에 노이즈가 있는 것으로 생각된다.

(*a*) 이 주장을 확인하기 위해 필요한 귀무가설 및 대립가설을 설정하라.

(*b*) $\alpha=.01$ 수준의 검정을 위한 임계점을 찾으라.

(*c*) 조사 기간 동안에 발생하는 150개의 라인 교란 중에서 133개가 노이즈에 의해서 발생한다. H_0는 $\alpha=.01$ 수준에서 기각할 수 있는가? 이 문제의 맥락에서 결과를 해석하라.

8.3절

17. 작년에 연구개발에 종사한 500명 노동자의 무작위 표본이 선택된다. 이들 중에 178명은 연간 $72,000 이상의 수입을 올린다. 올해 조사된 연구개발 종사자 450명 중에 220명이 연간 $72,000을 초과하여 수입을 올렸다.

(*a*) p_1과 p_2는 각각 지난해와 올해에 연간 소득 $72,000 이상 연구개발 근로자의 비율을 나타낸다. p_1, p_2와 p_1-p_2에 대한 점추정치를 구하라.

(*b*) p_1-p_2에 대한 95% 신뢰구간을 구하라.

(*c*) 72,000달러 이상의 소득을 얻는 연구개발 노동자의 비율이 지난해와 올해가 같다고 하는 누군가의 주장을 듣고 놀랄 것인가? (*b*) 부분의 신뢰구간을 기초로 설명하라.

18. 더 쉽게 놓일 수 있고 더 유연하게 만들기 위해 슈퍼가소제 콘크리트는 기존의 콘크리트에 화학물질을 추가하여 형성되었다. 댈러스-포트워스 지역의 50건의 새로운 건설 프로젝트 표본에서 이러한 종류의 콘크리트를 사용하는 15건을 얻을 수 있다. 보스턴 지역의 새로운 프로젝트 60건의 표본에서 슈퍼가소제 콘크리트를 사용하는 15건을 얻을 수 있다.

(*a*) p_1과 p_2는 각각 슈퍼가소제 콘크리트를 사용하는 댈러스-포트워스 그리고 보스턴의 새로운 건설 프로젝트의 비율을 나타낸다고 하자. p_1, p_2와 p_1-p_2에 대한 점추정치를 구하라.

(*b*) p_1-p_2에 대한 95% 신뢰구간을 구하라.

(*c*) 당신은 이런 유형의 콘크리트를 사용하는 댈러스-포트워스 프로젝트의 비율이 보스턴 지역에 비해 분명히 더 크다는 누군가의 주장을 듣고 놀랄 것인가? (*b*) 부분에 대한 신뢰구간에 근거하여 설명하라.

19. 컴퓨터 시장에 대한 조사가 실시된다. 임의의 표본은 두 개의 주요 메인프레임의 사용자들 사이에서 도출된다. 조사의 목적은 메인프레임 공급업체에 의해 조립된 소형 사무실 시스템 하나를 사용하고 있거나 사용하기를 원하는 각 모집단에 있는 사용자의 비율을 추정하는 것이다. 이러한 데이터는 다음과 같다.

표본 I	표본 II
$n_1 = 200$	$n_2 = 190$
$x_1 = 62$	$x_2 = 76$

(*a*) p_1, p_2와 p_1-p_2에 대한 점추정치를 구하라.

(*b*) p_1-p_2에 대한 90% 신뢰구간을 구하라.

(*c*) 누군가가 $p_1=p_2$라는 주장을 한다면 놀랄 일인가? (*b*) 부분에 대한 신뢰구간에 근거하여 설명하라.

20. 다가오는 수년 내에 컴퓨터가 범죄제어에 점진적으로 중요한 역할을 할 것으로 기대된다. 1983년 FBI는 전국에 걸쳐 수천 명의 기록을 포함하는 비컴퓨터화된 식별자 시스템을 가지고 있었다. 500개의 기록 중에 임의의 표본에서 이 기록의 단지 70%가 사건의 처리에 대한 정보를 포함하는 것으로 나타났다. 모든 경우의 약 1/3은 종종 폐기되기 때문에 이것은 불행한 일이다. 이 폐기물이 기록물의 일부가 아니면 무고한 사람이 누명을 쓸 수 있다.

(*a*) 컴퓨터화된 새로운 범죄이력 시스템이 개발되고 구현된다고 가정한다. 크기가 500인 무작위 표본은 새로운 시스템에 기록된 경우로부터 선택된다. 이들 중에 410개가 그 사건의 처분에 대한 정보를 포함하는 것으로 발견됐다. 사건의 처분에 대한 정보를 포함하는 새로운 시스템의 사례의 비율을 추정하라.

(*b*) 기존의 식별 시스템과 컴퓨터화된 새로운 시스템 사이의 비율 차이(신형—구형)를 추정하라.

(*c*) 비율의 차이에 대한 95% 신뢰구간을 구하라.

(*d*) 새로운 시스템이 더 많은 '사건 처분'에 대한 정보를 포함한다는 의미에서 식별자보다 우수하다고 하는 것이 안전한가? (*c*) 부분의 신뢰구간에 근거하여 설명하라.

21. (p_1-p_2 추정을 위한 표본크기.) 두 개의 모집단 간의 비율 차이 p_1-p_2는 해당 모집단에서 도출된 독립적인 임의표본에 따라 추정할 수 있다. 각 표본마다 크기가 n이 될 것이다. $100(1-\alpha)$ % 의 신뢰도를 가지고 d 이내로 p_1-p_2를 추정하기 위해 n은 다음과 같이 주어지는 것을 보여라.

p_1-p_2를 추정하기 위한 표본의 크기

사용 가능한 p_1과 p_2에 대한 사전추정하에서 p_1-p_2를 추정하기 위한 표본의 크기

$$n \doteq z_{\alpha/2}^2 \frac{[\hat{p}_1(1-\hat{p}_1)+\hat{p}_2(1-\hat{p}_2)}{d^2}$$

사용 가능한 p_1과 p_2에 대한 사전추정 없이 p_1-p_2를 추정하기 위한 표본의 크기

$$n \doteq \frac{z_{\alpha/2}^2}{2d^2}$$

22. 90%의 신뢰도에서 .02 이내의 p_1-p_2를 추정하기 위해 지난해와 올해 R&D 노동자의 모집단에서 얼마의 공통 표본크기를 취해야 하는가? p_1과 p_2의 추정치를 얻기 위해 연습문제 17의 데이터를 사용하라.

23. 95% 신뢰도로 .03 이내로 p_1-p_2를 추정하는 식별자 파일과 새 컴퓨터 파일에서 어떤 공통의 표본 크기가 선택되어야 하는가? p_1과 p_2에 대한 추정치를 얻기 위해 연습문제 20의 데이터를 사용하라.

24. 조립라인 노동자의 두 가지 다른 이동 중에 생기는 불량품 비율의 차이를 추정하기 위해 한 조사가 실시된다. 90% 신뢰도로 .04 이내로 그 차이를 추정하는 데 어떤 공통의 표본 크기가 사용되어야 하는가?

25. 자동차 엔지니어들이 4기통 모델과 새로운 6기통 전륜구동 자동차의 성능을 비교하고자 한다. p_1과 p_2는 각각 두 모델을 사용하는 첫 번째 5000마일 동안에 자동차 엔진에 문제가 발생하는 비율을 나타낸다. 90% 신뢰도를 가지고 .05 이내로 p_1-p_2를 추정하기 위해 어떤 공통의 표본 크기가 사용되어야 하는가?

8.4절

26. 전기통신, 군사, 산업에서 광학 섬유의 사용이 급증하고 있다. 섬유는 내구성이 강하고 넓은 온도범위에서 작동할 수 있으며 방사선에 둔감해야 한다. 대부분의 섬유 문제는 완전한 균열로 성장하는 취성파괴에 기인한다. 두 개의 다른 섬유제작 열원을 조사하고 있다. 이들에는 탄소용광로나 CO_2 레이저가열이 있다. 한 회사에서 현재 탄소용광로를 사용하지만 후자의 방법이 .02 이상으로 실패의 비율을 감소시킨다는 것으로 보이면 레이저가열로 전환할 것이다.

(*a*) p_1과 p_2는 각각 탄소용광로 및 CO_2 레이저가열을 사용하여 발생하는 오류의 비율을 나타낸다. 레이저 기술로의 전환을 뒷받침하는 데 필요한 귀무가설과 대립가설을 설정하라.

(*b*) $\alpha=.05$ 수준의 검정을 위한 임계점을 찾으라.

(*c*) 레이저 기술을 사용하여 생산된 100개의 섬유 중에 단지 1개가 불량으로 나타난 반면에, 탄소용광로를 사용하여 생산된 100개 검정 섬유 중에 5개가 불량이다. p_1, p_2와 p_1-p_2를 추정하라. H_0는 $\alpha=.05$ 수준에서 기각할 수 있는가? 당신은 회사의 생산방식 전환을 추천하겠는가?

(*d*) 지금 어떤 유형의 오류가 있는가? 이 오류를 만드는 실질적인 결과를 토론하라.

27. 양극 디지털 집적회로의 불량을 수정하는 비용은 그 불량이 발견된 시기에 따라 달라진다. 이 컴퓨터 시스템으로 통합되기 전에 발견되는 경우에는 비용은 단지 몇 페니일 수 있다. 하지만 장비가 현장에 설치된 이후까지 발견되지 않은 경우에는 수리하는 데 수천 달러의 비용이 들 수 있다. 특정 회사에서 생산된 회로의 두 가지 유형의 전기적인 불량률이 조사되고 있다. ALS(advanced lower-power Schottky) 회로의 불량률이

LPS(lower-power Schottky) 회로의 것보다 작은 것으로 의심된다.

(*a*) 전기적인 결함을 가지고 생산된 ALS 회로와 LPC 회로의 비율을 각각 p_1과 p_2로 나타내는 것으로 한다. 자신의 의혹을 확인하는데 필요한 귀무가설 및 대립가설을 설정하라.

(*b*) $\alpha=.1$ 수준의 검정을 위한 임계점은 무엇인가?

(*c*) 각 유형의 이천 개의 회로가 무작위로 선택되어 검정된다. LPS 회로들 중에 5개, ALS 회로들 중에 3개가 전기적 결함이 있는 것을 발견했다. p_1, p_2 및 p_1-p_2를 추정하라. 이러한 데이터를 기반으로 H_0는 $\alpha=.1$ 수준에서 거부할 수 있는가?

28. 오늘날의 디젤 엔진은 과거에 비해 뛰어난 매끄러운 표면 마무리와 견실함을 필요로 한다. 두 가지 유형의 연마제가 크랭크축을 연마하는 데 사용되는 마이크로 마감재를 사용하기 위해 검정되고 있다. 하나는 종이와 천 연마제이고 다른 하나는 코팅 연마필름이다. 이들은 연마 공정에서 중단과 지연의 원인이 되는 찢어지는 롤에 쓰인다. 찢어지는 롤의 비율이 연마필름보다 연마천에서 더 높다고 간주된다. 그러나 연마필름이 두 배로 고가이기 때문에 연마필름이 경제적이기 위해서는 이러한 비율의 차이가 .10을 초과해야 한다.

(*a*) 연마필름이 경제적이라는 주장을 뒷받침하기 위해 필요한 귀무가설과 대립가설을 설정하라. p_1은 검정 중에 찢어지는 종이-천 연마롤의 비율을 나타낸다고 하자.

(*b*) $\alpha=.025$ 수준의 검정을 위한 임계점은 무엇인가?

(*c*) 검정 중인 종이-천 연마제 50개의 롤 중에 15개가 찢어지고, 연마필름을 가진 40개의 롤 중에 두 개만 찢어진다. p_1, p_2와 p_1-p_2를 추정하라. H_0는 $\alpha=.025$ 수준에서 기각할 수 있는가?

(*d*) 어떤 유형의 오류가 있는가? 이러한 오류를 범하는 실질적인 결론을 토론하라.

29. 금속 탐지기의 두 가지 유형이 전 세계 공항에서 사용되고 있다. 하나는 연속파 탐지기라고 하고 다른 하나는 펄스필드파 탐지기라고 한다. 두 장비는 총이나 칼 같은 큰 금속 물체를 탐지하는 데 동일하게 효율적이다. 하지만 연속파 탐지기는 동전, 립스틱 홀더, 그리고 다른 작은 무해한 금속 같은 물체에 의해 더 쉽게 유발될 수 있다는 점에서 효율성이 떨어지는 경향이 있다고 생각된다.

(*a*) p_1과 p_2는 각각 장비를 작동하게 하는 연속파형 및 펄스파 탐지기를 통과하는 승객의 비율을 나타낸다. 연속파 탐지기는 펄스파 장비가 하는 것보다 높은 비율의 승객에 의해 작동된다는 주장을 뒷받침하기 위해 필요한 귀무가설과 대립가설을 설정하라.

(*b*) 이러한 유형의 장치를 각각 통과하는 175명 승객을 무작위 표본으로 관찰하게 되었다. 연속파 장치를 통과하는 사람들 중에 113명이 경고를 작동하게 되었다. 반면에 펄스필드파 탐지기를 통과는 이들 중에 단지 4명이 경고를 활성화하였다. 당신은 H_0을 거부해야 한다고 생각하는가? 검정값 p는 무엇인가? 어떤 실제적인 결론을 이 자료에서 얻을 수 있는가?

30. 쇼트피닝은 균열에 더 저항하기 위해 금속 부품의 표면 영역을 압축하는 데 사용된다. 이것은 빠르게 던져진 작은 입자를 표면에 충돌시켜서 수행된다. 입자가 충돌할 때마다 표면에 작은 함몰을 만들고 표면 바로 아래의 영역을 압축한다. 결국에 전체 표면이 압축될 때까지 폭격이 계속된다. 검정은 쇼트피닝을 사용할 때 파괴 부분의 비율을 줄일 수 있는지 확인하기 위해 특정 부분에서 이루어지고 있다. 결과는 다음과 같다.

Not shot peened	Shot peened
$n_1 = 35$ number fractured = 7	$n_2 = 40$ number fractured = 3

적절한 귀무가설 및 대립가설을 설정하라. 이러한 데이터를 기반으로 쇼트피닝이 사용될 때에 일부가 균열될 확률을 줄일 수 있다고 생각하는가? 검정값 p에 따라 설명하라.

31. $\hat{p}=(X_1-X_2)/(n_1+n_2)$임을 보여라. 즉 $\hat{p}$가 2개의 표본을 하나로 결합하고 새로운 표본에 대한 일반적인 표본비율을 찾아낼 수 있다는 것을 보여라. 연습문제 30의 데이터를 사용하여 이것을 수치적으로 확인하라.

32. X_1과 X_2는 각각 크기가 n_1과 n_2인 독립적으로 추출된 임의의 표본에 대한 관심을 가지는 특성을 가진 개체의 수를 지칭한다. 이러한 확률변수가 매개변수 p_1과 p_2로 이루어진 이항분포로 되어 있다고 가정한다.

(*a*) 합동추정량 $\hat{p}$의 기댓값을 구하라.

(*b*) H_0: $p_1=p_2$이 사실이면 $\hat{p}$는 일반 모집단의 비율 p에 대한 불편추정량임을 증명하라.

복습문제

33. 광산 회사에 내년 졸업생 또는 경험이 풍부한 엔지니어 중 하나를 고용할 것으로 예상되는 기업의 비율 p를 추정하기 위해 선물조사가 실시된다.

(*a*) 얼마나 큰 표본이 94%의 신뢰도하에 .04 범위 내에서 p를 추정하는 데 필요한가?

(*b*) 500개의 표본 가운데 그러한 기술자를 고용할 계획이 있는 기업은 105개이다. p에 대한 점추정치를 구하라. p에 대한 94% 신뢰구간을 구하라.

34. 1970년에 학교를 졸업한 광산 기술자의 대부분은 지금 석탄광산 업계에 종사하는 것으로 생각된다.

(*a*) 이 주장을 뒷받침하는 통계적인 증거를 얻기 위해 필요한 귀무가설과 대립가설을 설정하라.

(*b*) 이러한 개인 중에 무작위로 50명이 표본으로 선택되고 고용된 현장이 정해진다. 26명은 석탄광산 업계에서 일하고 있다. 당신은 H_0를 거부해야 한다고 생각하는가? 시험의 P 값에 따라 설명하라.

35. 소에서 동일한 쌍둥이를 생산하는 데 사용되는 절차는 배를 세포의 두 그룹으로 나누고 즉시 배 이식을 하는 마이크로 수술 분할을 수반한다. 이 절차는 50% 이상 효과적인 것

으로 생각된다.

(*a*) 이 주장을 뒷받침하는 데 필요한 귀무가설과 대립가설을 설정하라.

(*b*) 크기 100인 표본을 기반으로 하여 $\alpha=.05$ 수준의 검정을 위한 임계점을 구하라.

(*c*) 실험이 수행될 때, 이식결과의 55개가 쌍둥이로 태어났다. H_0는 $\alpha=0.05$ 수준에서 기각할 수 있는가? 이 문제의 맥락에서 결과를 해석하라.

36. 프로그램 가능한 조명 제어시스템을 설계하고 있다. 시스템의 목적은 건물의 전력소비 비용을 절감하는 것이다. 이 시스템은 결국 많은 수의 송수신기를 사용하게 된다. 두 가지 유형이 고려되고 있다. 수명 검정에서 이 데이터는 각 유형에 대해 송수신기의 실패의 수로 수집된다.

표본 I	표본 II
$n_1 = 100$	$n_2 = 100$
$x_1 = 2$	$x_2 = 4$

(*a*) 송수신기의 두 가지 유형에 대한 실패율의 차이 p_1-p_2에 대한 점추정치를 구하라.

(*b*) p_1-p_2에 대한 95% 신뢰구간을 구하라.

(*c*) (*b*)의 구간에 따라, 우리는 $p_1 < p_2$를 주장할 수 있는가? 설명하라.

(*d*) 그 구간이 p_1-p_2의 실질적인 값에 대한 좋은 아이디어를 줄 정도로 충분히 짧게 (*b*)에서의 구간 내에 있는가? 95% 신뢰도, 0.01 이내로 p_1-p_2를 추정하는 데 필요한 일반적인 표본의 크기는 무엇인가?

37. 품질과 고객만족의 한 척도는 반복 주문이다. 컴퓨터 출력물에 사용되는 종이의 한 공급업체는 지난해 75명의 고객계정을 표본화하고 이 중에 40명이 그해에 하나 이상의 주문을 한 것을 발견했다. 올해 연말에 실시한 비슷한 설문조사에서 50명 중 35명의 고객이 다시 주문한 것으로 밝혀졌다. 이러한 데이터는 2년 주기로 반복 주문의 비율이 증가했다는 주장을 뒷받침하는가? 검정의 *P* 값에 따라 설명하라.

38. 한 회사가 두 번째로 식각되는 회로의 비율을 감소시키는 회로를 에칭하는 새로운 방법을 실험하고 있다. 비용면에서 효율적이기 위해서는 과거와 현재의 방법 간의 비율 차이가 .1을 초과해야 한다.

(*a*) p_1은 기존의 방법을 사용하여 다시 실행해야 할 회로의 비율을 표시한다. 새로운 방법은 비용 효율적이라는 것을 보여 주기 위해 필요한 귀무가설과 대립가설을 설정하라.

(*b*) (*a*)의 가설의 $\alpha=.05$ 수준의 검정을 위한 임계점을 구하라.

(*c*) 다음 데이터는 각 방법을 사용하여 재작업해야 하는 회로의 수이다.

$\alpha=.05$ 수준에서 H_0가 기각될 수 있는가? 지금 어떤 종류의 오류가 있는가? 이러한 오류

기존	신규
$n_1 = 25$	$n_2 = 50$
$x_1 = 4$	$x_2 = 2$

를 만드는 실질적인 결과는 무엇인가?

39. 수질오염의 한 원인은 지하 저장탱크에서의 가솔린 누수이다. 주유소 100개의 무작위 표본을 선택하고 탱크를 관찰하였다. 20개 중에 적어도 하나의 누출 탱크가 발견되었다.

(*a*) 누수문제를 가진 전국 주유소의 비율에 대한 95% 신뢰구간을 구하라.

(*b*) 미국에 약 375,000개의 주유소가 있다는 것을 가정하자. 누수문제를 가진 주유소의 수에 대한 95% 신뢰구간을 구하라.

(*c*) 95% 신뢰도와 .02 내에서 누수문제를 가진 주유소의 비율로 추정하는 데 얼마나 큰 표본이 필요한가?

40. "교전에서 사막폭풍규칙은 승무원들이 기본적인 또는 보조적인 목표를 찾거나 적극적으로 식별하거나 찾을 수 없을 때 그들의 무기기지로 복귀해야 한다고 지시한다." 이러한 규칙은 민간인에 대한 피해를 최소화하기 위한 것이다. 사막의 폭풍과 사막의 방패 기간 중에 72,000대의 전투기가 연합군에 의해 비행하였다. 18,000대의 비행기는 무기기지로 돌아왔다.("Operations Law and the Rules of Engagement in Operations Desert Shield and Desert Storm," Lt. Col. John G. Humphries, *Airpower Journal*, Fall 1992, pp. 25-41.)

(*a*) 데이터를 바탕으로 이러한 교전 규칙이 적용되는 향후 전투에서 무기기지로 복귀하는 전투임무의 비율 p의 점추정치를 구하라.

(*b*) p에 대한 95% 신뢰구간을 구하라.

(*c*) 미래의 교전에서 10,000번의 전투임무가 출격한다고 가정하자. 비행기가 무기기지로 복귀할 수 있는 임무의 수에 대한 95% 신뢰구간을 구하라.

CHAPTER 9

두 평균과 두 분산의 비교

이 장에서는 두 모집단의 평균을 비교하는 방법을 고려하여 두 가지 표본 문제에 대한 학습을 계속한다. 추출된 표본들이 독립이고 자료가 짝을 이룰 때, 이 문제는 두 개의 서로 다른 실험조건하에 있다고 간주된다. 이 용어들은 이후 절에 자세히 설명되어 있다.

9.1 점추정: 독립인 표본

지금 고려하는 일반적인 상황은 다음과 같이 설명될 수 있다:

> 평균을 모르는 두 개의 모집단이 있다. 하나의 무작위 표본은 첫 번째 모집단에서 추출되고, 첫 번째 모집단에서 선택된 객체가 두 번째에서 선택된 것과 아무런 관계가 없도록 두 번째에서 하나를 추출한다. 이 방법에서 선택된 표본은 서로 독립이라고 한다. 점추정량을 통해 모집단의 차이 $\mu_1-\mu_2$를 추정한다.

예제 9.1.1 은 실제 상황에 대해 이러한 아이디어를 보여 준다.

예제 9.1.1. 회로차단기의 두 가지 유형에서 배선연결 및 절연을 검사하는 데 필요한 시간을 비교하기 위해 조사가 실시된다. 모집단 I은 모두 진공차단기 형식의 회로차단기로 구성되고, 모집단 II는 모두 공기자기 회로차단기로 구성되어 있다. 무작위 표본이 각 모집단에서 선택되고, 선택된 각 회로차단기가 검사하고 검사에 요구되는 시간 (분)이 기록된다. 모집단 I에서의 회로차단기 선택은 모집단 II에서의 회로차단기 선택에 어떠한 영향이 없다는 의미에서 표본은 독립이다. 두 모집단에 대한 검사를 수행하는 데 필요한 평균 시간의 차이 $\mu_1-\mu_2$를 추정한다. 조사결과는 그림 9.1과 같다.

$\mu_1-\mu_2$를 추정하는 논리적인 방법은 각 해당 표본평균을 통해 각각의 평균을 추정하고

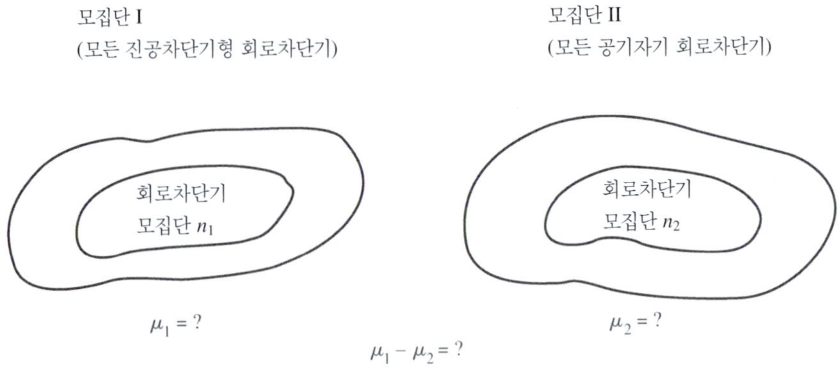

그림 9.1 | 두 개의 서로 다른 모집단에서 추출된 회로차단기의 독립적 표본.

그런 후에 이러한 표본평균의 차이 $\mu_1 - \mu_2$를 추정하는 것이다. 즉 모집단 평균의 차이에 대한 논리적 점추정량은 표본평균의 차이이다.

두 가지 평균의 차이에 대한 점추정량

$$\widehat{\mu_1 - \mu_2} = \hat{\mu}_1 - \hat{\mu}_2 = \bar{X}_1 - \bar{X}_2$$

예제 9.1.2. 예제 9.1.1 의 조사 결과는 다음과 같다.

진공식 차단기(I)				공기식 차단기(II)		
3.0	5.3	6.9	4.1	7.1	9.3	8.2
8.0	6.7	6.3		10.4	9.1	8.7
7.1	4.2	7.2		12.1	10.7	10.6
5.1	5.5	5.8		10.5	11.3	11.5

이 자료를 바탕으로

$$\hat{\mu}_1 = \bar{x}_1 = 75.2/13 = 5.78 \text{ 분}$$
$$\hat{\mu}_2 = \bar{x}_2 = 119.5/12 = 9.96 \text{ 분}$$

평균 검사 시간의 추정치 차이는

$$\widehat{\mu_1 - \mu_2} = \hat{\mu}_1 - \hat{\mu}_2 = \bar{x}_1 - \bar{x}_2 = 5.78 - 9.96 = -4.18$$

이다. 이러한 자료에 근거하여 평균적으로 진공차단기형 회로차단기는 공기자기형 차단기보다 4.18 분 정도 짧은 시간이 관찰되는 것으로 나타난다.

$\mu_1 - \mu_2$에 대한 신뢰구간을 구하거나 그 차이의 값에 관한 가설을 검정할 때, 확률변수 $\bar{X}_1 - \bar{X}_2$의 분포를 알아야 할 필요가 있다. 두 표본이 모두 정규분포에서 도출된다는 가정하에 다음의 정리는 그 분포를 정확하게 나타낸다. 이 정리는 추정량 $\bar{X}_1 - \bar{X}_2$는 $\mu_1 - \mu_2$에 대한 불

편추정량이라는 것을 보여 준다. 나중에 제시할 통계적인 절차 중 많은 것에 동기를 부여하기 위해 이 이론을 사용할 것이다.

정리 9.1.1($\bar{X}_1 - \bar{X}_2$의 분포). $\bar{X}_1$와 $\bar{X}_2$는 각각 평균이 μ_1과 μ_2, 분산이 σ_1^2과 σ_2^2인 정규분포에서 도출된 크기가 n_1과 n_2인 독립인 임의의 표본에 근거한 표본평균이다. 그러면 $\bar{X}_1 - \bar{X}_2$는 평균이 $\mu_1 - \mu_2$이고 분산이 $\sigma_1^2/n_1 + \sigma_2^2/n_2$인 정규분포이다.

중심극한정리 때문에 큰 표본에 대한 $\bar{X}_1 - \bar{X}_2$는 표본 자체가 정규분포가 아닌 모집단에서 가져온 경우에도 최소한 대략적으로는 정규라고 가정하는 것은 안전하다.

9.2 분산의 비교: *F* 분포

두 정규 모집단의 평균을 비교하는 가장 좋은 방법으로 두 가지가 있다. 이는 두 개의 구분 가능성이 있다는 사실에 기인한다. 이들은 다음과 같다.

1. σ_1^2과 σ_2^2은 알 수 없고 서로 같다.
2. σ_1^2과 σ_2^2은 알 수 없고 서로 같지 않다.

하나의 철학은 실험적인 자료나 과거의 경험은 일반적인 상황을 결정하는 지침으로 사용되어야 한다는 것이다. 그러면 모집단의 분산 사이의 인지된 관계에 비독립적으로 선택될 때, 두 가지 검정통계량 중에 하나가 평균을 비교하기 위해 선택된다. 두 번째 철학은 분산 사이의 연관을 무시하고 두 경우의 평균을 비교하는 동일한 검정통계량을 사용한다. 문헌에서는 두 가지 접근법을 모두 사용하고 있기 때문에 둘 다 설명해야 하지만 선호하는 쪽을 스스로 결정할 수 있다.

언급한 첫 번째 철학을 따르려면 두 정규 모집단의 분산을 비교하기 위한 검정을 개발해야 한다. 이론적으로 두 개의 분산 사이의 관계에 대한 검정은 보통 세 가지 형태 중 하나를 취할 수 있다. 실제로는 단지 두 가지만 필요하다. 우측꼬리의 경우에, σ_1^2이 두 가지 모집단 분산 중 더 큰 것으로 간주된다면, 이들은

I $H_0: \sigma_1^2 = \sigma_2^2$	II $H_0: \sigma_1^2 = \sigma_2^2$
$H_1: \sigma_1^2 > \sigma_2^2$	$H_1: \sigma_1^2 \neq \sigma_2^2$
우측꼬리검정	양측꼬리검정

이다. 이러한 가설 중 하나를 검정하려면 검정통계량을 개발해야 한다. 통계량은 논리적이어

야 하지만 더 중요한 것은, 귀무가설이 참이라는 가정하에 확률분포가 알려지는 것이어야 한다. 즉 이 모집단 분산이 동일하다고 가정할 때 그 분포가 알려져야 한다.

분산을 비교하기 위해 논리적 통계량을 구하는 것은 쉽다. 표본분산 S_1^2과 S_2^2은 각각 모집단 분산 σ_1^2과 σ_2^2에 대한 불편추정량이라는 것을 상기하라. 따라서 σ_1^2과 σ_2^2을 비교하기 위해 단순히 S_1^2과 S_2^2을 비교한다. 이것은 두 가지의 차이 대신 오히려 그들의 비율 S_1^2/S_2^2을 봄으로써 이루어진다. 귀무가설이 사실이고 모집단 분산이 정말로 같다면 S_1^2/S_2^2을 1에 가깝게 강제할 때 S_1^2과 S_2^2의 값이 가까이 있는 것으로 기대된다.

S_1^2/S_2^2가 1보다 크다면 모집단의 분산이 다르다고 결론을 내린다. '1보다 훨씬 더 크다'는 구문을 사용할 때는 확률적인 측면에서 말하고 있는 것이다. 소위, 사실 모집단 분산이 동일하다는 조건하에서 그것을 우연히 합리적으로 발생시키기에는 너무 크다면 통계량의 관측값이 1보다 훨씬 크다는 것이다. 통계량 S_1^2/S_2^2의 다양한 값을 관찰하는 확률을 결정하기 위해 그 확률분포를 알고 있어야 한다. 이 통계량이 이전에 만나지 않은 분포를 따르는 것을 보여야 한다. 특히 모집단의 분산이 동일하다면 F 분포를 따른다. 이 분포는 카이제곱분포의 개념으로 정의된다. 특히 어떤 F 확률변수는 각각의 자유도로 나누어진 두 개의 독립적 카이제곱 확률변수의 비율로 기록할 수 있다. F 분포의 공식적인 정의는 정의 9.2.1에 주어져 있다.

정의 9.2.1(F 분포). $\mathbf{X}_{\gamma_1}^2$과 $\mathbf{X}_{\gamma_2}^2$은 각각 자유도가 γ_1과 γ_2인 독립적 카이제곱 확률변수가 될 수 있다. 확률변수는

$$\frac{\mathbf{X}_{\gamma_1}^2/\gamma_1}{\mathbf{X}_{\gamma_2}^2/\gamma_2}$$

γ_1과 γ_2인 자유도를 가진 F 분포다.

F 확률변수 계열의 주요한 속성은 다음과 같다.

F 분포의 특성

1. 자유도(degree of freedom)라는 두 매개변수 γ_1과 γ_2에 의해 식별되는, 무한히 많은 F 확률변수가 있다. 이들 매개변수는 항상 양의 정수이다: γ_1은 F 확률변수의 분자의 카이제곱 확률변수와 연관이 있고, γ_2는 분모의 카이제곱 확률변수와 연관이 있다. F_{γ_1,γ_2}는 자유도가 γ_1과 γ_2인 F 확률변수를 나타낸다.
2. 각각의 F 확률변수는 연속이다.
3. 각각의 F 확률변수의 밀도 그래프는 그림 9.2와 같이 일반적으로 비대칭인 곡선이다.
4. F 확률변수는 음수 값을 가정할 수 없다.

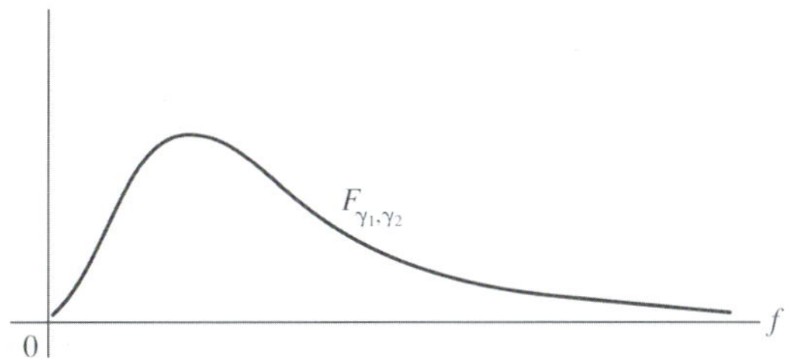

그림 9.2 전형적인 F 밀도.

선택된 자유도를 가진 F 확률변수의 누적분포가 부록 A 표 IX에 요약되어 있다. 표에서 분자의 자유도 γ_1은 열 머리글에 나타나고, 분모에 대한 자유도 γ_2는 행 머리글에 나타난다. 120을 초과하는 자유도에 대한 F 점은 120행 또는 120열을 통해 잘 근사화될 수 있다. 우리는 f_r에 의하여 그것의 오른쪽 영역 r을 가진 F_{γ_1,γ_2} 곡선의 점을 나타내는 표기규칙을 사용한다. 예제 9.2.1은 표 IX를 사용하는 방법을 보여 준다.

예제 9.2.1. 10과 15인 자유도를 가진 F 확률변수 $F_{10,15}$를 살펴보자.

(*a*) $P[F_{10,15} \leq 2.544]$를 구하라. 이 확률은 표 IX에서 직접 읽을 수 있다. 2.544를 찾을 때까지 단순히 10열 15행의 숫자를 검색한다. $P[F_{10,15}=2.544]=F(2.544)=.95$인 것을 볼 수 있다.

(*b*) $P[F_{10,15} > 2.059]$ 를 구하라. F 분포는 연속이기 때문에, 이 확률은 $1-F(2.059)$이다. 표 IX로부터 $F(2.059)=.90$이다. 따라서 $P[F_{10,15} > 2.059]=.10$이다.

(*c*) 표기관례에 의해 $f_{.05}=2.544$이고 $f_{.01}=2.059$라고 말할 수 있다.

H_0가 참일 때 H_0: $\sigma_1^2=\sigma_2^2$를 검정하기 위한 제안된 통계량이 실제로 F 분포를 따르는 것을 확인해 보자.

정리 9.2.1(S_1^2/S_2^2 의 분포). S_1^2과 S_2^2은 각각 평균이 μ_1과 μ_2이고 분산이 σ_1^2과 σ_2^2인 정규 모집단에서 추출된 크기가 n_1과 n_2인 독립인 임의의 표본들에 기초한 표본의 분산이라 하자. $\sigma_1^2=\sigma_2^2$이면, 통계량 S_1^2/S_2^2는 n_1-1과 n_2-1인 자유도를 가진 F 분포를 따른다.

증명. 이미 확률변수 $(n-1)S^2/\sigma^2$는 자유도가 $n-1$인 카이제곱분포를 따른다는 것을 보였다 (정리 7.1.1). 이 결과를 적용하여 확률변수 $(n_1-1)S_1^2/{\sigma_1}^2$과 $(n_2-1)S_2^2/\sigma_2^2$는 각각 자유도가 n_1-1과 n_2-1인 카이제곱 확률변수라는 결론을 내릴 수 있다. 표본이 독립이기 때문에 또한 이들 카이제곱 확률변수는 독립이다. 정의 9.2.1에 의해 확률변수는

$$\frac{\dfrac{(n_1-1)S_1^2/\sigma_1^2}{(n_1-1)}}{\dfrac{(n_2-1)S_2^2/\sigma_2^2}{(n_2-1)}} = \frac{\sigma_2^2 S_1^2}{\sigma_1^2 S_2^2}$$

n_1-1과 n_2-1인 자유도를 가진 F 분포를 따른다. $\sigma_1^2=\sigma_2^2$이라면, 원하는 바와 같이 위의 비율은 S_1^2/S_2^2로 줄일 수 있다.

통계량 S_1^2/S_2^2와 관련된 자유도는 n_1-1과 n_2-1임을 주목하라. 즉 분자에 대한 자유도의 수는 모집단 I에서 가져온 표본의 크기보다 1이 작고, 분모의 모집단 II에서 가져온 표본의 크기보다 1이 작다.

이 F 검정에 관련해 구현하기 위한 몇 가지 가정이 있다.

동일한 분산에 대한 F 검정을 위한 가정

1. 정규성이 가정되고 검정이 이 가정의 위반에 민감하다. 그것이 줄기-잎 그림 또는 종모양이 아닌 히스토그램으로 나타나면 그 검정을 사용할 수 없다.
2. 표본의 크기가 동일한 경우에는 분산의 동치에 대한 검정을 최고로 잘 수행한다. 그들은 매우 다르고 두 개의 표본 집단의 정규성에 대해 어떤 의심의 여지가 있을 경우에는 검정을 사용할 수 없다.
3. 검정은 매우 강력하지 않다. 즉 사실은 분산이 다른데, $\sigma_1^2=\sigma_2^2$라는 귀무가설이 상당히 자주 거부되지 않는다. 이러한 문제를 최소화하기 위해서는 검정이 상대적으로 높은 α 수준에서 수행될 것을 권장한다.(.20 만큼 높은 α 수준으로 충족된다.)

F 검정의 사용에 대한 이러한 제한은 부분적으로 평균을 비교하기 위해 언급된 두 번째 철학에 대한 일부 통계학자들의 선호를 설명한다.

예제 9.2.2. 전선을 덮는 두 종류의 전기 도관 재료에 대한 조사가 실시되고 있다. 이 조사의 목적은 하나에 대한 다른 것의 강도를 비교하는 것이다. 강도는 원래 직경의 40%인 재료의 6인치 조각을 분쇄하는 데 필요한 파운드 단위의 하중을 측정하여 평가한다. 두 가지 의문이 제기된다. 각각에 대해 두 가지 재료에서 독립으로 추출된 표본에서 얻은 정보에 따라 통계적으로 답을 할 것이다. 첫 번째 질문은 "평균적으로 재료 A는 재료 B보다 더 무거운 하중을 견딜 수 있는가?"이다. 즉 "$\mu_A > \mu_B$인가?" 하지만 이 질문에 답하기 전에, "$\sigma_A^2=\sigma_B^2$인가?"라는 질문을 고려해 보자. 한 실험에서 다음의 자료를 얻을 수 있다.

재료 A	재료 B
$n_A = 25$	$n_B = 16$
$\bar{x}_A = 380$ lb	$\bar{x}_B = 370$ lb
$s_A^2 = 100$	$s_B^2 = 400$

유의수준은 .1이라고 가정한다.

[**가설**] 다음 검정을 먼저 하고자 한다.

$$H_0: \sigma_A^2 = \sigma_B^2$$
$$H_1: \sigma_A^2 \neq \sigma_B^2$$

[**검정통계량**] 분산을 비교하기 위해 S_1^2이 두 개의 표본분산 중 큰 쪽일 때 비율 S_1^2/S_2^2로 구성한다. 이 경우 S_1^2은 재료 B에 대한 표본분산이 400이고 S_2^2은 재료 A의 표본분산이 100이다. 검정통계량의 관찰값은

$$s_B^2/s_A^2 = 4$$

이 값이 1보다 약간 크기 때문에, 두 재료의 분산은 다르다는 어떤 증거가 있다.

[**임곗값**] 검정통계량과 관련된 자유도의 수는 $n_B - 1 = 16 - 1 = 15$와 $n_A - 1 = 25 - 1 = 24$이다. 이 검정은 양측꼬리검정이다. 15와 24인 자유도를 부록 A의 표 IX에 대입한다. 우측 임곗값은 다음과 같다.

$$f_{\alpha/2} = f_{.05} = 2.108$$

[**결론**] 검정통계량의 값이 임곗값보다 훨씬 크기 때문에, 같은 분산이라는 귀무가설을 기각하고 두 분산이 다르다는 결론을 내릴 수 있다. 평균을 비교하기 위해 모집단 분산이 동일하다고 가정하지 않는 검정절차를 사용해야 한다.

9.3 평균 비교: 분산은 동일(합동검정)

조사의 주요 목적은 평균을 비교하고, 가지고 있는 정보를 고려하여 모집단의 분산이 동일함을 보이는 것이다. 이 경우에는 μ_2와 μ_1을 비교하기 위해 합동, 독립, 혹은 상관관계가 없는 T 검정이라는 절차를 사용할 수 있다. 비교는 신뢰구간 추정을 통해 또는 가설이나 유의검정을 통해 수행할 수 있다. 모집단 평균의 차이의 $100(1-\alpha)\%$ 신뢰구간에 대한 범위를 구함으로써 시작한다.

$\mu_1 - \mu_2$의 신뢰구간: 합동

$\bar{X}_1 - \bar{X}_2$는 $\mu_1 - \mu_2$에 대한 불편추정량이라는 것을 보였다. 신뢰구간에 대한 점추정량을 확장하기 위해, 다시 한 번 그것의 분포가 알려진 $\mu_1 - \mu_2$인 경우에, 수식이 관심을 가지는 매개변수를 포함하는 확률변수를 찾아야 한다. 이러한 확률변수가 정리 9.1.1에 제시되어 있다. 이 정리는 정규 모집단이 표본화될 때 확률변수 $\bar{X}_1 - \bar{X}_2$는 평균이 $\mu_1 - \mu_2$이고 분산이 $\sigma_1^2/n_1 + \sigma_2^2/n_2$인 정규분포라는 것을 말한다. 이 확률변수를 표준화함으로써 확률변수

$$\frac{(\bar{X}_1 - \bar{X}_2) - (\mu_1 - \mu_2)}{\sqrt{\sigma_1^2/n_1 + \sigma_2^2/n_2}}$$

가 표준정규분포라는 결론을 내릴 수 있다. 모집단의 분산이 비교되었고 차이가 발견되지 않았으면, 그들이 동일한 것으로 가정한다. σ^2이 공통 모집단의 분산을 나타내는 것이라 하자. 즉 $\sigma_1^2=\sigma_2^2=\sigma^2$이라 하자. 위의 수식에 대입하면

$$\frac{(\bar{X}_1 - \bar{X}_2) - (\mu_1 - \mu_2)}{\sqrt{\sigma^2(1/n_1 + 1/n_2)}}$$

는 표준정규라는 결론이 나온다. σ^2을 모르기 때문에, 그것은 자료로부터 추정되어야 한다. 이것은 합동 표본분산의 하나이다. 말하자면, σ^2에 대한 두 개의 불편추정량 S_1^2과 S_2^2을 이미 가지고 있다. 그 아이디어는 표본크기를 고려하는 방법으로 σ^2에 대해 하나의 불편추정량을 형성하는 추정량을 합동하거나 결합하는 것이다. 더 큰 표본에 관련된 표본분산에 대한 더 큰 중요도 또는 '가중치'를 부과하는 것은 당연하다. 지금 정의된 합동분산은 정확히 이것을 의미한다.

정의 9.3.1(합동분산). S_1^2과 S_2^2은 각각 크기가 n_1과 n_2인 독립인 표본에 근거한 표본의 분산이라 하자. S_p^2으로 표시되는 합동분산(pooled variance)은 아래와 같다.

$$S_p^2 = \frac{(n_1 - 1)S_1^2 + (n_2 - 1)S_2^2}{n_1 + n_2 - 2}$$

각각 n_1-1과 n_2-1을 곱하여 S_1^2과 S_2^2에 가중치를 준다. 가중치를 주는 자연스러운 방법은 해당 표본크기 n_1과 n_2를 곱하는 것이다. 여기서는 다소 이상한 방법으로 가중치를 선택하여 확률변수 $(n_1+n_2-2)S_p^2/\sigma^2$이 카이제곱분포를 따르게 될 것이다. 이것은 평균의 동치를 검증하는 데 사용되는 검정통계량이 T 분포를 따르기 위해 필요하다.

예제 9.3.1. 크기가 16인 표본에 따라 표본분산 $s_1^2=24$와 크기가 121인 표본에 따라 두 번째 표본분산 $s_2^2=20$을 고려하자. 비율의 값 s_1^2/s_2^2이 $24/20=1.20$이다. 이러한 표본의 분산에 따라 모집단의 분산 σ_1^2과 σ_2^2은 0.2($f_{.1}$ 1.545)에서 α 집합과 다를 수 있다고 선언할 수 없다. 공통의 모집단 분산을 위한 합동추정치는

$$\begin{aligned}\hat{\sigma}^2 = s_p^2 &= \frac{(n_1 - 1)s_1^2 + (n_2 - 1)s_2^2}{n_1 + n_2 - 2} \\ &= \frac{15(24) + 120(20)}{16 + 121 - 2} \\ &= \frac{2760}{135} = 20.44\end{aligned}$$

이다. 이 추정치는 표본크기를 무시하고 산술적으로 s_1^2과 s_2^2을 평균하여 얻은 값 22와는 상당히 다르다는 것을 유의하라.

$\mu_1-\mu_2$에 대한 $100(1-\alpha)\%$ 신뢰구간을 형성하는 데 사용할 수 있는 확률변수를 얻기 위해서, Z 확률변수

$$\frac{(\bar{X}_1 - \bar{X}_2) - (\mu_1 - \mu_2)}{\sqrt{\sigma^2(1/n_1 + 1/n_2)}}$$

에서 알 수 없는 모집단의 분산 σ^2을 합동추정량 S_p^2으로 교체하라. 그러면 확률변수

$$\frac{(\bar{X}_1 - \bar{X}_2) - (\mu_1 - \mu_2)}{\sqrt{S_p^2(1/n_1 + 1/n_2)}}$$

를 얻을 수 있다. 표본이 하나인 경우와 같이, 추정량으로 모집단의 분산을 교체하는 것은 그 분포에 영향을 미친다. 전자의 확률변수는 Z 확률변수이고, 후자는 자유도 n_1+n_2-2를 가지는 T 분포를 가지고 있다. 이 확률변수의 대수적인 구조는 이전에 본 바와 같이,

$$\frac{\text{추정량} - \text{모수}}{D}$$

과 동일하다. 따라서 $\mu_1-\mu_2$의 신뢰구간은 이전에 본 구간들 대부분과 같은 일반적인 형태를 취한다. 이러한 경계는 정리 9.3.1에 주어진다.

정리 9.3.1($\mu_1-\mu_2$에 대한 신뢰구간: 합동분산). $\bar{X}_1$와 $\bar{X}_2$가 각각 표본의 평균이 μ_1과 μ_2이고 공통 분산 σ^2을 가진 정규분포에서 도출된 독립인 임의표본에 의한 표본평균이다. 합동 표본분산은 S_p^2으로 표현하자. $t_{\alpha/2}$가 $T_{n_1+n_2-2}$ 분포에 관련이 있게 발견될 때, $\mu_1-\mu_2$에 대한 $100(1-\alpha)\%$ 신뢰구간의 경계는

$$(\bar{X}_1 - \bar{X}_2) \pm t_{\alpha/2}\sqrt{S_p^2(1/n_1 + 1/n_2)}$$

이다.

예제 9.3.2. 1973년과 1979년에 직업상 전기공이 방사능에 노출된 양의 평균 차이를 추정하기 위한 조사가 실시된다. 근로자의 독립적인 표본에 기초한 2년간의 다음과 같은 자료가 얻어졌다.

1973	1979
$n_1 = 16$	$n_2 = 16$
$\bar{x}_1 = .94$ rem	$\bar{x}_2 = .62$ rem
$s_1^2 = .040$	$s_2^2 = .028$

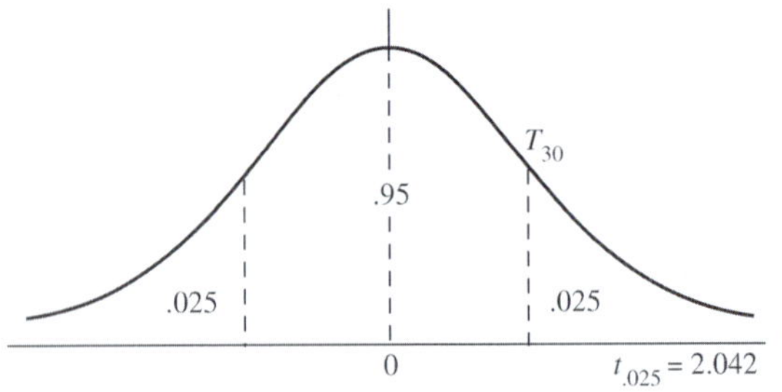

그림 9.3 | $\mu_1 - \mu_2$의 95% 신뢰구간을 얻기 위해 필요한 T_{30} 곡선의 분할.

먼저 $\alpha = .2$ 수준에서 분산이 같은지 확인한다.

[가설] 다음을 검정한다.

$$H_0: \sigma_1^2 = \sigma_2^2$$
$$H_1: \sigma_1^2 \neq \sigma_2^2$$

[검정통계량] 더 큰 표본분산이 검정통계량의 분자이기 때문에, 검정통계량의 관찰값은

$$s_1^2/s_2^2 = .040/.028 \doteq 1.43$$

임을 알 수 있다.

[임곗값] $n_1 - 1 = 15$ 와 $n_2 - 1 = 15$인 자유도를 표 IX의 F 표에 입력한다. 그것은

$$f_{\alpha/2} = f_{.10} = 1.972$$

임을 알 수 있다.

[결론] 검정통계량의 값이 임곗값 이하이기 때문에($1.43 < 1.972$), 심지어 .20의 수준에서 동일분산의 귀무가설을 기각할 수 없다.

모집단의 분산이 다르다는 강력한 증거를 가지고 있지 않다. 그러므로 s_1^2과 s_2^2을 결합하고

$$\hat{\sigma}^2 = s_p^2 = \frac{15(.040) + 15(.028)}{16 + 16 - 2} = .034$$

에 의해 σ^2을 추정한다. 평균을 비교하면, $\mu_1 - \mu_2$에 대한 95% 신뢰구간을 찾을 수 있다. 필요한 $T_{16+16-2} = T_{30}$ 곡선의 분할은 그림 9.3에 나와 있다. 신뢰구간의 경계는 다음과 같다.

$$(\bar{x}_1 - \bar{x}_2) \pm t_{\alpha/2}\sqrt{s_p^2(1/n_1 + 1/n_2)} = (.94 - .62) \pm 2.042\sqrt{.034(1/16 + 1/16)}$$
$$= .32 \pm .13$$

2년간 방사능에 직업적으로 노출된 양의 평균 차이가 .19와 .45 rem 사이에 있다는 것을 95% 확신할 수 있다. 간격은 숫자 0을 포함하지 않고, 1973년에 평균 노출량이 사실상 1979년보다 높다는 것을 나타내므로 그것은 전반에 걸쳐 양의 값이다.

합동 T 검정

이전 사례에서와 같이, 매개변수에 대한 신뢰경계를 유도하는 데 사용된 확률변수가 또한 매개변수에 관한 다양한 가설을 검정하기 위해서 검정통계량으로 사용된다. 이 경우에는 $(\mu_1-\mu_2)_0$가 모집단의 평균의 가설적인 차이를 나타내고, 다음의 확률변수는 일반적인 가설을 검정하기 위한 검정통계량으로 사용된다.

합동 T 검정통계량

$$\frac{(\bar{X}_1 - \bar{X}_2) - (\mu_1 - \mu_2)_0}{\sqrt{S_p^2(1/n_1 + 1/n_2)}} = T_{n_1+n_2-2}$$

가설 차이는 어떠한 값도 될 수 있다. 그렇지만 가장 공통적으로 만나는 가설값은 영이다. 이 경우에 그 목적은 모집단의 평균이 다른지 여부와, 만일 그렇다면 어느 것이 더 큰가를 정하는 것이다. 이러한 가설은 다음과 같은 형태를 취한다.

I	II	III
$H_0: \mu_1 = \mu_2$	$H_0: \mu_1 = \mu_2$	$H_0: \mu_1 = \mu_2$
$H_1: \mu_1 > \mu_2$	$H_1: \mu_1 < \mu_2$	$H_1: \mu_1 \neq \mu_2$
우측꼬리검정	좌측꼬리검정	양측꼬리검정

H_0를 거부할 수 있는지 여부의 최종 결정권은 연구자에게 남겨 두면서, α를 사전에 설정하고 가설검정을 수행하거나 유의검정을 수행하고 그것의 P 값을 보고함으로써 H_0와 H_1을 구별할 수 있다.

예제 9.3.3. 재료의 인장강도는 힘이나 하중이 가해졌을 때 변형에 저항하는 재료가 보유하고 있는 힘이다. 두 개의 서로 다른 온도에서 담금질 또는 강화된 연성철의 인장강도에 대한 조사가 실시되었다. 낮은 온도에서 더 높은 평균 인장강도를 얻을 것으로 생각된다. 다음의 자료는 그 결과이다.

1450°F	1650°F
$n_1 = 10$	$n_2 = 16$
$\bar{x}_1 = 18{,}900$ psi	$\bar{x}_2 = 17{,}500$ psi
$s_1^2 = 1600$	$s_2^2 = 2500$

먼저 결합이 적절한지 확인한다. 분산에 대한 검정의 유의수준은 0.2이다.

[가설] 다음을 검정한다.

$$H_0: \sigma_1^2 = \sigma_2^2$$
$$H_1: \sigma_1^2 \neq \sigma_2^2$$

[검정통계량] 검정통계량의 분자로 더 큰 표본분산을 사용함으로써 F 검정통계량의 관찰값으로

$$s_1^2/s_2^2 = 2500/1600 \approx 1.5625$$

을 얻는다.

[임겟값] 이 검정은 양측꼬리이다. 통계량과 관련된 자유도의 수는 15와 9이다. 부록 A의 표 IX에서 임겟값이

$$f_{\alpha/2} = f_{.10} = 2.340$$

임을 알고 있다.

[결론] 검정통계량의 값이 임겟값 이하이기 때문에(1.5625 < 2.340), 귀무가설을 기각할 수 없다. 따라서 우리는 공통 모집단의 분산을 추정하기 위해 s_1^2과 s_2^2을 결합한다.

다음으로 모집단의 평균에 대한 검정을 실행한다. 이 부분에서 유의수준은 .05라고 가정한다.

[가설] 다음을 검정한다.

$$H_0: \mu_1 = \mu_2$$
$$H_1: \mu_1 > \mu_2$$

[검정통계량] 위에서 표본분산의 결합을 정당화했다. 이 경우는

$$s_p^2 = \frac{(n_1 - 1)s_1^2 + (n_2 - 1)s_2^2}{n_1 + n_2 - 2} = \frac{9(1600) + 15(2500)}{10 + 16 - 2} = 2162.5$$

검정통계량의 관찰값은

$$\frac{(\bar{x}_1 - \bar{x}_2) - (\mu_1 - \mu_2)_0}{\sqrt{s_p^2(1/n_1 + 1/n_2)}} = \frac{(18{,}900 - 17{,}500) - 0}{\sqrt{2162.5(1/10 + 1/16)}} = 74.68$$

이다.

[임곗값]
$T_{10+16-2} = T_{24}$ 분포에 따라 임곗값은

$$t = t_{.05} = 1.711$$

이다.

[결론] 검정통계량의 값이 임곗값보다 훨씬 크기 때문에($74.68 > 1.711$), H_0가 거부된다. 1450°F에서 열처리된 철의 평균 인장강도가 1650°F에서 열처리된 것의 평균 강도보다 더 높다는 매우 강력한 증거를 가지고 있다.

또한 검증값 P를 추정할 수 있다. $T_{10+16-2} = T_{24}$ 분포를 근거로, 74.68 값을 관찰할 확률 또는 $\mu_1 = \mu_2$이면 그 이상의 값을 관찰할 확률인 P 값이 .0005보다 작다 ($t_{.0005} = 3.745$).

9.4 평균 비교: 분산 불일치

모집단 분산을 비교할 때 차이가 감지되면 합동은 부적절하다. 대략적인 T 통계량을 사용하여 평균을 비교할 수는 있다. 또 원하는 통계량은 논리적인 방법으로 Z 확률변수를 수정하여 찾을 수 있다.

$$\frac{(\bar{X}_1 - \bar{X}_2) - (\mu_1 - \mu_2)}{\sqrt{\sigma_1^2/n_1 + \sigma_2^2/n_2}}$$

지금은 $\sigma_1^2 \neq \sigma_2^2$이라는 것이 분명하기 때문에 각 모집단 분산은 분리하여 추정된다. 이러한 추정치는 결합되지 않는다. 대신에 위의 Z 확률변수의 모집단 분산이 검정통계량을 얻기 위해 각각의 추정량 S_1^2과 S_2^2으로 대체된다.

불일치 분산 검정통계량

$$\frac{(\bar{X}_1 - \bar{X}_2) - (\mu_1 - \mu_2)_0}{\sqrt{S_1^2/n_1 + S_2^2/n_2}}$$

지난번과 같이 이런 변화를 만들면 Z에서 근사 T로 분포가 변경된다. 하지만 지금은 자유도의 수를 자료로부터 추정해야 한다. 여러 가지 방법들이 이것을 하기 위해 제안되었다. 여기에서 스미스-새터스웨이트(Smith-Satterthwaite) 절차를 설명한다. 이 절차에 따르면 자유도의 수 γ는

스미스-새터스웨이트 자유도

$$\gamma \doteq \frac{[S_1^2/n_1 + S_2^2/n_2]^2}{\dfrac{[S_1^2/n_1]^2}{n_1 - 1} + \dfrac{[S_2^2/n_2]^2}{n_2 - 1}}$$

로 주어진다. γ의 값이 반드시 정수는 아니다. 정수가 아니면 가장 가까운 정수로 내림을 한다. 보수적인 접근을 하기 위해서 위로보다 아래로 내림한다. T 확률변수의 증가와 관련되는 자유도의 수는 해당 종 모양의 곡선으로 더 압축이 된다. 실질적으로는, 예를 들어 T_{10} 곡선(1.812)과 연관된 점 $t_{.05}$은 T_{11} 곡선(1.796)과 연관된 점 $t_{.05}$보다 약간 더 크다는 의미이다. T_{10} 분포에 따라 귀무가설을 기각할 수 있다면, 그것은 T_{11} 분포에 따라서도 거부된다. 그 역이 반드시 성립하지는 않는다.

스미스-새터스웨이트 절차는 다음 예제의 유의검정에 나와 있다.

예제 9.4.1. 예제 9.2.2에서 전기도관에 사용되는 두 재료의 하중 관련 특성을 조사하기 시작했다. 제기된 주요 질문은 "재료 A가 평균적으로 재료 B보다 무거운 하중을 잘 견딜 수 있는가?"이다. 즉 "$\mu_A > \mu_B$인가?" 다음과 같은 자료를 수집하였다.

재료 A	재료 B
$n_A = 25$	$n_B = 16$
$\bar{x}_A = 380$ lb	$\bar{x}_B = 370$ lb
$s_A^2 = 100$	$s_B^2 = 400$

유의수준은 .05라고 가정한다.

[가설] 다음을 검정한다.

$$H_0: \mu_A = \mu_B$$
$$H_1: \mu_A > \mu_B$$

[검정통계량] 분산의 동치에 대한 검정을 했고 $\sigma_A^2 \neq \sigma_B^2$라는 증거를 발견했다. 그러므로 s_A^2과 s_B^2을 합동하지 않는다. 오히려 우리는 스미스-새터스웨이트 절차를 사용한다. 검정통계량의 관찰값은

$$\frac{(\bar{x}_A - \bar{x}_B) - (\mu_A - \mu_B)_0}{\sqrt{s_A^2/n_A + s_B^2/n_B}} = \frac{(380 - 370) - 0}{\sqrt{100/25 + 400/16}} = 1.857$$

이다.

[임곗값] 필요한 자유도는 다음과 같다.

$$\begin{aligned}\gamma &\doteq \frac{[s_A^2/n_A + s_B^2/n_B]^2}{\dfrac{[s_A^2/n_A]^2}{n_A - 1} + \dfrac{[s_B^2/n_B]^2}{n_B - 1}} \\ &= \frac{[100/25 + 400/16]^2}{\dfrac{[100/25]^2}{25 - 1} + \dfrac{[400/16]^2}{16 - 1}} \\ &= 19.86\end{aligned}$$

이 값은 19로 내림한다. T_{19} 분포에 근거하여 임곗값은

$$t_{.05} = 1.729$$

이다.

[결론] 검정통계량의 값이 임곗값보다 크기 때문에(1.857 > 1.729), H_0를 거부하고 재료 A보다 재료 B가 평균적으로 무거운 하중을 견딜 수 있다는 결론을 내릴 수 있다.

검증값 P는 다음과 같이 추정할 수 있다. T_{19} 분포에 의하여, $t_{.05}$=1.729이고 $t_{.025}$=2.093이다. 검정통계량의 관찰값이 두 값 사이에 자리 잡고 있기 때문에, 우리의 검정통계량의 P 값이 .025와 .05 사이에 있다.

모집단 분산이 동일하지 않을 때 스미스-새터스웨이트 절차는 $\mu_1 - \mu_2$에 신뢰경계를 구성하는 데 사용할 수 있다. 이러한 경계의 사용법은 연습문제 27에 설명되어 있다.

두 가지 평균을 비교할 때 최선의 조치 과정에 관한 두 가지 의견이 있다는 것을 앞에서 언급했다. 합동의 여부를 결정하기 위해 높은 α 수준에서 예비 F 검정실행의 사용을 수반하는 첫 번째 것은 이전 두 절에서 입증되었다. 그것은 '때때로 합동' 관점이라고 할 수 있는 철학을 포함한다. 두 번째 철학은 스미스-새터스웨이트 과정에서 아주 좋은 속성을 사용한다. 즉 최근의 시뮬레이션 연구는 분산이 같지 않을 때 그것이 잘 수행될 뿐만 아니라 분산이 동일할 때 합동 T 검정으로 얻은 것과 거의 동등한 결과를 얻을 수 있다는 것을 보였다. 이러한

이유로, 합동하는 것은 실질적으로 필요가 없을 것같이 보인다. 즉 모든 경우에 단순히 스미스-새터스웨이트 과정을 적용한다. 어떤 철학도 명확하게 '최상' 이지 않다. 하지만 분산에 대한 F 검정의 사용에 내재되는 함정을 피하기 위해서, 후자는 취할 수 있는 안전한 길일 수 있다. 원하는 과정은 자유롭게 선택할 수 있다.

9.5 평균 비교: 쌍자료

많은 경우에 두 가지의 무작위 표본을 사용할 수 있는 문제가 발생하지만 그들은 독립이지 않으며, 오히려 하나의 표본에서 각 관측값은 자연적으로 또는 설계에 의해서 다른 것에서의 관측값과 짝을 이룬다. 예제 9.5.1 을 통해 살펴보자.

예제 9.5.1. 컴퓨터의 중요한 측면 중 하나는 어떤 문제를 해결하기 위한 알고리즘의 CPU 시간이다. 한 알고리즘이 선형 프로그래밍에서 영-일 다중 목적 문제를 해결하기 위해 개발되었다. 그 알고리즘은 현재 사용되는 알고리즘보다 더 빠르게 문제를 해결할 수 있다고 생각된다. 본 연구 가설을 지지하는 통계적 증거를 얻기 위해 다수의 문제가 무작위로 선택된다. 각 문제는 두 번씩 풀 것이다. 즉 한 번은 현재의 알고리즘을 사용하고 한 번은 새로 개발된 것을 사용한다. 따라서 각 검증 문제는 두 가지 관측을 생성하고, 두 자료 집합이 있다. 하나의 자료 집합은 이전 알고리즘의 CPU 시간에 대한 무작위 표본을 나타내고, 다른 하나는 새로운 것의 CPU 시간에 대한 표본을 나타낸다. 이러한 자료 집합은 독립이지 않으며, 서로 다른 두 가지 방법으로 해결하는 같은 문제를 기반으로 하므로 설계에 의해 쌍을 이룬다. 아이디어는 그림 9.4 에 설명되어 있다.

그림 9.4 | 두 개의 서로 다른 집단에서 도출된 CPU 시간의 대응 또는 쌍의 표본.

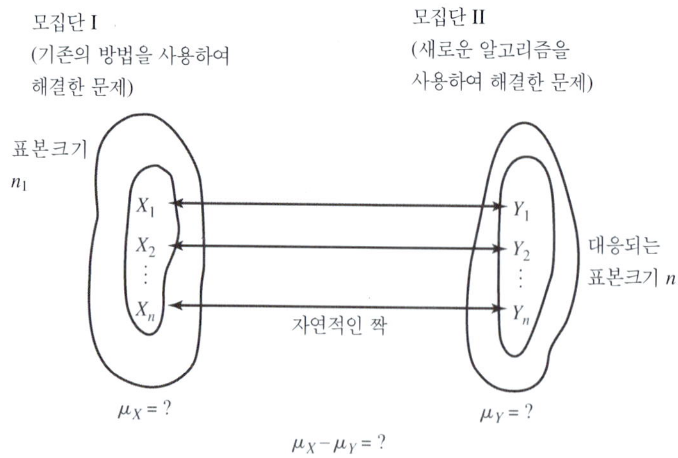

설명한 바와 같이 쌍이 생길 때, 9.3절과 9.4절의 방법은 더 이상 적용되지 않는다. 오히려 "$\mu_X-\mu_Y$는 무엇인가?"라는 질문에 대답하기 위한 절차는 그것의 관측치가 쌍이 된다는 사실을 고려하여 개발해야 한다. 이것은 쉽게 이루어진다. 자료가 한 쌍이 될 때, $D=X-Y$로 하여 새로운 확률변수 D를 정의할 수 있다. n개의 차이 $D_i=X_i-Y_i$ ($i=1, 2, 3, \ldots, n$)는 D에 대한 관측치의 집합을 구성한다. 그들은 차이의 모집단에서 추출된 크기가 n인 무작위 표본으로 구성된다. 이후, 평균에 대한 규칙에 의해

$$\mu_X - \mu_Y = E[X] - E[Y] = E[X - Y] = E[D] = \mu_D$$

원래의 질문 "$\mu_X-\mu_Y$는 무엇인가?"는 "μ_D는 무엇인가?"와 같다. 원래 두 표본 문제에서 차이의 모집단의 평균에 대한 추론을 만드는 하나의 표본 문제를 줄일 수 있다. 이 문제는 새로운 것이 아니다. 그것은 7장의 방법을 사용하여 처리할 수 있다. 특히 $\mu_X-\mu_Y=\mu_D$에 대해 $100(1-\alpha)\%$ 신뢰경계에 대한 공식은 다음과 같다.

쌍 자료에 대한 $\mu_X-\mu_Y$ 의 신뢰경계

$$\bar{D} \pm t_{\alpha/2} S_d/\sqrt{n}$$

이 공식에서 $\bar{D}$와 S_d는 각각 표본평균과 차이 점수의 표본 표준편차이고 $t_{\alpha/2}$는 T_{n-1} 분포에 의한 적당한 점이다.

짝 T 검정

귀무가설 $\mu_X=\mu_Y$는 가설 $\mu_D=0$에 해당한다. 차이 점수의 표본을 기반으로 이 가설을 검정하기 위한 검정통계량은

짝 T 검정통계량

$$\frac{\bar{D} - 0}{S_d/\sqrt{n}}$$

이고, H_0가 참일 경우 이는 자유도가 $n-1$인 T 분포를 따른다. 이 통계량의 사용법은 이제부터 설명된다.

예제 9.5.2. 예제 9.5.1에 기술된 실험이 실시될 때 이들 자료는 다음과 같다.

cpu 시간, s

프로그램	기존(x)	신규(y)	차이 $d = x - y$
1	8.05	.71	7.34
2	24.74	.74	24.00
3	28.33	.74	27.59
4	8.45	.77	7.68
5	9.19	.80	8.39
6	25.20	.83	24.37
7	14.05	.82	13.23
8	20.33	.77	19.56
9	4.82	.71	4.11
10	8.54	.72	7.82

유의수준이 .05라면, 새로운 알고리즘이 이전보다 빠르다고 할 수 있는 충분한 증거를 가지고 있는가?

[가설] 다음을 검정하기를 원한다.

$$H_0: \mu_X = \mu_Y$$
$$H_1: \mu_X > \mu_Y$$

이것은 다음을 검정하는 것과 같다.

$$H_0: \mu_D = 0$$
$$H_1: \mu_D > 0$$

[검정통계량] $\bar{d}=14.409$ 및 $s_d=8.653$ 자료에 대하여 검정통계량의 관찰값은 다음과 같다.

$$\frac{\bar{d}-0}{s_d/\sqrt{n}} = \frac{14.409-0}{8.653/\sqrt{10}} = 5.266$$

[임곗값] 검정통계량의 자유도는 $n-1=9$이다. 부록 A의 표 VI에서 임곗값은 다음과 같다.

$$t = t_{.05} = 1.833$$

[결론] 임곗값이 검정통계량의 값보다 작기 때문에($1.833 < 5.266$) H_0를 거부하고 평균적으로 새로운 알고리즘이 이전보다 빠르다는 결론을 내릴 수 있다.

$T_{n-1}=T_9$ 분포에 의하면 검정값 P가 .0005($t_{.0005}=4.781$) 보다 작다.

'짝 T' 절차를 사용하여 확률변수 $D=X-Y$가 적어도 근사적으로 정규분포가 되어 있다고 가정한다. 짝 비교의 경우에는 분산의 동치를 확인할 필요가 없다. 이것은 실제로는 하나의 집단인 차이의 모집단을 조사하기 때문이다. 여기서는 그 하나의 모집단의 분산에만 관심을 가진다.

9.6 비모수적 방법

9.3절에서는 두 개의 독립인 표본에 대한 모집단의 평균의 동치를 검정하기 위한 T 검정이 논의되었다. 동일하지만 모르는 모집단의 분산을 가진 정규분포 확률변수의 가정하에서 이것은 평균을 검정하는 가장 강력한 방법이다. 하지만 예상하는 바와 같이 이 제한적인 가정을 항상 응용문제에서 가정하는 것은 오히려 합리적이지 않다. 그러한 상황에 대해서 필요한 모든 가정이 충족될 때 T 검정만큼 좋고, 그 가정이 명확하게 충족되지 않을 때 T 검정보다 상당히 뛰어난 대안적인 비모수적 검정이 사용될 수 있다. 표본의 크기가 비교적 클 경우에는 T 검정이 매우 강인하다. 즉 검정은 정규에서 멀어지는 것에 민감하지 않다. 하지만 작은 표본이거나 특히 분산이 같지 않을 때에는 T 검정이 불명확한 결론으로 유도할 수 있다. 이러한 상황에서 비모수 검정은 두 모집단에 대한 위치의 동치를 검정하기 위한 대안으로 강하게 고려되어야 한다. 가장 널리 사용되는 이러한 검정은 윌콕슨 순위합(Wilcoxon rank-sum)검정이다.

윌콕슨 순위합 검정

X와 Y가 연속확률변수가 될 수 있다. $X_1, X_2, \ldots, X_m$과 $Y_1, Y_2, \ldots, Y_n$은 각각 X와 Y의 기본적인 분포에서 크기가 m과 n인 독립인 임의표본이다. 편의를 위해 X 표본은 더 작은 표본을 나타내고, 그래서 $m \le n$이라고 가정한다. 검정할 귀무가설은 X와 Y의 모집단이 동일하다는 것이다. 하지만 사용하는 검정은 위치의 차이에 특히 민감하다. 이러한 이유로, 귀무가설은 일반적으로 같은 모집단 중앙값 개념으로 명시되어 있다. 따라서 가설이 취할 수 있는 세 가지 형태가 있다.

H_0: $M_X = M_Y$	H_0: $M_X = M_Y$	H_0: $M_X = M_Y$
H_1: $M_X > M_Y$	H_1: $M_X < M_Y$	H_1: $M_X \neq M_Y$
우측꼬리검정	좌측꼬리검정	양측꼬리검정

그 검정을 수행하려면, $m+n$개의 관측값은 그대로 유지되는 각 관측값의 그룹 동질성을 가지는 하나의 표본을 형성하는 합동이 된다. 그러면 이들 관측값은 최소에서 최대로 정렬되고, 1에서 $N=m+n$까지 순위가 결정된다. 동률이 발생하는 경우, 각 동률 값은 이전 윌콕슨 절차에서와 같이 평균 그룹 순위를 받는다. W_m으로 표시된 검정통계량은 원래 더 작은 표본

(X 값)을 구성하는 관측값과 관련되는 순위의 합계이다. 검정통계량이 이렇게 선택되는 배경 논리는 이것이다. X 모집단이 Y 모집단 아래에 있을 경우에는, 더 작은 순위는 X 값과 연관되는 경향이 있다. 이것은 W_m의 작은 값을 생성한다. 반대가 참이면 W_m은 더 큰 값을 생성할 것이다. 따라서 논리적으로 W_m의 작은 값에 대해서 H_1: $M_X < M_Y$ 찬성하에서 H_0: $M_X = M_Y$은 거부되어야 한다. W_m의 큰 값에 대해서 H_1: $M_X > M_Y$ 찬성하에서 H_0: $M_X = M_Y$은 거부되어야 한다. m, n의 선택된 값에 대한 상한과 하한 임계점 그리고 α는 부록 A의 표 X에서 찾을 수 있다. 예제 9.6.1은 그 표를 사용하는 방법을 보여 준다.

예제 9.6.1. 한 실험이 등유히터의 두 브랜드에 대해 실시된다. 브랜드 A의 제조업체가 그 모델은 경쟁사 브랜드 B의 제품보다 적은 시간 내에 60~70°F로 8피트 방을 가열할 수 있다고 주장한다. 12개 히터의 무작위 표본이 브랜드 B에서 선택되고, 15개 히터의 독립인 표본은 브랜드 A에서 선택된다. 관측값은 실내온도를 지정된 10도만큼 높이기 위해 필요한 초 간위 시간으로 기록된다.

브랜드 B		브랜드 A	
69.3	52.6	28.6	30.6
56.0	34.4	25.1	31.8
22.1	60.2	26.4	41.6
47.6	43.8	34.9	21.1
53.2		29.8	36.0
48.1		28.4	37.9
23.2		38.5	13.9
13.8		30.2	

.05 유의수준에서 제조업체의 주장을 검정한다.

[가설] 다음과 같은 가설을 검정할 수 있다.

$$H_0: M_B = M_A$$
$$H_1: M_B > M_A$$

[검정통계량] 그룹 ID를 유지하는 최댓값에서 최솟값까지 합동 관측값을 순서대로 나열하면, 다음과 같은 해당 순위를 얻을 수 있다.

관측	13.8	13.9	21.1	22.1	23.2	25.1	26.4	28.4	28.6
브랜드	B	A	A	B	B	A	A	A	A
순위	1	2	3	4	5	6	7	8	9

관측	29.8	30.2	30.6	31.8	34.4	34.9	36.0	37.9	38.5
브랜드	A	A	A	A	B	A	A	A	A
순위	10	11	12	13	14	15	16	17	18

관측	41.6	43.8	47.6	48.1	52.6	53.2	56.0	60.2	69.3
브랜드	A	B	B	B	B	B	B	B	B
순위	19	20	21	22	23	24	25	26	27

브랜드 B는 더 작은 표본($m=12$)이고, 따라서 검정통계량 W_m은 다음과 같다.

$$W_m = 1 + 4 + 5 + 14 + 20 + 21 + 22 + 23 + 24 + 25 + 26 + 27 = 212$$

[임곗값] 표 X으로부터 $m=12$, $n=m+3=15$, 그리고 $\alpha=.05$에 대해, 우측꼬리검정에 대한 임곗값은 202이다.

[결론] $W_m=212 > 202$ 이기 때문에, H_0를 거부하고 브랜드 A의 히터가 사실 브랜드 B보다 더 짧은 시간에 온도를 상승시킨다고 결론을 내린다.

표본의 크기 m 또는 n이 표 X의 값을 초과할 때, 큰 표본 정규근사는 H_0를 검정하는 데 사용할 수 있다. 검정통계량은

$$\frac{W_m - E(W_m)}{\sqrt{\text{Var } W_m}}$$

다음을 만족시킬 때

$$E(W_m) = [m(m+n+1)/2]$$
$$\text{Var } W_m = mn(m+n+1)/12$$

이 통계량은 대략적으로 표준정규 확률변수로 분포된다.

윌콕슨 통계와 관련에서 지적할 몇 가지 사항이 있다. 첫째, 귀무가설은 중앙값의 개념으로 명시되어 있지만 X와 Y의 분포가 대칭인 경우에는 또한 평균의 동치를 검정하고 있다. 따라서 정규 모집단에 대한 윌콕슨 통계는 독립인 표본에 대한 정규이론 T검정과 유사하다. 둘째, 측정할 수 없지만 그럼에도 불구하고 순위를 가지는 자료에 대해서는 윌콕슨 통계를 사용할 수 있다. 이러한 종류의 자료의 예는 연습문제 39, 40에 제시되어 있다.

짝 관측값을 위한 윌콕슨 부호순위검정

9.5절에서 쌍 자료에 대한 T검정이 논의되었다. 정규 가정이 충족되지 않을 때 짝 관측값의 부호순위검정은 비모수와 유사하다. 이 검정은 기본 분포가 정규일 때에는 짝 T검정만큼 좋으며, 일반적으로 다른 분포에 대한 짝 T검정을 하는 것이 선호된다.

7.7절에서 단일 표본에 대한 윌콕슨 부호순위검정을 논의했다. 짝 자료에 해당하는 검정은 7.7절에 주어진 방법을 간단하게 수정한 것이다. 여기에서 X와 Y가 대칭 분포를 가정하는 연속확률변수가 될 수 있다. 두 가지 분포의 중앙값이 동일하다는 가설을 검정할 수 있다. 그래서 가설은 다음 형태를 취한다.

$H_0: M_X = M_Y$	$H_0: M_X = M_Y$	$H_0: M_X = M_Y$
$H_1: M_X > M_Y$	$H_1: M_X < M_Y$	$H_1: M_X \neq M_Y$
우측꼬리검정	좌측꼬리검정	양측꼬리검정

X와 Y에 대한 짝 관측값의 무작위 표본 $(X_1, Y_1), (X_2, Y_2), \ldots, (X_n, Y_n)$을 고려하자. 먼저 차이 $X_1-Y_1, X_2-Y_2, \ldots, X_n-Y_n$을 만든다. 귀무가설이 참이면, 차이 점수의 모집단은 대략적으로 0에 대칭이다. 따라서 H_0: $M_X=M_Y$를 검정하기 위해, H_0: $M_X-M_Y=0$을 검정한다. 검정이 이전과 같이 정확하게 수행된다. 먼저 가장 작은 것에서부터 가장 큰 것까지 차이의 절댓값을 정렬하고 1에서 n까지로 순위를 준다. 같은 점수에는 평균 그룹 순위가 할당된다. 각각의 순위에는 그 순위를 생성한 차이의 부호가 할당된다. 다시 한 번 사용되는 검정통계량은

$$W_+ = \sum_{\substack{\text{all}\\ \text{positive}\\ \text{ranks}}} R_i \qquad \text{and} \qquad W = \sum_{\substack{\text{all}\\ \text{negative}\\ \text{ranks}}} R_i$$

우측꼬리검정은 $|W_-|$을 통해 진행되고, 좌측꼬리검정은 검정통계량으로 W_+를 사용한다. 각각의 경우에 부록 A의 표 VIII에서 발견되는 임계점을 기반으로 우연히 발생하기에 너무 작은 값에 대해서는 H_0를 거부한다.

다음 예제는 윌콕슨 부호순위 절차에 대해 상기시킨다.

예제 9.6.2. 한 실험이 두 개의 선도적인 통계패키지를 사용하여 자료 집합을 분석하는 데 요구되는 메모리의 양을 비교하기 위해 실시된다. 이러한 자료는 다음과 같이 얻을 수 있다.

프로그램	패키지 X	패키지 Y	차이 $Y-X$
1	512K	500K	12
2	650K	600K	50
3	890K	890K	0
4	410K	400K	10
5	1050K	1025K	25
6	1500K	1400K	100
7	600K	625K	−25
8	750K	710K	40

$\alpha=.1$의 수준에서, 필요한 메모리의 용량의 중앙값의 차이가 있는지 여부를 검정할 수 있다.

[가설] 다음을 검정하자.

$$H_0: M_X = M_Y$$
$$H_1: M_X \neq M_Y$$

[검정통계량] 가장 작은 것에서부터 가장 큰 것까지 차이의 절댓값의 순서를 정하고 1~8로 순위를 매긴다. 그런 다음 순위를 생성하는 차이의 대수적인 부호를 각 순위에 지정한다. 영의 차이에는 H_0를 거부하기 위해 최소한으로 유도하는 대수기호가 할당된다. 이 경우 영의 차이는 음수가 될 것이라 생각된다. 따라서 다음과 같은 부호 순위를 얻을 수 있다.

$\|X-Y\|$	0	10	12	25	25	40	50	100
순위	1	2	3	4.5	4.5	6	7	8
부호순위	−1	2	3	−4.5	4.5	6	7	8

이 자료에 대해서

$$W_+ = 2 + 3 + 4.5 + 6 + 7 + 8 = 30.5$$
$$|W_-| = |-1| + |-4.5| = 5.5$$

양측꼬리검정을 위한 검정통계량은 $|W_-|$과 W_+ 중에 더 작은 W이다.

[임곗값] 부록 A의 표 VIII에서, $\alpha=.1$ 수준에서 양측꼬리검정을 위한 임계점은 6인 것을 알 수 있다.

[결론] $5.5 < 6$이기 때문에, H_0를 거부하고 이 두 모집단의 중앙값의 차이가 있다는 것을 알 수 있다.

또 다른 의견이 제시되어야 한다. 차이들이 한 차이가 단지 양수 또는 음수인지만을 알 수 있는 것이라면, 귀무가설이 부호검정을 통해 검정될 수 있다.

이 아이디어는 7.7절에서 하나의 표본 맥락에서 논의되었다. 이러한 종류의 자료의 예는 연습문제 44에 제시되어 있다.

9.7 기술 도구

이 장에서 설명된 기술의 대부분은 가능한 기술에 의해 구현될 수 있다. 하지만 그 기술 도구를 제대로 사용하기 위해서는 이 장에 있는 내용을 철저하게 이해해야 한다. 하지만 도구들이 오용되거나 남용될 수도 있다. 이 절에서는 이러한 통계계산용 제품의 일부를 간단히 논의한다.

TI83 계산기는 통계학자 또는 통계량의 사용자에게 맞게 설계되었다. 그것은 이 장에서 설명된 많은 기능들을 수행할 것이다. 특히 원시 자료 또는 요약 통계량을 사용하여 분산을 비교하는 예비 F 검정을 수행할 수 있다. 선택된 검정은 우측, 양측, 또는 좌측꼬리가 될 수 있다. 이 장에 설명된 대로 두 개의 표본분산 중에 더 큰 것이 검정통계량의 분자로 선택되는 방식으로 검정이 수행된다면 후자의 검정은 필요하지 않다. 생성된 출력은 검정의 정확한 P 값을 포함한다. 원할 경우에 이 P 값은 사전 설정 수준으로 비교할 수 있다. 이 검정의 결과에 따라 합동 또는 스미스-새터스웨이트 T형인 신뢰구간 또는 T 검정이 발견되거나 수행된다. 이것들은 원시 자료 또는 요약 통계량을 사용하여 구현될 수 있다. 각각의 경우에 분산을 합동할 것인지 묻는 질의를 받을 수 있다.

시중에 많은 통계 패키지가 나와 있다. SAS와 같은 일부 프로그램은 예비 F 검정을 포함하고 자동적으로 두 표본 평균의 비교절차를 출력값의 한 부분으로 분산을 비교하기 위한 양측꼬리 F 검정의 결과를 포함한다. SAS는 기본적으로 평균을 비교하기 위한 합동과 스미스-새터스웨이트 검정을 모두 시행한다. 분산을 비교하기 위해 F 검정의 기록된 결과에 따라 적절한 검정을 선택하는 것은 사용자의 책임이다. 예제 9.7.1은 SAS 출력 및 연습문제 26의 자료에 대한 해석을 제공한다.

예제 9.7.1. 펄프 및 제지 산업에서 사용되는 로터리 밸브의 마모를 줄이기 위한 플라즈마 코팅의 기능을 조사한다. 크기가 8(코팅 밸브), 10(비코팅 밸브)인 두 개의 표본이 선택된다. 이 코팅은 마모를 감소하고 따라서 기본 검정은 평균을 비교하기 위한 좌측꼬리검정이라고 생각된다. C가 코팅 값을 표시하는 것이고 U가 코팅되지 않은 것이라면,

$$H_0: \mu_c = \mu_u$$
$$H_1: \mu_c < \mu_u$$

예비 F 검정은 양측꼬리검정이며

$$H_0: \sigma_c^2 = \sigma_u^2$$
$$H_1: \sigma_c^2 \neq \sigma_u^2$$

에 의해 주어진다. SAS 과정 및 그 해석의 출력은 아래와 같다.

평균 및 분산의 동치를 위한 검정

T 검정과정

VARIABLE: WEAR

GROUP	N	MEAN	STD DEV	STD ERROR	MINIMUM	MAXIMUM
C	8	0.08300000	0.00924276	0.00326781	0.07200000	0.09900000
U	10	0.10420000	0.03342587	0.01057019	0.05200000	0.15600000

VARIANCES	T		DF		PROB > !T!	
UNEQUAL	−1.9162	③	10.7	④	0.0825	⑤
EQUAL	−1.7320		16.0		0.1025	

FOR HO: VARIANCES ARE EQUAL, F' = 13.08 WITH 9 AND 7 DF

① PROB > F' = 0.0027 ②

분산을 비교하기 위해 사용되는 F 통계량의 값은 13.08이다. 이 값은 ①에 표시된다. 양측 F 검정을 위한 P 값은 0.0027이다. 이것은 ②에 열거된 P 값이다. 이 값이 작기 때문에 $\sigma_c^2 \neq \sigma_u^2$이라는 결론을 내리고 평균을 비교하기 위해 스미스-새터스웨이트 절차를 사용한다. T 통계량과 해당 자유도는 ③과 ④에 각각 표시된다. 양측꼬리검정의 P 값은 0.0825이다. 이 값은 ⑤에 표시된다. 단측꼬리 P 값은 0.0825/2= 0.04125이다.

이 P 값이 작기 때문에 귀무가설을 거부하고 코팅밸브 평균 마모는 비코팅된 것들에 비해 작다는 결론을 내릴 수 있다. 이를 수동으로 얻은 결과와 비교해 보자.

예제 9.7.2에서는 예제 9.7.1에서 분석한 동일한 자료에 대한 MINITAB 출력을 볼 수 있다.

예제 9.7.2. MINITAB 패키지는 분산을 비교하는 예비 F 검정을 실행하는 옵션이 제공되지 않으며 기본적으로 그렇게 하지 않는다. 이 검정은 수동으로 실행되거나 비공식적인 방식으로 시행될 수 있다. 합동을 할 수 없을 때 합동하는 것보다 합동이 적합할 때에 합동하지 않는 것이 더 안전하기 때문에, 취할 수 있는 가장 쉬운 경로는 절대로 합동하지 않는 것이다. 이것은 MINITAB에서 기본 선택사항이다. 합동이 적절하다고 생각되는 경우에는 합동의 선택사항을 선택할 수 있게 한다. 평균검정이 우측, 좌측, 또는 양측꼬리가 될 것인지 여부를 표시해야 한다. 연습문제 26의 자료에 대한 MINITAB 출력은 아래와 같다. ①에 표시된 평균의 차이에 95% 신뢰구간뿐만 아니라 ②에 주어진 평균을 비교하는 좌측꼬리검정의 결과를 포함한다. SAS 출력에 표시된 것과 함께 여기에 주어진 값을 비교해야 한다.

두 가지의 표본 T 검정과 신뢰구간

```
Two sample T for c vs u

      N      Mean      StDev     SE Mean
c     8   0.08300    0.00924      0.0033
u    10    0.1042     0.0334       0.011

① 95% CI for mu c − mu u: (−0.0459, 0.003)
② T-Test mu c = mu u (vs <): T = −1.92   P = 0.042   DF = 10
```

요약

이 장에서는 두 모집단의 평균, 분산, 그리고 중앙값을 비교하는 방법을 배움으로써 두 가지 표본 문제에 대해 알아 보았다. 두 가지 다른 실험적인 설정, 즉 독립인 표본이 두 모집단에서 도출되는 문제와 자료가 짝을 이루는 문제를 고려했다.

독립인 표본에 따라 분산을 비교하기 위해서 F 분포라는 새로운 연속 분포를 도입할 필요가 있었다. 어떤 조사가 분산을 비교하기 위해 특별하게 설계되었을지라도 분산은 종종 평균을 비교하는 첫 단계로 비교된다. 모집단의 분산이 동일하지 않은 F 검정을 기반으로 하는 통계적 증거가 있다면 평균을 비교하기 위해 스미스-새터스웨이트 T 과정을 사용한다. 그렇지 않으면 합동 T 절차나 스미스-새터스웨이트 절차를 사용할 수 있다. 그 선택은 여러분의 몫이다. 이러한 각 과정은 표본이 정규분포라는 것을 가정한다. 이러한 검정에 대한 비모수적인 대안이 제시되었다. 윌콕슨 순위합검정이라는 이 대안적인 과정은 정규를 요구하지 않고 모집단 분산에 대한 지식이 필요하지 않다.

자료가 짝을 이룰 때에는 각각의 모집단 분산을 고려할 필요가 없다. 이 경우에는 차이 점수의 모집단으로 수행한다. 그것은 이 모집단이 정규분포를 따르고 추론은 하나의 표본 '짝' T 검정을 통해 모집단 평균의 차이로 만들어진 것으로 가정한다. 차이 점수의 모집단이 정규분포를 따르지 않는 것이 분명할 때 짝 자료에 대한 윌콕슨 부호순위검정이 위치에 대한 비모수 검정으로서 도입되었다.

다음은 이 장에서 소개한 주요 용어이다.

F 분포
σ^2 을 위한 합동추정량
합동 T 검정
스미스-새터스웨이트 검정
짝 T 검정

두 평균 비교의 실생활 응용

비만은 건강에 심각한 악영향을 끼치는 원인이기 때문에 많은 선진국에서 심각한 문제이다. 많은 사람들이 효과적인 체중감량 방법을 찾고 있다. 식이요법은 그중 하나이다.

식이요법의 효과는 여러 가지 요인에 따라 달라진다. 체중감량 형태의 많은 종류들은 흑인과 백인 인구 사이에 이루어진 체중감소의 불일치를 설명하고 있다.
이 주제에 대한 연구는 1999년과 2001년 사이에 캘리포니아 대학의 비만 센터에서 매우 낮은 칼로리 식이요법(VLCD)을 이용한 체중감량 프로그램에 참여한 피험자에 의해 실시되었다. 총 304명(각 그룹은 152명) 304 대상자가 연구에 선정되었다. 자신의 체중, BMI, 혈압, 혈청지질 수치 및 공복혈당 수준은 기준 일과 12주간의 후에 측정하였다.

다음 표는 기준 일에 흑인과 백인 환자의 평균 몸무게를 보여 준다.

	흑인	백인
평균 체중(kg)	105	104

본 연구에서는 스튜던트 t 검정이 두 가지 평균을 비교하기 위해 사용되었다. 이 검정값 P가 .907인 것으로 나타났다. 따라서 기준 일에 흑인과 백인 대상자 사이의 몸무게에 유의한 차이가 없다.

치료 후, 흑인과 백인의 대상자가 달성한 체중감량의 평균을 측정하고 다음 표에 나타내었다.

	흑인	백인
평균 체중 감량(kg)	20.9	23.0

짝 t 검정은 각 그룹의 체중감량의 유의성을 결정하는 데 사용되었다. 흑인과 백인 대상자에 대한 검정값 P는 양측 모두 .0001 이하로 발견되었다. 그들은 통계적으로 중요하였고 VLCD 체중감소 프로그램은 흑인과 백인 참가자 모두 체중을 효과적으로 감소시켰다고 결론을 내렸다.

연습문제

9.1절

1. 회사는 두 개의 서로 다른 공급업체로부터 100개 묶음으로 집적회로를 받는다. 다음과 같은 자료가 묶음당 결함이 발견되는 항목의 수로 얻어진다.

공급업체 I				공급업체 II				
3	8	5	7	0	2	3	1	3
2	3	8	1	1	1	5	4	0
5	0	6	2					

μ_1, μ_2와 $\mu_1 - \mu_2$를 추정하라.

2. 한때는 비경제적인 것으로 여겨지던 많은 금과 은의 매장물이 광석에서 귀금속을 회수하기 위한 방법이 개선됨에 따라 현재는 개발되고 있다. 두 개의 서로 다른 노천금광에서의 가능성을 비교하는 조사에서 광석표본이 각 광산에서 얻어진다. 광석 톤당 추출한 금의 온스당 평균수는 첫 번째 광산에서 .127이고 두 번째에서는 .233이다. 이 두 광산의 광석 톤당 금의 온스당 평균수의 차이를 추정하라.

3. 구리 함유 물질에서 물을 제거하는 데 사용되는 압축기는 필터판의 두 가지 유형을 사용하여 검정된다. 처리 후에 소재에 남아 있는 수분의 비율에 대한 다음과 같은 자료를 얻을 수 있다.

일반 용기 (I)			공급업체 (II)		
8.10	8.16	8.16	7.58	7.65	7.69
7.96	7.98	7.93	7.66	7.67	7.67
7.97	8.08	8.06	7.58	7.62	7.65
8.02	7.87	7.94	7.65	7.58	7.71
7.82	8.11	7.92	7.63	7.54	
8.15	7.91	8.00	7.46	7.40	

그림 9.5

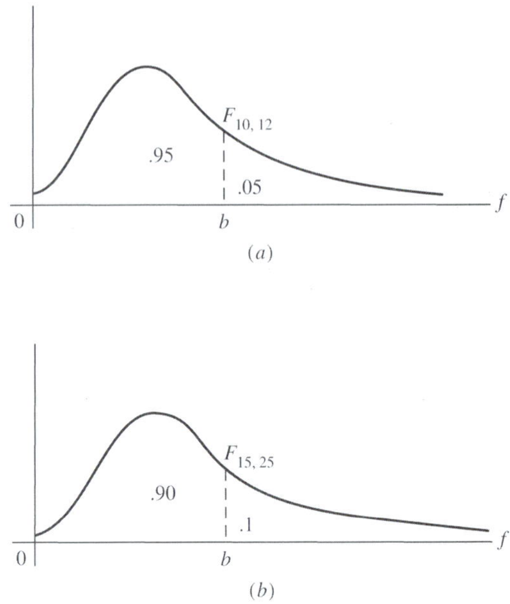

μ_1, μ_2와 $\mu_1-\mu_2$를 추정하라.

4. $\bar{X}_1$는 평균이 8이고 분산이 16인 정규분포에서 추출된 크기가 25인 표본을 기반으로 한 표본평균이라 하자. $\bar{X}_2$는 평균이 5이고 분산이 9인 정규분포에서 추출된 크기가 36인 표본을 기반으로 한 표본평균이라 하자. 이러한 확률변수 각각의 분포는 무엇인가?

(a) $\bar{X}_1$

(b) $\bar{X}_2$

(c) $(\bar{X}_1-8)/(4/5)$

(d) $(\bar{X}_2-5)/(3/6)$

(e) $X_1-\bar{X}_2$

(f) $\dfrac{(\bar{X}_1-\bar{X}_2)-(8-5)}{\sqrt{16/25+9/36}}$

9.2절

5. 부록 A의 표 IX를 사용하여 다음을 구하라.

(a) $P[F_{10,9}\le 2.416]$ (b) $f_{.1}(10, 9\text{ df})$

(c) $P[F_{20,4}\ge 5.803]$ (d) $f_{.05}\,(30, 30\text{ df})$

(e) $P[F_{20,120}>1.659]$ (f) $f_{.05}\,(20, 4\text{ df})$

6. 그림 9.5의 각 부분에서 표시된 점을 구하라.

7. 각각의 경우에 표시된 수준에서 분산이 같은지 여부를 검정하라.

(a) $n_1=10$ $\quad$ $n_2=8$ $\quad$ $\alpha=.20$

$s_1^2=.25$ $\quad$ $s_2^2=.05$

(b) $n_1=13$ $\quad$ $n_2=20$ $\quad$ $\alpha=.10$

$s_1^2=4$ $\quad$ $s_2^2=2$

(c) $n_1=121$ $\quad$ $n_2=150$ $\quad$ $\alpha=.10$

$s_1^2=6$ $\quad$ $s_2^2=4.4$

8. 광섬유 소자를 수리하는 비용은 그것이 실패하는 생산의 단계에 따라 달라질 수 있다. 다음과 같은 자료는 현장에 설치한 후에 고장이 난 부품을 수리하는 비용과 시스템에 설치될 때에 고장이 난 부품을 수리하는 비용으로 얻을 수 있다.

시스템 고장	현장 고장
$n_1 = 21$	$n_2 = 25$
$\bar{x}_1 = \$65$	$\bar{x}_2 = \$120$
$s_1^2 = 25$	$s_2^2 = 100$

(a) 현장에서의 수리비용의 분산은 소자가 시스템에 설치될 때의 수리비용의 분산보다 큰 것으로 생각된다. 이 주장을 뒷받침하는 통계적 증거를 얻기 위해 필요한 귀무가설과 대립가설을 설정하라.

(b) 주어진 자료를 사용하여 $\alpha=.10$ 수준에서 H_0를 검정하라.

9. 청량음료에 첨가된 6-액량 온스에 포함된 나트륨 내용물에 대한 조사가 실시된다. 다음 자료는 진저에일과 콜라의 다양한 종류에서 얻을 수 있다.

진저에일	콜라
$n_1 = 10$	$n_2 = 10$
$\bar{x}_1 = 9.6$	$\bar{x}_2 = 9.9$
$s_1^2 = 10.89$	$s_2^2 = 11.90$

(a) 진저에일의 나트륨 함량의 분산은 콜라보다 작은 것으로 생각된다. 이 주장을 뒷받침하는 데 필요한 귀무가설 및 대립가설을 설정하라.

(b) 주어진 자료를 이용하여 $\alpha=.10$ 수준에서 H_0를 검정하라.

10. 일반적인 무연휘발유 가격은 매일 그리고 장소에 따라 광범위하게 변할 수도 있다. 다음 자료는 각 주에 있는 주유소의 표본으로 2001년 6월 1일에 얻어졌다(가격은 갤런당 달러이다).

사우스캐롤라이나					미시간				
1.46	1.47	1.42	1.51	1.55	1.69	1.79	1.72	1.76	1.80
1.52	1.48	1.47	1.53	1.50	1.59	1.89	1.72	1.63	1.55
					1.91	1.71			

이 자료를 사용하여 분산의 동치를 검정하라. 검정값 P는 무엇이고, 어떤 결론을 유추할 수 있는가?

11. 배터리가 완전히 충전된 후에 충전용 손전등을 작동하는 시간의 변량을 비교하기 위한 조사가 실시된다. 다음의 자료는 배터리의 두 가지 브랜드에 대해 얻어졌다.

브랜드 X	브랜드 Y
$n_1 = 25$	$n_2 = 21$
$s_1^2 = .021$	$s_2^2 = .018$

이 자료를 사용하여 분산의 동치를 검정하라. 검정값 P는 무엇인가? 분산이 $\alpha = .2$ 수준에서 불일치한다는 결론을 내릴 수 있는가? $\alpha = .21$ 수준에서는 어떠한가?

9.3절

12. (a) $s_1^2 = 42$, $s_2^2 = 37$, $n_1 = 10$, $n_2 = 14$이다. s_p^2을 구하라.

(b) $s_1^2 = 28$, $s_2^2 = 30$, $n_1 = 20$, $n_2 = 20$이다. s_p^2을 구하라. 계산기를 사용하지 말라.

(c) $s_1^2 = 20$, $s_2^2 = 40$, $n_1 = 10$, $n_2 = 50$이다. s_p^2을 구하라. s_p^2은 왜 s_1^2보다 s_2^2의 값에 더 가까이 있는가?

13. 엔지니어가 작성한 보고서에 대한 조사가 실시된다. 엔지니어의 영어 이해력을 측정하는 척도가 고안되었다. '혼란의 지수' 라는 크기는 낮은 점수는 높은 가독성을 나타내게 고안되어 있다. 다음 자료는 1979년의 공학논문지와 출간되지 않은 보고서에서 무작위로 선택된 논문들에서 얻을 수 있다.

논문지				미출판 논문지			
1.79	1.75	1.67	1.65	2.39	2.51	2.86	2.14
1.87	1.74	1.94		2.56	2.29	2.49	
1.62	2.06	1.33		2.36	2.58	2.33	
1.96	1.69	1.70		2.62	2.41	1.94	

(a) 합동이 적합한지 확인하기 위해 $\alpha = .2$ 수준에서 H_0: $\sigma_1^2 = \sigma_2^2$을 검정하라.

(b) s_p^2을 구하라.

(c) $\mu_1 - \mu_2$에 대한 90% 신뢰구간을 구하라.

(d) μ_1과 μ_2 사이의 차이가 나타나는가? (c) 부분의 신뢰구간에 근거하여 설명하라.

14. 재고의 목록작성에 사용하기 위한 새로운 휴대용 레이저 스캐너를 구입할지 여부를 결정하기 위해 새 스캐너와 현재 사용 중인 스캐너에 대한 검정을 실시하고 있다. 다음의 자료는 초당 스캔할 수 있는 7인치 바코드의 수로 얻을 수 있다.

새것	기존 것
$n_1 = 61$	$n_2 = 61$
$\bar{x}_1 = 40$	$\bar{x}_2 = 29$
$s_1^2 = 24.9$	$s_2^2 = 22.7$

(*a*) 합동이 적합한지 확인하기 위해 $\alpha=.2$ 수준에서 H_0: $\sigma_1^2=\sigma_2^2$을 검정하라.

(*b*) s_p^2을 구하라.

(*c*) $\mu_1-\mu_2$에 대한 90% 신뢰구간을 구하라.

(*d*) 새로운 레이저는 평균적으로 초당 바코드를 더 많이 읽을 수 있는 것으로 나타나는가? 설명하라.

(*e*) 초당 스캔할 수 있는 바코드의 숫자가 이산적이기 때문에 정규성 요구 사항을 만족시키지 않는다. 어떤 법칙에 의해 이 경우 합동 T 과정을 사용하는 것이 정당화되는가?

15. 환경 시험은 소자가 사용되는 환경과 유사하게 모의실험하는 조건하에서 소자를 검정하는 시도이다. 전기적인 소자는 알래스카의 서로 다른 두 지역에서 사용된다. 환경 시험을 실시하기 전에 그들 지역의 토양 성분을 결정하는 것이 필요하다. 다음과 같이 토양의 무게로 SiO_2의 비율을 얻을 수 있다.

앵커리지	코디악
$n_1 = 10$	$n_2 = 16$
$\bar{x}_1 = 64.94$	$\bar{x}_2 = 57.06$
$s_1^2 = 9$	$s_2^2 = 7.29$

(*a*) $\alpha=.2$ 수준에서 H_0: $\sigma_1^2=\sigma_2^2$을 검정하라

(*b*) s_p^2을 구하라.

(*c*) $\mu_1-\mu_2$에 대한 99% 신뢰구간을 구하라.

(*d*) (*c*)의 간격에 따라, μ_1과 μ_2 사이에는 차이가 있는 것으로 나타나는가? 설명하라.

16. 합동분산이 공통의 모집단 분산에 대한 불편추정량이라는 것을 증명하는 $E[S_p^2]=\sigma^2$임을 보이라.

17. 개기일식 동안에는 달이 지구와 태양 사이를 통과할 때 온도가 빠르게 떨어진다. 다음 자료는 2001년 6월 일식 동안에 남부 아프리카의 두 위치에서 강화되는 화씨온도를 나타낸다.

산악 지형						강 수위 지형					
15	12	16	16	13	15	13	17	19	16	15	19
11	19	15				18	20	21	22	24	

이들 두 가지 지형에서 볼 수 있는 기온 강하의 분산에 차이가 있다는 것이 유의수준 $\alpha=.20$에서 분명한가?

18. 연습문제 17의 자료를 사용하여 두 지형 사이의 평균 온도 저하의 차이에 대한 95% 신뢰구간을 구하라. 이 간격을 기준으로 실제 차이가 존재한다는 증거가 있는가? 그렇다면 어떤 지역이 가장 큰 평균 변화를 나타내는 것으로 표시되는가? 당신이 만든 간격에 근

거하여 설명하라.

19. 전화접속 서비스를 통하여 인터넷에 연결하는 데 필요한 시간(초)은 요일별, 시간별, 전화회선 수, 그 지역 사용자의 수 등과 같은 다양한 요인에 의해 영향을 받는다. 다음 자료는 항상 같은 요일에 하루 중 서로 다른 시간대에 특정 지역에서 얻을 수 있다.

아침(오전 9시 ~ 11시)							저녁(오후 10시 ~ 자정)						
10	20	31	42	44	44	15	10	11	21	31	15	40	27
33	35	47	47	45	22	33	20	32	38	36	22	41	39
21	51	53	52	37	28	35	24	33	25	35	36	42	43
56	63	60	48	49	55	57	52	51					
62	61												

(*a*) 합동이 적절한가? 분산을 비교하여 설명하라.

(*b*) 이들 두 시간 동안에 인터넷에 접속하는 데 필요한 평균 시간의 차이에 대한 99% 신뢰구간을 구하라. 어느 시간 동안에 가장 빠른 평균 접속 시간을 가지는 것으로 보이는가?

(*c*) 왜 간격은 그렇게 길게 얻어지는가? 더 짧은 간격을 얻기 위해서는 같은 자료를 어떻게 사용해야 하는가?

9.4절

20. 다음 자료를 사용하여 스미스-새터스웨이트 절차에 의한 자유도의 수를 계산하라:

(*a*) $n_1=9$ $n_2=16$

$s_1^2=38.07$ $s_2^2=16.89$

(*b*) $n_1=25$ $n_2=25$

$s_1^2=.42$ $s_2^2=1$

21. 핵 실험에 의해 생성된 방사성 원소 스트론튬 90은 칼슘과 밀접하게 연관되어 있다. 낙농지대에서 스트론튬 90은 젖소가 먹는 풀을 통해서 우유 속으로 유입될 수 있다. 그러면 우유를 마시는 사람들의 뼈에 축적된다. 1959년에 어린이의 뼈 속에 들어 있는 스트론튬 90과 성인에서 평균 농도를 비교하기 위한 조사가 실시되었다. 그 물질이 아동의 성장기 동안 존재했기 때문에 아이들의 수준이 높을 것으로 생각된다.

(*a*) 이 주장을 확인하는 데 필요한 귀무가설과 대립가설을 설정하라.

(*b*) 다음 자료를 바탕으로, 합동이 적절한가?

(*c*) (*a*)의 귀무가설을 검정하라. H_0를 거부할 수 있느가? 검정값 P에 따라 설명하라. 이

아동	성인
$n_1 = 121$	$n_2 = 61$
$\bar{x}_1 = 2.6$ picocuries per gram	$\bar{x}_2 = .4$ picocurie per gram
$s_1^2 = 1.44$	$s_2^2 = .0121$

자료에서 얻을 수 있는 실제적인 결론은 무엇인가?

22. 물과 다른 비수성 휘발물질은 서로 다른 층에서 나온 석탄의 농도가 다르게 존재한다. 특정한 층에 대한 이러한 물질의 중량비율을 측정하기 위해, 측정값은 두 개의 서로 다른 온도에서 얻어진다. 자료는 다음과 같다.

물

105° C			160° C		
15.11	15.30	15.44	15.14	15.33	15.40
15.23	15.32	15.48	15.28	15.34	15.77
15.27	15.37	15.36	15.26	15.38	15.52

비수성 휘발물질

105° C			160° C		
.343	.601	.676	1.533	1.780	1.625
.481	.543	.541	1.190	1.636	1.692
.475	.108	.106	2.015	1.464	1.991

(*a*) 물의 자료를 사용하여 $\alpha=.05$ 수준에서

$$H_0: \mu_1 = \mu_2$$
$$H_1: \mu_1 \neq \mu_2$$

을 검정하라. 판독이 시행되는 온도는 석탄의 수분 농도를 판독하는 값의 평균에 영향을 미치는 것으로 나타나는가? 설명하라. 검정통계량의 선택을 정당화하라.

(*b*) 비수성 휘발물질의 자료를 사용하여 $\alpha=.05$ 수준에서

$$H_0: \mu_1 = \mu_2$$
$$H_1: \mu_1 \neq \mu_2$$

을 검정하라. 판독이 시행되는 온도는 석탄의 비수성 휘발물질 농도의 판독값의 평균에 영향을 미치는 것으로 나타나는가? 설명하라.

23. 차량에 무연고급휘발유보다는 일반무연휘발유를 사용하는 경우에 자동차의 특정한 모델에서 얻어진 연비가 더 높은 것으로 생각된다. 이 주장을 뒷받침하는 증거를 수집하기 위해서 10대의 차량들이 무작위로 조립 라인에서 선택되고 고급휘발유의 특정한 브랜드를 사용하여 검정된다. 다른 10대의 차량이 무작위로 선정되고 일반휘발유 브랜드를 사용하여 검정하고 있다. 검정은 동일한 제어 조건하에서 수행된다. 다음과 같은 자료가 주어진다.

고급		일반	
35.4	31.7	29.7	34.8
34.5	35.4	29.6	34.6
31.6	35.3	32.1	34.8
32.4	36.6	35.4	32.6
34.8	36.0	34.0	32.2

(*a*) 이 두 가지 휘발유에 대한 평균 주행거리를 비교하는 데 필요한 귀무가설과 대립가설을 설정하라.

(*b*) 유의검정을 통해 H_0를 거부할지 여부를 결정하라. 검정의 대략적인 P 값은 무엇인가? 검정통계량의 선택을 정당화하라.

(*c*) 이 문제의 맥락에서 결과를 해석하라.

24. 새로운 석탄 액화공정에 대해서 조사하고 있다. 새로운 공정은 현재 공정보다 증류합성연료를 더 많이 생산할 수 있다고 주장된다. 다음의 관측값은 공정에서 소비되는 수소 kg 당 생산되는 증류합성연료 킬로그램의 수이다.

신형				구형			
16.4	12.8	15.4	17.0	11.1	10.5	10.9	10.1
17.7	12.2	18.7		12.8	13.2	12.6	
15.9	14.7	19.1		12.1	14.5	15.6	
11.3	14.1	16.5		14.2	15.3	14.2	

(*a*) 명시된 주장을 뒷받침하는 데 필요한 귀무가설과 대립가설을 설정하라.

(*b*) 생산에 새로운 공정을 적용하는 것은 비용이 매우 많이 들기 때문에, 유형 I 오류는 비용이 많이 드는 것이다. 이를 보완하기 위해, $\alpha=.01$ 수준에서 (*a*)의 귀무가설을 검정하라. 당신은 새로운 공정을 사용하는 것이 좋다고 생각하는가? 설명하라.

25. 지붕 코팅제 두 가지의 인장강도를 비교하기 위한 조사가 실시된다. 평균적으로 부틸 코팅은 아크릴 코팅보다 강하다고 생각된다. 다음과 같은 자료가 수집되어 있다.

인장강도, lb / in^2							
아크릴				부틸			
246.3	247.7	287.5	248.3	340.7	263.4	272.6	271.4
255.0	246.3	284.6	243.7	270.1	341.6	332.6	303.9
245.8	214.0	268.7	276.7	371.6	307.0	362.2	324.7
250.7	242.7	302.6	254.9	306.6	319.1	358.1	360.1

(*a*) 연구가설을 검정하는 데 필요한 귀무가설과 대립가설을 설정하라.

(*b*) 합동이 적절한가? 설명하라.

(*c*) (*a*)의 귀무가설을 검정하라. H_0를 거부할 수 있는가? 검정값 P에 따라 설명하라. 이 경우에는 어떠한 실질적인 결론을 도출할 수 있는가?

26. 텅스텐 카바이드의 서브미크론 입자를 포함하는 플라즈마 코팅은 펄프 및 제지 산업에서 사용되는 로터리 밸브 마모를 줄일 수 있다고 생각된다. 검정은 코팅 및 비코팅 밸브의 마모를 비교하기 위해 실시된다. 다음의 자료는 시험기간 동안에 밀리미터 단위로 마모량을 수집한 것이다.

코팅		비코팅		
.075	.099	.095	.074	.104
.078	.082	.096	.149	.052
.092	.088	.136	.081	
.078	.072	.156	.099	

(*a*) 평균적으로 플라즈마 코팅이 밸브의 마모를 줄일 수 있다는 주장을 뒷받침하는 데 필요한 귀무가설과 대립가설을 설정하라.

(*b*) 이러한 자료를 바탕으로 합동이 적절한가?

(*c*) (*a*)의 귀무가설을 검정하라. 코팅은 마모를 감소시키는 데 효과적인 것으로 보이는가? 검정값 *P*에 따라 설명하라.

27. ($\mu_1-\mu_2$에 대한 신뢰구간: 분산의 불일치.) $\sigma_1^2 \neq \sigma_2^2$일 때 $\mu_1-\mu_2$에 대한 $100(1-\alpha)\%$ 신뢰구간의 상한값과 하한값이

$$(\bar{X}_1 - \bar{X}_2) \pm t_{\alpha/2}\sqrt{S_1^2/n_1 + S_2^2/n_2}$$

로 주어진다. 연습문제 10의 자료를 고려하라. 이 자료를 사용하여 자료가 수집된 날에 사우스캐롤라이나와 미시간에서의 갤런당 평균 휘발유 가격의 차이에 대한 95% 신뢰구간을 구하라. 이 구간의 평균가격이 사우스캐롤라이나보다 미시간의 것이 더 높다는 증거를 제공하는가? 신뢰구간에 따라 설명하라.

28. 동력조향 부품의 제조업체는 두 개의 공급업체로부터 유압 봉인을 구입한다. 표본은 두 공급업체에서 공급된 봉인 중에서 선택되고, 각 봉인이 견딜 수 있는 압력의 양을 확인하기 위해 검정된다. 다음 자료는 그 결과이다.

공급업체 I	공급업체 II
$n_1 = 10$	$n_2 = 10$
$\bar{x}_1 = 1350$ lb/in^2	$\bar{x}_2 = 1338$ lb/in^2
$s_1^2 = 100$	$s_2^2 = 29$

(*a*) $\mu_1-\mu_2$에 대한 95% 신뢰구간을 찾고자 한다. 합동이 적절한가?

(*b*) $\mu_1-\mu_2$에 대한 95% 신뢰구간을 구하라.

(*c*) 평균적으로 공급업체 I의 봉인은 공급업체 II의 것보다 높은 압력을 견딜 수 있음을 신뢰구간에 근거하여 입증할 수 있는가? 설명하라.

29. 주스의 무균포장은 공기가 없는 용기에 넣어 실온으로 신속하게 냉각한 다음 빠르게 가

열하여 포장하는 방법이다. 이러한 포장은 주스를 비냉장으로 보관할 수 있게 한다. 무균 포장을 채우는 데 사용되는 두 기계를 비교한다. 다음 자료는 분당 채울 수 있는 용기의 수로 얻을 수 있다.

기계 I	기계 II
$n_1 = 25$	$n_2 = 25$
$\bar{x}_1 = 115.5$	$\bar{x}_2 = 112.7$
$s_1^2 = 25.2$	$s_2^2 = 7.6$

(*a*) 합동이 적절한가?

(*b*) $\mu_1 - \mu_2$에 대한 90% 신뢰구간을 구하라.

(c) 기계 I이 기계 II보다 평균적으로 더 빠르다는 것을 신뢰구간에 근거하여 증명할 수 있는가? 설명하라.

30. 다음 자료는 작은 자동차에 대한 두 가지 새로운 디젤모터의 킬로와트당 전력출력량이다.

직접 연료 분사				간접 연료 분사			
38.5	38.2	39.2	38.5	38.9	38.3	38.4	39.0
38.9	38.0	39.1	39.1	37.7	37.2	38.4	
37.4	37.6	39.0	38.0	38.2	37.0	37.9	
39.0	37.7	38.1	37.4	38.2	37.5	39.7	

적절한 T 절차를 사용하여 $\mu_1 - \mu_2$에 대한 95% 신뢰구간을 구하라. 그 신뢰구간에 근거하여 이 두 엔진의 평균전력에 차이가 있는 것으로 나타나는가? 설명하라.

9.5절

31. 바다날씨에 대한 정보는 특수 알고리즘의 도움으로 레이더의 반환값에서 추출할 수 있다. 한 조사는 지상과 Seasat 위성을 통해 측정된 풍속의 차이를 추정하기 위해 실시된다. 바람의 속도는 12개의 지정된 시간에 동시에 두 가지 방법을 사용하여 측정하고 있다. 그 자료는 다음과 같다.

	바람속도, **m/s**		
시간	지상 (x)	위성 (y)	차이 ($d = x - y$)
1	4.46	4.08	
2	3.99	3.94	
3	3.73	5.00	
4	3.29	5.20	
5	4.82	3.92	
6	6.71	6.21	
7	4.61	5.95	
8	3.87	3.07	
9	3.17	4.76	
10	4.42	3.25	
11	3.76	4.89	
12	3.30	4.80	

(*a*) 표시된 순서대로 빼서 위의 자료에 대한 차이 점수를 구하라.

(*b*) $\bar{d}$ 와 s_d를 구하라.

(*c*) 이러한 방법으로 측정한 평균 차이에 대한 95% 신뢰구간을 구하라. 이 구간에 따라, 평균적으로 위성 측정값이 지상 측정값과 다르다고 생각하는 이유가 있는가? 설명하라.

32. 두 개의 서로 다른 통계 패키지를 사용하여 자료를 분석하는 비용의 평균차이를 추정하기 위한 조사가 실시된다. 이렇게 하려면 15개의 자료 집합이 필요하다. 각 항목은 각 패키지에 의해 분석되고, 분석의 비용이 기록된다. 다음은 관찰 결과이다.

프로그램	패키지 I	패키지 II	프로그램	패키지 I	패키지 II
	$	$		$	$
1	.26	.29	9	.19	.33
2	.24	.32	10	.25	.33
3	.26	.24	11	.29	.33
4	.22	.33	12	.25	.28
5	.25	.28	13	.23	.30
6	.23	.27	14	.20	.24
7	.18	.25	15	.25	.32
8	.25	.26			

(*a*) 패키지 I에서 패키지 II를 빼는 방식으로 계산한 차이 점수의 집합을 구하라.

(*b*) $\bar{d}$ 와 s_d를 구하라

(*c*) 두 패키지를 사용하여 자료 분석을 실행하는 비용의 평균차이에 대한 90% 신뢰구간을 구하라.

33. 스리마일 섬 게시 법률은 원자력 발전소의 10킬로미터 내에 있는 사람들에게 일반적인 핵 비상사태가 즉시 통보되어야 한다고 규정하고 있다. 한 시스템의 조사에서 발전소의 10킬로미터 내에 있는 69개 위치에서의 소리 수준을 먼저 모의실험하고 그 후에 현장에서 검정한다. 측정된 사이렌 수준에서 모의실험된 사이렌 수준을 빼는 방식으로 계산하면, $\bar{d}=0.04$ 데시벨이고 $s_d=2.43$이다. 실제 사이렌 수준과 모의실험의 수준 사이의 평균차이에 대한 95% 신뢰구간을 구하라. 이 구간에 따라 차이가 존재한다는 것을 의심할 이유가 있는가? 설명하라.

34. α 입자와 핵분열 조각의 자취를 기록함으로써 Pu^{239}의 농도를 측정하는 새로운 방법에 대한 조사를 하고 있다. 다양한 농도의 검정 용매를 얻을 수 있으며 각각은 두 부분으로 분할된다. 첫 번째 부분의 농도는 새로운 방법을 사용하여 결정되고, 두 번째 부분은 표준기술을 사용하여 측정된다. 새로운 절차는 표준 기술보다 더 높은 평균 판독을 나타내는 경향이 있다고 생각된다. 다음의 자료는 본 연구의 가설을 뒷받침하는가? 검정값 *P*에 따라 설명하라.

표본의 수	Pu^{239}의 농도(μ/ml) 신형	구형
1	3.78	3.35
2	3.58	3.60
3	3.77	3.41
4	3.82	3.69
5	3.67	3.48
6	3.66	3.50
7	3.48	3.33
8	3.63	3.64
9	3.88	3.65
10	3.53	3.64

35. 2차선 고속도로에 미치는 마모의 영향을 조사하는 고속도로 기술자들은 추월차선보다 주행차선에서 더 많은 균열이 발생하는 것인지 의심을 가진다. 이 주장을 확인하기 위해서 30개의 백 피트 길이의 시험용 스트립을 선택하여 포장하고, 시간의 단위로 조사한다. 주요 균열의 수에서 평균차이는 4.5이고 표본 표준편차가 8.1인 것을 확인했다. 이러한 자료는 연구가설을 지원하는가? 검정값 P에 따라 설명하라.

36. 두 개의 서로 다른 컴파일러의 효율성을 비교한다. 그 비교는 각 컴파일러를 사용하여 25개의 무작위로 선택된 프로그램을 실행하여 수행된다. 초 단위로 컴파일 시간에 대한 다음과 같은 자료를 얻을 수 있다.

프로그램	컴파일러 I	컴파일러 II	프로그램	컴파일러 I	컴파일러 II
1	3.76	4.28	14	4.02	4.25
2	4.78	3.89	15	4.34	4.28
3	4.66	3.30	16	4.10	3.35
4	3.38	3.53	17	3.25	3.83
5	2.52	2.73	18	4.52	3.82
6	3.46	3.19	19	4.24	3.75
7	4.19	3.34	20	5.33	3.66
8	4.15	4.71	21	3.84	4.14
9	3.61	4.21	22	3.95	3.68
10	3.91	3.76	23	4.32	3.09
11	4.47	3.62	24	4.22	3.12
12	3.53	3.26	25	4.25	3.97
13	4.14	2.87			

(*a*) 두 번째 컴파일러는 두 가지 중에 더 빠른 것이라 생각된다. 이 주장을 뒷받침하는데 필요한 귀무가설과 대립가설을 설정하라.

(*b*) 본 가설의 $\alpha=.05$ 수준의 검정을 위한 임계점은 무엇인가? H_0는 .05 수준에서 기각할 수 있는가? 이 문제의 맥락에서 결과를 해석하라.

9.6절

37. 호수의 물에 미치는 산성비와 기타 산업 오염물질의 영향을 알아보기 위한 조사가 실시

된다. 임의의 표본은 심각하게 산업화된 지역의 10개의 호수와 원시적인 산림 지역에 있는 8개의 호수에서 추출된다. 물의 pH에 대해 다음과 같은 자료를 얻을 수 있다.

공업화 지역		원시적인 지역	
6.9	7.0	7.0	6.8
6.2	6.5	6.9	7.1
6.3	6.6	6.7	7.0
5.9	5.5	7.1	7.2
6.0	7.3		

$\alpha = .025$ 수준에서, 산업화된 지역에서 물의 pH가 원시적인 지역에 비해 낮은 경향이 있다고 주장할 수 있는가?

38. 폴리염화비페닐(PCB)은 DDT와 관련되어 산업화 초기의 전 세계적인 환경오염 물질이다. 이것은 미국에서 단계적으로 퇴출되고 있지만, 수년 동안 환경에 남아 있게 될 것이다. 올빼미의 생식능력에 대한 PCB의 효과를 조사하기 위한 실험이 실시된다. 목적은 PCB에 노출된 새들에 의해 생산된 알의 껍질두께와 오염물질에 노출되지 않은 새들의 것을 비교하는 것이다. 전자 그룹의 껍질이 후자의 것보다 얇을 것이라고 생각된다. 다음 자료가 연구 가설을 뒷받침하는가? 설명하라.

껍질두께, **mm**			
PCB에 노출		PCB에 미노출	
.21	.226	.22	.27
.223	.215	.265	.18
.25	.24	.217	.187
.19	.136	.256	.23
.20		.20	

39. 자동차 제조업체에서 부식을 저항하게 설계된 페인트의 새로운 유형을 실험하고 있다. 다섯 대의 자동차 후드에 새 페인트로 칠하고, 일곱 대는 이전 혼합물을 사용하여 칠을 한다. 모든 후드에 동일하게 가속화된 수명시험을 실시한다. 시험기간의 끝에는 낮은 순위가 약한 부식을 나타내는 방식으로 1에서 12까지 후드순위를 매기는 불편향 판단을 해야 한다. 그 자료는 다음과 같다(N= 새것, O= 오래된 것).

Rank	1	2	3	4	5	6	7	8	9	10	11	12
Type	*N*	*O*	*N*	*N*	*N*	*O*	*N*	*O*	*O*	*O*	*O*	*O*

$\alpha = .05$ 수준에서, H_0: $M_N = M_O$를 거부하고 새로운 페인트가 이전의 것보다 부식에 강하다는 결론을 내릴 수 있는가?

40. 현재 사용되고 있는 드릴 팁과 시추유정에 사용되는 새로운 드릴 팁을 비교하기 위한 조사가 실시된다. 네 개의 새로운 팁(N)이 현장에서 검정된다. 각각의 사용할 수 있는 시간

의 길이를 기록한다. 이전 팁(O)의 파일 자료와 비교한 후에 다음의 자료를 얻을 수 있다(더 낮은 순위는 더 길게 지속하는 드릴 팁을 나타낸다).

Rank	1	2	3	4	5	6	7	8	9
Type	N	O	O	N	N	N	O	O	O

$\alpha=.05$ 수준에서, 새로운 드릴 팁이 이전 것보다 더 오래 지속하는 경향이 있다고 주장할 수 있는가?

41. 브랜드 A 메인프레임 컴퓨터 제조업체는 장비에 대한 유지보수 비용이 자신의 경쟁사보다 더 낮다고 주장한다. 브랜드 A를 구입하기 전에 회사는 이 주장에 대해서 독자적으로 조사를 한다. 수리기록의 표본은 장비의 두 가지 유형의 사용자로부터 얻을 수 있다. 그 자료는 다음과 같다.

브랜드 A	경쟁사
$m = 75$	$n = 100$
$W_m = 5937$	

(*a*) $E[W_m]$은 무엇인가?

(*b*) Var W_m은 무엇인가?

(*c*) 자료는 브랜드 A 장비 제조업체의 주장을 뒷받침하는? 검정값 P에 따라 설명하라.

42. 시각 및 청각의 반응시간에 대한 조사가 대학 농구선수의 그룹에 대해 수행된다. 시각 반응시간은 빛의 신호에 응답하는 데 필요한 시간으로 측정되고, 청각 반응시간은 전기 스위치의 소리에 응답하는 데 필요한 시간으로 측정된다. 열다섯 명을 대상으로 가장 근사한 밀리 초 단위로 기록된 시간을 측정하였다.

대상	시각	청각
1	161	157
2	203	207
3	235	198
4	176	161
5	201	234
6	188	197
7	228	180
8	211	165
9	191	202
10	178	193
11	159	173
12	227	137
13	193	182
14	192	159
15	212	156

시각 반응시간이 청각 반응시간보다 느린 경향이 있다는 증거가 있는가?

43. 한 기업은 두 업체로부터 컴퓨터 하드웨어를 공급받고 있다. 공급업체 X는 비교항목에 대해서 공급업체 Y보다 더 많은 비용을 부가하는 경향이 있다고 생각한다. 다음의 자료는 $\alpha=.05$ 수준에서 이 주장을 뒷받침하는가?

항목	가격(X)	가격(Y)
1	6000	5900
2	575	580
3	15,000	15,000
4	150,000	145,000
5	76,000	75,000
6	5650	5600
7	10,000	9975
8	850	870
9	900	890
10	3000	2900

부호검정은 동일한 결과를 도출하는가? 그렇지 않다면, 차이를 설명하라.

44. 2년 동안 정상적으로 노출시킨 후 집에 칠한 두 페인트의 외관을 비교하기 위한 실험이 실시되었다. 유사하게 건설된 주택의 스무 짝을 선택하고, 브랜드 A의 페인트를 각 짝 중에 한 주택에 칠하고, 브랜드 B의 것을 그 다른 하나에 칠했다. 2년 후에 페인트 전문가는 주택의 두 외관을 판단하게 되었다. $A > B$와 $B > A$은 각각 B보다 선호되는 A와 A보다 선호되는 B라는 선호외관의 순서를 나타낸다. 다음은 실험의 결과이다.

짝		짝		짝		짝	
1	$A > B$	6	$B > A$	11	$A > B$	16	$A > B$
2	$A > B$	7	$B > A$	12	$A > B$	17	$B > A$
3	$B > A$	8	$A > B$	13	$A > B$	18	$A > B$
4	$A > B$	9	$B > A$	14	$B > A$	19	$A > B$
5	$A > B$	10	$A > B$	15	$A > B$	20	$A > B$

적절한 검정을 사용하여 두 페인트 브랜드가 2년 후에 외관적인 측면에서 동등하게 선호된다는 가설을 검정하라.

복습문제

45. 연구원들은 자철광 광석을 처리하는 데 사용되는 용광로의 연료와 전력소비를 줄일 수 있게 마이크로프로세서의 사용에 대한 실험을 하고 있다. 원광석 펠릿을 1300°C까지 올리기 위해 충분한 열을 사용할 수 있도록 하는 방법으로 기계를 통해 가스의 흐름을 유지하도록 특별한 시스템이 설계되어야 한다. 컴퓨터 시스템을 사용하여 이 작업을 수행하는 데 필요한 온도설정을 기존의 방법을 사용할 때 필요한 설정과 비교하기 위한 조사가 실시된다. 이 전산화된 시스템은 기존의 시스템보다 설정에서 더 작은 변화를 가지며 요구되는 평균 설정온도가 더 낮을 것이라고 생각한다.

(*a*) 두 개의 귀무가설을 검정하는 데 관심이 있다. 이 귀무가설과 대립가설을 기술하라.

(*b*) 자료는 다음과 같다.

전산화	기존
$n_1 = 25$	$n_2 = 25$
$\bar{x}_1 = 733°$ C	$\bar{x}_2 = 822°$ C
$s_1 = 10°$ C	$s_2 = 50°$ C

정규성이라고 가정하고 (*a*)의 귀무가설을 검정하라. 검정통계량의 선택을 방어할 준비를 하라. 이 자료는 전산화된 시스템에 관해 언급된 주장을 뒷받침하는가? 설명하라.

46. 불순물은 처리 시에 용융된 금속의 표면에 형성되는 쓰레기이다. 이 물질의 형성을 줄이기 위해 새로운 기술이 개발되고 있다. 수익성이 있기 위해서 그 감소량은 현재 방법보다 톤당 15킬로그램 이상의 평균에 달해야 한다.

(*a*) 새로운 프로세스가 수익성이 있다는 주장을 뒷받침하는 데 필요한 귀무가설과 대립가설을 설정하라.

(*b*) 자료는 다음과 같다.

기존의 방법	새로운 방법
$n_1 = 10$	$n_2 = 10$
$\bar{x}_1 = 20$ kg/t	$\bar{x}_2 = 1$ kg/t
$s_1 = 2.5$ kg/t	$s_2 = .5$ kg/t

정규성을 가정할 때, (*a*)의 귀무가설을 검정하라. 검정통계량의 선택을 방어할 준비를 하라. 새로운 프로세스가 수익성이 있는 것으로 나타나는가? 설명하라.

47. 6/6 나일론과 강철의 합성물이 캠 기어에 사용 가능한지를 조사하고 있다. 다른 종류의 여섯 기어가 생산되고, 이러한 기어를 사용하면서 나오는 소음의 수준이 주철로 만들어진 동일한 기어의 그것과 비교된다. 자료는 다음과 같다.

(*a*) 두 기어의 소음 수준의 차이에 대한 줄기-잎 그림을 생성하라. 주철 값에서 합성물의 값을 빼라. 이러한 차이는 근사적으로 정규분포를 따르는 것으로 나타나는가?

(*b*) 소음 수준의 감소에 대한 평균차이의 95% 신뢰구간을 구하라. 합성물로 만든 기어는 주철로 만든 것보다 낮은 평균 데시벨 수준을 가지고 있는 것으로 나타나는가? 설명하라.

소음의 수준 (dB)		
기어	주철	합성물
1	75	74
2	90	88
3	80	81
4	60	60
5	110	107
6	95	92
7	93	90
8	88	84
9	70	66
10	65	64
11	91	86
12	100	97
13	85	83
14	50	44
15	62	60
16	67	64

48. 체인은 오랫동안 열소비를 줄일 수 있도록 시멘트 공장의 가마에 사용되었다. 높은 황과 염소 함량을 가진 싼 원료를 사용할 때에 체인이 같은 효과를 나타내는지를 확인하기 위한 조사가 실시된다. 조사의 목적은 체인을 사용하거나 또는 하지 않은 가마에서 특정한 열소비의 차이를 추정하는 것이다. 크기가 각각 14개와 16개인 독립인 표본이 이 조사에서 사용된다. 자료는 다음과 같다.

체인 미사용	체인 사용
$n_1 = 16$	$n_2 = 14$
$\bar{x}_1 = 6150$ kJ/kg	$\bar{x}_2 = 5250$
$s_1 = 80$ kJ/kg	$s_2 = 75$

$\mu_1 - \mu_2$에 대한 95% 신뢰구간을 구하라. 사용되는 신뢰경계의 선택을 방어할 준비를 하라. 체인이 효과적인 것으로 나타나는가? 설명하라.

49. 유리 파이프의 열손실은 같은 크기의 강철 파이프보다 적은 것으로 여겨진다. 이 주장을 확인하기 위해 다양한 직경의 파이프 아홉 짝을 구한다. 동일한 출발 온도에서 다양한 액체가 각 유파이프의 50미터 구획을 통과하고, 열손실은 각각의 경우에 측정된다. 자료는 다음과 같다.

열손실 (in °C)		
짝	강철	유리
1	4.6	2.5
2	3.7	1.3
3	4.2	2.0
4	1.9	1.8
5	4.8	2.7
6	6.1	3.2
7	4.7	3.0
8	5.5	3.5
9	5.4	3.4

정규성이라고 가정할 때, 평균 열손실이 유리로 만들어진 것에 비해 철강 파이프에서 더 높은 것으로 결론을 내릴 수 있는가? 검정값 P에 따라 설명하라.

50. 다양한 작업에 사용되는 레이저 프린터의 두 브랜드의 초당 총 인쇄 시간을 비교하기 위한 조사가 실시된다. 아래의 자료는 차트 인쇄에 대한 것이다. (MACWORLD, March 1993, p. 1980.)

작업	브랜드 I 시간	브랜드 II 시간
1	21.8	36.5
2	22.6	35.2
3	21.0	36.2
4	19.7	34.0
5	21.9	36.4
6	21.6	36.1
7	22.5	37.5
8	23.1	38.0
9	22.2	36.3
10	20.1	35.9
11	21.4	35.7
12	20.5	34.9
13	22.7	37.1
14	20.5	34.2
15	21.3	35.4

(*a*) 이들 두 레이저 인쇄 시간의 평균차이를 추정하라.

(*b*) 인쇄 시간의 평균차이에 대한 95% 신뢰구간을 구하라.

(*c*) (*b*)에서 발견된 신뢰구간에 근거하여, 이들 두 프린터는 차트 인쇄에서 동등하게 빠르다는 주장을 듣고 놀랄 것인가? 설명하라.

51. 두 약물, 아만타딘(amantadine) A와 리만타딘(rimantadine) R은 인플루엔자 바이러스에 맞서 싸우는 데에 사용하기 위해 연구되고 있다. 한 번의 100밀리그램 복용량이 건강한 성인에게 경구로 투여된다. 조사되는 변수는 최대 혈장농도에 도달하는 데 필요한 시간 T_{max}(분)이다. 다음 자료를 얻을 수 있다.("Drug Therapy", Gordon Douglas, Jr., *New England Journal of Medicine*, vol. 322, February 1990, pp. 443-449.)

$T_{max}(A)$			$T_{max}(R)$		
105	123	12.4	221	227	280
126	108	134	261	264	238
120	112	130	250	236	240
119	132	130	230	246	283
133	136	142	253	273	516
145	156	170	256	271	
200					

(*a*) 각 자료 집합에 대한 상자그림을 만들고, 특이점을 식별하라.

(*b*) 집합 A의 특이점 12.4가 잘못 놓인 소수점의 결과라고 가정한다. 참값 124로 특이

점 12.4를 교체한다. $\alpha=.20$ 수준에서 분산의 동치에 대해 검정하라.

(*c*) 이들 두 약물에 대한 최대 혈장농도에 도달하는 데 필요한 평균시간의 차이에 대한 95% 신뢰구간을 구하라.

(*d*) (*c*)의 신뢰구간에 따라, 평균에 차이가 있다는 결론을 내릴 수 있는가? 설명하라.

52. 수면 패턴에 대한 흡연의 영향을 이해하기 위한 조사가 실시된다. 고려되는 확률변수는 잠들기까지 걸리는 분 단위 시간 X이다. 흡연자와 비흡연자의 표본으로 X에 대해 다음과 같은 관측값을 얻었다.

비흡연자						흡연자					
17.2	19.7	18.1	15.1	18.3	17.6	15.1	20.5	17.7	21.3	16.0	24.8
16.2	19.9	19.8	23.6	24.9	20.1	16.8	21.2	18.1	22.1	15.9	25.2
19.8	22.6	20.0	24.1	25.0	21.4	22.8	22.4	19.4	25.2	18.3	25.0
21.2	18.9	22.1	20.6	23.3	20.2	25.8	24.1	15.0	24.1	21.6	16.3
21.1	16.9	23.0	20.1	17.5	21.3	24.3	25.7	15.2	18.0	23.8	17.9
21.8	22.1	21.1	20.5	20.4	20.7	23.2	25.1	16.1	17.2	24.9	19.9
19.5	18.8	19.2	22.4	19.3	17.4	15.7	15.3	19.9	23.1	23.0	25.1

(*a*) 이들 자료 집합의 각각에 대해 줄기-잎 그림을 그려라. 줄기로서 15와 25 사이에 포함되는 정수를 사용하라.

(*b*) 당신은 두 그룹에 대한 X의 분포에 차이가 없다는 누군가의 주장을 듣고 놀랄 것인가? 설명하라.

(*c*) 당신이 있을 수 있는 차이를 감지하는 것이 적절하다고 생각하는 모든 통계 검정을 수행하라. 그것들은 정규이론 또는 비모수일 수 있다.

53. 매립지를 확보하는 것이 더욱 어려워짐에 따라 재활용이 중요해지고 있다. 흰 종이 처리에 대한 조사가 실시되고 있다. 다음 자료는 은행 직원과 다른 기업의 직원들이 연간 버리는 흰 종이의 양을 수백 파운드 단위로 나타낸 것이다.

은행 종사자		다른 사업 종사자	
3.1	2.6	6.9	5.3
2.9	2.0	6.4	5.2
3.8	3.2	4.7	5.1
3.3	2.4	4.3	5.9
2.7	2.3	5.1	5.8
3.0	3.1	6.3	4.9
2.8	2.1	5.9	4.8
2.5	3.4	5.4	4.0
2.0	1.9	5.2	4.0
2.9	2.5	5.7	5.2
2.1	2.5	6.2	5.0
2.7	2.3	4.2	4.1
2.2	2.3	5.0	3.9
1.8	1.5	3.7	3.7
1.9	1.2	5.1	3.4
1.7	1.7		

("흰 종이 재활용," *MIT Technology, Review*, 8월/9월 1992, p. 20에 근거하여 작성.)

이러한 자료는 평균적으로 은행 직원이 다른 기업의 직원보다 연간 흰 종이를 더 많이 버린다는 주장을 뒷받침하는가? 적절한 통계적 검정(정규이론 또는 비모수)을 실시하여 설명하라. 검정의 선택을 방어할 준비를 해야 한다.

54. 한 건설업자가 공정하게 비교되는 두 건물 장소 중 하나를 선택하려 한다. 정화조 시스템을 설치해야 하기 때문에 각 장소는 물을 흡수하거나 정화할 수 있는 능력을 반드시 검증받아야 한다. 시험용 구멍이 무작위로 선택된 위치에서 파져서 물로 채워진다. 관심 변수는 물이 구멍으로 배출되기 위해 소요되는 초 단위 시간이다. MINITAB 출력을 사용하여 다음 각 질문에 답하라.

(*a*) 얼마나 많은 구멍을 각 장소에서 파야 하는가?

(*b*) 얼마나 많은 자유도가 합동 *T* 검정과 연관되어 있는가?

(*c*) MINITAB의 평균비교를 수행하는 것에 얼마나 많은 자유도를 사용하는가?

(*d*) 이 경우에 합동하는 것이 가능한 접근법이었을 것이라고 생각하는가? 설명하라.

(*e*) 그 *T* 검정은 우측, 좌측, 또는 양측꼬리검정 중 어느 것인가?

(*f*) 검정의 *P* 값은 무엇인가?

(*g*) 평균 여과 시간은 $\alpha=.05$ 수준에서 차이가 있다는 결론을 내릴 수 있는가? 이러한 결론은 $\alpha=.10$ 수준에서 도달할 수 있는가?

두 개의 표본 *T* 검정과 신뢰구간

```
Two-sample T for site 1 vs. site 2

          N     Mean    StDev    SE Mean
site 1   17    13.00     1.58       0.38
site 2   13    14.15     1.57       0.44

95% CI for mu site 1 - mu site 2: (-2.35, 0.04)
T test mu site 1 = mu site 2 (vs. not =):
T = -1.99  P = 0.058  DF = 26
```

55. 예제 9.5.2에서 합동 *T* 검정은 두 개의 계산 알고리즘에 대한 평균 CPU 시간을 비교하기 위해 실행되었다. 기존의 알고리즘(X)은 새로운 알고리즘(Y)보다 느리게 실행되는 것으로 생각되었다. 따라서 $D=X-Y$일 때 연구 가설은

$$H_1: \mu_X > \mu_Y \quad \text{또는} \quad H_1: \mu_D > 0$$

과 같다.

다음의 SAS 출력을 사용하여 각 질문에 답하라.

PAIRED T TEST

VARIABLE	MEAN	STANDARD DEVIATION	STD ERROR OF MEAN	T	PR > !T!
DIFF	14.40900000 ④	8.65276635 ③	2.73624497 ⑤	5.27 ①	0.0005 ②

(*a*) ①~⑤의 각 수치가 무엇을 나타내는지를 확인하고, 이전에 손으로 구한 것들에 대한 값과 비교하라.

(*b*) 이 자료를 바탕으로, H_1은 $\alpha=.05$ 수준에서 지지를 받고 있는가? $\alpha=.10$ 수준에서는 어떠한가?

CHAPTER 10

단순 선형회귀와 상관관계

이번 장에서는 변수 X를 확률변수가 아니라고 가정할 것이다. 더 정확히 말하면, 각기 다른 값을 추정할 수 있으나 그 값은 고려할 당시의 기회에 의해 결정되지 않는 객체인 수학적 변수이다. 이것을 설명하기 위해 대륙붕 아래 해수 온도를 묘사하기 위한 모델을 개발한다고 가정한다. 이때 온도는 해수 깊이에 관련이 있기 때문에 깊이 X와 온도 Y, 두 개의 변수가 포함된다. 물의 깊이를 추론하는 것에는 관심이 없다. 다시 말하면, 물의 깊이가 사전에 정확하게 알려져 있다는 가정 아래 물의 온도 변화를 설명하고 싶은 것이다. 심지어 만약 물의 깊이가 어떤 값 x로 고정되어 있다고 하더라도 물의 온도는 다른 영향에 의해 변할 것이다. 예를 들어 만약 여러 개의 온도 측정기가 여러 장소에 위치해 있고 각 장소의 깊이 $x=1000$ 피트라고 하면, 이 측정기들은 각기 다른 값을 측정할 것이다. 이러한 이유 때문에 주어진 x가 실제로는 $Y|x$($X=x$일 때의 Y)로 표기하는 '조건부' 확률변수로 다뤄져야 하고, 이 조건부 확률변수는 평균을 의미하는 $\mu_{Y|x}$로 표시한다. 거대한 바닷물의 평균 온도가 물의 깊이에 관련된다는 것은 분명하다. $x=1000$ 피트에서 구한 평균 온도가 $x=5000$ 피트에서 구한 평균 온도와 동일할 것이라고 예상하지 않는다. 그렇기 때문에 $\mu_{Y|x}$가 x의 함수라고 가정하는 것이 타당하다. 이 함수의 그래프 X 상에서 Y의 회귀곡선(curve of regression of Y on X)이라 부른다. X의 특정 값에 의존하는 Y에 의해 추정되는 X의 값이 사전에 알려져 있다고 가정하였을 때, Y는 종속변수(dependent variable) 혹은 응답변수(response variable)라고 하고, $Y|x$의 행동을 예측하는 데 사용되는 값을 가지는 변수 X는 독립변수(independent variable), 예측변수(predictor variable), 혹은 회귀변수(regressor)라 한다.

예측변수 X 중 몇몇 선택된 값 $x_1, x_2, x_3, \ldots, x_n$으로부터 구해진 데이터에 기초하여 $\mu_{Y|x}$의 종류를 예측하는 것이 우리의 당면 과제이다. 모델을 개발하며 쓰던 실제 값들이 그리 중요한 것은 아니다. 만약 함수적 관계가 존재한다면 X 값들에 상관없이 그 관계는 명확하게 드러날 것이다. 그러나 이 값들이 요긴하게 쓰이기 위해서는 확연한 범위를 갖는 독립변수 X의 가능한 값을 표현할 수 있어야 한다. 때로는 그 값들이 미리 정해져 있기도 한다. 예를 들어 물 온도와 물 깊이의 관계에 관한 연구에서 모델이 깊이 1000~5000 피트 사이에서 물의 온도를 예측하기 위해 사용되는 것을 아마도 알 수 있을 것이다. 우리는 해당 범위 안에서 측정하고

자 하는 깊이를 선택해 온도를 측정할 수 있다. 예를 들어 1000피트씩 증가시켜 측정 가능하다. 이 방법에서 우리의 X 값은 $x_1=1000$, $x_2=2000$, $x_3=3000$, $x_4=4000$, $x_5=5000$으로 미리 설정할 수 있다. 회귀 방정식에 영향을 미치는 X 값들이 미리 결정되었을 때 그 연구는 통제 가능하다고 말한다. 때때로 관계식을 발전시키는 데 사용되는 X 값들은 어떤 임의의 방법에 의해 선택된다. 예를 들어 빗물의 pH가 공기의 질에 미치는 영향에 관한 연구에서는 무수히 많은 날들 중 표본을 선택하고, 공기의 질을 기록하며, 빗물의 pH를 측정하기 위한 통제를 해야 한다. 이 경우에 회귀 방정식에 영향을 미치는 X의 값들이 연구자에 의해 미리 선택된 것은 아니다. 그것들은 일반적인 X 값들을 대표하는 것이다. 이러한 종류의 연구를 관찰연구(observational study)라 부른다. 연구를 위한 X 값들이 어떻게 선택되었는지 개의치 않고, 우리의 임의 표본은 아마도 다음과 같은 형태로 보일 것이다.

$$\{(x_1, Y|x_1), (x_2, Y|x_2), (x_3, Y|x_3), \ldots, (x_n, Y|x_n)\}$$

정렬된 쌍의 첫 번째 멤버는 독립변수 X의 실수 값임을 기억하라. 각 쌍의 두 번째 멤버는 확률변수이다.

이번 장에서 우리는 회귀가 선형이라 간주될 때 X 상에서 Y의 회귀곡선을 추정하는 방법을 배울 것이다. 이 경우 식 $\mu_{Y|x}$는 아래와 같이 주어진다.

X 상에서 Y의 회귀곡선

$$\mu_{Y|x} = \beta_0 + \beta_1 x$$

여기서 β_0와 β_1은 실수를 의미한다.

다음에 나올 대부분의 기법은 선형 대수로 표현된다. 그렇기 때문에 본 교재의 내용에 기반해서 몇몇 문제들은 증명할 수 없다. 증명이 가능한 부분에서는 증명을 하도록 한다.

10.1 모델과 매개변수 추정

모델 만들기

기초 대수학에서 직선 방정식을 생각해 보면 $y=b+mx$이고, 여기서 b는 y 절편, m은 직선의 기울기를 의미한다. 간단한 선형회귀 모델

$$\mu_{Y|x} = \beta_0 + \beta_1 x$$

에서 β_0는 절편, β_1은 회귀직선의 기울기를 의미한다. 회귀직선을 추정하기 위해 반드시 이론적인 매개변수 β_0와 β_1을 추정하는 논리적 방법을 찾아야만 한다. 이것을 이해하기 위하여 가장 먼저 모델을 대체 가능한 형태로 바꿔야 한다.

회귀를 시행하면서 우리는 n개의 점 $x_1, x_2, x_3, \ldots, x_n$에서 변수 X를 관찰해야 한다. 이 점들은 오차 없이 측정이 가능하다고 가정한다. 실험자에 의해 점들이 사전에 선택되었을 때 이 연구를 통제연구(controlled study)라 부르고, 점들이 무작위로 관찰되었다면 관찰연구라 부른다. 두 상황 다 수학적으로 같은 방법에 의해 처리된다. 두 상황 모두 n개의 확률변수 $Y|x_1, Y|x_2, Y|x_3, \ldots, Y|x_n$과 관계가 있다. 확률변수끼리는 평균값들이 다름을 기억하라. E_i가 $Y|x_i$와 이에 대한 평균 $\mu_{Y|x_i}$ 사이의 임의적 차이라 하면

$$E_i = Y|x_i - \mu_{Y|x_i}$$

이다. 이 식을 $Y|x_i$로 풀어 보면

$$Y|x_i = \mu_{Y|x_i} + E_i$$

이 된다. 이 표현에서 임의적 차이 E_i는 평균이 0이라고 가정한다. 회귀를 선형이라 가정했으므로 $\mu_{Y|x_i} = \beta_0 + \beta_1 x_i$라 결론지을 수 있고

$$Y|x_i = \beta_0 + \beta_1 x_i + E_i$$

라 할 수 있다. 일반적으로 조건부 표기법을 버리고, $Y|x_i$를 Y_i라 한다. 따라서 단순 선형회귀 모델은 다음과 같이 표기한다.

단순 선형회귀 모델

$$Y_i = \beta_0 + \beta_1 x_i + E_i \qquad (10.1)$$

여기서 E_i는 평균 0을 가지는 확률변수라 가정한다.

데이터는 n개의 순서쌍 (x_i, y_i)들의 집합으로 구성되어 있고, x_i는 변수 X의 관찰값이며, y_i는 확률변수 Y에 해당하는 관찰값이다. 확률변수의 관찰값은 보통 임의로 정한 범위의 평균값과 다르다. 이러한 생각은 수학적으로

$$y_i = \beta_0 + \beta_1 x_i + \varepsilon_i \qquad (10.2)$$

으로 표현된다. 이 식에서 ε_i는 Y_i가 y_i 값을 가질 때 확률변수 E_i의 한 표본을 의미한다.

회귀법에서 xy 평면에 데이터 점을 구성하는 것은 유용하다. 이러한 그래프를 산점도(scattergram)라 부른다. 이러한 점들이 직선 상에 위치하기를 기대하는 것이 아니라 만약 선형회귀에 적용이 가능하다면 그 점들은 선형의 경향을 보인다고 한다. 이러한 이론적 아이디어는 물 온도 연구의 예로 그림 10.1에 나타난다. β_0와 β_1의 실제 값을 알지 못하기 때문에 점 (x_i, y_i)와 실제 회귀직선과의 수직 거리인 ε_i의 실제 값도 알지 못함을 기억하라.

이용 가능한 데이터로부터 근사치로 β_0와 β_1을 구한다면 이러한 이론적인 매개변수를 회귀 모델에서 추정되는 값들로 대체할 수 있다.

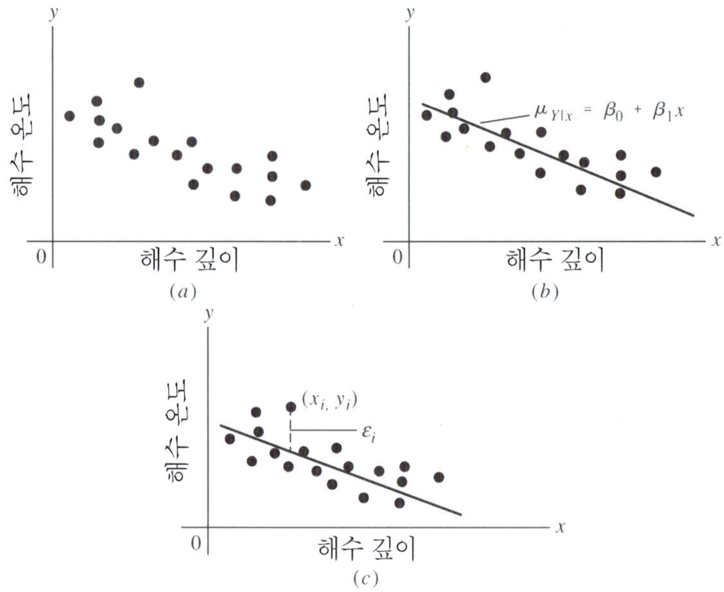

그림 10.1 (a) 물의 깊이(x)와 온도(y)의 관계에 관한 가상적인 데이터의 산점도—데이터는 선형의 경향을 보이고, 선형회귀가 가능함을 보인다. (b) 이론적이지만 알려지지 않은 직선이 데이터 점들을 지난다. (c) ε_i는 y_i와 그들의 평균값인 $\mu_{Y|x_i}$ 사이의 거리이다.

b_0와 b_1은 β_0와 β_1을 추정하기 위한 각각의 대푯값이라고 하면 회귀 추정선은 다음과 같은 형태를 보인다.

$$\hat{\mu}_{Y|x} = b_0 + b_1 x$$

데이터 점들이 회귀상의 이론적인 직선 위에 전부 놓여 있지 않다면, 이 추정 회귀선 위에도 역시 전부 놓여 있지 않다. 만약 e_i를 한 점 (x_i, y_i)로부터 추정 회귀직선까지의 수직 거리라 하면, 각 데이터 점은

$$y_i = b_0 + b_1 x_i + e_i$$

를 만족시킨다. 여기서 e_i를 잔차(residual)라 부른다. 그림 10.2는 이 아이디어와 ε_i와 e_i의 차이점을 보여 준다.

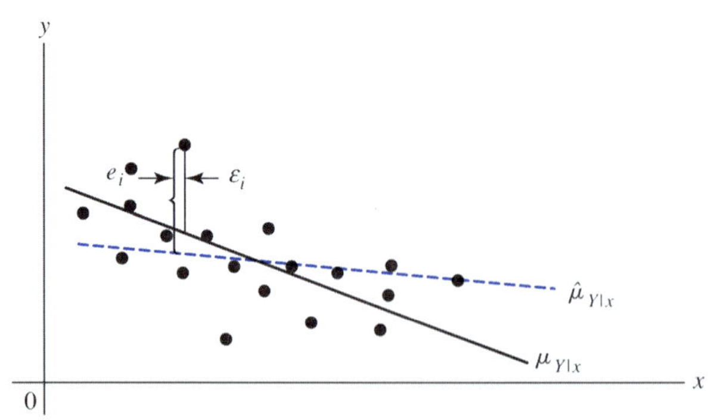

그림 10.2 ε_i는 점 (x_i, y_i)와 실제 회귀직선 $\mu_{Y|x}=\beta_0+\beta_1 x$ 사이의 수직 거리이다. e_i는 점 (x_i, y_i)와 추정된 회귀직선 $\hat{\mu}_{Y|x}=b_0+b_1 x$ 사이의 수직 거리이다.

최소제곱 추정

매개변수 β_0와 β_1을 최소제곱(least square) 방법에 의해 추정한다. 이 추론 방법은 매우 단순하다. 산점도를 지나는 수많은 직선 중에 데이터에 '가장 적합한' 직선을 하나 선택하기를 원한다. '최적'은 잔차의 제곱합을 최소화하는 b_0와 b_1을 선택할 때 발생한다. 이 경우에 근본적으로 모든 데이터 점들이 동시에 가장 가까운 직선을 선택한다. 예를 들어 만약 그림 10.3에 보이는 것과 같이 다섯 개의 데이터 점을 고려한다면 최소제곱 절차는 $e_1^2+e_2^2+e_3^2+e_4^2+e_5^2$를 최소한으로 만드는 직선을 선택한다.

잔차는 매우 현실적인 이유에서 합산 전에 제곱한다. 추정된 회귀직선 위에 놓여진 데이터 점의 잔차는 양수이고, 아래에 있는 것은 음수임을 주목하라. 만약 잔차들끼리 더해진다면 음수와 양수의 값이 서로 대응하여 총 합계는 항상 0이 될 것이다. 연습문제 5번에서 이 사실을 확인하라.

β_0와 β_1에 대한 최소제곱 추정값의 일반적인 유도과정은 기초 미적분학에서 다루는 최소화 기법을 사용한다. 특히 잔차들의 제곱합을 두 개의 변수 b_0와 b_1으로 구성한 함수로 표현하고 이 함수를 각각 이 변수에 대해 미분한 후 0과 같다고 둔 채 b_0와 b_1에 대한 방정식을 풀 것이다. 미분을 하기 전에 잔차 e_i를 때때로 잔차 오차(error)라 부른다는 점에 유의하자. 이러한 이유로 잔차들의 제곱합은 종종 오차제곱합(error sum of squares)이라 부르고, SSE(sum of squares error)라 표시한다. '오차'라는 단어가 실수라고 생각되는 경향이 있기 때문에 이 표현은 오해의 소지가 있다. 그러나 이 단어가 광범위하게 인식되기 때문에 여기서는 이것을 사용할 것이다.

추정된 회귀직선에 관한 오차제곱합은 아래 식과 같다.

$$\text{SSE} = \sum_{i=1}^{n} e_i^2 = \sum_{i=1}^{n} (y_i - b_0 - b_1 x_i)^2$$

SSE를 b_0와 b_1에 대해 각각 미분하면 다음과 같은 식을 이끌어 낼 수 있다.

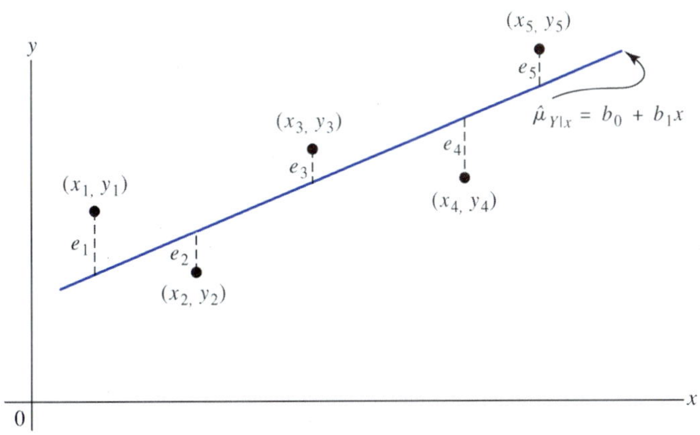

그림 10.3 | 최소제곱은 잔차 e_i의 제곱합을 최소화하는 절차이다.

$$\frac{\partial \mathrm{SSE}}{\partial b_0} = -2\sum_{i=1}^{n}(y_i - b_0 - b_1 x_i)$$
$$\frac{\partial \mathrm{SSE}}{\partial b_1} = -2\sum_{i=1}^{n}(y_i - b_0 - b_1 x_i)x_i$$

이제 이 편미분을 0과 같다고 하고 다음과 같은 식을 이끌어 내기 위하여 합산 공식을 사용한다.

$$nb_0 + b_1\sum_{i=1}^{n} x_i = \sum_{i=1}^{n} y_i$$
$$b_0\sum_{i=1}^{n} x_i + b_1\sum_{i=1}^{n} x_i^2 = \sum_{i=1}^{n} x_i y_i$$

이 방정식은 정규(normal) 방정식이라 부른다. 이것들은 β_0와 β_1에 대한 추정값에 의해 쉽게 풀린다.

β_0와 β_1에 대한 최소제곱 추정값

$$b_1 = \frac{n\sum_{i=1}^{n} x_i y_i - \left(\sum_{i=1}^{n} x_i\right)\left(\sum_{i=1}^{n} y_i\right)}{n\sum_{i=1}^{n} x_i^2 - \left(\sum_{i=1}^{n} x_i\right)^2}$$

이 개념을 설명하기 전에 아직 언급하지 않은 회귀의 매우 실질적인 측면을 짚어 보자. 즉 회귀 방정식이 주어진 x 값에 대한 Y의 평균을 실제로 추정하더라도 Y의 값 그 자체를 추정하는 것이 광범위하게 사용된다. 상식적으로 주어진 x 값에 대한 Y의 예상값을 논리적으로 선택하는 것은 그것의 평균값인 $\hat{\mu}_{Y|x}$를 추정하는 것이다. 예를 들어 1000피트 깊이의 바닷물 온도를 예측하는 질문이 있다면, 논리적인 선택은 해당 깊이에서의 평균 온도일 것이다. 추정된 회귀직선의 사용을 강조하기 위하여 아래와 같은 형태로 식을 다시 작성한다.

$$\hat{y} = \hat{\mu}_{Y|x} = b_0 + b_1 x$$

예제 10.1.1. 습도는 증발에 영향을 미치기 때문에 칠하는 동안 물에 희석이 가능한 페인트의 용제평형이 습도에 영향을 받는다. 통제연구는 습도(X)와 용액의 증발 정도(Y) 사이의 관계를 조사한다. 이 관계에 관한 지식은 습도의 양에 따라 화가가 스프레이건을 세팅할 때 도움이 되므로 그에게 유용할 것이다. 이 데이터는 아래와 같다.

관찰	(x) 상대습도, (%)	(y) 용액 증발, (%) wt
1	35.3	11.0
2	29.7	11.1
3	30.8	12.5
4	58.8	8.4
5	61.4	9.3
6	71.3	8.7
7	74.4	6.4
8	76.7	8.5
9	70.7	7.8
10	57.5	9.1
11	46.4	8.2
12	28.9	12.2
13	28.1	11.9
14	39.1	9.6
15	46.8	10.9
16	48.5	9.6
17	59.3	10.1
18	70.0	8.1
19	70.0	6.8
20	74.4	8.9
21	72.1	7.7
22	58.1	8.5
23	44.6	8.9
24	33.4	10.4
25	28.6	11.1

이러한 데이터를 통계적으로 요약하면 아래와 같다.

$$n = 25 \qquad \sum x = 1314.90 \qquad \sum y = 235.70$$
$$\sum x^2 = 76{,}308.53 \qquad \sum y^2 = 2286.07 \qquad \sum xy = 11{,}824.44$$

간단한 선형회귀직선을 추정하기 위하여 β_1과 β_0를 추정한다. 이 추정값은

$$\begin{aligned}
\hat{\beta}_1 = b_1 &= \frac{n\sum xy - \left[\left(\sum x\right)\left(\sum y\right)\right]}{n\sum x^2 - \left(\sum x\right)^2} \\
&= \frac{25(11{,}824.44) - [(1314.90)(235.70)]}{25(76{,}308.53) - (1314.90)^2} \\
&= -.08 \\
\hat{\beta}_0 = b_0 &= \bar{y} - b_1\bar{x} \\
&= 9.43 - (-.08)(52.60) \\
&= 13.64
\end{aligned}$$

이다. 따라서 추정 회귀 방정식은

$$\hat{\mu}_{Y|x} = \hat{y} = 13.64 - .08x$$

이다. 이 방정식의 그래프는 그림 10.4에서 볼 수 있다. 상대습도가 50%일 때 용액의 증발 정도를 예측하기 위하여 아래 식의 x 값에 50을 대입하면

$$\hat{y} = 13.64 - .08x$$

$\hat{y}=13.64-.08(50)=9.64$가 구해진다. 이것으로 상대습도가 50%일 때 용액 무게의 9.64%가 증발로 인해 손실됨을 알 수 있다.

현대 통계 분석에서 컴퓨터는 일상적으로 사용된다. 수동 계산방법을 아는 것도 물론 중요하지만 직접적인 연구에는 통계 소프트웨어 패키지를 사용하는 것을 추천한다. SAS(Statistical Analysis System), MINITAB, BMDPC (Biomedical Computer Programs), SPSS(Statistical Package for the Social Sciences) 등이 유명하다. SAS를 사용한 일반적인 결과물을 보자. 추정된 회귀직선의 기울기와 절편이 각각 ①과 ②에 주어져 있고 ③과 ④는 예제 10.3.1에서 알아보도록 할 것이다.

ESTIMATED LINE
OF REGRESSION

GENERAL LINEAR MODELS PROCEDURE

DEPENDENT VARIABLE: Y

SOURCE	DF	SUM OF SQUARES	MEAN SQUARE	F VALUE
MODEL	1	45.82966081	45.82966081	58.36
ERROR	23	18.06073919	0.78524953	PR > F
CORRECTED TOTAL	24	63.89040000		0.0001

R-SQUARE	C.V.	ROOT MSE	Y MEAN
0.717317	9.3991	0.88614306	9.42800000

SOURCE	DF	TYPE I SS	F VALUE	PR > F
X	1	45.82966081	58.36	0.0001

SOURCE	DF	TYPE III SS	F VALUE	PR > F
X	1	45.82966081	58.36	0.0001

PARAMETER	ESTIMATE	T FOR HO: PARAMETER = 0	PR > !T!	STD ERROR OF ESTIMATE
INTERCEPT	13.63886687②	23.56	0.0001	0.57898306
X	−0.08006059①	−7.64③	0.0001④	0.01047971

기초 미적분학에서 직선의 기울기는 x의 단위변화에 따른 y의 변화다. 기울기가 양수일 때, x가 증가하면 y도 증가하고, x가 감소하면 y도 감소한다. 만약 기울기가 음수라면 역으로 작동한다. x가 증가하면 y가 감소한다. 반대로 x가 감소하면 y가 증가한다. 앞의 예제에서 기울기는 $-.08$이다. 만약 상대습도가 1퍼센트포인트 증가한다면 용액의 평균 증발량은 .08만큼 감소한다. 상대습도가 3퍼센트포인트 감소한다면 용액의 평균 증발량은 3(.08)=.24만큼 증가할 것이다.

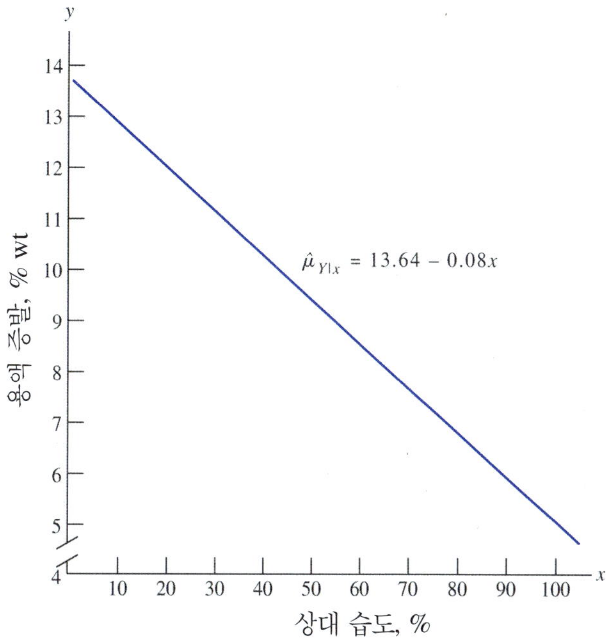

그림 10.4 추정된 회귀직선 그래프. Y는 증발 정도, X는 상대습도.

다음과 같은 경고를 전하며 이 절을 마치고자 한다. 주어진 데이터 집합은 그 데이터 집합이 다루는 X 값에 대해서만 선형성의 증거를 제공한다. 범위를 넘어선 X의 값들 너머에는 선형성의 증거가 없다. 따라서 데이터 집합에 포함된 X의 값들 저 너머에 X에 대응하는 Y의 값이 존재하리라 예측하는 데 추정된 회귀직선을 사용하는 것은 위험하다.

10.2 최소제곱 추정량의 성질

(X, Y)에 대한 주어진 관측치 집합에 대해 최소제곱법은 β_0, β_1에 대한 추정값 b_0와 b_1을 낳으며 이는 회귀직선의 절편과 기울기에 해당한다. 얻어지는 b_0와 b_1의 값이 데이터 집합별로 다르기 때문에 β_1과 β_2라 표시한 확률변수들이 실제 관측치라는 것은 분명하다. 이러한 확률변수들은 β_0와 β_1을 위한 추정량이고 아래와 같이 주어진다.

β_0와 β_1에 대한 최소제곱 추정량

$$B_1 = \hat{\beta}_1 = \frac{n\sum_{n=1}^{n} x_i Y_i - \left(\sum_{i=1}^{n} x_i\right)\left(\sum_{i=1}^{n} Y_i\right)}{n\sum_{i=1}^{n} x_i^2 - \left(\sum_{i=1}^{n} x_i\right)^2}$$

$$B_0 = \hat{\beta}_0 = \bar{Y} - B_1\bar{x}$$

이번 절에서 이러한 추정량의 수학적 성질을 끌어낼 것이다. 이러한 성질을 이용하면 β_0와 β_1의 값에 대한 가설을 검증할 뿐만 아니라 β_0, β_1, $\mu_{Y|x}$, 그리고 $Y|x$ 들의 신뢰구간을 찾을 수 있을 것이다.

간단한 선형회귀 모델을 표현하는 방법을 상기해 보자.

$$Y_i = \beta_0 + \beta_1 x_i + \mathrm{E}_i$$

여기서 E_i는 평균이 0인 확률변수로 추정한다. B_0와 B_1의 성질을 알아내기 위하여, E_i에 관한 확실한 다른 가정을 만들어야 한다. 특히 $\mathrm{E}_1, \mathrm{E}_2, \mathrm{E}_3, \ldots, \mathrm{E}_n$의 평균이 0이고 분산이 σ^2인 정규분포로부터 얻어진 임의 표본이라고 가정한다. 이것을 다음과 같이 표현한다.

$$\mathrm{E}_i \sim N(0, \sigma^2)$$

이는 확률변수들 $\mathrm{E}_1, \mathrm{E}_2, \mathrm{E}_3, \ldots, \mathrm{E}_n$이 각기 독립적이라는 것을 내포한다. 우리의 모델이 Y_i가 E_i의 선형 함수라고 표현하기 때문에, $\mathrm{E}_1, \mathrm{E}_2, \mathrm{E}_3, \ldots, \mathrm{E}_n$에 관련된 가정은 확률변수들 $Y_1, Y_2, Y_3, \ldots, Y_n$에 대한 몇몇 제약을 부과한다. 다시 말해 다음과 같은 가정을 할 수 있다.

모델 가정: 단순 선형회귀

1. 확률변수들 Y_i는 독립적이고 정규분포이다.
2. Y_i의 평균은 $\beta_0+B_1x_i$이다.
3. Y_i의 분산은 σ^2이다.

우리는 이 가정들을 아래와 같이 표현한다.

$$Y_\mathrm{i} \sim N(\beta_0 + \beta_1 x_i, \sigma^2)$$

σ^2은 실제 회귀직선에 관련된 응답 가변성의 척도임을 기억하라. 이 가정은 그림 10.5에서 입증한다. $Y_1, Y_2, Y_3, \ldots, Y_n$의 평균값은 아마도 다르겠지만 각각의 분산은 같을 것으로 추정된다. 따라서 관련된 정규곡선들은 위치는 다르겠지만 모양은 같을 것이다.

B_0와 B_1의 분포를 결정하기 위해 만들어진 가설을 적용하기 전에, 우리의 일을 단순화시킬 몇몇 결과를 언급하고자 한다. 이러한 결과는 합산 기호의 동작을 제어하는 규칙을 적용하여 쉽게 확인할 수 있다.

합산의 몇 가지 성질

1. $\sum_{i=1}^{n} (x_i - \bar{x}) = 0$
2. $\sum_{i=1}^{n} (x_i - \bar{x})(Y_i - \bar{Y}) = \sum_{i=1}^{n} (x_i - \bar{x}) Y_i$

3. $\sum_{i=1}^{n}(x_i-\bar{x})(Y_i-\bar{Y})=\left(n\sum_{i=1}^{n}x_iY_i-\sum_{i=1}^{n}x_i\sum_{i=1}^{n}Y_i\right)\Big/n$

4. $\sum_{i=1}^{n}(x_i-\bar{x})^2=\sum_{i=1}^{n}(x_i-\bar{x})x_i$

5. $\sum_{i=1}^{n}(x_i-\bar{x})^2=\left[n\sum_{i=1}^{n}x_i^2-\left(\sum_{i=1}^{n}x_i\right)^2\right]\Big/n$

B_1의 분포

신뢰구간을 발전시키든지 가설이나 회귀직선의 기울기를 검증하든지 간에 이 기울기의 추정량인 B_1의 분포를 알아야 할 필요가 있다. Y_i에 대한 모델 가정이 B_1이 $E[B_1]=\beta_1$과 $B_1=\sigma^2/\Sigma_{i=1}^{n}(x_i-\bar{x})^2$를 가진 정규분포임을 보장한다는 것을 보여 줄 것이다. 이것이 β_1에 대한 최소제곱 추정량이 이 매개변수에 대한 불편추정량임을 의미한다는 것에 유의하라.

B_1의 분포를 유도하기 위하여 위의 성질 2, 3, 5번을 다시 작성해 본다.

$$B_1=\frac{n\sum_{i=1}^{n}x_iY_i-\left(\sum_{i=1}^{n}x_i\right)\left(\sum_{i=1}^{n}Y_i\right)}{n\sum_{i=1}^{n}x_i^2-\left(\sum_{i=1}^{n}x_i\right)^2}$$

$$=\frac{\sum_{i=1}^{n}(x_i-\bar{x})(Y_i-\bar{Y})}{\sum_{i=1}^{n}(x_i-\bar{x})^2}$$

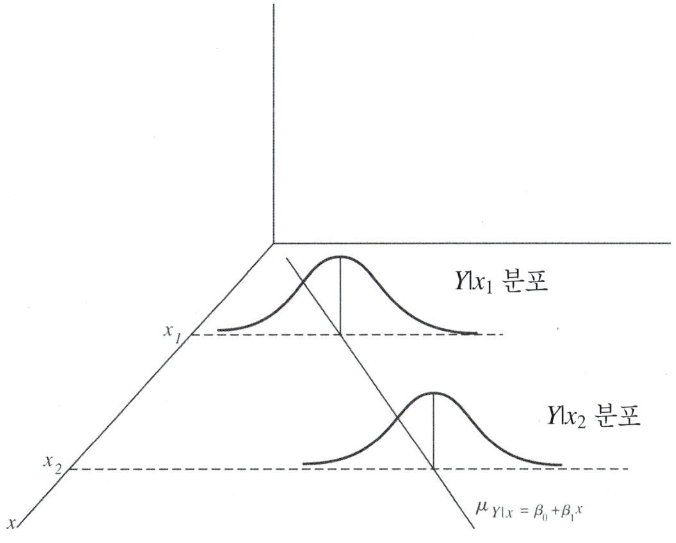

그림 10.5 | 각 i에서 Y_i는 평균 $\mu_{Y|x_i}=\beta_0+\beta_1x_i$, 분산은 σ^2인 정규분포이다.

$$= \frac{\sum_{i=1}^{n}(x_i - \bar{x})Y_i}{\sum_{i=1}^{n}(x_i - \bar{x})^2}$$

라 표현하면

$$c_j = \frac{(x_j - \bar{x})}{\sum_{i=1}^{n}(x_i - \bar{x})^2} \qquad j = 1, 2, 3, \ldots, n$$

B_1은 다음과 같은 형태로 표현될 수 있다.

$$B_1 = c_1Y_1 + c_2Y_2 + \cdots + c_nY_n$$

B_1을 독립 정규 확률변수 $Y_1, Y_2, Y_3, \ldots Y_n$의 선형 함수처럼 표현한 것이다. 독립 정규 확률변수의 선형 함수는 정규분포이기 때문에 B_1이 정규분포를 갖는다고 판단한다. 기댓값의 공식을 이용하면 다음과 같다.

$$\begin{aligned} E[B_1] &= E[c_1Y_1 + c_2Y_2 + \ldots + c_nY_n] \\ &= E\left[\frac{(x_1 - \bar{x})Y_1 + (x_2 - \bar{x})Y_2 + \cdots + (x_n - \bar{x})Y_n}{\sum_{i=1}^{n}(x_i - \bar{x})^2}\right] \\ &= \frac{\sum_{i=1}^{n}(x_i - \bar{x})E[Y_i]}{\sum_{i=1}^{n}(x_i - \bar{x})^2} \end{aligned}$$

각 i에 대해 $E[Y_i]=\beta_0+\beta_1x_i$이므로 위 식은 다음과 같이 된다.

$$\begin{aligned} E[B_1] &= \frac{\sum_{i=1}^{n}(x_i - \bar{x})(\beta_0 + \beta_1x_i)}{\sum_{i=1}^{n}(x_i - \bar{x})^2} \\ &= \frac{\sum_{i=1}^{n}(x_i - \bar{x})\beta_0 + \beta_1\sum_{i=1}^{n}(x_i - \bar{x})x_i}{\sum_{i=1}^{n}(x_i - \bar{x})^2} \end{aligned}$$

합산의 성질 1과 4에 의해 다음이 성립한다.

$$E[B_1] = \beta_1$$

이 결과는 B_1이 β_1의 불편추정량이라는 것을 보여 준다. Var B_1을 찾기 위하여 분포 규칙을 적용하면 다음과 같다.

$$\begin{aligned}
\text{Var } B_1 &= \text{Var}\left[\frac{\sum_{i=1}^{n}(x_i - \bar{x})Y_i}{\sum_{i=1}^{n}(x_i - \bar{x})^2}\right] \\
&= \left[\frac{1}{\sum_{i=1}^{n}(x_i - \bar{x})^2}\right]^2 \text{Var } \sum_{i=1}^{n}(x_i - \bar{x})Y_i \\
&= \left[\frac{1}{\sum_{i=1}^{n}(x_i - \bar{x})^2}\right]^2 \sum_{i=1}^{n} \text{Var}(x_i - \bar{x})Y_i \\
&= \left[\frac{1}{\sum_{i=1}^{n}(x_i - \bar{x})^2}\right]^2 \sum_{i=1}^{n}(x_i - \bar{x})^2 \text{Var } Y_i
\end{aligned}$$

각각의 i에 대해 Var Y_i는 σ^2이라고 가정했기 때문에 아래와 같이 식을 바꿀 수 있다.

$$\begin{aligned}
\text{Var } B_1 &= \left[\frac{1}{\sum_{i=1}^{n}(x_i - \bar{x})^2}\right]^2 \sum_{i=1}^{n}(x_i - \bar{x})^2\sigma^2 \\
&= \frac{\sigma^2}{\sum_{i=1}^{n}(x_i - \bar{x})^2}
\end{aligned}$$

이 결과들은 아래와 같이 요약될 수 있다.

B_1의 분포

$$B_1 \sim N\left(\beta_1, \sigma^2 \Big/ \sum_{i=1}^{n}(x_i - \bar{x})^2\right)$$

B_0의 분포

B_0에 대한 회귀직선 절편의 신뢰구간과 가설검정은 절편의 추정량에 해당하는 이 매개 변수의 분포에 대한 지식에 기초를 둔다. 우리는 이 추정량이 $E[B_0]=\beta_0$와 $\text{Var } B_0=\sigma^2\sum_{i=1}^{n}x_i^2/n\sum_{i=1}^{n}(x_i-\bar{x})^2$를 가진 정규분포임을 보여 줄 것이다. β_0에 대한 최소제곱 추정량은 이 매개변수에 대한 불편추정량임을 다시 한 번 강조한다.

B_0의 분포를 유도하기 위해 먼저 $\bar{Y}$와 B_1이 독립적임을 상기하라(연습문제 14 참조).

$$B_0 = \bar{Y} - B_1\bar{x}$$

이므로 B_0는 독립 정규 확률변수의 선형 함수이고, 따라서 스스로 정규분포이다. 기댓값의 공식을 사용하면 다음과 같다.

$$\begin{aligned}
E[B_0] &= E[\bar{Y} - B_1\bar{x}] \\
&= E[(Y_1 + Y_2 + \cdots + Y_n)/n - B_1\bar{x}] \\
&= (E[Y_1] + E[Y_2] + \cdots + E[Y_n])/n - \bar{x}E[B_1] \\
&= [(\beta_0 + \beta_1 x_1) + (\beta_0 + \beta_1 x_2) + \cdots + (\beta_0 + \beta_1 x_n)]/n - \bar{x}E[B_1] \\
&= \left(n\beta_0 + \beta_1\sum_{i=1}^{n} x_i\right)\Big/ n - \bar{x}E[B_1] \\
&= \beta_0 + \bar{x}\beta_1 - \bar{x}\beta_1 \\
&= \beta_0
\end{aligned}$$

이 결과는 B_0가 β_0에서 불편추정량임을 보여 준다. B_0의 분산은 다음과 같이 주어진다.

$$\begin{aligned}
\text{Var } B_0 &= \text{Var}(\bar{Y} - B_1\bar{x}) \\
&= \text{Var } \bar{Y} + \bar{x}^2 \text{ Var } B_1
\end{aligned}$$

아래와 같은 사항을 기억하라.

$$\begin{aligned}
\text{Var }(\bar{Y}) &= \text{Var}(Y_1 + Y_2 + \cdots + Y_n)/n \\
&= \frac{\text{Var } Y_1 + \text{Var } Y_2 + \cdots + \text{Var } Y_n}{n^2} \\
&= \frac{n\sigma^2}{n^2} = \frac{\sigma^2}{n}
\end{aligned}$$

대입하여 다음을 얻는다.

$$\begin{aligned}
\text{Var } B_0 &= \frac{\sigma^2}{n} + \frac{\bar{x}^2\sigma^2}{\sum_{i=1}^{n}(x_i - \bar{x})^2} \\
&= \frac{\sigma^2\sum_{i=1}^{n}(x_i - \bar{x})^2 + n\bar{x}^2\sigma^2}{n\sum_{i=1}^{n}(x_i - \bar{x})^2}
\end{aligned}$$

$$= \frac{\sigma^2 \left[\dfrac{n \sum_{i=1}^{n} x_i^2 - \left(\sum_{i=1}^{n} x_i \right)^2}{n} + \dfrac{\left(\sum_{i=1}^{n} x_i \right)^2}{n} \right]}{n \sum_{i=1}^{n} (x_i - \bar{x})^2}$$

$$= \frac{\sum_{i=1}^{n} x_i^2}{n \sum_{i=1}^{n} (x_i - \bar{x})^2} \sigma^2$$

요약하면 다음과 같다.

B_0 의 분포

$$B_0 \sim N\left[\beta_0, \frac{\sum_{i=1}^{n} x_i^2}{n \sum_{i=1}^{n} (x_i - \bar{x})^2} \sigma^2 \right]$$

추정량 σ^2

다양한 매개변수에 대한 가설검정과 신뢰구간을 구성하기 위해 미지의 분산 σ^2을 추정해야만 한다. σ^2이 실제 회귀직선에 대해 확률변수 Y_i 각각이 갖는 가변성임을 기억하라. 이 가변성을 추정하기 위해 결정된 회귀직선에 대한 데이터 점의 가변성에 관련된 정보를 사용해야 한다.

잔차들은 설명할 수 없거나 임의로 발생한 추정된 회귀직선으로부터의 데이터 점의 이격이기 때문에 잔차들이 σ^2을 추정하는 데 사용된다. 이것이 우리가 잔차들의 제곱합인 SSE를 사용하는 이유이다. 특히 아래의 식으로 σ^2을 추정한다.

σ^2 의 추정량

$$S^2 = \hat{\sigma}^2 = \text{SSE}/(n - 2)$$

SSE를 $n-2$로 나누기 때문에 추정값이 σ^2에 편향되지 않을 것이다(연습문제 13 참조).

이론적 결과의 요약

이 절을 끝내기 전에 기억을 돕기 위해 여기에서 우리가 만든 기호들을 설명하려고 한다. 즉 S_{xx}는 $\Sigma_{i=1}^{n}(x_i - \bar{x})^2$이고, S_{yy}는 $\Sigma_{i=1}^{n}(y_i - \bar{y})^2$ 혹은 $\Sigma_{i=1}^{n}(Y_i - \bar{Y})^2$이다. 확률변수 Y_i를 다루든지 혹은 관찰변수 y_i를 다루든지 간에 맥락에 따라 사용된다. 마찬가지로 S_{xy}는 $\Sigma_{i=1}^{n}(x_i - \bar{x})(y_i -$

$\bar{y}$) 혹은 $\Sigma_{i=1}^{n}(x_i-\bar{x})(Y_i-\bar{Y})$로 표기되고, SSE는 $\Sigma_{i=1}^{n}(y_i-b_0-b_1x_i)^2$ 혹은 $\Sigma_{i=1}^{n}(Y_i-B_0-B_1x_i$ $)^2$으로 표기된다. 이 표기들은 아래에 나오는 오차제곱합에도 재사용된다.

$$\begin{aligned}
\text{SSE} &= \sum_{i=1}^{n}(Y_i - B_0 - B_1x_i)^2 \\
&= \sum_{i=1}^{n}(Y_i - \bar{Y} + B_1\bar{x} - B_1x_i)^2 \\
&= \sum_{i=1}^{n}[(Y_i - \bar{Y}) - B_1(x_i - \bar{x})]^2 \\
&= \sum_{i=1}^{n}(Y_i - \bar{Y})^2 - 2B_1\sum_{i=1}^{n}(x_i - \bar{x})(Y_i - \bar{Y}) + B_1^2\sum_{i=1}^{n}(x_i - \bar{x})^2 \\
&= S_{yy} - 2B_1S_{xy} + B_1^2S_{xx}
\end{aligned}$$

아래 사항을 기억하라.

$$B_1 = \frac{\sum_{i=1}^{n}(x_i - \bar{x})(Y_i - \bar{Y})}{\sum_{i=1}^{n}(x_i - \bar{x})^2} = \frac{S_{xy}}{S_{xx}}$$

식을 바꿔 보면 다음과 같다.

$$\begin{aligned}
\text{SSE} &= S_{yy} - 2B_1S_{xy} + B_1\frac{S_{xy}}{S_{xx}}S_{xx} \\
&= S_{yy} - B_1S_{xy}
\end{aligned}$$

이 절의 이론적인 결과들을 정리하면 아래와 같다.

1. $\Sigma_{i=1}^{n}(x_i-\bar{x})^2=S_{xx}$
2. $\Sigma_{i=1}^{n}(Y_i-\bar{Y})^2=S_{yy}$
3. $\Sigma_{i=1}^{n}(x_i-\bar{x})(Y_i-\bar{Y})=S_{xy}$
4. $B_1=S_{xy}/S_{xx}$는 β_1에 대한 불편추정량이다. 이 추정량은 분산 $\sigma_{B_1}^2=\sigma^2/S_{xx}$를 가지는 정규분포를 나타낸다.
5. $B_0=\bar{Y}-B_1\bar{x}$는 β_0에 대한 불편추정량이다. 이 추정량은 분산 $\sigma_{B_0}^2=(\Sigma_{i=1}^{n}x_i^2\sigma^2)/nS_{xx}$를 가지는 정규분포를 나타낸다.
6. $S^2=\text{SSE}/(n-2)$는 σ^2에 대한 불편추정량이다.

10.3 신뢰구간 추정과 가설검정

이전 절에서 간단한 선형회귀 모델과 연관된 매개변수들을 위한 추정 방법에 대해 고민하였고, 추정량이 편향되지 않는다는 점을 보였다. 이 정보 하나로 관찰된 (x_i, y_i) 쌍으로부터 회귀직선을 추정할 수 있고, Y의 값이나 주어진 x의 값으로부터 Y의 평균값을 예측할 수 있다. 전에 점추정에 관한 공부를 끝마치지 않았다. 적절한 신뢰구간을 발전시키고 모델 매개변수에 대한 가설을 어떻게 검증하는지 계속 공부할 것이다. 이 절에서 아래와 같은 주제들을 고려할 것이다.

1. 회귀직선의 기울기에 대한 가설검정과 신뢰구간 추정
2. 회귀직선의 절편에 대한 가설검정과 신뢰구간 추정
3. 주어진 x 값에 따른 Y의 평균값에 대한 신뢰구간 추정
4. 주어진 x 값에 따른 Y의 값 자체에 대한 예측구간 추정

이 개념들을 순서대로 고려해 보자.

기울기에 관한 추론

과학자들의 첫 번째 질문 중의 하나가 "회귀가 '통계적으로 유의미' 한가?" 이다. 여기서 사용된 '통계적으로 유의미한 회귀' 라는 용어는 실제 회귀직선의 기울기가 0이 아니라는 결론의 충분한 통계적 증거가 있음을 뜻한다. 만약 $\beta_1=0$이라면 우리의 회귀 모델은 다음과 같다.

$$Y_i = \beta_0 + \mathrm{E}_i$$

이 식은 Y의 변량은 전적으로 직선 $Y=\beta_0$에 대해 발생하는 임의의 변동에 의함을 의미한다. 만약 $\beta_1 \neq 0$이면, 적어도 Y의 변량 일부는 서로 다른 x 값에서 관찰된 결과가 Y라는 점에서 설명이 가능하다. 후자의 경우 우리의 회귀 모델은 $\mu_{Y|x}$의 추정과 $Y|x$의 예측에 도움이 된다.

H_0: $\beta_1=0$의 검증을 위한 검정통계량을 개발하기 위해 β_1의 점추정량 B_1을 고려한다. 다음 식을 상기해 보자.

$$B_1 \sim N(\beta_1, \sigma^2/S_{xx})$$

표준화에 의해, 확률변수

$$(B_1 - \beta_1)/(\sigma/\sqrt{S_{xx}})$$

가 표준 정규분포를 갖는다고 결론 내릴 수 있다. 확률변수 $(n-2)S^2/\sigma^2=\mathrm{SSE}/\sigma^2$이 $n-2$ 자유도를 갖는 카이제곱 분포이며, B_1과 S^2이 독립적임을 보일 수 있다[19]. T 확률변수의 정의인 정의 7.2.1을 적용함으로써, 확률변수

$$\frac{(B_1 - \beta_1)/(\sigma/\sqrt{S_{xx}})}{\sqrt{(n-2)S^2/\sigma^2(n-2)}} = \frac{B_1 - \beta_1}{S/\sqrt{S_{xx}}}$$

가 $n-2$ 자유도에서 T 분산을 가진다고 결론을 내릴 수 있다. 만약 $\beta_1=0$이라면, 이 확률변수

는 통계적으로 유의미한 회귀에 대한 검정에 사용될 수 있다.

검정통계량 H_0: β_1=0

$$T_{n-2} = \frac{B_1}{S/\sqrt{S_{xx}}}$$

이 통계량은 일반적인 세 가지 가설 중 하나를 검정하기 위한 검정통계량을 제공한다.

H_0: $\beta_1 = 0$	H_0: $\beta_1 = 0$	H_0: $\beta_1 = 0$
H_1: $\beta_1 > 0$	H_1: $\beta_1 < 0$	H_1: $\beta_1 \neq 0$
오른쪽 꼬리 테스트	왼쪽 꼬리 테스트	두 개 꼬리 테스트

귀무가설은 우단측검정 수행 시 검정통계량이 큰 양의 값을 가지면 기각된다. 반면에 좌단측 검정에서는 H_0가 큰 음수일 경우 기각된다. 양측검정에서 H_0는 음과 양 모든 방향에서 큰 값을 가지면 기각된다. 그림 10.6에 회귀직선 기울기가 $\beta_1 > 0$, $\beta_1 < 0$, β_1=0인 3가지의 경우에 대해 표현해 두었다.

또 다른 입증이 필요하다. 실제로 매우 자주 직면하는 상황이기 때문에 귀무가설을 0이 되는 상황으로 간주했다. 회귀직선의 기울기에 대한 가설치로서 β_1^0을 사용할 경우 H_0: $\beta_1 = \beta_1^0$을 검정할 수 있다. 이 일반화된 귀무가설에 대한 검정통계량은 다음과 같다.

기울기의 추론에 따른 검정통계량

$$T_{n-2} = \frac{(B_1 - \beta_1^0)}{S/\sqrt{S_{xx}}}$$

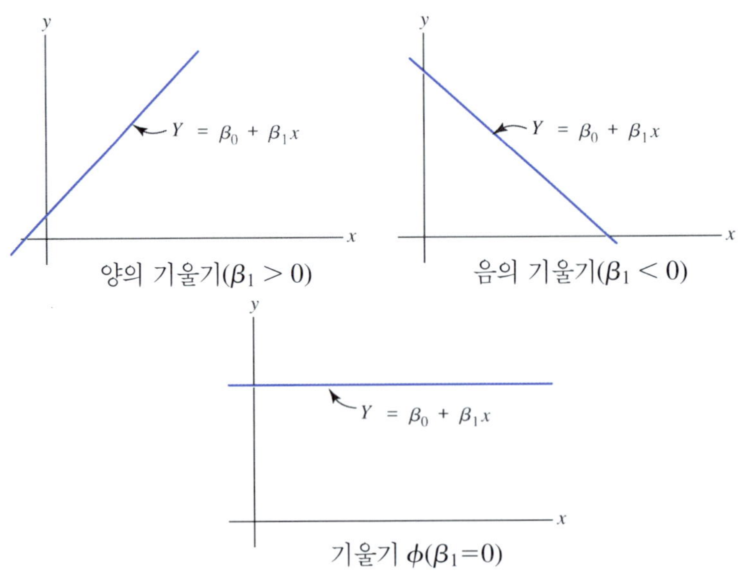

그림 10.6 | 각각 양과 음 그리고 0의 기울기를 갖는 선형회귀직선.

예제 10.3.1. 예제 10.1.1에서 우리는 상대습도 X에 대해 스프레이 페인트칠 중에 용매 증발의 정도인 Y의 회귀 방정식을 추정해 보았다.

$$\hat{\mu}_{Y|x} = 13.64 - .08x$$

이제 회귀가 통계적으로 유의미한지 아닌지 결정해야 한다. 그래서

$$H_0: \beta_1 = 0$$
$$H_1: \beta_1 \neq 0$$

을 검정해 본다. 이전에 주어진 통계 데이터를 정리하면 다음과 같다.

$$n = 25 \qquad \sum x = 1314.90 \qquad \sum y = 235.70$$
$$\sum x^2 = 76{,}308.53 \qquad \sum y^2 = 2286.07 \qquad \sum xy = 11{,}824.44$$

이 데이터들은

$$\begin{aligned}
S_{xx} &= \left[n\sum x^2 - \left(\sum x\right)^2\right]\Big/n \\
&= [25(76{,}308.53) - (1314.90)^2]/25 \\
&= 7150.05 \\
S_{yy} &= \left[n\sum y^2 - \left(\sum y\right)^2\right]\Big/n \\
&= [25(2286.07) - (235.70)^2]/25 \\
&= 63.89 \\
S_{xy} &= \left[n\sum xy - \sum x\sum y\right]\Big/n \\
&= [25(11{,}824.44) - (1314.90)(235.70)]/25 \\
&= -572.44
\end{aligned}$$

이다. 이 데이터들을 이용하여

$$\begin{aligned}
\text{SSE} &= S_{yy} - b_1S_{xy} \\
&= 63.89 - (-.08)(-572.44) \\
&= 18.09
\end{aligned}$$

를 유도한다. 이런 이유로

$$\begin{aligned}
s^2 &= \text{SSE}/(n-2) \\
&= 18.09/23 \\
&= .79
\end{aligned}$$

이다. 검정통계량 $T_{n-2}=T_{23}$의 관찰된 값은 다음과 같다.

$$t = \frac{b_1}{s/\sqrt{S_{xx}}} = \frac{-.08}{\sqrt{.79}/\sqrt{7150.05}} = -7.62$$

부록 A의 표 IV에서 $P[T_{23} \leq -7.62] < .0005$임을 알 수 있다. 양측검정이기 때문에 $P < 2(.0005) = .001$이다. 우리는 H_0를 기각할 수 있고, 실제 회귀직선의 기울기가 0이 아니라고 결론을 내린다. 즉 x에 대한 지식이 $\mu_{Y|x}$의 추정과 $Y|x$의 예측에 도움이 된다. 또한 예제 10.1.1에서 SAS의 결과를 확인하라. $\beta_1 = 0$의 T 통계량이 ③에 주어졌고, 대응하는 P 값은 ④에 주어졌다. 기울기에서 신뢰구간의 범위를 이끌어내기 위하여 확률변수

$$T_{n-2} = \frac{B_1 - \beta_1}{S/\sqrt{S_{xx}}}$$

가

$$\frac{\text{추정량} - \text{모수}}{D}$$

의 형태임을 기억하라. 여기서 D는 B_1의 표준편차이다. 이것은 과거에 여러 번 맞닥뜨린 것과 같은 대수적 구조이다(8.3절과 9.3절을 확인하라). β_1의 신뢰구간의 결과는 아래 형식과 비슷하다고 가정한다.

$$\text{추정량} \pm \text{통계량} \cdot D$$

이 경우 신뢰구간은 다음과 같다.

β_1에서의 신뢰구간, 회귀직선의 기울기

$$B_1 \pm t_{\alpha/2} S/\sqrt{S_{xx}}$$

$t_{\alpha/2}$는 T_{n-2} 분포에 따른 적절한 점

절편에 관한 추론

실제 회귀직선의 절편인 β_0에 대한 가설검정에서는 아래와 같은 사항을 주의해야 한다.

$$B_0 \sim N(\beta_0, \sigma^2 \sum x^2 / n S_{xx})$$

확률변수인

$$\frac{B_0 - \beta_0}{\left(\sigma\sqrt{\sum x^2}\right) \Big/ \left(\sqrt{n \cdot S_{xx}}\right)}$$

가 표준정규라는 점이다. B_0와 S^2이 독립적임을 볼 수 있다. 따라서 확률변수

$$\frac{(B_0 - \beta_0) \Big/ \left(\sigma\sqrt{\sum x^2} \Big/ \sqrt{nS_{xx}}\right)}{\sqrt{(n-2)S^2/\sigma^2(n-2)}} = \frac{B_0 - \beta_0}{\left(\dfrac{S\sqrt{\sum x^2}}{\sqrt{nS_{xx}}}\right)}$$

는 $n-2$의 자유도를 가지고 T 분포를 따른다.

H_0: $\beta_0=0$ 검정을 위한 검정통계량은 다음과 같다.

검정통계량 H_0: $\beta_0=0$

$$T_{n-2} = \frac{B_0}{\left(\dfrac{S\sqrt{\sum x^2}}{\sqrt{nS_{xx}}}\right)}$$

β_0의 값에 대한 신뢰구간은 다음 식에서 발견할 수 있다.

β_0에 대한 신뢰구간, 회귀직선의 절편

$$B_0 \pm t_{\alpha/2}\frac{S\sqrt{\sum x^2}}{\sqrt{nS_{xx}}}$$

$t_{\alpha/2}$는 T_{n-2} 분포에 따른 적절한 점

다음 예제는 이러한 신뢰구간을 설명하는 것이다.

예제 10.3.2. 우리는 스프레이 페인트칠을 하는 동안 용매 증발의 정도와 상대습도에 관한 데이터의 분석을 β_0와 β_1에 대한 신뢰구간을 찾음으로써 계속 진행한다. 기존에 정리된 통계의 요약이 필요하다.

$$s^2 = .79 \qquad \sum x^2 = 76{,}308.53 \qquad b_0 = 13.64$$
$$S_{xx} = 7150.05 \qquad b_1 = -.08 \qquad n = 25$$

회귀직선의 기울기에서 99%의 신뢰구간은 다음과 같이 주어졌다.

$$b_1 \pm t_{.005}s/\sqrt{S_{xx}} \qquad \text{또는} \qquad -.08 \pm 2.807\sqrt{.79}/\sqrt{7150.05}$$

$t_{.005}$는 $T_{n-2}=T_{23}$ 분포에 기초하고 있다. 계산을 끝내 보면 구간 $[-.109, -.051]$에서 놓여 있는 실제 회귀직선의 기울기가 99%의 신뢰도를 갖는다는 것을 알 수 있다. 이 구간은 0을 포함하지 않음을 기억하라. 이것은 전 예제에서 H_0: $\beta_1=0$을 제외했기 때문에 당연한 결과이다.

회귀직선의 절편에서 90%의 신뢰구간은 다음과 같이 주어진다.

$$b_0 \pm t_{.05} s \sqrt{\sum x^2} \Big/ \sqrt{nS_{xx}} \quad \text{또는} \quad 13.64 \pm 1.714\sqrt{.79}\sqrt{76{,}308.53} \Big/ \sqrt{25(7150.05)}$$

따라서 y축을 $y=12.64$와 $y=14.64$ 사이에서 지나는 실제 회귀직선의 신뢰도가 90%임을 알 수 있다.

추정 평균에 대한 추론

주어진 x 값에 대한 Y의 평균값 $\mu_{Y|x}$의 점추정을 찾는 것에 추가하여 이 매개변수에 대한 신뢰구간을 이끌어 내는 것이 유용할 것이다. 그렇게 하기 위해서 우리는 추정량을 아래와 같은 형식으로 재작성하여 $\mu_{Y|x}$에 대한 점추정량의 분산을 고려한다.

$$\begin{aligned}\hat{\mu}_{Y|x} &= B_0 + B_1 x \\ &= \bar{Y} - B_1\bar{x} + B_1 x \\ &= \bar{Y} + B_1(x - \bar{x})\end{aligned}$$

$\bar{Y}$와 B_1이 둘 다 정규분포이고 독립이기 때문에 $\hat{\mu}_{Y|x}$는 정규분포를 갖는다. 연습문제 12에서 이 추정량이 $\mu_{Y|x}$에서 편향되지 않는다는 것을 발견했다. 유일하게 필요한 다른 정보는 분산이며 분산에 대한 공식을 사용하면 다음을 확인할 수 있다.

$$\begin{aligned}\mathrm{Var}(\hat{\mu}_{Y|x}) &= \mathrm{Var}[\bar{Y} + B_1(x - \bar{x})] \\ &= \mathrm{Var}\,\bar{Y} + (x - \bar{x})^2 \mathrm{Var}\,B_1 \\ &= \sigma^2/n + (x - \bar{x})^2\sigma^2/S_{xx} \\ &= \left[1/n + \frac{(x - \bar{x})^2}{S_{xx}}\right]\sigma^2\end{aligned}$$

요약하면 아래와 같은 결론이 나온다.

$\mu_{Y|x}$의 분산

$$\hat{\mu}_{Y|x} \sim N\left\{\mu_{Y|x}, \left[1/n + \frac{(x - \bar{x})^2}{S_{xx}}\right]\sigma^2\right\}$$

표준화 과정에 의해 다음과 같이 표준정규로 보일 수 있다.

$$\frac{\hat{\mu}_{Y|x} - \mu_{Y|x}}{\sigma\sqrt{\dfrac{1}{n} + \dfrac{(x-\bar{x})^2}{S_{xx}}}}$$

$\sqrt{(n-2)S^2/\sigma^2(n-2)} = S/\sigma$로 나누면 $n-2$ 자유도에서 T 분포를 따르는 확률변수를 찾을 수 있다.

$$\frac{\hat{\mu}_{Y|x} - \mu_{Y|x}}{S\sqrt{\dfrac{1}{n} + \dfrac{(x-\bar{x})^2}{S_{xx}}}}$$

확률변수는 이전에 나왔던 동일한 대수 형태이기 때문에 $\mu_{Y|x}$에 대한 신뢰구간은 아래의 공식을 따른다.

$X=x$일 때 Y의 평균값 $\mu_{Y|x}$에서의 신뢰구간

$$\hat{\mu}_{Y|x} \pm t_{\alpha/2} S\sqrt{\frac{1}{n} + \frac{(x-\bar{x})^2}{S_{xx}}}$$

$t_{\alpha/2}$는 T_{n-2} 분포에 따른 적절한 점

이 공식은 추정된 회귀직선에 관한 신뢰대역(confidence band)이라 불리는 것을 구축하기 위해 사용된다. 그렇게 하려면, 몇 개의 선택된 점에서 추정한 $100(1-\alpha)\%$의 신뢰구간을 구축하고 이 구간의 양 끝점을 부드러운 곡선으로 연결한다. 실제 회귀직선은 범위 안에 있다. 그림 10.7은 이 개념을 설명한다.

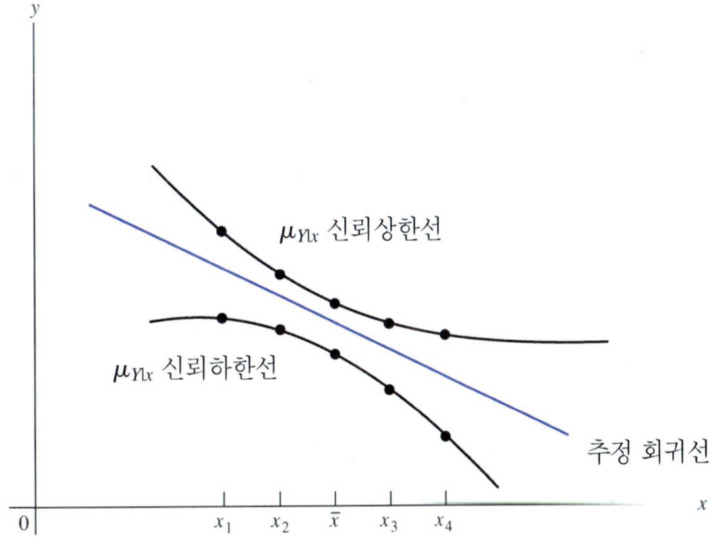

그림 10.7 | $\mu_{Y|x}$에 대한 95%의 신뢰대역.

단일 예측값에 관한 추론

추정된 회귀직선의 주요 용도 중 하나는 특정 x 값에 대한 Y 값 자체를 예측하는 것이다. $Y|x$에 대한 점추정량이 $\mu_{Y|x}$에 대한 점추정량과 같다는 것을 안다. 즉

$$\hat{Y}x = \hat{\mu}_{Yx} = B_0 + B_1 x$$

$Y|x$가 확률변수이지 미지의 상수가 아니라는 것을 유의하라. $Y|x$에 대한 '예측구간'을 물을 때 아래와 같은 특성을 가진 L_1과 L_2라는 두 가지의 통계량을 요구하는 것이다.

$$P[L_1 \le Y|x \le L_2] \doteq 1 - \alpha$$

즉 당시 $(1-\alpha)100\%$로 $Y|x$의 관측치를 가둬 둘 두 통계량에 대해 묻는 것이다. 이 통계 자료를 찾기 위하여 6장에 주어진 신뢰구간 구축 방법에 관한 지침을 사용한다. 이 지침은 $Y|x$로 표현되며 이미 알려진 분포를 갖는 확률변수를 찾을 것을 요구한다. 기억을 되살려 보면

$$\hat{\mu}_{Y|x} \sim N\left\{\mu_{Y|x}, \left[\frac{1}{n} + \frac{(x-\bar{x})^2}{S_{xx}}\right]\sigma^2\right\}$$

이고, 모델의 가정에 따르면

$$Y|x \sim N(\mu_{Y|x}, \sigma^2)$$

이다. 이것은 확률변수 $\hat{Y}|x - Y|x$가 정규분포임을 보여 준다[19]. 기댓값의 공식을 사용하면

$$\begin{aligned} E[\hat{Y}|x - Y|x] &= E[\hat{Y}|x] - E[Y|x] \\ &= \mu_{Y|x} - \mu_{Y|x} = 0 \end{aligned}$$

을 이끌어 낼 수 있다. 마찬가지로 분산 공식을 사용하면 다음과 같다.

$$\begin{aligned} \text{Var}\,[\hat{Y}|x - Y|x] &= \text{Var}\,\hat{Y}|x + \text{Var}\,Y|x \\ &= \left[\frac{1}{n} + \frac{(x-\bar{x})^2}{S_{xx}}\right]\sigma^2 + \sigma^2 \\ &= \left[1 + \frac{1}{n} + \frac{(x-\bar{x})^2}{S_{xx}}\right]\sigma^2 \end{aligned}$$

결론적으로 다음과 같이 나타낼 수 있다.

$$(\hat{Y}x - Yx) \sim N\left\{0, \left[1 + \frac{1}{n} + \frac{(x-\bar{x})^2}{S_{xx}}\right]\sigma^2\right\}$$

이 경우 S/σ에 의한 표준화 부분 T 확률변수의 결과는

$$T_{n-2} = \frac{\hat{Y}|x - Y|x}{S\sqrt{1 + \frac{1}{n} + \frac{(x-\bar{x})^2}{S_{xx}}}}$$

이다. 이 확률변수의 대수 구조는 예전에 본 것처럼 평행하다. 이러한 이유로 아래에 나오는 식에 의해 $Y|x$에 대한 $100(1-\alpha)\%$ '예측구간' 이라 결론 내린다.

$X=x$일 때 Y의 값 $Y|x$에서의 예측구간

$$\hat{Y}|x \pm t_{\alpha/2} S\sqrt{1 + \frac{1}{n} + \frac{(x-\bar{x})^2}{S_{xx}}}$$

$t_{\alpha/2}$는 T_{n-2} 분포에 따른 적절한 점

여러 개의 x 값에 대해 예측 한계를 평가함으로써 $Y|x$에 대한 예측 범위를 만들 수 있다. $\mu_{Y|x}$의 신뢰는 한계가 있고 $Y|x$도 비슷하다는 점을 주의하라. 차이점은 전자는 아래의 항을 수반한다는 점이다.

$$\sqrt{\frac{1}{n} + \frac{(x-\bar{x})^2}{S_{xx}}}$$

반면 후자에 해당하는 항은 좀 더 크다.

$$\sqrt{1 + \frac{1}{n} + \frac{(x-\bar{x})^2}{S_{xx}}}$$

이것은 예견된 것인데 이는 개별 관측치를 예측할 수 있는 것보다 더 정확하게 평균 응답을 추정할 수 있어야 하기 때문이다. 그림으로 보면 $\mu_{Y|x}$에 대한 신뢰대역이 대응하는 $Y|x$에 대한 예상 대역 안에 포함되어 있다. 이 개념은 그림 10.8에 도식화되어 있다.

다음 예제는 이 두 종류의 구간에 대한 차이를 명확하게 입증한다.

예제 10.3.3. 도시 운전 전용으로 운행되는 가솔린 자동차의 주행거리를 연구하기 위해 조사가 실시된다. 같은 해에 제조되고 적절히 정비된 10대의 자동차가 연구에 사용된다. 각 자동차는 1000마일을 운전하고, 1갤런당 마일의 평균 연비 Y(mi/gal)와 차의 무게(X)가 기록되고, 이에 대한 결과는 다음과 같다.

차 번호	1	2	3	4	5	6	7	8	9	10
갤런당 마일(y)	17.9	16.5	16.4	16.8	18.8	15.5	17.5	16.4	15.9	18.3
톤 중량(x)	1.35	1.90	1.70	1.80	1.30	2.05	1.60	1.80	1.85	1.40

그림 10.8

$\mu_{Y|x}$에 대한 90%의 신뢰도를 갖는 상대적 위치와 $Y|x$에 대한 90%의 예측.

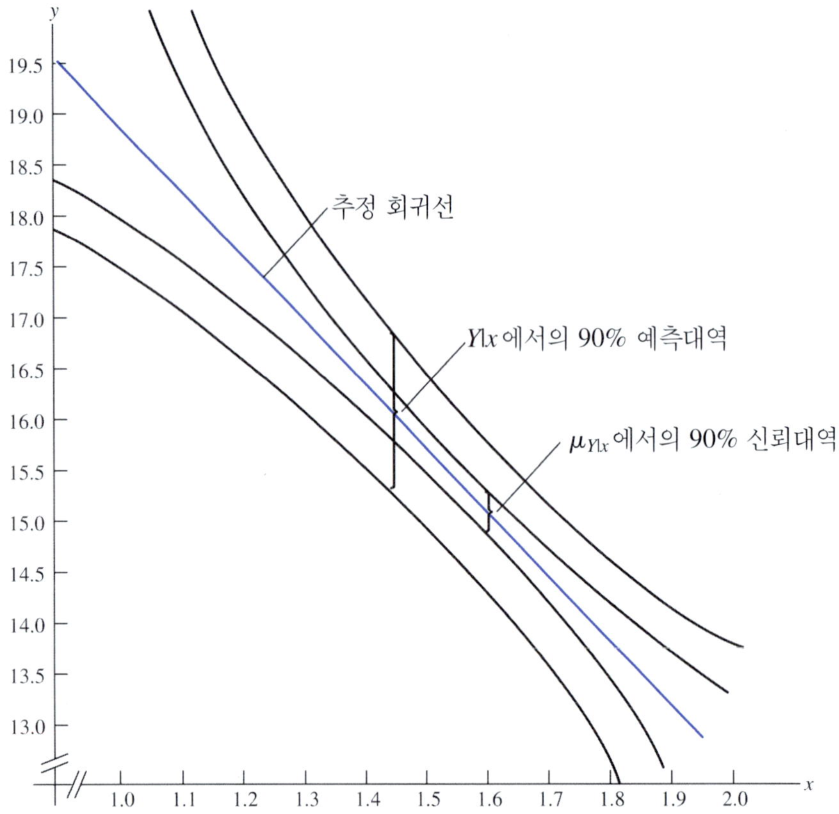

위 데이터를 통계량으로 요약하면 다음과 같다.

$$n = 10 \quad \sum x^2 = 28.6375 \quad \sum y^2 = 2900.46 \quad S_{xx} = .581 \quad S_{xy} = -2.345$$
$$\sum x = 16.75 \quad \sum y = 170.0 \quad \sum xy = 282.405 \quad S_{yy} = 10.46$$

$$\begin{aligned}\hat{\beta}_1 = b_1 &= \frac{n\sum xy - \sum x \sum y}{n\sum x^2 - \left(\sum x\right)^2} \\ &= \frac{10(282.405) - (16.75)(170.0)}{10(28.6375) - (16.75)^2} \\ &= -4.03 \\ \hat{\beta}_0 = b_0 &= \bar{y} - b_1\bar{x} \\ &= 17.0 - (-4.03)(1.675) \\ &= 23.75\end{aligned}$$

추정된 회귀직선은

$$\hat{\mu}_{Y|x} = b_0 + b_1 x = 23.75 - 4.03x$$

이다. 여러분은 H_0: $\beta_1=0$이 $P < .0001$에서 기각될 수 있음을 확인할 수 있다. 따라서 회귀는 통계적으로 유의미하다. 모델은 자동차의 무게에 따른 연비를 예측하는 데 유용하다. 관심을 가지는 차의 무게는 모두 1.7톤이라 가정하자. 이 자동차들의 추정된 연비는

$$\hat{\mu}_{Y|x=1.7} = 23.75 - 4.03(1.7) = 16.899 \text{ mi/gal}$$

이다. 이 추정은 정확도에 대한 개념 없이는 유용하지 못하다. 정확도를 정확히 찾아내기 위해서 $\hat{\mu}_{Y|x=1.7}$에 대한 90% 신뢰구간을 구축한다. 그렇게 하기 위해 반드시 SSE와 σ^2을 이 데이터로 계산해야 한다.

$$\begin{aligned} \text{SSE} &= S_{yy} - b_1 S_{xy} \\ &= 10.46 - (-4.03)(-2.345) \\ &= 1.01 \\ s^2 &= \text{SSE}/(n-2) = 1.01/8 = .126 \end{aligned}$$

$\mu_{Y|x}$에 대한 90%의 신뢰도는

$$\hat{\mu}_{Y|x} \pm t_{\alpha/2} s \sqrt{\frac{1}{n} + \frac{(x-\bar{x})^2}{S_{xx}}}$$

혹은

$$\begin{aligned} &16.899 \pm 1.86\sqrt{.126}\sqrt{\frac{1}{10} + \frac{(1.7-1.675)^2}{.581}} \\ &16.899 \pm .21 \end{aligned}$$

이다. 1.7톤 차들의 평균 연비가 16.689와 17.109 mi/gal 사이에 있음을 90% 확신할 수 있다.

1.7톤 무게가 나가는 차 한 대의 연비를 예측하기 위하여 구간

$$\hat{y}|x \pm t_{\alpha/2} s \sqrt{1 + \frac{1}{n} + \frac{(x-\bar{x})^2}{S_{xx}}}$$

를 이용한다. 데이터에 대한 이 간격은

$$\begin{aligned} &16.899 \pm 1.86\sqrt{.126}\sqrt{1 + \frac{1}{10} + \frac{(1.7-1.675)^2}{.581}} \\ &16.899 \pm .69 \end{aligned}$$

이다. 1.7톤이 나가는 개별 자동차의 연비가 16.209와 17.589 mi/gal 사이에 있음을

90% 확신할 수 있다. 예상했듯이 단일 자동차에 대한 연비를 예측하는 데 사용한 예측구간의 폭이 자동차별 평균연비 예측 시 사용한 것보다 넓다.

여기서 신뢰 혹은 예측 대역의 너비가 x의 함수임을 유의해야 한다. 이것이 사실인지 확인하기 위해서 $Y|x$의 예측구간을 만드는 공식을 고려하라. 구간의 너비는 아래 식의 일부에 의해 결정된다.

$$\sqrt{1+\frac{1}{n}+\frac{(x-\bar{x})^2}{S_{xx}}}$$

$x=\bar{x}$일 때 이 항이 최소화됨은 확실하다. 따라서 Y의 값을 평균값 $\bar{x}$ 근처의 x 값에서 좀 더 정확하게 예측할 수 있다. 이 사실은 신뢰대역을 보여 주는 그림 10.8에서 확실하게 볼 수 있다. 이 그림의 대역은 가장 좁은 곳이 $\bar{x}=1.675$이다.

10.4 잔차 분석

β_0, β_1, $\mu_{Y|x}$에 대한 신뢰구간과 $Y|x$에 대한 예측구간을 만들거나 β_0, β_1에 관한 가설을 검정하는 과정을 상기해 보면 몇 가지의 모델 가정이 필요하다. 단순 선형회귀 모델은 다음과 같이 쓴다.

단순 선형회귀 모델

$$Y_i=\beta_0+\beta_1 x_i+\mathrm{E}_i$$

이때 모델 가정은 확률변수 $\mathrm{E}_1, \mathrm{E}_2, \ldots, \mathrm{E}_n$의 행동에 대한 가정으로서 표현된다. 특히 이러한 확률변수들은 독립적이고, 평균을 0으로 하는 정규분포 확률변수이며, 일반적인 분산은 σ^2이라고 가정한다. 적합 회귀직선이 실제 예측에 사용되기 전에 이러한 가정의 유효성을 확인하는 데 노력을 기울여야 한다. 이번 절에서는 그러기 위해 필요한 몇 가지 도표 상의 기법을 보여 준다. 이러한 과정은 잔차를 이용하는데 잔차의 동작이 이상적인 조건하에서 확률변수 E_i의 동작을 반영한다.

잔차 구성

i번째 잔차인 e_i는 i번째 데이터 점과 확정된 회귀직선 간 수직 거리임을 상기하라. 따라서

$$e_i=y_i-[b_0+b_1 x_i]$$

이다. 주어진 값 x_i에 대해, 예상 응답은 회귀 방정식 $\hat{y}_i=b_0+b_1x_i$를 치환함으로써 발견된다. i

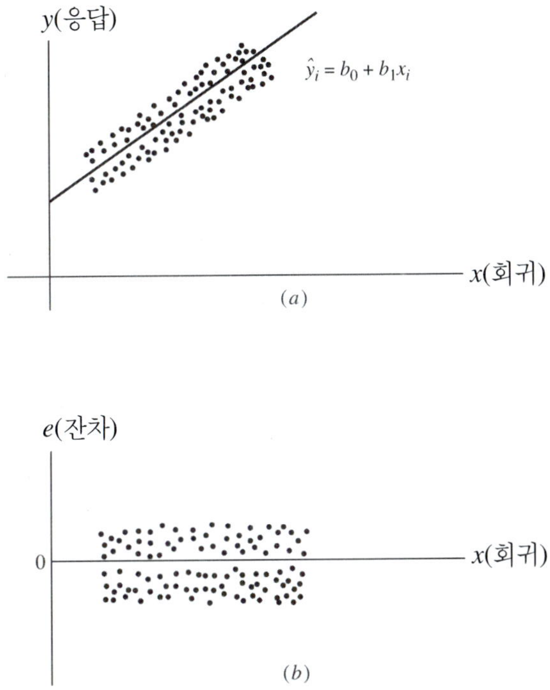

그림 10.9 (a) 간단한 선형회귀가 적절한 데이터 집합의 산포도 점들은 회귀의 추정 직선에 대해 일정한 확산을 가진 선형 추세를 보인다. (b) 이상적인 경우에 대한 잔차도. 잔차는 균일한 확산을 가지며 0에 대해 임의적으로 산포된다.

번째 잔차는 다음과 같이 표현된다.

$$e_i = y_i - \hat{y}_i$$

i번째 잔차는 i번째 관찰 응답과 그것의 예측값의 차이이다. 모델 가정을 확인하기 위하여 잔차도를 만든다. 잔차도는 점 (x_i, e_i)의 산점도이다. 이 그림에서 잔차 값(세로축)에 대한 회귀값(가로축)을 그린다. 잔차도는 다음 두 개의 질문에 대한 답변에 도움이 될 수 있다.

1. 단순 선형회귀를 기저로 삼는 기본 모델 가정은 충족되는가?
2. 만약 모델 가정이 충족되지 않는다면 어떤 가정이 실패하는가?

잔차도가 있을 수도 있는 문제를 정확히 파악하거나 진단하는 데 유용하기 때문에 때때로 '진단 도구' 불리기도 한다.

그림 10.9(a)는 단순 선형회귀가 적당한 데이터 집합을 보여 준다. 데이터 점은 상승하는 선형 추세를 보이며 추정된 회귀직선 주위에 조밀하게 군집을 이룬다. 또한 회귀직선의 값에 대한 데이터 점의 산포는 거의 동일하다. 이런 종류의 이상적인 데이터 집합의 잔차도는 그림 10.9(b)에 나와 있다. 잔차도는 0에 대해 임의로 산포한 점들의 집합으로 그려짐을 유의하라. 잔차의 평균이 항상 0이기 때문에 이 점이 약 0만큼 변한다는 것을 예상할 수 있다. 그러나 잔차의 산포 정도가 산포도에 걸쳐 거의 동일하다는 것 또한 유의하라. 이것은 공통적인 분산 σ^2의 가정이 유효할 때마다 예상되는 결과이다.

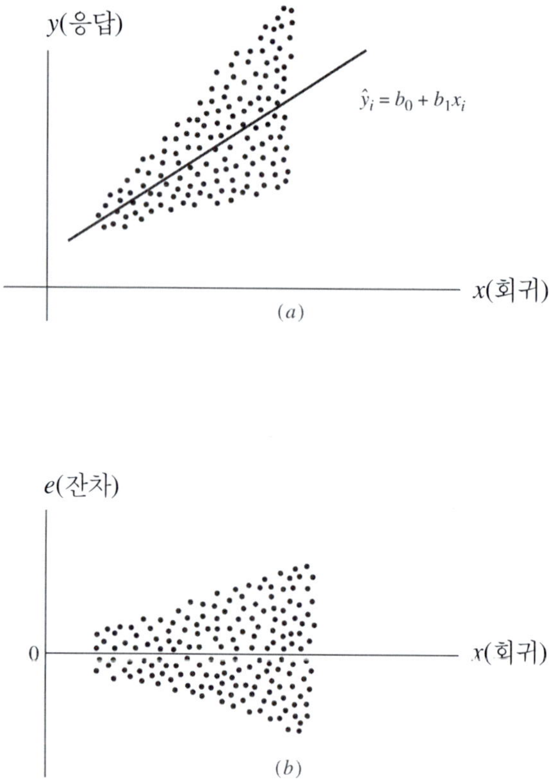

그림 10.10
(*a*) 공통 분산 가정이 유효하지 않을 수도 있음을 보여 주는 데이터 집합.
(*b*) 공통 분산 가정의 타당성에 의문을 던지는 잔차도. 잔차들이 0 주위에 무작위로 산포하지만 점들의 산포도는 일정하지 않다.

그림 10.10(*a*)에 문제를 일으키는 데이터 집합이 보인다. 상승 선형 추세를 보임에도 불구하고 x가 증가함에 따라 응답의 산포도가 증가함에 유의하라. 이는 공통 분산 가정이 충족되지 않음을 뜻한다. 이것은 회귀의 작은 값에 대한 응답의 분산이 x의 큰 값에 대한 분산과 다른 것처럼 보인다. 이 문제는 잔차도에서 어떻게 나타나는가? 아마도 잔차도는 0에 대해 임의적으로 확산되었으나 x가 커짐에 따라 점의 산포도가 증가하는 것을 보여 줄 것이다. 그림 10.10(*b*)를 보라.

두 개의 다른 문제가 잔차도의 도움으로 그려질 수 있다. 이것은 모델 불규격화와 데이터의 격차이다. 모델 불규격화는 선형이 아닌 데이터에 직선을 맞추려고 노력할 때 발생하며, 데이터의 격차는 좋지 않은 실험설계나 실험 과정에서 데이터의 손실로 인해 발생한다. 두 가지의 문제 모두 기껏해야 선형 예측 방정식의 사용을 위험하게 한다. 그림 10.11(*a*)는 명확하게 선형이 아닌 데이터 집합과 그럼에도 불구하고 강제로 데이터를 통과하는 '회귀직선'을 보여준다. 그림 10.11(*b*)는 이와 같은 오류가 잔차도에서 어떻게 나타나는지 보여준다. 잔차가 0을 기준으로 변하지만 잔차에 경향이 나타남을 유의하라. 무작위로 산포된 것이 아니다. 우리가 찾고 있는 이 임의성의 부족이 간단한 선형회귀가 회귀와 응답 간의 관계를 충분히 묘사하지 못함을 보여 준다.

그림 10.12(*a*)는 회귀값에 대한 격차를 포함하는 데이터 집합을 보여 준다. 이러한 데이

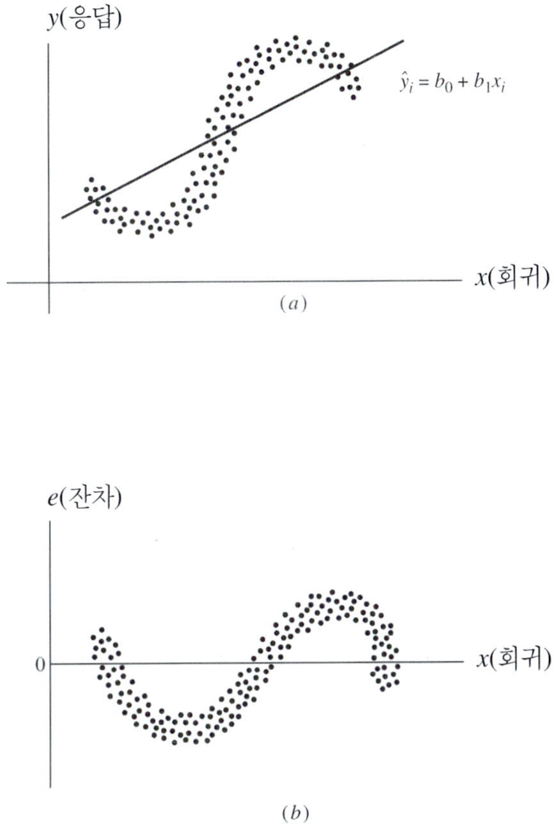

그림 10.11 | (a) 단순한 선형회귀 모델을 적용시키기에 부적절한 데이터 집합. (b) 선형 예측 방정식이 선형 추세를 보이지 않는 데이터 점의 집합에 맞춰져 있는 잔차도. 잔차는 0 주위에 무작위로 분포되어 있기보다는 특정 경향을 보인다.

터들에 직선을 적합시키는 것이 가능하지만 그렇게 하는 것은 위험하다. 낮고 높은 회귀값에 대한 반응에 의해 제시되는 선형적인 경향은 x의 중간 영역에서도 계속되는 것으로 가정한다. 이 경우에 대한 증거를 가지고 있지 않으며 이렇게 가정하는 것은 적절하지 않다. 그림 10.12(b)는 데이터에서 명확한 격차를 가지는 데이터 집합에 대한 잔차도를 보여 준다.

잔차도는 잠재적인 문제의 탐지에 도움이 된다. 그러나 그림 10.9에서 10.12까지 주어진 것처럼 해석하기가 항상 쉬운 것은 아니다. 극단적인 경우를 제외하면 작은 규모의 데이터 집합으로 경향을 발견하기 어렵기 때문에 잔차도는 규모가 큰 데이터의 집합을 다루는 데 가장 유용하다. 게다가 분산 가정의 유효성에 대한 명확한 그림을 얻기 위해 회귀의 각각의 구분된 값에서 다수의 관측치를 수집하는 방법으로 실험을 설계해야 한다.

정규화 확인: 줄기-잎 그림과 상자그림

아직 소개하지 않은 모델 가정은 정규화 가정이다. 이 가정은 SAS 같은 표준 소프트웨어 패키지를 통해 확인이 가능하다. 여기서 형식적인 검정은 필요치 않지만 가시화된 점검 2개를 고려한다. 두 경우 모두 형태에 대한 가치 판단을 필요로 하기 때문에 상당히 큰 표본에서 잘

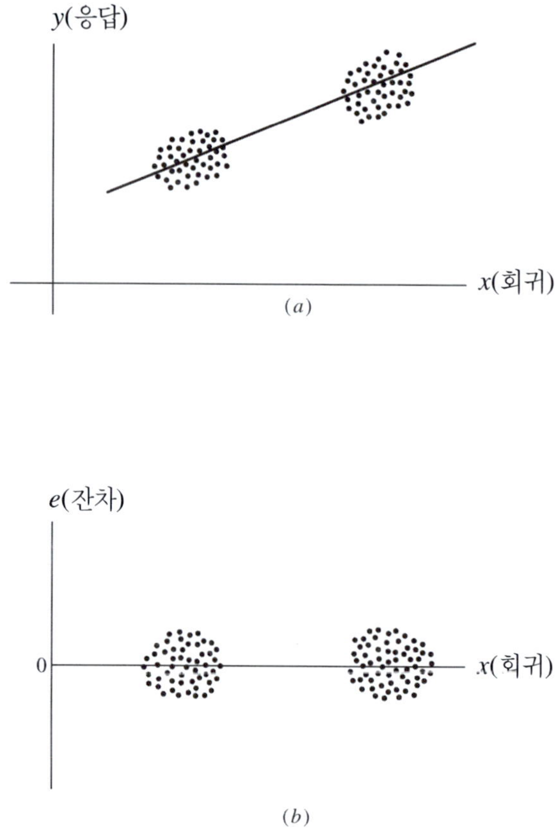

그림 10.12
(*a*) 가운데 부분에 격차가 있는 데이터 집합. 단순 선형회귀는 위험하다.
(*b*) 잔차 값들의 격차를 보여 주는 잔차도.

작동한다. 만약 가정에 대한 위반이 극단적이지 않다면 경향이 드러나지 않기 때문에 작은 표본들로는 어렵다.

첫 번째의 가시적인 방법은 직관적인 방법이다. 즉 5장에서 설명한 것처럼 잔차의 줄기-잎 그림을 만든다. 만약 정규분포가 유효하면 정규곡선을 나타내는 종 형태의 그림이 나타나리라 예상한다.

상자그림은 또한 진단 도구로 사용된다. 이 도구로 우리는 정규성 가정에 대해 발생할 수 있는 위반을 확인할 수 있으며 이상치의 존재를 감지할 수 있다. 정규성 가정이 유효할 때 얻은 잔차에 대한 상자그림은 중앙값 근처 또는 0을 기준으로 대칭이어야 한다. 관련된 확률변수가 정규분포를 갖는다면 이상치는 매우 희귀하기 때문에 감지되지 않는다(5장의 연습문제 26 참조). 따라서 비대칭 또는 이상치의 발생은 정규성 가정이 유효하지 않다는 신호를 준다.

이상치는 회귀 조사에 매우 성가신 존재이다. 이상치는 회귀직선을 이상치 쪽으로 끌어당김으로써 회귀직선에 크게 영향을 미친다. 이 값은 결과적으로 회귀직선이 대량의 데이터의 중심을 통과하지 못하도록 하는 원인이 될 수 있다. 상자그림에서 이상치가 발견된다면 반드시 조사해 보아야 한다. 만약 데이터 점이 오류 혹은 의심스러운 부분으로 발견될 경우 분석에서 사용하지 말아야 한다.

예제 10.4.1은 회귀 연구에 대해 잔차도와 줄기-잎 그림의 사용법을 설명한다. 이 예제에서 실제 데이터와 관련된 그림은 해석하기가 쉽지만은 않음을 보여 줄 것이다.

예제 10.4.1. 예제 10.1.1에서 묘사되었던 습도(X)의 지식을 기반으로 예측할 수 있는 용매 증발의 정도(Y)에 관련된 방정식에 대한 문제를 고려해 보자. 그림 10.13(a)는 예제 10.1.1에 주어진 데이터의 분포도를 보여 준다. 그림에 보이는 직선은 추정된 회귀직선의 그래프이다. 이 방정식은 다음과 같이 주어졌다.

$$\hat{\mu}_{Y|x} = 13.64 - .08x$$

이 데이터는 선형의 추세를 보이고 데이터 점은 추정된 회귀직선에 상당히 근접해 있다. 그림 10.13(b)는 잔차도를 보여 준다. 이 그림에 선형 모형이 적합하지 않음을 암시하는 경향은 드러나지 않음에 유의하라. 점들은 원하는 대로 0 근처에 무작위로 흩어져서 나타난다. x가 증가함에 따라 산포도에 명백한 차이가 없다. 그러나 실험이 뚜렷한 회귀 값에 대한 다수의 관측값으로 설계된 것이 아니므로 위 가정을 확인하는 것은 쉽지 않다. 정규성을 확인하기 위해 우리는 잔차의 줄기-잎 그림을 생성한다. 잔차는 표 10.1에 주어졌으며, 그림 10.14에 이 잔차의 줄기-잎 그림을 도시하였다. 그림에서 잔차의 소수점 첫 번째 자리를 '잎'으로 표현한 이중 줄기를 사용한다. 예를 들면 .18727이라는 값은 0 줄기에서 '낮은' 층에 0|1로서 표현한다. 이 그림이 정규성의 증거로 설득력을 주는가? 이 그림이 정규곡선의 종 형태 특징을 명확하게 보여 주는가? 이 질문들의 답은 아마도 '아니요'일 것이다. 모양은 별 특징이 없다. 정규성 가정이 유효하지 않음을 나타내기 위해 충분한 증거가 있는지 여부를 확인하려면, 형식적인 검정이 필요하다. 그림 10.15는 PROC UNIVARIATE에 대한 SAS 출력결과물이다. 이 결과물은 다음을 검정하기 위해 W 통계치에 대한 관측량을 포함한다.

H_0: 정규분포로부터의 데이터
H_1: 비정규분포로부터의 데이터

통계량의 값 .958717은 (1)에서 그것의 P 값 .4028은 (2)에 보인다. P 값이 크기 때문에 H_0는 기각할 수 없다. 이 잔차에 기초하여 잔차가 정규분포를 따르지 않음을 의심할 이유가 없다. SAS가 그림 10.14에 주어진 그림과 다른 줄기-잎 그림을 제시함에 유의하라. 잎을 정의하는 데 있어서 정해진 규칙은 없다. SAS에서는 잔차의 소수점 첫 번째 자리에서 반올림한 후 '잎'을 정의하였다. 이것이 정규성의 문제를 명확하게 하는가? 아마 아닐 것이다. 종 모양을 명확히 정의하는 문제가 남아 있다.

위 예제는 정규성의 확인이 주요한 관심사였다. 다음 예제에서 상자그림은 대칭성과 이상치의 발생을 확인하는 데 사용된다. 명백한 대칭성의 결여와 이상치의 발생은 정규성 가정

그림 10.13
(*a*) 추정된 회귀직선을 갖는 데이터의 산포도.
(*b*) 예제 10.1.1과 10.4.1 데이터의 잔차도. 잔차는 모형 선택이 잘못되었음을 암시하는 뚜렷한 경향은 보이지 않는다.

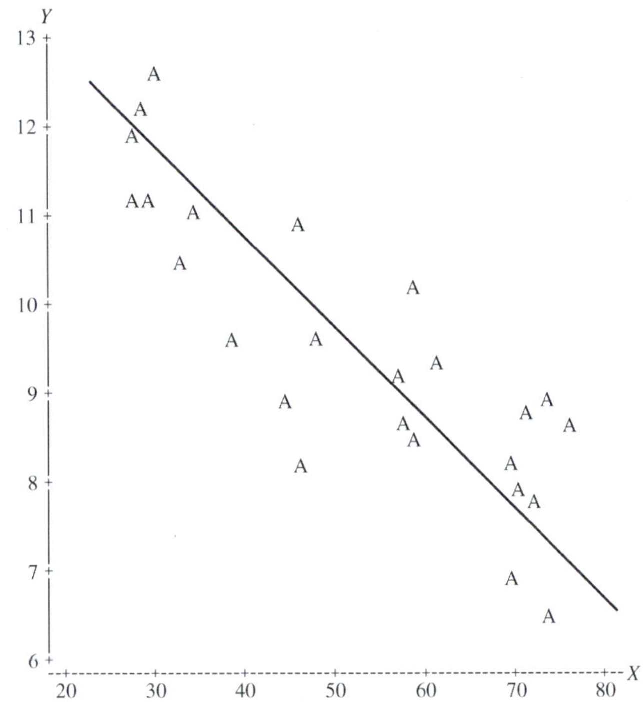

(*a*)

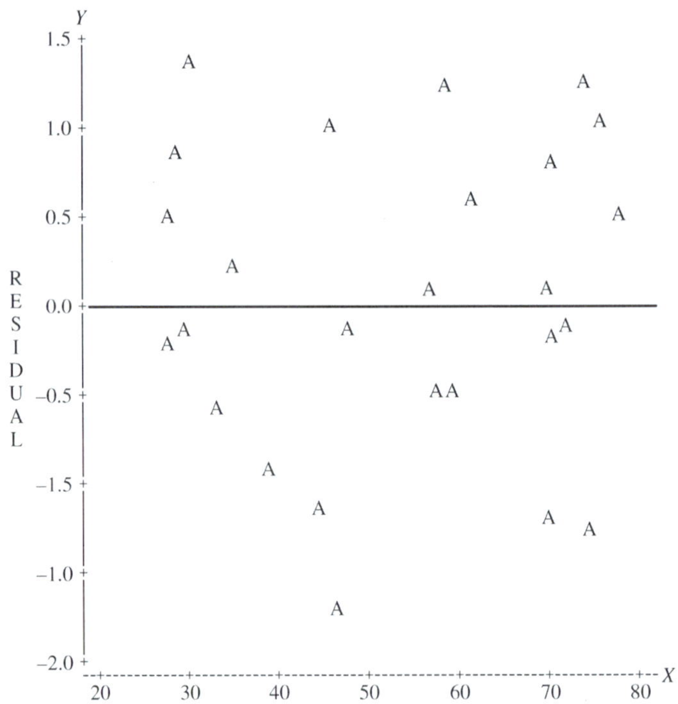

(*b*)

표 10.1 |

예제 10.1.1과 10.4.1에서 25개 데이터 점의 관찰된 응답(Y), 예측된 응답(예상치), 잔차

관찰 숫자	Y	예상치	잔차
1	11.0	10.8127	0.18727
2	11.1	11.2611	−0.16107
3	12.5	11.1730	1.32700
4	8.4	8.9313	−0.53130
5	9.3	8.7231	0.57685
6	8.7	7.9305	0.76945
7	6.4	7.6824	−1.28236
8	8.5	7.4982	1.00178
9	7.8	7.9786	−0.17858
10	9.1	9.0354	0.06462
11	8.2	9.9241	−1.72406
12	12.2	11.3251	0.87488
13	11.9	11.3892	0.51084
14	9.6	10.5085	−0.90850
15	10.9	9.8920	1.00797
16	9.6	9.7559	−0.15593
17	10.1	8.8913	1.20873
18	8.1	8.0346	0.06537
19	6.8	8.0346	−1.23463
20	8.9	7.6824	1.21764
21	7.7	7.8665	−0.16650
22	8.5	8.9873	−0.48735
23	8.9	10.0682	−1.16816
24	10.4	10.9648	−0.56484
25	11.1	11.3491	−0.24913

줄기	잎
1	3 0 0 2 2
0	5 7 8 5
0	1 0 0
−0	1 1 1 1 4 2
−0	5 9 5
−1	2 2 1
−1	7

그림 10.14 | 표 10.1의 잔차에 대한 줄기-잎 그림. 이 다이어그램은 잔차의 소수점 첫 번째 자리를 '잎'으로 표현한 이중 줄기를 사용한다.

에 위배됨을 알려 주는 신호이다.

예제 10.4.2. 표 10.1에 주어진 잔차에 대해 빠르게 상자그림을 만들기 위하여 그림 10.14의 줄기-잎 그림 구성에서 했듯 숫자의 소수점 첫째 자리를 고수한다. $n=25$인 데이터에 대해, 중앙 위치는 $(n+1)/2=13$이고 중앙값은 $-.1$이다. 사분위수 위치는 $(13+1)/2=7$이다. 사분위수의 값은 $q_1=-.5$와 $q_3=.7$이다. 사분위수 간 범위는 $q_3-q_1=1.2$이다. 내부 울타리의 위치는

$$f_1 = q_1 - 1.5iqr = -.5 - 1.5(1.2) = -2.3$$

화 방법은 일상적인 사용에 투입될 것이다. 이러한 데이터들은 리터당 질산 마이크로그램의 질산 농도에서 얻을 수 있다.

x(수동)	y(자동)
25	30
40	80
120	150
75	80
150	200
300	350
270	240
400	320
450	470
575	583

이 데이터들의 산포도는 그림 10.18에 나와 있다. 이 데이터들이 뚜렷한 증가 추세를 보이기 때문에 ρ_r가 양의 값을 가지고 값 1에 가까울 것이라 예상된다. 이 데이터들을 통계적으로 요약하면 다음과 같다.

$$n = 10 \qquad \sum x^2 = 900{,}775 \qquad \sum y^2 = 919{,}489$$
$$\sum x = 2405 \qquad \sum y = 2503 \qquad \sum xy = 902{,}475$$
$$S_{xx} = 322{,}372.5 \qquad S_{xy} = 300{,}503.5$$
$$S_{yy} = 292{,}988.1$$

그림 10.18 자동 인식에 대한 수동 인식의 산포도.

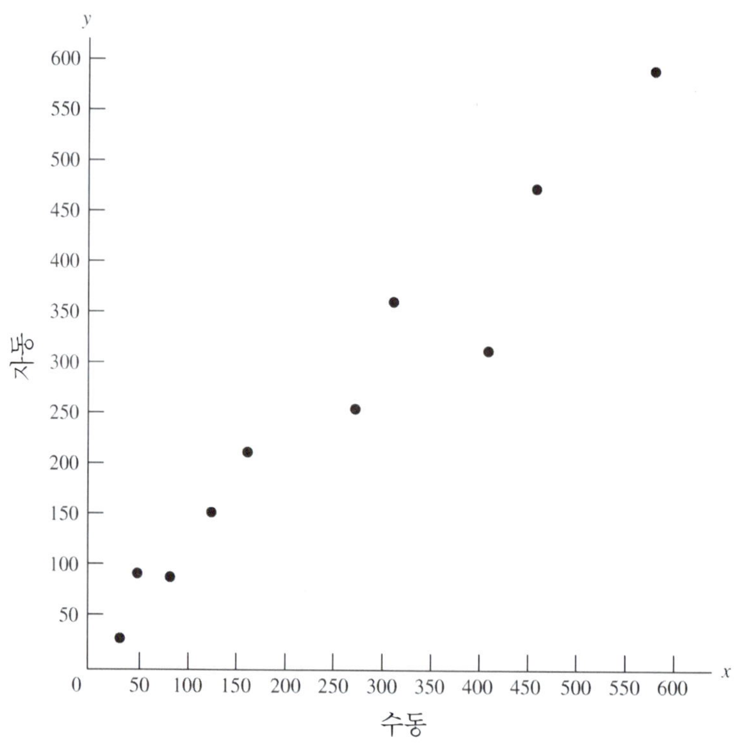

추정된 X와 Y의 상관관계는 다음과 같다.

$$\begin{aligned}\hat{\rho} = r &= \frac{S_{xy}}{\sqrt{S_{xx}S_{yy}}} \\ &= \frac{300{,}503.5}{\sqrt{(322{,}372.5)(292{,}988.1)}} \\ &\doteq .978\end{aligned}$$

기대했던 대로 강력한 양의 선형 관계가 X와 Y 사이에 있다.

ρ에 대한 구간추정 및 가설검정

정의에만 기반하여 매개변수 θ에 대한 논리적 점추정량을 발전시키는 것은 대부분 가능하다. 그러나 대개는 신뢰구간이 만들어지거나 가설검정이 실시되기 전에 확률변수의 분포에 대한 가정을 만드는 것이 필요하다. 여기에도 적용된다. ρ에 대한 논리적 점추정량을 가지고 관련된 통계추론을 그리려면 반드시 이차원 확률변수 (X, Y)에 대한 확률분포를 추정해야 한다. 분포는 이변량 정규분포(bivariate normal distribution)로 추정된다. 이러한 확률변수에 대한 결합확률분포는 다음과 같다.

이변량 정규분포

$$f(x, y) = k \exp\left\{-\frac{1}{2(1-\rho^2)}\left[\left(\frac{x-\mu_X}{\sigma_X}\right)^2 - 2\rho\left(\frac{x-\mu_X}{\sigma_X}\right)\left(\frac{y-\mu_Y}{\sigma_Y}\right) + \left(\frac{y-\mu_Y}{\sigma_Y}\right)^2\right]\right\}$$

$$\text{where } k = \frac{1}{2\pi\sigma_X\sigma_Y\sqrt{1-\rho^2}} \qquad \begin{aligned} &-\infty < x < \infty \\ &-\infty < y < \infty \\ &-\infty < \mu_X < \infty \\ &-\infty < \mu_Y < \infty \\ &\sigma_X > 0 \\ &\sigma_Y > 0 \\ &-1 < \rho < 1 \end{aligned}$$

이 분포는 흥미로운 이론적 성질을 많이 가지고 있다.

1. X와 Y 모두에 대한 주변 분포는 정규분포이다. $f(x, y)$에서 등장하는 매개변수 μ_X, μ_Y, σ_X, σ_Y는 각각 X와 Y의 평균과 표준편차이다.
2. $f(x, y)$에서 등장하는 매개변수 ρ는 X와 Y 사이의 상관계수이다.
3. $\rho=0$이면, X와 Y는 독립이다.
4. Y에 대한 X의 X에 대한 Y의 회귀곡선은 둘 다 선형이다. 후자는 다음과 같다.

$$\mu_{Y|x} = \mu_Y + \rho \frac{\sigma_Y}{\sigma_X}(x - \mu_X)$$

이러한 이론적인 성질에 대해 과도하게 신경 쓰지 않더라도 이 성질들은 상관관계와 회귀분석 사이에 존재하는 관계를 이해하는 데 도움이 된다.

(X, Y)가 이변량 정규분포라는 가정하에 우리는 선형회귀 모델을 다음과 같이 가정한다.

$$\mu_{Y|x} = \beta_0 + \beta_1 x$$

여기서 $\beta_1 = (\sigma_Y / \sigma_X)\rho$이다. σ_Y와 σ_X가 둘 다 양수이므로 회귀직선의 기울기와 상관계수는 같은 대수 부호를 가지고 있음을 쉽게 알 수 있다. $\beta_1 = 0$의 필요충분조건이 $\rho = 0$임을 쉽게 알 수 있다. 따라서 H_0: $\rho = 0$을 검정하기 위해서 일상적인 여러 대안 중 하나로서 예전에 H_0: $\beta_1 = 0$를 검정하기 위해 사용했던 동일한 검정통계량, 즉 $B_1/(S/\sqrt{S_{xx}})$을 사용한다. H_0: $\rho = 0$를 검증할 때 가용한 ρ에 대한 점추정량을 가지고 있기 때문에 이 검정통계량을 다른 형태로 표현하는 것이 편리하다(연습문제 52 참조).

검정통계량 H_0: $\rho = 0$

$$T_{n-2} = \frac{R\sqrt{n-2}}{\sqrt{1-R^2}}$$

다음 예제에서 이 통계량의 사용을 설명한다.

예제 10.5.2. 앞의 예제에서 수동으로 측정된 질산 X와 자동으로 측정된 질산 Y 사이의 상관관계를 $r = .978$로 추정했다. 직관적으로 확실히 우리가 $\rho \neq 0$이라는 강력한 증거를 가졌음에 대해 의심하게 하지만 표본의 크기가 $n = 10$으로 작다는 것을 기억해야 한다. 이러한 이유로 가설검정을 해야만 한다. 유의수준이 .05라고 가정하자.

[가설] 다음과 같이

$$H_0: \rho = 0$$
$$H_1: \rho \neq 0$$

을 검정한다.

[검정통계량] 검정통계량의 관측치

$$T_{n-2} = \frac{R\sqrt{n-2}}{\sqrt{1-R^2}}$$

는

$$t = \frac{.978\sqrt{10-2}}{\sqrt{1-(.978)^2}} = 13.26$$

이다.

[임곗값] T_8에 기초하여 임곗값은 ± 2.306이다.

[결론] 검정통계량이 오른쪽의 임곗값보다 상당히 크므로($2.306 < 13.26$), H_0를 기각하고 $\rho \neq 0$라고 결론 내린다.

또한 P 값을 추정할 수 있다. $t_{.0005} = 5.041$이고 실험은 양측검정이므로 $P < .001$이다. $\rho \neq 0$이라는 강력한 증거를 가진다.

R의 정확한 분포는 ρ의 실제 값에 의해 결정된다. 더욱이 ρ의 값이 클 경우 이 분포는 확실히 정규분포를 갖지 않는다. 다행히도 근사적으로 정규분포를 갖는 확률변수를 초래하는 변수의 단순한 변화가 존재한다. 특히 (X, Y)가 이변량 정규분포일 때 확률변수

$$\frac{1}{2}\ln\left(\frac{1+R}{1-R}\right)$$

는 다음과 같이 정규분포에 유사하다.

$$\mu = \frac{1}{2}\ln\left(\frac{1+\rho}{1-\rho}\right) \qquad \text{and} \qquad \sigma^2 = \frac{1}{n-3}$$

이 결과는 피셔(R. A. Fisher)에 의해 1921년에 처음으로 알려졌다. 표준화를 하면 확률변수

$$Z = \frac{\frac{1}{2}\ln\left(\frac{1+R}{1-R}\right) - \frac{1}{2}\ln\left(\frac{1+\rho}{1-\rho}\right)}{\sqrt{\frac{1}{n-3}}}$$

는 거의 표준 정규분포를 갖는다. ρ에 대한 신뢰범위를 개발하기 위해 우리는 다음에 유의한다.

$$P\left[-z_{\alpha/2} \leq \frac{\frac{1}{2}\ln\left(\frac{1+R}{1-R}\right) - \frac{1}{2}\ln\left(\frac{1+\rho}{1-\rho}\right)}{\sqrt{\frac{1}{n-3}}} \leq z_{\alpha/2}\right] \doteq 1-\alpha$$

대수적인 표현이 다소 복잡하지만, 이 부등식은 ρ에 대한 $100(1-\alpha)\%$의 신뢰구간 범위를 이

끌어내기 위해 사용된다.

ρ에 대한 신뢰구간, 피어슨 상관계수

$$하한계 = \frac{(1+R)-(1-R)\exp(2z_{\alpha/2}/\sqrt{n-3})}{(1+R)+(1-R)\exp(2z_{\alpha/2}/\sqrt{n-3})}$$

$$상한계 = \frac{(1+R)-(1-R)\exp(-2z_{\alpha/2}/\sqrt{n-3})}{(1+R)+(1-R)\exp(-2z_{\alpha/2}/\sqrt{n-3})}$$

이러한 범위를 평가하는 방법을 보기 위하여 다음 예제를 고려하라.

예제 10.5.3. 수동 질산 측정과 자동 질산 측정의 상관관계인 ρ에 대한 점추정량이 .978임을 알고 있다. ρ에 대한 95%의 신뢰구간을 찾기 위하여 가장 먼저 $z_{.025}=1.96$과 $n=10$임을 유의하자. 확률구간의 하한계는 다음과 같다.

$$\begin{aligned}\frac{(1+r)-(1-r)\exp(2z_{\alpha/2}/\sqrt{n-3})}{(1+r)+(1-r)\exp(2z_{\alpha/2}/\sqrt{n-3})} &= \frac{(1+.978)-(1-.978)\exp(2(1.96)/\sqrt{7})}{(1+.978)+(1-.978)\exp(2(1.96)/\sqrt{7})}\\ &= \frac{(1+.978)-.022(4.4)}{(1+.978)+.022(4.4)}\\ &= \frac{1.881}{2.075} \doteq .907\end{aligned}$$

치환하면 상한계는 .995가 된다. 상관계수의 실제 값이 구간 [.907, .995] 사이에 있을 신뢰도는 95%이다. H_0: $\rho=0$을 기각했기 때문에 0이 구간에 없는 것이 놀랍지 않다.

ρ에 대한 일상적인 귀무가설이 H_0: $\rho=0$이지만 피셔 변환에 의해 다른 값에 대한 귀무가설도 검정될 수 있다. ρ_0를 ρ에 대한 임의의 값이라 치면 Z 통계량은 H_0: $\rho=\rho_0$ 검정을 위한 검정통계량이 된다.

검정통계량 H_0: $\rho=\rho_0$

$$Z = \frac{\frac{1}{2}\ln\left(\frac{1+R}{1-R}\right)-\frac{1}{2}\ln\left(\frac{1+\rho_0}{1-\rho_0}\right)}{\sqrt{\frac{1}{n-3}}}$$

결정계수

엄격하게 말하자면 이번 장에서 제시된 단순 선형회귀 분석과 여기서 주어진 상관도 분석은 동일한 데이터 집합에 대해 사용해서는 안 된다. 처음에는 X가 확률변수가 아니라고 가정했으나 나중에는 확률변수일 필요가 있었다. 그렇기는 하지만 R은 회귀 연구에 유용하다. 본 바와 같이 그것은 단순 선형회귀 모델의 적정성 지표이다. 왜 그런지를 살펴보기 위하여 다음 식을 보자.

$$\text{SSE} = S_{yy} - B_1 S_{xy}$$

양변을 S_{yy}로 나누고 B_1을 S_{xy}/S_{xx}로 치환하면

$$\frac{\text{SSE}}{S_{yy}} = 1 - \frac{S_{xy}^2}{S_{xx}S_{yy}}$$

이다. $R = S_{xy}/\sqrt{S_{xx}S_{yy}}$이므로

$$\frac{\text{SSE}}{S_{yy}} = 1 - R^2$$

혹은 $R^2 = 1 - \text{SSE}/S_{yy}$로 결론을 내린다. 이 방정식은 아래와 같이 다시 작성할 수 있다.

$$R^2 = \frac{S_{yy} - \text{SSE}}{S_{yy}}$$

추정된 회귀직선에 대하여 S_{yy}가 Y에서 발생하는 총변량을 측정하고 SSE가 Y에서 발생하는 임의적인 변량을 측정하기 때문에 $S_{yy} - \text{SSE}$는 선형회귀모델에 의해 설명되는 Y에서 발생하는 변량을 측정한다. 확률변수 R^2은 해당 모델에 의해 설명되는 Y의 변량의 비율을 나타낸다. 이 비율이 백분율로 환산되면 결정계수(coefficient of determination)라고 부르는 통계량으로 나타난다. 만약 R이 1이나 -1에 가까이 있다면 R^2 또한 1 근처에 있을 것이고, 100%에 가까운 결정계수를 산출한다. R이 0 근처에 있으면 결정계수 또한 0 근처에 있다. 따라서 상대적 크기 $R^2 \times 100\%$는 모델의 타당성을 잘 설명하는 척도이다.

R과 R^2을 해석하는 데 더 강하고 빠른 규칙은 없다 하더라도 그림 10.19에 주어진 표는 쓸 만하다. 이러한 통계에 대한 해석은 다소 주제에 종속된다는 사실을 기억하라. 50%의 R^2 값은 사람을 대상으로 실험이 진행되는 사회과학에서는 매우 큰 값으로 간주될 수 있다. 그러나 같은 수치가 공학적인 실험설계에서는 매우 작은 수치로 간주될 수 있다. R과 R^2에 대한 해석은 해당 주제에 관련한 전문가의 임의적인 판단에 맡겨 두어야 한다.

요약

이 장에서는 선형회귀와 상관관계의 가장 중요한 측면에 대해 고려하였다. 회귀 모델에 대한

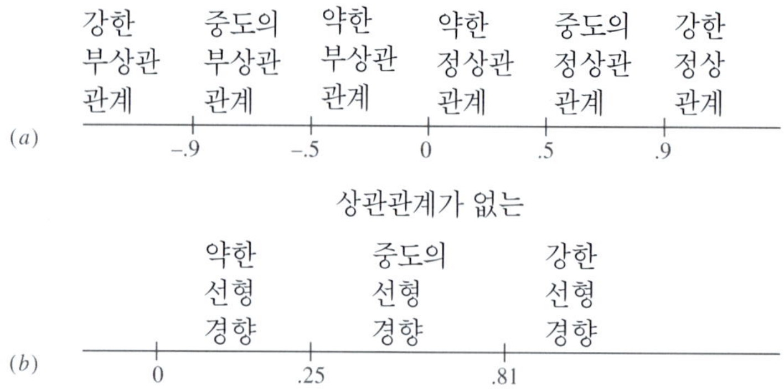

그림 10.19
(*a*) 추천된 R의 해석.
(*b*) 추천된 R^2의 해석.

수학적 설명을 말로 풀면 해당 모델의 매개변수인 기울기와 절편을 추정하기 위해 최소제곱법이 수반된다. 최소의 가정하에서 이러한 추정량이 편향되지 않았음을 보았다. 임의의 오류 E_i가 정규적으로 분포할 때 $Y|x_i$, $\hat{\beta}_0$, $\hat{\beta}_1$의 분포가 주어졌다. 이러한 분포 특성을 활용하여 가설을 검정하고 기울기 β_1과 절편 β_0에 대한 신뢰구간을 추정하는 방법을 고려했다. 독립변수 x의 고정 값에 대한 종속변수 Y의 평균 반응을 예측하는 것과 x에서 종속변수 Y의 단일 값을 예측하는 것을 신중하게 구분했다. 두 경우에 대한 구간추정을 하는 방법이 주어졌으며 평균에 대한 예측이 단일 값에 대한 예측에 비해 더 좁은 구간(더 정확한)을 이끌어 내는 것을 관측했다.

단순한 선형회귀에 덧붙여 피어슨 상관계수를 고려했다. 실제 상관도에 대한 추정, 상관관계에 대한 가설검정과 상관계수 ρ에 대한 신뢰구간을 추정하는 방법이 주어졌다.

또한 아래와 같은 용어들도 소개했다.

선형회귀
최소제곱 성질
종속변수
회귀의 절편
순수오류
잔차오류
유의한 상관관계
관찰연구
설계연구
산점도
잔차
최소제곱 추정
독립변수
회귀의 기울기
피어슨 상관관계
이변량 정규분포
SSE
결정계수
응답변수
회귀
예측변수

연습문제

10.1절

1. 아래의 관측된 독립변수 X와 종속변수 Y를 고려하라.

x	y	x	y
80	5.0	100	6.7
75	4.7	115	4.2
75	4.5	110	5.5
70	3.2	105	6.4
65	2.0	105	6.8
100	6.5	100	7.2
95	6.0	130	2.0
90	5.5	125	2.9
85	5.2	120	3.8

(*a*) 이 자료의 분포도를 그려라.

(*b*) 이 자료에 선형회귀가 사용되는 것이 합리적인가?

(*c*) (*a*)의 산포도에 눈으로 선형회귀직선을 스케치하라.

2. 아래의 데이터 집합 각각에 대하여 산포도를 그리고 선형회귀가 (i) 데이터에 잘 맞는지, (ii) 적당히 맞는지, (iii) 잘 안 맞는지를 주관적으로 평가하라.

(*a*)

x	5	15	25	35	45	50
y	10	18	20	25	32	45

(*b*)

x	5	10	20	30	40	50
y	15	22	32	35	30	15

(*c*)

x	10	15	20	30	40	50
y	40	35	30	22	14	7

3. 정규 방정식이 이 절에서 주어졌다. b_0와 b_1에 대해 정규 방정식을 풀고 β_0와 β_1에 대한 최소제곱 추정 방법에서 주어진 형태로 풀이를 표현하라.

4. 임의의 데이터 집합 $(x_1, y_1), (x_2, y_2), \ldots, (x_n, y_n)$을 고려하자. $\bar{x}$와 $\bar{y}$가 각각 독립변수 X와 종속변수 Y의 표본평균이라고 하자. 추정된 선형회귀 방정식 $\hat{\mu}_{Y|x}=b_0+b_1x$에서 점 $(\bar{x}, \bar{y})$가 항상 추정된 회귀직선 위에 있음을 보여라.

5. $\Sigma e_i=0$임을 보여라. 힌트: e_i는 $y_i-(b_0+b_1x_i)$라고 쓰며, $b_0=\bar{y}-b_1\bar{x}$임을 기억하라.

6. 연습문제 2의 각 데이터 집합에서 β_0와 β_1을 추정하라. 각 경우의 잔차를 찾아 반올림에 의한 오차는 무시하고 잔차들의 합은 0임을 확인하라.

7. 에너지 소비량과 가정의 수입 사이의 관계를 연구했다. 가정의 수입 X(단위는 \$1000/연)와 에너지 소비량 Y(단위는 10^8 Btu/연)에 대한 자료는 다음과 같다.

에너지 소비량(Y)	가정의 수입(X)
1.8	20.0
3.0	30.5
4.8	40.0
5.0	55.1
6.5	60.3
7.0	74.9
9.0	88.4
9.1	95.2

(*a*) 이 데이터들의 산포도를 그려라.

(*b*) 선형회귀 추정량 $\mu_{Y|x}=\beta_0+\beta_1 x$을 추정하라.

(*c*) $x=50$(가정의 수입이 $50,000)일 때 이 수입에 대한 평균 에너지 소비량을 추정하라. 한 가정에 대한 추정량은 어떠한가?

(*d*) 어떤 가정의 소득이 $2000/연($1000씩 2번)로 증가할 경우 소비량 변화는 얼마로 예상되는가?

(*e*) 어떤 가정의 소득이 $2000/연($1000씩 2번)로 감소할 경우 소비량 변화는 얼마로 예상되는가?

8. 연습문제 7의 데이터를 고려하라.

(*a*) 이 데이터들의 정규 방정식을 작성하라.

(*b*) b_0와 b_1에 대해 정규 방정식을 풀고 그 결과가 연습문제 7의 (*b*)와 같은지 확인하라.

9. 컴퓨터에 사용되는 커넥터는 높은 온도와 기계적 스트레스 같은 동시 다발적 스트레스에 시달린다. 연구는 당면한 스트레스를 식별하고 분별하기 위해 수행된다. 실험은 나사산의 간격과 커넥터 길이 사이의 관계를 조사하기 위해 실시되었다. 이 데이터들은 다음과 같다.

커넥터 길이 x(인치)	피치 (밀리미터)
.150	3.81
.100	2.54
.098	2.50
.079	2.00
.050	1.27
.040	1.02
.039	1.00
.032	0.80
.020	0.50
.016	0.40
.010	0.25
.005	0.13

(*a*) 이 데이터의 분포도를 그려라.

(*b*) 회귀직선을 추정하라.

(*c*) 잔차를 계산하고 반올림에 의한 오차는 무시한 채 그들의 합이 0임을 보여라.

(*d*) 모든 커넥터의 길이가 .03인치일 때 나사산 간격의 평균을 추정하라.

(*e*) 길이가 .03인치인 특정 커넥터의 나사산 간격을 추정하라.

(*f*) 커넥터의 길이가 .1인치 증가될 경우 피치는 얼마로 예상되는가? .5인치는?

(*g*) 추정된 회귀직선이 길이 .175인치의 커넥터 나사산 간격을 예상하기 위해 사용될 만한가? .39는? 설명하라.

10. 특수한 형태의 파워 브러시는 중심축에서 가장자리를 연결하는 선 가닥으로 구성된 원형 기구이다. 다용도로 사용되는데 알루미늄 자전거의 바퀴 테두리를 마무리하거나 플라스틱의 표면처리, 기어 이의 흠집 제거에 사용된다. 선의 길이가 짧고 선이 거칠수록 버핑 가공력이 커진다. 제안된 원형 기구를 사용하기 위한 표를 만들기 위해 조사가 실시된다. 2인치 굵기의 브러시 원형 기구에 대해 실험이 진행된다. 얻어진 데이터는 다음과 같다.

x(분당 회전수×1000)	y(흠집 제거에 해당되는 표면 ft/분)
1.0	525, 520, 527
1.5	785, 780, 790
1.75	915, 900, 922
2.5	1300, 1295, 1310
3.0	1575, 1565, 1582
4.0	2100, 2110, 2090
6.0	3125, 3120, 3133
10.0	5250, 5256, 5245

(*a*) 이 데이터의 분포도를 그려라.

(*b*) 회귀직선을 추정하라.

(*c*) 분당 3450번 회전하는 원형 기구가 담당할 수 있는 분당 표면의 너비(feet)를 추정하라.

10.2절

11. 다음과 같은 합산의 성질을 확인하라.

(*a*) $\sum_{i=1}^{n} (x_i - \bar{x}) = 0.$

(*b*) $\sum_{i=1}^{n} (x_i - \bar{x})(Y_i - \bar{Y}) = \sum_{i=1}^{n} (x_i - \bar{x})Y_i.$

(*c*) $\sum_{i=1}^{n} (x_i - \bar{x})(Y_i - \bar{Y}) = \left(n\sum_{i=1}^{n} x_i Y_i - \sum_{i=1}^{n} x_i \sum_{i=1}^{n} Y_i\right)\Big/ n.$

(*d*) $\sum_{i=1}^{n} (x_i - \bar{x})^2 = \sum_{i=1}^{n} (x_i - \bar{x})x_i.$

(e) $\sum_{i=1}^{n}(x_i-\bar{x})^2=\left[n\sum_{i=1}^{n}x_i^2-\left(\sum_{i=1}^{n}x_i\right)^2\right]\Big/n.$

12. 종속변수 Y의 실제 의미는 $\hat{\mu}_{Y|x}=B_0+B_1x$에 의해 추정된다. $\mu_{Y|x}$에서 $\hat{\mu}_{Y|x}$가 불편추정량이므로 $E(\hat{\mu}_{Y|x})=\mu_{Y|x}$임을 보여라.

13. $S^2=\text{SSE}/(n-2)$가 σ^2에서 불편추정량임을 증명하는 것은 까다롭다. 증명단계의 개요는 다음과 같다.

(a) $\text{SSE}=S_{yy}-S_{xx}B_1^2$임을 보여라.

(b) $\text{SSE}=\Sigma_{i=1}^{n}Y_i^2-n\bar{Y}^2-S_{xx}B_1^2$을 보여라.

(c) $E[\text{SSE}]=\Sigma_{i=1}^{n}E[Y_i^2]-nE\bar{Y}^2-S_{xx}E[B_1^2]$을 보여라.

(d) $E[Y_i^2]=\text{Var }Y_i+(E[Y_i])^2$

$=\sigma^2+(\beta_0+\beta_1x_i)^2$

$E[\bar{Y}^2]=\text{Var }\bar{Y}+(E[\bar{Y}])^2$

$=\sigma^2/n+(\beta_0+\beta_1\bar{x})^2$

$E[B_1^2]=\text{Var }B_1+(E[B_1])^2$

$=\sigma^2/Sxx+\beta_1^2$

임을 보여라.

(e) $E[\text{SSE}]=(n-2)\sigma^2$임을 보이기 위해 식을 대체하고 단순화하라.

(f) $E[S^2]=\sigma^2$임을 보여라.

14. 추정을 위한 매개변수 μ_Y와 β_1이 각각 $\bar{Y}$와 B_1으로 나타남을 상기하고, $\text{Cov}(\bar{Y}, B_1)=0$임을 증명하라. 힌트: Y_i와 Y_j는 비상관관계라고 가정한다. $\bar{Y}$와 B_1은 Yi ($\bar{Y}=\Sigma_{i=1}^{n}a_iY_i$이고 $B_1=\Sigma_{i=1}^{n}c_iY_i$)의 선형 조합이라 쓴다. $a_i=1/n$이고 $c_i=(x_i-\bar{x})/\Sigma_{i=1}^{n}(x_i-\bar{x})^2$이다.

15. $\mu_{Y|x}=10+2.5x$가 진정한 회귀 방정식으로 알려져 있다고 가정해 보자. 정규성 가정 아래 β_1의 추정량인 B_1은 평균 β_1과 $\sigma^2/\Sigma_{i=1}^{n}(x_i-\bar{x})^2$을 가지고 정규분포를 확인하였다. 또한 $\text{Var }B_1=1.2$로 알려져 있다고 가정해 보자. 25개의 관찰 표본 (x_i, y_i)에 대해 β_1의 추정량이 3.5보다 클 확률을 찾아보라.

10.3절

생산 흐름숍(flow-shop) 문제에서 효율은 종종 첫 번째 기계의 첫 작업부터 마지막 기계의 마지막 작업까지 흐르는 시간인 최소화 공정계획(make-span)에 의해 평가되곤 한다. 부분적인 흐름숍의 공정계획은 종료된 각 작업의 수로 평가된다. 독립변수 X는 작업의 수이고 종속변수 Y는 공정계획이라 하자(표준단위로).

작업의 수(x)	4	5	6	7	8	9
공정계획(y)	3.75	4.90	4.88	7.2	7.3	9.1
	10	11	12	13	14	15
	9.0	11.9	11.5	14.1	13.9	17.5

이 데이터들은 연습문제 16~18번과 관련이 있다.

16. (*a*) 선형회귀 방정식 $\mu_{Y|x}=\beta_0+\beta_1 x$를 추정하라.

(*b*) 추정된 회귀 방정식을 도식화하라.

17. 유의수준 $\alpha=.05$에서의 중요 선형회귀를 실험하라.

18. (*a*) $x=\bar{x}$일 때, $\mu_{Y|x}$에서 95%의 신뢰구간을 계산하고 답을 설명하라.

(*b*) $x=12$일 때, $\mu_{Y|x}$에서 95%의 신뢰구간을 계산하고 답을 설명하라.

(*c*) (*a*)와 (*b*)에서 구간의 너비의 차이를 어떻게 설명할 것인가?

연습문제 19~22는 연습문제 7의 데이터를 이용한다.

19. 유의수준 .01에서 H_0: $\beta_0=2$를 검정하라.

20. 실제 절편 β_0를 위한 95% 신뢰구간을 계산하라.

21. 중요 선형회귀를 검정하라. 즉 .05 수준에서 H_0: $\beta_1=0$를 검정하라.

22. (*a*) 만약 $x=/50$이면, $x=50$일 때, Y의 단일 예측값은 얼마인가?

(*b*) $Y|x=50$에서 95%의 예측구간을 계산하고 설명하라.

x는 실행 가능한 SAS 코드의 라인 수이고 Y는 초 단위의 실행 시간이라 하자. 아래의 요약된 정보를 연습문제 23~28에 이용하라.

$$n=10 \qquad \sum_{i=1}^{10} x_i = 16.75 \qquad \sum_{i=1}^{10} y_i = 170 \qquad \sum_{i=1}^{10} x_i^2 = 28.64$$

$$\sum_{i=1}^{10} y_i^2 = 2898 \qquad \sum_{i=1}^{10} x_i y_i = 285.625$$

23. 선형회귀를 추정하고 도식화하라.

24. (*a*) Var $Y_i=\sigma^2$을 추정하라

(*b*) B_1의 표준편차를 추정하라.

(*c*) B_0의 표준편차를 추정하라.

25. 수준 .01에서 가설 $\beta_1=0$을 검정하고 결론 상태를 설명하라.

26. 수준 .05에서 가설 $\beta_0=25$를 검정하고 문제의 앞뒤 문맥의 결론을 토론하라.

27. 만약 중요한 회귀가 발견되었다면 15줄의 실행코드를 가지고 SAS 프로그램을 수행하는데 필요한 평균 시간을 추정하라.

28. 만약 회귀가 중요하지 않다면, 이것이 수학적으로 의미하는 것은 무엇인가?

29. 아래 데이터는 1965~1977년 사이에 석탄 보일러가 배출하는 이산화탄소의 양이다(단위 1000톤). 독립변수(년)는 아래와 같은 표를 생성하기 위해 표준화 되었다.

연(x)	0	5	8	9	10	11	12
CO_2 배출량(y)	910	680	520	450	370	380	340

(a) 선형회귀 방정식 $\mu_{Y|x}=\beta_0+\beta_1 x$를 추정하라.

(b) 이 기간 동안 이산화탄소 배출의 중요 선형 추세가 있는가? 즉 유의수준 .01에서 H_0: $\beta_1=0$를 검정하라.

(c) 추정회귀 직선을 이용하여 2000년 이후 석탄 보일러로부터 배출되는 평균 이산화탄소량을 추정할 수 있는가? 설명하라.

다음에 나오는 데이터는 아홉 개의 각기 다른 표본과 표준 화학 절차에 의해 결정되는 해당 무게에서 산화칼슘(CaO)의 알려진 무게를 보여 준다. 알려진 무게는 독립변수 X이다.

알려진 CaO(x)	3.0	7.0	11.5	15.0	19.0	24.0	30.0	35.0	39.0	39.0
조사된 CaO(y)	2.7	6.8	11.1	14.6	18.8	23.5	29.7	34.5	38.4	38.5

이 데이터를 연습문제 30~32번에 사용하라.

30. 추정값 $\mu_{Y|x}$를 이용하여 알려진 무게 x를 발견하기 위한 CaO의 평균 무게의 선형회귀 직선을 찾아라.

31. 실제 선형회귀 직선에 관한 Y의 분산의 불편추정값을 계산하라.

32. (a) $x=15$일 때 $\mu_{Y|x}$를 추정하라.

(b) $x=15$일 때 $\mu_{Y|x}$의 90% 신뢰구간을 계산하고 설명하라.

33. 타액과 일반 혈장속에 함유된 에스트론의 농도간 관계를 조사하는 연구가 진행되었다. 다음의 자료는 그 결과이다.

피험자	타액속의 에스트론(x)	일반 혈장속의 에스트론(y)
1	7.4	30.0
2	7.5	25.0
3	8.5	31.5
4	9.0	27.5
5	9.0	39.5
6	11.0	38.0
7	13.0	43.2
8	14.0	49.0
9	14.5	55.0
10	16.0	48.5

(a) 데이터의 산포도를 그려라.

(b) X 상에서 Y의 회귀 직선을 추정하라.

(c) 에스트론 레벨이 12.1일 때, 자유 플라즈마에서 에스트론의 레벨을 예측하라.

(d) .10 수준에서 중요 선형회귀를 검정하라.

10.4 절

34. 연습문제 1을 다시 고려해 보자. 단순 선형회귀인 데이터의 제안된 분산도가 적절하지 않더라도 직선은 최소제곱법을 이용하여 데이터를 강제할 수 있다.

(*a*) 연습문제 1의 데이터를 지나는 강제 직선 b_0와 b_1을 추정하라.

(*b*) 추정된 회귀 직선을 사용하여 $i=1$에서 18까지의 $\hat{y}_i$를 찾아라.

(*c*) 이 데이터들에서 18개의 잔차를 찾고 반올림오차가 없는지 확인하라. 이 잔차들의 합은 0이다.

(*d*) 잔차도를 그리고 단순선형회귀가 적절할 때 예상된 적합한 패턴이 보이지 않음을 설명하라.

(*e*) 미가공 데이터에서 직선보다 패턴을 잘 구분 지을 수 있는 식을 제안할 수 있는가?

(*f*) 잔차에 대한 상자그림을 스케치하고 설명하라.

35. 연습문제 2번에 주어진 각 데이터 집합의 잔차 구성을 스케치하라.(잔차는 연습문제 6에서 찾을 수 있다.) (만약 존재한다면) 단순선형회귀의 가정에 따른 구성 제안과 맞지 않는가?

36. 연습문제 9번의 잔차를 고려하라.

(*a*) 잔차 구성을 스케치하고 설명하라.

(*b*) 잔차들의 상자그림을을 스케치하고 설명하라.

37. 전자 땜납 기술은 회로를 조립하기 위해 사용되었다. 고열을 수반하기 때문에 크리프, 왜곡, 금속피로 같은 스트레스가 발생할 수 있다. 아말감을 납땜의 대안으로 사용하는 것이 가능하다는 연구가 있다. 아말감은 액체 금속과 실온에서 생성된 분말의 혼합물이다. 아래 표는 갈륨/니켈/구리의 분 단위의 경화되는 시간(x)과 강도(y) 간의 자료이다.

x(경화시간)	y(강도, D)
5	9, 9, 10
1500	68, 70, 72
1800	82, 80, 83
2000	87, 86, 86
3500	91, 90, 90
4200	91, 91, 92
5800	95, 96, 93

(*a*) 이 데이터들의 분포도를 그려라.

(*b*) 단순선형회귀가 적당하지 않더라도 강제 회귀 직선은 데이터를 지난다. 이 선을 분포도에 그려라.

(*c*) 눈에 보이도록 각 잔차를 추정하여 잔차도를 그린 뒤 토론하라.

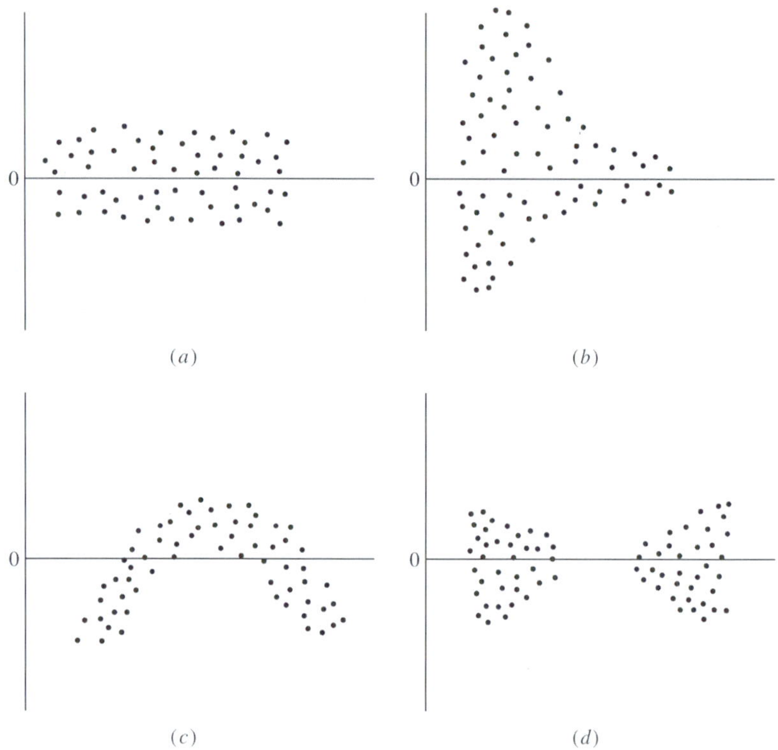

그림 10.20 잔차도.

(*d*) 만약 SAS나 다른 컴퓨터 소프트웨어 사용이 가능하면 정확한 잔차를 찾고 잔차도를 그려라.

38. 그림 10.20은 다양한 데이터 집합들의 잔차도를 보여 준다. 각 경우에 위반될 수 있는 모델의 가정을 확인하라.

10.5절

식량 생산에 사용된 농약은 음식에서 검출할 수 있다. 말라옥손에 노출된 닭에 관한 연구에서 닭은 농약의 간 해독이 영향을 받는지 확인하기 위해 간 효소 유도 물질에 노출되었다. 다음에 나오는 데이터는 통상의 농약 해독의 백분율(y) 및 정상 간 효소 수준의 백분율(x)이다. 이 데이터들을 연습문제 39~42에 이용하라.

효소수준(x)	해독수준(y)
95	108
110	126
118	102
124	121
145	118
140	155
185	158
190	178
205	159
222	184

39. (*a*) 이 데이터의 분산도를 그려라.

(*b*) X와 Y 사이의 상관관계인 ρ를 추정하라.

40. 0.10 수준에서 X와 Y 사이에 상관이 없다는 영가설을 실험하라. 즉 H_0: $\rho=0$을 실험하고 결론을 토론하라.

41. ρ에서 90%의 신뢰구간을 찾아라.

42. 유의수준 $\alpha=.05$에서 H_0: $\rho=.8$을 검정하라.

43. 이 자료는 특정 표본의 구리 함유량, 확률 변수 x와 y로 표현되는 로크웰 경도이다.

x	y
.01	58.0
.03	66.0
.01	55.0
.02	63.2
.10	58.3
.08	57.9
.12	69.3
.15	70.1
.10	65.2
.11	62.3

(*a*) 이 데이터들의 분포도를 그려라.

(*b*) ρ에서 점추정값을 찾아라.

(*c*) ρ에서 95%의 신뢰구간을 찾고 토론하라.

44. $B_1/(S/\sqrt{S_{xx}})=R\sqrt{n-2}/\sqrt{1-R^2}$임을 보여라. 힌트: $B_1=S_{xy}/S_{xx}$, $R=S_{xy}/\sqrt{S_{xx}S_{yy}}$, $B_1/(S/\sqrt{S_{xx}})=\sqrt{S_{yy}}R/S$, $SSE=S_{yy}-B_1S_{xy}$, $S^2=SSE/(n-2)$를 이용하라.

45. 확률변수 (X, Y)가 $\rho=0$에서 이변량 정규분포를 가진다면 X와 Y가 독립임을 보여라.

46. 상관계수가 0이면 X와 Y가 항상 독립적이라는 것을 의미하는가?

47. 확률변수 (X, Y)가 이변량 정규분포라면 점 (μ_X, μ_Y)가 X 상의 Y의 실제 회귀 직선 위에 놓여 있음을 보여라.

48. 연습문제 2번 데이터의 결정 상관계수를 찾고 설명하라.

49. 연습문제 7번 데이터의 결정 상관계수를 찾고 설명하라.

50. 연습문제 10번 데이터의 결정 상관계수를 찾고 설명하라.

51. 연습문제 1번 데이터의 결정 상관계수를 찾고 설명하라.

복습문제

다음의 자료는 연료 가스의 온도 (°F)와 석탄 가스화에 사용될 연소 터빈의 단위 열소비율 (Btu/kWh)이다.

온도, °F(x)	연소비율(y)
100	99.1
150	98.5
200	98.2
250	98.0
300	97.8
350	97.6
400	97.5
450	97.0
500	96.8

이 자료를 연습문제 52~56에 사용하라.

52. 회귀 곡선 $\mu_{Y|x}=\beta_0+\beta_1 x$를 추정하라.

53. H_0: $\beta_1=0$ 대 H_1: $\beta_1<0$을 $\alpha=.05$를 이용하여 실험하라.

54. 선형회귀 곡선의 적합도의 척도로 결정 계수를 추정하라.

55. β_0에서 90%의 신뢰구간을 계산하고 토론하라.

56. β_1에서 95%의 신뢰구간을 계산하고 토론하라.

엔지니어는 일반적으로 용광로에서 배기가스의 형태로 환경으로의 열 손실 회복에 대해 조사하기를 바란다. 실험은 초당 미터 단위로 히트 파이프를 통과하는 유속을 고정하고 복구 비율을 측정하여 설계되었다. 이 연구는 다음과 같은 데이터를 산출하였다.

유속, m/sec(x)	복구율(y)
1	.740
1.5	.745
2	.718
2.5	.678
3	.652
3.5	.627
4	.607
4.5	.507
5	.545

이 데이터를 연습문제 57~59에 사용하라.

57. 회귀 곡선 $\mu_{Y|x}=\beta_0+\beta_1 x$를 추정하라.

58. .05 수준에서 중요 회귀를 검정하라.

59. (*a*) 흐름 속도가 3.25(m/sec)로 고정될 경우, $\mu_{Y|x}=3.25$와 $Y|x=3.25$를 예측하라.

(*b*) $\mu_{Y|x}=3.25$에서 95% 신뢰구간을 계산하고 설명하라.

(*c*) $Y|x=3.25$에서 95% 신뢰구간을 계산하고 설명하라.

(*d*) (*b*)와 (*c*) 사이의 다른 구간에 대해 설명하라.

호수에 미치는 공기 품질의 영향에 관한 연구에서 실험자는 물의 pH와 공기의 질의 관계를 측정하였다. 0~100의 숫자 중 큰 수가 높은 오염도를 의미한다. 데이터는 다음과 같다.

pH (x)	4.5	4.1	4.8	4.0	5.0	6.0	3.5	4.9	3.2	6.1
공기 품질(y)	40	50	30	60	20	10	70	30	85	15

이 자료를 이용하여 연습문제 60~62번을 풀어라.

60. (a) xy 평면에 데이터를 그려라.

(b) 상관계수 ρ를 추정하라.

61. 유의수준 .05에서 부정 상관 중요도를 측정하라.

62. ρ에서 90% 신뢰구간을 계산하고 토론하라.

63. 10쌍의 데이터(x, y) 집합은 r=.3의 상관계수로 추정된다고 가정하자.

(a) H_0: $\rho=0$ 대 H_1 :$\rho \neq 0$을 검정하기 위한 가장 작은 근삿값 P를 계산하라.

(b) r=.3이지만, n=50이라고 재 가정을 하자. (a)의 같은 가정을 테스트 하기 위한 가장 작은 근사치 P값은 무엇인가? (a)와 (b)에서 P값의 차이를 어떻게 설명할 것인가?

64. (a) 상관계수(절댓값)의 크기는 x에 Y의 선형회귀 직선의 기울기에 어떤 관계가 있는가?

(b) 상관계수(절댓값)의 크기는 x에 Y의 선형회귀 직선에 점들이 근사함에 어떤 관계가 있는가?

65. 반자동 또는 수동 연산자가 포함된 흐름쇼을 처리할 경우 처리 시간은 임의의 변수로 간주될 수 있다. 두 개의 서로 다른 시스템을 위한 공정계획(마지막 작업이 마지막으로 컴퓨터에서 완료 될 때까지 시간이 경과) 사이의 상관관계를 연구하기로 결정했다. 이 연구 결과 작업의 10세트의 임의의 선택에 대해 다음과 같은 이변 관측이 나왔다.

Job	시스템 1(x)	시스템 2(y)
1	4.1	3.9
2	5.0	5.1
3	4.9	5.0
4	5.3	4.9
5	13.5	13.3
6	12.0	13.2
7	19.2	21.3
8	10.0	9.1
9	24.1	23.0
10	6.9	8.1

(a) 피어슨 상관계수를 추정하라.

(b) 실제 상관 ρ에서 95%의 신뢰구간을 계산하라.

(c) .05 수준에서 중요 상관을 검정하라. (b)와 (c)가 유사한가?

(d) 결정의 계수를 계산하고 의미를 설명하라.

66. 미국 삼나무의 무게 감소에 미치는 산성 유형 및 산도의 효과를 연구하였다. 아황산은 제

어제로 2.0, 2.5, 3.0, 3.5, 4.0과 증류수(산도 5.6)의 산도 수준에서 사용되었다. 가속 내후실은 200시간 계에 사용된다. 동일한 크기의 붉은 삼나무 웨이퍼에서 얻을 무게를 측정한다. 각 웨이퍼는 그 다음 1시간 동안 산성 용액에 담긴 후 25 시간 동안 풍화실에 배치된다. 이 프로세스는 풍화 시간이 최종 무게가 얻어지는 시점에서 200시간, 도달할 때까지 반복된다. 다음과 같은 데이터를 얻었다.

관측치 번호	산도(pH)	초기 무게	최종 무게	무게 손실
1	2.0	696	661	35
2	2.0	696	664	32
3	2.0	694	664	30
4	2.5	699	668	31
5	2.5	696	668	28
6	2.5	692	666	26
7	3.0	697	673	24
8	3.0	698	675	23
9	3.0	698	674	24
10	3.5	699	677	22
11	3.5	698	678	20
12	3.5	699	674	25
13	4.0	698	677	21
14	4.0	698	678	20
15	4.0	698	673	25
16	5.6	698	677	21
17	5.6	698	678	20
18	5.6	696	672	24

(*a*) pH와 무게 감소에 관한 그래프를 그려라. 이 아황산과 서양 삼나무 무게 감소에 미치는 효과 수준의 측면에서 무엇을 제안하는가?

(*b*) pH와 무게 감소의 피어슨 상관을 계산하라.

(*c*) 유의수준 $\alpha = .05$에서 중요 상관을 검정하라.

(*d*) 상관 ρ의 실제 값에서 95% 신뢰구간을 계산하라.

엔지니어는 당일의 온도에 따라 전력 수요를 예측한다. 이것은 회사가 단기 기상 예측에 따라 전력을 구입하고 전달할 수 있어서 등화 관제를 감소 또는 방지할 수 있다. 수요 규모는 0부터 10까지에서 고안되었는데 0이 매우 낮은 수요를 나타내고 10이 최대 수요를 가리킨다. 올해 365일 중 무작위 표본으로 40일을 선정하였고 다음과 같은 데이터를 산출 하였다.

관측치 번호	온도	수요	관측치 번호	온도	수요
1	30	2.9	21	67	1.4
2	11	5.1	22	33	3.1
3	97	4.0	23	81	1.9
4	41	2.0	24	101	3.5
5	53	1.6	25	84	1.5
6	105	4.5	26	36	1.2
7	68	.3	27	98	3.1
8	1	8.0	28	79	1.0
9	48	.6	29	98	3.6
10	106	5.6	30	3	7.8
11	98	3.3	31	86	2.7
12	33	2.6	32	34	2.2
13	10	5.2	33	108	4.5
14	63	.9	34	14	4.9
15	50	1.3	35	89	2.9
16	2	7.1	36	53	1.3
17	45	1.4	37	55	.7
18	59	.6	38	15	4.7
19	7	6.3	39	87	2.2
20	96	3.5	40	87	1.9

이 데이터를 연습문제 67~69번에 이용하라.

67. (*a*) 반응 변수(수요) 대 독립변수(온도)에 대한 데이터를 도식화하라. 이 경우 간단한 선형회귀 직선이 수요를 잘 예측한다고 생각하는가? 이유는?

(*b*) 온도가 60도 이하인 그래츠와 60도를 넘는 그래프를 작성하라. 당신은 수요를 예측하는 두 개의 별도의 회귀 직선이 잘 작동한다고 생각하는가?

(*c*) 이 데이터를 이용하여 수요를 예측하는 다른 모델을 생각해 보고 토론하라.

68. (*a*) 60도와 같거나 낮은 온도에서 선형회귀 직선을 추정하라.

(*b*) 유의수준 $\alpha=.05$에서 중요 회귀 직선을 검정하라.

(*c*) (*a*)의 회귀 직선을 이용하여 15도에서 "수요"를 예측하라.

(*d*) 온도가 15도일 때 평균 "수요"의 95% 신뢰구간을 계산하라.

69. 연습문제 68 (*a*)~(*d*)를 60도 초과 범위에서 반복하라. 또한 수요를 예측하고 90도에서의 신뢰구간을 계산하라.

CHAPTER 11

분산분석

7장에서 단일 모집단의 평균 가설 검정 문제를 논의했다. 이 문제를 9장에서 두 모집단의 평균 검정으로 확장시켰다. 후자의 경우 주로 정규 모집단에서 가져온 독립적인 표본의 평균 비교에 관심을 두었다. 합동 T 검정 또는 새터스웨이트 절차를 사용했다. 또한 쌍을 이룬 데이터의 평균을 비교하는 방법인 대응표본 T 검정을 검토했다. 이번 장에서는 이러한 문제가 분산분석(ANOVA: analysis of variance)이라는 통계적 방법론을 통해 여러 개의 모집단 평균을 비교하는 것으로 확장된다. 분산분석은 측정된 반응의 총변량이 변량의 인식 가능한 근원에서 유래하는 구성요소로 분할되는 과정이다. 이러한 개별 구성요소는 관련 가설을 검정하는 데 유용하다.

이번 장에서 실험설계(experimental design)라고 불리는 통계 영역을 다룬다. 실험설계는 실험적 연구의 설계라는 현실적이고 이론적인 측면을 다루는 응용통계에서 광범위하고 중요한 영역이다. 이러한 연구에는 세 가지 주요 단계가 있다. 문제 정형화, 실험설계 및 수집된 데이터의 분석이다.

1단계에서 풀고자 하는 문제를 신중하게 진술한다. 이 과정은 문제에 대해 현재까지 알려진 모든 정보와 객관화에 대한 고려, 연구 범위, 명확한 연구 목적을 수집하는 것까지 포함해야 한다.

2단계에 해당하는 연구설계는 응답 변수들을 선택하고 어떤 다른 변수가 응답에 영향을 미칠 수 있는지에 대한 예측 시도를 포함한다. 이러한 변수의 영향을 통제하거나 적어도 측정하는 기술이 결정된다. 비용, 시간 및 기타 현실적 제약이 고려된다. 궁극적으로 수행할 관측 수, 실험 순서 및 사용될 임의추출 방법에 대해 결정된다. 이후 통계적 모델이 확정된다. 이상적으로 이 모델은 실험설계를 설명하며 이해하거나 분산분석 기법으로 분석하기에 쉬우며 모델 수립 단계에서 제시된 질문에 통계적으로 답하는 것이 가능한 것이다.

만약 실험이 잘 설계된다면 적절한 분석이 예상되기 때문에 수집된 데이터의 분석이라는 3단계는 어렵지 않다.

이 장에서는 자주 접하는 '단일 요인' 실험설계를 위한 ANOVA 기법을 개발한다. '단일 요인'은 주 관심사를 응답에 영향을 미칠 수 있는 주요한 단일 요인에 두는 설계를 의미한다.

예를 들어 특정 엔진 오일의 점도를 연구하는 실험을 실시할 때 단일 요인으로서 기름의 온도를 생각할 수 있다. 혹은 임의 배열을 정렬하는 정렬 알고리즘의 속도에 대한 연구에서 컴퓨터 과학자들은 정렬 알고리즘의 착수 시점에서 배열이 정렬에서 벗어난 정도를 단일 요인으로 간주할 수 있을 것이다.

11.1 일원분류 고정효과 모델

k개 모집단의 평균 비교에 관심을 둔다고 가정한다. 이 실험적인 상황은 다음 중 하나일 것이다.

1. 실험에서 조사된 몇몇 공통적인 특징에 의해 확인되는 k개의 모집단을 갖는다. k개의 모집단에서 각각 $n_1, n_2 \ldots, n_k$의 크기를 갖는 독립적인 임의 표본이 선택된다. 측정된 응답에서 관찰된 차이는 k개 집단 사이의 기본적인 차이에 기인하고 있다.
2. N개의 동종 실험 단위를 수집했으며 k개의 다른 처치에 따른 결과를 조사하고자 한다. 이 실험대상은 $n_1, n_2, \ldots, n_k$의 크기를 갖는 k개의 하위 그룹으로 임의로 나눠었으며 각 하위 그룹은 다른 실험 처치를 받는다. k개의 하위 그룹은 k개 모집단으로부터 추출된 $n_1, n_2, \ldots, n_k$ 크기의 독립적인 임의 표본을 구성하는 것으로 간주된다.

위에서 비록 실험 상황은 다르지만 위 실험들이 $\mu_1, \mu_2, \ldots, \mu_k$의 평균을 갖는 모집단들로부터 추출된 독립적인 임의 표본을 각각 초래한다는 점은 유사하다. 관심은 모집단의 평균이 동일하다는 귀무가설을 검정하는 데에 있다. 즉 다음을 검정하고자 한다.

$$H_0 : \mu_1 = \mu_2 = \cdots = \mu_k$$
$$H_1 : \mu_i \neq \mu_j$$
(적어도 평균 중 2개는 동일하지 않음)

이것은 9장에서 공부했던 독립적인 표본에 근거한 두 표본 문제의 확장이다.

개발한 모델은 일원분류 고정효과(one-way classification fixed-effects) 모델이라 불린다. '일원분류' 란 하나의 요인 또는 속성이 실험에서 조사되고 있다는 사실을 의미한다. 이 요인은 k개의 다른 수준에서 조사된다. 두 번째 실험 상황에서 우리는 대개 요인 수준보다는 '처치' 라는 용어를 사용한다. '고정효과' 라는 용어는 처치나 관련된 요인 수준에 특별히 관심을 두기 때문에 이것들이 실험을 통해 구체적으로 선택된다는 점을 설명한다. 이것들은 여러 가능한 처치 또는 수준에서 임의로 선택되지 않는다. 예제 11.1.1이 이 용어들의 뜻을 명확하게 이해시켜 줄 것이다.

예제 11.1.1. 특정 지리적 영역의 5개 주요 석탄층의 유황 함유량을 조사하는 연구가

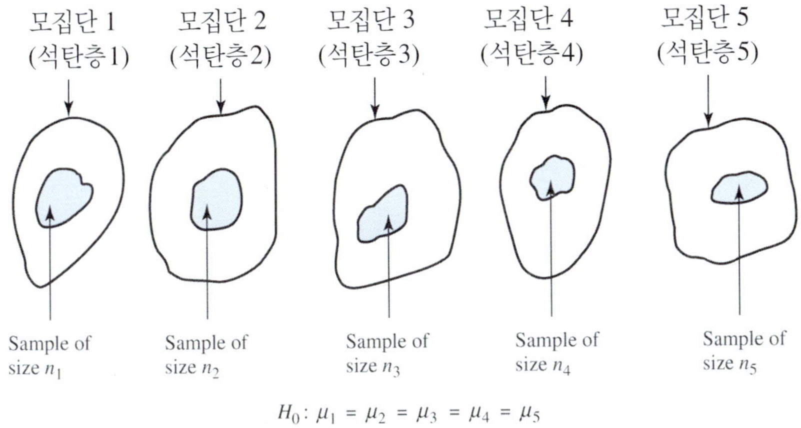

그림 11.1 특정 지역의 5가지 주요 석탄층에서 독립적으로 선택된 n_1, n_2, n_3, n_4, n_5의 크기를 가진 임의 표본들.

있다. 핵심 표본은 각 층의 임의로 선택된 지점에서 채취되며 측정된 응답은 핵심 표본당 유황의 비율이다. 우리는 5개의 층에 대해 평균 유황 비율에 존재할 수 있는 모든 차이를 감지하려 한다. 각 층은 모집단을 구성한다. 우리는 각 모집단으로부터 추출한 독립적인 표본에 기반하여 다음 검정을 통해 모집단의 평균을 비교한다.

$$H_0: \mu_1 = \mu_2 = \mu_3 = \mu_4 = \mu_5$$
$$H_1: \mu_i \neq \mu_j \quad \text{모든 } i, j\text{에 대해}$$

연구상의 단일 요인은 관련된 석탄층이다. 이 요인은 다섯 개의 수준에서 조사된다. 이 수준은 임의로 선택되지 않으며 도리어 의도적으로 해당 지역의 5가지 주요 층을 조사하기로 결정한다. 이 설계는 '고정효과' 설계이다. 이 연구는 앞서 설명한 첫 번째 실험 상황의 예이다. 그림 11.1은 이 아이디어를 보여 준다.

i번째 치료에 대한 j번째 응답이나 요인 수준 $i=1, 2, ..., k$와 $j=1, 2, ..., n_i$를 Y_{ij}로 표기한다. 여기서 n_i는 i번째 집단에서 추출한 표본의 크기를 나타낸다. k개 표본에 대한 총 관측수는 $N=n_1+n_2+\cdots+n_k$이다. 단일 요인 실험에서 수집된 데이터뿐만 아니라 중요한 표본 통계학에서 수집된 데이터는 표 11.1처럼 편리하게 나타난다. 다음의 표기에서 점은 합계의 대상이 되는 아래 첨자를 나타낸다.

$$\begin{aligned} T_{i\cdot} &= i\text{번째 처치 응답의 총합} \\ &= \sum_{j=1}^{n_i} Y_{ij} \\ \bar{Y}_{i\cdot} &= i\text{번째 처치에 대한 표본 평균} \\ &= T_{i\cdot}/n_i \\ T_{\cdot\cdot} &= \text{모든 응답의 총합} \\ &= \sum_{i=1}^{k} T_{i\cdot} = \sum_{i=1}^{k}\sum_{j=1}^{n_i} Y_{ij} \end{aligned}$$

표 11.1
일원분류 데이터

	처치 또는 요인 수준					
	1	2	3	$\cdots$	k	
	Y_{11}	Y_{21}	Y_{31}		Y_{k1}	
	Y_{12}	Y_{22}	Y_{32}		Y_{k2}	
	Y_{13}	Y_{23}	Y_{33}		Y_{k3}	
	$\vdots$	$\vdots$	$\vdots$		$\vdots$	
	Y_{1n_1}	Y_{2n_2}	Y_{3n_3}		Y_{kn_k}	
합계	$T_{1\cdot}$	$T_{2\cdot}$	$T_{3\cdot}$	$\cdots$	$T_{k\cdot}$	$T_{\cdot\cdot}$
표본 평균	$\bar{Y}_{1\cdot}$	$\bar{Y}_{2\cdot}$	$\bar{Y}_{3\cdot}$	$\cdots$	$\bar{Y}_{k\cdot}$	$\bar{Y}_{\cdot\cdot}$

$$\bar{Y}_{\cdot\cdot} = \text{모든 응답의 표본 평균}$$
$$= T_{\cdot\cdot}/N$$

예제 11.1.2가 이러한 표기법의 용례를 보여 준다

예제 11.1.2. 특정 지역의 주요 다섯 석탄층의 황 함유량에 대한 데이터와 요약된 통계량이 얻어진다.

요인(석탄층)					
1	2	3	4	5	
1.51	1.69	1.56	1.30	.73	
1.92	.64	1.22	.75	.80	
1.08	.90	1.32	1.26	.90	
2.04	1.41	1.39	.69	1.24	
2.14	1.01	1.33	.62	.82	
1.76	.84	1.54	.90	.72	
1.17	1.28	1.04	1.20	.57	
	1.59	2.25	.32	1.18	
		1.49		.54	
				1.30	
$T_{1\cdot} = 11.62$	$T_{2\cdot} = 9.36$	$T_{3\cdot} = 13.14$	$T_{4\cdot} = 7.04$	$T_{5\cdot} = 8.8$	$T_{\cdot\cdot} = 49.96$
$\bar{Y}_{1\cdot} = 1.66$	$\bar{Y}_{2\cdot} = 1.17$	$\bar{Y}_{3\cdot} = 1.46$	$\bar{Y}_{4\cdot} = .88$	$\bar{Y}_{5\cdot} = .88$	$\bar{Y}_{\cdot\cdot} = 1.189$

다섯 표본의 평균 $\bar{Y}_{1\cdot}, \bar{Y}_{2\cdot}, \bar{Y}_{3\cdot}, \bar{Y}_{4\cdot}, \bar{Y}_{5\cdot}$가 모집단 평균 $\mu_1, \mu_2, \mu_3, \mu_4, \mu_5$에 대한 불편추정량임을 안다. 조사를 통해 표본 평균 간에 약간의 차이가 있음을 발견한다. 여기서 주어지는 질문은 다음과 같다: "이러한 차이는 5개의 석탄층간 평균 유황 함유량에 진짜 격차가 있다고 결론지을 정도로 충분히 극적인가?" 이 질문에 대답하려면 이러한 데이터에 근거하여 H_0: $\mu_1=\mu_2=\mu_3=\mu_4=\mu_5$를 검정할 방법을 개발할 필요가 있다.

모델

동일한 처치 평균에 대한 귀무가설을 검정하는 방법을 확인하기 위하여 통계 모델을 고안해야 한다. 우선 각 응답은 다음과 같이 표현됨을 주목하라.

$$Y_{ij} = \mu_i + \mathrm{E}_{ij}$$

μ_i는 i번째 모집단의 이론적인 평균값을 나타내고, E_{ij}는 i번째 모집단에서 취해진 j번째 관측과 해당 모집단의 평균 간 임의의 차이를 나타낸다. 즉 $\mathrm{E}_{ij}=Y_{ij}-\mu_i$이다. 이 모델을 기술하는 대안은 $\alpha_i=\mu_i-\mu$에 의해 얻어진다.

$$\mu = \sum_{i=1}^{k} n_i\mu_i/N$$

실제 의미에서 μ는 k개의 모집단을 통합하여 찾은 전체 평균 효과를 나타낸다. 표본의 크기가 동일한 경우 μ는 단지 k개 모집단 평균의 평균이라는 점에 주목하라. α_i는 전체 평균 μ와 i번째 모집단 평균 간 격차이기 때문에 α_i는 i번째 처치의 효과를 측정한다. 다음을 주목하라.

$$\sum_{i=1}^{k} n_i\alpha_i = \sum_{i=1}^{k} n_i(\mu_i - \mu) = \sum_{i=1}^{k} n_i\mu_i - N\mu = 0$$

치환을 통해 일원분류 고정효과 모델은 아래에 주어진 3가지 방법 중 하나로 표현된다.

일원분류 고정효과 모델

$$Y_{ij} = \mu_i + \mathrm{E}_{ij}$$
$$Y_{ij} = \mu + (\mu_i - \mu) + (Y_{ij} - \mu_i)$$
$$Y_{ij} = \mu + \alpha_i + \mathrm{E}_{ij}$$

이 모델은 그림 11.2에서 설명된다.

후자의 모델은 수학적으로 다음과 같이 각 응답은 3개의 인식 가능한 구성 요소로 나눌 수 있다는 개념을 표현한다.

i번째 처치에 대한 j번째 실험 단위의 응답		전반적인 평균 응답		실험 단위가 i번째 처치를 받음으로써 전체 평균으로부터 발생하는 편차		임의의 영향에 의해 i번째 모집단 평균으로부터 발생하는 임의의 편차
Y_{ij}	$=$	μ	$+$	$(\mu_i - \mu \text{ or } \alpha_i)$	$+$	$(Y_{ij} - \mu_i \text{ or } \mathrm{E}_{ij})$

만일 $\mu_1=\mu_2=\cdots=\mu_k$라면

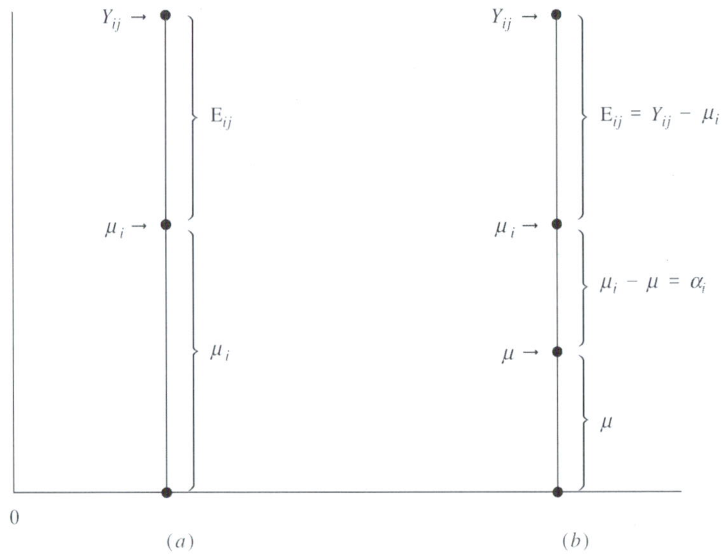

그림 11.2 | (a) $Y_{ij}=\mu_i+E_{ij}$. i번째 표본의 j번째 관측은 두 개의 인식 가능한 구성 요소로 분할되는 것으로 간주. μ_i는 i번째 처치에 대한 평균이고 E_{ij}는 j번째 실험 단위에 작용하는 임의의 영향에 의해 발생한 평균의 편차이다.
(b) $Y_{ij}=\mu+(\mu_i-\mu)+(Y_{ij}-\mu_i)$ 또는 $Y_{ij}=\mu+\alpha_i+E_{ij}$. i번째 표본의 j번째 관측은 세 개의 인식 가능한 구성 요소로 분할. μ는 전체 평균, $\mu_i-\mu$는 i번째 처치가 포함되어 발생하는 효과이며 μ_i가 전체 평균과 달라지게 만든다. E_{ij}는 임의의 영향에 의한 편차.

$$\mu = \sum_{i=1}^{k} n_i\mu_i/N = N\mu_i/N = \mu_i \qquad 1, 2, ..., k \text{ 각각에 대해}$$

이고 각 i에 대해 $\alpha_1=\mu_1-\mu=0$임을 주의함으로써 동일한 처치 평균에 대한 귀무가설은 또 다른 형태로 표현될 수 있다. 이것은

$$H_0\colon \mu_1 = \mu_2 = \cdots = \mu_k$$

를 검정하는 것이

$$H_0\colon \alpha_1 = \alpha_2 = \cdots = \alpha_k = 0$$

를 검정하는 것과 동일하다는 것을 의미한다.

H_0 검정

검정통계량을 도출하려면 임의의 차이 E_{ij}에 대한 몇 가지 가정을 해야 한다. 이러한 가정은 이전의 회귀 모델에서 만들어진 것과 비슷하다. 특히 임의의 차이 E_{ij}는 독립적이고 정규분포 확률변수이며 각각 평균 0과 σ^2의 분산을 갖는다고 가정한다. 더 이해하기 쉬운 용어로 전제한다.

1. k개의 표본은 알려지지 않은 평균 $\mu_1, \mu_2, ..., \mu_k$를 가진 k개의 특정 모집단에서 도출된 독립적인 표본이다.
2. 각각의 k개 모집단은 정규분포를 갖는다.
3. 각각의 k개 모집단은 동일한 분산 σ^2을 갖는다.

이 형태로 표현하면 이러한 가정이 두 모집단의 평균을 비교하는 합동 T 검정에 대해 9장에서 만들어진 가정과 유사함을 쉽게 알 수 있다.

분산분석은 몇 가지 측정된 응답의 총변량이 인식 가능한 근원에서 유래하는 구성성분으로 분할되는 절차로서 정의된다. $\mu_1, \mu_2, ..., \mu_k$는 이론적 모집단 평균이기 때문에 모델은 이론적인 의미에서 유효하다. 실제적으로 관측을 분할하기 위해서 이 이론적인 평균은 각각 그들의 불편추정량 $\bar{Y}..$, , $\bar{Y}_1.$, $\bar{Y}_2.$, ..., $\bar{Y}_k.$로 치환된다. 모델에서 이론적인 평균을 그들의 추정량으로 대체함으로써 다음의 항등식을 얻는다.

$$Y_{ij} = \bar{Y}.. + (\bar{Y}_i. - \bar{Y}..) + (Y_{ij} - \bar{Y}_i.)$$

$\bar{Y}..$가 전체 평균 효과 μ의 추정량임을 주목하라. $Y_i. - \bar{Y}..$는 i번째 처치의 효과 $\alpha_i = \mu_i - \mu$에 대한 추정량이다. $Y_{ij} - \bar{Y}_i.$는 임의 오류 $E_{ij} = Y_{ij} - \mu_i$에 대한 추정량이다. $Y_{ij} - \bar{Y}_i.$는 보통 잔차라 불린다. 이 항등식은 다음과 등가이다.

$$Y_{ij} - \bar{Y}.. = (\bar{Y}_i. - \bar{Y}..) + (Y_{ij} - \bar{Y}_i.)$$

만일 항등식의 양변을 제곱하고 모든 가능한 i와 j에 대해 합산하면 다음을 얻는다.

$$\begin{aligned}\sum_{i=1}^{k}\sum_{j=1}^{n_i}(Y_{ij} - \bar{Y}..)^2 &= \sum_{i=1}^{k}\sum_{j=1}^{n_i}[(\bar{Y}_i. - \bar{Y}..) + (Y_{ij} - \bar{Y}_i.)]^2 \\ &= \sum_{i=1}^{k}\sum_{j=1}^{n_i}(\bar{Y}_i. - \bar{Y}..)^2 + 2\sum_{i=1}^{k}\sum_{j=1}^{n_i}(\bar{Y}_i. - \bar{Y}..)(Y_{ij} - \bar{Y}_i.) \\ &\quad + \sum_{i=1}^{k}\sum_{j=1}^{n_i}(Y_{ij} - \bar{Y}_i.)^2\end{aligned}$$

중간 항은 0이며 이유는 다음과 같다.

$$\sum_{j=1}^{n_i}(Y_{ij} - \bar{Y}_i.) = \sum_{j=1}^{n_i}Y_{ij} - n_i\bar{Y}_i. = 0$$

다음에 유의하며

$$\sum_{i=1}^{k}\sum_{j=1}^{n_i}(\bar{Y}_i. - \bar{Y}..)^2 = \sum_{i=1}^{k}n_i(\bar{Y}_i. - \bar{Y}..)^2$$

분산의 일원분류 분석에 대해 제곱합(sum of squares)의 정의를 얻는다.

제곱합

$$\sum_{i=1}^{k}\sum_{j=1}^{n_i}(Y_{ij} - \bar{Y}..)^2 = \sum_{i=1}^{k}n_i(\bar{Y}_i. - \bar{Y}..)^2 + \sum_{i=1}^{k}\sum_{j=1}^{n_i}(Y_{ij} - \bar{Y}_i.)^2$$

이 정의의 각 구성 요소는 의미심장하게 해석될 수 있다. 특히

$$\sum_{i=1}^{k}\sum_{j=1}^{n_i}(Y_{ij}-\bar{Y}..)^2 = \text{자료내 총 변량의 측정} = \text{총 제곱합}(SS_{\text{Tot}})$$

$$\sum_{i=1}^{k}n_i(\bar{Y}_i.-\bar{Y}..)^2 = \text{다른 요인 수준이나 적용된 처치에 기인한 자료내 변량의 측정} = \text{처치 제곱합}(SS_{\text{Tr}})$$

$$\sum_{i=1}^{k}\sum_{j=1}^{n_i}(Y_{ij}-\bar{Y}_i.)^2 = \text{동일 요인수준이나 피험자간 차이에 의한 임의변동에 기인한 자료 내 변량의 측정} = \text{잔차 혹은 오류 제곱합}(SS_E)$$

이다. 상징적으로 제곱합은 다음과 같이 쓸 수 있다.

일원분류의 개념적 제곱합

$$SS_{\text{Tot}} = SS_{\text{Tr}} + SS_E$$

모집단 평균에 차이가 있는 경우 응답의 변량 대부분이 다른 처치가 사용되고 있다는 사실에 기인한 것으로 예측한다. 즉 SS_{Tr}이 SS_E에 비해 큰 것을 기대하고 있다. 분산분석 과정은 적절한 F 비율을 통해 실험 단위 간 처치 변량(SS_E)을 실험 단위 내 처치 변량(SS_{Tr})과 비교함으로써 동일한 처치 평균에 대한 귀무가설을 검정하는 개념을 사용한다.

적절한 F 비율을 구성하기 위해 통계량 SS_{Tr}과 SS_E의 기댓값 고려해야 한다. 이렇게 하기 위하여 임의의 오류 E_{ij}가 평균 0, 분산 σ^2을 갖는 독립적인 정규분포 확률변수라는 모델의 가정을 사용해야 한다. 우선 각 i에 대하여 다음을 유의하자.

$$\begin{aligned}\bar{Y}_i. &= \sum_{j=1}^{n_i}(\mu+\alpha_i+\mathrm{E}_{ij})/n_i \\ &= \frac{n_i\mu+n_i\alpha_i+\sum_{j=1}^{n_i}\mathrm{E}_{ij}}{n_i} \\ &= \mu+\alpha_i+\bar{\mathrm{E}}_i.\end{aligned}$$

또한 $\Sigma_{i=1}^{k}n_i\alpha_i=0$이기 때문에 다음이 성립한다.

$$\bar{Y}.. = \sum_{i=1}^{k}\sum_{j=1}^{n_i}Y_{ij}/N$$

$$= \sum_{i=1}^{k} \sum_{j=1}^{n_i} (\mu + \alpha_i + \mathrm{E}_{ij})/N$$

$$= \frac{N\mu + \sum_{i=1}^{k} n_i \alpha_i + \sum_{i=1}^{k} \sum_{j=1}^{n_i} \mathrm{E}_{ij}}{N}$$

$$= \mu + \overline{\mathrm{E}}..$$

위와 같은 식을 대체하여 SS_{Tr}을 다시 작성할 수 있다.

$$\begin{aligned} SS_{\mathrm{Tr}} &= \sum_{i=1}^{k} n_i(\bar{Y}_i - \bar{Y}..)^2 \\ &= \sum_{i=1}^{k} n_i[(\mu + \alpha_i + \overline{\mathrm{E}}_{i.}) - (\mu + \overline{\mathrm{E}}..)]^2 \\ &= \sum_{i=1}^{k} n_i(\alpha_i + \overline{\mathrm{E}}_i. - \overline{\mathrm{E}}..)^2 \\ &= \sum_{i=1}^{k} n_i \alpha_i^2 + 2\sum_{i=1}^{k} n_i \alpha_i \overline{\mathrm{E}}_{i.} + \sum_{i=1}^{k} n_i \overline{\mathrm{E}}_i.^2 - N\overline{\mathrm{E}}..^2 \end{aligned}$$

각 항에 대한 기댓값을 계산해 다음을 얻을 수 있다.

$$E[SS_{\mathrm{Tr}}] = \sum_{i=1}^{k} n_i \alpha_i^2 + 2\sum_{i=1}^{k} n_i \alpha_i E[\overline{\mathrm{E}}_{i.}] + \sum_{i=1}^{k} n_i E[\overline{\mathrm{E}}_i.^2] - NE[\overline{\mathrm{E}}..^2]$$

연습문제 1에서, 우리는 각 i에 대해 $E[\overline{\mathrm{E}}_i.^2]=\sigma^2/n_i$을 증명하는 것을 강조한다. $E[\overline{\mathrm{E}}..^2]=\sigma^2/N$라는 유사한 주장을 보인다. $E[\overline{\mathrm{E}}_i.]=0$라는 것은 쉽게 확인할 수 있다. 이를 대입하면 다음을 확인할 수 있다.

$$\begin{aligned} E[SS_{\mathrm{Tr}}] &= \sum_{i=1}^{k} n_i \alpha_i^2 + \sum_{i=1}^{k} n_i \sigma^2/n_i - N\sigma^2/N \\ &= (k-1)\sigma^2 + \sum_{i=1}^{k} n_i \alpha_i^2 \end{aligned}$$

SS_{Tr}을 $k-1$로 나누면 처치평균제곱(treatment mean square)이라 불리는 통계량을 얻는데 MS_{Tr}로 표기한다.

처치평균제곱

$$MS_{\mathrm{Tr}} = SS_{\mathrm{Tr}}/(k-1)$$

$E[MS_{\mathrm{Tr}}]=\sigma^2+\sum_{i=1}^{k} n_i \alpha_i^2/(k-1)$라는 것을 쉽게 확인할 수 있다. 회귀에 관련한 내용에서 잔차제곱합이 σ^2을 추정하는 데 도움이 되었던 것을 상기하라. 동일한 관계가 여기에도 적용된다.

σ^2에 대한 불편추정량을 얻기 위해 우리는 잔차제곱합 SS_E를 $N-k$로 나눈다. 이 추정량은 평균제곱오차(error mean square)라고 불리며 MS_E라고 표기된다.

평균제곱오차

$$MS_E = SS_E/(N - k)$$

H_0를 검정하기 위해 MS_{Tr}과 MS_E를 어떻게 사용할 수 있을까? 이 질문에 대답하기 위해 만일 H_0가 참일 경우 $\alpha_1=\alpha_2=\cdots=\alpha_k=0$이며 따라서 $\sum_{i=1}^{k} n_i \alpha_i^2/(k-1)=0$라는 것에 유념하면 된다. 만약 H_0가 참이 아닐 경우 이 항은 양수일 것이다. 따라서 H_0가 참일 경우 MS_{Tr}과 MS_E의 값이 유사할 것으로 기대되며 이는 그들 모두가 σ^2의 추정값이기 때문이다. H_0가 참이 아닐 경우 MS_{Tr}은 MS_E보다 다소 클 것으로 예상된다. 이는 다음의 비율을 논리적 검정통계량으로서 제안한다.

검정통계량 H_0: $\mu_1=\mu_2=\cdots\mu_k$

$$F_{k-1, N-k} = MS_{\text{Tr}}/MS_E$$

H_0가 참일 경우 위 값은 1에 근접할 것으로 예상된다. 그렇지 않으면 1보다 클 것으로 예상된다. 이 비율은 검정통계량으로 사용할 수 있는데, 만약 H_0가 참일 경우 그것은 $k-1$과 $N-k$의 자유도를 갖는 F 분포를 갖는 것으로 알려져 있기 때문이다. 이 검정은 늘 단측검정이며 우연히 발생하기에는 너무 큰 $F_{k-1,N-k}$가 발생할 경우 H_0는 기각된다. $F=MS_{\text{Tr}}/MS_E$의 값은 1보다 작아질 수 있다. 왜냐하면 F는 확률변수이기 때문이다. 그러한 결과는 단독으로 우연히 발생하거나 가정된 선형 모델이 부정확하기 때문에 발생할 수 있다.

일반적으로 현장에서 분산분석을 위해 컴퓨터를 사용함에도 불구하고 계산상의 몇몇 기법은 유용하다. 다음의 관계식을 입증하는 것은 연습문제로 남긴다.

빠른 계산 기법

$$SS_{\text{Tot}} = \sum_{i=1}^{k} \sum_{j=1}^{n_i} Y_{ij}^2 - \frac{T..^2}{N}$$

$$SS_{\text{Tr}} = \sum_{i=1}^{k} \frac{T_{i}.^2}{n_i} - \frac{T..^2}{N}$$

$$SS_E = SS_{\text{Tot}} - SS_{\text{Tr}}$$

일원분류 고정효과 모델을 위한 분산분석 과정 뒤에 존재하는 이론적 개념은 표 11.2에서 정리된다. 이 유형의 표를 분산분석(ANOVA)표라고 한다.

F 비율의 사용을 설명하기 위해, 우리는 예제 11.1.2에서 시작된 석탄 데이터의 분석을

표 11.2
고정효과가 있는 일원분류 설계에 대한 분산분석표

변량의 원인	자유도 (DF)	제곱합 (SS)	제곱합 평균(MS)	제곱합 기대치	F
처치 또는 수준	$k-1$	$\sum_{i=1}^{k}\frac{T_{i\cdot}^2}{n_i}-\frac{T_{\cdot\cdot}^2}{N}$ (SS_{Tr})	$\frac{SS_{\text{Tr}}}{k-1}$	$\sigma^2+\sum_{i=1}^{k}\frac{n_i\alpha_i^2}{k-1}$	$\frac{MS_{\text{Tr}}}{MS_E}$
오류 또는 잔차	$N-k$	감산 (SS_E)	$\frac{SS_E}{N-k}$	σ^2	
합계	$N-1$	$\sum_{i=1}^{k}\sum_{j=1}^{n_i}Y_{ij}^2-\frac{T_{\cdot\cdot}^2}{N}$			

계속한다.

예제 11.1.3. 우리는 기존의 데이터에 근거하여

$$H_0: \mu_1=\mu_2=\mu_3=\mu_4=\mu_5$$

또는

$$H_0: \alpha_1=\alpha_2=\alpha_3=\alpha_4=\alpha_5=0$$

을 검정하는 중이다. μ_i, $i=1, 2, 3, 4, 5$가 특정 지역의 5개의 주요 석탄층에서 추출한 황 함유량 평균이라는 것을 상기하라. 다음의 가용한 요약 통계량을 갖는다.

$$\begin{array}{lll} T_{1\cdot}=11.62 & T_{4\cdot}=7.04 & n_1=7 \\ T_{2\cdot}=9.36 & T_{5\cdot}=8.8 & n_2=8 \\ T_{3\cdot}=13.14 & T_{\cdot\cdot}=49.96 & n_3=9 \end{array}$$

유일하게 새로운 통계량은 $\Sigma_{i=1}^{5}\Sigma_{j=1}^{n_i}Y_{ij}^2$이다. 예제 11.1.2에 주어진 데이터에 대해 이 통계량은 67.861로 추정된다. 계산을 위한 수식에 대입하여 다음을 얻는다.

$$SS_{\text{Tot}}=\sum_{i=1}^{5}\sum_{j=1}^{n_i}Y_{ij}^2-T_{\cdot\cdot}^2/N=67.861-\frac{(49.96)^2}{42}=8.432$$

$$\begin{aligned} SS_{\text{Tr}} &= \sum_{i=1}^{5}\frac{T_{i\cdot}^2}{n_i}-\frac{T_{\cdot\cdot}^2}{N} \\ &= \frac{(11.62)^2}{7}+\frac{(9.36)^2}{8}+\frac{(13.14)^2}{9}+\frac{(7.04)^2}{8}+\frac{(8.8)^2}{10}-\frac{(49.96)^2}{42} \\ &= 3.935 \end{aligned}$$

$$\begin{aligned} SS_E &= SS_{\text{Tot}}-SS_{\text{Tr}} \\ &= 8.432-3.935=4.497 \end{aligned}$$

$$MS_{\text{Tr}}=\frac{SS_{\text{Tr}}}{k-1}=\frac{3.935}{4}=.984$$

$$MS_E=\frac{SS_E}{N-k}=\frac{4.497}{37}=.122$$

표 11.3 |
석탄층 데이터에 대한 ANOVA

변량의 원인	자유도 (DF)	제곱합 (SS)	제곱합 평균(MS)	F
처치	4	3.935	.984	8.066
오류	37	4.497	.122	
합계	41	8.432		

검정통계량 $F_{k-1,N-k}=F_{4,37}$의 관측치는

$$F_{4,37}=\frac{MS_{\text{Tr}}}{MS_E}=\frac{.984}{.122}=8.066$$

이다. $f_{.05}(4, 37) \doteq 2.626$이기 때문에 $P < .05$라는 가정하에 H_0를 기각한다. 적어도 2개 석탄층의 평균 황 함유량에 차이가 있다는 통계적인 근거를 확보한다. 이 데이터에 대한 ANOVA 표를 표 11.3에 제시한다.

해당 SAS의 출력은 아래와 같다.

ONE WAY ANOVA
GENERAL LINEAR MODELS PROCEDURE
DEPENDENT VARIABLE: SULFUR

SOURCE	DF	SUM OF SQUARES	MEAN SQUARE	F VALUE
MODEL	4	3.93539048	0.98384762	8.09
ERROR	37	4.49700000	0.12154054	PR > F
CORRECTED TOTAL	41	8.43239048		0.0001

이 절을 결론짓기 전에 우리가 k개의 독립적인 표본이 동일한 분산 σ^2을 갖는 정규분포 모집단에서 추출됨을 가정했다는 것을 상기하라. 표본의 크기가 타당할 만큼 큰 경우 P 값이 매우 정확하다는 점에서(설사 근사치라 하더라도) 정규성으로부터의 이탈에 대해 높은 강인성을 갖는다. 그러나 이 검정은 동일 분산에 대한 가정으로부터의 이탈에 대해서는 민감할 수 있다. 특히 각 표본 크기가 매우 다른 경우에 적용된다. 가능하다면 실험 설계 시 표본의 크기를 동일하게 만드는 것이 유리하다. 동일 분산에 대한 검정 방법은 다음 절에서 설명한다.

11.2 분산 비교

앞에서 설명했듯이 평균이 같음을 검정하기 위한 F 검정은 분산이 동일하다는 가정에 민감하

다. 특히나 표본의 크기가 매우 다른 경우 더욱 그러하다. 분산분석을 수행하기 전에 가설을 검정해야 한다.

$$H_0: \sigma_1^2 = \sigma_2^2 = \cdot\cdot\cdot = \sigma_k^2$$
$$H_1: \sigma_i^2 \neq \sigma_j^2 \qquad \text{모든 } i \text{ 와 } j \text{에 대해}$$
(적어도 두 개 분산은 같지 않다)

H_0가 기각되는 경우, 비모수적 분석이 사용되거나 분산이 안정화되기를 희망하며 데이터를 변환해야 한다. 분산 안정화 변환은 분산분석 관련 책자[14]에서 찾을 수 있다.

동일 분산에 대한 귀무가설을 확인하기 위해 가장 자주 사용되는 검정은 바틀렛 검정(Bartlett's test)이다. 이 검정에 사용된 통계량은 표본이 정규 모집단에서 추출되었을 때 $k-1$ 자유도를 갖는 근사화된 카이제곱 분포를 따르는 것으로 보일 수 있다.

바틀렛 검정을 실시하기 위해, k개의 각 표본에 대해 표본 분산 $S_1^2, S_2^2, ..., S_k^2$를 계산한다. 우리는 또한 H_0가 참이라는 가정하에 통합 추정값 σ^2의 평균제곱오차를 계산한다. 이러한 맥락에서 다음의 수식에 의해 각 표본 분산에서 직접 MS_E를 계산하는 것이 편리하다.

$$MS_E = S_p^2 = \sum_{i=1}^{k} \frac{(n_i - 1)S_i^2}{N - k}$$

이 식이 유효한지를 검증하는 것은 연습문제로 남겨 둔다(연습문제 8 참조). 그러고 나서 다음 관계식으로 정의된 통계량 Q를 형성한다.

$$Q = (N - k)\log_{10} S_p^2 - \sum_{i=1}^{k} (n_i - 1)\log S_i^2$$

표본 분산 S_i^2, $i=1, 2, ..., k$가 크게 다를 때 이 통계량의 관측값은 커진다. 표본 분산이 유사한 값을 가질 때 이 수치는 거의 0에 근접한다. 바틀렛 통계량은 아래와 같이 된다.

바틀렛 통계량 $H_0: \sigma_1^2 = \sigma_2^2 = \cdot\cdot\cdot \sigma_k^2$

$$B = 2.3026Q/h$$

$$h = 1 + \frac{1}{3(k-1)}\left(\sum_{i=1}^{k} \frac{1}{n_i - 1} - \frac{1}{N - k}\right)$$

다음 예제는 바틀렛 검정의 유용성을 입증한다.

예제 11.2.1. 예제 11.1.2에 주어진 석탄층 데이터로 돌아가자. 표본 분산과 그들의 로그값은 5개 각각의 요인 수준에서 계산되어야 한다. 계산결과는 아래와 같이 요약된다.

석탄층	표본 분산(s_i^2)	$\text{Log}_{10}\, s_i^2$	표본크기(n_i)
1	.175	−.757	7
2	.144	−.842	8
3	.115	−.939	9
4	.123	−.910	8
5	.074	−1.131	10

통합추정값 σ^2은 다음과 같다.

$$\begin{aligned} MS_E = s_p^2 &= \sum_{i=1}^{k} \frac{(n_i - 1)s_i^2}{N-k} \\ &= \frac{(7-1)(.175) + (8-1)(.144) + (9-1)(.115) + (8-1)(.123) + (10-1)(.074)}{42-5} \\ &= .122 \end{aligned}$$

이 값이 예제 11.1.3에서 구한 MS_E 값과 일치한다는 점에 유의하라. 치환하면

$$\begin{aligned} q &= (N-\text{k})\log_{10} s_p^2 - \sum_{i=1}^{k} (n_i - 1) \log_{10} s_i^2 \\ &= 37\log_{10}.122 - [6(-.757) + 7(-.842) \\ &\quad + 8(-.939) + 7(-.910) + 9(-1.131)] \\ &= .692 \end{aligned}$$

이며

$$\begin{aligned} h &= 1 + \frac{1}{3(k-1)}\left[\sum_{i=1}^{k} \frac{1}{n_i - 1} - \frac{1}{N-k}\right] \\ &= 1 + \frac{1}{3(4)}\left[\frac{1}{6} + \frac{1}{7} + \frac{1}{8} + \frac{1}{7} + \frac{1}{9} - \frac{1}{37}\right] \\ &= 1.055 \end{aligned}$$

이다.

바틀렛 통계량의 관측값은

$$\begin{aligned} b &= 2.3026q/h \\ &= 2.3026(.692)/1.055 \\ &= 1.510 \end{aligned}$$

이다. $X_{k-1}^2 = X_4^2$ 분포에 근거하여 P 값은 .75와 .9 사이에 놓인다. 이 값이 크기 때문에

$$H_0\!: \sigma_1^2 = \sigma_2^2 = \sigma_3^2 = \sigma_4^2 = \sigma_5^2$$

는 기각할 수 없다. 동일 모집단 분산에 대한 가정이 유효하지 않다는 가정에 대해 의심할 이유가 없다.

11.3 쌍 비교

일원분류 모델에서 평균이 같음을 검정할 때 H_0를 기각하거나 그렇게 하지 못한다. H_0가 기각되는 경우에 적어도 두 개 이상의 모집단 평균이 다르다는 결론을 내린다. 불행하게도, 분산분석 과정은 k개의 모집단 평균 중 무엇이 나머지 것들과 차이를 낸다고 간주되는지 알려 주지 않는다.

쌍으로 맺어진 평균을 비교하기 위해 제안된 여러 가지 다양한 기법이 있다. 이 과정의 일부는 대개의 분산분석에서 나타나는 F 비율을 쌍 비교(pairwise comparison)에 앞서 계산할 것을 요구하지 않는다. 그러나 현실적으로 이 과정이 뒤따르게 된다. 이 절의 마지막에서 지적하듯이 쌍 비교를 실시하기 전 분산분석에서 유효한 F 검정을 요구하는 것은 쌍으로 맺어진 평균이 유의미하게 다르다는 오류성 결론을 내는 상황에 대한 보호책으로 덧붙여진다.

Lentner and Bishop[31]이 대부분의 쌍 비교 절차에 대한 양호한 개관을 제시한다. 여기에서 세 가지 가능성에 대해 설명한다. 이들은 본페로니(Bonferroni) T 검정, 던컨(Duncan)의 중복범위 검정 및 튜키(Turkey) 검정이다.

본페로니 T 검정

k개의 모집단 평균으로 구성한 집합을 고려하라. $\binom{k}{2}=k(k-1)/2$개의 쌍으로 맺어진 평균이 가능하다. 따라서 다음을 검증하는 $k(k-1)/2$개의 검정이 만들어진다.

$$H_0\colon \mu_i = \mu_j$$
$$H_1\colon \mu_i \neq \mu_j$$

모델 가정이 모집단의 분산이 서로 동일하다는 것이기 때문에, 이러한 가설을 각각 9장에 설명된 합동 T 검정을 사용하여 검정할 수 있다. 이러한 검정에서 검정통계량은 아래와 같다.

$$T_{n_i+n_j-2} = \frac{\bar{Y}_{i\cdot} - \bar{Y}_{j\cdot}}{\sqrt{S_p^2\left(\dfrac{1}{n_i}+\dfrac{1}{n_j}\right)}}$$

S_p^2는 i와 j 모집단에서 추출한 표본에 기반한 공통적인 모집단 분산에 대한 통합 추정량이다. 이 경우 또 다른 추정량 σ^2, 즉 $\sigma^2=MS_E$도 사용 가능하다. 이 추정량이 가용한 모든 데이터를 기반으로 하기 때문에, T 검정은 검정통계량으로서 아래의 식을 사용함으로써 향상될 수 있다.

본페로니 검정통계량 $H_0 : \mu_i = \mu_j$

$$T_{N-k} = \frac{\overline{Y}_{i\cdot} - \overline{Y}_{j\cdot}}{\sqrt{MS_E\left(\frac{1}{n_i} + \frac{1}{n_j}\right)}}$$

유의도 α 수준의 양측검정에 대한 임계점은 다음과 같다.

본페로니 임계점

$$cp = t_{N-k,\,1-\alpha/2}\sqrt{MS_E\left(\frac{1}{n_i} + \frac{1}{n_j}\right)}$$

$|\overline{Y}_{i\cdot} - \overline{Y}_{j\cdot}|$가 계산된 임계점을 초과할 때마다 우리는 H_0를 기각한다. 표본의 크기가 같지 않은 경우, 각 검정에 대해 다른 임계점을 계산해야 할 수도 있음에 유의하라. 반면에 표본 크기가 같은 경우, 동일한 임계점만으로도 충분하다. $k(k-1)/2$개의 개별 T 검정을 수행하는 것이 힘이 들지만, 수행할 수는 있다. 그러나 이 과정은 신중하게 다루어야 할 매우 심각한 약점을 갖는다.

문제를 이해하기 위해 "최소한 한 번 잘못된 기각으로 인해 잘못된 결론을 도출할 확률은 얼마나 되는가?"라는 질문을 가정해 보자. $k(k-1)/2$개의 검정이 독립적인 경우 실험별 오류율(experimentwise error rate)이라고 불리며 α'으로 표기되는 이 확률은 다음과 같이 계산된다.

$$P[\text{최소 하나의 기각이 틀린 경우}] = 1 - P[\text{틀린 기각이 전무한 경우}]$$

만일 각 검정이 유의도 α 수준에서 수행되는 경우, 각 검정에서 잘못된 기각을 일으킬 확률은 α이다. 즉 기각이 틀리지 않을 확률이 $1-\alpha$이다. 검정이 독립적인 경우, 독립성 보장의 정의는 c개의 검정이 실시될 경우 다음을 보장한다.

$$P[\text{틀린 기각이 전무한 경우}] = (1-\alpha)^c$$

따라서 독립적인 검정의 경우에 α'은 $1-(1-\alpha)^c$에 의해 주어진다. 다중 비교의 경우에서 발생하는 문제는 많은 검정이 동일한 데이터 집합에 대해 실시되는 것이다. 이러한 이유로 이러한 검정은 독립적이지 않다. 그러나 위의 식은 이러한 설정에서 α'에 대한 상한을 제공함을 알 수 있다. 하나 이상의 검정이 실시되는 모든 가설검정 설정에서 다음을 말할 수 있다.

$$\text{실험별 오류율} = \alpha' \le 1 - (1-\alpha)^c$$

여기서 α는 검정당 공통적인 유의수준이며 비교별 오류율(comparisonwise error rate)이라고 불리고 c는 수행된 검정의 개수이다.

$k=5$인 예를 들면 $\binom{5}{2}=10$개의 쌍 비교가 가능하다. 각 검정이 $\alpha=.05$ 수준에서 수행되는 경우 적어도 하나의 잘못된 기각을 일으킬 확률 상한은 $1-(1-.05)^{10}=.40$이다. k가 증가함에 따라 오류의 전반적인 확률이 수용할 수 없을 정도로 높아지는 것을 쉽게 알 수 있다. 이 문제를 보완하기 위해 조사원이 실제적으로 관심을 두는 검정만을 시행하고 타당할 만큼 작은 목표 상한 b를 선택할 것을 제안한다. 그러고 나서 유의수준 b/c에서 각 T 검정을 실시하는데 이때 c는 수행한 검정의 실제 횟수를 나타낸다. $\alpha=b/c$라면, $\alpha' \leq b$임을 확인할 수 있다(연습문제 14 참조). 예를 들어 우리가 α'을 최대 .10으로 설정하고 싶고 $k=5$인 그룹에 대해 모든 가능한 검정을 실시한다면, 유의수준 $\alpha=.10/10=.01$에서 각각의 쌍 비교 실험을 진행할 것이다. 한계치 b는 조사자의 재량껏 선택된다. 한계치는 수행된 검정의 수에 다소 종속적이다. b 값이 작은 경우, $\alpha=b/c$는 더 작아지는 것에 유의하라. 실험별 오류율을 더 작게 만들면 α가 너무 작아서 설사 H_0: $\mu_i=\mu_j$가 당연히 기각되어야 함에도 불구하고 이 가설을 기각하는 것이 매우 곤란해진다. 즉 α'에 대한 한계를 너무 작게 설정한 경우 검정력의 부족을 대가로 치르게 된다. 이러한 이유로, .15 또는 .20보다 높은 α'의 값은 불합리하지 않다.

여기서 소개하는 기법은 $\alpha=b/c$로 두고 수행된 피셔의 최소유의 차(LSD: least significant difference)와 동일하다. LSD에 대한 논의는 참고문헌 [31]에서 볼 수 있다. 이 절차는 본페로니 부등식으로 알려진 부등식에 기반하기 때문에 같은 이름을 갖는다. 본페로니 T 검정은 SAS에서 사용할 수 있다.

던컨의 중복범위 검정

던컨의 중복범위 검정은 1950년대 초에 던컨(D. B. Duncan)이 개발했다. 평균에 대한 쌍 비교를 수행하기 위해 제안된 첫 방법 중 하나이며 문헌에서 이 검정을 참조할 수 있을 것이다.

던컨의 생각을 이해하기 위해 단지 논의된 본페로니 기법에 무엇이 적용되었는지를 비교해 보자. 첫째, 던컨의 절차는 애초에 표본의 크기가 동일하다고 가정한다. 즉 크기가 n인 각각의 표본에서 k개의 표본 평균 $\bar{Y}_1, \bar{Y}_2, \bar{Y}_3, \ldots, \bar{Y}_k$를 수집했다고 가정한다. 이 설정에서 본페로니 T 검정에 적용되는 공통적인 임계점 cp가 발생함을 유의해야 한다. $|\bar{Y}_{i\cdot}-\bar{Y}_{j\cdot}| > cp$일 때마다 H_0: $\mu_i=\mu_j$를 기각한다. 표본 평균의 정렬된 목록에서 $\bar{Y}_{i\cdot}-\bar{Y}_{j\cdot}$의 상대적 위치를 설명하려는 어떠한 시도도 이루어지지 않는다. 이러한 평균이 나란히 있거나 몇몇 다른 평균에 의해 떨어져 있거나 혹은 정렬 목록의 양 끝에 놓여 있거나 상관없이 동일한 임계점이 적용된다. 던컨 과정에서는 위치를 설명하기 위해 임계점을 조절하려 시도한다. 따라서 던컨 과정에서 다수의 임계점이 쓰이며 그 결과 '중복범위' 검정이라는 이름으로 불리게 되었다. 만약 표본 평균의 정렬된 목록에서 2개의 평균이 인접해 있으면 사용되는 임계점은 명시된 유의수준 α의 일반적인 T 검정의 임계점과 동일하다. 그러나 만일 비교되는 표본 평균이 인접하지 않는다면 임계점은 평균의 정렬된 목록에서 평균 간의 거리에 따라 증가한다. 즉 임계점은 해당

모집단의 평균이 '유의미하게 차이가 난다'는 것을 선언하기 위해 근처에 놓인 표본 평균들이 더 멀리 떨어진 두 평균보다 더 큰 차이를 만들어 낼 것을 요구하지 않는다. 던컨은 이렇게 조정된 임계점을 계산할 수 있는 표를 만드는 데 기여했다.

이 검정은 표본의 크기가 동일하다는 가정하에 처음 개발되었다. 그러나 크레이머(C. Y. Kramer)는 이 과정을 불균일한 표본 크기를 가진 경우에 적용했다. 던컨 검정은 다음과 같이 실시한다.

1. k개의 표본 평균을 선형적으로 정렬하라.
2. 각 $p=2, 3, ..., k$에 대해 최하위의 '스튜던트화 범위' r_p의 값을 찾아라. 이 값은 유의수준 .1, .01, 또는 .05에 대해 부록 A의 표 XI에 주어진다. 이 표에서 γ는 원래 분산분석에서 평균제곱오차 MS_E와 관련된 자유도의 수를 나타낸다.
3. 각 $p=2, 3, ..., k$에 대해 가장 짧은 또는 최하위 범위 SSR_p를 찾아라. 이 값은 다음과 같이 구해진다.

$$\text{SSR}_p = r_p\sqrt{\frac{MS_E}{n}} \qquad \text{표본 크기가 모두 동일한 } n\text{일 경우}$$

$$\text{SSR}_p = r_p\sqrt{MS_E} \qquad \text{표본 크기가 다를 경우}$$

4. p개의 인접한 표본 평균의 부분집합을 고려하라. 이 하부그룹에서 발생하는 평균 간 범위를 $|\bar{Y}_{i\cdot}-\bar{Y}_{j\cdot}|$로 나타내라. p 범위를 가진 모집단 평균 μ_i 및 μ_j는 다음의 조건을 충족할 때 서로 다르다고 간주된다.

$$|\bar{Y}_{i\cdot} - \bar{Y}_{j\cdot}| > \text{SSR}_p \qquad \text{표본 크기가 동일한 경우}$$

$$|\bar{Y}_{i\cdot} - \bar{Y}_{j\cdot}|\sqrt{\frac{2n_in_j}{n_i+n_j}} > \text{SSR}_p \qquad \text{표본 크기가 다를 경우}$$

5. 선택한 유의수준 α에서 유의한 차이가 있다고 고려되지 않은 인접한 표본 평균의 모든 부분집합을 강조함으로써 결과를 정리한다.

복잡하게 들릴지 모르지만 그렇지 않다! 예제가 이 개념을 명확하게 할 것이다.

예제 11.3.1. 예제 11.1.3에서

$$H_0: \mu_1 = \mu_2 = \mu_3 = \mu_4 = \mu_5$$

를 기각하고 적어도 2개의 석탄층에서 평균 황 함유량이 다르다는 결론을 내렸다. 차이를 정확히 하기 위해 우리는 던컨의 중복범위 검정을 실시한다. 크기 순서로 나열한 표본 평균은 다음과 같다.

$\bar{Y}_4.$	$\bar{Y}_5.$	$\bar{Y}_2.$	$\bar{Y}_3.$	$\bar{Y}_1.$
.88	.88	1.17	1.46	1.66

자유도가 37이며 $\alpha=.01$ 수준에서 $r_p(p=2, 3, 4, 5)$ 값은 부록 A의 표 XI에 주어진다. 그 값은 다음과 같다.

p	2	3	4	5
r_p	3.825	3.988	4.098	4.180

미리 구해진 오차평균제곱은 $MS_E=.122$이다. 표본의 크기가 $n_1=7$, $n_2=8$, $n_3=9$, $n_4=8$, $n_5=10$으로 동일하지 않기 때문에 각 p에 대해 가장 작은 유효범위가 다음과 같이 주어진다.

$$\mathrm{SSR}_p = r_p\sqrt{MS_E}$$

이 값은 다음과 같다.

p	2	3	4	5
r_p	3.825	3.988	4.098	4.180
SSR_p	1.336	1.393	1.431	1.460

p에 걸쳐 짝진 평균 μ_i와 μ_j는 아래의 가정 아래서 다른 것으로 간주된다.

$$|\bar{Y}_i. - \bar{Y}_j.|\sqrt{\frac{2n_in_j}{n_i+n_j}} > \mathrm{SSR}_p$$

5개의 모집단에 대해 $\binom{5}{2}=10$개의 비교가 가능하다. 먼저 가장 작은 표본 평균과 가장 큰 표본 평균을 비교한다. 이 경우에는 $\bar{Y}_1.$와 $\bar{Y}_4.$를 비교한다. 이 평균들이 표본 평균의 전체 집합을 포함하기 때문에 $p=5$이며 $\mathrm{SSR}_p=1.460$이다. 검정통계량의 관측치는 다음과 같다.

$$\begin{aligned}|\bar{Y}_1. - \bar{Y}_4.|\sqrt{\frac{2n_1n_4}{n_1+n_4}} &= (1.66-.88)\sqrt{\frac{2(7)(8)}{7+8}}\\ &= 2.131\end{aligned}$$

이 값은 SSR_p를 초과하며 따라서 우리는 μ_1과 μ_4는 통계적으로 유의미하게 다르다고 결론짓는다. 나머지 비교결과는 다음과 같다.

처치 쌍	p	검정 통계치	SSR_p	$\mu=\mu$는 기각?
4-1	5	2.131	1.460	Yes
4-3	4	1.688	1.431	Yes
4-2	3	.820	1.393	No
		$\bar{Y}_{4.}\ \bar{Y}_{5.}\ \bar{Y}_{2.}\ \bar{Y}_{3.}\ \bar{Y}_{1.}$		
4-5	2	0	1.336	No
5-1	4	2.238	1.431	Yes
5-3	3	1.785	1.393	Yes
5-2	2	.8646	1.336	No
2-1	3	1.339	1.393	No
		$\bar{Y}_{4.}\ \bar{Y}_{5.}\ \bar{Y}_{2.}\ \bar{Y}_{3.}\ \bar{Y}_{1.}$		
2-3	2	.8440	1.336	No
3-1	2	.5612	1.336	No

정리하면 다음과 같이 결론 낼 수 있다.

$$\mu_1 \neq \mu_4$$
$$\mu_1 \neq \mu_5$$
$$\mu_3 \neq \mu_4$$
$$\mu_3 \neq \mu_5$$

각각의 비교는 오류를 가질 .01의 확률을 갖는다.

표본의 크기가 모두 동일한 경우 $\binom{k}{2}$개의 비교를 할 필요가 없을지도 모른다. 이는 표본 크기가 동일한 경우 극단적인 평균 쌍이 유의미하게 다르지 않을 때마다 그 하위그룹의 모든 평균 쌍이 별도의 검정 없이도 동일한 값을 갖는다고 간주될 수 있기 때문이다.

던컨 검정은 널리 사용되며 SAS 및 기타 컴퓨터 패키지에서 사용할 수 있다. 그러나 주어진 유의수준이 적어도 하나의 부정확한 기각을 일으킬 전반적인 확률 α'을 나타내지 않는 것을 강조해야 한다. 따라서 $\alpha'=.01$ 또는 .05에서 수행된 본페로니 검정이 동일한 수준에서 실시된 던컨 검정과 다른 결과를 제공할 수 있다. SAS를 사용하여 이 사실을 인지하여야 한다. 실제 연구에서는 오직 하나의 과정만을 실행해야 한다. 어떤 것을 실행할지는 여러분의 선택에 달렸다.

실험별 오류율의 상한을 계산하는 것은 쉽기 때문에 본페로니 기법은 해석상 매력적이다. 그러나 이 기법은 매우 보수적인 경향이 있고 따라서 평균 간의 차이가 존재하더라도 이를 감지하지 못할 수도 있다. 던컨 과정은 실험별 오류율을 제어하려 시도하지만 너무 보수적이지는 않으려 한다. 만일 쌍 비교의 수가 상대적으로 클 경우 던컨 과정은 큰 실험별 오류율을 산출할지 모른다는 것이 균형점이다.

때때로 권장되는 방법은 보호 던컨 과정이라 불리는 방법을 사용하는 것이다. 이것은

ANOVA F 검정이 처음 유의수준 α에서 유의미하지 않다면 던컨 기술을 사용하지 않는다. 이 방법은 던컨의 기법이 α 유의수준에서 사용된다면 실험별 오류율 $\alpha' \leq \alpha$임을 실험자에게 보장한다. 던컨의 표준 사용량은 ANOVA 로부터 유의미한 예비 F 검정을 필요로 하지 않는다.

튜키 검정

튜키 검정은 스튜던트화 범위 분포에 기반하며 한 쌍의 평균 간 차이에 대한 동시 신뢰구간을 가능하게 하는 장점을 가지고 있다. $q(\alpha, k, v)$는 스튜던트화 범위의 상측 α 수준의 임계값을 나타내며 α는 유의수준을, k는 처치 그룹의 수, v는 전반적인 F 검정 실시하는 데 사용되는 ANOVA 표의 평균제곱오차(MS_E)에 대한 자유도를 뜻한다. $q(\alpha, k, v)$의 값은 $\alpha=.05$에 대해 표 XIII에 제시된다.

동시 신뢰구간은 동일한 표본 크기와 동일하지 않은 표본 크기에 대해 각각 식 (11.1)과 (11.2)에 의해 제시된다. 동일한 표본 크기 n에 대해 각 처리 그룹에서 $i \neq j$인 모든 쌍의 평균 $\bar{Y}_{i\cdot}$와 $\bar{Y}_{j\cdot}$에 대해 우리는 다음의 식을 갖는다.

$$(\bar{Y}_{i\cdot} - \bar{Y}_{j\cdot}) \pm q(\alpha, k, v)\sqrt{MS_E/n} \tag{11.1}$$

표본 크기가 동일하지 않은 경우, 동시 신뢰구간을 위한 튜키 과정은 다음과 같이 근사화할 수 있다.

$q_{ij}=q(\alpha, k, v)\sqrt{MS_E\left(\dfrac{1}{n_i}+\dfrac{1}{n_j}\right)}$라 할 때, n_i와 n_j는 각각 $\bar{Y}_{i\cdot}$와 $\bar{Y}_{j\cdot}$에 대한 표본 크기를 나타낸다. 그러면 $i \neq j$인 모든 쌍의 평균 $\bar{Y}_{i\cdot}$와 $\bar{Y}_{j\cdot}$에 대해 신뢰구간이 다음과 같이 주어진다.

$$(\bar{Y}_{i\cdot} - \bar{Y}_{j\cdot}) \pm q_{ij} \tag{11.2}$$

식 (11.1)와 (11.2)에 대해 신뢰구간이 0을 포함하지 않은 경우 실제 평균 μ_i와 μ_j는 α 수준에서 유의미한 차이가 있다고 결론 내린다.

11.4 비모수적 대안 기법

7.7절과 9.6절에서 보았듯이 위치 차이를 검정할 때 두 개의 독립적인 표본에 대한 정규이론 T 검정과 쌍으로 맺어진 표본에 대한 정규이론 T 검정 간에 비모수적인 유사성이 존재한다. 정규 이론 2개의 독립적 표본과 쌍으로 맺어진 표본 문제의 다중 표본 확장은 이 장에서 일원배치 분산분석으로 보여 주었다. 이 과정은 근본적으로 모집단의 분산에 대해 좀 더 제한적인 가정을 가진 정규분포 모집단을 가정했다. 다행히도 정규이론 검정 가정이 충족되지 않은 경우 비모수적 유사성은 유용하다. 분산의 일원분류 분석에 대한 비모수적 검정은 이 단원에서 설명하는 크루스칼-월리스 검정(Kruskal-Wallis test)이다.

크루스칼–월리스 검정

$n_1, n_2, \ldots, n_k$ 크기를 가진 k개의 독립적인 임의 표본이 연속적으로 분포된 모집단에서 도출된다고 가정한다. 가설 크루스칼-월리스 과정은 k개 각각의 표본이 동일한 모집단에서 추출되었다는 가설을 검증한다. 그러나 이 검정은 위치의 차이에 특히 민감하기 때문에 귀무가설은 일반적으로 동일한 모집단 중앙값의 관점에서 기술된다. 따라서 귀무가설 및 대립가설은 다음과 같이 언급될 수 있다.

H_0: $M_1 = M_2 = \cdots = M_k$
H_1: 최소 두 개 모집단 중앙값은 같지 않다.

검정을 수행하기 위해, $N=n_1+n_2+\cdots+n_k$ 표본 관측이 그룹의 정체성을 유지하며 가장 작은 것에서 가장 큰 순서로 정리되고 순위가 매겨진다. 윌콕슨 검정처럼 해당 그룹의 평균 순위가 연계체로서 할당된다. i번째 모집단의 관측과 연관된 해당 순위의 합을 T_i, $i=1, 2, \ldots, k$로 표기하자. 크루스칼-월리스 검정통계량은 $\bar{T}_i=T_i/n_i$이 i번째 그룹에 할당된 순위의 평균을 나타낼 때 다음과 같이 주어진다.

$$H = \frac{12}{N(N+1)} \sum_{i=1}^{k} n_i \left(\bar{T}_i - \frac{N+1}{2} \right)^2$$

만약 귀무가설이 사실이라면, $E(\bar{T}_i)=(N+1)/2$임을 알 수 있다. 따라서 크루스칼-월리스 검정통계량은 귀무가설이 참이라 기대하는 값으로부터 k개 그룹의 관측된 평균 순위의 편차에 대한 척도이다. 큰 편차는 상대적으로 큰 H로 나타나며 따라서 H_0의 기각으로 이어진다. 작은 k와 n_i에 대해 정확한 표가 유용하나, 모든 $n_i \geq 5$일 때, H가 $k-1$ 자유도를 갖는 카이제곱 분포를 따른다는 것이 알려져 있다. 따라서 H에 대한 근사화된 임곗값은 부록 A의 표 IV에 주어진 카이제곱 분포에서 얻을 수 있다. 독자는 검정통계량 H에 상응 하나 계산하기가 쉬운 형태가 다음과 같이 주어짐을 쉽게 확인할 수 있다.

검정통계량 H_0: $M_1 = M_2 = \cdots M_k$

$$H = \left[\frac{12}{N(N+1)} \sum_{i=1}^{k} \frac{T_i^2}{n_i} \right] - 3(N+1)$$

예제 11.4.1. 3가지 형태의 물질을 압축하는 데 필요한 압력량을 비교하는 실험이 실시되었다. A, B, C 물질에 대해 각각 7, 7, 10의 크기를 갖는 임의 표본이 얻어졌다. 7+7+10=24번의 측정을 통한 통합 표본의 압력측정치와 해당 순위(괄호 안)가 아래와 같이 주어졌다.

물질 *A*	물질 *B*	물질 *C*
207 (14)	194 (11)	288 (12.5)
150 (5)	146 (3)	269 (20)
197 (12)	175 (8)	288 (21.5)
173 (7)	186 (9)	358 (24)
147 (4)	223 (17)	229 (18)
144 (2)	143 (1)	249 (19)
192 (10)	170 (6)	346 (23)
		217 (16)
		203 (13)
		214 (15)

순위 합은 다음과 같다.

$$T_1 = 14 + 5 + 12 + \cdots + 2 + 10 = 54$$
$$T_2 = 11 + 3 + 8 + \cdots + 1 + 6 = 55$$
$$T_3 = 21.5 + 20 + 21.5 + \cdots + 13 + 15 = 191$$

크루스칼-윌리스 검정통계량을 계산하며 다음을 구한다.

$$\begin{aligned} H &= \left[\frac{12}{N(N+1)}\sum_{i=1}^{3}\frac{T_i^2}{n_i}\right] - 3(N+1) \\ &= \frac{12}{24(25)}\left(\frac{54^2}{7} + \frac{55^2}{7} + \frac{191^2}{10}\right) - 3(25) \\ &= 14.94 \end{aligned}$$

$k-1=3-1=2$ 자유도에 대해 표 IV로부터 유의수준 .005의 임곗값이 10.6임을 확인한다. 따라서 우리는 물질을 압축하는 데 필요한 압력량이 적어도 2개의 물질에서 서로 유의미하게 다르다는 결론을 내린다.

윌콕슨 순위 합 검정과 마찬가지로 크루스칼-윌리스 검정은 보편적인 정규이론 F 검정에 상대적으로 매우 강인하다. 또한 다양한 다중 비교 절차는 비모수 통계에 대한 표준 문헌에서 구할 수 있다. 참고문헌 [23], [6], [30]을 참조하라.

요약

분산분석의 기초가 일원분류 모델에 대해 제시되었다. 다중 비교 방법은 고정효과에 대해 제시되었다. 이 장에서 계산과 가설검정을 위한 적절한 평균제곱오차 비율을 선택하는 데 유용한 일반적인 분산분석(ANOVA)표가 주어졌다. 모델에 필요한 가정에 주의를 기울였다. 동일한 분산에 대한 검정이 주어졌으며 정규이론 가정이 의심스러울 때 사용할 법한 비모수적 방법이 논의되었다.

또한 반드시 알아야 할 중요한 용어를 소개하고 정의했다. 용어는 다음과 같다.

- 일원분류
- 임의화된 완전한 블록설계
- 분산성분
- 실험별 오류율
- 다중 비교
- 분산의 비모수적 분석
- 튜키의 검정
- 분산의 동질성
- 임의효과
- 비교별 오류율
- 본페로니 부등식
- 고정효과
- 던컨의 중복범위 검정

분산분석의 실제 응용

브라질 지질통계연구소의 데이터에 따르면 브라질에서 야간수업에 등록한 채 정규직에 종사하는 15세 그리고 24세의 근로자가 850만 명이었다. 2007년 8월부터 2008년 6월까지 학업을 병행하는 직장인을 대상으로 수업에 할애한 시간과 관련된 요인들에 대해 조사를 진행했다. São Paulo 대학에서 추출한 78명의 표본이 선택되었다. 해당 학생들은 생활과 업무 조건에 대해 종합적인 설문조사에 답했다. 활동과 휴식 시간은 연속적으로 팔목에 찬 활동지수도(actigraph)로 측정되었는데 액티그래프는 취침 시작과 끝, 수면 시간, 수면 효율, 수면 잠복기, 야간 각성, 낮잠에 대한 정보를 제공한다. 학생들은 또한 근무 시간, 통근 시간, 과외 활동, 수업 시간, 여가 시간, 수면을 포함한 그들의 일상 활동을 기록할 것을 요구받았다.

이 연구결과 중 하나는 근무일 수면 시간에 따른 주간 근무 시간의 효과였다. 근무 시간은 3가지 범주로 분류되었다: 주당 30시간 미만, 30~40시간, 40시간 초과. 수면 시간은 잠이 들고 깨어나기까지 걸린 시간으로 정의 내렸다.

3가지 근무 시간에 대한 표본 크기와 표본평균은 다음 표에 나와 있다.

	주당 30시간 미만	주당 30~40 시간	주당 40시간 초과
Size	29	32	17
Mean of sleep length (hour)	6.25	6.49	5.56

일원분산분석은 3가지 근무 시간 범주에 포함된 학생들의 수면 시간 평균을 검정하는 데 사용되었다. 검정통계량은 $F=4.35$였다. 검정의 P 값은 .016이었다. 우리는 3가지 근무 시간의 모집단 평균이 동일하다는 영가설을 기각할 만한 충분한 근거를 갖는다. 주간 근무 시간과 수면 시간 간에는 통계적으로 유의미한 관련이 있었다.

튜키 검정은 이후에 사후검정으로 진행되었다. 그 결과는 주당 40시간을 초과하여 근무하는 사람들이 다른 사람들보다 더 짧은 수면을 취한다는 것을 보여 주었다.

연습문제

11.1절

1. $i=1, 2, ..., k$ 각각에 대해 $E[\bar{\mathrm{E}}_{i}.^2]=\sigma^2/n_i$임을 보이라. 힌트:

$$E[\bar{\mathrm{E}}_{i}.^2] = E\left[\left(\sum_{j=1}^{n_i}\mathrm{E}_{ij}\Big/n_i\right)^2\right]$$
$$= E\left[\left(\sum_{j=1}^{n_i}\mathrm{E}_{ij}\right)^2\right]\Big/n_i^2$$

E_{ij}의 독립성 때문에, $j \neq f$인 모든 외적 항 E_{ij}의 기댓값이 0임을 논하라. 또한 $E[\mathrm{E}_{ij}^2]=\sigma^2$임을 논하라.

2. 다음 식이 성립함을 보여라.

$$SS_{\mathrm{Tot}} = \sum_{i=1}^{k}\sum_{j=1}^{n_i} Y_{ij}^2 - T..^2/N$$

3. 다음 식이 성립함을 보여라.

$$SS_{\mathrm{Tr}} = \sum_{i=1}^{k} T_{i}.^2/n_i - T..^2/N$$

4. 다양한 식품의 상업적 처리가 섭취를 위한 필수 요소의 농도를 변화시키는지 여부를 연구하기 위해 실험이 실시되었다. 하나의 실험은 녹색 콩 내 아연의 농도를 조사하는 것이다. 녹색 콩은 네 그룹으로 분류되었다. 아연을 측정하도록 네 그룹을 임의로 다음과 같이 배정하였다: 그룹 1은 원래의 콩 측정,그룹 2는 데치기 전 측정,그룹 3은 데친 후 측정, 그룹 4는 최종 처리 단계 후 측정하였다. 독립적인 측정은 다음과 같은 관찰 결과를 낸다.

아연농도

그룹 1	그룹 2	그룹 3	그룹 4
2.23	3.71	2.53	5.46
2.20	4.67	2.87	5.19
2.44	3.45	2.83	5.51
2.11	2.73	2.33	4.82
2.30	2.58	2.19	6.63
1.72	1.85	1.80	2.39
1.78	1.81	1.75	2.09
2.36	2.32	1.83	2.27
2.91	2.50	1.97	2.39

(*a*) 적절한 귀무가설과 대립가설을 기술하라.

(*b*) 5% 수준에서 가설을 검정하라.

(*c*) 결론을 말하라.

5. 독성물질이 민간 어업 영역으로 이어지는 강에 투기된 것으로 알려졌다. 토목 기술자는 강어귀부터 대부분의 민간 어업이 진행되는 만에 이르기까지 세 곳에서 수확한 굴에서 발견된 물질의 양(백만분의 일 단위로)을 측정하여 물이 독성물질을 전달하는 방법을 연구했다. 결과 데이터는 다음과 같다.

지역 1	지역 2	지역 3
15	19	22
26	15	26
20	10	24
20	26	26
29	11	15
28	20	17
21	13	24
26	15	
	18	

(*a*) 세 지역에서 수확한 굴에서 발견된 유해 물질의 평균에 유의미한 차이가 있는지를 검정하라. $\alpha = .05$ 이다.

(*b*) 유의수준 .01 에서 평균은 유의한 차이가 있는가?(*P* 값을 찾기 위해 컴퓨터 패키지를 사용하라.)

(*c*) (*a*)에 대한 답이 (*b*)를 반박하는가? 답변을 정당화하라.

6. 매립지가 가득 차기 시작하고, 이러한 작업 때문에 토지가 더욱 부족하게 되면 재활용은 더욱 필요하다. 어떤 패스트푸드점이 문제를 인식하기 시작했고 생분해성 포장재를 사용하거나 그들의 포장재를 재활용하기 시작했다. 연구는 다양한 크기의 기업이 재활용 제품 사용으로 얻은 연간 수익을 조사하기 위해 실시된다. 수천 달러 기준으로 데이터가 얻어진다. ("New Ways to Take Out the Trash," Tom Andel, *Transportation and Distribution*, May 1993.)

회사 규모 101~250 고용인		고용인 251~500		고용인 500인 이상	
3.5	3.8	13.4	14.1	9.0	10.8
3.4	3.0	14.0	14.7	10.3	10.7
3.7	2.8	14.5	15.0	10.1	9.5
3.3	3.2	14.7	13.6	10.6	11.2
2.9	3.9	15.2	14.3	10.4	9.7
2.6	4.1	15.5	14.6	10.5	10.0
3.5	4.0	14.2	14.8	10.3	11.3
4.2	4.9	15.3	15.6	10.7	11.8

(*a*) 이 표본의 각 줄기-잎 그림을 구축하고, 정규성 가정의 합리성에 대한 의견을 제시하라.

(*b*) 이러한 데이터가 추출된 각 모집단의 분산을 추정하고 동일한 분산에 대한 가정의

합리성에 대한 의견을 제시하라.(어떠한 테스트도 하지 말라.) 동등한 분산에 대한 가정의 위반 가능성을 방지하기 위해 본 연구에서 어떤 조치가 취해져야 하는가?

(c) H_0: $\mu_1 = \mu_2 = \mu_3$를 검정하고, 검정의 P 값을 말하라. 실제 결론은 무엇인가?

7. 스크롤 속도는 컬러 그래픽 카드 개발에 중요한 고려 사항이다. 연구는 24인치 모니터를 가진 다섯 가지 컬러 그래픽 카드를 사용하여 Word 문서의 한 화면을 스크롤하는 데 필요한 시간(초)을 비교하기 위해 실시된다. 표준 Hydra Quick Draw로 성능을 검정하여 데이터가 얻어졌다.("Gauging Video Speed," *MAC WORLD*, June 1993, p. 28.)

그래픽 카드				
A	*B*	*C*	*D*	*E*
30.5	48.3	79.2	51.6	79.0
32.4	42.1	84.7	59.4	85.3
27.2	43.5	85.0	57.3	86.2
26.3	40.6	88.2	59.0	82.0
25.1	38.6	76.3	58.7	87.2
38.2	32.1	83.1	68.1	81.7
30.6	41.6	92.6	64.8	93.5
33.7	38.8	88.5	55.5	89.1

평균이 같은지를 검정하기 위해 이 데이터를 사용한다. 여러분의 결론을 명시하고, 검정의 P 값을 말하라.

11.2 절

8. MS_E는 $(SS_E/N-k)$로 정의되었음을 상기하라. 일원분류 고정효과 모델에 대해

$$MS_E = S_p^2 = \frac{\sum_{i=1}^{k}(n_i - 1)S_i^2}{N - k}$$

임을 보이라.

9. 연습문제 4에서, 네 개의 처리 그룹에 대한 분산의 동질성을 가정하는 것이 합리적인지를 결정하기 위해 바틀렛 검정을 사용하라. 만일 합리적이지 않다면, 어떤 다른 절차의 유형으로 이 데이터를 분석할 수 있는가?

10. 연습문제 6에 주어진 데이터를 이용하여 동일 분산을 검정하라. 당신의 결론을 설명하고 P 값을 보고하라.

11. 연습문제 7의 데이터를 이용하여 동일 분산을 검정하라.

11.3 절

12. 각 경우에 대해 가능한 짝 비교 횟수를 결정하라.

(*a*) $k=3$

(*b*) $k=6$

(*c*) $k=10$

13. $\alpha=.05$ 이며 가능한 짝 비교가 모두 이루어졌다고 가정한다. 연습문제 12에 주어진 k 값에 대해 적어도 한 번의 부정확한 기각을 일으키는 전체 확률 α'에 대한 상한을 구하는 본페로니 과정을 사용하라. 각 경우에 $\alpha' \leq .10$을 보장하기 위해 어느 정도의 유의수준이 필요한가?

14. c 검정이 수행되는 상황을 고려하자. b가 α'에 대한 목표 상한이라고 가정하자. 각 경우에 대해 $1-[1-(b/c)]^c \leq b$이며 따라서 $\alpha=b/c$라는 선택이 $\alpha \leq b$를 뜻함을 보장한다는 것을 보이라.

(*a*) $c=2$

(*b*) $c=3$

각 경우에 $b=.10$일 때 $1-[1-(b/c)]^c$ 값을 구하라.

15. (본페로니 부등식.) 다음 부등식은 특정 수준의 실험별 오류율을 제어하는 데 필요한 비교별 오류율을 결정하는 기반을 제공한다.

$A_1, A_2, ..., A_c$가 사건이라 가정하면 $P[A_1 \cap A_2 \cdots \cap A_c] \geq 1-[P[A_1']+P[A_2']+ \cdots + P[A_c']]$이다.

(*a*) $c=2$에 대해 이 결과를 증명하라. 힌트: 일반적인 덧셈법칙에 의해 $P[A_1' \cup A_2'] \leq P[A_1']+P[A_2']$임을 유의하라. 증명을 마치기 위해 $A_1 \cap A_2=(A_1' \cup A_2')$라는 사실을 이용하라.

(*b*) A_i는 i번째 비교($i=1, 2, ..., c$)에서 어떠한 부정확한 기각도 일어나지 않은 사건을 가리킨다고 가정하자. 주어진 표기법대로 어떠한 부정확한 기각도 일어나지 않을 확률을 표현하라. 이 확률에 대한 표현에서 적어도 한 번의 부정확한 기각이 일어날 확률은 얼마인가? 만약 $\alpha=P[A_i'](i=1, 2, ..., c)$라면, $\alpha' \leq \alpha c$임을 보이기 위해 본페로니 부등식을 활용하라. 만약 목표 상한 b가 선택되고 c 검정이 $\alpha=b/c$ 수준에서 실행된다면 $\alpha' \leq b$라는 것에 대해 논하라.

16. 연습문제 6에서 서술한 조사를 고려하자. 만일 던컨 중복 비교가 $\alpha=.05$ 수준에서 실행된다면 실험별 오류율의 상한은 무엇인가? 이러한 검정을 수행하고 당신의 결론에 대해 논의하라.

17. 연습문제 5에 주어진 데이터를 다시 고려하자.

(*a*) 얼마나 많은 짝 비교가 가능한가?

(*b*) 이러한 비교가 본페로니 T 검정을 통해 실시된다고 가정하자. 만일 우리가 $\alpha' \leq .15$를 원한다면 각 검정에 얼마만큼의 유의수준 α가 필요한가?

(*c*) (*b*)에서 지시한 각 검정을 실시하고 당신의 결과에 대해 논의하라.

18. 연습문제 4에 주어진 그룹 간의 차이를 명확히 하기 위해 $\alpha' \leq .10$ 수준의 본페로니 T

검정을 수행하라.

19. 연습문제 7에 주어진 데이터에 근거하여 그림카드 간에 존재하는 차이를 명확히 하기 위해 $\alpha' \leq .20$ 수준의 본페로니 T 검정을 수행하라.

20. 타르 모래가 포함된 폐수의 처리에 관련된 과학자들이 유기탄소 제거를 위한 3가지 방법을 연구했다. (W. R. Pirie의 버지니아 공대 기술보고서 "타르 모래가 포함된 폐수 처리를 위한 통계적 계획과 분석"에 근거한) 3가지 방법은 공기부양(A.F.), 거품분리(F.S.), 그리고 염화제이철 응고(F.C.C.)였다. 3가지 방법에 따른 유기탄소 물질의 측정치는 아래 표와 같다.

A.F.	F.S.	F.C.C.
34.6	38.8	26.7
35.1	39.0	26.7
35.3	40.1	27.0
35.8	40.9	27.1
36.1	41.0	27.5
36.5	43.2	28.1
36.8	44.9	28.1
37.2	46.9	28.7
37.4	51.6	30.7
37.7	53.6	31.2

평균 간의 차이에 대해 검정하라. 당신의 검정의 P 값을 보고하고 당신의 결론을 설명하라.

21. 만약 연습문제 20에서 당신이 유의미한 차이를 발견했다면 어떤 처리법이 서로 간에 차이가 나는지 결정하라.

22. 알루미늄 막대기의 장력에 대한 조사가 실시된다. 40개의 동일한 막대기가 임의적으로 4가지 그룹으로 분류되며 표본의 크기는 10이다. 각 그룹은 다른 열처리를 받으며 각 막대기의 장력(제곱인치당 천 파운드 단위로)이 결정된다. 다음은 그 결과이다.

처치			
1	2	3	4
18.9	18.3	21.3	15.9
20.0	19.2	21.5	16.0
20.5	17.8	19.9	17.2
20.6	18.4	20.2	17.5
19.3	18.8	21.9	17.9
19.5	18.6	21.8	16.8
21.0	19.9	23.0	17.7
22.1	17.5	22.5	18.1
20.8	16.9	21.7	17.4
20.7	18.0	21.9	19.0

(*a*) 각 데이터 집합에 대해 줄기-잎 그림을 작성하라. 각 표본이 정규분포에서 수집된다

는 가정이 합리적인가?

(*b*) 일원분산분석을 통해 동일한 처치 평균에 대한 영가설을 검정하라.

(*c*) 최대 .05 수준까지 전체 유의수준에 대한 본페로니 T 검정으로 가능한 모든 평균을 짝 비교하라.

(*d*) .05의 유의수준에서 던컨 중복 검정을 실시하라.

(*e*) .05의 유의수준에서 튜키 검정을 실시하라.

(*f*) (*c*)와 (*d*), (*e*)의 검정이 동일한 결론을 내는가?

(*g*) 만약 차이가 존재한다면 차이를 설명하라.

11.4 절

23. 어떤 제조 공장에서 고체 오염물질을 제거하기 위해 사용되는 필터가 손상되면 즉시 교환되어야 한다. 서로 다른 직물로 만들어진 다섯 가지 형태의 필터를 검정하는 실험이 실시되었다. 동일한 환경 아래서 각 형태별로 6개의 필터가 손상될 때까지 걸리는 시간이 기록되었다. 이 실험은 다음과 같은 정보를 제공했다.

필터 형태(손상까지 걸리는 시간)				
1	2	3	4	5
261.1	221.9	201.4	600.9	160.6
186.2	188.7	146.1	301.2	135.0
239.1	167.6	96.8	608.9	455.1
243.3	224.9	173.9	283.3	402.3
296.8	178.8	280.8	193.3	457.9
270.5	147.9	100.3	159.4	559.6

(*a*) 필터 형태 간 손상에 이르는 중앙값이 .05 유의수준에서 다르다는 유의미한 증거가 존재하는지를 결정하기 위해 크루스칼-월리스 검정을 실시하라.

(*b*) 적절한 정규이론 검정 과정을 사용해 다시 실시하라.

24. 강 근처의 화학공장으로부터 발생한 거대 유출 사건을 추적하며 흡수된 화학물질의 양을 기준으로 강에서 잡히는 특정 종의 물고기가 다른지를 결정하기 위해 조사가 진행되었다. 만일 차이가 발견된다면 섭취에 대한 규제가 제안될 것이다. 3가지 주요 종에 대한 포획물에서 표본이 수집되었다(백만분의 일 단위). 아래는 그 결과이다.

어종		
A	*B*	*C*
18.1	29.1	26.6
16.5	15.8	16.1
21.0	20.4	18.8
18.7	23.5	25.0
7.4	18.5	21.8
12.4	21.3	15.4
16.1	23.1	19.9
17.9	23.8	15.5
	20.1	21.1
	11.9	25.5

3종의 물고기가 흡수한 화학물의 중앙값이 유의수준 .05 수준에서 차이가 나는지 검정하라.

복습문제

이산화탄소는 미생물의 성장에 중요한 영향을 끼치는 것으로 알려진다. 적은 양의 이산화탄소는 어떤 유기체의 성장을 자극하는 반면에 높은 농도는 대부분의 성장을 저해한다. 이러한 효과는 썩기 쉬운 음식이 저장될 때 상업적으로 활용된다. *Pseudomonas fragi*의 성장률에 대한 이산화탄소의 효과를 조사하는 연구가 실시된다. 이산화탄소는 미리 설정된 5가지 대기 압력으로 조절된다. 측정된 반응은 1시간의 성장시간 후에 세포량의 퍼센트 변화이다. 각 대기 압력 수준별로 10번의 배양이 진행되었으며 그 결과는 다음과 같다.

요인수준(CO_2 압력)				
0.0	**.083**	**.29**	**.50**	**.86**
62.6	50.9	45.5	29.5	24.9
59.6	44.3	41.1	22.8	17.2
64.5	47.5	29.8	19.2	7.8
59.3	49.5	38.3	20.6	10.5
58.6	48.5	40.2	29.2	17.8
64.6	50.4	38.5	24.1	22.1
50.9	35.2	30.2	22.6	22.6
56.2	49.9	27.0	32.7	16.8
52.3	42.6	40.0	24.4	15.9
62.8	41.6	33.9	29.6	8.8

연습문제 25~27은 이 데이터를 참조하라.

25. 영가설

$$H_0: \mu_1 = \mu_2 = \cdots = \mu_5$$

를 검정하기 위해 필요한 가정을 서술하라.

26. (*a*) 수치적으로 적절한 분산분석(ANOVA) 표를 작성하라.

(*b*) 유의수준 .05에서 영가설을 기각할 충분한 근거가 있는가?

27. 분산의 동질성을 검정하기 위해 바틀렛 검정을 사용하라. 이 검정은 연습문제 25에 주어진 가정과 일치하는가?

28. 가능한 처치의 큰 모집단에서 임의적으로 3가지 처치가 선택되었다. 각 처치별로 10개의 관측이 임의로 얻어졌다.

(*a*) 검정할 적절한 영가설을 서술하고 묘사된 실험을 위해 이 검정을 실시하는 데 필요한 모든 가정을 나열하라.

(*b*) 이 데이터로 아래와 같은 부분적인 분산분석표를 얻었다.

	ANOVA				
출처	*DF*	*SS*	*MS*	*F*	*EMS*
처치	2	110.6			
오류	27				
합계	29	608.3			

분산분석표를 완성하고 (*a*)의 영가설을 .05 유의수준에서 검정하라.

(*c*) 오류와 처치에 따른 변화 비율을 각각 추정하라.

29. 달리기, 걷기, 자전거타기와 같은 3가지 운동에 소요되는 에너지를 비교하기 위해 실험이 진행된다. 관심을 두는 변수는 킬로미터당 소요되는 킬로칼로리이다. 가능한 대사 비교를 위해 8명의 피험자가 선택되었고 피로를 제거하기 위해 충분한 휴식과 함께 임의적으로 3가지 과제가 할당된다. 각 활동은 개별적으로 정확히 한 번씩 측정된다. 결과는 다음과 같다.

	운동		
피험자	달리기	걷기	자전거타기
1	1.4	1.1	0.7
2	1.5	1.2	0.8
3	1.8	1.3	0.7
4	1.7	1.3	0.8
5	1.6	0.7	0.1
6	1.5	1.2	0.7
7	1.7	1.1	0.4
8	2.0	1.3	0.6

(*a*) 3가지 과제에서 평균 칼로리에 차이가 있는지 검정하라. 적절한 *P* 값을 기술하라.

(*b*) 만약 차이가 존재한다면 .05 유의수준에서 어떤 에너지 과제가 다른 과제와 차이가 나는지를 결정하기 위해 던컨 중복범위 검정을 실시하라.

(*c*) (*b*)를 튜키 검정으로 실시하고 만약 결과에서 차이가 난다면 이를 비교하라.

30. OPEC 유류 통상 정지는 석유 자동차에 대한 석유 경제가 개선될 필요가 있음을 명확히 했다. 더 새로운 경량 재료가 자동차 엔진에 쓰이기 위해 요구되었다. 철, 알루미늄, 유리 섬유가 포함된 페놀 합성물에 대한 비교가 실시되었다. 밀도와 장력이라는 두 가지 변수가 고려되었다. 이 자료는 다음과 같다.("Phenolics Creep Up on Engine Applications", John Arimind and William Ayles, *Advanced Materials and Processes*, vol. 143, no. 6, June 1993; pp. 34-36.)

물질(밀도)

철		알루미늄		페놀	
7.60	7.82	2.90	2.71	1.79	1.73
7.80	7.90	2.65	2.77	1.74	1.72
7.81	7.75	2.67	2.78	1.69	1.66
7.65	7.73	2.75	2.72	1.68	1.67
7.72	7.75	2.80	2.86	1.50	1.70
7.71	7.80	2.81	2.73	1.67	1.72
7.68	7.87	2.85	2.75	1.80	1.71
7.79	7.89	2.72	2.79	1.78	1.63
7.76	7.78	2.60	2.81	1.62	1.62

물질(장력)

철		알루미늄		페놀	
60	100	17	40	8	13
73	122	25	19	17	12
87	86	35	29	15	10
98	112	38	22	9	11
175	77	27	26	10	16

적절하다고 판단되는 모든 검정을 사용하여 위 데이터를 분석하라. 결과를 요약하는 보고서를 작성하라. 선택한 검정통계량에 대해 설명하라.

31. 도로 포장 시 기초, 보조기층, 표면에 슬래그의 사용에 대해 조사하는 연구가 진행된다. 다양한 출처로부터 얻어 낸 슬래그의 합성이 관심사이다. 이러한 데이터는 5개의 서로 다른 출처로부터 얻은 표본의 S_1O_2의 퍼센트에 대한 것이다.("Steel Plant Slag in Road Pavements" B. S. Heaton, *Australian Civil Engineering Transactions*, March 1993, pp. 49-53.)

출처

용광로 슬래그	철 슬래그	포틀랜드 시멘트	재	천연 현무암
35.1	16.0	20.1	58.3	45.9
34.7	15.6	22.0	57.6	46.3
34.8	17.2	23.1	55.0	44.5
33.2	16.2	19.7	60.1	45.2
33.6	16.3	19.5	61.2	44.5
36.8	14.7	16.2	58.2	49.6

이 데이터를 분석하고 결과를 정리하는 보고서를 작성하라. 선택한 검정통계량을 옹호하는 것을 잊지 마라.

급속한 전력 상승 '스파이크'는 민감한 전기설비를 훼손시킬 수 있다. 전력 상승에 대한 연구가 일주일간 전력 상승의 평균적인 주파수 간에 차이가 있는지 여부를 확인하기 위해 진행되었다. 임의로 선택된 10주 기간 동안 스파이크의 횟수가 매주 7일, 24시간 내내 관찰되었다. 결과 데이터는 다음과 같다.

월	화	수	목	금	토	일
25	24	16	22	33	28	35
21	20	20	17	28	28	20
20	19	19	19	44	31	29
20	16	21	21	33	21	19
21	21	17	19	22	33	26
20	19	13	13	36	22	23
25	24	23	27	28	22	26
21	15	23	15	27	20	30
18	20	23	20	22	22	29
22	14	23	20	16	26	29

연습문제 32에서 35번까지는 이 데이터를 참조한다.

32. 분산분석을 사용하여 동일 평균 검정을 위한 옳은 가설을 서술하고 적절한 ANOVA 검정을 실시하라. 당신의 결론을 서술하라.

33. 연습문제 32번에서 몇몇 평균이 서로 다른 것으로 판명 났다면 짝을 이룬 평균 간의 유의미한 차이를 검정하기 위해 던컨 과정을 활용하라. $\alpha=.05$ 수준에서 검정하라.

34. 튜키 검정을 활용하여 33번을 반복하라. 연습문제 33번과 34번에서 서로 다른 결과를 얻었는가? 만약 그렇다면 이러한 차이를 빚는 이유에 대해 설명하라.

35. 연습문제 32번을 반복하되 적절한 비모수 검정을 활용하라.

CHAPTER 12

범주형 자료

이 장에서는 자료 중에서 각각의 관측이 몇 개의 상호 배타적인 '칸(cell)' 혹은 범주에 정확하게 속하는 것으로 분류될 수 있다는 사실에 따라 나누어진 자료의 분석을 다룬다. 각각의 범주에 속하는 관측의 횟수에 관심을 둔다. 통계적 문제는 관측된 범주의 빈도수가 언급된 가설에 부합하는지를 결정하는 것이다. 특히 세 가지 문제들에 관심이 있다. 이러한 문제들은 다음과 같다.

1. 관측된 집합이 특정한 확률분포로부터 얻어질 수 있는지 알아보는 시험
2. 분류 목적으로 사용되는 두 개의 변수 사이의 독립 여부에 대한 시험
3. 비율 비교

많은 저작에서 사용된 통계적 과정은 다항분포(multinomial distribution)를 기반으로 한다. 먼저 이 분포를 다뤄 보자.

12.1 다항분포

다항확률변수를 정의하기 위하여, 먼저 다항시행의 개념을 알아보자.

정의 12.1.1(다항시행). 매개변수 $p_1, p_2, \ldots, p_k$를 가진 다항시행은 k개의 가능한 출력 중에 정확하게 하나의 결과물을 내는 시행이다. 주어진 시행 중에 출력 i가 발생할 확률은 $p_i\,(i=1, 2, 3, \ldots, k)$이다.

$p_1, p_2, \ldots, p_k$는 확률이기 때문에 각각의 값은 0과 1 사이에 존재한다는 점을 명심하라. 또한 각각의 시행은 정확하게 k개의 가능한 출력 중에 하나이기 때문에 이 확률들의 합은 1이다.

예제 12.1.1. 생산라인에서 1%의 제품은 수리할 수 없는 결함이 있고, 5%의 제품은 수리할 수 있는 결함이 있으며, 나머지는 결함이 없다. 하나의 제품을 임의로 선택하여 분류를 한다. 제품은 정확하게 세 가지 가능한 부류 중에 하나이기 때문에, 이 실험은 매개변수 $p_1=.01$, $p_2=.05$, 그리고 $p_3=.94$인 하나의 다항시행을 구성하는 것으로 볼 수 있다.

다항확률변수는 일련의 서로 독립적이고 동일한 다항시행들을 관측할 때마다 자연스럽게 발생한다. 이러한 다중의 변수를 가진 확률변수는 다음과 같이 정의된다.

정의 12.1.2(다항확률변수). 매개변수 $p_1, p_2, ..., p_k$를 가진 n개의 독립적이고 동일한 다항시행으로 구성된 실험이 있다. X_i를 $i=1, 2, ..., k$에 대하여 i를 출력하는 시행 횟수라고 하자. k차의 $(X_1, X_2, ..., X_k)$는 매개변수 $n, p_1, p_2, ..., p_k$를 가진 다항확률변수(multinomial random variable)라고 한다.

예제 12.1.2. 예제 12.1.1에 서술된 생산라인에서 100개의 제품으로 구성된 임의의 표본이 선택된다고 가정하자. 이 실험은 $n=100$이고, 매개변수 $p_1=.01$, $p_2=.05$, 그리고 $p_3=.94$를 가진 독립된 다항시행으로 구성된 것으로 볼 수 있다. X_1을 수리할 수 없는 결함을 가진 제품이 선택되는 수라고 하고, X_2를 수리할 수 있는 결함을 가진 제품이 선택되는 수라고 하고, X_3를 결함이 없는 제품이 선택되는 수라고 하자. 3차의 (X_1, X_2, X_3)는 매개변수 100, .01, .05, 그리고 .94를 가진 다항확률변수이다. 예를 들면 우리가 수리할 수 없는 결함을 가진 제품 2개를, 수리할 수 있는 결함을 가진 제품 6개를, 결함이 없는 제품 92개를 발견하면 다항확률변수 (X_1, X_2, X_3)는 관측된 값 (2, 6, 92)의 값으로 가정한다.

다항확률변수에 대한 확률밀도함수를 유도하는 것은 어려운 것은 아니지만, 여기에서 유도는 하지 않을 것이다. 그렇지만 확률변수 $X_1, X_2, ..., X_k$의 각각의 평균값을 결정할 필요가 있다. 평균값을 구하는 것은 쉬운 일이다. 하나의 다항시행과 고정된 출력 i를 고려해 보자. 이 시행은 출력 i가 발생할 수도 있고, 그렇지 않을 수도 있다. 출력 i가 발생한다면 이 시행을 성공이라고 가정하고, 그렇지 않으면 실패라고 하자. 출력 i가 주어진 시행에서 나타날 확률인 성공확률이 p_i이고 실패확률은 $1-p_i$이다. 일련의 n개의 독립적이고 동일한 다항시행을 고려해 보자. X_i를 출력 i가 발생하는 시행의 수라고 하자. X_i는 또한 성공확률 p_i를 가진 n개의 독립적인 시행에서 성공한 횟수를 나타낸다. 그러므로 X_i는 매개변수 n과 p_i를 가진 이항확률변수이다. 3장의 결과로부터 각각의 i에 대하여 $E[X_i]=np_i$이다. 이 결과는 범주형 자료를 분석하는 데 중요한 역할을 한다.

예제 12.1.3. 예제 12.1.1에서 언급한 생산라인에서 임의로 선택된 100개 제품의 표본에서 각각의 범주에 속하는 제품의 평균값은 다음과 같다.

수리할 수 없는 결함이 있는 제품의 기댓값 $= E[X_1] = np_1 = 100(0.01) = 1$

수리할 수 있는 결함이 있는 제품의 기댓값 $= E[X_2] = np_2 = 100(0.05) = 5$

결함이 없는 제품의 기댓값 $= E[X_3] = np_3 = 100(0.94) = 94$

표본화가 완료되면, $x_1 = 2$, $x_2 = 6$, 그리고 $x_3 = 92$가 관측된다. 이러한 값은 기댓값과 정확하게 일치하지는 않지만, 기댓값과 크게 차이가 나지는 않는다. 이러한 값들이 언급된 범주형 확률 .01, .05와 .94의 정확성에 대하여 의심을 품지는 않는다.

앞의 예제는 범주형 자료 분석의 기본적인 아이디어를 보여 준다. 계수 자료를 분석하면서, 언급된 영가설하에서 기댓값과 관측된 범주형 빈도수를 비교하였다. 이러한 것이 잘 들어맞으면, H_0를 기각하지 않는다. 근본적인 불일치가 있다면, H_0를 기각한다. 다음 절에서 언제 가설의 기각을 보장할 정도로 차이가 극단적으로 큰지를 결정하는 데 필요한 통계학을 논의할 것이다.

12.2 카이제곱 적합성 검정

카이제곱 적합성 검정의 목적은 주어진 관측값의 집합이 특정한 확률분포로부터 구한 것이거나 특정한 확률분포와 일치한다는 영가설을 검증하는 것이다. 표본화가 시행되기 전에 가설화된 분포가 완벽하게 명시된 경우를 고려해 보자. 이 경우를 다루는 절차는 다음 정리에 근거를 두고 있고, 증명 없이 사용된다.

정리 12.2.1. $X_1, X_2, \ldots, X_k$를 매개변수 $n, p_1, p_2, \ldots, p_k$를 가진 다항확률변수라고 하자. 커다란 n에 대하여, 확률변수는 자유도 $k-1$을 가진 근사 카이제곱분포를 따른다.

$$\sum_{i=1}^{k} \frac{(X_i - np_i)^2}{np_i}$$

이 확률변수를 쉽게 기억하기 위하여 두 개의 기호를 변화시킨다. 다항분포에서 사용된 X_i는 출력 i가 발생하거나 혹은 범주 i에 속하는 실제 혹은 '관측된' 시행의 수이기 때문에, X_i를 O_i로 표기한다. np_i는 출력 i가 발생하는 시행 횟수의 이론적인 기댓값이고, 따라서

$np_i = E[X_i] = E_i$이다. 따라서 정리 12.2.1은 커다란 n에 대하여, 아래의 통계량은 자유도 $k-1$을 가진 근사 카이제곱분포이고, 이때 k는 관련된 상호 배타적인 범주의 수임을 의미한다.

$$\sum_{i=1}^{k} \frac{(O_i - E_i)^2}{E_i} = \sum_{i=1}^{k} \frac{[(\text{관측된 빈도수}) - (\text{기댓값})]^2}{\text{기댓값}}$$

이에 따라 자연스럽게 "얼마나 큰 수가 큰 것인가?"라는 질문이 떠오른다. 이 질문에 대한 답으로는 다양한 의견이 존재한다. 그렇지만 일반적으로 기댓값이 1보다 작아서는 안 되고, 기댓값의 20%가 5보다 작아서는 안 될 정도로 n은 커야만 한다고 여겨진다. 이 조건이 충족되지 않으면, 범주를 결합하거나 재정의하거나 기댓값이 적당한 크기가 될 정도로 표본수를 증가시켜야만 한다.

이러한 확률변수는 주어진 관측값의 집합이 특정한 확률분포에서 나왔다는 영가설을 시험하기 위한 검정통계량으로서 논리적으로 이용된다. H_0가 참이면, p_i의 값은 각각의 i에 대하여 알 수 있다. 따라서 E_i가 쉽게 계산될 수 있다. 사실 위의 통계량은 H_0 가정하에서 기댓값과 각 범주별 관측된 값을 비교한다. 이러한 숫자가 꽤 잘 맞으면(적합성이 있으면) $(O_i - E_i)^2$ 항은 각각의 i에 대하여 작아지고, $\sum_{i=1}^{k}[(O_i - E_i)^2]/E_i$도 작아지고, H_0는 기각되지 않아야 한다. 관측값과 기댓값이 크게 다르면, $(O_i - E_i)^2$ 항은 각각의 i에 대하여 커지고, $\sum_{i=1}^{k}[(O_i - E_i)^2]/E_i$도 커지고, H_0는 기각되어야만 한다. 이 검정통계량의 사용법은 다음 예제에서 보여 준다.

예제 12.2.1. 컴퓨터 시스템은 여러 가지 원인들 중에서 소프트웨어 결함, 하드웨어 결함, 운용 과실과 시스템 과부하 등으로 고장이 난다. 고장의 10%는 소프트웨어 결함, 5%는 하드웨어 결함, 25%는 운용 과실, 그리고 40%는 시스템 과부하, 나머지는 다른 이유에 기인한다. 연구기간 동안에 150건의 고장을 관측하였고, 각각의 고장은 원인에 따라 분류되었다. 13건은 소프트웨어 결함, 10건은 하드웨어 결함, 42건은 운용 과실, 65건은 시스템 과부하, 그리고 나머지는 다른 이유로 분류되었다. 이 자료들이 언급된 비율의 정확성을 의심하게 하는가? 이 질문에 답변하기 위하여 다음과 같은 가설 검증을 수행한다.

H_0: $p_1 = .10, p_2 = .05, p_3 = .25, p_4 = .40, p_5 = .20$
H_1: p_i는 $i = 1, 2, 3, 4, 5$에서 언급되지 않은 경우

H_0가 참이면

$$\begin{aligned}
E[X_1] &= E_1 = np_1 = 150(.10) = 15 \\
E[X_2] &= E_2 = np_2 = 150(.05) = 7.5 \\
E[X_3] &= E_3 = np_3 = 150(.25) = 37.5 \\
E[X_4] &= E_4 = np_4 = 150(.40) = 60 \\
E[X_5] &= E_5 = np_5 = 150(.20) = 30
\end{aligned}$$

표 12.1

범주	소프트 웨어 결함 1	하드 웨어 결함 2	운용 과실 3	시스템 과부하 4	기타 5
관측값, O_i	13	10	42	65	20
기댓값, E_i	15	7.5	37.5	60	30

이 상황은 표 12.1에 요약되어 있다. 기댓값과 관측값은 정확하게 일치하지 않는다. 대답이 필요한 질문은 "이 둘은 H_0를 기각할 정도로 차이가 큰가?"이다. 모든 경우에 $E_i > 5$이기 때문에, 검정통계량

$$\sum_{i=1}^{5} \frac{(O_i - E_i)^2}{E_i}$$

는 근사 카이제곱분포 $X^2_{k-1} = X^2_4$를 따른다. 이 통계량의 관측값은 다음과 같다.

$$\frac{(13-15)^2}{15} + \frac{(10-7.5)^2}{7.5} + \frac{(42-37.5)^2}{37.5} + \frac{(65-60)^2}{60} + \frac{(20-30)^2}{30} = 5.39$$

이 값은 H_0를 기각할 정도로 큰 값인가? 부록 A의 표 IV로부터 5.39 혹은 그 이상의 값을 관측할 확률은 .25라는 사실을 알 수 있다. 다시 말하면, H_0를 기각한다면 검정값 P는 .25이다. 이 확률이 크기 때문에 H_0를 기각하지 않는다. 주장하는 백분율이 부정확하다고 결론을 내릴 정도로 수집된 자료가 충분하지 않다.

12.3 독립성 검정

이 절에서는 앞 절에서 논의된 것과는 다소 다른 범주형 자료와 관련된 문제를 논의할 것이다. 그렇지만 사용된 검증 절차에 내재된 아이디어는 일찍이 논의되었던 것과 동일하다. 즉 검정통계량은 언급된 영가설이 참이라는 가정하에서 기댓값과 관측값을 비교한다. 이 둘이 우연히 너무 다르면 기각된다.

연구할 두 개의 확률변수를 가진 실험을 고려하자. 이 연구의 목적은 이 두 개의 확률변수의 독립성 여부를 검증하는 것이다. 예를 들면 고속도로 기술자는 부상의 정도가 교통사고 희생자에게 부과된 속도 등과 같은 제한의 종류와 관계가 있는지를 알고 싶을 것이다. 제조회사는 생산된 상품의 품질이 생산된 요일과 관계 있는지를 알고 싶어 할 수 있으며, 암 연구자는 폐암의 진행이 공기 중에 떠다니는 석면과 관계 있는지를 알고 싶어 할 수 있다.

독립성 검정을 2×2 분할표(contingency table)라고 불리는 것을 이용하여 보여 줄 것이

다. 이 분할표는 고려하고 있는 두 개의 확률변수가 두 단계로 연구되는 실험으로부터 발생한다. 이것은 자연스럽게 2×2 혹은 4개의 상호 배타적인 '칸' 혹은 범주를 정의한다. 이러한 자료 분석은 각 칸에 떨어지는 관측값의 검사에 근거한다.

예제 12.3.1. 암 연구자들은 임의로 대규모 개인들의 그룹을 선택하여 오랜 기간 동안 진행을 관측함으로써 장래의 연구를 수행한다. 연구 기간의 종료시점에 각각의 개인은 폐암의 존재 여부, 공기 중에 존재하는 석면의 노출 여부 등에 따라 분류된다. C는 폐암이 존재하는 것을 나타내고, A는 개인의 석면에 대한 노출 여부를 정의한다.

이러한 네 개의 상호 배타적인 범주 결과:

$C \cap A$: 암이 있고, 석면에 노출
$C \cap A'$: 암은 있으나, 석면에는 노출되지 않음
$C' \cap A$: 암은 없고, 석면에는 노출
$C' \cap A'$: 암도 없고, 석면에도 노출되지 않음

연구에서 각각의 개인은 이러한 칸 중 정확하게 하나에 속한다.

각 칸에 들어가는 관측값에 관심이 있기 때문에, 칸 빈도수에 대한 표시법을 정의할 필요가 있다. 두 개의 분류 변수의 각 단계로 떨어지는 관측값을 나타내는 표시법도 필요하다. 다음과 같은 표시법을 사용한다.

n_{11}=1 행 1 열의 칸에 속하는 관측값
n_{12}=1 행 2 열의 칸에 속하는 관측값
n_{21}=2 행 1 열의 칸에 속하는 관측값
n_{22}=2 행 2 열의 칸에 속하는 관측값
$n_{1.}=n_{11}+n_{12}$=1 행의 칸에 속하는 관측값
$n_{2.}=n_{21}+n_{22}$=2 행의 칸에 속하는 관측값
$n_{.1}=n_{11}+n_{21}$=1 열의 칸에 속하는 관측값
$n_{.2}=n_{12}+n_{22}$=2 열의 칸에 속하는 관측값
n= 관측값 합계

이 표시법은 예제 12.3.2에서 보여 준다.

예제 12.3.2. 예제 12.3.1의 연구가 종료되었을 때, 5,000명 중에 50명은 폐암이 진행되었다. 이들 중에서 10명은 공기 중의 석면에 노출되었다. 연구 중에 모두 500명이 공기 중의 석면에 노출되었다. 이러한 자료는 표 12.2에 요약되어 있다. $n_{.1}$과 $n_{.2}$는 2×2 표에서 주변을 따라 나타나는 열의 합계이다. 이것을 주변열합계(marginal column total)라고 한다. 마찬가지로, $n_1.$과 $n_2.$는 주변행합계(marginal row total)이다.

분할표를 통하여 검증될 일반적인 영가설은 두 개의 분류 변수 사이에 '연관성 없음' 이다. 대안은 연관성이 있음이다. 이 절에서 연구하는 표는 전체 표본 크기 n만을 연구자가 결정한다는 사실에 의해 특징지어진다. 주변열합계, 주변행합계를 포함하여 분할표 상의 모든 값들은 자유롭게 변화한다. 이런 종류의 연구에서 '연관성 없음' 의 영가설은 독립성의 영가설과 등가이다.

일반적인 검증을 발전시키기 위해서, A와 B를 분류 변수하고 하자. 검증할 내용은 다음과 같다.

H_0: A와 B는 독립이다.
H_1: A와 B는 독립이 아니다.

H_0가 참이면, 특징 A와 관계된 객체의 분류 단계의 지식은 특징 B와 관계된 단계와 관계가 없다. 이 아이디어를 수학적으로 표현하기 위하여, 표 12.3에 있는 확률표를 사용한다. p_{11}은 임의로 선택된 객체가 특징 A와 B를 가지고 있을 확률이고, $p_1.$는 특징 A를 가지고 있을 확률이며, $p._1$는 특징 B를 가지고 있을 확률이다. A와 B는 다음의 조건을 만족시킬 때만 독립임을 기억하라.

$$P[A \cap B] = P[A] \cdot P[B]$$

A와 B가 독립이라는 영가설은 다음과 같이 표현될 수 있다.

$$H_0: p_{11} = p_1.p._1$$

표 12.2

	A	A'	
C	$10 = n_{11}$	$40 = n_{12}$	$50 = n_1.$
C'	$490 = n_{21}$	$4460 = n_{22}$	$4950 = n_2.$
	$500 = n._1$	$4500 = n._2$	$5000 = n$

표 12.3

	B	B'	
A	p_{11}	p_{12}	$p_1.$
A'	p_{21}	p_{22}	$p_2.$
	$p._1$	$p._2$	1

이것은 $p_{ij}=p_{i\cdot}\, p_{\cdot j}\,(i=1,\, 2$ 이고 $j=1,\, 2)$을 의미한다. 즉 각 칸에 대한 칸 확률이 해당하는 열과 행 확률을 곱하여 구해질 때에만 A와 B가 독립이다.

2×2 표에서 각각의 관측은 정확하게 네 개의 상호 배타적인 범주 중에서 하나에만 해당하기 때문에, 크기 n의 확률표본은 일련의 n개의 독립적인 매개변수 p_{11}, p_{12}, p_{21}과 p_{22}를 가진 다항시행을 한 것으로 간주될 수 있다. 관측된 칸의 빈도수의 집합 $(n_{11}, n_{12}, n_{21}, n_{22})$은 매개변수 $n, p_{11}, p_{12}, p_{21}$과 p_{22} 다항확률변수이다. 그래서, 칸 빈도수의 기댓값은 다음과 같다.

$$E_{ij} = np_{ij}$$

이때 p_{ij}는 (ij)번째 칸에 해당하는 관측 확률이고, n은 표본 크기이다. 이러한 확률은 값을 모르고, 영가설이 참이라는 가정하에서 획득한 자료로부터 추정될 수 있다. 이것은 어떻게 이루어질까? 아주 간단하다! 예를 들어 H_0가 참이고 A와 B가 독립이면 다음과 같은 식이 성립한다.

$$p_{11} = p_{1\cdot}p_{\cdot 1}$$

$p_{1\cdot}$은 관측값이 1행에 해당하는 확률이기 때문에, $p_{1\cdot}$을 다음과 같이 추정하는 것은 논리적이다.

$$\hat{p}_{1\cdot} = \frac{\text{1행의 원소의 수}}{\text{표본 크기}} = \frac{n_{1\cdot}}{n}$$

마찬가지로 $p_{\cdot 1}$은 관측값이 1열에 해당하는 확률이기 때문에, $p_{\cdot 1}$을 다음과 같이 추정하는 것은 논리적이다.

$$\hat{p}_{\cdot 1} = \frac{\text{1열의 원소의 수}}{\text{표본 크기}} = \frac{n_{\cdot 1}}{n}$$

따라서

$$\hat{p}_{11} = \hat{p}_{1\cdot}\hat{p}_{\cdot 1} = \frac{n_{1\cdot}}{n}\frac{n_{\cdot 1}}{n}$$

이것은 다음 식을 의미한다.

$$\begin{aligned}\hat{E}_{11} = \hat{p}_{11}n &= \frac{n_{1\cdot}}{n}\frac{n_{\cdot 1}}{n}n \\ &= \frac{n_{1\cdot}n_{\cdot 1}}{n} = \frac{\text{(주변행합계) (주변열합계)}}{\text{표본 크기}}\end{aligned}$$

유사한 주장이 다른 칸 기댓값에 대해서도 성립한다. 따라서 각각의 i와 j에 대하여 다음과 같은 결론을 얻을 수 있다.

$$\hat{E}_{ij} = \frac{n_{i\cdot}n_{\cdot j}}{n} = \frac{\text{(주변행합계) (주변열합계)}}{\text{표본 크기}}$$

많은 표본수에 대하여 다음 식은 근사 카이제곱분포를 따른다는 것을 기억하라.

$$\sum_{i=1}^{2}\sum_{j=1}^{2}\frac{(O_{ij}-\hat{E}_{ij})^2}{\hat{E}_{ij}}=\sum_{i=1}^{2}\sum_{j=1}^{2}\frac{(n_{ij}-\hat{E}_{ij})^2}{\hat{E}_{ij}}$$

자유도의 수는 $k-1-m$이고 m은 칸 빈도수의 기댓값을 계산할 때 사용된 자료로부터 추정된 매개변수의 수이다. $p_{\cdot 2}=1-p_{\cdot 1}$과 $p_{2\cdot}=1-p_{1\cdot}$이기 때문에 자료로부터 $p_{1\cdot}$과 $p_{\cdot 1}$만을 추정할 필요가 있다는 점을 기억하라. 따라서 검정통계량과 관계된 자유도의 수는 다음과 같다.

$$k-1-m=4-1-2=1$$

이 경우에 기댓값이 1보다 커야만 하고 20% 이하가 5보다 커야만 하는 규칙을 만족시키기 위하여, 기댓값이 5 이상이어야만 한다. 이 규칙이 충족되지 않으면, 자료는 피셔의 정확검증[6]이라는 절차에 의해 분석되어야만 한다. 예제 12.3.2의 자료 분석을 완성해 보자.

예제 12.3.3. 폐암의 진행(C)이 개인의 공기 중의 석면 노출(A)과 무관하지 않은지를 알기를 원한다. 검증할 가설은 다음과 같다.

H_0: C와 A가 독립이다.
H_1: C와 A가 독립이 아니다.

표 12.2에 주어진 자료를 이용하여, H_0의 가정하에서 칸 빈도수의 기댓값은 다음과 같이 주어지는 것을 알 수 있다.

$$\hat{E}_{11}=\frac{n_{1\cdot}n_{\cdot 1}}{n}=\frac{50(500)}{5000}=5$$

$$\hat{E}_{12}=\frac{n_{1\cdot}n_{\cdot 2}}{n}=\frac{50(4500)}{5000}=45$$

$$\hat{E}_{21}=\frac{n_{2\cdot}n_{\cdot 1}}{n}=\frac{4950(500)}{5000}=495$$

$$\hat{E}_{22}=\frac{n_{2\cdot}n_{\cdot 2}}{n}=\frac{4950(4500)}{5000}=4455$$

결과는 표 12.4에 요약되어 있다. 괄호 안에 표시된 H_0가 참이면 기댓값과 실제 관측값 사이의 차이가 존재하는 것을 기억하라. 이러한 차이가 엄격하게 우연히 발생한 것처럼 너무 큰 것인가? 칸 빈도수의 기댓값이 5 이상이어야만 하는 요구사항을 기억하라. 검정통계량의 관측값은 다음과 같이 주어진다.

$$\sum_{i=1}^{2}\sum_{j=1}^{2}\frac{(n_{ij}-\hat{E}_{ij})^2}{\hat{E}_{ij}}=\frac{(10-5)^2}{5}+\frac{(40-45)^2}{45}+\frac{(490-495)^2}{495}+\frac{(4460-4455)^2}{4455}=5.61$$

표 12.4

	A		A'		
C	10	(5)	40	(45)	50
C'	490	(495)	4460	(4455)	4950
	500		4500		5000

이 카이제곱 통계량과 관련된 자유도의 수는 1이다. $\chi^2_{.01}=6.63$과 $\chi^2_{.025}=5.02$이기 때문에, 검증의 P 값은 .01과 .025 사이에 존재한다. 이러한 확률은 작기 때문에, H_0를 기각하고 폐암의 진행은 공기 중의 석면과 관계가 있다는 결론을 얻을 수 있다. 표 12.4의 결과를 분석하면, 석면에 노출된 사람들 중에 관측된 암환자의 수는 연관성이 없을 때 기대했던 것보다 더 크다.

$r\times c$ 독립성 검정

각각의 변수가 두 단계에서 연구되는 경우의 독립성 검정을 알아보았다. 그 결과로 2×2 분할표를 얻는다. 일반적으로 $r\times c$ 분할표를 생성하는 r 단계에서의 하나의 변수와 c 단계에서의 다른 변수를 연구한다. 자료 구성과 관련된 확률이 표 12.5(a)와 12.5(b)에 각각 나와 있다.

독립성의 영가설은 수학적으로 다음과 같이 표현한다.

$$H_0\colon p_{ij} = p_{i\cdot}p_{\cdot j} \qquad i = 1, 2, 3, \ldots, r$$
$$j = 1, 2, 3, \ldots, c$$

대안은 적어도 하나의 i와 j에 대하여 $p_{ij} \neq p_{i\cdot}\, p_{\cdot j}$이다. 이 검정통계량은 다음과 같다.

검정통계량 H_0: 변수 A와 B 사이에 연관성 없음

$$\sum_{i=1}^{r}\sum_{j=1}^{c}\frac{(n_{ij}-\hat{E}_{ij})^2}{\hat{E}_{ij}}$$

여기에서 $\hat{E}_{ij}=\dfrac{(\text{주변행합계})\,(\text{주변열합계})}{\text{표본 크기}}$

대답할 유일한 질문은 "얼마나 많은 자유도가 검정통계량과 관련되어 있는가?"이다. 칸 빈도수의 기댓값을 계산하기 위하여 자료로부터 $r-1$개의 확률 $p_{1\cdot}, p_{2\cdot}, \ldots, p_{(r-1)}$과 $c-1$개의 확률 $p_{\cdot 1}, p_{\cdot 2}, \ldots, p_{(c-1)}$을 추정해야만 한다. 자유도의 수는 $k-1-m$으로 주어지고, k는 표의 칸의 수이고 m은 기댓값을 계산하는 데 사용되는 자료로부터 추정되는 매개변수의 수이다. 이

표 12.5(a)

변수 A	변수 B 1	2	3	⋯	c	
1	n_{11}	n_{12}	n_{13}	⋯	n_{1c}	$n_{1\cdot}$
2	n_{21}	n_{22}	n_{23}	⋯	n_{2c}	$n_{2\cdot}$
3	n_{31}	n_{32}	n_{33}	⋯	n_{3c}	$n_{3\cdot}$
⋮	⋮	⋮	⋮			⋮
r	n_{r1}	n_{r2}	n_{r3}	⋯	n_{rc}	$n_{r\cdot}$
	$n_{\cdot 1}$	$n_{\cdot 2}$	$n_{\cdot 3}$	⋯	$n_{\cdot c}$	n

표 12.5(b)

변수 A	변수 B 1	2	3	⋯	c	
1	p_{11}	p_{12}	p_{13}	⋯	p_{1c}	$p_{1\cdot}$
2	p_{21}	p_{22}	p_{23}	⋯	p_{2c}	$p_{2\cdot}$
3	p_{31}	p_{32}	p_{33}	⋯	p_{3c}	$p_{3\cdot}$
⋮	⋮	⋮	⋮			
r	p_{r1}	p_{r2}	p_{r3}	⋯	p_{rc}	$p_{r\cdot}$
	$p_{\cdot 1}$	$p_{\cdot 2}$	$p_{\cdot 3}$		$p_{\cdot c}$	1

경우에 자유도의 수는 다음과 같다.

$$\begin{aligned} k-1-m &= rc-1-(r-1+c-1) \\ &= rc-r-c+1 \\ &= (r-1)(c-1) \end{aligned}$$

이러한 아이디어는 다음 예제에서 보여 준다.

예제 12.3.4. 고객이 자동차의 안전장치를 사용하도록 하기 위하여, 기록에서 1000개의 표본 사고를 임의로 선정했다. 각각의 사고는 승객이 사용한 안전제한의 종류와 사고의 경중에 따라 분류하였다. 표 12.6에 결과를 요약하였다.

기댓값은 괄호 안에 기록했다. 이것이 사용된 안전장치의 종류와 사고의 정도 사이의 연관성을 보이는가? 관측값 통계량 $X^2_{(r-1)(c-1)}=X^2_{3\cdot 2}=X^2_6$은 다음과 같다.

$$\frac{(75-70)^2}{70}+\frac{(60-50)^2}{50}+\frac{(65-80)^2}{80}+\cdots+\frac{(25-20)^2}{20}=10.96$$

10.96 이상의 값을 관측할 확률이 $.05(\chi^2_{.95}=12.6)$와 $.1(\chi^2_{.90}=10.6)$ 사이에 존재한다.

표 12.6

상해 정도	안전장치의 종류 안전벨트만 사용		안전벨트와 하니스		미사용		
상해 없음	75	(70.0)	60	(50.0)	65	(80.0)	200
경상	160	(157.5)	115	(112.5)	175	(180.0)	450
중상	100	(105.0)	65	(75.0)	135	(120.0)	300
사망	15	(17.5)	10	(12.5)	25	(20.0)	50
	350		250		400		1000

즉 검증의 P의 값은 .05와 .1 사이이다.

이 확률이 매우 작기 때문에 영가설을 기각하고 개인의 상해 정도는 사고 시에 사용된 안전 제한의 종류와 독립적이지 않다는 결론에 도달한다.

표본 크기가 실험자에 의해 고정되고 분류표의 나머지 요소들은 자유롭게 변화할 때, 독립성을 검정한다는 사실을 기억하라. 다른 종류의 검증은 다음 절에서 알아본다.

12.4 비율 비교

이 절에서는 비율을 비교하는 데 카이제곱 통계량을 사용한다. 다시 한 번 2×2 표의 실험으로부터 시작한다. 이 예제는 이 절에서 다루는 문제와 이전에 다룬 문제들 사이의 주요한 차이를 보여 준다.

예제 12.4.1. 특정한 사회에서 살고 있는 많은 사람들이 지난 10년 동안 방사능 폐기물 저장소로부터 방사능에 노출되어 왔다. 방사능 노출과 특정한 혈액 질환 사이의 연관성 여부를 확인하기 위한 연구가 수행되었다. 실험을 수행하기 위하여, 위험에 노출된 300명을 선택하고, 위험에 노출되지 않은 320명을 선택하여 확률 표본을 만들었다. 각각의 혈액 질환의 존재 여부를 결정하였다. 이 실험의 결과는 표 12.7과 같다. 이 2×2 표는 이전에 연구된 결과와 똑같아 보이지만, 차이가 있다. 특히 현장 실험을 수행하기 전에, 주변행합계가 300과 320에 고정되어 있다. 즉 전체 표본 합계뿐만 아니라 이러한 주변합계는 실험자에 의해 미리 결정된다. 표의 다른 요소들은 자유롭게 변화한다.

연구자에 의해 행과 열 동시에는 아니고, 행합계나 열 합계가 고정된 실험에서 '연관성 없

표 12.7

	D (질환 있음)	D' (질환 없음)	
E (노출)	n_{11}	n_{12}	$n_{1\cdot} = 300$ (고정)
E' (비노출)	n_{21}	n_{22}	$n_{2\cdot} = 320$ (고정)
	$n_{\cdot 1}$	$n_{\cdot 2}$	$n = 620$ (고정)

음' 의 영가설은 비율로 언급된다. 이것이 행해지는 방법을 보기 위하여, A와 B를 분류 변수로 하고, A의 단계에 대한 주변합계를 고정했다고 가정하자. 그래서 필수적으로 두 개의 독립적인 확률 표본이 있다: 특성 A를 가진 객체의 수로부터 하나와 특성 A가 없는 객체의 수로부터 다른 하나를 얻는다. 검증할 대상은 다음과 같다.

H_0: 특성 A를 가진 객체 중에서 특성 B를 가진
객체의 비율 = 특성 A가 없는 객체 중에서
특성 B를 가진 객체의 비율

이것은 특징 B는 특징 A가 없는 객체 중에서보다 특징 A를 가진 객체 중에서 더 많이 존재하지는 않는다는 것을 의미한다. 따라서 A와 B 사이의 표면적인 연관성이 존재하지 않는다. 예제로써 다음을 검증하려고 한다.

H_0: 위험에 노출된 사람 중에서 혈액 질환을
가진 인구 비율 = 위험에 노출되지 않은 사람 중에서
혈액 질환을 가진 인구 비율

다른 말로 하면, 위험한 폐기물에 노출된 혈액 질환의 표면적인 연관성이 없다는 것이다.

영가설은 표 12.8의 도움으로 수학적으로 표현될 수 있다. p_{11}은 특성 A를 가진 객체 중에서 특성 B를 가진 객체의 비율을 표시하고, p_{21}은 특성 A가 없는 객체 중에서 특성 B를 가진 객체의 비율을 표시하기 때문에, 다음을 검증한다.

$$H_0: p_{11} = p_{21}$$

$p_{12}=1-p_{11}$과 $p_{22}=1-p_{21}$이기 때문에, $p_{12}=p_{22}$을 검증할 수 있다는 점을 기억하라. 영가설을 다음과 같이 언급하는 것이 편리하다.

표 12.8

	B	B'	
A	p_{11}	$p_{12} = 1 - p_{11}$	1(고정)
A'	p_{21}	$p_{22} = 1 - p_{21}$	1(고정)

$$H_0: p_{1j} = p_{2j} \qquad j = 1, 2$$

영가설이 위와 같은 형태로 표현될 때, 이 검증은 **동질성**(homogeneity) 검정이라고 불린다.

검증 이면의 논리를 이해하기 위하여, 주변행합계가 고정된 2×2 표의 구조를 좀 더 자세히 들여다볼 필요가 있다. 특히 성공확률 p_{11}을 가진 이항분포로부터 구한 크기 $n_{1\cdot}$의 확률 표본을 구성할 때 1행의 자료를 볼 수 있다는 점을 기억하라. 이때 성공은 특성 B를 가진 객체를 찾는 것이다. 마찬가지로 2행의 자료는 매개변수 p_{21}을 가진 이항분포로부터 구한 크기 $n_{2\cdot}$의 확률 표본을 구성한다. 따라서 다음 가설을 검증할 때, 8장에서 이루어진 두 개의 인구 비율을 비교하는 것이다.

$$H_0: p_{11} = p_{21}$$

사실 여기에서 발전시킨 검정통계량은 단지 이전에 사용된 Z 제곱 통계량이다! 여기에서 기억할 중요한 점은 특성 B를 가진 각 그룹에서 객체의 수는 이항분포이기 때문에 다음과 같은 관계가 성립한다는 것이다.

$$E_{11} = n_{1\cdot}p_{11}$$
$$E_{21} = n_{2\cdot}p_{21}$$

따라서 분류표에서 E_{11}과 E_{21}을 추정하기 위하여 p_{11}과 p_{21}을 추정하기 위한 논리적인 방법을 찾을 필요가 있다. 이렇게 하는 것은 어려운 일이 아니다. H_0가 참이면, $p_{11}=p_{21}$이다. 공통의 인구 비율은 p라고 표시한다. 더구나 특성 B를 가진 객체의 비율이 양쪽 인구에 대하여 동일하면, 결합된 두 개의 인구에서 객체의 전체 비율은 또한 p이다. 특성 B를 가진 전체 객체의 비율에 대한 논리적 추정은 다음과 같다.

$$\hat{p} = \frac{\text{1열의 객체의 수}}{\text{전체 표본 크기}} = \frac{n_{1\cdot}}{n}$$

$p_{11}=p_{21}=p$를 가정하고 있기 때문에, p_{11}과 p_{21}에 대한 추정값으로 $\hat{p}$를 사용할 수 있다. 대치법을 사용하면, H_0 가정하에 추정된 칸 빈도수의 기댓값은 다음과 같다.

$$\hat{E}_{11} = n_{1\cdot}\hat{p}_{11} = n_{1\cdot}\frac{n_{\cdot 1}}{n}$$
$$= \frac{(\text{주변행합계})\,(\text{주변열합계})}{\text{표본 크기}}$$

$$\hat{E}_{21} = n_{2\cdot}\hat{p}_{21} = n_{2\cdot}\frac{n_{\cdot 1}}{n}$$
$$= \frac{(\text{주변행합계})\,(\text{주변열합계})}{\text{표본 크기}}$$

표 12.9

	D (질환 있음)	D' (질환 없음)	
E (노출)	52 (48.39)	248 (251.61)	300
E' (비노출)	48 (51.61)	272 (268.39)	320
	100	520	620

다음의 증명은 독자에게 남겨 둔다.

$$\hat{E}_{12} = \frac{n_1.n._2}{n} \qquad \text{and} \qquad \hat{E}_{22} = \frac{n_2.n._2}{n}$$

이러한 기댓값들은 독립성 검정에서 사용된 것들과 정확하게 일치한다. 이런 점에서 동질성 검정과 독립성 검정은 동일하다. 예제 12.4.1의 실험을 다시 생각해 보자.

예제 12.4.2. 예제 12.4.1의 실험이 수행될 때, 표 12.9의 자료가 결과물로 도출되었다. 칸 빈도수의 기댓값은 괄호 안에 주어졌다. X_1^2 통계량의 관측값은 다음과 같다.

$$\frac{(52-48.39)^2}{48.39} + \frac{(248-251.61)^2}{251.61} + \frac{(48-51.61)^2}{51.61} + \frac{(272-268.39)^2}{268.39} = .62$$

이 값은 $\alpha=.25$ 단계($\chi^2_{.25}=1.32$)에서조차 중요하지 않다. 이러한 자료를 가지고 특정한 혈액 질환과 방사성 노출 사이에 연관성이 있다는 결론을 내릴 수 없다.

$r \times c$ 동질성 검정

독립성 검정에서처럼, $r \times c$ 표를 사용하여 동질성 검장을 할 수 있다. 이 경우에 두 개의 변수를 다루는데, 하나는 r 단계에서 연구되고 다른 하나는 c 단계에서 연구된다. 이러한 변수들 중 정확하게 하나에 대한 주변합계는 자료를 모으기 전에 연구자에 의해서 고정되어야만 한다. 예제 12.4.3을 통해 알아보자.

예제 12.4.3. 공기 중의 이산화황(SO_2) 수준과 나뭇잎의 세포당 평균 엽록체 수 사이의 연관성을 조사하는 연구가 수행되었다. 연구를 위하여 세 가지 영역이 선정되었다. 하나는 높은 이산화황 농도를 가지고 있고, 두 번째는 보통 수준의 이산화황 농도이고, 세 번째는 낮은 이산화황 농도를 가지고 있다. 각 지역에서 20그루의 나무가 임의로 선정되었고, 각 나무에서 나뭇잎의 세포당 평균 엽록체 수의 조사가 이루어졌다. 이러한 방법으로 각 나무는 낮은 단계, 보통 단계, 높은 단계의 엽록체 수로 분류

표 12.10

	엽록체 수준			
SO_2 수준	높음	보통	낮음	
높음	n_{11}	n_{12}	n_{13}	$n_{1\cdot} = 20$ (고정)
보통	n_{21}	n_{22}	n_{23}	$n_{2\cdot} = 20$ (고정)
낮음	n_{31}	n_{32}	n_{33}	$n_{3\cdot} = 20$ (고정)
	$n_{\cdot 1}$	$n_{\cdot 2}$	$n_{\cdot 3}$	n

되었다. 이 실험은 표 12.10에 나타난 결과를 도출하였다. 실험 전에 행합계를 고정하여, 필수적으로 세 가지 독립된 확률표본들을 선정하였다. 하나의 표본은 높은 이산화황 농도에 노출된 나무에서 선정되었다. 두 번째는 보통 수준의 이산화황 농도에서 선정되었고, 세 번째는 낮은 이산화황 농도에서 선정되었다.

$r \times c$ 표에서 행과 열의 주변합계 중에서 하나를 고정하였을 때 '연관성 없음'의 영가설을 표현하기 위하여, 행합계가 고정되었다고 가정하자. 표 12.11에 나타난 확률을 고려해 보자. p_{ij}는 변수 B에 상대적인 j번째 단계에 있는 변수 A에 상대적인 i번째 단계에 있는 객체의 비율이다. 연관성 없음에 대한 영가설은 필수적으로 각 열 내에서 어떤 행 분류도 다른 것보다 더 많지 않다는 것을 주장한다. 대안은 어떤 열에서는 그 경우에 맞지 않다는 점이다. 통계적으로 영가설은 다음과 같은 형태를 가진다.

$$H_0: p_{1j} = p_{2j} = p_{3j} = \cdots = p_{rj} \qquad j = 1, 2, 3, \ldots, c$$

이 영가설을 r 차원의 모집단이 동일한지 아닌지를 검증하는 것으로 생각할 수 있다. 예를 들면 마지막 예제에서 엽록체 단계와 이산화황 노출 단계 사이의 연관성 없음에 대한 영가설을 검증하였다. 노출되는 이산화황의 단계에 상관없이 각각의 엽록체 단계에 해당하는 나무의 수가 동일한지를 알아보고 싶다. 동질성에 대한 영가설은 독립성에 대한 영가설을 검증하는 방법과 정확하게 동일하다.

표 12.11

	변수 B					
변수 A	1	2	3	$\cdots$	c	
1	p_{11}	p_{12}	p_{13}	$\cdots$	p_{1c}	1
2	p_{21}	p_{22}	p_{23}	$\cdots$	p_{2c}	1
3	p_{31}	p_{32}	p_{33}	$\cdots$	p_{3c}	1
$\vdots$	$\vdots$	$\vdots$	$\vdots$		$\vdots$	$\vdots$
r	p_{r1}	p_{r2}	p_{r3}	$\cdots$	p_{rc}	1

표 12.12

SO_2 수준	엽록체 수준 높음	엽록체 수준 보통	엽록체 수준 낮음	
높음	3 (5)	4 (8.33)	13 (6.67)	20
보통	5 (5)	10 (8.33)	5 (6.67)	20
낮음	7 (5)	11 (8.33)	2 (6.67)	20
	15	25	20	60

예제 12.4.4. 예제 12.4.3에서 서술된 연구가 수행될 때, 표 12.12의 자료가 얻어졌다. 또 다시 칸 빈도수의 기댓값은 괄호 안에 표시하였다. 통계량 $X^2_{(r-1)(c-1)}=X^2_4$의 관측값은 다음과 같다.

$$\frac{(3-5)^2}{5}+\frac{(4-8.33)^2}{8.33}+\cdots+\frac{(2-6.67)^2}{6.67}=14.74$$

$\chi^2_{.1}=13.3$이고 $\chi^2_{.005}=14.9$이므로, $.005<P<.01$의 값으로 H_0를 기각할 수 있다. 지역의 이산화황 농도와 나뭇잎의 엽록체 농도 사이에는 연관성이 있다는 강한 증거를 보여 준다. 연관성을 보다 명확하게 보기 위하여, 연관성이 없다면 엽록체 수가 적은 나무의 수가 세 지역에서 각각 같아야만 한다는 점을 기억하라. 그렇지만, 이 경우가 위에서 언급한 사례가 아니라는 점은 쉽게 알 수 있다. 표 12.12의 자료에 근거하면, 엽록체 수준이 낮은 나무의 추정 비율은 각각 $13/20=.65$, $5/20=.25$, $2/20=.10$이다. 이러한 비율은 높은 이산화황 수준이 엽록체 수를 억제하는 경향이 있다는 사실을 주장한다.

쌍자료의 비율 비교: 맥니마의 검정

범주형 자료의 논의를 끝내기 전에, 하나의 추가적인 형태의 문제를 고려하자. 지금까지 두 개 이상의 모집단에서 얻은 독립적인 표본에 근거한 비율 비교 문제에 집중하였다. 경우에 따라, 표본들이 독립이 아닌 경우에도 두 개의 비율을 비교할 필요가 있다. 이 경우에는 이절까지 논의된 방법이나 8장에서 논의된 방법들 모두 적용할 수 없다. 그렇지만 카이제곱통계량에 근거한 비교법이 사용될 수 있다. 맥니마의 검정(McNemar's test)이라고 불리는 이 기법을 지금부터 보여 준다.

예제 12.4.5. 산업계에서 엔지니어의 관심을 끄는 하나의 문제는 케이스 저장 용량보다 적게 분포된 작은 상품들의 경제적 저장문제이다. 제품을 저장하는 두 가지 방

표 12.13 |

SDF	영숫자 순서 3미터 이내	 3미터 이상	
3미터 이내	4	33*	37
3미터 이상	2*	61	63
	6	94	100

법이 연구되고 있다. 하나의 방법은 영숫자 배치(alphameric placement)라고 불리는 엄격한 사전식의 영숫자 순서에 따른 배치이다. 두 번째는 선택밀도요소(SDF: selection density factor)라는 방법으로 배포자의 일하는 위치로부터의 상대적인 위치를 결정하기 위하여 각각의 재고상품에 대하여 계산된 숫자로 구성된 요소를 사용하는 것이다. 두 가지 방법을 사용한 결과 작업장의 10피트 내에서 위치할 제품의 비율이 같은지 알고 싶다. 이것을 결정하기 위하여, 100개의 제품이 먼저 영숫자 순서로 분류되고, 그 후에 SDF를 이용하여 분류되었다. 이러한 방법으로 각각의 제품은 쌍으로 관측값을 생성한다. 각각의 경우 100번의 관측값의 표본을 얻었지만, 표본들은 독립이 아니라 대응이 되어 있다. 표 12.13과 같은 형식으로 얻은 자료를 기록하였다. 두 방법에 의해서 작업장의 10피트 이내에 위치한 객체들의 비율에 차이가 있다면, 이 차이가 표 안의 칸에서 두 방법들이 제품의 배치에서 불일치하는 정도를 반영한다. 따라서 표 12.13에 별표 표시된 칸에만 관심이 있다. 이 두 개의 칸에는 35개의 관측값이 있다. 방법들이 작업장의 10피트 내에 똑같은 비율의 객체를 배치한다면, 각각의 두 칸에 해당하는 관측값은 반, 즉 17.5개가 되리라 기대된다. 이전처럼 자유도 1인 카이제곱 통계량을 이용하여 비율이 같다는 가정하에서 기댓값에 대한 관측값을 비교한다. 이러한 자료에 대하여 다음과 같은 관측값을 얻는다.

$$\frac{(2-17.5)^2}{17.5}+\frac{(33-17.5)^2}{17.5}=27.46$$

이 값은 $\alpha=.005$ 단계($\chi^2_{.005}=7.88$)에조차도 중요하기 때문에, 영가설을 기각할 수 있다. 이 결과는 두 비율이 같지 않다는 증거가 된다. 표 12.13은 SDF 방법이 영숫자 배치 방법보다 더 많은 비율의 객체를 작업장에 더 가깝게 배치하는 것을 보여 준다.

이 장에서 범주형 특성을 가진 자료에 대해 가장 자주 사용되는 검증 방법을 다루었다. 범주형 자료 분석에 관한 많은 문헌들이 존재한다. 좀 더 깊은 연구를 위해서는 참고문헌 [6]과 [15]를 참조하라.

요약

이 장에서 범주형 자료에 관계된 문제들을 다루었다. 이러한 것들은 각각의 관측개체가 상호 배타적인 범주 혹은 칸 중에 하나로 정확하게 해당하는 것으로 분류될 수 있다는 사실에 따른 특징을 갖는 자료들이다. 제시된 모든 절차는 특정한 영가설이 참이면 기댓값에 대한 실제 관측값을 비교하는 것과 연관되어 있다. 관측된 차이가 우연히 발생했을 정도로 너무 크면 H_0를 기각한다. 사용된 검정통계량 이면의 이론은 다항분포에 기반을 두고 있다. 이러한 이유 때문에, 범주형 자료의 연구는 중요한 다변량분포를 고려함으로써 시작된다.

먼저 자료가 특정한 분포에서부터 도출되었는지를 알아보는 방법을 다루었다. 다음에 두 개의 확률변수가 연구되는 실험을 다루었다. 이 연구의 목적은 이러한 확률변수의 독립성 검정을 하는 것이다. 각각의 확률변수가 두 개의 분류 단계에서 약간 상세하게 연구되는 2×2 표를 조사하였다. 나중에 제시된 아이디어를 $r \times c$ 표로 확장하였다. 독립성 검정에 있어서, 분할표에서 유일하게 고정된 입력은 전체 표본 크기 n이라는 것을 알았다. 다른 모든 입력은 확률변수이다. 영가설과 대안가설은 다음과 같은 형태를 가정한다.

$$H_0\colon p_{ij} = p_{i\cdot}p_{\cdot j} \qquad \text{모든 } i \text{와 } j\text{에 대하여}$$
$$H_1\colon p_{ij} \neq p_{i\cdot}p_{\cdot j} \qquad \text{어떤 } i \text{와 } j\text{에 대하여}$$

사용된 검증절차는 꽤 많은 표본을 요구한다. 절차를 이용하려면 어떤 기댓값도 1보다 커야 하며, 20% 이상이 5보다 커야 한다.

다음으로 동질성 검정을 고려하였다. 이것은 2×2 분할표를 이용한 두 개의 이항분포 모집단 혹은 $r \times c$ 분할표를 이용한 r개의 다항 모집단을 비교하는 검증이다. 영가설은 다음과 같은 형태를 취한다.

$$H_0\colon p_{1j} = p_{2j} = \cdots = p_{rj} \qquad j = 1, 2, 3, \ldots, c$$

여러 표를 통해, 전체 표본 크기뿐만 아니라 주변행합계는 실험자에 의해 고정된다는 것을 알았다. 그렇지만 이러한 차이에도 불구하고 수학적 분석은 독립성 검정에 사용된 것과 기계적으로 일치한다.

맥니마 검정이라 불리는 마지막 검증은 쌍자료에 근거한 두 개의 모집단 비율의 상등 검증에 사용되었다.

여러분이 알아야 하는 중요한 용어들이 있다.

범주형 자료	적합성 검정
칸	주변행합계
다항시행	주변열합계
다항확률변수	맥니마 검정

비율 비교의 실생활 적용

흡연은 건강에 좋지 않다. 흡연은 태아의 건강에도 해를 입힐 것이다. 임신에 미치는 흡연의 영향에 대한 연구가 1952년과 1958년 사이에 수행되었다. 팔로알토 병원에서 5659명의 임신한 환자의 표본이 선정되었다. 임신의 최종 결과는 정상분만, 조산, 유산이고 결과는 흡연자와 비흡연자로 구분하였다. 다음의 표는 조산에 대한 분할표를 보여 준다.

	흡연자	비흡연자	
조산	88	66	154
유산 혹은 정상분만	2542	2963	5505
	2630	3029	5659

$X^2_{(2-1)(2-1)} = X^2_1$ 통계량의 관측값은 7.68이다. 7.68 값을 관측할 확률은 .005와 .01 사이이다. P 값이 매우 작기 때문에, 같은 비율의 영가설은 기각된다. 임산부의 흡연은 조산과 연관성이 있다는 결론을 제공한다.

연습문제

12.1절

1. 전력 생산과 홍수 조절을 위한 댐의 건설에 대한 일반 국민들의 선호도를 조사하는 연구가 수행되었다. 댐 건설에 대하여 40%는 찬성하고, 30%는 보통, 20%는 반대, 나머지는 모름으로 응답하였다. 영향이 있는 지역에서 150명이 임의로 선정되고 면접을 하였다. 위의 숫자가 대중의 여론을 정확하게 반영한다면, 각각의 범주에서 몇 사람이 해당할 것으로 예상되는가? 만일 표본에서 42명이 찬성, 61명이 보통, 33명이 반대, 나머지는 모름이라면, 직관적인 관점에서, 제안된 백분율은 정확한가 혹은 부정확한가? 설명하라.

2. 특정 산업에서 잠재노동인구는 40%가 백인 남성, 30%가 백인 여성, 5%가 흑인 여성, 15%가 흑인 남성, 그리고 10%가 다른 인종으로 구성되었다고 가정한다. 이상적으로 노동인구도 같은 비율을 반영해야만 한다. 이것이 사실인지를 알아보기 위하여, 200명의 근로자가 임의로 선정되고, 각 근로자는 정확하게 위의 범주 중 하나에 속한다. 노동인구가 인력시장을 반영한다면, 각 범주별로 몇 명의 근로자가 예상되는가? 표본이 완벽하다면, 95명의 백인 남성, 50명의 백인 여성, 2명의 흑인 여성, 20명의 흑인 남성, 그리고 33명의 다른 인종이 고용된다. 여러분은 이러한 자료로부터 노동인구가 잠재노동인구에서의 비율을 매우 효과적으로 반영하지 않는다는 사실을 의심하는가? 설명하라.

3. 랜덤 숫자 발생기는 동일한 확률로 0에서 9까지의 숫자를 발생시켜야 한다. 이 발생기가 100번을 동작한다면, 각 숫자는 몇 번씩 나올 것으로 예상되는가? 10개의 영, 8개의 일, 9개의 이, 11개의 삼, 12개의 사, 7개의 오, 10개의 육, 13개의 칠, 9개의 팔, 그리고 나

머지는 구이다. 발생기가 긴 시간 동안 동작된다면 같은 빈도수를 가진 숫자를 발생시키지 않는다는 의심을 할 이유가 있다고 생각되는가?

12.2 절

4. 연습문제 1의 자료를 사용하여 다음의 가설을 검증하라.

$$H_0: p_1 = .4, \quad p_2 = .3, \quad p_3 = .2, \quad p_4 = .1$$

가설에서 언급된 확률이 부정확하다는 주장을 지원하는 증거가 있는가? 검증의 P 값에 근거하여 설명하라.

5. 연습문제 2의 자료를 이용하여 노동인구는 잠재노동인구의 비율을 반영한다는 영가설을 검증하라.

6. 연습문제 3의 자료를 이용하여 랜덤 숫자 발생기가 동일한 확률로 0에서 9까지의 숫자를 발생시킨다는 영가설을 검증하라.

7. 부록 A의 표 III으로부터 50개의 한 자리 숫자 확률표본을 선정하라. 포함된 0에서 9까지의 숫자는 표에서 동일한 확률로 발생한다는 영가설을 검증하라.

12.3 절

8. 나이와 자동화된 은행 시스템을 사용하려는 의지 사이에 연관성이 있는지 알아보기 위한 연구가 수행되었다. 표 12.14의 자료는 1년 이상 자동화된 은행업무의 사용을 제안받은 고객들 중에서 임의로 500명의 설문조사를 통하여 얻은 자료이다. 이러한 두 개의 변수 사이에 연관성이 있는가? 검증에 사용된 P의 값을 기반으로 설명하라.

9. 자동차의 후미추돌에 따른 화재발생의 경향은 자동차 제조사와는 무관하다는 것이 의심받고 있다. 이 주장을 지원하기 위하여, 과거 사고 기록으로부터 후미추돌에 관련된 200대의 차량 표본을 선정하였다. 제조사와 후미추돌 환경에서 화재가 발생했다고 의심받는 차인지 여부에 따라 분류되어 있다. 자료는 표 12.15에 정리되어 있다. 차량 제조사와 후미추돌에 의한 화재발생 사이의 연관성을 지원하는 증거가 있는가? 설명하라.

10. 공기의 품질과 공기의 온도 사이의 독립성 검정을 위한 연구가 수행되었다. 지난 몇 년

표 12.14

	은행 전산시스템		
나이	사용	미사용	
40 미만	150	75	
40 이상	150	125	
			500

표 12.15

화재	의심받는 차량 제조사 예	아니요	
예	9	31	
아니요	16	144	
			200

표 12.16

온도	공기 상태 불량	보통	우수	
평균 미만	1	3	24	
평균	12	28	76	
평균 초과	12	14	30	
				200

동안 임의로 200일을 선정하여 기록을 정리하였다(표 12.16 참조). 이러한 자료는 두 변수 사이의 연관성을 나타내는가? 검증의 P 값을 근거로 설명하라.

11. 그래픽 표시의 색깔과 효과 사이의 연관성에 관한 연구에서, 최신 과학 잡지로부터 100개의 그래프가 임의로 선정되었다. 각 그래프는 색깔의 사용 여부에 따라 분류되었다. 각각은 또한 효과에 대한 것을 점수로 만들어 등급이 매겨졌다. 결과 자료는 표 12.17에 정리되었다. 그래픽 표시의 효과가 색깔과 무관하지 않다는 증거가 있는가? 검증의 P 값에 근거하여 설명하라.

12. 제품이 생산되는 요일과 제품의 품질에 연관성이 있다고 의심을 받는다. 이러한 쟁점을 지원하기 위하여, 창고에서 500개의 제품이 임의로 선정되었고, 로트 번호에 따른 생산요일에 따라 분류되었다. 제품의 품질도 등급이 매겨졌다. 얻어진 자료는 표 12.18에 있다.

(*a*) 기댓값에 대한 지침은 20% 이하가 5보다 작아야 하고, 어떤 것도 1보다 작을 수 없다고 제시한다. 이 경우는 기준을 만족시키는가?

표 12.17

효과	색깔 삽입 예	아니요	
탁월	7	4	
우수	10	19	
보통	9	26	
불량	4	21	
			100

표 12.18 |

	생산된 요일					
품질	월	화	수	목	금	
탁월	44	74	79	72	31	
우수	14	25	27	24	10	
보통	15	20	20	23	9	
불량	3	5	5	0	0	
						500

(*b*) 기준을 만족시키기 위하여, 3개의 행과 5개의 열을 가진 새로운 표를 작성하기 위해 범주 '보통'과 '불량'을 결합하라. 이 표를 이용하여 독립성 검정을 수행하라.

(*c*) 품질과 생산요일 간의 연관성이 성립하는가? 설명하라.

12.4 절

13. 특정 산업에서 주문을 입력하는 새로운 전산시스템을 평가하는 연구가 수행되었다. 이전 시스템을 사용하는 고객 100명과 새로운 시스템을 사용하는 고객 100명이 임의로 선정되었다. 각각의 고객들은 2주 이내에 주문이 만족스럽게 채워졌는지를 결정하기 위하여 연락을 취했다. 표 12.19는 연구의 결과를 보여 준다. 새로운 시스템을 이용한 고객 중에서 만족한 비율과 기존 시스템을 사용한 고객 중에서 만족한 고객의 비율이 $\alpha=.05$ 단계에서 같다는 영가설을 검증하라.

14. 항공 산업계의 많은 직업들이 스트레스를 수반하지만, 항공 교통 관제관은 특히 심장 질환, 고혈압, 궤양 등과 같은 스트레스성 질환에 민감하다. 이러한 주장을 지원하기 위하여, 500명의 항공 교통 관제관을 임의로 선정하여 설문조사를 하였다. 비교를 위하여, 항공 산업계의 다른 분야에서 근무하는 700명의 근로자가 선정되어 설문조사를 받았다. 얻어진 결과는 표 12.20에 정리되었다. 스트레스성 질환을 가진 항공 교통 관제관의 비율이 항공 산업계의 다른 분야의 근로자의 비율과 같다는 영가설을 검증하라. 실제적인 의미에서 표 12.20에 대한 검사와 검증의 P 값에 근거한 여러분의 결과를 설명하라.

15. 반도체를 부식시켜 식각하는 새로운 에칭법이 연구되고 있다. 에칭의 품질은 두 개의 기

표 12.19 |

	만족		
	예	아니요	
새로운 시스템	82	18	100
기존 시스템	70	30	100
			200

표 12.20

	스트레스 관련 질환 존재		
	예	아니요	
관제관	115	385	500
다른 분야의 근로자	125	575	700
			1200

표 12.21

	품질				
방법	탁월	우수	보통	불량	
고압(기존 방식)	113	34	21	32	200
반응성 이온(기존 방식)	117	31	25	27	200
마그네트론(새로운 방식)	130	40	20	10	200
					600

존 기법을 사용하여 얻어진 결과와 비교된다. 연구의 결과는 표 12.21에 주어졌다. 수학적으로 동질성의 영가설을 수립하라. $\alpha=.05$ 단계에서 가설을 검증하라. 여러분의 결과를 실제적인 의미로 해석하라.

16. 연구, 개발, 품질관리 등에 종사하는 근로자의 급여에 관한 연구가 수행되었다. 표 12.22는 작년에 이러한 분야에서 종사하는 남성과 여성의 임금 증가율을 보여 준다. 300명의 남성과 150명의 여성을 임의로 선정하여 연구가 수행되었다. 증가율은 정수에 따라 분류되었다. 예를 들면 5.75%의 증가는 2~5% 범주에 분류되었다. 결과 자료들은 근로자의 임금 상승률이 근로자의 성별과 연관성이 있다는 주장을 지원하는가? 검증의 P 값을 근거로 설명하라. 표 12.22에 대해 검사하여 실제적인 의미로 여러분의 결과를 해석하라.

17. 최근의 연구는 엔지니어링 회사의 증가하는 비율은 책임보험을 구매하는 것이라고 주장한다. 이 주장은 753개의 엔지니어링 회사의 설문조사에 근거한다. 각 회사의 상태는 올해와 전년도에 대하여 기록되어 있다. 주장의 근거가 된 자료는 표 12.23에 나와 있다.

표 12.22

	증가율(%)					
	< 2%	2–5%	6–9%	10–13%	> 14%	
남성	50	47	103	76	24	300
여성	21	27	50	35	17	150
						450

표 12.23

작년	올해		
	보험	비보험	
보험	650	5	655
비보험	28	70	98
	678	75	753

표 12.24

분당 속도 60 이상	분당 속도 60 미만		
	인식된 명령어	거절된 명령어	
인식된 명령어	14	1	
거절된 명령어	28	7	
			50

자료는 주장을 지원하는가? 맥니마 검정의 P 값에 근거하여 설명하라.

18. 단어를 말하는 속도와 프로그램된 명령어를 이해하는 '말하는 컴퓨터'의 능력 사이의 연관성에 대한 연구가 수행되었다. 임의로 선정된 50개의 명령어가 분당 60단어의 속도로 발음되고 컴퓨터의 응답이 기록된다. 같은 명령어가 분당 60단어의 속도 혹은 더 빠른 속도로 반복되고 응답이 다시 기록된다. 얻어진 결과는 표 12.24에 정리되었다. 두 개의 말하는 속도에 따른 인식률에 차이가 있는가? 맥니마 검정의 P 값에 근거하여 설명하라.

19. '처방 없이 살 수 없는' 약의 포장에 관한 연구가 수행되었다. 연구의 목적은 손대기 어려운 포장에 있는 약의 비율이 작년과 올해에 같은지 여부를 결정하는 것이다. 100개의 제품이 임의로 표본으로 선정되고, 매년 포장의 방법이 결정된다. 표 12.25는 연구의 결과를 보여 준다. 비율이 다른 증거가 있는가? 설명하라.

표 12.25

작년, 손대기 어려운 포장	올해, 손대기 어려운 포장		
	예	아니요	
예	30	3	
아니요	52	15	
			100

20. 2×2 표에서 동질성 검정을 할 때, $\hat{E}_{12}=(n_1.n._2)/n$ 이고, $\hat{E}_{22}=(n_2.n._2)/n$ 임을 보여라. 힌트: $\hat{E}_{12}=n_1.-\hat{E}_{11}$.

21. 8장에 주어진 합동 Z 검정통계량을 이용하여 연습문제 13을 다시 수행하라. 이 Z 통계량의 제곱이 연습문제 13에서 구한 관측된 카이제곱값과 동일함을 보여라.

22. 8장에 주어진 합동 Z 검정통계량을 이용하여 연습문제 14를 다시 수행하라. 이 Z 통계량의 제곱이 연습문제 14에서 구한 관측된 카이제곱값과 동일함을 보여라.

복습문제

23. 산업용 로봇은 제한된 공간에서 일을 하도록 설계되고 프로그램된 기계장치이다. 스프레이 도장 로봇은 자동차업계에서 사용된다. 그들의 주된 장점은 인간에게는 건강에 좋지 않은 지역에서도 일을 할 수 있다는 점이다. 로봇은 매우 효율적이지만 절대 옳은 것은 아니고, 그들도 인간처럼 경우에 따라 도장 작업에서의 결함을 발생시킨다. 이 연구에서 로봇이 도장을 한 50개의 자동차 후드를 임의로 선정하여, 불량 존재 여부에 따라 분류하였다. 또 다른 표본은 도장 기술자가 도장을 한 자동자 후드 50개를 임의로 선정하여 조사하였다. 결과 자료는 표 12.26에 정리하였다. 이러한 결과는 로봇이 사람보다 불량이 적다는 주장을 지원하는가? 적당한 검증의 P 값에 근거하여 설명하라.

표 12.26

	결함 존재		
	예	아니요	
로봇	2	48	50
인간	4	46	50
	6	94	100

24. 혐기성 박테리아는 산소가 존재하면 자랄 수 없는 미생물이다. 이 생물은 전염성 질환의 주된 원인으로 인식되고 있다. 과거에 이 생물의 존재는 임상연구실에서 종종 간과되었다. 이 생물 검출의 새로운 방법이 최근에 발견되었다. 826종의 연구가 표 12.27의 결과를 가져왔다. 이 결과는 혐기성 박테리아의 존재는 산소를 좋아하는 호기성 박테리아와 무관하다는 주장을 지원하는가? 적당한 검증의 P 값에 근거하여 설명하라.

표 12.27

		혐기성 박테리아 존재		
		예	아니요	
호기성 박테리아 존재	예	322	286	(임의로 선정)
	아니요	81	137	(임의로 선정)
		(임의로 선정)	(임의로 선정)	826

표 12.28 |

	맑은 날		
정상 방향	예	아니요	
예	79	5	
아니요	16	18	
			118

25. 과학자들은 동물들이 방향을 잡을 때 지구의 자기장을 이용한다고 주장한다. 이 이론을 조사하기 위한 실험이 집을 찾아가는 비둘기들에 대하여 수행되었다. 코일쌍을 비둘기 주위에 설치하고 지구 자기장과 반대 방향의 자기장을 생성하였다. 이것은 새들이 길을 잃게 할 수 있다. 118일 연속해서 한 마리의 새를 풀어 주었다. 새의 방향과 날씨가 기록되었다. 표 12.28의 결과는 새의 방향이 구름 낀 것과 무관하다는 것을 나타내는가? 적당한 검증의 P 값에 근거하여 설명하라.

26. 먼지 방지를 위해 두 가지 종류의 코팅이 비교되었다. 같은 크기 같은 종류의 파이프 50조각이 장치에 사용되었다. 각 파이프의 반은 .5밀 두께의 화합물 A로 코팅되고, 나머지 반은 .5밀 두께의 화합물 B로 코팅되었다. 각 파이프는 소금 안개에 1000시간 동안 남겨 두었다. 실험의 말미에 먼지 방지에 효과적인 두 개의 화합물을 공정하게 비교하였다. 결과는 표 12.29에 나와 있다. 두 개의 화합물에 대하여 효과적으로 여겨지는 파이프의 비율에 차이가 있는가? 맥니마 검정의 P 값에 근거하여 설명하라.

표 12.29 |

	화합물 A 효과		
화합물 B 효과	예	아니요	
예	35	5	
아니요	8	2	
			50

27. 전산화된 트럭 배차시스템에 관한 연구가 수행되었다. 트럭 중에서 50%는 완전하게 운용되고, 25%의 트럭은 부분적으로 운용되며, 나머지는 운용되지 않는 조건으로 모의실험이 이루어졌다.

(*a*) 특정한 트럭의 조건이 350번 모의실험되었다. 이러한 모의실험 중에서 몇 번은 완전하게 운용되고, 몇 번은 부분적으로 운용되며, 몇 번은 운용되지 않는 것으로 분류되어 결과가 나올 것으로 예상되는가?

(*b*) 모의실험이 완료될 때, 168대의 트럭이 완전하게 동작하고, 94대는 부분적으로 동작하며, 나머지는 동작하지 않는 것으로 분류되었다. 이러한 결과는 모의실험기가

적절하게 기능하지 못한 것으로 의심할 수 있는가? 설명하라.

28. 방글라데시에서 홍수가 매년 발생한다. 큰 홍수가 2~3년에 한 번씩 발생한다. 간척지 조성은 수문과 펌프장치와 같은 배수장치에 의해 제한된 구역의 홍수 수위를 조절하는 홍수 조절 기법이다. 하나의 간척지의 효과에 관한 연구가 수행되었다. 간척지에서 오랫동안 거주한 259명이 선정되었고, 최근의 큰 홍수 이후에 간척지 밖에서 거주한 121명이 표본으로 선정되었다. 각각의 사람들은 그들의 거주지 근방의 물의 깊이에 대하여 대답하였다. 결과는 표 12.30에 나와 있다.("Poldering vs. Compartmentalization: The Choice of Flood Control in Bangladesh," Harun Rasid and Azim Mallik, *Environmental Management,* vol. 17, no. 1, January 1993, pp. 59-71.)

(*a*) 표본화 방법의 서술로부터, 연관성 검증이 독립성 검정인가 동질성 검정인가?

(*b*) 위치와 홍수의 심각성 사이의 연관성이 밝혀졌는가? 여러분의 통계적 검증에 근거하여 설명하라.

표 12.30

	수심(d)(단위: 미터)			
	매우 얕음 ($d < .5$)	얕음 ($.5 \le d < 1$)	보통 ($1 \le d < 1.5$)	깊음 $d \ge 1.5$
간척지 내부	25	145	81	8
간척지 외부	0	13	43	65

References

1. Amin, R. W., M. R. Reynolds, Jr., and J. C. Arnold: "Cusum Charts with Variable Sampling Intervals," *Technometrics* Vol. 32, No. 4, pp. 371–384, 1990.
2. Beyer, William, ed.: *Handbook of Tables for Probability and Statistics,* 2d ed., CRC Press, Boca Raton, Fla., 1968.
3. Bishop, Y., S. Feinberg, and P. Holland: *Discrete Multivariate Analysis: Theory and Practice,* MIT Press, Cambridge, Mass., 1975.
4. Bowker, A., and G. Lieberman: *Engineering Statistics,* 2d ed., Prentice-Hall, Englewood Cliffs, N.J., 1972.
5. Box, G. E. P.: "Signal-to-Noise Ratios, Performance Criteria, and Transformation," *Technometrics,* Vol. 30, pp. 1–17, 1988.
6. Bradley, J. V.: *Distribution Free Statistical Tests,* Prentice-Hall, Englewood Cliffs, N.J., 1968.
7. Burr, I. W.: *Engineering Statistics and Quality Control,* McGraw-Hill, New York, 1953.
8. Chengalur, I. N., J. C. Arnold, and M. R. Reynolds, Jr.: "Variable Sampling Intervals for Multiparameter Shewhart Charts," *Commun. Statist.—Theory Meth.,* Vol. 18, No. 5, pp. 1769–1792, 1989.
9. Conover, W. J.: *Practical Nonparametric Statistics,* Wiley, New York, 1971.
10. Daniel, W.: *Applied Nonparametric Statistics,* PWS-Kent, Boston, Mass., 1990.
11. Dodge, H., and H. Romig: Sam*pling Inspection Tables: Single and Double Sampling,* 2d ed., Wiley, New York, 1959.
12. Downing, George C., and W. E. Chapman: "Smoking and Pregnancy—A Statistical Study of 5,659 Patients," *Calif Med*., Vol. 104(3), pp. 187, 1966 March.
13. Draper, N., and H. Smith: *Applied Regression Analysis,* 2d ed., Wiley, New York, 1981.
14. Duncan, A. J.: *Quality Control and Industrial Statistics,* 4th ed., Irwin, Homewood, III., 1974.
15. Dunn, O., and V. Clark: *Applied Statistics: Analysis of Variance and Regression,* Wiley, New York, 1974.
16. Fisher, R., and F. Yates: *Statistical Tables for Biological Agriculture and Medical Research,* 6th ed., Oliver and Boyd Ltd., London, 1963.
17. Fleiss, J. L.: *Statistical Methods for Rates and Proportions,* 2d ed., Wiley, New York, 1981.
18. Gibbons, J., and J. Pratt: "*P* Values: Interpretation and Methodology," *Amer. Statist.,* Vol. 29, No. 29, 1, 1975.
19. Grant, E., and R. Leavenworth: *Statistical Quality Control,* 4th ed., McGraw-Hill, New York, 1972.
20. Graybill, F.: *Theory and Application of the Linear Model,* Duxbury Press, North Scituate, Mass., 1976.
21. Gupta, S.: "An Asymptotically Nonparametric Test for Symmetry," *Ann. Math. Statist.,* Vol. 38, pp. 849–866,1967.
22. Hicks, C.: *Fundamental Concepts in the Design of Experiments,* Holt, Rinehart, and Winston, New York, 1965.
23. Hoel, P.: *Introduction to Mathematical Statistics,* 3rd ed., Wiley, New York, 1984.
24. Hollander, M., and D. Wolf: *Nonparametric Statistical Methods,* Wiley, New York, 1973.
25. Hong, K., Z. Li, H-J. Wang, R. Elashoff, and D. Heber: "Analysis of Weight Loss Outcomes Using VLCD in Black and White Overweight and Obese Women with and without Metabolic Syndrome," *International Journal of Obesity*, Vol. 29, pp. 436–442, 2005.

26. Hunter, J. S.: "Statistical Design Applied to Production Design," *J. Qual. Tech.,* Vol. 17, pp. 210–221, 1985.
27. Iman, R.: "Graphs for Use with the Lilliefors Test for Normal and Exponential Distributions," *Amer. Statist.,* Vol. 36, No. 2, 1982.
28. Kackar, R. N.: "Off-line Quality Control, Parameter Design, and the Taguchi Method," *J. Qual. Tech.,* Vol.17, pp. 176–221, 1985.
29. Kempthorne, O.: *Design and Analysis of Experiments,* Wiley, New York, 1952.
30. Kramer, C.: "Extension of Multiple Range Tests to Group Means with Unequal Numbers of Replications," *Biometrics,* Vol. 12, p. 307, 1956.
31. Lehmann, E.: *Nonparametric: Statistical Methods Based on Ranks,* Holden-Day, San Francisco, 1975.
32. Lentner, M., and T. Bishop: *Experimental Design and Analysis,* Valley Book Company, Blacksburg, Va., 1986.
33. Lentner, M., J. Arnold, and K. Hinkelmann: "How to Use the Ratio of MS(Blocks) and MS(Error) Correctly," *Amer. Statist.,* Vol. 43, No. 2, 1989.
34. Leon, R. V., A. C. Shoemaker, and R. N. Kackar: "Performance Measures Independent of Adjustment," *Technometrics,* Vol. 29, pp. 253–286, 1987.
35. *Military Standard 105D, Sampling Procedures and Tables for Inspection by Attributes,* Superintendent of Documents, Government Printing Office, Washington, D.C., 1963.
36. Miller, R.: *Simultaneous Statistical Inference,* McGraw-Hill, New York, 1966.
37. Milton, J., and J. Tsokos: *Statistical Methods in the Biological and Health Sciences,* McGraw-Hill Companies, Inc., 1999.
38. Milton, J., and R. Myers: *A First Course in the Theory of Linear Statistical Models,* McGraw-Hill Companies, Inc., 1999.
39. Milton, J., J. Corbet, and P. McTeer: *Introduction to Statistics,* McGraw-Hill Companies, Inc., 1996.
40. Montgomery, D., and E. Peck: *Linear Regression Analysis,* Wiley, New York, 1982.
41. Montgomery, D. C.: *Statistical Quality Control,* Wiley, New York, 1985.
42. Mood, A., F. Graybill, and D. Boes: *Introduction to the Theory of Statistics,* McGraw-Hill, New York, 1974.
43. Nagai-Manelli, R., A. Lowden, C. R. de Castro Moreno, L. R. Teixeira, A. A. da Luz, M. H. Mussi, A. B. Conceição, and F. M. Fischer: "Sleep Length, Working Hours and Socio-Demographic Variables are Associated with Time Attending Evening Classes Among Working College Students," *Sleep and Biological Rhythms*, Vol. 10, pp. 53–60, 2012.
44. Olmsted, J.: *Real Variables,* Appleton-Century-Crofts, New York, 1956.
45. Reynolds, M. R., Jr., and J. C. Arnold: "Optimal One-Sided Shewhart Control Charts with Variable Sampling Intervals," *Seq. Anal.,* Vol. 8, pp. 51–57, 1989.
46. Reynolds, M. R., Jr., R. W. Amin, J. C. Arnold, and J. A. Nachlas: "$\overline{X}$-Charts with Variable Sampling Intervals," *Technometrics,* Vol. 30, pp. 181–192, 1988.
47. *SAS User's Guide,* SAS Institute Inc., Raleigh, N.C., 1982.
48. Snedecor, G., and W. Cochran: *Statistical Methods,* 7th ed., Iowa State University Press, Ames, 1980.
49. Stephens, M.: *Three Mile Island,* Random House, New York, 1981.
50. Taguchi, G.: *Introduction to Quality Engineering,* Asian Productivity Organization, Tokyo, 1986.
51. Taguchi, G., and Y. Wu: *Introduction to Off-line Quality Control: ehpl,* Central Japan Quality Control Association, Tokyo, 1980.
52. Tsokos, C.: *Probability Distributions: An Introduction to Probability Theory with Applications,* Duxbury Press, Belmont, Calif., 1972.
53. Tukey, J.: *Exploratory Data Analysis,* Addison-Wesley, Reading, Mass., 1977.
54. Wald, A., and J. Wolfowitz: "Sampling Inspection Plans for Continuous Production which Ensure a Prescribed Limit on the Outgoing Quality," *Ann. Math. Stat.,* Vol. 16, p. 30, 1945.

APPENDIX A

Statistical Tables

I. Cumulative binomial distribution
II. Poisson distribution function
III. A table of random digits
IV. Cumulative chi-squared distribution
V. Cumulative distribution: Standard normal
VI. *T* distribution
VII. Sample size for estimating the mean
VIII. Wilcoxon signed-rank test
IX. *F* distribution
X. Wilcoxon rank-sum test
XI. Least significant studentized ranges r_p
XII. Upper percentage points of the studentized range distribution

Table I
Cumulative binomial distribution

$$F_X(t) = P[X \leq t] = \sum_{x \leq t} \binom{n}{x} p^x (1-p)^{n-x}$$

		p										
n	*t*	0.1	0.2	0.25	0.3	0.4	0.5	0.6	0.7	0.75	0.8	0.9
5	0	0.5905	0.3277	0.2373	0.1681	0.0778	0.0312	0.0102	0.0024	0.0010	0.0003	0.0000
	1	0.9185	0.7373	0.6328	0.5282	0.3370	0.1875	0.0870	0.0308	0.0156	0.0067	0.0005
	2	0.9914	0.9421	0.8965	0.8369	0.6826	0.5000	0.3174	0.1631	0.1035	0.0579	0.0086
	3	0.9995	0.9933	0.9844	0.9692	0.9130	0.8125	0.6630	0.4718	0.3672	0.2627	0.0815
	4	1.0000	0.9997	0.9990	0.9976	0.9898	0.9688	0.9222	0.8319	0.7627	0.6723	0.4095
	5	1.0000	1.0000	1.0000	1.0000	1.0000	1.0000	1.0000	1.0000	1.0000	1.0000	1.0000
6	0	0.5314	0.2621	0.1780	0.1176	0.0467	0.0156	0.0041	0.0007	0.0002	0.0001	0.0000
	1	0.8857	0.6554	0.5339	0.4202	0.2333	0.1094	0.0410	0.0109	0.0046	0.0016	0.0001
	2	0.9841	0.9011	0.8306	0.7443	0.5443	0.3437	0.1792	0.0705	0.0376	0.0170	0.0013
	3	0.9987	0.9830	0.9624	0.9295	0.8208	0.6562	0.4557	0.2557	0.1694	0.0989	0.0159
	4	0.9999	0.9984	0.9954	0.9891	0.9590	0.8906	0.7667	0.5798	0.4661	0.3446	0.1143
	5	1.0000	0.9999	0.9998	0.9993	0.9959	0.9844	0.9533	0.8824	0.8220	0.7379	0.4686
	6	1.0000	1.0000	1.0000	1.0000	1.0000	1.0000	1.0000	1.0000	1.0000	1.0000	1.0000
7	0	0.4783	0.2097	0.1335	0.0824	0.0280	0.0078	0.0016	0.0002	0.0001	0.0000	0.0000
	1	0.8503	0.5767	0.4449	0.3294	0.1586	0.0625	0.0188	0.0038	0.0013	0.0004	0.0000
	2	0.9743	0.8520	0.7564	0.6471	0.4199	0.2266	0.0963	0.0288	0.0129	0.0047	0.0002
	3	0.9973	0.9667	0.9294	0.8740	0.7102	0.5000	0.2898	0.1260	0.0706	0.0333	0.0027
	4	0.9998	0.9953	0.9871	0.9712	0.9037	0.7734	0.5801	0.3529	0.2436	0.1480	0.0257
	5	1.0000	0.9996	0.9987	0.9962	0.9812	0.9375	0.8414	0.6706	0.5551	0.4233	0.1497
	6	1.0000	1.0000	0.9999	0.9998	0.9984	0.9922	0.9720	0.9176	0.8665	0.7903	0.5217
	7	1.0000	1.0000	1.0000	1.0000	1.0000	1.0000	1.0000	1.0000	1.0000	1.0000	1.0000
8	0	0.4305	0.1678	0.1001	0.0576	0.0168	0.0039	0.0007	0.0001	0.0000	0.0000	0.0000
	1	0.8131	0.5033	0.3671	0.2553	0.1064	0.0352	0.0085	0.0013	0.0004	0.0001	0.0000
	2	0.9619	0.7969	0.6785	0.5518	0.3154	0.1445	0.0498	0.0113	0.0042	0.0012	0.0000
	3	0.9950	0.9437	0.8862	0.8059	0.5941	0.3633	0.1737	0.0580	0.0273	0.0104	0.0004
	4	0.9996	0.9896	0.9727	0.9420	0.8263	0.6367	0.4059	0.1941	0.1138	0.0563	0.0050
	5	1.0000	0.9988	0.9958	0.9887	0.9502	0.8555	0.6846	0.4482	0.3215	0.2031	0.0381
	6	1.0000	0.9999	0.9996	0.9987	0.9915	0.9648	0.8936	0.7447	0.6329	0.4967	0.1869
	7	1.0000	1.0000	1.0000	0.9999	0.9993	0.9961	0.9832	0.9424	0.8999	0.8322	0.5695
	8	1.0000	1.0000	1.0000	1.0000	1.0000	1.0000	1.0000	1.0000	1.0000	1.0000	1.0000
9	0	0.3874	0.1342	0.0751	0.0404	0.0101	0.0020	0.0003	0.0000	0.0000	0.0000	0.0000
	1	0.7748	0.4362	0.3003	0.1960	0.0705	0.0195	0.0038	0.0004	0.0001	0.0000	0.0000
	2	0.9470	0.7382	0.6007	0.4628	0.2318	0.0898	0.0250	0.0043	0.0013	0.0003	0.0000
	3	0.9917	0.9144	0.8343	0.7297	0.4826	0.2539	0.0994	0.0253	0.0100	0.0031	0.0001
	4	0.9991	0.9804	0.9511	0.9012	0.7334	0.5000	0.2666	0.0988	0.0489	0.0196	0.0009
	5	0.9999	0.9969	0.9900	0.9747	0.9006	0.7461	0.5174	0.2703	0.1657	0.0856	0.0083
	6	1.0000	0.9997	0.9987	0.9957	0.9750	0.9102	0.7682	0.5372	0.3993	0.2618	0.0530
	7	1.0000	1.0000	0.9999	0.9996	0.9962	0.9805	0.9295	0.8040	0.6997	0.5638	0.2252
	8	1.0000	1.0000	1.0000	1.0000	0.9997	0.9980	0.9899	0.9596	0.9249	0.8658	0.6126
	9	1.0000	1.0000	1.0000	1.0000	1.0000	1.0000	1.0000	1.0000	1.0000	1.0000	1.0000

Table I
Cumulative binomial distribution *(continued)*

		p										
n	*t*	0.1	0.2	0.25	0.3	0.4	0.5	0.6	0.7	0.75	0.8	0.9
10	0	0.3487	0.1074	0.0563	0.0282	0.0060	0.0010	0.0001	0.0000	0.0000	0.0000	0.0000
	1	0.7361	0.3758	0.2440	0.1493	0.0464	0.0107	0.0017	0.0001	0.0000	0.0000	0.0000
	2	0.9298	0.6778	0.5256	0.3828	0.1673	0.0547	0.0123	0.0016	0.0004	0.0001	0.0000
	3	0.9872	0.8791	0.7759	0.6496	0.3823	0.1719	0.0548	0.0106	0.0035	0.0009	0.0000
	4	0.9984	0.9672	0.9219	0.8497	0.6331	0.3770	0.1662	0.0473	0.0197	0.0064	0.0001
	5	0.9999	0.9936	0.9803	0.9527	0.8338	0.6230	0.3669	0.1503	0.0781	0.0328	0.0016
	6	1.0000	0.9991	0.9965	0.9894	0.9452	0.8281	0.6177	0.3504	0.2241	0.1209	0.0128
	7	1.0000	0.9999	0.9996	0.9984	0.9877	0.9453	0.8327	0.6172	0.4744	0.3222	0.0702
	8	1.0000	1.0000	1.0000	0.9999	0.9983	0.9893	0.9536	0.8507	0.7560	0.6242	0.2639
	9	1.0000	1.0000	1.0000	1.0000	0.9999	0.9990	0.9940	0.9718	0.9437	0.8926	0.6513
	10	1.0000	1.0000	1.0000	1.0000	1.0000	1.0000	1.0000	1.0000	1.0000	1.0000	1.0000
11	0	0.3138	0.0859	0.0422	0.0198	0.0036	0.0005	0.0000	0.0000	0.0000	0.0000	0.0000
	1	0.6974	0.3221	0.1971	0.1130	0.0302	0.0059	0.0007	0.0000	0.0000	0.0000	0.0000
	2	0.9104	0.6174	0.4552	0.3127	0.1189	0.0327	0.0059	0.0006	0.0001	0.0000	0.0000
	3	0.9815	0.8389	0.7133	0.5696	0.2963	0.1133	0.0293	0.0043	0.0012	0.0002	0.0000
	4	0.9972	0.9496	0.8854	0.7897	0.5328	0.2744	0.0994	0.0216	0.0076	0.0020	0.0000
	5	0.9997	0.9883	0.9657	0.9218	0.7535	0.5000	0.2465	0.0782	0.0343	0.0117	0.0003
	6	1.0000	0.9980	0.9924	0.9784	0.9006	0.7256	0.4672	0.2103	0.1146	0.0504	0.0028
	7	1.0000	0.9998	0.9988	0.9957	0.9707	0.8867	0.7037	0.4304	0.2867	0.1611	0.0185
	8	1.0000	1.0000	0.9999	0.9994	0.9941	0.9673	0.8811	0.6873	0.5448	0.3826	0.0896
	9	1.0000	1.0000	1.0000	1.0000	0.9993	0.9941	0.9698	0.8870	0.8029	0.6779	0.3026
	10	1.0000	1.0000	1.0000	1.0000	1.0000	0.9995	0.9964	0.9802	0.9578	0.9141	0.6862
	11	1.0000	1.0000	1.0000	1.0000	1.0000	1.0000	1.0000	1.0000	1.0000	1.0000	1.0000
12	0	0.2824	0.0687	0.0317	0.0138	0.0022	0.0002	0.0000	0.0000	0.0000	0.0000	0.0000
	1	0.6590	0.2749	0.1584	0.0850	0.0196	0.0032	0.0003	0.0000	0.0000	0.0000	0.0000
	2	0.8891	0.5583	0.3907	0.2528	0.0834	0.0193	0.0028	0.0002	0.0000	0.0000	0.0000
	3	0.9744	0.7946	0.6488	0.4925	0.2253	0.0730	0.0153	0.0017	0.0004	0.0001	0.0000
	4	0.9957	0.9274	0.8424	0.7237	0.4382	0.1938	0.0573	0.0095	0.0028	0.0006	0.0000
	5	0.9995	0.9806	0.9456	0.8822	0.6652	0.3872	0.1582	0.0386	0.0143	0.0039	0.0001
	6	0.9999	0.9961	0.9857	0.9614	0.8418	0.6128	0.3348	0.1178	0.0544	0.0194	0.0005
	7	1.0000	0.9994	0.9972	0.9905	0.9427	0.8062	0.5618	0.2763	0.1576	0.0726	0.0043
	8	1.0000	0.9999	0.9996	0.9983	0.9847	0.9270	0.7747	0.5075	0.3512	0.2054	0.0256
	9	1.0000	1.0000	1.0000	0.9998	0.9972	0.9807	0.9166	0.7472	0.6093	0.4417	0.1109
	10	1.0000	1.0000	1.0000	1.0000	0.9997	0.9968	0.9804	0.9150	0.8416	0.7251	0.3410
	11	1.0000	1.0000	1.0000	1.0000	1.0000	0.9998	0.9978	0.9862	0.9683	0.9313	0.7176
	12	1.0000	1.0000	1.0000	1.0000	1.0000	1.0000	1.0000	1.0000	1.0000	1.0000	1.0000
13	0	0.2542	0.0550	0.0238	0.0097	0.0013	0.0001	0.0000	0.0000	0.0000	0.0000	0.0000
	1	0.6213	0.2336	0.1267	0.0637	0.0126	0.0017	0.0001	0.0000	0.0000	0.0000	0.0000
	2	0.8661	0.5017	0.3326	0.2025	0.0579	0.0112	0.0013	0.0001	0.0000	0.0000	0.0000
	3	0.9658	0.7473	0.5843	0.4206	0.1686	0.0461	0.0078	0.0007	0.0001	0.0000	0.0000
	4	0.9935	0.9009	0.7940	0.6543	0.3530	0.1334	0.0321	0.0040	0.0010	0.0002	0.0000
	5	0.9991	0.9700	0.9198	0.8346	0.5744	0.2905	0.0977	0.0182	0.0056	0.0012	0.0000
	6	0.9999	0.9930	0.9757	0.9376	0.7712	0.5000	0.2288	0.0624	0.0243	0.0070	0.0001
	7	1.0000	0.9988	0.9944	0.9818	0.9023	0.7095	0.4256	0.1654	0.0802	0.0300	0.0009
	8	1.0000	0.9998	0.9990	0.9960	0.9679	0.8666	0.6470	0.3457	0.2060	0.0991	0.0065

Table I
Cumulative binomial distribution *(continued)*

		p										
n	*t*	0.1	0.2	0.25	0.3	0.4	0.5	0.6	0.7	0.75	0.8	0.9
	9	1.0000	1.0000	0.9999	0.9993	0.9922	0.9539	0.8314	0.5794	0.4157	0.2527	0.0342
	10	1.0000	1.0000	1.0000	0.9999	0.9987	0.9888	0.9421	0.7975	0.6674	0.4983	0.1339
	11	1.0000	1.0000	1.0000	1.0000	0.9999	0.9983	0.9874	0.9363	0.8733	0.7664	0.3787
	12	1.0000	1.0000	1.0000	1.0000	1.0000	0.9999	0.9987	0.9903	0.9762	0.9540	0.7458
	13	1.0000	1.0000	1.0000	1.0000	1.0000	1.0000	1.0000	1.0000	1.0000	1.0000	1.0000
14	0	0.2288	0.0440	0.0178	0.0068	0.0008	0.0001	0.0000	0.0000	0.0000	0.0000	0.0000
	1	0.5846	0.1979	0.1010	0.0475	0.0081	0.0009	0.0001	0.0000	0.0000	0.0000	0.0000
	2	0.8416	0.4481	0.2811	0.1608	0.0398	0.0065	0.0006	0.0000	0.0000	0.0000	0.0000
	3	0.9559	0.6982	0.5213	0.3552	0.1243	0.0287	0.0039	0.0002	0.0000	0.0000	0.0000
	4	0.9908	0.8702	0.7415	0.5842	0.2793	0.0898	0.0175	0.0017	0.0003	0.0000	0.0000
	5	0.9985	0.9561	0.8883	0.7805	0.4859	0.2120	0.0583	0.0083	0.0022	0.0004	0.0000
	6	0.9998	0.9884	0.9617	0.9067	0.6925	0.3953	0.1501	0.0315	0.0103	0.0024	0.0000
	7	1.0000	0.9976	0.9897	0.9685	0.8499	0.6047	0.3075	0.0933	0.0383	0.0116	0.0002
	8	1.0000	0.9996	0.9978	0.9917	0.9417	0.7880	0.5141	0.2195	0.1117	0.0439	0.0015
	9	1.0000	1.0000	0.9997	0.9983	0.9825	0.9102	0.7207	0.4158	0.2585	0.1298	0.0092
	10	1.0000	1.0000	1.0000	0.9998	0.9961	0.9713	0.8757	0.6448	0.4787	0.3018	0.0441
	11	1.0000	1.0000	1.0000	1.0000	0.9994	0.9935	0.9602	0.8392	0.7189	0.5519	0.1584
	12	1.0000	1.0000	1.0000	1.0000	0.9999	0.9991	0.9919	0.9525	0.8990	0.8021	0.4154
	13	1.0000	1.0000	1.0000	1.0000	1.0000	0.9999	0.9992	0.9932	0.9822	0.9560	0.7712
	14	1.0000	1.0000	1.0000	1.0000	1.0000	1.0000	1.0000	1.0000	1.0000	1.0000	1.0000
15	0	0.2059	0.0352	0.0134	0.0047	0.0005	0.0000	0.0000	0.0000	0.0000	0.0000	0.0000
	1	0.5490	0.1671	0.0802	0.0353	0.0052	0.0005	0.0000	0.0000	0.0000	0.0000	0.0000
	2	0.8159	0.3980	0.2361	0.1268	0.0271	0.0037	0.0003	0.0000	0.0000	0.0000	0.0000
	3	0.9444	0.6482	0.4613	0.2969	0.0905	0.0176	0.0019	0.0001	0.0000	0.0000	0.0000
	4	0.9873	0.8358	0.6865	0.5155	0.2173	0.0592	0.0093	0.0007	0.0001	0.0000	0.0000
	5	0.9978	0.9389	0.8516	0.7216	0.4032	0.1509	0.0338	0.0037	0.0008	0.0001	0.0000
	6	0.9997	0.9819	0.9434	0.8689	0.6098	0.3036	0.0950	0.0152	0.0042	0.0008	0.0000
	7	1.0000	0.9958	0.9827	0.9500	0.7869	0.5000	0.2131	0.0500	0.0173	0.0042	0.0000
	8	1.0000	0.9992	0.9958	0.9848	0.9050	0.6964	0.3902	0.1311	0.0566	0.0181	0.0003
	9	1.0000	0.9999	0.9992	0.9963	0.9662	0.8491	0.5968	0.2784	0.1484	0.0611	0.0022
	10	1.0000	1.0000	0.9999	0.9993	0.9907	0.9408	0.7827	0.4845	0.3135	0.1642	0.0127
	11	1.0000	1.0000	1.0000	0.9999	0.9981	0.9824	0.9095	0.7031	0.5387	0.3518	0.0556
	12	1.0000	1.0000	1.0000	1.0000	0.9997	0.9963	0.9729	0.8732	0.7639	0.6020	0.1841
	13	1.0000	1.0000	1.0000	1.0000	1.0000	0.9995	0.9948	0.9647	0.9198	0.8329	0.4510
	14	1.0000	1.0000	1.0000	1.0000	1.0000	1.0000	0.9995	0.9953	0.9866	0.9648	0.7941
	15	1.0000	1.0000	1.0000	1.0000	1.0000	1.0000	1.0000	1.0000	1.0000	1.0000	1.0000
16	0	0.1853	0.0281	0.0100	0.0033	0.0003	0.0000	0.0000	0.0000	0.0000	0.0000	0.0000
	1	0.5147	0.1407	0.0635	0.0261	0.0033	0.0003	0.0000	0.0000	0.0000	0.0000	0.0000
	2	0.7892	0.3518	0.1971	0.0994	0.0183	0.0021	0.0001	0.0000	0.0000	0.0000	0.0000
	3	0.9316	0.5981	0.4050	0.2459	0.0651	0.0106	0.0009	0.0000	0.0000	0.0000	0.0000
	4	0.9830	0.7982	0.6302	0.4499	0.1666	0.0384	0.0049	0.0003	0.0000	0.0000	0.0000
	5	0.9967	0.9183	0.8103	0.6598	0.3288	0.1051	0.0191	0.0016	0.0003	0.0000	0.0000

Table I
Cumulative binomial distribution *(continued)*

n	t	0.1	0.2	0.25	0.3	0.4	0.5	0.6	0.7	0.75	0.8	0.9
	6	0.9995	0.9733	0.9204	0.8247	0.5272	0.2272	0.0583	0.0071	0.0016	0.0002	0.0000
	7	0.9999	0.9930	0.9729	0.9256	0.7161	0.4018	0.1423	0.0257	0.0075	0.0015	0.0000
	8	1.0000	0.9985	0.9925	0.9743	0.8577	0.5982	0.2839	0.0744	0.0271	0.0070	0.0001
	9	1.0000	0.9998	0.9984	0.9929	0.9417	0.7728	0.4728	0.1753	0.0796	0.0267	0.0005
	10	1.0000	1.0000	0.9997	0.9984	0.9809	0.8949	0.6712	0.3402	0.1897	0.0817	0.0033
	11	1.0000	1.0000	1.0000	0.9997	0.9951	0.9616	0.8334	0.5501	0.3698	0.2018	0.0170
	12	1.0000	1.0000	1.0000	1.0000	0.9991	0.9894	0.9349	0.7541	0.5950	0.4019	0.0684
	13	1.0000	1.0000	1.0000	1.0000	0.9999	0.9979	0.9817	0.9006	0.8029	0.6482	0.2108
	14	1.0000	1.0000	1.0000	1.0000	1.0000	0.9997	0.9967	0.9739	0.9365	0.8593	0.4853
	15	1.0000	1.0000	1.0000	1.0000	1.0000	1.0000	0.9997	0.9967	0.9900	0.9719	0.8147
	16	1.0000	1.0000	1.0000	1.0000	1.0000	1.0000	1.0000	1.0000	1.0000	1.0000	1.0000
17	0	0.1668	0.0225	0.0075	0.0023	0.0002	0.0000	0.0000	0.0000	0.0000	0.0000	0.0000
	1	0.4818	0.1182	0.0501	0.0193	0.0021	0.0001	0.0000	0.0000	0.0000	0.0000	0.0000
	2	0.7618	0.3096	0.1637	0.0774	0.0123	0.0012	0.0001	0.0000	0.0000	0.0000	0.0000
	3	0.9174	0.5489	0.3530	0.2019	0.0464	0.0064	0.0005	0.0000	0.0000	0.0000	0.0000
	4	0.9779	0.7582	0.5739	0.3887	0.1260	0.0245	0.0025	0.0001	0.0000	0.0000	0.0000
	5	0.9953	0.8943	0.7653	0.5968	0.2639	0.0717	0.0106	0.0007	0.0001	0.0000	0.0000
	6	0.9992	0.9623	0.8929	0.7752	0.4478	0.1662	0.0348	0.0032	0.0006	0.0001	0.0000
	7	0.9999	0.9891	0.9598	0.8954	0.6405	0.3145	0.0919	0.0127	0.0031	0.0005	0.0000
	8	1.0000	0.9974	0.9876	0.9597	0.8011	0.5000	0.1989	0.0403	0.0124	0.0026	0.0000
	9	1.0000	0.9995	0.9969	0.9873	0.9081	0.6855	0.3595	0.1046	0.0402	0.0109	0.0001
	10	1.0000	0.9999	0.9994	0.9968	0.9652	0.8338	0.5522	0.2248	0.1071	0.0377	0.0008
	11	1.0000	1.0000	0.9999	0.9993	0.9894	0.9283	0.7361	0.4032	0.2347	0.1057	0.0047
	12	1.0000	1.0000	1.0000	0.9999	0.9975	0.9755	0.8740	0.6113	0.4261	0.2418	0.0221
	13	1.0000	1.0000	1.0000	1.0000	0.9995	0.9936	0.9536	0.7981	0.6470	0.4511	0.0826
	14	1.0000	1.0000	1.0000	1.0000	0.9999	0.9988	0.9877	0.9226	0.8363	0.6904	0.2382
	15	1.0000	1.0000	1.0000	1.0000	1.0000	0.9999	0.9979	0.9807	0.9499	0.8818	0.5182
	16	1.0000	1.0000	1.0000	1.0000	1.0000	1.0000	0.9998	0.9977	0.9925	0.9775	0.8332
	17	1.0000	1.0000	1.0000	1.0000	1.0000	1.0000	1.0000	1.0000	1.0000	1.0000	1.0000
18	0	0.1501	0.0180	0.0056	0.0016	0.0001	0.0000	0.0000	0.0000	0.0000	0.0000	0.0000
	1	0.4503	0.0991	0.0395	0.0142	0.0013	0.0001	0.0000	0.0000	0.0000	0.0000	0.0000
	2	0.7338	0.2713	0.1353	0.0600	0.0082	0.0007	0.0000	0.0000	0.0000	0.0000	0.0000
	3	0.9018	0.5010	0.3057	0.1646	0.0328	0.0038	0.0002	0.0000	0.0000	0.0000	0.0000
	4	0.9718	0.7164	0.5187	0.3327	0.0942	0.0154	0.0013	0.0000	0.0000	0.0000	0.0000
	5	0.9936	0.8671	0.7175	0.5344	0.2088	0.0481	0.0058	0.0003	0.0000	0.0000	0.0000
	6	0.9988	0.9487	0.8610	0.7217	0.3743	0.1189	0.0203	0.0014	0.0002	0.0000	0.0000
	7	0.9998	0.9837	0.9431	0.8593	0.5634	0.2403	0.0576	0.0061	0.0012	0.0002	0.0000
	8	1.0000	0.9957	0.9807	0.9404	0.7368	0.4073	0.1347	0.0210	0.0054	0.0009	0.0000
	9	1.0000	0.9991	0.9946	0.9790	0.8653	0.5927	0.2632	0.0596	0.0193	0.0043	0.0000
	10	1.0000	0.9998	0.9988	0.9939	0.9424	0.7597	0.4366	0.1407	0.0569	0.0163	0.0002
	11	1.0000	1.0000	0.9998	0.9986	0.9797	0.8811	0.6257	0.2783	0.1390	0.0513	0.0012
	12	1.0000	1.0000	1.0000	0.9997	0.9942	0.9519	0.7912	0.4656	0.2825	0.1329	0.0064
	13	1.0000	1.0000	1.0000	1.0000	0.9987	0.9846	0.9058	0.6673	0.4813	0.2836	0.0282
	14	1.0000	1.0000	1.0000	1.0000	0.9998	0.9962	0.9672	0.8354	0.6943	0.4990	0.0982
	15	1.0000	1.0000	1.0000	1.0000	1.0000	0.9993	0.9918	0.9400	0.8647	0.7287	0.2662
	16	1.0000	1.0000	1.0000	1.0000	1.0000	0.9999	0.9987	0.9858	0.9605	0.9009	0.5497
	17	1.0000	1.0000	1.0000	1.0000	1.0000	1.0000	0.9999	0.9984	0.9944	0.9820	0.8499
	18	1.0000	1.0000	1.0000	1.0000	1.0000	1.0000	1.0000	1.0000	1.0000	1.0000	1.0000

Table I

Cumulative binomial distribution *(concluded)*

		p										
n	*t*	**0.1**	**0.2**	**0.25**	**0.3**	**0.4**	**0.5**	**0.6**	**0.7**	**0.75**	**0.8**	**0.9**
19	0	0.1351	0.0144	0.0042	0.0011	0.0001	0.0000	0.0000	0.0000	0.0000	0.0000	0.0000
	1	0.4203	0.0829	0.0310	0.0104	0.0008	0.0000	0.0000	0.0000	0.0000	0.0000	0.0000
	2	0.7054	0.2369	0.1113	0.0462	0.0055	0.0004	0.0000	0.0000	0.0000	0.0000	0.0000
	3	0.8850	0.4551	0.2631	0.1332	0.0230	0.0022	0.0001	0.0000	0.0000	0.0000	0.0000
	4	0.9648	0.6733	0.4654	0.2822	0.0696	0.0096	0.0006	0.0000	0.0000	0.0000	0.0000
	5	0.9914	0.8369	0.6678	0.4739	0.1629	0.0318	0.0031	0.0001	0.0000	0.0000	0.0000
	6	0.9983	0.9324	0.8251	0.6655	0.3081	0.0835	0.0116	0.0006	0.0001	0.0000	0.0000
	7	0.9997	0.9767	0.9225	0.8180	0.4878	0.1796	0.0352	0.0028	0.0005	0.0000	0.0000
	8	1.0000	0.9933	0.9713	0.9161	0.6675	0.3238	0.0885	0.0105	0.0023	0.0003	0.0000
	9	1.0000	0.9984	0.9911	0.9674	0.8139	0.5000	0.0861	0.0326	0.0089	0.0016	0.0000
	10	1.0000	0.9997	0.9977	0.9895	0.9115	0.6762	0.3325	0.0839	0.0287	0.0067	0.0000
	11	1.0000	1.0000	0.9995	0.9972	0.9648	0.8204	0.5122	0.1820	0.0775	0.0233	0.0003
	12	1.0000	1.0000	0.9999	0.9994	0.9884	0.9165	0.6919	0.3345	0.1749	0.0676	0.0017
	13	1.0000	1.0000	1.0000	0.9999	0.9969	0.9682	0.8371	0.5261	0.3322	0.1631	0.0086
	14	1.0000	1.0000	1.0000	1.0000	0.9994	0.9904	0.9304	0.7178	0.5346	0.3267	0.0352
	15	1.0000	1.0000	1.0000	1.0000	0.9999	0.9978	0.9770	0.8668	0.7369	0.5449	0.1150
	16	1.0000	1.0000	1.0000	1.0000	1.0000	0.9996	0.9945	0.9538	0.8887	0.7631	0.2946
	17	1.0000	1.0000	1.0000	1.0000	1.0000	1.0000	0.9992	0.9896	0.9690	0.9171	0.5797
	18	1.0000	1.0000	1.0000	1.0000	1.0000	1.0000	0.9999	0.9989	0.9958	0.9856	0.8649
	19	1.0000	1.0000	1.0000	1.0000	1.0000	1.0000	1.0000	1.0000	1.0000	1.0000	1.0000
20	0	0.1216	0.0115	0.0032	0.0008	0.0000	0.0000	0.0000	0.0000	0.0000	0.0000	0.0000
	1	0.3917	0.0692	0.0243	0.0076	0.0005	0.0000	0.0000	0.0000	0.0000	0.0000	0.0000
	2	0.6769	0.2061	0.0913	0.0355	0.0036	0.0002	0.0000	0.0000	0.0000	0.0000	0.0000
	3	0.8670	0.4114	0.2252	0.1071	0.0160	0.0013	0.0000	0.0000	0.0000	0.0000	0.0000
	4	0.9568	0.6296	0.4148	0.2375	0.0510	0.0059	0.0003	0.0000	0.0000	0.0000	0.0000
	5	0.9887	0.8042	0.6172	0.4164	0.1256	0.0207	0.0016	0.0000	0.0000	0.0000	0.0000
	6	0.9976	0.9133	0.7858	0.6080	0.2500	0.0577	0.0065	0.0003	0.0000	0.0000	0.0000
	7	0.9996	0.9679	0.8982	0.7723	0.4159	0.1316	0.0210	0.0013	0.0002	0.0000	0.0000
	8	0.9999	0.9900	0.9591	0.8867	0.5956	0.2517	0.0565	0.0051	0.0009	0.0001	0.0000
	9	1.0000	0.9974	0.9861	0.9520	0.7553	0.4119	0.1275	0.0171	0.0039	0.0006	0.0000
	10	1.0000	0.9994	0.9961	0.9829	0.8725	0.5881	0.2447	0.0480	0.0139	0.0026	0.0000
	11	1.0000	0.9999	0.9991	0.9949	0.9435	0.7483	0.4044	0.1133	0.0409	0.0100	0.0001
	12	1.0000	1.0000	0.9998	0.9987	0.9790	0.8684	0.5841	0.2277	0.1018	0.0321	0.0004
	13	1.0000	1.0000	1.0000	0.9997	0.9935	0.9423	0.7500	0.3920	0.2142	0.0867	0.0024
	14	1.0000	1.0000	1.0000	1.0000	0.9984	0.9793	0.8744	0.5836	0.3828	0.1958	0.0113
	15	1.0000	1.0000	1.0000	1.0000	0.9997	0.9941	0.9490	0.7625	0.5852	0.3704	0.0432
	16	1.0000	1.0000	1.0000	1.0000	1.0000	0.9987	0.9840	0.8929	0.7748	0.5886	0.1330
	17	1.0000	1.0000	1.0000	1.0000	1.0000	0.9998	0.9964	0.9645	0.9087	0.7939	0.3231
	18	1.0000	1.0000	1.0000	1.0000	1.0000	1.0000	0.9995	0.9924	0.9757	0.9308	0.6083
	19	1.0000	1.0000	1.0000	1.0000	1.0000	1.0000	1.0000	0.9992	0.9968	0.9885	0.8784
	20	1.0000	1.0000	1.0000	1.0000	1.0000	1.0000	1.0000	1.0000	1.0000	1.0000	1.0000

Table II
Poisson distribution function

$$F_X(t) = P[X \le t] = \sum_{x \le t} e^{-\lambda s}(\lambda s)^x/x!$$

	λs															
t	0.5	1.0	2.0	3.0	4.0	5.0	6.0	7.0	8.0	9.0	10.0	11.0	12.0	13.0	14.0	15.0
0	0.607	0.368	0.135	0.050	0.018	0.007	0.002	0.001	0.000	0.000	0.000	0.000	0.000	0.000	0.000	0.000
1	0.910	0.736	0.406	0.199	0.092	0.040	0.017	0.007	0.003	0.001	0.000	0.000	0.000	0.000	0.000	0.000
2	0.986	0.920	0.677	0.423	0.238	0.125	0.062	0.030	0.014	0.006	0.003	0.001	0.001	0.000	0.000	0.000
3	0.998	0.981	0.857	0.647	0.433	0.265	0.151	0.082	0.042	0.021	0.010	0.005	0.002	0.001	0.000	0.000
4	1.000	0.996	0.947	0.815	0.629	0.440	0.285	0.173	0.100	0.055	0.029	0.015	0.008	0.004	0.002	0.001
5	1.000	0.999	0.983	0.916	0.785	0.616	0.446	0.301	0.191	0.116	0.067	0.038	0.020	0.011	0.006	0.003
6	1.000	1.000	0.995	0.966	0.889	0.762	0.606	0.450	0.313	0.207	0.130	0.079	0.046	0.026	0.014	0.008
7	1.000	1.000	0.999	0.988	0.949	0.867	0.744	0.599	0.453	0.324	0.220	0.143	0.090	0.054	0.032	0.018
8	1.000	1.000	1.000	0.996	0.979	0.932	0.847	0.729	0.593	0.456	0.333	0.232	0.155	0.100	0.062	0.037
9	1.000	1.000	1.000	0.999	0.992	0.968	0.916	0.830	0.717	0.587	0.458	0.341	0.242	0.166	0.109	0.070
10	1.000	1.000	1.000	1.000	0.997	0.986	0.957	0.901	0.816	0.706	0.583	0.460	0.347	0.252	0.176	0.118
11	1.000	1.000	1.000	1.000	0.999	0.995	0.980	0.947	0.888	0.803	0.697	0.579	0.462	0.353	0.260	0.185
12	1.000	1.000	1.000	1.000	1.000	0.998	0.991	0.973	0.936	0.876	0.792	0.689	0.576	0.463	0.358	0.268
13	1.000	1.000	1.000	1.000	1.000	0.999	0.996	0.987	0.966	0.926	0.864	0.781	0.682	0.573	0.464	0.363
14	1.000	1.000	1.000	1.000	1.000	1.000	0.999	0.994	0.983	0.959	0.917	0.854	0.772	0.675	0.570	0.466
15	1.000	1.000	1.000	1.000	1.000	1.000	0.999	0.998	0.992	0.978	0.951	0.907	0.844	0.764	0.669	0.568
16	1.000	1.000	1.000	1.000	1.000	1.000	1.000	0.999	0.996	0.989	0.973	0.944	0.899	0.835	0.756	0.664
17	1.000	1.000	1.000	1.000	1.000	1.000	1.000	1.000	0.998	0.995	0.986	0.968	0.937	0.890	0.827	0.749
18	1.000	1.000	1.000	1.000	1.000	1.000	1.000	1.000	0.999	0.998	0.993	0.982	0.963	0.930	0.883	0.819
19	1.000	1.000	1.000	1.000	1.000	1.000	1.000	1.000	1.000	0.999	0.997	0.991	0.979	0.957	0.923	0.875
20	1.000	1.000	1.000	1.000	1.000	1.000	1.000	1.000	1.000	1.000	0.998	0.995	0.988	0.975	0.952	0.917
21											0.999	0.998	0.994	0.986	0.971	0.947
22											1.000	0.999	0.997	0.992	0.983	0.967
23											1.000	1.000	0.999	0.996	0.991	0.981
24											1.000	1.000	0.999	0.998	0.995	0.989
25											1.000	1.000	1.000	0.999	0.997	0.994
26											1.000	1.000	1.000	1.000	0.999	0.997
27											1.000	1.000	1.000	1.000	0.999	0.998
28											1.000	1.000	1.000	1.000	1.000	0.999
29											1.000	1.000	1.000	1.000	1.000	1.000

Table III

A table of random digits

Line/Col.	1	2	3	4	5	6	7	8	9	10	11	12	13	14
1	10480	15011	01536	02011	81647	91646	69179	14194	62590	36207	20969	99570	91291	90700
2	22368	46573	25595	85393	30995	89198	27982	53402	93965	34095	52666	19174	39615	99505
3	24130	48360	22527	97265	76393	64809	15179	24830	49340	32081	30680	19655	63348	58629
4	42167	93093	06243	61680	07856	16376	39440	53537	71341	57004	00849	74917	97758	16379
5	37570	39975	81837	16656	06121	91782	60468	81305	49684	60672	14110	06927	01263	54613
6	77921	06907	11008	42751	27756	53498	18602	70659	90655	15053	21916	81825	44394	42880
7	99562	72905	56420	69994	98872	31016	71194	18738	44013	48840	63213	21069	10634	12952
8	96301	91977	05463	07972	18876	20922	94595	56869	69014	60045	18425	84903	42508	32307
9	89579	14342	63661	10281	17453	18103	57740	84378	25331	12566	58678	44947	05585	56941
10	85485	36857	43342	53988	53060	59533	38867	62300	08158	17983	16439	11458	18593	64952
11	28918	69578	88231	33276	70997	79936	56865	05859	90106	31595	01547	85590	91610	78188
12	63553	40961	48235	03427	49626	69445	18663	72695	52180	20847	12234	90511	33703	90322
13	09429	93969	52636	92737	88974	33488	36320	17617	30015	08272	84115	27156	30613	74952
14	10365	61129	87529	85689	48237	52267	67689	92294	01511	26358	85104	20285	29975	89868
15	07119	97336	71048	08178	77233	13916	47564	81056	97735	85977	29372	74461	28551	90707
16	51085	12765	51821	51259	77452	16308	60756	92144	49442	53900	70960	63990	75601	40719
17	02368	21382	52404	60268	89368	19885	55322	44819	01188	65255	64835	44919	05944	55157
18	01011	54092	33362	94904	31273	04146	18594	29852	71585	85030	51132	01915	92747	64951
19	52162	53916	46369	58586	23216	14513	83149	98736	23495	64350	94738	17752	35156	35749
20	07056	97628	33787	09998	42698	06691	76988	13602	51851	46104	88916	19509	25625	58104
21	48663	91245	85828	14346	09172	30168	90229	04734	59193	22178	30421	61666	99904	32812
22	54164	58492	22421	74103	47070	25306	76468	26384	58151	06646	21524	15227	96909	44592
23	32639	32363	05597	24200	13363	38005	94342	28728	35806	06912	17012	64161	18296	22851
24	29334	27001	87637	87308	58731	00256	45834	15398	46557	41135	10367	07684	36188	18510
25	02488	33062	28834	07351	19731	92420	60952	61280	50001	67658	32586	86679	50720	94953

Table III

A table of random digits *(concluded)*

Line/Col.	1	2	3	4	5	6	7	8	9	10	11	12	13	14
26	81525	72295	04839	96423	24878	82651	66566	14778	76797	14780	13300	87074	79666	95725
27	29676	20591	68086	26432	46901	20849	89768	81536	86645	12659	92259	57102	80428	25280
28	00742	57392	39064	66432	84673	40027	32832	61362	98947	96067	64760	64584	96096	98253
29	05366	04213	25669	26422	44407	44048	37937	63904	45766	66134	75470	66520	34693	90449
30	91921	26418	64117	94305	26766	25940	39972	22209	71500	64568	91402	42416	07844	69618
31	00582	04711	87917	77341	42206	35126	74087	99547	81817	42607	43808	76655	62028	76630
32	00725	69884	62797	56170	86324	88072	76222	36086	84637	93161	76038	65855	77919	88006
33	69011	65797	95876	55293	18988	27354	26575	08625	40801	59920	29841	80150	12777	48501
34	25976	57948	29888	88604	67917	48708	18912	82271	65424	69774	33611	54262	85963	03547
35	09763	83473	73577	12908	30883	18317	28290	35797	05998	41688	34952	37888	38917	88050
36	91567	42595	27958	30134	04024	86385	29880	99730	55536	84855	29080	09250	79656	73211
37	17955	56349	90999	49127	20044	59931	06115	20542	18059	02008	73708	83517	36103	42791
38	46503	18584	18845	49618	02304	51038	20655	58727	28168	15475	56942	53389	20562	87338
39	92157	89634	94824	78171	84610	82834	09922	25417	44137	48413	25555	21246	35509	20468
40	14577	62765	35605	81263	39667	47358	56873	56307	61607	49518	89656	20103	77490	18062
41	98427	07523	33362	64270	01638	92477	66969	98420	04880	45585	46565	04102	46880	45709
42	34914	63976	88720	82765	34476	17032	87589	40836	32427	70002	70663	88863	77775	69348
43	70060	28277	39475	46473	23219	53416	94970	25832	69975	94884	19661	72828	00102	66794
44	53976	54914	06990	67245	68350	82948	11398	42878	80287	88267	47363	46634	06541	97809
45	76072	29515	40980	07391	58745	25774	22987	80059	39911	96189	41151	14222	60697	59583
46	90725	52210	83974	29992	65831	38857	50490	83765	55657	14361	31720	57375	56228	41546
47	64364	67412	33339	31926	14883	24413	59744	92351	97473	89286	35931	04110	23726	51900
48	08962	00358	31662	25388	61642	34072	81249	35648	56891	69352	48373	45578	78547	81788
49	95012	68379	93526	70765	10593	04542	76463	54328	02349	17247	28865	14777	62730	92277
50	15664	10493	20492	38391	91132	21999	59516	81652	27195	48223	46751	22923	32261	85653

From W. H. Beyer (ed.), in *CRC Handbook of Tables for Probability and Statistics,* 2d ed., 1968. Copyright CRC Press, Inc., Boca Raton, Fla.

Table IV
Cumulative chi-squared distribution

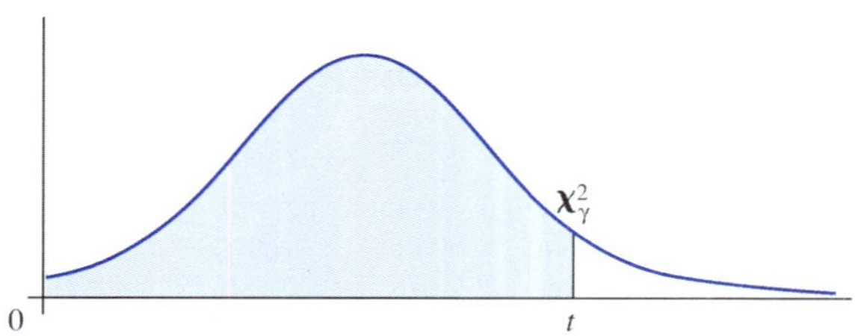

γ \ F	$P[\chi^2_\gamma \le t]$												
	0.005	**0.010**	**0.025**	**0.050**	**0.100**	**0.250**	**0.500**	**0.750**	**0.900**	**0.950**	**0.975**	**0.990**	**0.995**
1	0.0000393	0.000157	0.000982	0.00393	0.0158	0.102	0.455	1.32	2.71	3.84	5.02	6.63	7.88
2	0.0100	0.0201	0.0506	0.103	0.211	0.575	1.39	2.77	4.61	5.99	7.38	9.21	10.6
3	0.0717	0.115	0.216	0.352	0.584	1.21	2.37	4.11	6.25	7.81	9.35	11.3	12.8
4	0.207	0.297	0.484	0.711	1.06	1.92	3.36	5.39	7.78	9.49	11.1	13.3	14.9
5	0.412	0.554	0.831	1.15	1.61	2.67	4.35	6.63	9.24	11.1	12.8	15.1	16.7
6	0.676	0.872	1.24	1.64	2.20	3.45	5.35	7.84	10.6	12.6	14.4	16.8	18.5
7	0.989	1.24	1.69	2.17	2.83	4.25	6.35	9.04	12.0	14.1	16.0	18.5	20.3
8	1.34	1.65	2.18	2.73	3.49	5.07	7.34	10.2	13.4	15.5	17.5	20.1	22.0
9	1.73	2.09	2.70	3.33	4.17	5.90	8.34	11.4	14.7	16.9	19.0	21.7	23.6
10	2.16	2.56	3.25	3.94	4.87	6.74	9.34	12.5	16.0	18.3	20.5	23.2	25.2
11	2.60	3.05	3.82	4.57	5.58	7.58	10.3	13.7	17.3	19.7	21.9	24.7	26.8
12	3.07	3.57	4.40	5.23	6.30	8.44	11.3	14.8	18.5	21.0	23.3	26.2	28.3

Table IV
Cumulative chi-squared distribution *(concluded)*

γ \ F	0.005	0.010	0.025	0.050	0.100	0.250	0.500	0.750	0.900	0.950	0.975	0.990	0.995
	$P[\chi^2_\gamma \le t]$												
13	3.57	4.11	5.01	5.89	7.04	9.30	12.3	16.0	19.8	22.4	24.7	27.7	29.8
14	4.07	4.66	5.63	6.57	7.79	10.2	13.3	17.1	21.1	23.7	26.1	29.1	31.3
15	4.60	5.23	6.26	7.26	8.55	11.0	14.3	18.2	22.3	25.0	27.5	30.6	32.8
16	5.14	5.81	6.91	7.96	9.31	11.9	15.3	19.4	23.5	26.3	28.8	32.0	34.3
17	5.70	6.41	7.56	8.67	10.1	12.8	16.3	20.5	24.8	27.6	30.2	33.4	35.7
18	6.26	7.01	8.23	9.39	10.9	13.7	17.3	21.6	26.0	28.9	31.5	34.8	37.2
19	6.84	7.63	8.91	10.1	11.7	14.6	18.3	22.7	27.2	30.1	32.9	36.2	38.6
20	7.43	8.26	9.59	10.9	12.4	15.5	19.3	23.8	28.4	31.4	34.2	37.6	40.0
21	8.03	8.90	10.3	11.6	13.2	16.3	20.3	24.9	29.6	32.7	35.5	38.9	41.4
22	8.64	9.54	11.0	12.3	14.0	17.2	21.3	26.0	30.8	33.9	36.8	40.3	42.8
23	9.26	10.2	11.7	13.1	14.8	18.1	22.3	27.1	32.0	35.2	38.1	41.6	44.2
24	9.89	10.9	12.4	13.8	15.7	19.0	23.3	28.2	33.2	36.4	39.4	43.0	45.6
25	10.5	11.5	13.1	14.6	16.5	19.9	24.3	29.3	34.4	37.7	40.6	44.3	46.9
26	11.2	12.2	13.8	15.4	17.3	20.8	25.3	30.4	35.6	38.9	41.9	45.6	48.3
27	11.8	12.9	14.6	16.2	18.1	21.7	26.3	31.5	36.7	40.1	43.2	47.0	49.6
28	12.5	13.6	15.3	16.9	18.9	22.7	27.3	32.6	37.9	41.3	44.5	48.3	51.0
29	13.1	14.3	16.0	17.7	19.8	23.6	28.3	33.7	39.1	42.6	45.7	49.6	52.3
30	13.8	15.0	16.8	18.5	20.6	24.5	29.3	34.8	40.3	43.8	47.0	50.9	53.7

From Beyer, W. H. (ed.), in *CRC Handbook of Tables for Probability and Statistics,* 2d ed., 1968. Copyright CRC Press, Inc., Boca Raton, Fla.

Table V
Cumulative distribution: Standard normal

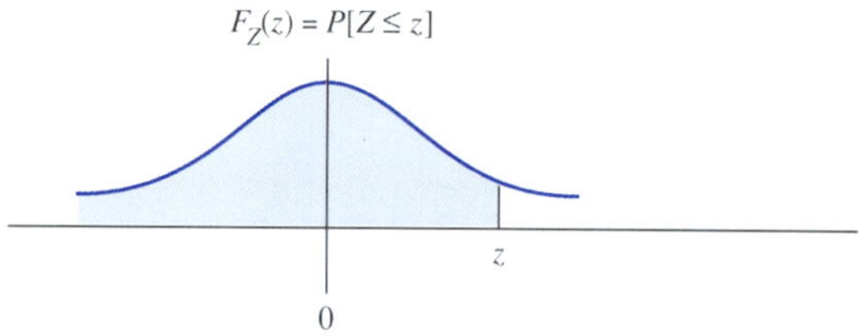

$F_Z(z) = P[Z \leq z]$										
z	**0.00**	**0.01**	**0.02**	**0.03**	**0.04**	**0.05**	**0.06**	**0.07**	**0.08**	**0.09**
−3.4	0.0003	0.0003	0.0003	0.0003	0.0003	0.0003	0.0003	0.0003	0.0003	0.0002
−3.3	0.0005	0.0005	0.0005	0.0004	0.0004	0.0004	0.0004	0.0004	0.0004	0.0003
−3.2	0.0007	0.0007	0.0006	0.0006	0.0006	0.0006	0.0006	0.0005	0.0005	0.0005
−3.1	0.0010	0.0009	0.0009	0.0009	0.0008	0.0008	0.0008	0.0008	0.0007	0.0007
−3.0	0.0013	0.0013	0.0013	0.0012	0.0012	0.0011	0.0011	0.0011	0.0010	0.0010
−2.9	0.0019	0.0018	0.0018	0.0017	0.0016	0.0016	0.0015	0.0015	0.0014	0.0014
−2.8	0.0026	0.0025	0.0024	0.0023	0.0023	0.0022	0.0021	0.0021	0.0020	0.0019
−2.7	0.0035	0.0034	0.0033	0.0032	0.0031	0.0030	0.0029	0.0028	0.0027	0.0026
−2.6	0.0047	0.0045	0.0044	0.0043	0.0041	0.0040	0.0039	0.0038	0.0037	0.0036
−2.5	0.0062	0.0060	0.0059	0.0057	0.0055	0.0054	0.0052	0.0051	0.0049	0.0048
−2.4	0.0082	0.0080	0.0078	0.0075	0.0073	0.0071	0.0069	0.0068	0.0066	0.0064
−2.3	0.0107	0.0104	0.0102	0.0099	0.0096	0.0094	0.0091	0.0089	0.0087	0.0084
−2.2	0.0139	0.0136	0.0132	0.0129	0.0125	0.0122	0.0119	0.0116	0.0113	0.0110
−2.1	0.0179	0.0174	0.0170	0.0166	0.0162	0.0158	0.0154	0.0150	0.0146	0.0143
−2.0	0.0228	0.0222	0.0217	0.0212	0.0207	0.0202	0.0197	0.0192	0.0188	0.0183
−1.9	0.0287	0.0281	0.0274	0.0268	0.0262	0.0256	0.0250	0.0244	0.0239	0.0233
−1.8	0.0359	0.0351	0.0344	0.0336	0.0329	0.0322	0.0314	0.0307	0.0301	0.0294
−1.7	0.0446	0.0436	0.0427	0.0418	0.0409	0.0401	0.0392	0.0384	0.0375	0.0367
−1.6	0.0548	0.0537	0.0526	0.0516	0.0505	0.0495	0.0485	0.0475	0.0465	0.0455
−1.5	0.0668	0.0655	0.0643	0.0630	0.0618	0.0606	0.0594	0.0582	0.0571	0.0559
−1.4	0.0808	0.0793	0.0778	0.0764	0.0749	0.0735	0.0721	0.0708	0.0694	0.0681
−1.3	0.0968	0.0951	0.0934	0.0918	0.0901	0.0885	0.0869	0.0853	0.0838	0.0823
−1.2	0.1151	0.1131	0.1112	0.1093	0.1075	0.1056	0.1038	0.1020	0.1003	0.0985
−1.1	0.1357	0.1335	0.1314	0.1292	0.1271	0.1251	0.1230	0.1210	0.1190	0.1170
−1.0	0.1587	0.1562	0.1539	0.1515	0.1492	0.1469	0.1446	0.1423	0.1401	0.1379
−0.9	0.1841	0.1814	0.1788	0.1762	0.1736	0.1711	0.1685	0.1660	0.1635	0.1611
−0.8	0.2119	0.2090	0.2061	0.2033	0.2005	0.1977	0.1949	0.1921	0.1894	0.1867
−0.7	0.2420	0.2389	0.2358	0.2327	0.2296	0.2266	0.2236	0.2206	0.2177	0.2148
−0.6	0.2743	0.2709	0.2676	0.2643	0.2611	0.2578	0.2546	0.2514	0.2483	0.2451
−0.5	0.3085	0.3050	0.3015	0.2981	0.2946	0.2912	0.2877	0.2843	0.2810	0.2776
−0.4	0.3446	0.3409	0.3372	0.3336	0.3300	0.3264	0.3228	0.3192	0.3156	0.3121
−0.3	0.3821	0.3783	0.3745	0.3707	0.3669	0.3632	0.3594	0.3557	0.3520	0.3483
−0.2	0.4207	0.4168	0.4129	0.4090	0.4052	0.4013	0.3974	0.3936	0.3897	0.3859
−0.1	0.4602	0.4562	0.4522	0.4483	0.4443	0.4404	0.4364	0.4325	0.4286	0.4247
−0.0	0.5000	0.4960	0.4920	0.4880	0.4840	0.4801	0.4761	0.4721	0.4681	0.4641

Table V

Cumulative distribution: Standard normal *(concluded)*

z	0.00	0.01	0.02	0.03	0.04	0.05	0.06	0.07	0.08	0.09
0.0	0.5000	0.5040	0.5080	0.5120	0.5160	0.5199	0.5239	0.5279	0.5319	0.5359
0.1	0.5398	0.5438	0.5478	0.5517	0.5557	0.5596	0.5636	0.5675	0.5714	0.5753
0.2	0.5793	0.5832	0.5871	0.5910	0.5948	0.5987	0.6026	0.6064	0.6103	0.6141
0.3	0.6179	0.6217	0.6255	0.6293	0.6331	0.6368	0.6406	0.6443	0.6480	0.6517
0.4	0.6554	0.6591	0.6628	0.6664	0.6700	0.6736	0.6772	0.6808	0.6844	0.6879
0.5	0.6915	0.6950	0.6985	0.7019	0.7054	0.7088	0.7123	0.7157	0.7190	0.7224
0.6	0.7257	0.7291	0.7324	0.7357	0.7389	0.7422	0.7454	0.7486	0.7517	0.7549
0.7	0.7580	0.7611	0.7642	0.7673	0.7704	0.7734	0.7764	0.7794	0.7823	0.7852
0.8	0.7881	0.7910	0.7939	0.7967	0.7995	0.8023	0.8051	0.8078	0.8106	0.8133
0.9	0.8159	0.8186	0.8212	0.8238	0.8264	0.8289	0.8315	0.8340	0.8365	0.8389
1.0	0.8413	0.8438	0.8461	0.8485	0.8508	0.8531	0.8554	0.8577	0.8599	0.8621
1.1	0.8643	0.8665	0.8686	0.8708	0.8729	0.8749	0.8770	0.8790	0.8810	0.8830
1.2	0.8849	0.8869	0.8888	0.8907	0.8925	0.8944	0.8962	0.8980	0.8997	0.9015
1.3	0.9032	0.9049	0.9066	0.9082	0.9099	0.9115	0.9131	0.9147	0.9162	0.9177
1.4	0.9192	0.9207	0.9222	0.9236	0.9251	0.9265	0.9279	0.9292	0.9306	0.9319
1.5	0.9332	0.9345	0.9357	0.9370	0.9382	0.9394	0.9406	0.9418	0.9429	0.9441
1.6	0.9452	0.9463	0.9474	0.9484	0.9495	0.9505	0.9515	0.9525	0.9535	0.9545
1.7	0.9554	0.9564	0.9573	0.9582	0.9591	0.9599	0.9608	0.9616	0.9625	0.9633
1.8	0.9641	0.9649	0.9656	0.9664	0.9671	0.9678	0.9686	0.9693	0.9699	0.9706
1.9	0.9713	0.9719	0.9726	0.9732	0.9738	0.9744	0.9750	0.9756	0.9761	0.9767
2.0	0.9772	0.9778	0.9783	0.9788	0.9793	0.9798	0.9803	0.9808	0.9812	0.9817
2.1	0.9821	0.9826	0.9830	0.9834	0.9838	0.9842	0.9846	0.9850	0.9854	0.9857
2.2	0.9861	0.9864	0.9868	0.9871	0.9875	0.9878	0.9881	0.9884	0.9887	0.9890
2.3	0.9893	0.9896	0.9898	0.9901	0.9904	0.9906	0.9909	0.9911	0.9913	0.9916
2.4	0.9918	0.9920	0.9922	0.9925	0.9927	0.9929	0.9931	0.9932	0.9934	0.9936
2.5	0.9938	0.9940	0.9941	0.9943	0.9945	0.9946	0.9948	0.9949	0.9951	0.9952
2.6	0.9953	0.9955	0.9956	0.9957	0.9959	0.9960	0.9961	0.9962	0.9963	0.9964
2.7	0.9965	0.9966	0.9967	0.9968	0.9969	0.9970	0.9971	0.9972	0.9973	0.9974
2.8	0.9974	0.9975	0.9976	0.9977	0.9977	0.9978	0.9979	0.9979	0.9980	0.9981
2.9	0.9981	0.9982	0.9982	0.9983	0.9984	0.9984	0.9985	0.9985	0.9986	0.9986
3.0	0.9987	0.9987	0.9987	0.9988	0.9988	0.9989	0.9989	0.9989	0.9990	0.9990
3.1	0.9990	0.9991	0.9991	0.9991	0.9992	0.9992	0.9992	0.9992	0.9993	0.9993
3.2	0.9993	0.9993	0.9994	0.9994	0.9994	0.9994	0.9994	0.9995	0.9995	0.9995
3.3	0.9995	0.9995	0.9995	0.9996	0.9996	0.9996	0.9996	0.9996	0.9996	0.9997
3.4	0.9997	0.9997	0.9997	0.9997	0.9997	0.9997	0.9997	0.9997	0.9997	0.9998

Table VI

T distribution

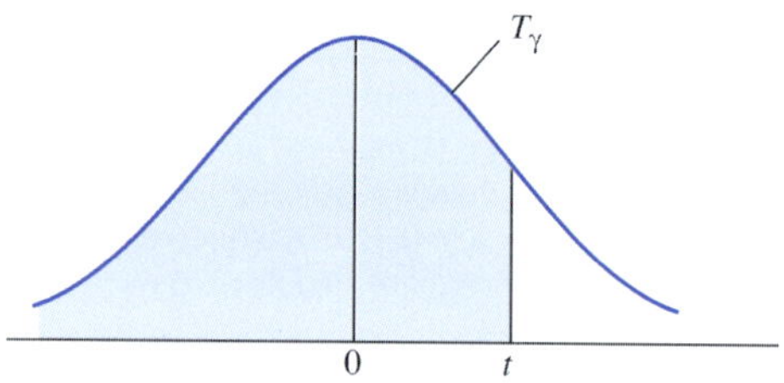

Column heading = cumulative probability

Row heading = degrees of freedom

Row ∞ = standard normal values

	$P[T_\gamma \le t]$								
γ	.6	.75	.9	.95	.975	.99	.995	.999	.9995
1	0.325	1.000	3.078	6.314	12.706	31.821	63.657	318.317	636.607
2	0.289	0.816	1.886	2.920	4.303	6.965	9.925	22.327	31.598
3	0.277	0.765	1.638	2.353	3.182	4.541	5.841	10.215	12.924
4	0.271	0.741	1.533	2.132	2.776	3.747	4.604	7.173	8.610
5	0.267	0.727	1.476	2.015	2.571	3.365	4.032	5.893	6.869
6	0.265	0.718	1.440	1.943	2.447	3.143	3.707	5.208	5.959
7	0.263	0.711	1.415	1.895	2.365	2.998	3.499	4.785	5.408
8	0.262	0.706	1.397	1.860	2.306	2.896	3.355	4.501	5.041
9	0.261	0.703	1.383	1.833	2.262	2.821	3.250	4.297	4.781
10	0.260	0.700	1.372	1.812	2.228	2.764	3.169	4.144	4.587
11	0.260	0.697	1.363	1.796	2.201	2.718	3.106	4.025	4.437
12	0.259	0.695	1.356	1.782	2.179	2.681	3.055	3.930	4.318
13	0.259	0.694	1.350	1.771	2.160	2.650	3.012	3.852	4.221
14	0.258	0.692	1.345	1.761	2.145	2.624	2.977	3.787	4.140
15	0.258	0.691	1.341	1.753	2.131	2.602	2.947	3.733	4.073
16	0.258	0.690	1.337	1.746	2.120	2.583	2.921	3.686	4.015
17	0.257	0.689	1.333	1.740	2.110	2.567	2.898	3.646	3.965
18	0.257	0.688	1.330	1.734	2.101	2.552	2.878	3.611	3.922
19	0.257	0.688	1.328	1.729	2.093	2.539	2.861	3.579	3.883
20	0.257	0.687	1.325	1.725	2.086	2.528	2.845	3.552	3.850
21	0.257	0.686	1.323	1.721	2.080	2.518	2.831	3.527	3.819
22	0.256	0.686	1.321	1.717	2.074	2.508	2.819	3.505	3.792
23	0.256	0.685	1.319	1.714	2.069	2.500	2.807	3.485	3.768
24	0.256	0.685	1.318	1.711	2.064	2.492	2.797	3.467	3.745
25	0.256	0.684	1.316	1.708	2.060	2.485	2.787	3.450	3.725
26	0.256	0.684	1.315	1.706	2.056	2.479	2.779	3.435	3.707
27	0.256	0.684	1.314	1.703	2.052	2.473	2.771	3.421	3.690
28	0.256	0.683	1.313	1.701	2.048	2.467	2.763	3.408	3.674
29	0.256	0.683	1.311	1.699	2.045	2.462	2.756	3.396	3.659
30	0.256	0.683	1.310	1.697	2.042	2.457	2.750	3.385	3.646
31	0.256	0.682	1.309	1.696	2.040	2.453	2.744	3.375	3.633
32	0.255	0.682	1.309	1.694	2.037	2.449	2.738	3.365	3.622
33	0.255	0.682	1.308	1.692	2.035	2.445	2.733	3.356	3.611
34	0.255	0.682	1.307	1.691	2.032	2.441	2.728	3.348	3.601
35	0.255	0.682	1.306	1.690	2.030	2.438	2.724	3.340	3.591
36	0.255	0.681	1.306	1.688	2.028	2.434	2.719	3.333	3.582
37	0.255	0.681	1.305	1.687	2.026	2.431	2.715	3.326	3.574
38	0.255	0.681	1.304	1.686	2.024	2.429	2.712	3.319	3.566
39	0.255	0.681	1.304	1.685	2.023	2.426	2.708	3.313	3.558
40	0.255	0.681	1.303	1.684	2.021	2.423	2.704	3.307	3.551
41	0.255	0.681	1.303	1.683	2.020	2.421	2.701	3.301	3.544
42	0.255	0.680	1.302	1.682	2.018	2.418	2.698	3.296	3.538
43	0.255	0.680	1.302	1.681	2.017	2.416	2.695	3.291	3.532
44	0.255	0.680	1.301	1.680	2.015	2.414	2.692	3.286	3.526

Table VI
T distribution *(concluded)*

γ	.6	.75	.9	.95	.975	.99	.995	.999	.9995
45	0.255	0.680	1.301	1.679	2.014	2.412	2.690	3.281	3.520
46	0.255	0.680	1.300	1.679	2.013	2.410	2.687	3.277	3.515
47	0.255	0.680	1.300	1.678	2.012	2.408	2.685	3.273	3.510
48	0.255	0.680	1.299	1.677	2.011	2.407	2.682	3.269	3.505
49	0.255	0.680	1.299	1.677	2.010	2.405	2.680	3.265	3.500
50	0.255	0.679	1.299	1.676	2.009	2.403	2.678	3.261	3.496
51	0.255	0.679	1.298	1.675	2.008	2.402	2.676	3.258	3.492
52	0.255	0.679	1.298	1.675	2.007	2.400	2.674	3.255	3.488
53	0.255	0.679	1.298	1.674	2.006	2.399	2.672	3.251	3.484
54	0.255	0.679	1.297	1.674	2.005	2.397	2.670	3.248	3.480
55	0.255	0.679	1.297	1.673	2.004	2.396	2.668	3.245	3.476
56	0.255	0.679	1.297	1.673	2.003	2.395	2.667	3.242	3.473
57	0.255	0.679	1.297	1.672	2.002	2.394	2.665	3.239	3.470
58	0.255	0.679	1.296	1.672	2.002	2.392	2.663	3.237	3.466
59	0.254	0.679	1.296	1.671	2.001	2.391	2.662	3.234	3.463
60	0.254	0.679	1.296	1.671	2.000	2.390	2.660	3.232	3.460
61	0.254	0.679	1.296	1.670	2.000	2.389	2.659	3.229	3.457
62	0.254	0.678	1.295	1.670	1.999	2.388	2.658	3.227	3.455
63	0.254	0.678	1.295	1.669	1.998	2.387	2.656	3.225	3.452
64	0.254	0.678	1.295	1.669	1.998	2.386	2.655	3.223	3.449
65	0.254	0.678	1.295	1.669	1.997	2.385	2.654	3.221	3.447
66	0.254	0.678	1.295	1.668	1.997	2.384	2.652	3.218	3.444
67	0.254	0.678	1.294	1.668	1.996	2.383	2.651	3.217	3.442
68	0.254	0.678	1.294	1.668	1.995	2.382	2.650	3.215	3.440
69	0.254	0.678	1.294	1.667	1.995	2.382	2.649	3.213	3.437
70	0.254	0.678	1.294	1.667	1.994	2.381	2.648	3.211	3.435
71	0.254	0.678	1.294	1.667	1.994	2.380	2.647	3.209	3.433
72	0.254	0.678	1.293	1.666	1.993	2.379	2.646	3.207	3.431
73	0.254	0.678	1.293	1.666	1.993	2.379	2.645	3.206	3.429
74	0.254	0.678	1.293	1.666	1.993	2.378	2.644	3.204	3.427
75	0.254	0.678	1.293	1.665	1.992	2.377	2.643	3.203	3.425
76	0.254	0.678	1.293	1.665	1.992	2.376	2.642	3.201	3.423
77	0.254	0.678	1.293	1.665	1.991	2.376	2.641	3.200	3.422
78	0.254	0.678	1.292	1.665	1.991	2.375	2.640	3.198	3.420
79	0.254	0.678	1.292	1.664	1.990	2.375	2.640	3.197	3.418
80	0.254	0.678	1.292	1.664	1.990	2.374	2.639	3.195	3.416
81	0.254	0.678	1.292	1.664	1.990	2.373	2.638	3.194	3.415
82	0.254	0.677	1.292	1.664	1.989	2.373	2.637	3.193	3.413
83	0.254	0.677	1.292	1.663	1.989	2.372	2.636	3.191	3.412
84	0.254	0.677	1.292	1.663	1.989	2.372	2.636	3.190	3.410
85	0.254	0.677	1.292	1.663	1.988	2.371	2.635	3.189	3.409
86	0.254	0.677	1.291	1.663	1.988	2.371	2.634	3.188	3.407
87	0.254	0.677	1.291	1.663	1.988	2.370	2.634	3.187	3.406
88	0.254	0.677	1.291	1.662	1.987	2.369	2.633	3.186	3.405
89	0.254	0.677	1.291	1.662	1.987	2.369	2.632	3.184	3.403
90	0.254	0.677	1.291	1.662	1.987	2.369	2.632	3.183	3.402
91	0.254	0.677	1.291	1.662	1.986	2.368	2.631	3.182	3.401
92	0.254	0.677	1.291	1.662	1.986	2.368	2.630	3.181	3.400
93	0.254	0.677	1.291	1.661	1.986	2.367	2.630	3.180	3.398
94	0.254	0.677	1.291	1.661	1.986	2.367	2.629	3.179	3.397
95	0.254	0.677	1.291	1.661	1.985	2.366	2.629	3.178	3.396
96	0.254	0.677	1.290	1.661	1.985	2.366	2.628	3.177	3.395
97	0.254	0.677	1.290	1.661	1.985	2.365	2.627	3.176	3.394
98	0.254	0.677	1.290	1.661	1.984	2.365	2.627	3.176	3.393
99	0.254	0.677	1.290	1.660	1.984	2.365	2.626	3.175	3.392
100	0.254	0.677	1.290	1.660	1.984	2.364	2.626	3.174	3.391
∞	0.253	0.674	1.282	1.645	1.960	2.326	2.576	3.090	3.291

Table VII
Sample size for estimating the mean

Single-sided test / Double-sided test	Level of t-test: $\alpha = 0.005$ / $\alpha = 0.01$					$\alpha = 0.01$ / $\alpha = 0.02$					$\alpha = 0.025$ / $\alpha = 0.05$					$\alpha = 0.05$ / $\alpha = 0.1$					
$\beta =$	0.01	0.05	0.1	0.2	0.5	0.01	0.05	0.1	0.2	0.5	0.01	0.05	0.1	0.2	0.5	0.01	0.05	0.1	0.2	0.5	
0.05																					0.05
0.10																					0.10
0.15																				122	0.15
0.20										139					99					70	0.20
0.25					110					90				128	64			139	101	45	0.25
0.30				134	78				115	63			119	90	45		122	97	71	32	0.30
0.35			125	99	58			109	85	47		109	88	67	34		90	72	52	24	0.35
0.40		115	97	77	45		101	85	66	37	117	84	68	51	26	101	70	55	40	19	0.40
0.45		92	77	62	37	110	81	68	53	30	93	67	54	41	21	80	55	44	33	15	0.45
0.50	100	75	63	51	30	90	66	55	43	25	76	54	44	34	18	65	45	36	27	13	0.50
Value of $\Delta = (\mu - \mu_0)/\sigma$																					
0.55	83	63	53	42	26	75	55	46	36	21	63	45	37	28	15	54	38	30	22	11	0.55
0.60	71	53	45	36	22	63	47	39	31	18	53	38	32	24	13	46	32	26	19	9	0.60
0.65	61	46	39	31	20	55	41	34	27	16	46	33	27	21	12	39	28	22	17	8	0.65
0.70	53	40	34	28	17	47	35	30	24	14	40	29	24	19	10	34	24	19	15	8	0.70
0.75	47	36	30	25	16	42	31	27	21	13	35	26	21	16	9	30	21	17	13	7	0.75
0.80	41	32	27	22	14	37	28	24	19	12	31	22	19	15	9	27	19	15	12	6	0.80
0.85	37	29	24	20	13	33	25	21	17	11	28	21	17	13	8	24	17	14	11	6	0.85
0.90	34	26	22	18	12	29	23	19	16	10	25	19	16	12	7	21	15	13	10	5	0.90
0.95	31	24	20	17	11	27	21	18	14	9	23	17	14	11	7	19	14	11	9	5	0.95
1.00	28	22	19	16	10	25	19	16	13	9	21	16	13	10	6	18	13	11	8	5	1.00

Table VII

Sample size for estimating the mean *(concluded)*

	Level of t-test																				
Single-sided test	$\alpha = 0.005$					$\alpha = 0.01$					$\alpha = 0.025$					$\alpha = 0.05$					
Double-sided test	$\alpha = 0.01$					$\alpha = 0.02$					$\alpha = 0.05$					$\alpha = 0.1$					
$\beta =$	0.01	0.05	0.1	0.2	0.5	0.01	0.05	0.1	0.2	0.5	0.01	0.05	0.1	0.2	0.5	0.01	0.05	0.1	0.2	0.5	
1.1	24	19	16	14	9	21	16	14	12	8	18	13	11	9	6	15	11	9	7		1.1
1.2	21	16	14	12	8	18	14	12	10	7	15	12	10	8	5	13	10	8	6		1.2
1.3	18	15	13	11	8	16	13	11	9	6	14	10	9	7		11	8	7	6		1.3
1.4	16	13	12	10	7	14	11	10	9	6	12	9	8	7		10	8	7	5		1.4
1.5	15	12	11	9	7	13	10	9	8	6	11	8	7	6		9	7	6			1.5
1.6	13	11	10	8	6	12	10	9	7	5	10	8	7	6		8	6	6			1.6
1.7	12	10	9	8	6	11	9	8	7		9	7	6	5		8	6	5			1.7
1.8	12	10	9	8	6	10	8	7	7		8	7	6			7	6				1.8
1.9	11	9	8	7	6	10	8	7	6		8	6	6			7	5				1.9
2.0	10	8	8	7	5	9	7	7	6		7	6	5			6					2.0
Value of $\Delta = (\mu - \mu_0)/\sigma$																					
2.1	10	8	7	7		8	7	6	6		7	6				6					2.1
2.2	9	8	7	6		8	7	6	5		7	6				6					2.2
2.3	9	7	7	6		8	6	6			6	5				5					2.3
2.4	8	7	7	6		7	6	6			6										2.4
2.5	8	7	6	6		7	6	6			6										2.5
3.0	7	6	6	5		6	5	5			5										3.0
3.5	6	5	5			5															3.5
4.0	6																				4.0

From Beyer, W. H. (ed.), in *CRC Handbook of Tables for Probability and Statistics,* 2d ed., 1968. Copyright CRC Press, Inc., Boca Raton, Fla.

Table VIII
Wilcoxon signed-rank test

$n = 5(1)50$

One-sided	Two-sided	$n = 5$	$n = 6$	$n = 7$	$n = 8$	$n = 9$	$n = 10$
$P = 0.05$	$P = 0.10$	1	2	4	6	8	11
$P = 0.025$	$P = 0.05$		1	2	4	6	8
$P = 0.01$	$P = 0.02$			0	2	3	5
$P = 0.005$	$P = 0.01$				0	2	3

One-sided	Two-sided	$n = 11$	$n = 12$	$n = 13$	$n = 14$	$n = 15$	$n = 16$
$P = 0.05$	$P = 0.10$	14	17	21	26	30	36
$P = 0.025$	$P = 0.05$	11	14	17	21	25	30
$P = 0.01$	$P = 0.02$	7	10	13	16	20	24
$P = 0.005$	$P = 0.01$	5	7	10	13	16	19

One-sided	Two-sided	$n = 17$	$n = 18$	$n = 19$	$n = 20$	$n = 21$	$n = 22$
$P = 0.05$	$P = 0.10$	41	47	54	60	68	75
$P = 0.025$	$P = 0.05$	35	40	46	52	59	66
$P = 0.01$	$P = 0.02$	28	33	38	43	49	56
$P = 0.005$	$P = 0.01$	23	28	32	37	43	49

One-sided	Two-sided	$n = 23$	$n = 24$	$n = 25$	$n = 26$	$n = 27$	$n = 28$
$P = 0.05$	$P = 0.10$	83	92	101	110	120	130
$P = 0.025$	$P = 0.05$	73	81	90	98	107	117
$P = 0.01$	$P = 0.02$	62	69	77	85	93	102
$P = 0.005$	$P = 0.01$	55	61	68	76	84	92

One-sided	Two-sided	$n = 29$	$n = 30$	$n = 31$	$n = 32$	$n = 33$	$n = 34$
$P = 0.05$	$P = 0.10$	141	152	163	175	188	201
$P = 0.025$	$P = 0.05$	127	137	148	159	171	183
$P = 0.01$	$P = 0.02$	111	120	130	141	151	162
$P = 0.005$	$P = 0.01$	100	109	118	128	138	149

One-sided	Two-sided	$n = 35$	$n = 36$	$n = 37$	$n = 38$	$n = 39$	
$P = 0.05$	$P = 0.10$	214	228	242	256	271	
$P = 0.025$	$P = 0.05$	195	208	222	235	250	
$P = 0.01$	$P = 0.02$	174	186	198	211	224	
$P = 0.005$	$P = 0.01$	160	171	183	195	208	

One-sided	Two-sided	$n = 40$	$n = 41$	$n = 42$	$n = 43$	$n = 44$	$n = 45$
$P = 0.05$	$P = 0.10$	287	303	319	336	353	371
$P = 0.025$	$P = 0.05$	264	279	295	311	327	344
$P = 0.01$	$P = 0.02$	238	252	267	281	297	313
$P = 0.005$	$P = 0.01$	221	234	248	262	277	292

One-sided	Two-sided	$n = 46$	$n = 47$	$n = 48$	$n = 49$	$n = 50$	
$P = 0.05$	$P = 0.10$	389	408	427	446	466	
$P = 0.025$	$P = 0.05$	361	379	397	415	434	
$P = 0.01$	$P = 0.02$	329	345	362	380	398	
$P = 0.005$	$P = 0.01$	307	323	339	356	373	

From Beyer, W. H. (ed.), in *CRC Handbook of Tables for Probability and Statistics*, 2d ed., 1968. Copyright CRC Press, Inc., Boca Raton, Fla.

Table IX

F distribution

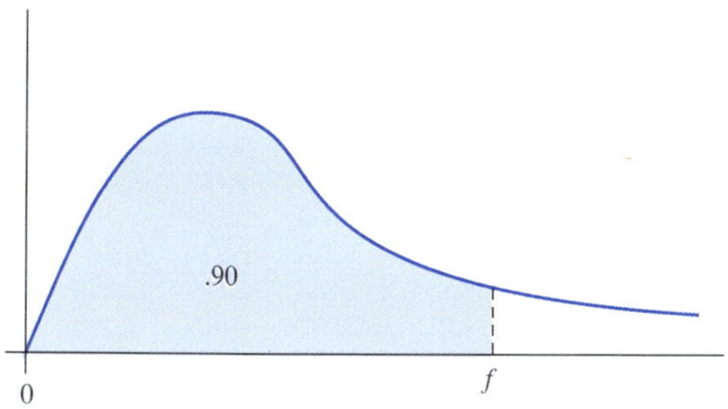

Column heading = numerator degrees of freedom

Row heading = denominator degrees of freedom

Points given are $f_{.10}$ points

For degrees of freedom > 120, use row or column 120

$P[F_{\gamma_1, \gamma_2} \leq f] = .90$

γ_2 \ γ_1	1	2	3	4	5	6	7	8	9	10
1	39.862	49.500	53.593	55.833	57.240	58.204	58.906	59.439	59.857	60.195
2	8.526	9.000	9.162	9.243	9.293	9.326	9.349	9.367	9.381	9.392
3	5.538	5.462	5.391	5.343	5.309	5.285	5.266	5.252	5.240	5.231
4	4.545	4.325	4.191	4.107	4.051	4.010	3.979	3.955	3.936	3.920
5	4.060	3.780	3.619	3.520	3.453	3.405	3.368	3.339	3.316	3.297
6	3.776	3.463	3.289	3.181	3.108	3.055	3.014	2.983	2.958	2.937
7	3.589	3.257	3.074	2.961	2.883	2.827	2.785	2.752	2.725	2.703
8	3.458	3.113	2.924	2.806	2.726	2.668	2.624	2.589	2.561	2.538
9	3.360	3.006	2.813	2.693	2.611	2.551	2.505	2.469	2.440	2.416
10	3.285	2.924	2.728	2.605	2.522	2.461	2.414	2.377	2.347	2.323
11	3.225	2.860	2.660	2.536	2.451	2.389	2.342	2.304	2.274	2.248
12	3.177	2.807	2.606	2.480	2.394	2.331	2.283	2.245	2.214	2.188
13	3.136	2.763	2.560	2.434	2.347	2.283	2.234	2.195	2.164	2.138
14	3.102	2.726	2.522	2.395	2.307	2.243	2.193	2.154	2.122	2.095
15	3.073	2.695	2.490	2.361	2.273	2.208	2.158	2.119	2.086	2.059
16	3.048	2.668	2.462	2.333	2.244	2.178	2.128	2.088	2.055	2.028
17	3.026	2.645	2.437	2.308	2.218	2.152	2.102	2.061	2.028	2.001
18	3.007	2.624	2.416	2.286	2.196	2.130	2.079	2.038	2.005	1.977
19	2.990	2.606	2.397	2.266	2.176	2.109	2.058	2.017	1.984	1.956
20	2.975	2.589	2.380	2.249	2.158	2.091	2.040	1.999	1.965	1.937
21	2.961	2.575	2.365	2.233	2.142	2.075	2.023	1.982	1.948	1.920
22	2.949	2.561	2.351	2.219	2.128	2.061	2.008	1.967	1.933	1.904
23	2.937	2.549	2.339	2.207	2.115	2.047	1.995	1.953	1.919	1.890
24	2.927	2.538	2.327	2.195	2.103	2.035	1.983	1.941	1.906	1.877
25	2.918	2.528	2.317	2.184	2.092	2.024	1.971	1.929	1.895	1.866
26	2.909	2.519	2.307	2.174	2.082	2.014	1.961	1.919	1.884	1.855
27	2.901	2.511	2.299	2.165	2.073	2.005	1.952	1.909	1.874	1.845
28	2.894	2.503	2.291	2.157	2.064	1.996	1.943	1.900	1.865	1.836
29	2.887	2.495	2.283	2.149	2.057	1.988	1.935	1.892	1.857	1.827
30	2.881	2.489	2.276	2.142	2.049	1.980	1.927	1.884	1.849	1.819
31	2.875	2.482	2.270	2.136	2.042	1.973	1.920	1.877	1.842	1.812
32	2.869	2.477	2.263	2.129	2.036	1.967	1.913	1.870	1.835	1.805
33	2.864	2.471	2.258	2.123	2.030	1.961	1.907	1.864	1.828	1.799
34	2.859	2.466	2.252	2.118	2.024	1.955	1.901	1.858	1.822	1.793
35	2.855	2.461	2.247	2.113	2.019	1.950	1.896	1.852	1.817	1.787
36	2.850	2.456	2.243	2.108	2.014	1.945	1.891	1.847	1.811	1.781
37	2.846	2.452	2.238	2.103	2.009	1.940	1.886	1.842	1.806	1.776
38	2.842	2.448	2.234	2.099	2.005	1.935	1.881	1.838	1.802	1.772
39	2.839	2.444	2.230	2.095	2.001	1.931	1.877	1.833	1.797	1.767
40	2.835	2.440	2.226	2.091	1.997	1.927	1.873	1.829	1.793	1.763
50	2.809	2.412	2.197	2.061	1.966	1.895	1.840	1.796	1.760	1.729
60	2.791	2.393	2.177	2.041	1.946	1.875	1.819	1.775	1.738	1.707
120	2.748	2.347	2.130	1.992	1.896	1.824	1.767	1.722	1.684	1.652

Table IX
F* distribution *(continued)

γ_2 \ γ_1	11	12	13	14	15	16	17	18	19	20
1	60.473	60.705	60.903	61.072	61.220	61.350	61.464	61.566	61.658	61.740
2	9.401	9.408	9.414	9.420	9.425	9.429	9.432	9.435	9.438	9.441
3	5.223	5.216	5.210	5.205	5.200	5.196	5.193	5.190	5.187	5.185
4	3.907	3.896	3.886	3.878	3.870	3.864	3.858	3.853	3.849	3.844
5	3.282	3.268	3.257	3.247	3.238	3.230	3.223	3.217	3.212	3.207
6	2.920	2.905	2.892	2.881	2.871	2.863	2.855	2.848	2.842	2.836
7	2.684	2.668	2.654	2.643	2.632	2.623	2.615	2.607	2.601	2.595
8	2.519	2.502	2.488	2.475	2.464	2.455	2.446	2.438	2.431	2.425
9	2.396	2.379	2.364	2.351	2.340	2.329	2.320	2.312	2.305	2.298
10	2.302	2.284	2.269	2.255	2.244	2.233	2.224	2.215	2.208	2.201
11	2.227	2.209	2.193	2.179	2.167	2.156	2.147	2.138	2.130	2.123
12	2.166	2.147	2.131	2.117	2.105	2.094	2.084	2.075	2.067	2.060
13	2.116	2.097	2.080	2.066	2.053	2.042	2.032	2.023	2.014	2.007
14	2.073	2.054	2.037	2.022	2.010	1.998	1.988	1.979	1.970	1.962
15	2.037	2.017	2.000	1.985	1.972	1.961	1.950	1.941	1.932	1.924
16	2.005	1.985	1.968	1.953	1.940	1.928	1.917	1.908	1.899	1.891
17	1.978	1.958	1.940	1.925	1.912	1.900	1.889	1.879	1.870	1.862
18	1.954	1.933	1.916	1.900	1.887	1.875	1.864	1.854	1.845	1.837
19	1.932	1.912	1.894	1.878	1.865	1.852	1.841	1.831	1.822	1.814
20	1.913	1.892	1.875	1.859	1.845	1.833	1.821	1.811	1.802	1.794
21	1.896	1.875	1.857	1.841	1.827	1.815	1.803	1.793	1.784	1.776
22	1.880	1.859	1.841	1.825	1.811	1.798	1.787	1.777	1.768	1.759
23	1.866	1.845	1.827	1.811	1.796	1.784	1.772	1.762	1.753	1.744
24	1.853	1.832	1.814	1.797	1.783	1.770	1.759	1.748	1.739	1.730
25	1.841	1.820	1.802	1.785	1.771	1.758	1.746	1.736	1.726	1.718
26	1.830	1.809	1.790	1.774	1.760	1.747	1.735	1.724	1.715	1.706
27	1.820	1.799	1.780	1.764	1.749	1.736	1.724	1.714	1.704	1.695
28	1.811	1.790	1.771	1.754	1.740	1.726	1.715	1.704	1.694	1.685
29	1.802	1.781	1.762	1.745	1.731	1.717	1.705	1.695	1.685	1.676
30	1.794	1.773	1.754	1.737	1.722	1.709	1.697	1.686	1.676	1.667
31	1.787	1.765	1.746	7.729	1.714	1.701	1.689	1.678	1.668	1.659
32	1.780	1.758	1.739	1.722	1.707	1.694	1.682	1.671	1.661	1.652
33	1.773	1.751	1.732	1.715	1.700	1.687	1.675	1.664	1.654	1.645
34	1.767	1.745	1.726	1.709	1.694	1.680	1.668	1.657	1.647	1.638
35	1.761	1.739	1.720	1.703	1.688	1.674	1.662	1.651	1.641	1.632
36	1.756	1.734	1.715	1.697	1.682	1.669	1.656	1.645	1.635	1.626
37	1.751	1.729	1.709	1.692	1.677	1.663	1.651	1.640	1.630	1.620
38	1.746	1.724	1.704	1.687	1.672	1.658	1.646	1.635	1.624	1.615
39	1.741	1.719	1.700	1.682	1.667	1.653	1.641	1.630	1.619	1.610
40	1.737	1.715	1.695	1.678	1.662	1.649	1.636	1.625	1.615	1.605
50	1.703	1.680	1.660	1.643	1.627	1.613	1.600	1.588	1.578	1.568
60	1.680	1.657	1.637	1.619	1.603	1.589	1.576	1.564	1.553	1.543
120	1.625	1.601	1.580	1.562	1.545	1.530	1.516	1.504	1.493	1.482

Table IX

F* distribution *(continued)

γ_2 \ γ_1	21	22	23	24	25	26	27	28	29	30
1	61.815	61.882	61.945	62.002	62.054	62.103	62.148	62.189	62.228	62.265
2	9.444	9.446	9.448	9.450	9.451	9.453	9.454	9.456	9.457	9.458
3	5.182	5.180	5.178	5.176	5.175	5.173	5.172	5.170	5.169	1.168
4	3.841	3.837	3.834	3.831	3.828	3.826	3.824	3.821	3.819	3.817
5	3.202	3.198	3.194	3.191	3.187	3.184	3.181	3.179	3.176	3.174
6	2.831	2.827	2.822	2.818	2.815	2.811	2.808	2.805	2.803	2.800
7	2.589	2.584	2.580	2.575	2.571	2.568	2.564	2.561	2.558	2.555
8	2.419	2.414	2.409	2.404	2.400	2.396	2.392	2.389	2.386	2.383
9	2.292	2.287	2.282	2.277	2.272	2.268	2.265	2.261	2.258	2.255
10	2.194	2.189	2.183	2.178	2.174	2.170	2.166	2.162	2.159	2.155
11	2.117	2.111	2.105	2.100	2.095	2.091	2.087	2.083	2.080	2.076
12	2.053	2.047	2.041	2.036	2.031	2.027	2.022	2.019	2.015	2.011
13	2.000	1.994	1.988	1.983	1.978	1.973	1.969	1.965	1.961	1.958
14	1.955	1.949	1.943	1.938	1.933	1.928	1.923	1.919	1.916	1.912
15	1.917	1.911	1.905	1.899	1.894	1.889	1.885	1.880	1.876	1.873
16	1.884	1.877	1.871	1.866	1.860	1.855	1.851	1.847	1.843	1.839
17	1.855	1.848	1.842	1.836	1.831	1.826	1.821	1.817	1.813	1.809
18	1.829	1.823	1.816	1.810	1.805	1.800	1.795	1.791	1.787	1.783
19	1.807	1.800	1.793	1.787	1.782	1.777	1.772	1.767	1.763	1.759
20	1.786	1.779	1.773	1.767	1.761	1.756	1.751	1.746	1.742	1.738
21	1.768	1.761	1.754	1.748	1.742	1.737	1.732	1.728	1.723	1.719
22	1.751	1.744	1.737	1.731	1.726	1.720	1.715	1.711	1.706	1.702
23	1.736	1.729	1.722	1.716	1.710	1.705	1.700	1.695	1.691	1.686
24	1.722	1.715	1.708	1.702	1.696	1.691	1.686	1.681	1.676	1.672
25	1.710	1.702	1.695	1.689	1.683	1.678	1.672	1.668	1.663	1.659
26	1.698	1.690	1.684	1.677	1.671	1.666	1.660	1.656	1.651	1.647
27	1.687	1.680	1.673	1.666	1.660	1.655	1.649	1.645	1.640	1.636
28	1.677	1.669	1.662	1.656	1.650	1.644	1.639	1.634	1.630	1.625
29	1.668	1.660	1.653	1.647	1.640	1.635	1.630	1.625	1.620	1.616
30	1.659	1.651	1.644	1.638	1.632	1.626	1.621	1.616	1.611	1.606
31	1.651	1.643	1.636	1.630	1.623	1.618	1.612	1.607	1.602	1.598
32	1.643	1.636	1.628	1.622	1.616	1.610	1.604	1.599	1.595	1.590
33	1.636	1.628	1.621	1.615	1.608	1.603	1.597	1.592	1.587	1.583
34	1.630	1.622	1.614	1.608	1.601	1.596	1.590	1.585	1.580	1.576
35	1.623	1.615	1.608	1.601	1.595	1.589	1.584	1.579	1.574	1.569
36	1.617	1.609	1.602	1.595	1.589	1.583	1.578	1.572	1.567	1.563
37	1.612	1.604	1.596	1.590	1.583	1.577	1.572	1.567	1.562	1.557
38	1.606	1.598	1.591	1.584	1.578	1.572	1.566	1.561	1.556	1.551
39	1.601	1.593	1.586	1.579	1.573	1.567	1.561	1.556	1.551	1.546
40	1.596	1.588	1.581	1.574	1.568	1.562	1.556	1.551	1.546	1.541
50	1.559	1.551	1.543	1.536	1.529	1.523	1.517	1.512	1.507	1.502
60	1.534	1.526	1.518	1.511	1.504	1.498	1.492	1.486	1.481	1.476
120	1.472	1.463	1.455	1.447	1.440	1.433	1.427	1.421	1.415	1.409

Table IX

F* distribution *(continued)

γ_2 \ γ_1	31	32	33	34	35	36	37	38	39	40
1	62.298	62.330	62.361	62.389	62.415	62.441	62.464	62.487	62.508	62.528
2	9.459	9.460	9.461	9.462	9.463	9.463	9.464	9.465	9.466	9.466
3	5.167	5.166	5.165	5.164	5.163	5.163	5.162	5.161	5.160	5.160
4	3.816	3.814	3.812	3.811	3.810	3.808	3.807	3.806	3.805	3.804
5	3.172	3.170	3.168	3.166	3.165	3.163	3.161	3.160	3.159	3.157
6	2.798	2.795	2.793	2.791	2.789	2.787	2.786	2.784	2.783	2.781
7	2.553	2.550	2.548	2.546	2.544	2.542	2.540	2.538	2.537	2.535
8	2.380	2.378	2.375	2.373	2.371	2.369	2.367	2.365	2.363	2.361
9	2.252	2.249	2.247	2.244	2.242	2.240	2.238	2.236	2.234	2.232
10	2.152	2.150	2.147	2.144	2.142	2.140	2.138	2.135	2.134	2.132
11	2.073	2.070	2.067	2.065	2.062	2.060	2.058	2.056	2.054	2.052
12	2.008	2.005	2.002	2.000	1.997	1.995	1.992	1.990	1.988	1.986
13	1.954	1.951	1.948	1.945	1.943	1.940	1.938	1.936	1.934	1.931
14	1.909	1.905	1.902	1.899	1.897	1.894	1.892	1.889	1.887	1.885
15	1.869	1.866	1.863	1.860	1.857	1.855	1.852	1.850	1.848	1.845
16	1.835	1.832	1.829	1.826	1.823	1.820	1.818	1.815	1.813	1.811
17	1.805	1.802	1.799	1.796	1.793	1.790	1.788	1.785	1.783	1.781
18	1.779	1.776	1.772	1.769	1.766	1.764	1.761	1.758	1.756	1.754
19	1.756	1.752	1.749	1.746	1.743	1.740	1.737	1.735	1.732	1.730
20	1.734	1.731	1.728	1.724	1.721	1.718	1.716	1.713	1.711	1.708
21	1.715	1.712	1.708	1.705	1.702	1.699	1.696	1.694	1.691	1.689
22	1.698	1.695	1.691	1.688	1.685	1.682	1.679	1.676	1.674	1.671
23	1.683	1.679	1.675	1.672	1.669	1.666	1.663	1.660	1.658	1.655
24	1.668	1.664	1.661	1.658	1.654	1.651	1.648	1.646	1.643	1.641
25	1.655	1.651	1.648	1.644	1.641	1.638	1.635	1.632	1.630	1.627
26	1.643	1.639	1.635	1.632	1.629	1.626	1.623	1.620	1.617	1.615
27	1.632	1.628	1.624	1.621	1.617	1.614	1.611	1.608	1.606	1.603
28	1.621	1.617	1.614	1.610	1.607	1.604	1.601	1.598	1.595	1.592
29	1.611	1.607	1.604	1.600	1.597	1.594	1.591	1.588	1.585	1.583
30	1.602	1.598	1.595	1.591	1.588	1.585	1.582	1.579	1.576	1.573
31	1.594	1.590	1.586	1.583	1.579	1.576	1.573	1.570	1.567	1.565
32	1.586	1.582	1.578	1.575	1.571	1.568	1.565	1.562	1.559	1.556
33	1.578	1.574	1.571	1.567	1.564	1.560	1.557	1.554	1.551	1.549
34	1.571	1.567	1.564	1.560	1.556	1.553	1.550	1.547	1.544	1.541
35	1.565	1.561	1.557	1.553	1.550	1.546	1.543	1.540	1.537	1.535
36	1.559	1.554	1.551	1.547	1.543	1.540	1.537	1.534	1.531	1.528
37	1.553	1.548	1.545	1.541	1.537	1.534	1.531	1.528	1.525	1.522
38	1.547	1.543	1.539	1.535	1.532	1.528	1.525	1.522	1.519	1.516
39	1.542	1.538	1.534	1.530	1.526	1.523	1.520	1.517	1.514	1.511
40	1.537	1.532	1.528	1.525	1.521	1.518	1.515	1.511	1.508	1.506
50	1.497	1.493	1.489	1.485	1.481	1.477	1.474	1.471	1.468	1.465
60	1.471	1.466	1.462	1.458	1.454	1.450	1.447	1.444	1.440	1.437
120	1.404	1.399	1.395	1.390	1.386	1.382	1.378	1.375	1.371	1.368

Table IX

_F_ distribution _(continued)_

γ_2 \ γ_1	50	60	120
1	62.688	62.793	63.060
2	9.471	9.475	9.483
3	5.155	5.151	5.143
4	3.795	3.790	3.775
5	3.147	3.140	3.123
6	2.770	2.762	2.742
7	2.523	2.514	2.493
8	2.348	2.339	2.316
9	2.218	2.208	2.184
10	2.117	2.107	2.082
11	2.036	2.026	2.000
12	1.970	1.960	1.932
13	1.915	1.904	1.876
14	1.869	1.857	1.828
15	1.828	1.817	1.787
16	1.793	1.782	1.751
17	1.763	1.751	1.791
18	1.736	1.723	1.691
19	1.711	1.699	1.666
20	1.690	1.677	1.643
21	1.670	1.657	1.623
22	1.652	1.639	1.604
23	1.636	1.622	1.587
24	1.621	1.607	1.571
25	1.607	1.593	1.557
26	1.594	1.581	1.544
27	1.583	1.569	1.531
28	1.572	1.558	1.520
29	1.562	1.547	1.509
30	1.552	1.538	1.499
31	1.543	1.529	1.489
32	1.535	1.520	1.481
33	1.527	1.512	1.472
34	1.520	1.505	1.464
35	1.513	1.497	1.457
36	1.506	1.491	1.450
37	1.500	1.484	1.443
38	1.494	1.478	1.437
39	1.488	1.473	1.431
40	1.483	1.467	1.425
50	1.441	1.424	1.379
60	1.413	1.395	1.348
120	1.340	1.320	1.265

Table IX

F* distribution *(continued)

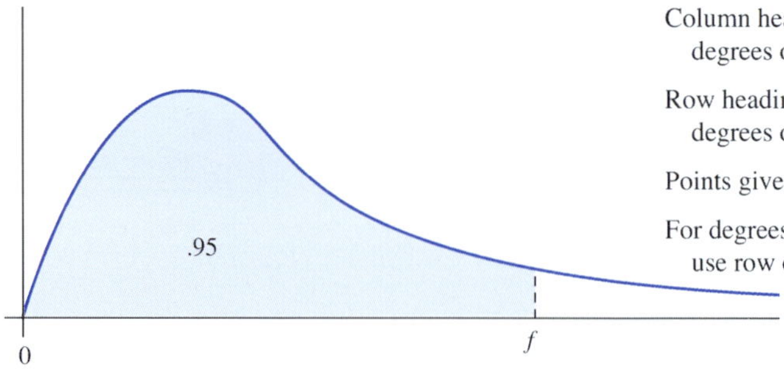

Column heading = numerator degrees of freedom

Row heading = denominator degrees of freedom

Points given are $f_{.05}$ points

For degrees of freedom > 120, use row or column 120

$P[F_{\gamma_1, \gamma_2} \le f] = .95$

γ_2 \ γ_1	1	2	3	4	5	6	7	8
1	161.448	199.500	215.707	224.583	230.161	233.985	236.768	238.882
2	18.513	19.000	19.164	19.247	19.296	19.329	19.353	19.371
3	10.128	9.552	9.277	9.117	9.013	8.941	8.887	8.845
4	7.709	6.944	6.591	6.388	6.256	6.163	6.094	6.041
5	6.608	5.786	5.409	5.192	5.050	4.950	4.876	4.818
6	5.987	5.143	4.757	4.534	4.387	4.284	4.207	4.147
7	5.591	4.737	4.347	4.120	3.972	3.866	3.787	3.726
8	5.318	4.459	4.066	3.838	3.687	3.581	3.500	3.438
9	5.117	4.256	3.863	3.633	3.482	3.374	3.293	3.230
10	4.965	4.103	3.708	3.478	3.326	3.217	3.135	3.072
11	4.844	3.982	3.587	3.357	3.204	3.095	3.012	2.948
12	4.747	3.885	3.490	3.259	3.106	2.996	2.913	2.849
13	4.667	3.806	3.411	3.179	3.025	2.915	2.832	2.767
14	4.600	3.739	3.344	3.112	2.958	2.848	2.764	2.699
15	4.543	3.682	3.287	3.056	2.901	2.790	2.707	2.641
16	4.494	3.634	3.239	3.007	2.852	2.741	2.657	2.591
17	4.451	3.592	3.197	2.965	2.810	2.699	2.614	2.548
18	4.414	3.555	3.160	2.928	2.773	2.661	2.577	2.510
19	4.381	3.522	3.127	2.895	2.740	2.628	2.544	2.477
20	4.351	3.493	3.098	2.866	2.711	2.599	2.514	2.447
21	4.325	3.467	3.072	2.840	2.685	2.573	2.488	2.420
22	4.301	3.443	3.049	2.817	2.661	2.549	2.464	2.397
23	4.279	3.422	3.028	2.796	2.640	2.528	2.442	2.375
24	4.260	3.403	3.009	2.776	2.621	2.508	2.423	2.355
25	4.242	3.385	2.991	2.759	2.603	2.490	2.405	2.337
26	4.225	3.369	2.975	2.743	2.587	2.474	2.388	2.321
27	4.210	3.354	2.960	2.728	2.572	2.459	2.373	2.305
28	4.196	3.340	2.947	2.714	2.558	2.445	2.359	2.291
29	4.183	3.328	2.934	2.701	2.545	2.432	2.346	2.278
30	4.171	3.316	2.922	2.690	2.534	2.421	2.334	2.266
31	4.160	3.305	2.911	2.679	2.523	2.409	2.323	2.255
32	4.149	3.295	2.901	2.668	2.512	2.399	2.313	2.244
33	4.139	3.285	2.892	2.659	2.503	2.389	2.303	2.235
34	4.130	3.276	2.883	2.650	2.494	2.380	2.294	2.225
35	4.121	3.267	2.874	2.641	2.485	2.372	2.285	2.217
36	4.113	3.259	2.866	2.634	2.477	2.364	2.277	2.209
37	4.105	3.252	2.859	2.626	2.470	2.356	2.270	2.201
38	4.098	3.245	2.852	2.619	2.463	2.349	2.262	2.194
39	4.091	3.238	2.845	2.612	2.456	2.342	2.255	2.187
40	4.085	3.232	2.839	2.606	2.449	2.336	2.249	2.180
50	4.034	3.183	2.790	2.557	2.400	2.286	2.199	2.130
60	4.001	3.150	2.758	2.525	2.368	2.254	2.167	2.097
120	3.9301	3.072	2.6681	2.447	2.290	2.175	2.087	2.016

Table IX

F* distribution *(continued)

γ_2 \ γ_1	9	10	11	12	13	14	15	16
1	240.543	241.881	242.983	243.905	244.689	245.363	245.949	246.462
2	19.385	19.396	19.405	19.412	19.419	19.424	19.429	19.433
3	8.812	8.786	8.763	8.745	8.729	8.715	8.703	8.692
4	5.999	5.964	5.936	5.912	5.891	5.873	5.858	5.844
5	4.772	4.735	4.704	4.678	4.655	4.636	4.619	4.604
6	4.099	4.060	4.027	4.000	3.976	3.956	3.938	3.922
7	3.677	3.637	3.603	3.575	3.550	3.529	3.511	3.494
8	3.388	3.347	3.313	3.284	3.259	3.237	3.218	3.202
9	3.179	3.137	3.102	3.073	3.048	3.025	3.006	2.989
10	3.020	2.978	2.943	2.913	2.887	2.865	2.845	2.828
11	2.896	2.854	2.818	2.788	2.761	2.739	2.719	2.701
12	2.796	2.753	2.717	2.687	2.660	2.637	2.617	2.599
13	2.714	2.671	2.635	2.604	2.577	2.554	2.533	2.515
14	2.646	2.602	2.566	2.534	2.507	2.484	2.463	2.445
15	2.588	2.544	2.507	2.475	2.448	2.424	2.403	2.385
16	2.538	2.494	2.456	2.425	2.397	2.373	2.352	2.333
17	2.494	2.450	2.413	2.381	2.353	2.329	2.308	2.289
18	2.456	2.412	2.374	2.342	2.314	2.290	2.269	2.250
19	2.423	2.378	2.340	2.308	2.280	2.256	2.234	2.215
20	2.393	2.348	2.310	2.278	2.250	2.225	2.203	2.184
21	2.366	2.321	2.283	2.250	2.222	2.197	2.176	2.156
22	2.342	2.297	2.259	2.226	2.198	2.173	2.151	2.131
23	2.320	2.275	2.236	2.204	2.175	2.150	2.128	2.109
24	2.300	2.255	2.216	2.183	2.155	2.130	2.108	2.088
25	2.282	2.236	2.198	2.165	2.136	2.111	2.089	2.069
26	2.265	2.220	2.181	2.148	2.119	2.094	2.072	2.052
27	2.250	2.204	2.166	2.132	2.103	2.078	2.056	2.036
28	2.236	2.190	2.151	2.118	2.089	2.064	2.041	2.021
29	2.223	2.177	2.138	2.105	2.075	2.050	2.027	2.007
30	2.211	2.165	2.126	2.092	2.063	2.037	2.015	1.995
31	2.199	2.153	2.114	2.080	2.051	2.026	2.003	1.983
32	2.189	2.142	2.103	2.070	2.040	2.015	1.992	1.972
33	2.179	2.133	2.093	2.060	2.030	2.004	1.982	1.961
34	2.170	2.123	2.084	2.050	2.021	1.995	1.972	1.952
35	2.161	2.114	2.075	2.041	2.012	1.986	1.963	1.942
36	2.153	2.106	2.067	2.033	2.003	1.977	1.954	1.934
37	2.145	2.098	2.059	2.025	1.995	1.969	1.946	1.926
38	2.138	2.091	2.051	2.017	1.988	1.962	1.939	1.918
39	2.131	2.084	2.044	2.010	1.981	1.954	1.931	1.911
40	2.124	2.077	2.038	2.003	1.974	1.948	1.924	1.904
50	2.073	2.026	1.986	1.952	1.921	1.895	1.871	1.850
60	2.040	1.993	1.952	1.917	1.887	1.860	1.836	1.815
120	1.959	1.910	1.869	1.834	1.803	1.775	1.750	1.728

Table IX

F* distribution *(continued)

γ_2 \ γ_1	17	18	19	20	21	22	23	24
1	246.917	247.322	247.685	248.012	248.308	248.577	248.824	249.051
2	19.437	19.440	19.443	19.446	19.448	19.450	19.452	19.454
3	8.683	8.675	8.667	8.660	8.654	8.648	8.643	8.639
4	5.832	5.821	5.811	5.803	5.795	5.787	5.781	5.774
5	4.590	4.579	4.568	4.558	4.549	4.541	4.534	4.527
6	3.908	3.896	3.884	3.874	3.865	3.856	3.849	3.841
7	3.480	3.467	3.455	3.445	3.435	3.426	3.418	3.411
8	3.187	3.173	3.161	3.150	3.140	3.131	3.123	3.115
9	2.974	2.960	2.948	2.936	2.926	2.917	2.908	2.900
10	2.812	2.798	2.785	2.774	2.764	2.754	2.745	2.737
11	2.685	2.671	2.658	2.646	2.636	2.626	2.617	2.609
12	2.583	2.568	2.555	2.544	2.533	2.523	2.514	2.505
13	2.499	2.484	2.471	2.459	2.448	2.438	2.429	2.420
14	2.428	2.413	2.400	2.388	2.377	2.367	2.357	2.349
15	2.368	2.353	2.340	2.328	2.316	2.306	2.297	2.288
16	2.317	2.302	2.288	2.276	2.264	2.254	2.244	2.235
17	2.272	2.257	2.243	2.230	2.219	2.208	2.199	2.190
18	2.233	2.217	2.203	2.191	2.179	2.168	2.159	2.150
19	2.198	2.182	2.168	2.156	2.144	2.133	2.123	2.114
20	2.167	2.151	2.137	2.124	2.112	2.102	2.092	2.082
21	2.139	2.123	2.109	2.096	2.084	2.073	2.063	2.054
22	2.114	2.098	2.084	2.071	2.059	2.048	2.038	2.028
23	2.091	2.075	2.061	2.048	2.036	2.025	2.014	2.005
24	2.070	2.054	2.040	2.027	2.015	2.003	1.993	1.984
25	2.051	2.035	2.021	2.007	1.995	1.984	1.974	1.964
26	2.034	2.018	2.003	1.990	1.978	1.966	1.956	1.946
27	2.018	2.002	1.987	1.974	1.961	1.950	1.940	1.930
28	2.003	1.987	1.972	1.959	1.946	1.935	1.924	1.915
29	1.989	1.973	1.958	1.945	1.932	1.921	1.910	1.901
30	1.976	1.960	1.945	1.932	1.919	1.908	1.897	1.887
31	1.965	1.948	1.933	1.920	1.907	1.896	1.885	1.875
32	1.953	1.937	1.922	1.908	1.896	1.884	1.873	1.864
33	1.943	1.926	1.911	1.898	1.885	1.873	1.863	1.853
34	1.933	1.917	1.902	1.888	1.875	1.863	1.853	1.843
35	1.924	1.907	1.892	1.878	1.866	1.854	1.843	1.833
36	1.915	1.899	1.883	1.870	1.857	1.845	1.834	1.824
37	1.907	1.890	1.875	1.861	1.848	1.837	1.826	1.816
38	1.899	1.883	1.867	1.853	1.841	1.829	1.818	1.808
39	1.892	1.875	1.860	1.846	1.833	1.821	1.810	1.800
40	1.885	1.868	1.853	1.839	1.826	1.814	1.803	1.793
50	1.831	1.814	1.798	1.784	1.771	1.759	1.748	1.737
60	1.796	1.778	1.763	1.748	1.735	1.722	1.711	1.700
120	1.709	1.690	1.674	1.659	1.645	1.632	1.620	1.608

Table IX

F* distribution *(continued)

γ_2 \ γ_1	25	26	27	28	29	30	31	32
1	249.258	249.451	249.629	249.795	249.949	250.093	250.228	250.355
2	19.456	19.457	19.459	19.460	19.461	19.462	19.463	19.464
3	8.634	8.630	8.626	8.623	8.620	8.617	8.614	8.611
4	5.769	5.764	5.759	5.754	5.750	5.746	5.742	5.739
5	4.521	4.515	4.510	4.505	4.500	4.496	4.492	4.488
6	3.835	3.829	3.823	3.818	3.813	3.808	3.804	3.800
7	3.404	3.397	3.391	3.386	3.381	3.376	3.371	3.367
8	3.108	3.102	3.095	3.090	3.084	3.079	3.075	3.070
9	2.893	2.886	2.880	2.874	2.869	2.864	2.859	2.854
10	2.730	2.723	2.716	2.710	2.705	2.700	2.695	2.690
11	2.601	2.594	2.588	2.582	2.576	2.570	2.565	2.561
12	2.498	2.491	2.484	2.478	2.472	2.466	2.461	2.456
13	2.412	2.405	2.398	2.392	2.386	2.380	2.375	2.370
14	2.341	2.333	2.326	2.320	2.314	2.308	2.303	2.298
15	2.280	2.272	2.265	2.259	2.253	2.247	2.241	2.236
16	2.227	2.220	2.212	2.206	2.200	2.194	2.188	2.183
17	2.181	2.174	2.167	2.160	2.154	2.148	2.142	2.137
18	2.141	2.134	2.126	2.119	2.113	2.107	2.102	2.096
19	2.106	2.098	2.090	2.084	2.077	2.071	2.066	2.060
20	2.074	2.066	2.059	2.052	2.045	2.039	2.033	2.028
21	2.045	2.037	2.030	2.023	2.016	2.010	2.004	1.999
22	2.020	2.012	2.004	1.997	1.990	1.984	1.978	1.973
23	1.996	1.988	1.981	1.973	1.967	1.961	1.955	1.949
24	1.975	1.967	1.959	1.952	1.945	1.939	1.933	1.927
25	1.955	1.947	1.939	1.932	1.926	1.919	1.913	1.908
26	1.938	1.929	1.921	1.914	1.907	1.901	1.895	1.889
27	1.921	1.913	1.905	1.898	1.891	1.884	1.878	1.872
28	1.906	1.897	1.889	1.882	1.875	1.869	1.863	1.857
29	1.891	1.883	1.875	1.868	1.861	1.854	1.848	1.842
30	1.878	1.870	1.862	1.854	1.847	1.841	1.835	1.829
31	1.866	1.857	1.849	1.842	1.835	1.828	1.822	1.816
32	1.854	1.846	1.838	1.830	1.823	1.817	1.810	1.804
33	1.844	1.835	1.827	1.819	1.812	1.806	1.799	1.793
34	1.833	1.825	1.817	1.809	1.802	1.795	1.789	1.783
35	1.824	1.815	1.807	1.799	1.792	1.786	1.779	1.773
36	1.815	1.806	1.798	1.790	1.783	1.776	1.770	1.764
37	1.806	1.798	1.789	1.782	1.775	1.768	1.761	1.755
38	1.798	1.790	1.781	1.774	1.766	1.760	1.753	1.747
39	1.791	1.782	1.774	1.766	1.759	1.752	1.745	1.739
40	1.783	1.775	1.766	1.759	1.751	1.744	1.738	1.732
50	1.727	1.718	1.710	1.702	1.694	1.687	1.680	1.674
60	1.690	1.681	1.672	1.664	1.656	1.649	1.642	1.636
120	1.598	1.588	1.579	1.570	1.562	1.554	1.547	1.540

Table IX
F* distribution *(continued)

γ_2 \ γ_1	33	34	35	36	37	38	39	40
1	250.474	250.586	250.691	250.793	250.886	250.975	251.061	251.141
2	19.465	19.466	19.467	19.468	19.468	19.469	19.470	19.470
3	8.609	8.606	8.604	8.602	8.600	8.598	8.596	8.594
4	5.735	5.732	5.729	5.727	5.724	5.722	5.719	5.717
5	4.484	4.481	4.478	4.474	4.472	4.469	4.466	4.464
6	3.796	3.792	3.789	3.786	3.783	3.780	3.777	3.774
7	3.363	3.359	3.356	3.352	3.349	3.346	3.343	3.340
8	3.066	3.062	3.059	3.055	3.052	3.049	3.046	3.043
9	2.850	2.846	2.842	2.839	2.835	2.832	2.829	2.826
10	2.686	2.681	2.678	2.674	2.670	2.667	2.664	2.661
11	2.556	2.552	2.548	2.544	2.541	2.537	2.534	2.531
12	2.452	2.447	2.443	2.439	2.436	2.432	2.429	2.426
13	2.366	2.361	2.357	2.353	2.349	2.346	2.342	2.339
14	2.293	2.289	2.284	2.280	2.277	2.273	2.270	2.266
15	2.232	2.227	2.223	2.219	2.215	2.211	2.208	2.204
16	2.178	2.174	2.169	2.165	2.161	2.158	2.154	2.151
17	2.132	2.127	2.123	2.119	2.115	2.111	2.107	2.104
18	2.091	2.087	2.082	2.078	2.074	2.070	2.066	2.063
19	2.055	2.050	2.046	2.042	2.037	2.034	2.030	2.026
20	2.023	2.018	2.013	2.009	2.005	2.001	1.997	1.994
21	1.994	1.989	1.984	1.980	1.976	1.972	1.968	1.965
22	1.968	1.963	1.958	1.954	1.949	1.945	1.942	1.938
23	1.944	1.939	1.934	1.930	1.925	1.921	1.918	1.914
24	1.922	1.917	1.912	1.908	1.904	1.900	1.896	1.892
25	1.902	1.897	1.892	1.888	1.884	1.879	1.876	1.872
26	1.884	1.879	1.874	1.869	1.865	1.861	1.857	1.853
27	1.867	1.862	1.857	1.852	1.848	1.844	1.840	1.836
28	1.851	1.846	1.841	1.837	1.832	1.828	1.824	1.820
29	1.837	1.832	1.827	1.822	1.818	1.813	1.809	1.806
30	1.823	1.818	1.813	1.808	1.804	1.800	1.796	1.792
31	1.811	1.805	1.800	1.796	1.791	1.787	1.783	1.779
32	1.799	1.794	1.789	1.784	1.779	1.775	1.771	1.767
33	1.788	1.783	1.777	1.773	1.768	1.764	1.760	1.756
34	1.777	1.772	1.767	1.762	1.758	1.753	1.749	1.745
35	1.768	1.762	1.757	1.752	1.748	1.743	1.739	1.735
36	1.758	1.753	1.748	1.743	1.738	1.734	1.730	1.726
37	1.750	1.744	1.739	1.734	1.730	1.725	1.721	1.717
38	1.741	1.736	1.731	1.726	1.721	1.717	1.712	1.708
39	1.733	1.728	1.723	1.718	1.713	1.709	1.704	1.700
40	1.726	1.721	1.715	1.710	1.706	1.701	1.697	1.693
50	1.668	1.662	1.657	1.652	1.647	1.642	1.638	1.634
60	1.630	1.624	1.618	1.613	1.608	1.603	1.599	1.594
120	1.534	1.527	1.521	1.516	1.510	1.505	1.500	1.495

Table IX
F distribution *(concluded)*

γ_2 \ γ_1	50	60	120
1	251.773	252.191	253.252
2	19.475	19.478	19.487
3	8.581	8.572	8.549
4	5.699	5.688	5.658
5	4.444	4.431	4.398
6	3.754	3.740	3.705
7	3.319	3.304	3.267
8	3.020	3.005	2.967
9	2.803	2.787	2.748
10	2.637	2.621	2.580
11	2.507	2.490	2.448
12	2.401	2.384	2.341
13	2.314	2.297	2.252
14	2.241	2.223	2.178
15	2.178	2.160	2.114
16	2.124	2.106	2.059
17	2.077	2.058	2.011
18	2.035	2.017	1.968
19	1.999	1.980	1.930
20	1.966	1.946	1.896
21	1.936	1.916	1.866
22	1.909	1.889	1.838
23	1.885	1.865	1.813
24	1.863	1.842	1.790
25	1.842	1.822	1.768
26	1.823	1.803	1.749
27	1.806	1.785	1.731
28	1.790	1.769	1.714
29	1.775	1.754	1.698
30	1.761	1.740	1.683
31	1.748	1.726	1.670
32	1.736	1.714	1.657
33	1.724	1.702	1.645
34	1.713	1.691	1.633
35	1.703	1.681	1.623
36	1.694	1.671	1.612
37	1.685	1.662	1.603
38	1.676	1.653	1.594
39	1.668	1.645	1.585
40	1.660	1.637	1.577
50	1.599	1.576	1.511
60	1.559	1.534	1.467
120	1.457	1.429	1.352

Table X

Wilcoxon rank-sum test

n	$m=3$	$m=4$	$m=5$	$m=6$	$m=7$	$m=8$	$m=9$	$m=10$	$m=11$	$m=12$	$m=13$	$m=14$
	$m = 3(1)25$ and $n = m(1)m + 25$ $P = .025$ one-sided; $P = .05$ two-sided											
$n=m$	5,16	11,25	18,37	26,52	37,68	49,87	63,108	79,131	96,157	116,184	137,214	160,246
$n=m+1$	6,18	12,28	19,41	28,56	39,73	51,93	66,114	82,138	100,164	120,192	141,223	165,255
$n=m+2$	6,21	12,32	20,45	29,61	41,78	54,98	68,121	85,145	103,172	124,200	146,231	170,264
$n=m+3$	7,23	13,35	21,49	31,65	43,83	56,104	71,127	88,152	107,179	128,208	150,240	174,274
$n=m+4$	7,26	14,38	22,53	32,70	45,88	58,110	74,133	91,159	110,187	131,217	154,249	179,283
$n=m+5$	8,28	15,41	24,56	34,74	46,94	61,115	77,139	94,116	114,194	135,225	159,257	184,292
$n=m+6$	8,31	16,44	25,60	36,78	48,99	63,121	79,146	97,173	118,201	139,233	163,266	189,301
$n=m+7$	9,33	17,47	26,64	37,83	50,104	65,127	82,152	101,179	121,209	143,241	168,274	194,310
$n=m+8$	10,35	17,51	27,68	39,87	52,109	68,132	85,158	104,186	125,216	147,249	172,283	198,320
$n=m+9$	10,38	18,54	29,71	41,91	54,114	70,138	88,164	107,193	128,224	151,257	176,292	203,329
$n=m+10$	11,40	19,57	30,75	42,96	56,119	72,144	90,171	110,200	132,231	155,265	181,300	208,338
$n=m+11$	11,43	20,60	31,79	44,100	58,124	75,149	93,177	113,207	135,239	159,273	185,309	213,347
$n=m+12$	12,45	21,63	32,83	45,105	60,129	77,155	96,183	117,213	139,246	163,281	190,317	218,356
$n=m+13$	12,48	22,66	33,87	47,109	62,134	80,160	99,189	120,220	143,253	167,289	194,326	222,366
$n=m+14$	13,50	23,69	35,90	49,113	64,139	82,166	101,196	123,227	146,261	171,297	198,335	227,375
$n=m+15$	13,53	24,72	36,94	50,118	66,144	84,172	104,202	126,234	150,268	175,305	203,343	232,384
$n=m+16$	14,55	24,76	37,98	52,122	68,149	87,177	107,208	129,241	153,276	179,313	207,352	237,393
$n=m+17$	14,58	25,79	38,102	53,127	70,154	89,183	110,214	132,248	157,283	183,321	212,360	242,402
$n=m+18$	15,60	26,82	40,105	55,131	72,159	91,188	113,220	136,254	161,290	187,329	216,369	247,411
$n=m+19$	15,63	27,85	41,109	57,135	74,164	94,194	115,227	139,261	164,298	191,337	221,377	252,420
$n=m+20$	16,65	28,88	42,113	58,140	76,169	96,200	118,233	142,268	168,305	195,345	225,286	256,430
$n=m+21$	16,68	29,91	43,117	60,144	78,174	99,205	121,239	145,275	171,313	199,353	229,395	261,439
$n=m+22$	17,70	30,94	45,120	61,149	80,179	101,211	124,245	148,282	175,320	203,361	234,403	266,448
$n=m+23$	17,73	31,97	46,124	63,153	82,184	103,217	127,251	152,288	179,327	207,369	238,412	271,457
$n=m+24$	18,75	31,101	47,128	65,157	84,189	106,222	129,258	155,295	182,335	211,377	243,420	276,466
$n=m+25$	18,78	32,104	48,132	66,162	86,194	108,228	132,264	158,302	186,342	216,384	247,429	281,475

Table X

Wilcoxon rank-sum test *(continued)*

n	$m = 15$	$m = 16$	$m = 17$	$m = 18$	$m = 19$	$m = 20$	$m = 21$	$m = 22$	$m = 23$	$m = 24$	$m = 25$
					$m = 3(1)25$ and $n = m(1)m + 25$ $P = .025$ one-sided; $P = .05$ two-sided						
$n = m$	185,280	212,316	240,355	271,395	303,438	337,483	373,530	411,579	451,630	493,683	536,739
$n = m + 1$	190,290	271,327	246,366	277,407	310,450	345,495	381,543	419,593	460,644	502,698	546,754
$n = m + 2$	195,300	223,337	252,377	284,418	317,462	352,508	389,556	428,606	468,659	511,713	555,770
$n = m + 3$	201,309	229,347	258,388	290,430	324,474	359,521	397,569	436,620	477,673	520,728	565,785
$n = m + 4$	206,319	234,358	264,399	297,441	331,486	367,533	404,583	444,634	486,687	529,743	574,801
$n = m + 5$	211,329	240,368	271,409	303,453	338,498	374,546	412,596	452,648	494,702	538,758	584,816
$n = m + 6$	216,339	245,379	277,420	310,464	345,510	381,559	420,609	460,662	503,716	547,773	593,832
$n = m + 7$	221,349	251,389	283,431	316,476	351,523	389,571	428,622	469,675	512,730	556,788	603,847
$n = m + 8$	227,358	257,399	289,442	323,487	358,535	396,584	436,635	477,689	520,745	565,803	612,863
$n = m + 9$	232,368	262,410	295,453	329,499	365,547	403,597	443,649	485,703	529,759	575,817	622,878
$n = m + 10$	237,378	268,420	301,464	336,510	372,559	411,609	451,662	493,717	538,773	584,832	632,893
$n = m + 11$	242,388	274,430	307,475	342,522	379,571	418,622	459,675	502,730	546,788	593,847	641,909
$n = m + 12$	248,397	279,441	313,486	349,533	386,583	426,634	467,668	510,744	555,802	602,862	651,924
$n = m + 13$	253,407	285,451	319,497	355,545	393,595	433,647	475,701	518,758	564,816	611,877	660,940
$n = m + 14$	258,417	291,461	325,508	362,556	400,607	440,660	482,715	526,772	572,831	620,892	670,955
$n = m + 15$	263,427	296,472	331,519	368,568	407,619	448,672	490,728	535,785	581,845	629,907	679,971
$n = m + 16$	269,436	302,482	338,529	375,579	414,631	455,685	498,741	543,799	590,859	638,922	689,986
$n = m + 17$	274,446	308,492	344,540	381,591	421,643	463,697	506,754	551,813	599,873	648,936	699,1001
$n = m + 18$	279,456	314,502	350,551	388,602	428,655	470,710	514,767	560,826	607,888	657,951	708,1017
$n = m + 19$	284,466	319,513	356,562	395,613	435,667	477,723	522,780	568,840	616,902	666,966	718,1032
$n = m + 20$	290,475	325,523	362,573	401,625	442,679	485,735	530,793	576,854	625,916	675,981	727,1048
$n = m + 21$	295,485	331,533	368,584	408,636	449,691	492,748	537,807	584,868	633,931	684,996	737,1063
$n = m + 22$	300,495	336,544	374,595	414,648	456,703	500,760	545,820	593,881	642,945	693,1011	747,1078
$n = m + 23$	306,504	342,554	380,606	421,659	463,715	507,773	553,833	601,895	651,959	703,1025	756,1094
$n = m + 24$	311,514	348,564	387,616	427,671	470,727	515,785	561,846	609,909	660,973	712,1040	766,1109
$n = m + 25$	316,524	353,575	393,627	434,682	477,739	522,798	569,859	618,922	668,988	721,1055	775,1125

Table X

Wilcoxon rank-sum test *(continued)*

$m = 3(1)25$ and $n = m(1)m + 25$

$P = .05$ one-sided; $P = .10$ two-sided

n	$m = 3$	$m = 4$	$m = 5$	$m = 6$	$m = 7$	$m = 8$	$m = 9$	$m = 10$	$m = 11$	$m = 12$	$m = 13$	$m = 14$
$n = m$	6,15	12,24	19,36	28,50	39,66	52,84	66,105	83,127	101,152	121,179	143,208	167,239
$n = m + 1$	7,17	13,27	20,40	30,54	41,71	54,90	69,111	86,134	105,159	125,187	148,216	172,248
$n = m + 2$	7,20	14,30	22,43	32,58	43,76	57,95	72,117	89,141	109,166	129,195	152,255	177,257
$n = m + 3$	8,22	15,33	24,46	33,63	46,80	60,100	75,123	93,147	112,174	134,202	157,233	182,266
$n = m + 4$	9,24	16,36	25,50	35,67	48,85	62,106	78,129	96,154	116,181	138,210	162,241	187,275
$n = m + 5$	9,27	17,39	26,54	37,71	50,90	65,111	81,135	100,160	120,188	142,218	166,250	192,284
$n = m + 6$	10,29	18,42	27,58	39,75	52,95	67,117	84,141	103,167	124,195	147,225	171,258	197,293
$n = m + 7$	11,31	19,45	29,61	41,79	54,100	70,122	87,147	107,173	128,202	151,233	176,266	203,301
$n = m + 8$	11,34	20,48	30,65	42,84	57,104	73,127	90,153	110,180	132,209	155,241	181,274	208,310
$n = m + 9$	12,36	21,51	32,68	44,88	59,109	75,133	93,159	114,186	136,216	159,249	185,283	213,319
$n = m + 10$	13,38	22,54	33,72	46,92	61,114	78,138	96,165	117,193	139,224	164,256	190,291	218,328
$n = m + 11$	13,41	23,57	34,76	48,96	63,119	80,144	100,170	120,200	143,231	168,264	195,299	223,337
$n = m + 12$	14,43	24,60	36,79	50,100	65,124	83,149	103,176	124,206	147,238	172,272	199,308	228,346
$n = m + 13$	15,45	25,63	37,83	52,104	68,128	86,154	106,182	127,213	151,245	177,279	204,316	234,254
$n = m + 14$	15,48	26,66	39,86	53,109	70,133	88,160	109,188	131,219	155,252	181,287	209,324	239,363
$n = m + 15$	16,50	27,69	40,90	55,113	72,138	91,165	112,194	134,226	159,259	185,295	214,332	244,372
$n = m + 16$	17,52	28,72	42,93	57,117	74,143	94,170	115,200	138,232	163,266	190,302	218,341	249,381
$n = m + 17$	17,55	29,75	43,97	59,121	77,147	96,176	118,206	141,239	167,273	194,310	223,349	254,390
$n = m + 18$	18,57	30,78	44,101	61,125	79,152	99,181	121,212	145,245	171,280	198,318	228,357	260,398
$n = m + 19$	19,59	31,81	46,104	62,130	81,157	102,186	124,218	148,252	175,287	203,325	233,365	265,407
$n = m + 20$	19,62	32,84	47,108	64,134	83,162	104,192	127,224	152,258	178,295	207,333	237,374	270,416
$n = m + 21$	20,64	33,87	49,111	66,138	86,166	107,197	130,230	155,265	182,302	211,341	242,382	275,425
$n = m + 22$	21,66	34,90	50,115	68,142	88,171	109,203	133,236	159,271	186,309	216,348	247,390	280,434
$n = m + 23$	21,69	35,93	52,118	70,146	90,176	112,208	136,242	162,278	190,316	220,356	252,398	285,443
$n = m + 24$	22,71	37,95	53,122	72,150	92,181	115,213	139,248	166,284	194,323	224,364	257,406	291,451
$n = m + 25$	23,73	38,98	54,126	73,155	94,186	117,219	142,254	169,291	198,330	229,371	261,415	296,460

Table X

Wilcoxon rank-sum test *(concluded)*

					$m = 3(1)25$ and $n = m(1)m + 25$ $P = .05$ one-sided; $P = .10$ two-sided						
n	$m = 15$	$m = 16$	$m = 17$	$m = 18$	$m = 19$	$m = 20$	$m = 21$	$m = 22$	$m = 23$	$m = 24$	$m = 25$
$n = m$	192,273	220,308	249,346	280,386	314,427	349,471	386,517	424,566	465,616	508,668	552,723
$n = m + 1$	198,282	226,318	256,356	287,397	321,439	356,484	394,530	433,579	474,630	517,683	562,738
$n = m + 2$	203,292	232,328	262,367	294,408	328,451	364,496	402,543	442,592	483,644	527,697	572,753
$n = m + 3$	209,301	238,338	268,378	301,419	336,462	372,508	410,556	450,606	492,658	536,712	582,768
$n = m + 4$	215,310	244,348	275,388	308,430	343,474	380,520	418,569	459,619	501,672	546,726	592,783
$n = m + 5$	220,320	250,358	281,399	315,441	350,486	387,533	427,581	468,632	511,685	555,741	602,798
$n = m + 6$	226,329	256,368	288,409	322,452	358,497	395,545	435,594	476,646	520,699	565,755	612,813
$n = m + 7$	231,339	262,378	294,420	329,463	365,509	403,557	443,607	485,659	529,713	574,770	622,828
$n = m + 8$	237,348	268,388	301,430	336,474	372,521	411,569	451,620	494,672	538,727	584,784	632,843
$n = m + 9$	242,358	274,398	307,441	342,486	380,532	419,581	459,633	502,686	547,741	594,798	642,858
$n = m + 10$	248,367	280,408	314,451	349,497	387,544	426,594	468,645	511,699	556,755	603,813	652,873
$n = m + 11$	254,376	286,418	320,462	356,508	394,556	434,606	476,658	520,712	565,769	613,827	662,888
$n = m + 12$	259,386	292,428	327,472	363,519	402,567	442,618	484,671	528,726	574,783	622,842	672,903
$n = m + 13$	265,395	298,438	333,483	370,530	409,579	450,630	492,684	537,739	584,796	632,856	682,918
$n = m + 14$	270,405	304,448	340,493	377,541	416,591	458,642	501,696	546,752	593,810	642,870	692,933
$n = m + 15$	276,414	310,458	346,504	384,552	424,602	465,655	509,709	554,766	602,824	651,885	702,948
$n = m + 16$	282,423	316,468	353,514	391,563	431,614	473,667	517,722	563,779	611,838	661,899	712,963
$n = m + 17$	287,433	322,478	359,525	398,574	438,626	481,679	526,734	572,792	620,852	670,914	723,977
$n = m + 18$	293,442	328,488	366,535	405,585	446,637	489,691	534,747	581,805	629,866	680,928	733,992
$n = m + 19$	299,451	334,498	372,546	412,596	453,649	497,703	542,760	589,819	639,879	690,942	743,1007
$n = m + 20$	304,461	340,508	379,556	419,607	461,660	505,715	550,773	598,832	648,893	699,957	753,1022
$n = m + 21$	310,470	347,517	385,568	426,618	468,672	512,728	559,785	607,845	657,907	709,971	763,1037
$n = m + 22$	315,480	353,527	392,577	433,629	475,684	520,740	567,798	615,859	666,921	718,986	773,1052
$n = m + 23$	321,489	359,537	398,588	439,641	483,695	528,752	575,811	624,872	675,935	728,100	783,1067
$n + m + 24$	327,498	365,547	405,598	446,652	490,707	536,764	583,824	633,885	684,949	738,1014	793,1082
$n = m + 25$	332,508	371,557	411,609	453,663	498,718	544,776	592,836	642,898	694,962	747,1029	803,1097

From Beyer, W. H. (ed.), in *CRC Handbook of Tables for Probability and Statistics,* 2nd ed., 1968. Copyright CRC Press, Inc., Boca Raton, Fla.

Table XI

Least significant studentized ranges r_p

	Least significant studentized ranges r_p $\alpha = 0.05$ P						Least significant studentized ranges r_p $\alpha = 0.01$ P						Least significant studentized ranges $\alpha = 0.1$ P				
r	2	3	4	5	6	r	2	3	4	5	6	r	2	3	4	5	6
1	17.97	17.97	17.97	17.97	17.97	1	90.03	90.03	90.03	90.03	90.03	1	8.929	8.929	8.929	8.929	8.929
2	6.085	6.085	6.085	6.085	6.085	2	14.04	14.04	14.04	14.04	14.04	2	4.130	4.130	4.130	4.130	4.130
3	4.501	4.516	4.516	4.516	4.516	3	8.261	8.321	8.321	8.321	8.321	3	3.328	3.330	3.330	3.330	3.330
4	3.927	4.013	4.033	4.033	4.033	4	6.512	6.667	6.740	6.756	6.756	4	3.015	3.074	3.081	3.081	3.081
5	3.635	3.749	3.797	3.814	3.814	5	5.702	5.893	5.898	6.040	6.065	5	2.850	2.934	2.964	2.970	2.970
6	3.461	3.587	3.649	3.680	3.694	6	5.243	5.439	5.549	5.614	5.655	6	2.748	2.846	2.890	2.908	2.911
7	3.344	3.477	3.548	3.588	3.611	7	4.949	5.145	5.260	5.334	5.383	7	2.680	2.785	2.838	2.864	2.876
8	3.261	3.399	3.475	3.521	3.549	8	4.746	4.939	5.057	5.135	5.189	8	2.630	2.742	2.800	2.832	2.849
9	3.199	3.399	3.420	3.470	3.502	9	4.596	4.787	4.906	4.986	5.043	9	2.592	2.708	2.771	2.808	2.829
10	3.151	3.293	3.376	3.430	3.465	10	4.482	4.671	4.790	4.871	4.931	10	2.563	2.682	2.748	2.788	2.813
11	3.113	3.256	3.342	3.397	3.435	11	4.392	4.579	4.697	4.780	4.841	11	2.540	2.660	2.730	2.772	2.799
12	3.082	3.225	3.313	3.370	3.410	12	4.320	4.504	4.622	4.706	4.767	12	2.521	2.643	2.714	2.759	2.879
13	3.055	3.200	3.289	3.348	3.389	13	4.260	4.442	4.560	4.644	4.706	13	2.505	2.628	2.701	2.748	2.779
14	3.033	3.178	3.268	3.329	3.372	14	4.210	4.391	4.508	4.591	4.654	14	2.491	2.616	2.690	2.739	2.771
15	3.014	3.160	3.250	3.312	3.356	15	4.168	4.347	4.463	4.547	4.610	15	2.479	2.605	2.681	2.731	2.765
16	2.998	3.144	3.235	3.298	3.343	16	4.131	4.309	4.425	4.509	4.572	16	2.469	2.596	2.673	2.723	2.759
17	2.984	3.130	3.222	3.285	3.331	17	4.099	4.275	4.391	4.475	4.539	17	2.460	2.588	2.665	2.717	2.753
18	2.971	3.118	3.210	3.274	3.321	18	4.071	4.246	4.362	4.445	4.509	18	2.452	2.580	2.659	2.712	2.749
19	2.960	3.107	3.199	3.264	3.311	19	4.046	4.220	4.335	4.419	4.483	19	2.445	2.574	2.653	2.707	2.745
20	2.950	3.097	3.190	3.255	3.303	20	4.024	4.197	4.312	4.395	4.459	20	2.439	2.568	2.648	2.702	2.741
24	2.919	3.066	3.160	3.226	3.276	24	3.956	4.126	4.239	4.322	4.386	24	2.420	2.550	2.632	2.688	2.729
30	2.888	3.035	3.131	3.199	3.250	30	2.889	4.506	4.168	4.250	4.314	30	2.400	2.532	2.615	2.674	2.717
40	2.858	3.006	3.102	3.171	3.224	40	3.825	3.988	4.098	4.180	4.244	40	2.381	2.514	2.600	2.660	2.705
60	2.829	2.976	3.073	4.143	3.198	60	3.762	3.922	4.031	4.111	4.174	60	2.363	2.497	2.584	2.646	2.694
120	2.800	2.947	3.045	3.116	3.172	120	3.702	3.858	3.965	4.044	4.107	120	2.344	2.479	2.568	2.632	2.682
∞	2.772	2.918	3.017	3.089	3.146	∞	3.643	3.796	3.900	3.978	4.040	∞	2.326	2.462	2.552	2.619	2.670

Abridgment of H. L. Harter's *"Critical Values for Duncan's New Multiple Range Test," Biometrics,* Vol. 16, no. 4, 1960. With permission from the Biometric Society.

Table XII

Upper percentage points of the studentized range distribution: values of $q(0.05; k, v)$

Degrees of Freedom, v	Number of Treatments k								
	2	3	4	5	6	7	8	9	10
3	4.50	5.91	6.83	7.51	8.04	8.47	8.85	9.18	9.46
4	3.93	5.04	5.76	6.29	6.71	7.06	7.35	7.60	7.83
5	3.64	4.60	5.22	5.67	6.03	6.33	6.58	6.80	6.99
6	3.46	4.34	4.90	5.31	5.63	5.89	6.12	6.32	6.49
7	3.34	4.16	4.68	5.06	5.35	5.59	5.80	5.99	6.15
8	3.26	4.04	4.53	4.89	5.17	5.40	5.60	5.77	5.92
9	3.20	3.95	4.42	4.76	5.02	5.24	5.43	5.60	5.74
10	3.15	3.88	4.33	4.66	4.91	5.12	5.30	5.46	5.60
11	3.11	3.82	4.26	4.58	4.82	5.03	5.20	5.35	5.49
12	3.08	3.77	4.20	4.51	4.75	4.95	5.12	5.27	5.40
13	3.06	3.73	4.15	4.46	4.69	4.88	5.05	5.19	5.32
14	3.03	3.70	4.11	4.41	4.64	4.83	4.99	5.13	5.25
15	3.01	3.67	4.08	4.37	4.59	4.78	4.94	5.08	5.20
16	3.00	3.65	4.05	4.34	4.56	4.74	4.90	5.03	5.15
17	2.98	3.62	4.02	4.31	4.52	4.70	4.86	4.99	5.11
18	2.97	3.61	4.00	4.28	4.49	4.67	4.83	4.96	5.07
19	2.96	3.59	3.98	4.26	4.47	4.64	4.79	4.92	5.04
20	2.95	3.58	3.96	4.24	4.45	4.62	4.77	4.90	5.01
24	2.92	3.53	3.90	4.17	4.37	4.54	4.68	4.81	4.92
30	2.89	3.48	3.84	4.11	4.30	4.46	4.60	4.72	4.83
40	2.86	3.44	3.79	4.04	4.23	4.39	4.52	4.63	4.74
60	2.83	3.40	3.74	3.98	4.16	4.31	4.44	4.55	4.65
120	2.80	3.36	3.69	3.92	4.10	4.24	4.36	4.47	4.56
∞	2.77	3.32	3.63	3.86	4.03	4.17	4.29	4.39	4.47

APPENDIX B

Answers to Selected Problems

Section 1.1

1. .3; relative frequency
3. .25; classical

Section 1.2

5. (*a*)

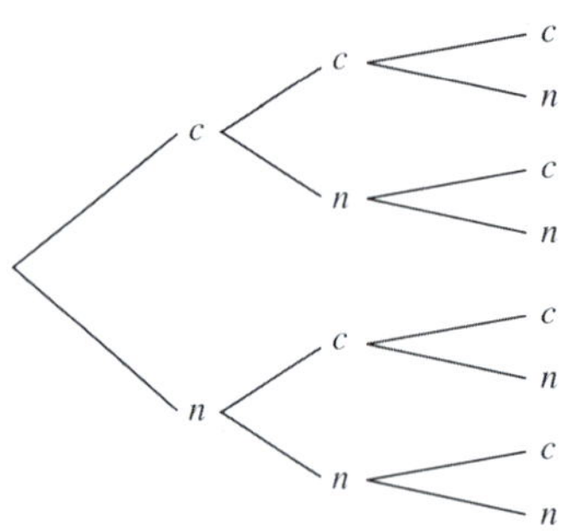

(*b*) {*ccc*, *ccn*, *cnc*, *cnn*, *ncc*, *ncn*, *nnc*, *nnn*}
(*c*) A_1 = {*ccc*, *ccn*, *cnc*, *cnn*, *ncc*, *ncn*, *nnc*}
A_2 = {*ccc*}
A_3 = {*nnn*}
(*d*) no; yes; yes; no
(*e*) no; the eight sample points are not equally likely

7. (*a*)

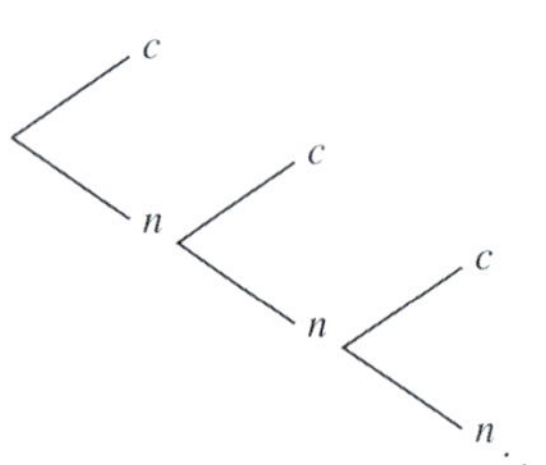

(*b*) no
(*c*) $\{c, nc, nnc, nnnc, \ldots\}$; the list cannot be completed
(*d*) $\{c, nc, nnc, nnnc\} = A$
(*e*) A_1 = contact is made on the first try = $\{c\}$
A_2 = contact is made on the second try = $\{nc\}$

CHAPTER 1 review exercises

9. (*a*)

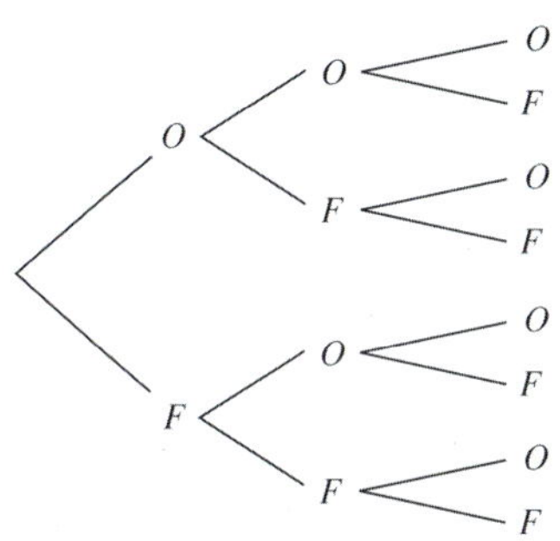

(*b*) $\{OOO, OOF, OFO, OFF, FOO, FOF, FFO, FFF\}$
(*c*) $A = \{OOO, OOF, OFO, OFF, FOO, FOF, FFO\}$
$B = \{OOO, OOF, OFO, OFF\}$
$C = \{FFF\}$
$D = \varnothing$
(*d*) no; yes; yes
(*e*) impossible event
(*f*) 1/8

10. (*a*)

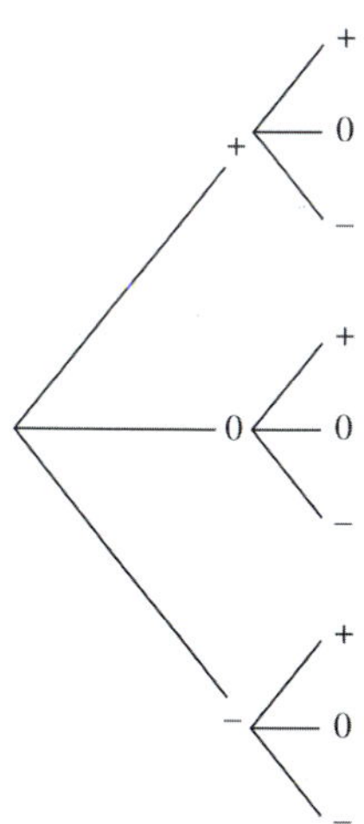

(*b*) $\{+\,+, +0, +\,-, 0\,+, 00, 0\,-, -\,+, -0, -\,-\}$
(*c*) $A = \{-\,+, -0, -\,-\}$
$B = \{+\,+, 00, -\,-\}$
$C = \{+0, +\,-, 0\,-\}$

(*d*) no; yes
(*e*) The first item selected is not of inferior quality, and both items are of the same quality ($A' \cap B = \{+\,+, 00\}$); the first item selected is of inferior quality, but the items are not of the same quality ($A \cap B' = \{-\,+, -0\}$); the first item selected is not of inferior quality, and the two items are not of the same quality ($A' \cap B' = \{0\,+, 0\,-, +0, +\,-\}$); the first item selected is of inferior quality, the quality of the first does not exceed that of the second, and the items are of the same quality ($A \cap C' \cap B = \{-\,-\}$)
(*f*) The argument is invalid because the nine outcomes are not equally likely.

11. (*a*)

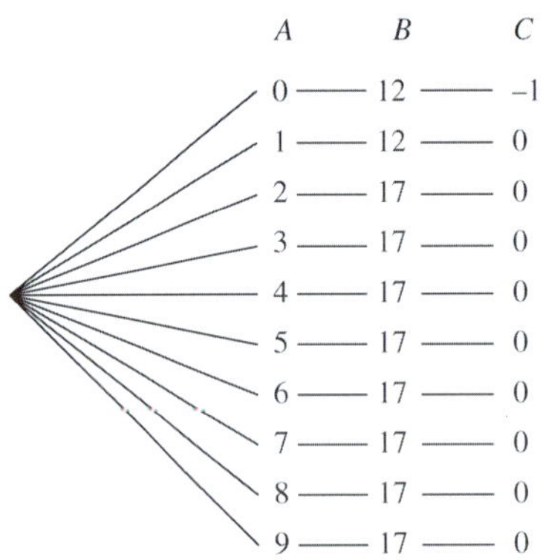

(*b*) $\{(0, 12, -1), (1, 12, 0), (2, 17, 0), (3, 17, 0), (4, 17, 0), (5, 17, 0), (6, 17, 0), (7, 17, 0), (8, 17, 0), (9, 17, 0)\}$
(*c*) yes
(*d*) 5/10
(*e*) 1/10
(*f*) 9/10
(*g*) 1

Section 2.1

1. 12/13
3. .45; .13; .46
5. .58; .28; .1
7. .4
9. .42; .46
11. .004

Section 2.2

13. (*a*) 30/58
(*b*) 28/58
(*c*) Theorem 2.1.2
(*d*) 10/42
(*e*) no; exposure to the lethal dose should increase the probability of death
15. 5/35; 35/40

17. (*a*) 1/5
(*b*) 1/80
(*c*) .04
(*d*) 4/20
(*e*) .84

Section 2.3

19. no; $P[A_1 \cap A_2] = .2 \neq P[A_1]P[A_2]$
21. $(.39)^2 \doteq .15$
23. (*a*) .21
(*b*) 21/23
25. .085
27. $.0144(.67) + .0012(.33) = .010044$
29. no; $P[B|T] \neq P[B]$
31. .931

Section 2.4

35. $.85(.10)/[.85(.10) + .04(.90)] = .7025$
37. .9999

CHAPTER 2 review exercises

38. (*a*) .85
(*b*) .15
(*c*) 5/20
(*d*) 5/10
39. (*a*) 1/2
(*b*) 1/8
40. .3529; .2353; .2647; .1471
41. .24; .6; .16
42. (*a*) .5
(*b*) .35
(*c*) .50
(*d*) 1/3
(*e*) 35/85
43. (*a*) .0008
(*b*) .0002
(*c*) .2
44. $(.99)^3(.01) = .00970299$; $.01 + .99(.01) + (.99)^2(.01) + (.99)^3(.01)$

Section 3.1

1. not discrete
3. discrete
5. not discrete

Section 3.2

7. (*a*) .01

(*b*)

x	0	1	2	3	4	5
$F(x)$	.7	.9	.95	.98	.99	1.00

(*c*) .98; .1

(*d*) .03

9. (*a*)

x	0	1	2	3
$f(x)$	$(.1)^3$	$3(.9)(.1)^2$	$3(.9)^2(.1)$	$(.9)^3$

(*b*) $k(x) = \dfrac{3!}{x!(3-x)!}$

(*c*)

x	0	1	2	3
$F(x)$	.001	.028	.271	1.00

(*d*) .999

(*e*) .028

11. (*a*)

x	0	1	2	3	4
$f(x)$	16/31	8/31	4/31	2/31	1/31

(*b*) $F(x) = 0$ for any $x < 0$

(*c*) $F(x) = 1$ for any $x > 4$

13. The sum of probabilities is the sum of numbers greater than or equal to 0.

Section 3.3

15. (*a*) 4.96; 26.34

(*b*) 1.7384; 1.3185

(*c*) holes per bit

17. $1/.7 = 10/7$; $1/p$

21. (*a*) 11

(*b*) −17

(*c*) 16

(*d*) 4

(*e*) 64

(*f*) 8

(*g*) 208

(*h*) 640

(*i*) 0; 1

(*j*) 0; 1

(*k*) $E\left[\dfrac{X-\mu}{\sigma}\right] = 0$ and $\mathrm{Var}\left[\dfrac{X-\mu}{\sigma}\right] = 1$

23. (*e*) $163/60 = 2.7167$

(*f*) 2.7007

(*g*) $E[X_{100}] = 94.7953$

Section 3.4

25. 2; .6778; yes, $P[X \geq 5] = .0328$
27. (*a*) $p = 1/4$

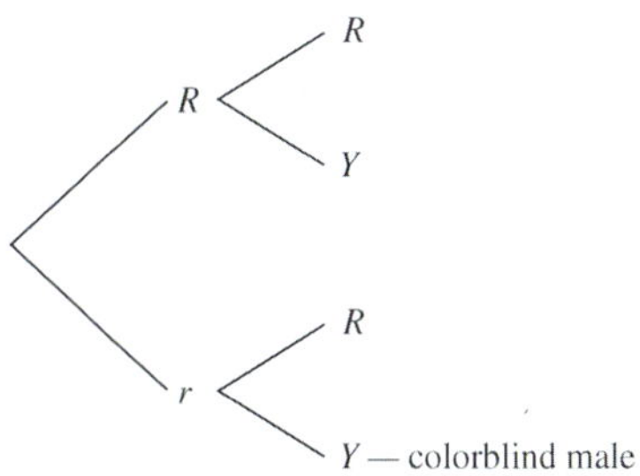

(*b*) 1.25; .1035
29. (*a*) .3758
(*b*) $(.3758)^5$
31. (*a*) $m_X(t) = (pe^t + q)^n$
32. (*a*) X = number of successes in one trial

$$f(x) = \binom{1}{x} p^x q^{1-x} \qquad x = 0,1$$

(*b*) $f(x) = p^x q^{1-x} \qquad x = 0, 1$
(*c*) $m_X(t) = pe^t + q$
(*d*) p; pq
(*e*) .14

Section 3.5

34. (*a*) 10
(*b*) 10
(*c*) $\sqrt{10}$
(*d*) $f(x) = \dfrac{e^{-10}10^x}{x!} \qquad x = 0, 1, 2, \ldots$
(*e*) .029
(*f*) .010
(*g*) .019
(*h*) .99
(*i*) .448
36. .010
38. yes; $P[X > 10] = .043$
40. yes; $P[X < 2] = .04$
43. $(.0247)^5 = .00000000919$

CHAPTER 3 review exercises

47. .118; .882
48. (*a*) 5/4; 15/16
(*b*) $(3/4)^5$
(*c*) $(3/4)^{10}$

49. (*a*) X is binomial with $n = 100$ and $p = .1$; $E[X] = 10$
(*b*) Poisson
(*c*) $P[X \geq 17] \doteq .027$
50. 5; 61/125; 64/125
51. 35/210; 105/210
52. $(999/1000)^{12{,}000} \doteq e^{-12}12^0/0! \doteq .000006$; .999994
53. yes; $P[X \geq 5] = .0127$
54. (*b*) 36/14; 98/14
(*c*) 76/196; $\sqrt{76/196}$
55. (*a*) $f(x) = (.99)^{x-1}(.01) \qquad x = 1, 2, 3, \ldots$
(*b*) 100
(*c*) $F(x) = 1 - .99^x \qquad x$ a positive integer
(*d*) $P[X \leq 90] = 1 - (.99)^{90} \doteq .595$

Section 4.1

1. (*a*) 1/6
(*b*) 11/48
(*c*) 0
(*d*) 11/48
3. (*b*) $1 - e^{-.7} - .5034$; .4966; 0
(*c*) yes, $P[1 \leq X \leq 2] = e^{-.1} - e^{-.2} \doteq .086$
5. (*d*) .5
(*e*) equal; probabilities are constant or "uniform" over intervals of equal lengths
9. (*a*)

$$F(x) = \begin{cases} 0 & x < 2 \\ x^2/12 - 1/3 & 2 \leq x \leq 4 \\ 1 & x > 4 \end{cases}$$

(*c*) yes; yes; 0; 1; yes
(*d*) $\dfrac{dF(x)}{dx} = f(x)$
11. (*a*)

$$F(x) = \begin{cases} 0 & x < 0 \\ x/2\pi & 0 \leq x < 2\pi \\ 1 & x \geq 2\pi \end{cases}$$

(*b*) yes; yes; 0; 1; yes
(*c*) $\dfrac{dF(x)}{dx} = f(x)$
13.

$$F(x) = \begin{cases} 0 & x < 25 \\ (\ln x - \ln 25)/\ln 2 & 25 \leq x \leq 50 \\ 1 & x > 50 \end{cases}$$

Section 4.2

15. (*a*) 56/18
(*b*) 10
(*c*) 104/324; $\sqrt{104/324}$

17. (*a*) $m_X(t) = (1 - 10t)^{-1} \qquad t < 1/10$
(*b*) 10 minutes
(*c*) 100; 10 minutes
19. π; $\pi^2/3$; $\pi/\sqrt{3}$
21. 10; 10; X
23. (*b*) $F(x) = \frac{25}{24} - \frac{25}{6}x^{-2}, 2 < x < 10$; .78125
(*c*) 1.033
(*d*) 5.364; 4.297

Section 4.3

24. (*a*) .9418
(*b*) .9418
(*c*) 0
(*d*) .0582
(*e*) .8543
(*f*) 1.28
(*g*) −1.28
(*h*) 1.96
(*i*) 1.645
25. (*a*) .9544
(*b*) 1.24%
(*c*) 128 parsecs
(*d*) $m_X(t) = e^{5000t^2}$
28. (*a*) .9525
(*b*) 5.065

Section 4.4

34. $P[-2\sigma < X - \mu < 2\sigma] = .95$
36. (*a*) no
(*b*) $P[|X - \mu| < .5\sigma] \geq -3, P[|X - \mu| < 1\sigma] \geq 0,$
$P[|X - \mu| < .2\sigma] \geq .75, P[|X - \mu| < 3\sigma] \geq .89; \qquad k = 2$

Section 4.5

38. (*a*) yes; .9956
(*b*) .0668
40. (*a*) yes
(*b*) 37.5
(*c*) .0322
(*d*) .0392
42. .9484; .8413

CHAPTER 4 review exercises

46. (*a*) 1/18
(*b*) 0; 5.4
(*c*) 5.4; $\sqrt{5.4}$
(*d*) 35/54; 9/54; 26/54

(e)

$$F(x) = \begin{cases} 0 & x < -3 \\ (x^3 + 27)/54 & -3 \le x \le 3 \\ 1 & x > 3 \end{cases}$$

47. $\Gamma(11) = 10! = 3{,}628{,}800$

48. (a) $\alpha = 9$ and $\beta = 2$

(b) .01; .10; .725 (chi-squared with 18 degrees of freedom)

49. (a) $f(x) = \dfrac{1}{\sqrt{2\pi}\,(5)} \exp\left[-\dfrac{1}{2}\left(\dfrac{x-15}{5}\right)^2\right]$

(b) .0082

(c) no; $P[10 \le X \le 20] \doteq .68$ by the normal probability rule

(d) yes; $P[X \ge 30] = .0013$

50. .7904; $e^{-6.25(6)}$; .042

53. 8; .2912; no; $P[X \le 5] \doteq .1788$

54. $f(x) = (3/2)x^2 + x, \qquad 0 \le x \le 1$

55. .4892

Section 5.1

1. yes; set of all days from past, present, and future

3. no

5. yes; the 50,000 workers affected

Section 5.2

7. (a) 58.8

(b) 8.5

(c) 16.25

(d) 16.25 to 24.75
24.75 to 33.25
33.25 to 41.75
41.75 to 50.25
50.25 to 58.75
58.75 to 67.25
67.25 to 75.75

9. (a)

Stem	Leaves
0	2
0	5 7
1	1 2 2 3 4 4 4 4
1	5 5 6 6 7 9
2	0 1 1 2 3
2	5 6 8 9
3	0 0 1
3	7 7
4	0 1
4	5
5	1
5	8

(b) yes; right

11. (*d*)

Category	Boundaries	Frequency	Relative frequency	Relative cumulative frequency
1	.45 to 1.25	7	7/50	7/50
2	1.25 to 2.05	15	15/50	22/50
3	2.05 to 2.85	15	15/50	37/50
4	2.85 to 3.65	8	8/50	45/50
5	3.65 to 4.45	3	3/50	48/50
6	4.45 to 5.25	2	2/50	50/50

the gamma distribution might be appropriate

13. (*a*) $P[X < p_{25/100}] \leq 25/100$ and $P[X \leq p_{25/100}] \geq 25/100$
(*b*) 8
(*c*) $-\ln .75 \doteq .288$

15. (*a*) approximately .044
(*b*) approximately 7.7
(*c*) approximately 2.2

Section 5.3

17. (*a*) group I 3; 3
group II 3; 2.5
(*b*) 4, 4
(*c*) group I 1.5; 1.2
group II 2.91; 1.7
(*d*) yes

19. .8; 1.07

21. 7.94; 1.221; 1.11

23. (*a*) $\bar{x} = 2.31, \tilde{x} = 2.05$
(*b*) $s = 1.29, s^2 = 1.6745$
(*c*) $\bar{x}, \tilde{x}, s$ are measured in minutes; s^2 is unitless

25. (*a*) yes
(*b*) 1.86
(*c*) 1.975

Section 5.4

27. (*b*) 1.34σ

29. (*a*)

Stem	Leaves
1	1
1	5 8
2	4 3
2	6 5 7 9
3	2 0
3	6 9 5 7 8 7 5
4	0 0 2
4	7 9
5	0 1
5	6
6	0

(*b*) $\tilde{x} = 3.65$ $\quad iqr = 1.45 \quad$ no outliers
$q_1 = 2.65 \quad f_1 = .475$
$q_3 = 4.10 \quad f_2 = 6.275$

(*c*)

2	0
4	
4	2 3
4	5 4
4	6 7 6
4	9 8
5	0 1 0
5	2 2 3 2 3
5	4 4
5	6
5	8 9
7	8

(*d*) $\tilde{x} = 5.05 \quad iqr = .75 \quad F_1 = 2.35$
$q_1 = 4.6 \quad f_1 = 3.475 \quad F_3 = 7.6$
$q_3 = 5.35 \quad f_3 = 6.475$
2 is an extreme outlier; 7.8 is an extreme outlier

(*e*)

3	
3	9
4	2 4 3 1
4	5 7 9 8 7 6 8
5	0 1 1 2 0 4
5	9 6
6	1
6	

58 has a misplaced decimal and should read 5.8; $\bar{x} = 7.29$ (using bad point); $\bar{x} = 4.91$ (using corrected point)

CHAPTER 5 review exercises

26. (*a*) Poisson
(*b*) 1.9; 3.36; 1.8; 1
(*c*) no
(*d*) 6.24; 1.852; 1.36; 6.3

31. (*a*) range = 5.73

Category	Boundaries	Frequency	Relative frequency	Relative cumulative frequency
1	.235 to 1.195	2	2/50	2/50
2	1.195 to 2.155	18	18/50	20/50
3	2.155 to 3.115	13	13/50	33/50
4	3.115 to 4.075	7	7/50	40/50
5	4.075 to 5.035	7	7/50	47/50
6	5.035 to 5.995	3	3/50	50/50

(*b*) 2.788; 1.8594; 1.364
(*c*) approximately 2.644; about 16%

(*d*) p; 3/50; 3/50
(*e*) $p(1-p)$; (3/50)(47/50) = .0564; .0576; no; .0576
(*f*) $\sigma_X \doteq .955$

32. (*a*)

Stem	Leaves
1	1
1	3
1	5
1	
1	9 8
2	1 0
2	2 2 2 3 3
2	5 5 5 5 4 5 4 4 5 5 4
2	6 7 7 6 7 7 6
2	9 8 8
3	0
3	
3	
3	
3	

(*b*) $\tilde{x} = 25$ $iqr = 4$ $F_1 = 10$
$q_1 = 22$ $f_1 = 16$ $F_3 = 38$
$q_3 = 26$ $f_3 = 32$
the values 11, 13, 14, and 15 are flagged as outliers
(*c*) there is a left skew; gamma; no; outliers are flagged, assuming normality

(*d*)

Stem	Leaves
3	
3	3
3	5 5
3	6 7 7 6 6 6 7 7
3	8 8 9 9 8 9 8 9 9
4	0 0 0 0 0 1 1
4	2 3 3
4	5 5
4	6 6
4	

yes
(*e*) $\tilde{x} = 3.9$ $f_1 = 3.1$ no outliers
$q_1 = 3.7$ $f_3 = 4.7$
$q_3 = 4.1$ $F_1 = 2.5$
$iqr = .4$ $F_3 = 5.3$

33. (*a*)

Stem	Leaves
15	0
16	0 0
17	0 0 0 0 0 0
18	0 0 0 0 0
19	0 0 0
20	0 0
21	0
22	0

yes
(*b*) $\bar{x} = 18.0$; $\tilde{x} = 18$
(*c*) $s = 1.7$; $s^2 = 2.95$ (from TI83)

(*d*) $q_1 = 17, q_3 = 19, iqr = q_3 - q_1 = 2$
The TI83 and MINITAB give these same results.

34. (*a*) 275.87, 30.57
(*b*)

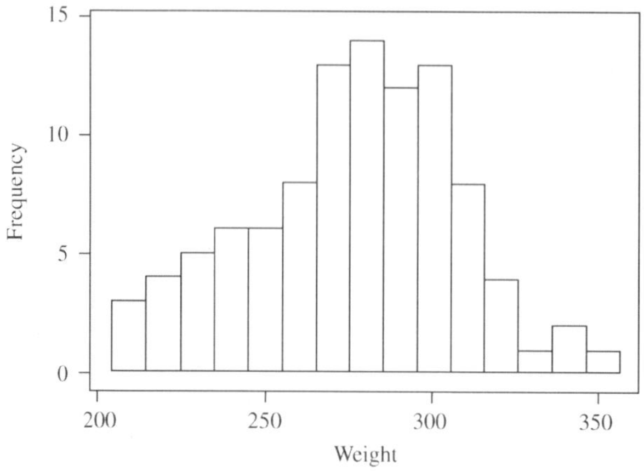

(*c*) yes
(*d*) 250; 295; 275
(*e*) TI83 results: $q_1 = 255.85, q_3 = 298.25, \tilde{x} = 277.85$
MINITAB results: $q_1 = 255.63, q_3 = 298.28, \tilde{x} = 277.85$

35. (*a*) The distributions of life span for both lamp types are skewed to the right
(*b*)

Variable	**Lamp type**	**Mean**	**Median**	**StDev**	**Variance**
Life span	1	38.38	28.78	40.48	20.07
	2	28.97	17.14	30.22	913.25

mean > median
(*c*)

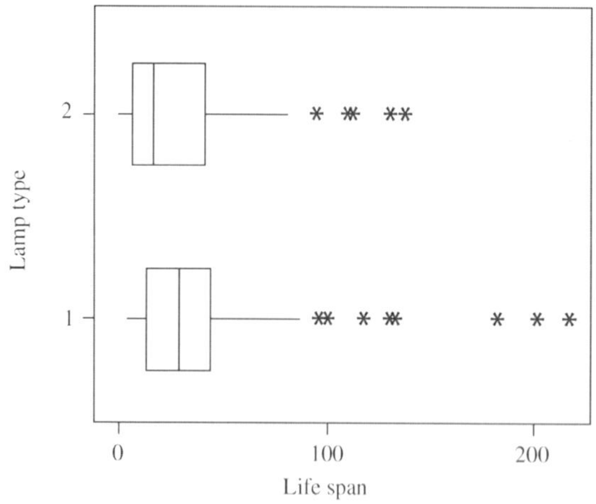

(*d*)

Variable	**Lamp type**	**Mean**	**Median**	**StDev**	**Variance**
Life span	1	28.92	23.02	22.04	485.76
	2	25.04	15.28	23.61	557.43

36. (*a*)

Day	Mean	Median	StDev	Min	Max	Q_1	Q_3
sn	25.9	25.5	5.39	1.21	19	21.25	30.75
m	20	20	4.255	12	31	17.25	22
t	18.55	19	4.032	10	24	16.25	21.75
w	21.15	22	3.76	13	28	19.25	23
th	22.4	21	5.35	13	34	19	27
f	27.45	27.5	6.44	16	44	22	32.25

(*b*)

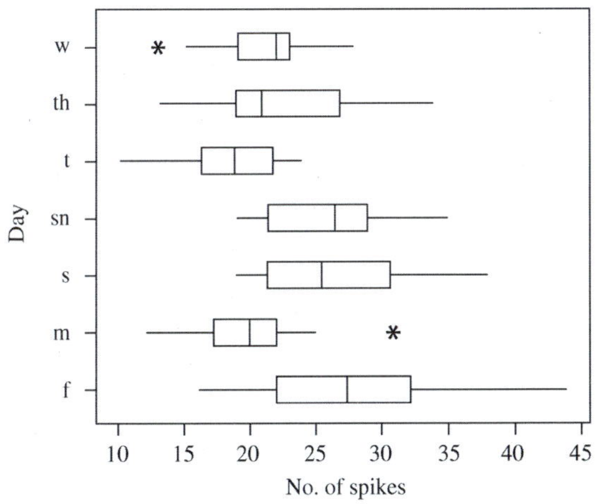

Section 6.1

1. 8; 5/20

3. (*a*) 5.25
(*b*) 5.25
(*c*) 5.25/9

5. (*b*) .44

7. (*a*) 9.7
(*b*) 3.57
(*c*) 19.4
(*d*) 1.9; no

9. (*b*) .817; no, the sample sizes are very different
(*d*) .708

13. (*a*)

16	0 3 2 0 2 3 1 2 4 3
16	5 7 8 7 9
17	0 2 3
17	6 9 8
18	0
18	5
19	
19	6

skewed right

(*b*) $\tilde{x} = 167$ $\quad f_1 = 148$
$q_1 = 163$ $\quad f_3 = 188$
$q_3 = 173$ $\quad F_1 = 133$
$iqr = 10$ $\quad F_3 = 203$

196 is flagged; the distribution is not bell-shaped, so the "outlier" is probably not unusual

(*c*) $\bar{x} = 169.0$ (169.04)

$s^2 = 81.54$

Section 6.3

16. (*a*) .643

(*b*) .643 ± .0039

(*c*) shorter; .643 ± .0033

(*d*) longer; .643 ± .0052

18. (*a*) no, X is discrete

(*b*) 2.8

(*c*) 2.8 ± .2036; Central Limit Theorem

(*d*) no; 3.0 lies in this interval—it has not been ruled out as a possible value for μ

CHAPTER 6 review exercises

20. (*a*) normal with mean μ and variance 4/16

(*b*) 42.883

(*c*) 42.883 ± .98; no, 42.2 lies in the confidence interval

21. (*a*) $3.698

(*b*) .0487

(*c*) .221; no

(*d*) .0438; no

22. (*a*) point binomial with probability of success p

(*b*) normal with mean p and variance $p(1-p)/n$

(*c*) .05

23. (*a*) 7.1

(*b*) normal with mean μ and variance 25/36

(*c*) 7.1 ± 1.9

(*d*) yes; 10 lies outside the 99% confidence interval

24. (*a*) standard normal

(*b*) X_1^2

(*c*) X_{10}^2; $\bar{\gamma} \sim$ normal; $\mu = \dfrac{\lambda s}{n}$; $\sigma^2 = \dfrac{\lambda s}{n^2}$

25. (*a*)

x	1	2	3	4	5	6
$f(x)$	1/6	1/6	1/6	1/6	1/6	1/6

$$E[X] = 3.5$$
$$E[X^2] = 91/6$$
$$\sigma^2 = 35/12 = 2.92$$

(*b*) $E[\bar{X}] = 3.5$; Var $\bar{X} = 2.92/20 = .146$

(*c*) bell

(*d*) 3.5

(*e*) .146

(*f*) 24

Section 7.1

1. (*b*) .0129
(*c*) [.0082, .0234]
(*d*) [.091, .153]
(*e*) yes; .2 is not in the confidence interval

3. (*b*) 2.455
(*c*) [1.322, 5.699]
(*d*) [1.15, 2.39], reduce the confidence

5. (*b*) .00000375
(*c*) [0, .00000573]; [0, .00239]
(*d*) yes; σ appears to be at most .00239

7. [5.49, 11.83]

Section 7.2

9. (*a*) 1.86
(*b*) -1.86
(*c*) -2.179
(*d*) 2.179
(*e*) 1.645
(*f*) 1.645
(*g*) 1.708
(*h*) 2.060
(*i*) 1.753
(*j*) 1.325
(*k*) 1.746
(*l*) 1.310

11. (*a*) 1.2896; .0000123; .0035
(*b*) $1.2896 \pm .0016$
(*c*) no, 1.29 is contained in the confidence interval

13. (*a*) 2.35; .89
(*b*) $2.35 \pm .45$
(*c*) yes, we are 99% confident that the new mean time is at most 2.80 seconds

15. (*a*)

Stem	Leaves
2	9
3	8 5 9
4	2 1 7 8
5	1 3 5 6 7 5
6	1 8 1 0 2 5 7 3
7	9 7 3 2
8	1 0
9	2
10	0

(*b*) $\tilde{x} = 605$ $\quad f_1 = 120$ $\quad$ no outliers
$q_1 = 480$ $\quad f_3 = 1080$
$q_3 = 720$
$iqr = 240$

(*c*) $\bar{x} = 602.3$; $s = 169.1$; 602.3 ± 85.1
(*d*) lower the confidence

17. $[37.11, \infty)$

19. (*b*) 385
(*c*) 153

Section 7.3

21. (*a*) H_0: $\mu \geq .08$
H_1: $\mu < .08$
(*b*) We shall conclude that the average percentage of metal in household wastes has been reduced when, in fact, it has not been reduced.
(*c*) We shall be unable to detect the fact that the mean percentage of metal in household waste has been reduced.
(*d*) We have a 5% chance of having committed a Type I error.

23. (*a*) We shall conclude that the model is not credible when, in fact, it is a valid model.
(*b*) We shall be unable to detect the fact that the proposed model is not credible.

25. (*a*) $C = \{10, 11, 12, 13, 14, 15\}, \alpha = .0338$
(*b*) yes; Type I

27. (*a*) H_0: $p \leq .5$
H_1: $p > .5$
(*b*) 7.5
(*c*) .0592
(*d*) .7827; .4845; .1642; .0127
(*e*) .2173; 5155; 8358; 9873
(*f*) yes; Type I
(*g*) no; Type II

29. .0065; .0003; 0; 0; yes

Section 7.4

31. (*a*) H_0: $\mu \leq .05$
H_1: $\mu > .05$
(*b*) We shall assume that the percentage titanium exceeds 5% when, in fact, it does not; we shall be unable to detect a situation in which the percentage titanium exceeds 5%.
(*c*) .1056; debatable, a P value of .1056 might be considered small by some and large by others

33. (*a*) H_0: $p \leq .15$
H_1: $p > .15$
(*b*) .1335; no, this probability is not unusually small; Type II

Section 7.5

35. (*a*) -1.711
(*b*) -1.282
(*c*) 2.093
(*d*) 2.602
(*e*) ± 1.729
(*f*) ± 2.045

37. (*a*) H_0: $\mu = .12$
H_1: $\mu > .12$
(*b*) 2.462
(*c*) yes, $t = 2.738$
(*d*) that X is at least approximately normal

39. (*a*) H_0: $\mu = 2.5$
H_1: $\mu < 2.5$
(*b*) $t = -3.5$; $.001 < P < .005$; yes, P seems to be small; at least approximate normality
(*c*) conclude that the mean noise level is below 2.5 db; we shall assume that the new product reduces noise when, in fact, it does not

41. (*a*) H_0: $\mu = 4.8$
H_1: $\mu < 4.8$
(*b*) $t = -2.828$; $.001 < P < .005$; yes

43. (*a*) H_1: $\mu < 5$
(*b*) $t = -3.47$; $.001 < P < .005$; reject H_0
(*c*) yes, because $P < .05$
(*d*) probably not since $\bar{x} = 4.28$; there is still a large accumulation there

45. H_1: $\mu < 7, P = .27$, no

Section 7.6

47. (*a*) unable to reject H_0
(*b*) $t = 1.154$, critical points $= \pm 2.145$; unable to reject H_0
(*c*) $\chi^2 = 17.81$, critical point $= 23.7$, unable to reject H_0

49. (*a*) unable to reject H_0
(*b*) $t = 1.22$, critical point $= 1.729$, unable to reject H_0
(*c*) $\chi^2 = 9.297$, critical point $= 11.7$, reject H_0; yes

Section 7.7

51. (*a*) yes, .0037
(*b*) yes, .0207
(*c*) yes, .0207
(*d*) yes, .0107
(*e*) no, .0547
(*f*) yes, .0074
(*g*) yes, .0352

53. no, $P = .3770$

55. (*a*) 110/4
(*b*) yes, $|W_-| = 8.5$, critical point $= 11$

57. (*a*) 100(101)/4
(*b*) 100(101)(201)/24
(*c*) H_0: $M = 2$
H_1: $M > 2$
(*d*) $P \doteq .0007$, yes

CHAPTER 7 review exercises

58. (*a*) 44
(*b*) no
(*c*) 3.10; .1213; .348, no
(*d*) $\chi^2_{.95} \doteq 33.65$; [.08998, .1766]; [.298, .418]
$\chi^2_{.05} \doteq 66.05$
(*e*) $3.10 \pm .082$

59. (*a*) H_0: $\mu = 3$
H_1: $\mu < 3$
(*c*) 13
(*d*) $t_{.95} = -1.753$; $t \doteq -3.71$; reject H_0; yes, the product should be marketed

60. (*a*) H_0: $p \leq .5$
H_1: $p > .5$
(*b*) $C = \{15, 16, 17, 18, 19, 20\}$
(*c*) no; Type II
(*d*) .8744; .5836; .1958; .0113
(*e*) .1256; .4164; .8042; .9887

61. yes; $t = -2.69$; $.005 < P < .01$

62. $.10 < P < .25$

63. (*a*)

−.3	0
−.2	0 0 0 0
−.1	0 0 0 0 0 0 0 0
0	0 0 0 0 0 0 0 0 0 0 0
.1	0 0 0 0 0 0
.2	0 0 0 0
.3	0
.4	
.5	
.6	
.7	
.8	0

yes; .8 looks like an outlier

(*b*) $\tilde{x} = 0$ $\quad f_1 = -.4$
$q_1 = -.1$ $\quad f_3 = .4$
$q_3 = .1$ $\quad F_1 = -.7$
$iqr = .2$ $\quad F_3 = .7$
.8 is an extreme outlier

(*c*) $\bar{x} = -.008$; $s = .198$; $-.008 \pm .066$

64. (*a*) The number of trials is at most 3000; in a geometric setting there is no a priori number of trials.
(*b*) 20
(*c*) exceed
(*d*) 59; $P[X \geq 59] = 0.51$; see Sec. 3.4
(*e*) no; Type II; we think that the system will not crash when, in fact, it will
(*f*) reject H_0 and conclude that the system will crash; Type I; we shall stop the system unnecessarily

65. (*b*) $8.1 \pm .8$
(*c*) [4.36, 10.56]
(*d*) 3.3 ± 10.7; [.80, 3.17]; [.90, 1.8]
(*e*) no
(*f*) no

66. (*a*) H_1: hollow arrows are faster than those made of solid aluminum
H_1: $\mu < 0$
(*b*) H_0: hollow arrows are no faster than those made of solid aluminum
H_0: $\mu = 0$
(*c*) $\bar{x} = -20.41$; $s = .89$; negative sign means that the time with the hollow arrow was better than that with the solid arrow
(*d*) $t = -102.5$; $P < .0005$

67. (*a*) **e**:

Stem	Leaves
0	6
1	4 5 9
2	3 4 4 6 6 6 7 9 9
3	0 1 2 4 5 6 6 6 9 9 9
4	0 2 3 4 4 4 6 6 6 6 6 7 7 7 8 8
5	1 1 2 2 2 3 3 3 4 9 9
6	0 0 1 2 2 3 4 5 6 6 8 9 9
7	1 1 4 4 5 8
8	0 0 1
9	6

wb:

Stem	Leaves
2	4 8
3	1 9 9
4	0 5 5 9
5	0 0 1 2 3 6 8 8 9
6	3 4 6 7 7 7 8 8 9
7	0 0 1 1 3 4 5 5 6
8	0 0 1 1 1 2 3 3 3 4 5 6 8 9
9	2 4 4 5 5 5 5 6 6 7 8 8 9
10	2 3 3 5 6
11	2 3 8 9
12	5
13	7
14	1

(*b*) **e**: [4.615, 5.359]
wb: [74.112, 83.608]
absolutely; the confidence intervals do not come close to overlapping

(*c*)

Company/Accident	***N***	**Mean**	**Median**	**StDev**
ge	25	4.782	4.790	1.527
gwb	25	77.750	73.250	24.450
me	25	4.829	4.750	2.195
mwb	25	69.370	70.200	25.820
pe	25	5.352	5.180	2.046
pwb	25	89.460	84.600	20.120

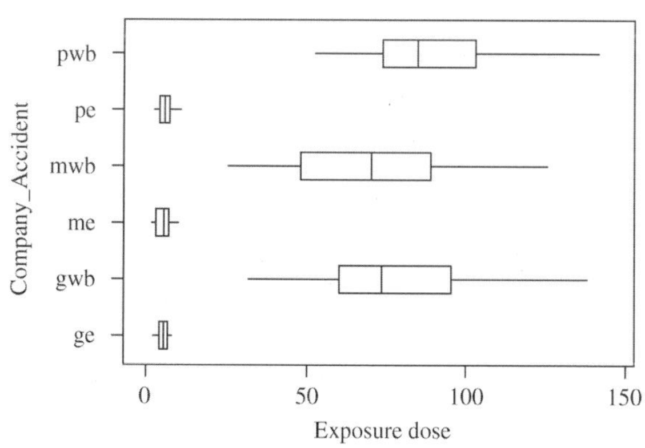

The differences are obviously due to the differences among accident types.

Section 8.1

1. (*a*) .9
(*b*) $.9 \pm .069$
(*c*) 609
3. (*a*) $.6 \pm .025$
(*b*) $.9 \pm .019$
5. 1068
7. 6766
9. (*a*) $1 - 2\hat{p}$
(*b*) 1/2
(*c*) -2
(*d*) 1/4

Section 8.2

11. (*a*) $H_0: p = .99$
$H_1: p > .99$
(*b*) $z = .57$; no, $P = .2843$
(*c*) We are unable to show that the new network is compatible with more than 99% of the equipment already in use.
13. (*a*) $H_0: p = .6$
$H_1: p > .6$
(*b*) 1.645
(*c*) $z = .842$, no; Type II
(*d*) We shall not be able to show that more than 60% of the business offices in the United States have a mainframe when, in fact, this is true.
15. (*a*) ± 1.96
(*b*) $z = 1.38$, no; Type II

Section 8.3

17. (*a*) .356, .489, $-.133$
(*b*) $-.133 \pm .062$
(*c*) yes, 0 is not contained in the confidence interval
19. (*a*) .31, .40, $-.09$
(*b*) $-.09 \pm .079$
(*c*) yes, 0 is not contained in the confidence interval
23. 1527
25. 542

Section 8.4

27. (*a*) $H_0: p_1 = p_2$
$H_1: p_1 < p_2$
(*b*) -1.28
(*c*) .0015, .0025, $-.001$; $\hat{p} = .002$, $z = -.71$, no
29. (*a*) $H_0: p_1 = p_2$
$H_1: p_1 > p_2$
(*b*) $\hat{p} = .334$, $z = 12.35$, yes, $P \doteq 0$

CHAPTER 8 review exercises

33. (*a*) 533
(*b*) .21; .21 ± .034

34. (*a*) $H_0: p = .5$
$H_1: p > .5$
(*b*) $z = .2828$; no, $P \doteq .39$

35. (*a*) $H_0: p = .5$
$H_1: p > .5$
(*b*) 1.645
(*c*) no; the observed value of the test statistic is 1.00

36. (*a*) − .02
(*b*) − .02 ± .047
(*c*) no; 0 lies in the interval
(*d*) no; $n \doteq 2229$, using $\hat{p}_1 = .02$ and $\hat{p}_2 = .04$ as prior estimates

37. $H_0: p_1 = p_2$
$H_1: p_1 > p_2$
where p_1 denotes the proportion of customers reordering during the current year; $\hat{p} = .6, z = 1.87$, yes, $P = .0307$

38. (*a*) $H_0: p_1 - p_2 = .1$
$H_1: p_1 = p_2 > .1$
(*b*) 1.645
(*c*) $z = .25$; no, Type II

39. (*a*) .2 ± .078
(*b*) 75,000 ± 29,400
(*c*) 1537

40. (*a*) .25
(*b*) .25 ± .003
(*c*) [2468, 2532]

Section 9.1

1. 4.2; 2; 2.2
3. 8.008; 7.609; .399

Section 9.2

5. (*a*) .9
(*b*) 2.416
(*c*) .05
(*d*) 1.841
(*e*) .05
(*f*) 5.803

7. (*a*) $f = 5$, upper critical point = 2.725, reject H_0
(*b*) $f = 2$, upper critical point = 2.308, unable to reject H_0
(*c*) $f = 1.36$, upper critical point = 1.352, reject H_0

9. (*a*) $H_0: \sigma_1^2 = \sigma_2^2$
$H_1: \sigma_1^2 < \sigma_2^2$
(*b*) $f = .9151$; $P = .4485$; fail to reject H_0

11. $P = .7213$; no; no

Section 9.3

13. (*a*) $s_1^2 = .034$, $s_2^2 = .0525$, $f = 1.54$, upper critical point $= 2.147$, unable to reject H_0
(*b*) .0433
(*c*) $-.67 \pm .14$
(*d*) yes, the confidence interval does not contain 0

15. (*a*) $f = 1.23$, upper critical point $= 2.086$, unable to reject H_0
(*b*) 7.93
(*c*) 7.88 ± 3.18
(*d*) yes, 0 is not in the interval

17. no; $f = 1.79$, $P = .421$

19. (*a*) yes, $f = 1.599$, $P = .2598$
(*b*) [.42 and 20.36]; night hours
(*c*) 99%; decrease confidence level

Section 9.4

21. (*a*) H_0: $\mu_1 = \mu_2$ $\quad$ $\mu_1 =$ mean level for children
H_1: $\mu_1 > \mu_2$
(*b*) $f = 119.01$, upper critical point ($\alpha = .2$) $= 1.348$, do not pool
(*c*) $t = 20.00$, $\gamma = 123$, reject H_0: $P < .0005$; conclude that the average strontium level in children is higher than that in adults

23. (*a*) H_0: $\mu_1 = \mu_2$
H_1: $\mu_1 > \mu_2$ (premium > regular)
(*b*) $t = 1.583$, reject H_0, $.05 < P < .1$
(*c*) conclude that the average mileage using premium gasoline is higher than that using regular gasoline

25. (*a*) H_0: $\mu_1 = \mu_2$
H_1: $\mu_1 < \mu_2$ (acrylic < butyl)
(*b*) $f = 2.75$, critical point ($\alpha = .1$) $= 1.972$, do not pool
(*c*) $t = -5.88$, $\gamma = 24$, reject H_0, $P < .0005$; conclude that the average tensile strength for butyl coating is higher than that for acrylic coatings

27. [−.3116, −.1664]; yes, all values in the interval are negative

29. (*a*) $f = 3.32$, critical point ($\alpha = .10$) $= 1.984$, do not pool
(*b*) 2.8 ± 1.94, $\gamma = 37$
(*c*) yes, 0 is not in the interval

Section 9.5

31. (*b*) $-.412$, 1.14
(*c*) $-.412 \pm .723$, no, the confidence interval contains 0, so the results are inconclusive

33. $.04 \pm .585$; no, 0 lies in the interval

35. H_0: $\mu_X = \mu_Y$ $\quad$ $t = 3.04$, reject H_0: $.0005 < P < .005$
H_1: $\mu_X > \mu_Y$ $\quad$ $X =$ travel lane

Section 9.6

37. $H_0: M_I = M_P$, $W_m = 101.5$, upper critical point = 98; reject H_0
$H_1: M_I < M_P$

39. $W_m = 20$, critical point = 22, reject H_0

41. (*a*) 6600
(*b*) 110000
(*c*) $z = -1.999$, $P = .0228$, yes

43. $|W_-| = 7$, can reject at $\alpha = .05$ level (critical point = 11); no, $P[Q_- \leq 3] = .1719$, the sign test ignores the magnitude of the differences involved

CHAPTER 9 review exercises

45. (*a*) $H_0: \mu_1 = \mu_2$ where μ_1 = mean temperature setting required by
$H_1: \mu_1 < \mu_2$ using the computerized system
$H_0: \sigma_1^2 = \sigma_2^2$ where σ_1^2 = variance in temperature settings required
$H_1: \sigma_1^2 < \sigma_2^2$ by using the computerized system
(*b*) $s_2^2/s_1^2 = 25$; reject $H_0: \sigma_1^2 = \sigma_2^2$; $P < .05$; do not pool; $\gamma \doteq 25$; $t = -8.73$; reject $H_0: \mu_1 = \mu_2$; $P < .0005$; yes, both claims are supported

46. (*a*) $H_0: \mu_1 - \mu_2 = 15$ where μ_1 = mean amount of dross obtained by using
$H_1: \mu_1 - \mu_2 > 15$ the old method
(*b*) $s_1^2/s_2^2 = 25$; reject $H_0: \sigma_1^2 = \sigma_2^2$; $P < .10$; do not pool; $\gamma \doteq 9$; $t = 4.96$; reject H_0; $P < .0005$; yes, it appears that the new process will be profitable

47. (*a*) yes
(*b*) 2.6 ± 1.0; yes, the confidence interval consists entirely of positive values

48. $s_1^2/s_2^2 = 1.14$; pool; 900 ± 58.2; yes, the confidence interval consists of positive values

49. yes, $t \doteq 7.56$; $P < .0005$

50. (*a*) $\bar{d} = -14.43$
(*b*) $-14.43 \pm .40$; $s_d = .72$
(*c*) yes; 0 is not contained in the confidence interval

51. (*a*)

A		*R*	
$\tilde{x} = 130$	$f_1 = 90.25$	$\tilde{x} = 253$	$f_1 = 188.5$
$q_1 = 119.5$	$f_2 = 168.25$	$q_1 = 238$	$f_3 = 320.5$
$q_3 = 139$	$F_1 = 61$	$q_3 = 271$	$F_1 = 139$
$iqr = 19.5$	$F_3 = 197.5$	$iqr = 33$	$F_3 = 370$
12.4 and 200 are extreme extreme outliers; 170 is a mild outlier		516 is an extreme outlier	

(*b*) $f = 8.83$; upper critical point 1.908; reject at .20 level; conclude that $\sigma_A^2 \neq \sigma_R^2$
(*c*) $(267.4 - 133.9) \pm 2.093\sqrt{4448.89/17 + 503.83/19}$; $df \doteq 19$
(*d*) yes, the confidence interval is negative

52. (*a*)

Stem	Leaves
15	1
16	2 9
17	2 5 6 4
18	9 8 1 3
19	8 5 7 9 8 2 3
20	0 6 1 5 4 1 2 7
21	2 1 8 1 4 3
22	6 1 1 4
23	0 6 3
24	1 9
25	0

nonsmokers

Stem	Leaves
15	1 7 3 0 2 9
16	8 1 0 3
17	7 2 9
18	1 0 3
19	4 9 9
20	5
21	2 3 6
22	8 4 1
23	2 1 8 0
24	3 1 1 9 8
25	8 7 1 2 2 0 1

smokers

(*b*) yes; there is a difference in shape, and also variability may be different

(*c*) use the Wilcoxon rank-sum test to test location

53.

Stem	Leaves
1	2
1	8 9 7 9 5 7
2	0 1 2 0 4 3 1 3 3
2	9 7 8 5 9 7 6 5 5
3	1 3 0 2 1 4
3	8

bank

Stem	Leaves
3	4
3	7 9 7
4	3 2 0 0 1
4	7 9 8
5	1 4 2 0 1 3 2 1 2 0
5	9 7 9 8
6	4 3 2
6	9

other

a two-sample t test should apply; $f = 2.19$; variances are unequal ($\alpha = .10$); $t = -13.17$; $df \doteq 50$

54. (*a*) Site 1: 17; Site 2: 13

(*b*) 28

(*c*) 26

(*d*) yes; 17 is not too different from 13 AND $s_1 \approx s_2$

(*e*) two-tailed

(*f*) $P = .058$

(*g*) no; $P > .05$; yes, since $P < .01$

55. (*a*) 1: observed value of test statistic

2: P value for two-tailed test

3: standard deviation of the difference $X - Y$, s_d

4: Mean difference, $\bar{d}$

5: Standard error of the mean difference, $s_{\bar{d}} = s_d / \sqrt{n}$

(*b*) yes; yes

Section 10.2

7. (*b*) $\hat{\mu}_{Y|x} = 0.2177 + 0.0957x$

(*c*) 5.004 for both estimates

(*d*) increase $.1914 \times 10^8$ Btu

(*e*) decrease $.1914 \times 10^8$ Btu

9. (*b*) $\hat{\mu}_{Y|x} = -.1064 + 33.5178x$

(*d*) .8995

(*e*) .8995

(*f*) yes, yes, no

15. .1814

Section 10.3

17. significant ($P < .001$)
19. $t = 4.025$, significant at $\alpha = .01$
21. significant ($P < .001$)
23. $\hat{\mu}_{Y|x} = 14.491 + 1.498x$
25. $t = 1.197$, not significant
27. $\hat{\mu}_{Y|x=15} = 89.588$ (Regression not significant.)
29. (*a*) $\hat{\mu}_{Y|x} = 911.667 - 49.667x$
(*b*) $t = -19.431$, significant at $P < .0001$
(*c*) no
31. $\hat{\sigma}^2 = .0109$
33. (*b*) $\hat{\mu}_{Y|x} = 6.375 + 2.943x$
(*c*) 41.987
(*d*) $t = 6.378$, significant at .0002

Section 10.5

39. (*b*) $\hat{\rho} = .887$
41. $.657 \leq \rho \leq .966$
43. (*b*) $\hat{\rho} = .586$
(*c*) $-.068 \leq \rho \leq .888$
49. 96.9%
51. $R^2 \doteq 0$

CHAPTER 10 review exercises

60. (*b*) $\hat{\mu}_{Y|x} = 145.667 + 6.20x$
61. (*a*) no, $f = 27.91$, significant at $\alpha = .05$
(*b*) yes
62. $\hat{\mu}_{Y|x} = 99.383 - .0052x$
63. significant at $\alpha < .001$
64. $R^2 = .967$
65. $99.1603 \leq \beta_0 \leq 99.6057$
66. $-.00602 \leq \beta_1 \leq -.00431$
67. $\hat{\mu}_{Y|x} = .8233 - .0589x$
68. $t = -9.264$, significant at $P < .0001$
69. (*a*) $\hat{\mu}_{Y|x=3.25} = .6318$; $(\hat{Y}|x = 3.25) = .6318$
(*b*) $.6121 \leq \mu_{Y|x=3.25} \leq .6516$
(*c*) $.5703 \leq (Y|x = 3.25) \leq .6933$
70. (*b*) $\hat{\rho} = -.959$
71. significant at $P < .0001$
72. $-.866 \leq \rho \leq -.988$
73. (*a*) $t = .889$, $P > .20$
(*b*) $t = 2.179$, $P < .05$
75. (*a*) $\hat{\rho} = .989$
(*b*) $.953 \leq \rho \leq .997$
(*c*) significant; yes
(*d*) 97.86%
A coefficient of determination of .9786 implies that 97.86% of the variance in the dependent variable Y is explained by the linear regression model.

78. (*a*) As pH increases to 4.0, weight loss decreases.
(*b*) $r = .7259$
(*c*) $t = 4.22$; $P < .001$; there is a significant correlation between pH and weight loss
(*d*) [.392, .891]

79. (*a*) no, the relationship is not linear
(*b*) yes
(*c*) fit a quadratic or other nonlinear model

80. (*a*) $\hat{\mu}_{Y|x} = 6.97 - 0.120x$
(*b*) $t = -14.96$; $P \doteq 0 < .05$; reject H_0
(*c*) 8.77
(*d*) [8.36, 9.18]

81. (*a*) $\hat{\mu}_{Y|x} = -5.94 + 0.0973x$
(*b*) $t = 9.85$; $P \doteq 0 < .05$; reject H_0
(*c*) 2.817
(*d*) [0, 9.2]

Section 11.1

5. (*a*) $f = 4.95$, $P = .0174$, significant at $\alpha = .05$
(*b*) no
(*c*) no

Section 11.2

7. $f_{4,35} = 216.34$, $P < .001$

9. $b = 23.187$ with 3 df, significant at $\alpha < .005$
not reasonable to assume homogeneity of variances; use a nonparametric test

11. $b = .354$, not significant

Section 11.3

13. (*a*) $\alpha' \leq .1426$, .0333
(*b*) $\alpha' \leq .5367$, .0067
(*c*) $\alpha' \leq .9006$, .0022

17. (*a*) 3
(*b*) .05
(*c*) $\mu_1 \neq \mu_2$

21. $\mu_1 \neq \mu_2, \mu_1 \neq \mu_3, \mu_2 \neq \mu_3$ at $\alpha = .01$

Section 11.4

23. (*a*) $H = 9.05$, not significant at $\alpha = .05$ ($P \doteq .06$)
(*b*) $f = 3.30$, significant at $\alpha = .05$ ($P \doteq .026$)

CHAPTER 11 review exercises

26. (*a*)

Source	Df	*SS*	*MS*
CO_2 level	4	11,274.32	2818.50
Error	45	1,248.04	27.73
Corrected total	49	12,522.36	

(*b*) yes, $f = 101.63$

27. $b = 1.07$, not significant; yes

28. (*b*)

Source	df	*SS*	*MS*	*F*	EMS
Treatment	2	110.6	55.3	3.0	$\sigma^2 + 10\sigma^2_{\text{Tr}}$
Error	27	497.7	18.433		σ^2
Total	29	608.3			

$f = 3.0$ with 2 and 27 df; not significant at $\alpha = .05$

(*c*) due to error, 83.3%; due to treatments, 16.7%

29. (*a*) $f = 79.9$, significant at $\alpha < .0001$

(*b*) all three are significantly different

(*c*) all three are significantly different

31. $f = 579.61, P \doteq 0$

Section 12.1

1. 60, 45, 30, 15; yes, these seem to differ quite a bit from the expected numbers

3. 10; questionable, the observed values are not drastically different from those expected

Section 12.2

5. $\chi^2 = 22.66$; reject H_0, $P < .005$ based on the X_4^2 distribution

Section 12.3

9. $\chi^2 = 4.57$; reject H_0, $.025 < P < .05$ based on the X_1^2 distribution

11. $\chi^2 = 8.84$; reject H_0, $.025 < P < .05$ based on the X_3^2 distribution

Section 12.4

13. $\chi^2 = 3.95$; reject H_0, critical point = 3.84

15. H_0: $p_{11} = p_{21} = p_{31}$ $\quad\chi^2 = 14.72$; reject H_0, $.01 < P < .025$ based on the X_6^2 distribution

$p_{12} = p_{22} = p_{32}$

$p_{13} = p_{23} = p_{33}$

$p_{14} = p_{24} = p_{34}$

17. $\chi^2 = 16.03$; reject H_0; $P < .005$

19. $\chi^2 = 43.65$; reject H_0; $P < .005$

CHAPTER 12 review exercises

23. H_0: $p_{11} = p_{21}$; $\chi^2 = .709$; no, $.25 < P < .50$

24. yes; $\chi^2 \doteq 16.04$; $P < .005$

25. yes; $\chi^2 \doteq 34.05$; $P < .005$

26. no; $\chi^2 \doteq .69$; $.25 < P < .5$

27. (*a*) 175; 87.5; 87.5

(*b*) no; $\chi^2 \doteq .77$; $.50 < P < .75$

APPENDIX C

Selected Derivations

I. Theorem 4.5.2 (Chebyshev's Inequality)
II. Theorem 7.1.3 (Unbiased property of the Sample Variance)
III. Theorem 8.1.1 (Distribution of $(n-1)\,S^2/\sigma^2$

I **Theorem 4.5.2 (Chebyshev's inequality).**
Let X be a random variable with mean μ, and standard deviation σ. Then for any positive number k,

$$P[|X-\mu| < k\sigma] \geq 1 - \frac{1}{k^2}$$

Proof.
Assume that X is continuous with mean μ, and standard deviation σ, and density f. By definition,

$$\sigma^2 = \text{Var}(X) = \int_{-\infty}^{\infty} (x-\mu)^2 f(x)\, dx$$

Let $k > 0$, and $c = k^2\sigma^2$, and note that

$$\sigma^2 = \int_{-\infty}^{\mu-\sqrt{c}} (x-\mu)^2 f(x)\, dx + \int_{\mu-\sqrt{c}}^{\mu+\sqrt{c}} (x-\mu)^2 f(x)\, dx$$
$$+ \int_{\mu+\sqrt{c}}^{\infty} (x-\mu)^2 f(x)\, dx$$

Since $(x-\mu)^2 f(x) \geq 0$,

$$\int_{\mu-\sqrt{c}}^{\mu+\sqrt{c}} (x-\mu)^2 f(x)\, dx \geq 0$$

and thus

$$\sigma^2 \geq \int_{-\infty}^{\mu-\sqrt{c}} (x-\mu)^2 f(x)\, dx + \int_{\mu+\sqrt{c}}^{\infty} (x-\mu)^2 f(x)\, dx$$

Note that over both regions of integration $(x-\mu)^2 \geq c$, and so it can be concluded that

$$\sigma^2 \geq \int_{-\infty}^{\mu-\sqrt{c}} cf(x)\, dx + \int_{\mu+\sqrt{c}}^{\infty} cf(x)\, dx$$

In terms of probabilities,

$$\sigma^2 \geq cP[X \leq \mu - \sqrt{c}] + cP[X \geq \mu + \sqrt{c}]$$

or
$$\sigma^2 \geq c\{P[X-\mu \leq -\sqrt{c}] + P[X-\mu \geq \sqrt{c}]\}$$

This inequality can be rewritten to conclude that

$$P[X-\mu \leq -\sqrt{c}] + P[X-\mu \geq \sqrt{c}] \leq \frac{\sigma^2}{c}$$

or that
$$P[-\sqrt{c} \leq X-\mu \leq \sqrt{c}] \geq 1 - \frac{\sigma^2}{c}$$

Since $c = k^2\sigma^2$ where k and c are each nonnegative, $\sqrt{c} = k\sigma$. Substitution yields

$$P[-k\sigma \leq X-\mu \leq k\sigma] \geq 1 - \frac{1}{k^2}$$

or
$$P[|X-\mu| \leq k\sigma] \geq 1 - \frac{1}{k^2}$$

Since X is continuous, we can conclude that

$$P[|X-\mu| < k\sigma] \geq 1 - \frac{1}{k^2}$$

as claimed. The proof in the discrete case is similar with summation replacing integration.

II **Theorem 7.1.3.**
Let S^2 be the sample variance based on a random sample of size n from a distribution with mean μ and variance σ^2. S^2 is an unbiased estimator for σ^2.

Proof.
By definition,

$$\begin{aligned}
E[S^2] &= E\left[\sum_{i=1}^{n} \frac{(X_i - \overline{X})^2}{n-1}\right] \\
&= \frac{1}{n-1} E\left[\sum_{i=1}^{n} (X_i - \mu + \mu - \overline{X})^2\right] \\
&= \frac{1}{n-1} E\left[\sum_{i=1}^{n} (X_i - \mu)^2 - 2(\overline{X} - \mu) \sum_{i=1}^{n} (X_i - \mu) + \sum_{i=1}^{n} (\overline{X} - \mu)^2\right] \\
&= \frac{1}{n-1} E\left[\sum_{i=1}^{n} (X_i - \mu)^2 - 2(\overline{X} - \mu) \frac{n\left(\sum X_i - n\mu\right)}{n} + n(\overline{X} - \mu)^2\right] \\
&= \frac{1}{n-1} E\left[\sum_{i=1}^{n} (X_i - \mu)^2 - 2n(\overline{X} - \mu)^2 + n(\overline{X} - \mu)^2\right] \\
&= \frac{1}{n-1} E\left[\sum_{i=1}^{n} (X_i - \mu)^2 - n(\overline{X} - \mu)^2\right] \\
&= \frac{1}{n-1} \left[\sum_{i=1}^{n} E[(X_i - \mu)^2] - nE[(\overline{X} - \mu)^2]\right]
\end{aligned}$$

Note that since $X_1, X_2, X_3, \ldots, X_n$ is a random sample from a distribution with variance σ^2, $E[(X_i - \mu)^2] = \sigma^2$ for each $i = 1, 2, 3, \ldots, n$. Note that by Theorems 7.1.2 and 7.1.1, $\text{Var}\,\overline{X} = E[(\overline{X} - \mu)^2] = \sigma^2/n$. By substitution, we obtain

$$\begin{aligned}
E[S^2] &= \frac{1}{n-1}\left[\sum_{i=1}^{n} \sigma^2 - n\sigma^2/n\right] \\
&= \frac{1}{n-1}(n\sigma^2 - \sigma^2) = \sigma^2
\end{aligned}$$

and the proof is complete.

III **Theorem 8.1.1.**
[Distribution of $(n-1)S^2/\sigma^2$]. Let $X_1, X_2, X_3, \ldots, X_n$ be a random sample from a normal distribution with mean μ and variance σ^2. The random variable

$$(n-1)S^2/\sigma^2 = \sum_{i=1}^{n} (X_i - \overline{X})^2/\sigma^2$$

has a chi-squared distribution with $n - 1$ degrees of freedom.

Proof.
This argument does not constitute a rigorous proof of our theorem. However, it does suggest that the distribution of the random variable $(n-1)S^2/\sigma^2$ is as stated. We begin by rewriting the random variable as a difference between two chi-squared random variables:

$$
\begin{aligned}
(n-1)S^2/\sigma^2 &= \sum_{i=1}^{n} \frac{(X_i-\overline{X})^2}{\sigma^2} = \sum_{i=1}^{n} \frac{[(X_i-\mu)-(\overline{X}-\mu)]^2}{\sigma^2} \\
&= \sum_{i=1}^{n} \frac{(X_i-\mu)^2}{\sigma^2} - 2(\overline{X}-\mu)\sum_{i=1}^{n} \frac{(X_i-\mu)}{\sigma^2} + \frac{n(\overline{X}-\mu)^2}{\sigma^2} \\
&= \sum_{i=1}^{n} \frac{(X_i-\mu)^2}{\sigma^2} - 2(\overline{X}-\mu)\frac{\left(\sum_{i=1}^{n} X_i - n\mu\right)}{\sigma^2} + \frac{n(\overline{X}-\mu)^2}{\sigma^2} \\
&= \sum_{i=1}^{n} \frac{(X_i-\mu)^2}{\sigma^2} - \frac{2n(\overline{X}-\mu)^2}{\sigma^2} + \frac{n(\overline{X}-\mu)^2}{\sigma^2} \\
&= \sum_{i=1}^{n} \frac{(X_i-\mu)^2}{\sigma^2} - \left(\frac{\overline{X}-\mu}{\sigma/\sqrt{n}}\right)^2
\end{aligned}
$$

We now see that

$$
(n-1)S^2/\sigma^2 + \left(\frac{\overline{X}-\mu}{\sigma/\sqrt{n}}\right)^2 = \sum_{i=1}^{n} \frac{(X_i-\mu)^2}{\sigma^2}
$$

Note that the random variable $(\overline{X}-\mu)/(\sigma/\sqrt{n})$ is standard normal. By Exercise 45 of Chap. 7 $[(\overline{X}-\mu)/(\sigma/\sqrt{n})]^2$ has a chi-squared distribution with 1 degree of freedom, and $\Sigma_{i=1}^{n}[(X_i-\mu)^2/\sigma^2]$ has a chi-squared distribution with n degrees of freedom. Since the sum of independent chi-squared random variables is also a chi-squared random variable (see Exercise 44 of Chap. 7), it is logical to assume that the random variable $(n-1)S^2/\sigma^2$ has a chi-squared distribution with $n-1$ degrees of freedom as claimed.

INDEX

찾아보기

기호

가

나

다

마

바

사

아

자

차

카

타